移动式压力容器安全管理与操作技术

主　编　张武平　杨永信　张　勤　孙金栋
副主编　李德忠　罗玉国　郝　澄　董西皋
冯海滨　赵　勇

机械工业出版社

本书依据我国现行的法律法规和安全技术规范要求，以及移动式压力容器具有爆炸、移动性和重复充装的特点，参照国内外新的相关理论和资讯，密切结合《压力容器安全管理和操作人员考核大纲》《特种设备作业人员考核规则》和移动式压力容器使用管理与作业（操作）实际，详细介绍了移动式压力容器安全使用与管理的操作要求和做法，明确提出具有实际指导意义的安全技术及作业（操作）要求。全书图文并茂，通俗易懂，融理论与实践于一体。

本书共 11 章。第 1 章简要描述我国行政法律法规体系的基本框架，着重介绍特种设备法律法规体系、行政监察制度及相关安全技术法规和标准规范；第 2 ~ 6 章全面介绍了移动式压力容器的相关知识，分别讲述了移动式压力容器的基本知识、结构与标志、安全附件与装卸附件、常用介质及危害、腐蚀与防腐等内容；第 7 ~ 10 章重点介绍了移动式压力容器使用、管理及装卸安全作业（操作）的安全技术要求，分别讲述了移动式压力容器的使用与管理、安全操作与维护保养、典型移动式压力容器充装与卸载工艺及安全操作要点、检验与维修；第 11 章介绍了移动式压力容器事故报告和调查处理、应急预案和应急演练及应急救援、典型事故及常见紧急情况下的处理措施等。各章后附有复习思考题及其答案，供学员培训考核时学习参考。

本书是移动式压力容器安全管理、操作人员、驾驶员、押运人员的培训教材，也可作为从事安全监察监督管理、检验、设计、制造、维护保养等工作的工程技术人员的参考用书。

图书在版编目（CIP）数据

移动式压力容器安全管理与操作技术/张武平等主编. —北京：机械工业出版社，2015.8（2024.11 重印）
ISBN 978-7-111-50917-2

Ⅰ. ①移…　Ⅱ. ①张…　Ⅲ. ①移动式—压力容器安全—安全管理
Ⅳ. ①TH490.8

中国版本图书馆 CIP 数据核字（2015）第 164788 号

机械工业出版社（北京市百万庄大街 22 号　邮政编码 100037）
策划编辑：刘　涛　责任编辑：刘　涛　孙　阳　李　超
版式设计：霍永明　责任校对：佟瑞鑫
封面设计：马精明　责任印制：单爱军
北京虎彩文化传播有限公司印刷
2024 年 11 月第 1 版第 2 次印刷
184mm × 260mm · 25.25 印张 · 691 千字
标准书号：ISBN 978-7-111-50917-2
定价：68.90 元

电话服务　网络服务
客服电话：010-88361066　机　工　官　网：www.cmpbook.com
010-88379833　机　工　官　博：weibo.com/cmp1952
010-68326294　金　书　网：www.golden-book.com
封底无防伪标均为盗版　机工教育服务网：www.cmpedu.com

前　言

随着我国经济的发展，以实现物流转移为目的的移动式压力容器（罐式或瓶式运输装备）因其具有装载量大、运输手段灵活、运营成本低、汽车罐车和罐式集装箱门到门运输等特点，并便于公路、铁路、水路运输（罐式集装箱和管束式集装箱还可以实现这些运输方式的联运），广泛用于运输能源、化工行业和城市燃气供应系统的工业原料、初级产品、工业及民用燃料等（诸如液氨、丙烯、混合液化石油气、丙烷、液氯、丁二烯、液化天然气、液氧、液氮等压缩气体、液化气体和冷冻液化气体等）。这些介质广泛应用于石油和化学工业、航天航空工业、电子与机械工业、食品与烟草工业、医疗、造纸印染行业及城市交通、民用燃料的燃气供应等领域。

移动式压力容器作为压缩气体、液化气体、低温液体的储运设备，已渗透到国民经济的各个领域。因此，规范其安全管理与操作显得尤为重要。移动式压力容器储运的介质大部分为易燃、易爆、有毒、剧毒或具有较强的腐蚀性的危险物品，所以我国政府以及世界各国的政府管理部门对移动式压力容器的安全性能都有较高的要求，其设计、制造、检验、使用、充装、维修改造及在役检验等所有环节均实行法定的强制性监督管理。

《中华人民共和国特种设备安全法》第十四条规定：“特种设备安全管理人员、检测人员和作业人员应当按照国家有关规定取得相应资格，方可从事相关工作。”国务院令第549号《特种设备安全监察条例》规定：“锅炉、压力容器、电梯、起重机械、客运索道、大型游乐设施、场（厂）内专用机动车辆的作业人员及其相关管理人员（以下统称特种设备作业人员），应当按照国家有关规定经特种设备安全监督管理部门考核合格，取得国家统一格式的特种作业人员证书，方可从事相应的作业或者管理工作。”

移动式压力容器作业技术含量高，专业性强，如果引发安全生产事故，会造成人员伤亡、设备损毁，后果极为严重。其相关事故大多发生在使用和操作环节，究其原因，一是作业人员的安全素质低，安全生产意识薄弱；二是违章作业、操作不当，甚至无证作业；三是缺乏必备的安全生产知识技能；四是对设备缺乏维护和保养以及规章制度不健全，管理不善等。

为了进一步落实上述规定，配合特种设备管理部门依法做好特种设备作业人员的培训考核工作，提高现场作业人员和基层生产管理者的安全意识，传授必备的安全生产知识和操作技能；便于使用单位建立健全规章制度，落实安全责任；促使作业者掌握正确的操作方法，规范操作行为，养成良好的操作习惯，杜绝违章作业，我们组织了一批经验丰富、多年从事特种设备作业安全培训的有关专家编写了这本教材。

本书依据国家对移动式压力容器管理与作业人员的安全技术培训考核的要求，紧扣考核大纲和技能操作考核标准，密切结合移动式压力容器具有爆炸、移动性和重复充装的特点以及我们在培训和实际工作中的经验和体会，并收集了国内外有关这方面的理论和最新的实践信息编写而成。本书在内容上，力求从基本概念和原理出发，突出针对性和实用性，着重传授基础知识，注重能力培养，并从当前移动式压力容器的管理人员、操作人员的实际情况出发，努力做到理论联系实际，图文并茂，通俗易懂，明确提出了具有实际指导意义的安全技术要求。同时，本书反映了国家质量监督检验检疫总局关于全国特种设备作业人员培训考核的最新要求，凝聚了法律法规、规范等针对性的安全要求，融理论与实践于一体，是全国相关行业、各类企业从事移动式压力容器管理及作业的人员，为掌握和提高移动式压力容器的作业知识与技能、提高自身安全素质、取得特种设备作业人员资格证的培训教材或学习用书，同时也可供移动式压力容器相关工程技术人员参考。

本书第1章以及第11章11.1、11.2、11.4由李德忠编写；第2、5章由郝澄、罗玉国、张武平编写；第3、8章由罗玉国、张武平编写；第4章、第11章11.3由张武平编写；第6章由董西皋、张武平编写；第9章9.4由董西皋编写；第7章由赵勇编写；第9章9.1、9.3由郝澄编写；9.2、9.6由罗玉国编写；9.5由冯海滨编写；第10章由冯海滨、张武平编写；习题由孙金栋编写，赵国春、李丹丹校核。本书由主编张武平、杨永信统稿，董西皋校核，张勤、孙金栋审定。

本书在编写过程中，参与编写的行业专家和主编倾注了大量的心血，承蒙专家、教授及好友的热情帮助，尤其要感谢北京市海淀区北建工职业技能培训学校对本书编写的支持与帮助，为本书的顺利出版做出了贡献。

北京市特种设备检测中心考培部的领导和相关工作人员在本书的编写过程中，精心组织和协调编写工作，并无私提供工作便利，为顺利完成本书的编写工作提供了大力支持和帮助。

在此，我们一并表示衷心的感谢！

本书参考引用了有关文献资料，在此向有关作者表示衷心的感谢。

由于本书内容涉及面广，加之许多新技术和法规还在不断发展和完善中，同时限于我们的学识水平，书中欠缺之处在所难免，恳请读者批评指正，以便修订时加以完善。

编　者

目 录

前言

第 1 章 特种设备安全监察法律法规概述 …… 1
1.1 我国行政法律法规体系的基本框架 …… 1
1.2 特种设备安全监察行政法律法规体系 …… 2
1.3 特种设备安全监察法律法规简介 …… 5
复习思考题 …… 75

第 2 章 移动式压力容器基本知识 …… 79
2.1 移动式压力容器简介 …… 79
2.2 压力容器的主要工艺参数 …… 87
2.3 压力容器的分类 …… 92
2.4 压力容器常用钢材（选学） …… 94
2.5 压力容器的应力及其对安全的影响（选学） …… 102
复习思考题 …… 105

第 3 章 移动式压力容器的结构及标志与标识 …… 107
3.1 移动式压力容器的分类 …… 107
3.2 移动式压力容器常见结构及管路系统工艺 …… 112
3.3 移动式压力容器的标志与标识 …… 136
复习思考题 …… 141

第 4 章 移动式压力容器安全附件和装卸附件 …… 144
4.1 安全阀 …… 144
4.2 爆破片装置 …… 152
4.3 压力表 …… 155
4.4 液位（面）计 …… 159
4.5 温度计 …… 165
4.6 紧急切断阀及其装置 …… 170
4.7 移动式压力容器的装卸阀及其他附件 …… 174
4.8 液化气体罐车静电导除装置 …… 185
4.9 常用阀门 …… 186
复习思考题 …… 190

第 5 章 移动式压力容器常用介质及其危害 …… 196
5.1 移动式压力容器常用气体介质 …… 196
5.2 移动压力容器充装气体的危险特性 …… 230
5.3 工业毒物及其对人体的毒害 …… 233
5.4 介质的燃烧特性和防火技术 …… 235
复习思考题 …… 242

第 6 章 移动式压力容器的腐蚀与防腐 …… 245
6.1 金属腐蚀的分类 …… 245
6.2 影响腐蚀的主要因素 …… 252
6.3 腐蚀的控制与预防 …… 253
6.4 移动式压力容器常见非金属材料的腐蚀及防护 …… 258
复习思考题 …… 258

第 7 章 移动式压力容器的使用与管理 …… 260
7.1 移动式压力容器的安全技术档案 …… 260
7.2 移动式压力容器的使用、变更登记 …… 262
7.3 移动式压力容器的安全使用管理 …… 265
7.4 移动式压力容器的改造、维修 …… 269
7.5 移动式压力容器的选购、验收 …… 271
7.6 移动式压力容器使用管理的技术经济性与节能 …… 271
复习思考题 …… 272

第 8 章 移动式压力容器安全操作及维护保养 …… 275
8.1 移动式压力容器使用中常见事故的原因

及案例 …………………………………… 275
8.2 移动式压力容器安全操作的一般要求 …………………………………… 278
8.3 移动式压力容器充装与卸载的基本要求 …………………………………… 289
8.4 移动式压力容器的维护保养 ………… 294
复习思考题…………………………………… 297

第9章 典型移动式压力容器充装与卸载工艺及安全操作要点…………… 300
9.1 移动式压力容器卸车（倒罐）与充装（灌装）工艺…………………………… 300
9.2 移动式压力容器营运管理规定 ……… 306
9.3 移动式压力容器罐车充装及卸载工艺 …………………………………… 310
9.4 铁路罐车充装及卸载工艺 …………… 324
9.5 长管拖车充装及卸载工艺 …………… 327
9.6 罐式集装箱充装及卸载工艺 ………… 329
复习思考题…………………………………… 335

第10章 移动式压力容器检验与维修 ……………………………… 340
10.1 在用移动式压力容器的定期检验 …… 340
10.2 在用移动式压力容器常见缺陷的处理及检验方法 …………………………… 342
10.3 移动式压力容器检修工作注意事项 ……………………………………… 348
10.4 压力容器的修理 ……………………… 352
复习思考题…………………………………… 355

第11章 移动式压力容器事故报告和调查处理及应急救援 ………… 358
11.1 压力容器事故报告和调查处理 ……… 358
11.2 压力容器应急预案、应急演练及应急救援 ……………………………………… 364
11.3 移动式压力容器典型事故及常见紧急情况下的处理措施 …………………… 366
本章附录 YZ 0205—2009 液化石油气汽车罐车事故应急救援预案指南 …… 376
复习思考题…………………………………… 392

附录 本书涉及的法律法规、规范及标准名称 …………………………………… 395

参考文献 ………………………………………… 397

第 1 章

特种设备安全监察法律法规概述

本章知识要点

简要描述我国行政法律法规体系的基本框架，着重介绍我国特种设备相关法律法规体系。使学员了解我国特种设备安全监察体制（包括特种设备安全监察法律法规体系和安全监察制度）；要求学员熟知 TSG R6001—2011《压力容器安全管理人员和操作人员考核大纲》、TSG Z6001—2013《特种设备作业人员考核规则》中要求压力容器安全管理和操作人员应该掌握的法律法规的相关内容，重点掌握法规及规范的适用范围、名词术语、安全使用要求以及压力容器安全管理和操作人员安全保障的基本要求和压力容器使用环节的法律责任等。

由于压力容器等特种设备具有发生泄漏或爆炸、造成人身伤害事故的危险性，世界上主要工业发达国家一般都制定有专门的法律，建立了完善的法规体系对其进行规范和管理。对于压力容器等特种设备的安全法制工作，我国政府自改革开放以来十分重视，制定颁布了一系列相关的法律和有关特种设备安全监察的法规、规程及标准。1982 年 2 月 6 日国务院颁布了《锅炉压力容器安全监察暂行条例》，为我国建立锅炉压力容器等承压特种设备安全监察制度确立了依据，国内建立健全了安全监察机构和安全监察制度，之后陆续颁发了有关规章及其他规范性文件。目前，我国已建立了特种设备的专门法律——《中华人民共和国特种设备安全法》（自 2014 年 1 月 1 日起施行）。为了便于压力容器安全管理和操作人员学习和了解特种设备法律、法规，首先介绍我国行政法律法规体系的基本框架。

1.1 我国行政法律法规体系的基本框架

我国行政法律法规体系主要包括宪法、法律、行政法规和地方性法规、规章及规范性文件等，基本框架分为五个层次。

1.1.1 宪法

宪法是国家的根本大法，规定了国家的根本制度和根本任务，是人们行为的基本准则。在国家的法律法规体系中，宪法是整个法律体系的核心，具有最高的法律效力，是其他立法的根据，是依法治国的总章程。

《中华人民共和国宪法》于 1982 年 12 月 4 日由第五届全国人民代表大会第五次会议通过并公布实施。

1.1.2 法律（基本法律、其他法律或一般法律）

由立法机关或国家机关制定，国家政权保证执行的行为规则的总和。

在我国，基本法律是指由全国人民代表大会制定的法律，如《中华人民共和国刑法》《中华人民共和国合同法》等；其他法律或一般法律是指由全国人民代表大会常务委员会制定的法律，如《中华人民共和国劳动法》《中华人民共和国产品质量法》《中华人民共和国计量法》《中华人民共和国标准化法》《中华人民共和国特种设备安全法》等，发布法律需要国家主席签署中华人民共和国主席令。

1.1.3 行政法规和地方性法规

行政法规是指中华人民共和国国务院，根据全国人民代表大会常务委员会以及法律的授权，制定并颁布的具有法律约束力的规范性文件。行政法规一般以条例、办法（规定）、实施细则、规定等形式出台，如《特种设备安全监察条例》《国务院关于特大安全事故行政责任追究的规定》等。发布行政法规需要国务院总理签署国务院令。

地方性法规即地方立法机关制定或认可的，其效力不能及于全国，而只能在地方区域内发生法律效力的规范性法律文件。是由各省、自治区、直辖市以及省政府所在的市和国务院批准的较大的市的人民代表大会及其常委会制定的规范性法律文件，它们不得同宪法、法律相抵触。

1.1.4 规章

国家行政机关根据法律和行政法规在其职权范围内制定的关于行政管理的规范性文件，分为部门规章和地方政府规章。

部门规章是国务院各部门、各委员会、审计署等根据宪法、法律和行政法规的规定和国务院的决定，在本部门的权限范围内制定和发布的调整本部门范围内的行政管理事项的规范性文件，如国家质量监督检验检疫总局颁发的《锅炉压力容器压力管道特种设备安全监察行政处罚规定》等。

地方政府规章是指省、自治区、直辖市人民政府以及省政府所在地的市和国务院批准的较大的市的人民政府，根据法律、行政法规和本省、自治区、直辖市的地方性法规所制定的规章。属于本行政区域具体行政管理的事项。

1.1.5 其他规范性文件

是指行政机关及被授权组织为实施法律和执行政策，在法定权限内制定的除行政法规或规章以外的决定、命令等具有普遍性行为规则的总称。属具有普遍约束力的一般性规范文件，如安全技术规范等。

1.2 特种设备安全监察行政法律法规体系

2003 年，国务院在《锅炉压力容器安全监察暂行条例》的基础上，制定颁布了《特种设备安全监察条例》，于 2003 年 6 月 1 日起施行。几年来，这部法规对于加强特种设备的安全管理，防止和减少事故，保障人民群众生命、财产安全发挥了重要作用。2009 年 1 月 24 日国务院公布了《国务院关于修改〈特种设备安全监察条例〉的决定》，根据该决定对《特种设备安全监察条例》作了相应的修订，并于 2009 年 5 月 1 日起施行。

2013 年 6 月 29 日《中华人民共和国特种设备安全法》由中华人民共和国第十二届全国人民代表大会常务委员会第三次会议审议通过，于 2014 年 1 月 1 日起施行。《中华人民共和国特种设备安全法》是一部关于我国特种设备安全监督管理的专门法律，它规定了特种设备生产（包括设计、制造、安装、改造、修理）、经营、使用、检验检测和特种设备安全的监督管理全过程安全监督管理的基本制度，它是一部适合我国国情和国际通行做法的特种设备安全法，从法律上明确调整范围，理顺监管体制，落实企业安全主体责任，从制度上、源头上有效防范，减少和遏制特种设备重大事故的发生，以保障人民生命财产的安全。

经过多年努力和科学发展，我国建立健全了适应我国国情的特种设备安全监察体制，它包括：特种设备安全监察法律法规体系、特种设备安全监察的基本制度。

1.2.1 特种设备安全监察法律法规体系

1. 特种设备安全监察法律法规体系的重要性

特种设备法律法规体系是特种设备安全法制建设的基础，是依法监督管理的必要前提。国家通过特种设备的法律法规，提出特种设备的安全监察要求、安全管理要求和安全性能要求。法律法规所规定的安全准则，反映国家经济发展、科技进步和使用管理的水平，直接关系到国家利益和人民群众的切身利益。我国加入 WTO 后，特种设备法律法规体系的构建与完善日显重要与紧迫，特种设备法律法规体系完善程度高，会加强国际社会对我国特种设备法律法规认可程度，提高我国特种设备产品的国际竞争力，深层次地影响我国特种设备制造业的发展。

2. 我国特种设备安全监察法律法规体系的基本结构

近年来，随着我国特种设备安全监察管理工作的科学发展，形成并确立了适合我国国情的特种设备安全监察法律法规体系，包括：特种设备与特种设备相关的法律、行政法规、规章、安全技术规范及安全技术规范引用的相关标准五个层次，如图 1-1 所示。

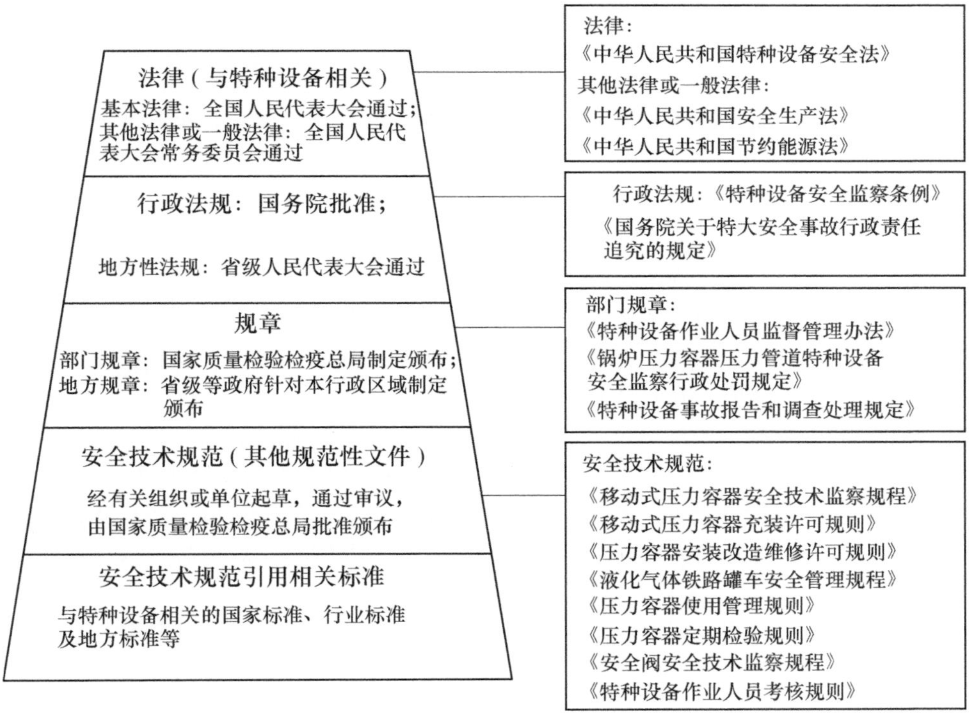

图 1-1　特种设备法律法规体系

根据 TSG R6001—2011《压力容器安全管理人员和操作人员考核大纲》的要求，在图 1-1 中分别列举了压力容器安全管理和操作人员应该掌握的不同层次的特种设备法律法规，具体内容如下：

（1）特种设备法律及与特种设备相关的法律（其他法律或一般法律）

1）特种设备法律：《中华人民共和国特种设备安全法》。

2）与特种设备相关的法律（其他法律或一般法律）：《中华人民共和国安全生产法》《中华人民共和国节约能源法》《中华人民共和国铁路法》《中华人民共和国道路交通安全法》等。

（2）行政法规 《特种设备安全监察条例》《国务院关于特大安全事故行政责任追究的规定》《危险化学品安全管理条例》《中华人民共和国道路运输条例》《铁路运输安全保护条例》等。

（3）部门规章 《特种设备作业人员监督管理办法》《锅炉压力容器压力管道特种设备安全监察行政处罚规定》《特种设备事故报告和调查处理规定》等。

（4）安全技术规范 《移动式压力容器安全技术监察规程》《移动式压力容器充装许可规则》《液化气体铁路罐车安全管理规程》《压力容器使用管理规则》《压力容器定期检验规则》《压力容器安装改造维修许可规则》《安全阀安全技术监察规程》《特种设备作业人员考核规则》等。

（5）安全技术规范引用的与移动式压力容器相关的国家标准和行业标准 GB 150《压力容器》、GB/T 10478《液化气体铁道罐车》、GB/T 19905《液化气体运输车》、JB 4732《钢制压力容器分析设计标准》、JB/T 4781《液化气体罐式集装箱》、JB/T 4782《液体危险货物罐式集装箱》、JB/T 4783《低温液体汽车罐车》、JB/T 4784《低温液体罐式集装箱》等。

1.2.2 特种设备安全监察的基本制度

经历多年的科学摸索和几代人的努力，我国已建成了“企业全面负责，部门依法监管，检验机构把关，政府督促协调，社会广泛监督”的特种设备安全管理工作格局，以及“企业承担安全主体责任、政府履行安全监管职责、专业机构担负技术监督职能和社会力量发挥监督作用的四位一体”的特种设备安全工作模式，形成了特种设备安全监察的两个基本制度，即行政许可和监督检查制度。

1. 行政许可制度

特种设备行政许可制度包括：对从事特种设备设计、制造、检验检测、安装、改造、维修、气体充装单位实施资格认可；特种设备使用前办理登记注册，并发使用登记证；特种设备管理和操作人员和检验检测人员上岗前考核发证，持证上岗；对在用的特种设备实施的强制性定期检验和对生产过程（即设计、制造、安装、改造、维修）中的特种设备实施安全性能监督检验。

特种设备行政许可具体可分为以下十个方面的许可：

（1）设计许可 包括对设计单位实施资格行政许可和对设备设计文件进行鉴定。对移动式压力容器是通过对设计单位实施设计资格行政许可制度来控制设计的安全质量。

（2）制造许可 对特种设备及其安全附件、安全保护装置的制造单位实行制造资格许可制度。国内制造厂商要取得制造资格许可，向我国进口的国外制造厂商也必须取得我国的制造资格许可。

（3）安装改造维修许可 对特种设备安装单位、改造单位和维修单位分别实施安装、改造和维修资格许可制度。

（4）特种设备使用许可 特种设备使用前应向特种设备安全监察部门办理使用登记后，方可投入使用。

（5）气体充装单位许可 所有气瓶和罐车的充装单位，必须取得特种设备安全监督管理部门的行政许可后才可以从事气瓶和罐车的充装作业。

（6）特种设备作业人员的许可 包括对特种设备操作和管理人员施行资格考核制度。

（7）检验检测机构许可（核准） 对所有从事特种设备检验检测的机构（包括专项无损检

测、型式试验和气瓶检验机构）实施行政许可。

（8）检验检测人员的许可　对从事特种设备监督检验、定期检验、型式试验、无损检测工作的相关人员施行资格考核制度。

（9）监督检验　对特种设备制造、安装、改造和重大维修过程施行监督检验。

（10）定期检验　对在用特种设备施行定期检验。

2. 监督检查制度

主要针对涉及特种设备安全的单位（机构）、人员活动和设备运行情况进行的监督检查，以消除特种设备安全隐患，尽力预防事故的发生。特种设备监督检查制度主要包括下列五项内容：

（1）执法检查制度　特种设备安全监察人员负责对特种设备生产、使用单位和检验检测机构进行现场执法检查，查处各类违法行为，督促企业消除安全隐患。

（2）强制检验制度　这项制度也属行政许可制度范畴。

（3）事故调查处理制度　特种设备发生事故，按事故类别，由相应特种设备安全监察部门组织对事故进行调查并提出处理意见。

（4）安全责任追究制度　特种设备生产单位、使用单位、检验检测机构、特种设备安全监督部门以及各级政府的相关人员，要认真履行其职责，对于因失职、渎职等原因导致事故者，依法追究相应责任。

（5）安全状况公布制度　特种设备安全监督部门定期向社会公布特种设备安全状况，包括在用特种设备数量和特种设备事故的情况、特点、原因分析以及防范对策等。

1.3 特种设备安全监察法律法规简介

根据TSG R6001—2011《压力容器安全管理和操作人员考核大纲》的要求，以下将列举移动式压力容器安全管理和操作人员应该掌握的不同层次的特种设备法律法规的相关条款内容。其中楷体字部分是要求压力容器安全管理人员增加掌握的法律法规知识内容。

1.3.1 特种设备法律及与特种设备相关的法律（其他法律或一般法律）

1. 特种设备法律

中华人民共和国特种设备安全法（节选）

中华人民共和国第十二届全国人民代表大会常务委员会第三次会议于2013年6月29日通过，自2014年1月1日起施行，共七章一百零一条。

第一章　总则

第二条　特种设备的生产（包括设计、制造、安装、改造、修理）、经营、使用、检验、检测和特种设备安全的监督管理，适用本法。

本法所称特种设备，是指对人身和财产安全有较大危险性的锅炉、压力容器（含气瓶）、压力管道、电梯、起重机械、客运索道、大型游乐设施、场（厂）内专用机动车辆，以及法律、行政法规规定适用本法的其他特种设备。

国家对特种设备实行目录管理。特种设备目录由国务院负责特种设备安全监督管理的部门制定，报国务院批准后执行。

第三条　特种设备安全工作应当坚持安全第一、预防为主、节能环保、综合治理的原则。

第四条　国家对特种设备的生产、经营、使用，实施分类的、全过程的安全监督管理。

第七条　特种设备生产、经营、使用单位应当遵守本法和其他有关法律、法规，建立、健全特种设备安全和节能责任制度，加强特种设备安全和节能管理，确保特种设备生产、经营、使用安全，符合节能要求。

第二章　生产、经营、使用

第十三条　特种设备生产、经营、使用单位及其主要负责人对其生产、经营、使用的特种设备安全负责。

特种设备生产、经营、使用单位应当按照国家有关规定配备特种设备安全管理人员、检测人员和作业人员，并对其进行必要的安全教育和技能培训。

第十四条　特种设备安全管理人员、检测人员和作业人员应当按照国家有关规定取得相应资格，方可从事相关工作。特种设备安全管理人员、检测人员和作业人员应当严格执行安全技术规范和管理制度，保证特种设备安全。

第十五条　特种设备生产、经营、使用单位对其生产、经营、使用的特种设备应当进行自行检测和维护保养，对国家规定实行检验的特种设备应当及时申报并接受检验。

第二十一条　特种设备出厂时，应当随附安全技术规范要求的设计文件、产品质量合格证明、安装及使用维护保养说明、监督检验证明等相关技术资料和文件，并在特种设备显著位置设置产品铭牌、安全警示标志及其说明。

第二十三条　特种设备安装、改造、修理的施工单位应当在施工前将拟进行的特种设备安装、改造、修理情况书面告知直辖市或者设区的市级人民政府负责特种设备安全监督管理的部门。

第二十四条　特种设备安装、改造、修理竣工后，安装、改造、修理的施工单位应当在验收后三十日内将相关技术资料和文件移交特种设备使用单位。特种设备使用单位应当将其存入该特种设备的安全技术档案。

第二十五条　锅炉、压力容器、压力管道元件等特种设备的制造过程和锅炉、压力容器、压力管道、电梯、起重机械、客运索道、大型游乐设施的安装、改造、重大修理过程，应当经特种设备检验机构按照安全技术规范的要求进行监督检验；未经监督检验或者监督检验不合格的，不得出厂或者交付使用。

第二十六条　国家建立缺陷特种设备召回制度。因生产原因造成特种设备存在危及安全的同一性缺陷的，特种设备生产单位应当立即停止生产，主动召回。

国务院负责特种设备安全监督管理的部门发现特种设备存在应当召回而未召回的情形时，应当责令特种设备生产单位召回。

第二十八条　特种设备出租单位不得出租未取得许可生产的特种设备或者国家明令淘汰和已经报废的特种设备，以及未按照安全技术规范的要求进行维护保养和未经检验或者检验不合格的特种设备。

第二十九条　特种设备在出租期间的使用管理和维护保养义务由特种设备出租单位承担，法律另有规定或者当事人另有约定的除外。

第三十条　进口的特种设备应当符合我国安全技术规范的要求，并经检验合格；需要取得我国特种设备生产许可的，应当取得许可。

进口特种设备随附的技术资料和文件应当符合本法第二十一条的规定，其安装及使用维护保养说明、产品铭牌、安全警示标志及其说明应当采用中文。

特种设备的进出口检验，应当遵守有关进出口商品检验的法律、行政法规。

第三十一条　进口特种设备，应当向进口地负责特种设备安全监督管理的部门履行提前告知义务。

第三十二条 特种设备使用单位应当使用取得许可生产并经检验合格的特种设备。

禁止使用国家明令淘汰和已经报废的特种设备。

第三十三条 特种设备使用单位应当在特种设备投入使用前或者投入使用后三十日内，向负责特种设备安全监督管理的部门办理使用登记，取得使用登记证书。登记标志应当置于该特种设备的显著位置。

第三十四条 特种设备使用单位应当建立岗位责任、隐患治理、应急救援等安全管理制度，制定操作规程，保证特种设备安全运行。

第三十五条 特种设备使用单位应当建立特种设备安全技术档案。安全技术档案应当包括以下内容：

（一）特种设备的设计文件、产品质量合格证明、安装及使用维护保养说明、监督检验证明等相关技术资料和文件；

（二）特种设备的定期检验和定期自行检查记录；

（三）特种设备的日常使用状况记录；

（四）特种设备及其附属仪器仪表的维护保养记录；

（五）特种设备的运行故障和事故记录。

第三十六条（节选） 其他特种设备使用单位，应当根据情况设置特种设备安全管理机构或者配备专职、兼职的特种设备安全管理人员。

第三十七条 特种设备的使用应当具有规定的安全距离、安全防护措施。

与特种设备安全相关的建筑物、附属设施，应当符合有关法律、行政法规的规定。

第三十八条 特种设备属于共有的，共有人可以委托物业服务单位或者其他管理人管理特种设备，受托人履行本法规定的特种设备使用单位的义务，承担相应责任。共有人未委托的，由共有人或者实际管理人履行管理义务，承担相应责任。

第三十九条 特种设备使用单位应当对其使用的特种设备进行经常性维护保养和定期自行检查，并做出记录。

特种设备使用单位应当对其使用的特种设备的安全附件、安全保护装置进行定期校验、检修，并做出记录。

第四十条 特种设备使用单位应当按照安全技术规范的要求，在检验合格有效期届满前一个月向特种设备检验机构提出定期检验要求。

特种设备检验机构接到定期检验要求后，应当按照安全技术规范的要求及时进行安全性能检验。特种设备使用单位应当将定期检验标志置于该特种设备的显著位置。

未经定期检验或者检验不合格的特种设备，不得继续使用。

第四十一条 特种设备安全管理人员应当对特种设备使用状况进行经常性检查，发现问题应当立即处理；情况紧急时，可以决定停止使用特种设备并及时报告本单位有关负责人。

特种设备作业人员在作业过程中发现事故隐患或者其他不安全因素，应当立即向特种设备安全管理人员和单位有关负责人报告；特种设备运行不正常时，特种设备作业人员应当按照操作规程采取有效措施保证安全。

第四十二条 特种设备出现故障或者发生异常情况，特种设备使用单位应当对其进行全面检查，消除事故隐患，方可继续使用。

第四十七条 特种设备进行改造、修理，按照规定需要变更使用登记的，应当办理变更登记，方可继续使用。

第四十八条 特种设备存在严重事故隐患，无改造、修理价值，或者达到安全技术规范规定的其他报废条件的，特种设备使用单位应当依法履行报废义务，采取必要措施消除该特种设备的使用功能，并向原登记的负责特种设备安全监督管理的部门办理使用登记证书注销手续。

前款规定报废条件以外的特种设备，达到设计使用年限可以继续使用的，应当按照安全技术规范的要求通过检验或者安全评估，并办理使用登记证书变更，方可继续使用。允许继续使用的，应当采取加强检验、检测和维护保养等措施，确保使用安全。

第四十九条　移动式压力容器、气瓶充装单位，应当具备下列条件，并经负责特种设备安全监督管理的部门许可，方可从事充装活动：

（一）有与充装和管理相适应的管理人员和技术人员；

（二）有与充装和管理相适应的充装设备、检测手段、场地厂房、器具、安全设施；

（三）有健全的充装管理制度、责任制度、处理措施。

充装单位应当建立充装前后的检查、记录制度，禁止对不符合安全技术规范要求的移动式压力容器和气瓶进行充装。

气瓶充装单位应当向气体使用者提供符合安全技术规范要求的气瓶，对气体使用者进行气瓶安全使用指导，并按照安全技术规范的要求办理气瓶使用登记，及时申报定期检验。

第三章　检验、检测

第五十四条　特种设备生产、经营、使用单位应当按照安全技术规范的要求向特种设备检验、检测机构及其检验、检测人员提供特种设备相关资料和必要的检验、检测条件，并对资料的真实性负责。

第四章　监督管理

第六十六条　负责特种设备安全监督管理的部门对特种设备生产、经营、使用单位和检验、检测机构实施监督检查，应当对每次监督检查的内容、发现的问题及处理情况作出记录，并由参加监督检查的特种设备安全监察人员和被检查单位的有关负责人签字后归档。被检查单位的有关负责人拒绝签字的，特种设备安全监察人员应当将情况记录在案。

第五章　事故应急救援与调查处理

第六十九条（节选）

特种设备使用单位应当制定特种设备事故应急专项预案，并定期进行应急演练。

第七十条（节选）　特种设备发生事故后，事故发生单位应当按照应急预案采取措施，组织抢救，防止事故扩大，减少人员伤亡和财产损失，保护事故现场和有关证据，并及时向事故发生地县级以上人民政府负责特种设备安全监督管理的部门和有关部门报告。

与事故相关的单位和人员不得迟报、谎报或者瞒报事故情况，不得隐匿、毁灭有关证据或者故意破坏事故现场。

第七十三条（节选）　事故责任单位应当依法落实整改措施，预防同类事故发生。事故造成损害的，事故责任单位应当依法承担赔偿责任。

第六章　法律责任

第七十八条　违反本法规定，特种设备安装、改造、修理的施工单位在施工前未书面告知负责特种设备安全监督管理的部门即行施工的，或者在验收后三十日内未将相关技术资料和文件移交特种设备使用单位的，责令限期改正；逾期未改正的，处一万元以上十万元以下罚款。

第七十九条　违反本法规定，特种设备的制造、安装、改造、重大修理以及锅炉清洗过程，未经监督检验的，责令限期改正；逾期未改正的，处五万元以上二十万元以下罚款；有违法所得的，没收违法所得；情节严重的，吊销生产许可证。

第八十二条　违反本法规定，特种设备经营单位有下列行为之一的，责令停止经营，没收违法经营的特种设备，处三万元以上三十万元以下罚款；有违法所得的，没收违法所得：

（一）销售、出租未取得许可生产，未经检验或者检验不合格的特种设备的；

（二）销售、出租国家明令淘汰、已经报废的特种设备，或者未按照安全技术规范的要求进行维护保养的特种设备的。

违反本法规定，特种设备销售单位未建立检查验收和销售记录制度，或者进口特种设备未履行提前告知义务的，责令改正，处一万元以上十万元以下罚款。

特种设备生产单位销售、交付未经检验或者检验不合格的特种设备的，依照本条第一款规定处罚；情节严重的，吊销生产许可证。

第八十三条　违反本法规定，特种设备使用单位有下列行为之一的，责令限期改正；逾期未改正的，责令停止使用有关特种设备，处一万元以上十万元以下罚款：

（一）使用特种设备未按照规定办理使用登记的；

（二）未建立特种设备安全技术档案或者安全技术档案不符合规定要求，或者未依法设置使用登记标志、定期检验标志的；

（三）未对其使用的特种设备进行经常性维护保养和定期自行检查，或者未对其使用的特种设备的安全附件、安全保护装置进行定期校验、检修，并做出记录的；

（四）未按照安全技术规范的要求及时申报并接受检验的；

（五）未按照安全技术规范的要求进行锅炉水（介）质处理的；

（六）未制定特种设备事故应急专项预案的。

第八十四条　违反本法规定，特种设备使用单位有下列行为之一的，责令停止使用有关特种设备，处三万元以上三十万元以下罚款：

（一）使用未取得许可生产，未经检验或者检验不合格的特种设备，或者国家明令淘汰、已经报废的特种设备的；

（二）特种设备出现故障或者发生异常情况，未对其进行全面检查、消除事故隐患，继续使用的；

（三）特种设备存在严重事故隐患，无改造、修理价值，或者达到安全技术规范规定的其他报废条件，未依法履行报废义务，并办理使用登记证书注销手续的。

第八十五条　违反本法规定，移动式压力容器、气瓶充装单位有下列行为之一的，责令改正，处二万元以上二十万元以下罚款；情节严重的，吊销充装许可证：

（一）未按照规定实施充装前后的检查、记录制度的；

（二）对不符合安全技术规范要求的移动式压力容器和气瓶进行充装的。

违反本法规定，未经许可，擅自从事移动式压力容器或者气瓶充装活动的，予以取缔，没收违法充装的气瓶，处十万元以上五十万元以下罚款；有违法所得的，没收违法所得。

第八十六条　违反本法规定，特种设备生产、经营、使用单位有下列情形之一的，责令限期改正；逾期未改正的，责令停止使用有关特种设备或者停产停业整顿，处一万元以上五万元以下罚款：

（一）未配备具有相应资格的特种设备安全管理人员、检测人员和作业人员的；

（二）使用未取得相应资格的人员从事特种设备安全管理、检测和作业的；

（三）未对特种设备安全管理人员、检测人员和作业人员进行安全教育和技能培训的。

第八十九条　发生特种设备事故，有下列情形之一的，对单位处五万元以上二十万元以下罚款；对主要负责人处一万元以上五万元以下罚款；主要负责人属于国家工作人员的，并依法给予处分：

（一）发生特种设备事故时，不立即组织抢救或者在事故调查处理期间擅离职守或者逃匿的；

（二）对特种设备事故迟报、谎报或者瞒报的。

第九十条　发生事故，对负有责任的单位除要求其依法承担相应的赔偿等责任外，依照下列规定处以罚款：

（一）发生一般事故，处十万元以上二十万元以下罚款；

（二）发生较大事故，处二十万元以上五十万元以下罚款；

（三）发生重大事故，处五十万元以上二百万元以下罚款。

第九十一条　对事故发生负有责任的单位的主要负责人未依法履行职责或者负有领导责任的，依照下列规定处以罚款；属于国家工作人员的，并依法给予处分：

（一）发生一般事故，处上一年年收入百分之三十的罚款；

（二）发生较大事故，处上一年年收入百分之四十的罚款；

（三）发生重大事故，处上一年年收入百分之六十的罚款。

第九十二条　违反本法规定，特种设备安全管理人员、检测人员和作业人员不履行岗位职责，违反操作规程和有关安全规章制度，造成事故的，吊销相关人员的资格。

第九十五条　违反本法规定，特种设备生产、经营、使用单位或者检验、检测机构拒不接受负责特种设备安全监督管理的部门依法实施的监督检查的，责令限期改正；逾期未改正的，责令停产停业整顿，处二万元以上二十万元以下罚款。

特种设备生产、经营、使用单位擅自动用、调换、转移、损毁被查封、扣押的特种设备或者其主要部件的，责令改正，处五万元以上二十万元以下罚款；情节严重的，吊销生产许可证，注销特种设备使用登记证书。

第九十七条　违反本法规定，造成人身、财产损害的，依法承担民事责任。

违反本法规定，应当承担民事赔偿责任和缴纳罚款、罚金，其财产不足以同时支付时，先承担民事赔偿责任。

第九十八条　违反本法规定，构成违反治安管理行为的，依法给予治安管理处罚；构成犯罪的，依法追究刑事责任。

第七章　附则

第一百条　军事装备、核设施、航空航天器使用的特种设备安全的监督管理不适用本法。

铁路机车、海上设施和船舶、矿山井下使用的特种设备以及民用机场专用设备安全的监督管理，房屋建筑工地、市政工程工地用起重机械和场（厂）内专用机动车辆的安装、使用的监督管理，由有关部门依照本法和其他有关法律的规定实施。

2. 与特种设备相关的其他法律

（1）中华人民共和国安全生产法（节选）

2002年6月29日第九届全国人民代表大会常务委员会第二十八次会议通过，自2002年11月1日起施行。根据2014年8月31日第十二届全国人民代表大会常务委员会第十次会议《关于修改<中华人民共和国安全生产法>的决定》修正，自2014年12月1日起施行。

第一章　总则

第六条　生产经营单位的从业人员有依法获得安全生产保障的权利，并应当依法履行安全生产方面的义务。

第七条（节选）　生产经营单位的工会依法组织职工参加本单位安全生产工作的民主管理和民主监督，维护职工在安全生产方面的合法权益。

第十六条 国家对在改善安全生产条件、防止生产安全事故、参加抢险救护等方面取得显著成绩的单位和个人，给予奖励。

第二章 生产经营单位的安全生产保障

第十七条 生产经营单位应当具备本法和有关法律、行政法规和国家标准或者行业标准规定的安全生产条件；不具备安全生产条件的，不得从事生产经营活动。

第二十条（节选） 生产经营单位应当具备的安全生产条件所必需的资金投入，由生产经营单位的决策机构、主要负责人或者个人经营的投资人予以保证，并对由于安全生产所必需的资金投入不足导致的后果承担责任。

第二十四条 生产经营单位的主要负责人和安全生产管理人员必须具备与本单位所从事的生产经营活动相应的安全生产知识和管理能力。

危险物品的生产、经营、储存单位以及矿山、金属冶炼、建筑施工、道路运输单位的主要负责人和安全生产管理人员，应当由主管的负有安全生产监督管理职责的部门对其安全生产知识和管理能力考核合格后方可任职。考核不得收费。

第二十五条（节选） 生产经营单位应当对从业人员进行安全生产教育和培训，保证从业人员具备必要的安全生产知识，熟悉有关的安全生产规章制度和安全操作规程，掌握本岗位的安全操作技能，了解事故应急处理措施，知悉自身在安全生产方面的权利和义务。未经安全生产教育和培训合格的从业人员，不得上岗作业。

第三十二条 生产经营单位应当在有较大危险因素的生产经营场所和有关设施、设备上，设置明显的安全警示标志。

第三十七条 生产经营单位对重大危险源应当登记建档，进行定期检测、评估、监控，并制定应急预案，告知从业人员和相关人员在紧急情况下应当采取的应急措施。

生产经营单位应当按照国家有关规定将本单位重大危险源及有关安全措施、应急措施报有关地方人民政府负责安全生产监督管理部门和有关部门备案。

第四十一条 生产经营单位应当教育和督促从业人员严格执行本单位的安全生产规章制度和安全操作规程；并向从业人员如实告知作业场所和工作岗位存在的危险因素、防范措施以及事故应急措施。

第四十二条 生产经营单位必须为从业人员提供符合国家标准或者行业标准的劳动防护用品，并监督、教育从业人员按照使用规则佩戴、使用。

第四十四条 生产经营单位应当安排用于配备劳动防护用品、进行安全生产培训的经费。

第三章 从业人员的安全生产权利义务

第四十九条 生产经营单位与从业人员订立的劳动合同，应当载明有关保障从业人员劳动安全、防止职业危害的事项，以及依法为从业人员办理工伤保险的事项。

生产经营单位不得以任何形式与从业人员订立协议，免除或者减轻其对从业人员因生产安全事故伤亡依法应承担的责任。

第五十条 生产经营单位的从业人员有权了解其作业场所和工作岗位存在的危险因素、防范措施及事故应急措施，有权对本单位的安全生产工作提出建议。

第五十一条 从业人员有权对本单位安全生产工作中存在的问题提出批评、检举、控告；有权拒绝违章指挥和强令冒险作业。

生产经营单位不得因从业人员对本单位安全生产工作提出批评、检举、控告或者拒绝违章指挥、强令冒险作业而降低其工资、福利等待遇或者解除与其订立的劳动合同。

第五十二条 从业人员发现直接危及人身安全的紧急情况时，有权停止作业或者在采取可能的应急措施后撤离作业场所。

生产经营单位不得因从业人员在前款紧急情况下停止作业或者采取紧急撤离措施而降低其工资、福利等待遇或者解除与其订立的劳动合同。

第五十三条 因生产安全事故受到损害的从业人员，除依法享有工伤社会保险外，依照有关民事法律尚有获得赔偿的权利的，有权向本单位提出赔偿要求。

第五十四条 从业人员在作业过程中，应当严格遵守本单位的安全生产规章制度和操作规程，服从管理，正确佩戴和使用劳动防护用品。

第五十五条 从业人员应当接受安全生产教育和培训，掌握本职工作所需的安全生产知识，提高安全生产技能，增强事故预防和应急处理能力。

第五十七条 工会有权对建设项目的安全设施与主体工程同时设计、同时施工、同时投入生产和使用进行监督，提出意见。

工会对生产经营单位违反安全生产法律、法规，侵犯从业人员合法权益的行为，有权要求纠正；发现生产经营单位违章指挥、强令冒险作业或者发现事故隐患时，有权提出解决的建议，生产经营单位应当及时研究答复；发现危及从业人员生命安全的情况时，有权向生产经营单位建议组织从业人员撤离危险场所，生产经营单位必须立即做出处理。

工会有权依法参加事故调查，向有关部门提出处理意见，并要求追究有关人员的责任。

第六章 法律责任

第一百零三条 生产经营单位与从业人员订立协议，免除或者减轻其对从业人员因生产安全事故伤亡依法应承担的责任的，该协议无效；对生产经营单位的主要负责人、个人经营的投资人处二万元以上十万元以下的罚款。

第一百一十二条 本法下列用语的含义：

危险物品，是指易燃易爆物品、危险化学品、放射性物品等能够危及人身安全和财产安全的物品。

重大危险源，是指长期地或者临时地生产、搬运、使用或者储存危险物品，且危险物品的数量等于或者超过临界量的单元（包括场所和设施）。

(2) 中华人民共和国节约能源法（节选） 2007 年 10 月 28 日第十届全国人民代表大会常务委员会第三十次会议修订通过，自 2008 年 4 月 1 日起施行，共七章八十七条。

第一章 总则

第二条 本法所称能源，是指煤炭、石油、天然气、生物质能和电力、热力以及其他直接或者通过加工、转换而取得有用能的各种资源。

第三条 本法所称节约能源（以下简称节能），是指加强用能管理，采取技术上可行、经济上合理以及环境和社会可以承受的措施，从能源生产到消费的各个环节，降低消耗、减少损失和污染物排放、制止浪费，有效、合理地利用能源。

第四条 节约资源是我国的基本国策。国家实施节约与开发并举、把节约放在首位的能源发展战略。

第九条 任何单位和个人都应当依法履行节能义务，有权检举浪费能源的行为。

第二章 节能管理

第十七条 禁止生产、进口、销售国家明令淘汰或者不符合强制性能源效率标准的用能产品、设备；禁止使用国家明令淘汰的用能设备、生产工艺。

第三章 合理使用与节约能源

第二十四条 用能单位应当按照合理用能的原则，加强节能管理，制订并实施节能计划和节能技术措施，降低能源消耗。

第二十五条 用能单位应当建立节能目标责任制，对节能工作取得成绩的集体、个人给予奖励。

第二十八条 能源生产经营单位不得向本单位职工无偿提供能源。任何单位不得对能源消费实行包费制。

第五十五条 重点用能单位应当设立能源管理岗位，在具有节能专业知识、实际经验以及中级以上技术职称的人员中聘任能源管理负责人，并报管理节能工作的部门和有关部门备案。

能源管理负责人负责组织对本单位用能状况进行分析、评价，组织编写本单位能源利用状况报告，提出本单位节能工作的改进措施并组织实施。

能源管理负责人应当接受节能培训。

第六章 法律责任

第七十一条 使用国家明令淘汰的用能设备或者生产工艺的，由管理节能工作的部门责令停止使用，没收国家明令淘汰的用能设备；情节严重的，可以由管理节能工作的部门提出意见，报请本级人民政府按照国务院规定的权限责令停业整顿或者关闭。

第七十七条 违反本法规定，无偿向本单位职工提供能源或者对能源消费实行包费制的，由管理节能工作的部门责令限期改正；逾期不改正的，处五万元以上二十万元以下罚款。

(3) 中华人民共和国铁路法（节选）

由中华人民共和国第七届全国人民代表大会常务委员会第十五次会议于1990年9月7日通过，自1991年5月1日起施行，共六章七十四条。

第一章 总则

第二条 本法所称铁路，包括国家铁路、地方铁路、专用铁路和铁路专用线。

国家铁路是指由国务院铁路主管部门管理的铁路。

地方铁路是指由地方人民政府管理的铁路。

专用铁路是指由企业或者其他单位管理，专为本企业或者本单位内部提供运输服务的铁路。

铁路专用线是指由企业或者其他单位管理的与国家铁路或者其他铁路线路接轨的岔线。

第六条 公民有爱护铁路设施的义务。禁止任何人破坏铁路设施，扰乱铁路运输的正常秩序。

第二章 铁路运输营业

第二十八条 托运、承运货物、包裹、行李，必须遵守国家关于禁止或者限制运输物品的规定。

第四章 铁路安全与保护

第四十二条 铁路运输企业必须加强对铁路的管理和保护，定期检查、维修铁路运输设施，保证铁路运输设施完好，保障旅客和货物运输安全。

第五十七条 发生铁路交通事故，铁路运输企业应当依照国务院和国务院有关主管部门关于事故调查处理的规定办理，并及时恢复正常行车，任何单位和个人不得阻碍铁路线路开通和列车运行。

第五章 法律责任

第七十一条 铁路职工玩忽职守、违反规章制度造成铁路运营事故的，滥用职权、利用办理运输业务之便谋取私利的，给予行政处分；情节严重、构成犯罪的，依照刑法有关规定追究刑事责任。

(4) 中华人民共和国道路交通安全法（节选）

根据2011年4月22日第十一届全国人民代表大会常务委员会第二十次会议《关于修改〈中华人民共和国道路交通安全法〉的决定》第二次修正通过，自2011年5月1日起施行，共八章一百一十五条。

第一章　总则

第二条　中华人民共和国境内的车辆驾驶人、行人、乘车人以及与道路交通活动有关的单位和个人，都应当遵守本法。

第六条（节选）　机关、部队、企业事业单位、社会团体以及其他组织，应当对本单位的人员进行道路交通安全教育。

第二章　车辆和驾驶人

第八条　国家对机动车实行登记制度。机动车经公安机关交通管理部门登记后，方可上道路行驶。尚未登记的机动车，需要临时上道路行驶的，应当取得临时通行牌证。

第十一条　驾驶机动车上道路行驶，应当悬挂机动车号牌，放置检验合格标志、保险标志，并随车携带机动车行驶证。

机动车号牌应当按照规定悬挂并保持清晰、完整，不得故意遮挡、污损。

任何单位和个人不得收缴、扣留机动车号牌。

第十二条　有下列情形之一的，应当办理相应的登记：

（一）机动车所有权发生转移的；

（二）机动车登记内容变更的；

（三）机动车用作抵押的；

（四）机动车报废

第十三条（节选）　对登记后上道路行驶的机动车，应当依照法律、行政法规的规定，根据车辆用途、载客载货数量、使用年限等不同情况，定期进行安全技术检验。对提供机动车行驶证和机动车第三者责任强制保险单的，机动车安全技术检验机构应当予以检验，任何单位不得附加其他条件。对符合机动车国家安全技术标准的，公安机关交通管理部门应当发给检验合格标志。

第十四条　国家实行机动车强制报废制度，根据机动车的安全技术状况和不同用途，规定不同的报废标准。

应当报废的机动车必须及时办理注销登记。

达到报废标准的机动车不得上道路行驶。报废的大型客、货车及其他营运车辆应当在公安机关交通管理部门的监督下解体。

第十六条　任何单位或者个人不得有下列行为：

（一）拼装机动车或者擅自改变机动车已登记的结构、构造或者特征；

（二）改变机动车型号、发动机号、车架号或者车辆识别代号；

（三）伪造、变造或者使用伪造、变造的机动车登记证书、号牌、行驶证、检验合格标志、保险标志；

（四）使用其他机动车的登记证书、号牌、行驶证、检验合格标志、保险标志。

第十九条　驾驶机动车，应当依法取得机动车驾驶证。

申请机动车驾驶证，应当符合国务院公安部门规定的驾驶许可条件；经考试合格后，由公安机关交通管理部门发给相应类别的机动车驾驶证。

持有境外机动车驾驶证的人，符合国务院公安部门规定的驾驶许可条件，经公安机关交通管理部门考核合格的，可以发给中国的机动车驾驶证。

驾驶人应当按照驾驶证载明的准驾车型驾驶机动车；驾驶机动车时，应当随身携带机动车驾驶证。

公安机关交通管理部门以外的任何单位或者个人，不得收缴、扣留机动车驾驶证。

第二十一条　驾驶人驾驶机动车上道路行驶前，应当对机动车的安全技术性能进行认真检查；不得驾驶安全设施不全或者机件不符合技术标准等具有安全隐患的机动车。

第二十二条　机动车驾驶人应当遵守道路交通安全法律、法规的规定，按照操作规范安全驾驶、文明驾驶。

饮酒、服用国家管制的精神药品或者麻醉药品，或者患有妨碍安全驾驶机动车的疾病，或者过度疲劳影响安全驾驶的，不得驾驶机动车。

任何人不得强迫、指使、纵容驾驶人违反道路交通安全法律、法规和机动车安全驾驶要求驾驶机动车。

第三章　道路通行条件

第二十六条　交通信号灯由红灯、绿灯、黄灯组成。红灯表示禁止通行，绿灯表示准许通行，黄灯表示警示。

第四章　道路通行规定

第三十五条　机动车、非机动车实行右侧通行。

第三十七条　道路划设专用车道的，在专用车道内，只准许规定的车辆通行，其他车辆不得进入专用车道内行驶。

第三十八条　车辆、行人应当按照交通信号通行；遇有交通警察现场指挥时，应当按照交通警察的指挥通行；在没有交通信号的道路上，应当在确保安全、畅通的原则下通行。

第四十二条　机动车上道路行驶，不得超过限速标志标明的最高时速。在没有限速标志的路段，应当保持安全车速。

夜间行驶或者在容易发生危险的路段行驶，以及遇有沙尘、冰雹、雨、雪、雾、结冰等气象条件时，应当降低行驶速度。

第四十八条（节选）　机动车载物应当符合核定的载质量，严禁超载；载物的长、宽、高不得违反装载要求，不得遗洒、飘散载运物。

机动车载运爆炸物品、易燃易爆化学物品以及剧毒、放射性等危险物品，应当经公安机关批准后，按指定的时间、路线、速度行驶，悬挂警示标志并采取必要的安全措施。

第五十条　禁止货运机动车载客。

货运机动车需要附载作业人员的，应当设置保护作业人员的安全措施。

第五十二条　机动车在道路上发生故障，需要停车排除故障时，驾驶人应当立即开启危险报警闪光灯，将机动车移至不妨碍交通的地方停放；难以移动的，应当持续开启危险报警闪光灯，并在来车方向设置警告标志等措施扩大示警距离，必要时迅速报警。

第六十八条　机动车在高速公路上发生故障时，应当依照本法第五十二条的有关规定办理；但是，警告标志应当设置在故障车来车方向一百五十米以外，车上人员应当迅速转移到右侧路肩上或者应急车道内，并且迅速报警。

机动车在高速公路上发生故障或者交通事故，无法正常行驶的，应当由救援车、清障车拖曳、牵引。

第五章　交通事故处理

第七十条　在道路上发生交通事故，车辆驾驶人应当立即停车，保护现场；造成人身伤亡的，车辆驾驶人应当立即抢救受伤人员，并迅速报告执勤的交通警察或者公安机关交通管理部门。因抢救受伤人员变动现场的，应当标明位置。乘车人、过往车辆驾驶人、过往行人应当予以协助。

在道路上发生交通事故，未造成人身伤亡，当事人对事实及成因无争议的，可以即行撤离现场，恢复交通，自行协商处理损害赔偿事宜；不即行撤离现场的，应当迅速报告执勤的交通警察或者公安机关交通管理部门。

在道路上发生交通事故，仅造成轻微财产损失，并且基本事实清楚的，当事人应当先撤离现场再进行协商处理。

第七章　法律责任

第八十八条　对道路交通安全违法行为的处罚种类包括：警告、罚款、暂扣或者吊销机动车驾驶证、拘留。

第九十一条　饮酒后驾驶机动车的，处暂扣六个月机动车驾驶证，并处一千元以上二千元以下罚款。因饮酒后驾驶机动车被处罚，再次饮酒后驾驶机动车的，处十日以下拘留，并处一千元以上二千元以下罚款，吊销机动车驾驶证。

醉酒驾驶机动车的，由公安机关交通管理部门约束至酒醒，吊销机动车驾驶证，依法追究刑事责任；五年内不得重新取得机动车驾驶证。

饮酒后驾驶营运机动车的，处十五日拘留，并处五千元罚款，吊销机动车驾驶证，五年内不得重新取得机动车驾驶证。

醉酒驾驶营运机动车的，由公安机关交通管理部门约束至酒醒，吊销机动车驾驶证，依法追究刑事责任；十年内不得重新取得机动车驾驶证，重新取得机动车驾驶证后，不得驾驶营运机动车。

饮酒后或者醉酒驾驶机动车发生重大交通事故，构成犯罪的，依法追究刑事责任，并由公安机关交通管理部门吊销机动车驾驶证，终生不得重新取得机动车驾驶证。

第九十二条（节选）　货运机动车超过核定载质量的，处二百元以上五百元以下罚款；超过核定载质量百分之三十或者违反规定载客的，处五百元以上二千元以下罚款。

由公安机关交通管理部门扣留机动车至违法状态消除。

运输单位的车辆有本条规定的情形，经处罚不改的，对直接负责的主管人员处二千元以上五千元以下罚款。

第九十七条　非法安装警报器、标志灯具的，由公安机关交通管理部门强制拆除，予以收缴，并处二百元以上二千元以下罚款。

第一百零一条　违反道路交通安全法律、法规的规定，发生重大交通事故，构成犯罪的，依法追究刑事责任，并由公安机关交通管理部门吊销机动车驾驶证。

造成交通事故后逃逸的，由公安机关交通管理部门吊销机动车驾驶证，且终生不得重新取得机动车驾驶证。

第一百零二条　对六个月内发生二次以上特大交通事故负有主要责任或者全部责任的专业运输单位，由公安机关交通管理部门责令消除安全隐患，未消除安全隐患的机动车，禁止上道路行驶。

1.3.2　行政法规

1. 特种设备安全监察条例（节选）

中华人民共和国国务院令第373号，《特种设备安全监察条例》于2003年2月19日由国务院第68次常务会议通过。中华人民共和国国务院令第549号，《国务院关于修改〈特种设备安全监察条例〉的决定》于 2009 年 1 月 14 日由国务院第 46 次常务会议通过，自 2009 年 5 月 1 日起施行，共八章一百零三条。

第一章　总则

第三条（节选）　特种设备的生产（含设计、制造、安装、改造、维修，下同）、使用、检验检测及其监督检查，应当遵守本条例，但本条例另有规定的除外。

军事装备、核设施、航空航天器、铁路机车、海上设施和船舶以及矿山井下使用的特种设备、民用机场专用设备的安全监察不适用本条例。

第二章　特种设备的生产

第十四条（节选）　锅炉、压力容器、电梯、起重机械、客运索道、大型游乐设施及其安全附件、安全保护装置的制造、安装、改造单位，以及压力管道用管子、管件、阀门、法兰、补偿器、安全保护装置等（以下简称压力管道元件）的制造单位和场（厂）内专用机动车辆的制造、改造单位，应当经国务院特种设备安全监督管理部门许可，方可从事相应的活动。

第十七条（节选）　锅炉、压力容器、起重机械、客运索道、大型游乐设施的安装、改造、维修以及场（厂）内专用机动车辆的改造、维修，必须由依照本条例取得许可的单位进行。

第三章　特种设备的使用

第二十三条　特种设备使用单位，应当严格执行本条例和有关安全生产的法律、行政法规的规定，保证特种设备的安全使用。

第二十四条　特种设备使用单位应当使用符合安全技术规范要求的特种设备。特种设备投入使用前，使用单位应当核对其是否附有本条例第十五条规定的相关文件。

第二十七条（节选）　特种设备使用单位应当对在用特种设备进行经常性日常维护保养，并定期自行检查。

特种设备使用单位对在用特种设备应当至少每月进行一次自行检查，并作出记录。特种设备使用单位在对在用特种设备进行自行检查和日常维护保养时发现异常情况的，应当及时处理。

特种设备使用单位应当对在用特种设备的安全附件、安全保护装置、测量调控装置及有关附属仪器仪表进行定期校验、检修，并作出记录。

第三十八条　锅炉、压力容器、电梯、起重机械、客运索道、大型游乐设施、场（厂）内专用机动车辆的作业人员及其相关管理人员（以下统称特种设备作业人员），应当按照国家有关规定经特种设备安全监督管理部门考核合格，取得国家统一格式的特种作业人员证书，方可从事相应的作业或者管理工作。

第五章　监督检查

第五十一条　特种设备安全监督管理部门根据举报或者取得的涉嫌违法证据，对涉嫌违反本条例规定的行为进行查处时，可以行使下列职权：

（一）向特种设备生产、使用单位和检验检测机构的法定代表人、主要负责人和其他有关人员调查、了解与涉嫌从事违反本条例的生产、使用、检验检测有关的情况；

（二）查阅、复制特种设备生产、使用单位和检验检测机构的有关合同、发票、账簿以及其他有关资料；

（三）对有证据表明不符合安全技术规范要求的或者有其他严重事故隐患、能耗严重超标的特种设备，予以查封或者扣押。

第六章　预防和调查处理

第六十一条（节选）　有下列情形之一的，为特别重大事故：

（一）特种设备事故造成 30 人以上死亡，或者 100 人以上重伤（包括急性工业中毒，下同)，或者1亿元以上直接经济损失的；

(三) 压力容器、压力管道有毒介质泄漏，造成15万人以上转移的。

第六十二条 (节选) 有下列情形之一的，为重大事故：

(一) 特种设备事故造成10人以上30人以下死亡，或者50人以上100人以下重伤，或者5000万元以上1亿元以下直接经济损失的；

(三) 压力容器、压力管道有毒介质泄漏，造成5万人以上15万人以下转移的。

第六十三条 (节选) 有下列情形之一的，为较大事故：

(一) 特种设备事故造成3人以上10人以下死亡，或者10人以上50人以下重伤，或者1000万元以上5000万元以下直接经济损失的；

(二) 锅炉、压力容器、压力管道爆炸的；

(三) 压力容器、压力管道有毒介质泄漏，造成1万人以上5万人以下转移的。

第六十四条 (节选) 有下列情形之一的，为一般事故：

(一) 特种设备事故造成3人以下死亡，或者10人以下重伤，或者1万元以上1000万元以下直接经济损失的；

(二) 压力容器、压力管道有毒介质泄漏，造成500人以上1万人以下转移的。

第七章 法律责任

第七十七条 未经许可，擅自从事锅炉、压力容器、电梯、起重机械、客运索道、大型游乐设施、场（厂）内专用机动车辆的维修或者日常维护保养的，由特种设备安全监督管理部门予以取缔，处1万元以上5万元以下罚款；有违法所得的，没收违法所得；触犯刑律的，对负有责任的主管人员和其他直接责任人员依照刑法关于非法经营罪、重大责任事故罪或者其他罪的规定，依法追究刑事责任。

第九十条 特种设备作业人员违反特种设备的操作规程和有关的安全规章制度操作，或者在作业过程中发现事故隐患或者其他不安全因素，未立即向现场安全管理人员和单位有关负责人报告的，由特种设备使用单位给予批评教育、处分；情节严重的，撤销特种设备作业人员资格；触犯刑律的，依照刑法关于重大责任事故罪或者其他罪的规定，依法追究刑事责任。

第九十九条 (节选) 本条例下列用语的含义是：

(一) 压力容器，是指盛装气体或者液体，承载一定压力的密闭设备，其范围规定为最高工作压力大于或者等于0.1MPa（表压），且压力与容积的乘积大于或者等于2.5MPa·L的气体、液化气体和最高工作温度高于或者等于标准沸点的液体的固定式容器和移动式容器；盛装公称工作压力大于或者等于0.2MPa（表压），且压力与容积的乘积大于或者等于1.0MPa·L的气体、液化气体和标准沸点等于或者低于60℃液体的气瓶、氧舱等。

特种设备包括其所用的材料、附属的安全附件、安全保护装置和与安全保护装置相关的设施。

2. 国务院关于特大安全事故行政责任追究的规定（节选）

2001年4月21日中华人民共和国国务院令第302号公布，自公布之日起施行，共二十四条。

第二条 (节选) 特大安全事故肇事单位和个人的刑事处罚、行政处罚和民事责任，依照有关法律、法规和规章的规定执行。

第十三条 (节选) 对未依法取得批准，擅自从事有关活动的，负责行政审批的政府部门或者机构发现或者接到举报后，应当立即予以查封、取缔，并依法给予行政处罚；属于经营单位的，由工商行政管理部门依法相应吊销营业执照。

第二十一条 任何单位和个人均有权向有关地方人民政府或者政府部门报告特大安全事故

隐患，有权向上级人民政府或者政府部门举报地方人民政府或者政府部门不履行安全监督管理职责或者不按照规定履行职责的情况。接到报告或者举报的有关人民政府或者政府部门，应当立即组织对事故隐患进行查处，或者对举报的不履行、不按照规定履行安全监督管理职责的情况进行调查处理。

3. 危险化学品安全管理条例（节选）

经 2011 年 2 月 16 日国务院第 144 次常务会议修订通过，自 2011 年 12 月 1 日起施行，共八章一百零二条。

第一章　总则

第二条　危险化学品生产、储存、使用、经营和运输的安全管理，适用本条例。

废弃危险化学品的处置，依照有关环境保护的法律、行政法规和国家有关规定执行。

第三条（节选）　本条例所称危险化学品，是指具有毒害、腐蚀、爆炸、燃烧、助燃等性质，对人体、设施、环境具有危害的剧毒化学品和其他化学品。

第五条　任何单位和个人不得生产、经营、使用国家禁止生产、经营、使用的危险化学品。

国家对危险化学品的使用有限制性规定的，任何单位和个人不得违反限制性规定使用危险化学品。

第二十条　生产、储存危险化学品的单位，应当根据其生产、储存的危险化学品的种类和危险特性，在作业场所设置相应的监测、监控、通风、防晒、调温、防火、灭火、防爆、泄压、防毒、中和、防潮、防雷、防静电、防腐、防泄漏以及防护围堤或者隔离操作等安全设施、设备，并按照国家标准、行业标准或者国家有关规定对安全设施、设备进行经常性维护、保养，保证安全设施、设备的正常使用。

生产、储存危险化学品的单位，应当在其作业场所和安全设施、设备上设置明显的安全警示标志。

第二十一条　生产、储存危险化学品的单位，应当在其作业场所设置通信、报警装置，并保证处于适用状态。

第二十六条　危险化学品专用仓库应当符合国家标准、行业标准的要求，并设置明显的标志。储存剧毒化学品、易制爆危险化学品的专用仓库，应当按照国家有关规定设置相应的技术防范设施。

储存危险化学品的单位应当对其危险化学品专用仓库的安全设施、设备定期进行检测、检验。

第三章　使用安全

第二十八条　使用危险化学品的单位，其使用条件（包括工艺）应当符合法律、行政法规的规定和国家标准、行业标准的要求，并根据所使用的危险化学品的种类、危险特性以及使用量和使用方式，建立、健全使用危险化学品的安全管理规章制度和安全操作规程，保证危险化学品的安全使用。

第三十条　申请危险化学品安全使用许可证的化工企业，除应当符合本条例第二十八条的规定外，还应当具备下列条件：

（一）有与所使用的危险化学品相适应的专业技术人员；

（二）有安全管理机构和专职安全管理人员；

（三）有符合国家规定的危险化学品事故应急预案和必要的应急救援器材、设备；

（四）依法进行了安全评价。

第四章　经营安全

第三十三条（节选） 国家对危险化学品经营（包括仓储经营，下同）实行许可制度。未经许可，任何单位和个人不得经营危险化学品。

第三十四条 从事危险化学品经营的企业应当具备下列条件：

（一）有符合国家标准、行业标准的经营场所，储存危险化学品的，还应当有符合国家标准、行业标准的储存设施；

（二）从业人员经过专业技术培训并经考核合格；

（三）有健全的安全管理规章制度；

（四）有专职安全管理人员；

（五）有符合国家规定的危险化学品事故应急预案和必要的应急救援器材、设备；

（六）法律、法规规定的其他条件。

第五章 运输安全

第四十三条 从事危险化学品道路运输、水路运输的，应当分别依照有关道路运输、水路运输的法律、行政法规的规定，取得危险货物道路运输许可、危险货物水路运输许可，并向工商行政管理部门办理登记手续。

危险化学品道路运输企业、水路运输企业应当配备专职安全管理人员。

第四十四条 危险化学品道路运输企业、水路运输企业的驾驶人员、船员、装卸管理人员、押运人员、申报人员、集装箱装箱现场检查员应当经交通运输主管部门考核合格，取得从业资格。具体办法由国务院交通运输主管部门制定。

危险化学品的装卸作业应当遵守安全作业标准、规程和制度，并在装卸管理人员的现场指挥或者监控下进行。水路运输危险化学品的集装箱装箱作业应当在集装箱装箱现场检查员的指挥或者监控下进行，并符合积载、隔离的规范和要求；装箱作业完毕后，集装箱装箱现场检查员应当签署装箱证明书。

第四十五条 运输危险化学品，应当根据危险化学品的危险特性采取相应的安全防护措施，并配备必要的防护用品和应急救援器材。

用于运输危险化学品的槽罐以及其他容器应当封口严密，能够防止危险化学品在运输过程中因温度、湿度或者压力的变化发生渗漏、洒漏；槽罐以及其他容器的溢流和泄压装置应当设置准确、起闭灵活。

运输危险化学品的驾驶人员、船员、装卸管理人员、押运人员、申报人员、集装箱装箱现场检查员，应当了解所运输的危险化学品的危险特性及其包装物、容器的使用要求和出现危险情况时的应急处置方法。

第四十七条 通过道路运输危险化学品的，应当按照运输车辆的核定载质量装载危险化学品，不得超载。

危险化学品运输车辆应当符合国家标准要求的安全技术条件，并按照国家有关规定定期进行安全技术检验。

危险化学品运输车辆应当悬挂或者喷涂符合国家标准要求的警示标志。

第四十八条 通过道路运输危险化学品的，应当配备押运人员，并保证所运输的危险化学品处于押运人员的监控之下。

运输危险化学品途中因住宿或者发生影响正常运输的情况，需要较长时间停车的，驾驶人员、押运人员应当采取相应的安全防范措施；运输剧毒化学品或者易制爆危险化学品的，还应当向当地公安机关报告。

第五十一条 剧毒化学品、易制爆危险化学品在道路运输途中丢失、被盗、被抢或者出现流散、泄漏等情况的，驾驶人员、押运人员应当立即采取相应的警示措施和安全措施，并向当地公安机关报告。公安机关接到报告后，应当根据实际情况立即向安全生产监督管理部门、环境保护主管部门、卫生主管部门通报。有关部门应当采取必要的应急处置措施。

第六十五条　通过铁路、航空运输危险化学品的安全管理，依照有关铁路、航空运输的法律、行政法规、规章的规定执行。

第六章　危险化学品登记与事故应急救援

第六十六条　国家实行危险化学品登记制度，为危险化学品安全管理以及危险化学品事故预防和应急救援提供技术、信息支持。

第七十条　危险化学品单位应当制定本单位危险化学品事故应急预案，配备应急救援人员和必要的应急救援器材、设备，并定期组织应急救援演练。

危险化学品单位应当将其危险化学品事故应急预案报所在地设区的市级人民政府安全生产监督管理部门备案。

第七十一条　发生危险化学品事故，事故单位主要负责人应当立即按照本单位危险化学品应急预案组织救援，并向当地安全生产监督管理部门和环境保护、公安、卫生主管部门报告；道路运输、水路运输过程中发生危险化学品事故的，驾驶人员、船员或者押运人员还应当向事故发生地交通运输主管部门报告。

第七十三条　有关危险化学品单位应当为危险化学品事故应急救援提供技术指导和必要的协助。

第七章　法律责任

第七十九条　危险化学品包装物、容器生产企业销售未经检验或者经检验不合格的危险化学品包装物、容器的，由质量监督检验检疫部门责令改正，处10万元以上20万元以下的罚款，有违法所得的，没收违法所得；拒不改正的，责令停产停业整顿；构成犯罪的，依法追究刑事责任。

第八十五条　未依法取得危险货物道路运输许可、危险货物水路运输许可，从事危险化学品道路运输、水路运输的，分别依照有关道路运输、水路运输的法律、行政法规的规定处罚。

第八十六条（节选）　有下列情形之一的，由交通运输主管部门责令改正，处5万元以上10万元以下的罚款；拒不改正的，责令停产停业整顿；构成犯罪的，依法追究刑事责任：

（一）危险化学品道路运输企业、水路运输企业的驾驶人员、船员、装卸管理人员、押运人员、申报人员、集装箱装箱现场检查员未取得从业资格上岗作业的。

（二）运输危险化学品，未根据危险化学品的危险特性采取相应的安全防护措施，或者未配备必要的防护用品和应急救援器材的；

第八十七条（节选）　有下列情形之一的，由交通运输主管部门责令改正，处10万元以上20万元以下的罚款，有违法所得的，没收违法所得；拒不改正的，责令停产停业整顿；构成犯罪的，依法追究刑事责任：

（一）委托未依法取得危险货物道路运输许可、危险货物水路运输许可的企业承运危险化学品的。

第八十八条　有下列情形之一的，由公安机关责令改正，处5万元以上10万元以下的罚款；构成违反治安管理行为的，依法给予治安管理处罚；构成犯罪的，依法追究刑事责任：

（一）超过运输车辆的核定载质量装载危险化学品的；

（二）使用安全技术条件不符合国家标准要求的车辆运输危险化学品的；

（三）运输危险化学品的车辆未经公安机关批准进入危险化学品运输车辆限制通行的区

域的；

（四）未取得剧毒化学品道路运输通行证，通过道路运输剧毒化学品的。

第八十九条　有下列情形之一的，由公安机关责令改正，处 1 万元以上 5 万元以下的罚款；构成违反治安管理行为的，依法给予治安管理处罚：

（一）危险化学品运输车辆未悬挂或者喷涂警示标志，或者悬挂或者喷涂的警示标志不符合国家标准要求的；

（二）通过道路运输危险化学品，不配备押运人员的；

（三）运输剧毒化学品或者易制爆危险化学品途中需要较长时间停车，驾驶人员、押运人员不向当地公安机关报告的；

（四）剧毒化学品、易制爆危险化学品在道路运输途中丢失、被盗、被抢或者发生流散、泄露等情况，驾驶人员、押运人员不采取必要的警示措施和安全措施，或者不向当地公安机关报告的。

第九十一条（节选）　有下列情形之一的，由交通运输主管部门责令改正，可以处 1 万元以下的罚款；拒不改正的，处 1 万元以上 5 万元以下的罚款：

（一）危险化学品道路运输企业、水路运输企业未配备专职安全管理人员的。

4. 中华人民共和国道路运输条例（节选）

经 2004 年 4 月 14 日国务院第 48 次常务会议通过，自 2004 年 7 月 1 日起施行。根据 2012 年 11 月 9 日《国务院关于修改和废止部分行政法规的决定》修正。

第一章　总则

第二条　从事道路运输经营以及道路运输相关业务的，应当遵守本条例。

前款所称道路运输经营包括道路旅客运输经营（以下简称客运经营）和道路货物运输经营（以下简称货运经营）；道路运输相关业务包括站（场）经营、机动车维修经营、机动车驾驶员培训。

第二章　道路运输经营

第二十一条　申请从事货运经营的，应当具备下列条件：

（一）有与其经营业务相适应并经检测合格的车辆；

（二）有符合本条例第二十三条规定条件的驾驶人员；

（三）有健全的安全生产管理制度。

第二十三条　申请从事危险货物运输经营的，还应当具备下列条件：

（一）有 5 辆以上经检测合格的危险货物运输专用车辆、设备；

（二）有经所在地设区的市级人民政府交通主管部门考试合格，取得上岗资格证的驾驶人员、装卸管理人员、押运人员；

（三）危险货物运输专用车辆配有必要的通讯工具；

（四）有健全的安全生产管理制度。

第二十六条　国家鼓励货运经营者实行封闭式运输，保证环境卫生和货物运输安全。

货运经营者应当采取必要措施，防止货物脱落、扬撒等。

运输危险货物应当采取必要措施，防止危险货物燃烧、爆炸、辐射、泄漏等。

第二十七条（节选）　运输危险货物应当配备必要的押运人员，保证危险货物处于押运人员的监管之下，并悬挂明显的危险货物运输标志。

第二十八条　客运经营者、货运经营者应当加强对从业人员的安全教育、职业道德教育，确保道路运输安全。

道路运输从业人员应当遵守道路运输操作规程，不得违章作业。驾驶人员连续驾驶时间不得超过4个小时。

第三十条　客运经营者、货运经营者应当加强对车辆的维护和检测，确保车辆符合国家规定的技术标准；不得使用报废的、擅自改装的和其他不符合国家规定的车辆从事道路运输经营。

第三十一条　客运经营者、货运经营者应当制定有关交通事故、自然灾害以及其他突发事件的道路运输应急预案。应急预案应当包括报告程序、应急指挥、应急车辆和设备的储备以及处置措施等内容。

第三十三条　道路运输车辆应当随车携带车辆营运证，不得转让、出租。

第三章　道路运输相关业务

第三十七条　申请从事机动车维修经营的，应当具备下列条件：

（一）有相应的机动车维修场地；

（二）有必要的设备、设施和技术人员；

（三）有健全的机动车维修管理制度；

（四）有必要的环境保护措施。

第四十五条　机动车维修经营者不得承修已报废的机动车，不得擅自改装机动车。

第六章　法律责任

第六十三条　违反本条例的规定，未取得道路运输经营许可，擅自从事道路运输经营的，由县级以上道路运输管理机构责令停止经营；有违法所得的，没收违法所得，处违法所得2倍以上10倍以下的罚款；没有违法所得或者违法所得不足2万元的，处3万元以上10万元以下的罚款；构成犯罪的，依法追究刑事责任。

第六十六条　违反本条例的规定，客运经营者、货运经营者、道路运输相关业务经营者非法转让、出租道路运输许可证件的，由县级以上道路运输管理机构责令停止违法行为，收缴有关证件，处2000元以上1万元以下的罚款；有违法所得的，没收违法所得。

第六十七条　违反本条例的规定，客运经营者、危险货物运输经营者未按规定投保承运人责任险的，由县级以上道路运输管理机构责令限期投保；拒不投保的，由原许可机关吊销道路运输经营许可证。

第六十八条　违反本条例的规定，客运经营者、货运经营者不按照规定携带车辆营运证的，由县级以上道路运输管理机构责令改正，处警告或者20元以上200元以下的罚款。

第七十条　违反本条例的规定，客运经营者、货运经营者不按规定维护和检测运输车辆的，由县级以上道路运输管理机构责令改正，处1000元以上5000元以下的罚款。

违反本条例的规定，客运经营者、货运经营者擅自改装已取得车辆营运证的车辆的，由县级以上道路运输管理机构责令改正，处5000元以上2万元以下的罚款。

5. 铁路运输安全保护条例（节选）

第一章　总则

第二条　中华人民共和国境内的铁路运输安全保护及与铁路运输安全保护有关的活动，适用本条例。

第七条　铁路运输企业应当加强铁路运输安全管理，建立、健全安全生产管理制度，设置安全管理机构，保证铁路运输安全所必需的资金投入。

铁路运输工作人员应当坚守岗位，按程序实行标准作业，尽职尽责，保证运输安全。

第九条　任何单位和个人不得破坏、损坏或者非法占用铁路运输的设施、设备、铁路标志及铁路用地。

任何单位和个人都有保护铁路运输的设施、设备、铁路标志及铁路用地的义务，发现破坏、损坏或者非法占用铁路运输的设施、设备、铁路标志、铁路用地及其他影响铁路运输安全的行为，应当向国务院铁路主管部门、铁路管理机构、公安机关、地方各级人民政府或者有关部门检举、报告，或者及时通知铁路运输企业。接到检举、报告的部门或者接到通知的铁路运输企业应当根据各自职责及时予以处理。

对维护铁路运输安全作出突出贡献的单位或者个人，应当给予表彰奖励。

第三章　铁路营运安全

第三十五条　设计、生产、维修或者进口新型的铁路机车车辆，应当符合国家规定的标准，并分别向国务院铁路主管部门申请领取型号合格证、生产许可证、维修合格证或者型号认可证，经国务院铁路主管部门审查合格的，发给相应的证书。

第三十六条　按照国家有关规定生产、维修或者进口的铁路机车车辆，在投入使用前，应当经国务院铁路主管部门验收合格。

第三十八条（节选）　用于危险化学品和放射性物质铁路运输的罐车及其他容器的生产和检测、检验，依照有关法律、行政法规的规定管理。

第四十一条（节选）　铁路运输企业应当建立、健全并严格执行铁路运输的设施、设备的安全管理和检查防护的规章制度，加强对铁路运输的设施、设备的检测、维修，对不符合安全要求的应当及时更换，确保铁路运输的设施、设备性能完好和安全运行。

第四十三条　铁路运输企业应当加强对从业人员的安全教育和培训。铁路运输企业的从业人员应当严格按照国家规定的操作规程，使用、管理铁路运输的设施、设备。

第四十九条　铁路运输企业应当对承运的货物进行安全检查，并不得有下列行为：

（一）在非危险品办理站、专用线、专用铁路承运危险货物；

（二）未经批准承运超限、超长、超重、集重货物；

（三）承运拒不接受安全检查的物品；

（四）承运不符合安全规定、可能危害铁路运输安全的其他物品。

第五十条　办理危险货物铁路运输的承运人，应当具备下列条件：

（一）有按国家规定标准检测、检验合格的专用设施、设备；

（二）有符合国家规定条件的驾驶人员、技术管理人员、装卸人员；

（三）有健全的安全管理制度；

（四）有事故处理应急预案。

第五十五条　运输危险货物应当按照国家规定，使用专用的设施、设备，托运人应当配备必要的押运人员和应急处理器材、设备、防护用品，并且使危险货物始终处于押运人员的监管之下，发生被盗、丢失、泄漏等情况，应当按照国家有关规定及时报告。

第五十六条　办理危险货物运输的工作人员及装卸人员、押运人员应当掌握危险货物的性质、危害特性、包装容器的使用特性和发生意外时的应急措施。

危险货物承运单位的主要负责人和安全生产管理人员，应当经铁路管理机构对其安全生产知识和管理能力考核合格后方可任职。

第五十七条　危险货物的托运人和承运人应当按照国家规定的操作规程包装、装卸、运输，防止危险货物泄漏、爆炸。

第六章　法律责任

第八十六条　违反本条例第三十六条规定的，由国务院铁路主管部门责令改正，处2万元以上20万元以下的罚款。

第八十七条　违反本条例第三十八条规定，使用未经检测、检验合格的铁路道岔及其转辙设备、铁路通信信号控制软件及控制设备、铁路牵引供电设备的，由国务院铁路主管部门责令改正，处2万元以上20万元以下的罚款。

第九十二条 违反本条例第四十九条规定的，由国务院铁路主管部门处2万元以上10万元以下的罚款。

第九十五条 违反本条例第五十五条规定的，由公安机关依法给予行政处罚。

第九十六条 违反本条例第五十七条、第五十八条规定的，由国务院铁路主管部门或者铁路管理机构处2万元以上10万元以下的罚款。

6. 中华人民共和国水路运输管理条例（节选）

1987年5月12日国务院发布，根据1997年12月3日《国务院关于修改〈中华人民共和国水路运输管理条例〉的决定》第一次修订，根据2008年12月27日《国务院关于修改〈中华人民共和国水路运输管理条例〉的决定》第二次修订。

《中华人民共和国水路运输管理条例》的主要相关要求如下：

第二条 本条例适用于在中华人民共和国沿海、江河、湖泊及其他通航水域内从事水路运输和水路运输服务业务的单位和个人。

第四条 交通部主管全国水路运输事业，各地交通主管部门主管本地区的水路运输事业。各地交通主管部门可以根据水路运输管理业务的实际情况，设置航运管理机构。

第六条 从事水路运输和水路运输服务业务的单位和个人，必须遵守国家有关法律、法规及交通部发布的水路运输规章。

第七条 未经中华人民共和国交通部准许，外资企业、中外合资经营企业、中外合作经营企业不得经营中华人民共和国沿海、江河、湖泊及其他通航水域的水路运输。

第八条 设立水路运输企业、水路运输服务企业以及水路运输企业以外的单位和个人从事营业性运输，由交通主管部门根据本争例的有关规定和社会运力运量综合平衡情况审查批准。审批办法由交通部规定。

对水路运输行业管理影响较大的非营业性船舶运输的审批办法，由交通部会同有关部门另行规定。

第十三条 交通主管部门对批准设立的水路运输企业和其他从事营业性运输的单位、个人，发给运输许可证；对批准设立的水路运输服务企业，发给运输服务许可证。

第十四条 取得运输许可证和运输服务许可证的单位和个人，凭证向当地工商行政管理机关申请营业登记，经核准领取营业执照后，方可开业。

7. 中华人民共和国船舶和海上设施检验条例（节选）

1993年2月14日中华人民共和国国务院令第109号发布，自发布之日起施行。

《中华人民共和国船舶和海上设施检验条例》的主要相关要求如下：

第二条 本条例适用于：

（一）在中华人民共和国登记或者将在中华人民共和国登记的船舶（以下简称中国籍船舶）；

（二）根据本条例或者国家有关规定申请检验的外国籍船舶；

（三）在中华人民共和国沿海水域内设置或者将在中华人民共和国沿海水域内设置的海上设施（以下简称海上设施）；

（四）在中华人民共和国登记的企业法人所拥有的船运货物集装箱（以下简称集装箱）。

第三条 中华人民共和国船舶检验局（以下简称船检局）是依照本条例规定实施各项检验工作的主管机构。

经国务院交通主管部门批准，船检局可以在主要港口和工业区设置船舶检验机构。

经国务院交通主管部门和省、自治区、直辖市人民政府批准，省、自治区、直辖市人民政府交通主管部门可以在所辖港口设置地方船舶检验机构。

第四条　中国船级社是社会团体性质的船舶检验机构，承办国内外船舶、海上设施和集装箱的入级检验、鉴证检验和公证检验业务；经船检局授权，可以代行法定检验。

第十七条　集装箱的所有人或者经营人，必须向船检局设置或者指定的船舶检验机构申请下列检验：

（一）制造集装箱时，申请制造检验；

（二）使用中的集装箱，申请定期检验。

第十八条　集装箱经检验合格后，船舶检验机构应当按照规定签发相应的检验证书。

1.3.3 部门规章

1. 特种设备作业人员监督管理办法（节选）

国家质量监督检验检疫总局第140号令，《国家质量监督检验检疫总局关于修改〈特种设备作业人员监督管理办法〉的决定》经2010年11月23日国家质量监督检验检疫总局局务会议审议通过，自2011年7月1日起施行，共五章四十一条。

第一章　总则

第二条　锅炉、压力容器（含气瓶）、压力管道、电梯、起重机械、客运索道、大型游乐设施、场（厂）内专用机动车辆等特种设备的作业人员及其相关管理人员统称特种设备作业人员。特种设备作业人员作业种类与项目目录由国家质量监督检验检疫总局统一发布。

从事特种设备作业的人员应当按照本办法的规定，经考核合格取得《特种设备作业人员证》，方可从事相应的作业或者管理工作。

第五条　特种设备生产、使用单位（以下统称用人单位）应当聘（雇）用取得《特种设备作业人员证》的人员从事相关管理和作业工作，并对作业人员进行严格管理。

特种设备作业人员应当持证上岗，按章操作，发现隐患及时处置或者报告。

第二章　考试和审核发证程序

第十条　申请《特种设备作业人员证》的人员应当符合下列条件：

（一）年龄在18周岁以上；

（二）身体健康并满足申请从事的作业种类对身体的特殊要求；

（三）有与申请作业种类相适应的文化程度；

（四）具有相应的安全技术知识与技能；

（五）符合安全技术规范规定的其他要求。

作业人员的具体条件应当按照相关安全技术规范的规定执行。

第十一条（节选）　用人单位应当对作业人员进行安全教育和培训，保证特种设备作业人员具备必要的特种设备安全作业知识、作业技能和及时进行知识更新。作业人员未能参加用人单位培训的，可以选择专业培训机构进行培训。

第三章　证书使用及监督管理

第十九条　持有《特种设备作业人员证》的人员，必须经用人单位的法定代表人（负责人）或者其授权人雇（聘）用后，方可在许可的项目范围内作业。

第二十条　用人单位应当加强对特种设备作业现场和作业人员的管理，履行下列义务：

（一）制订特种设备操作规程和有关安全管理制度；

（二）用人单位可以指定一名本单位管理人员作为特种设备安全管理负责人，具体负责前款规定的相关工作。

（三）聘用持证作业人员，并建立特种设备作业人员管理档案；

（四）对作业人员进行安全教育和培训；

（五）确保持证上岗和按章操作；

（六）提供必要的安全作业条件；

（七）其他规定的义务。

第二十一条　特种设备作业人员应当遵守以下规定：

（一）作业时随身携带证件，并自觉接受用人单位的安全管理和质量技术监督部门的监督检查；

（二）积极参加特种设备安全教育和安全技术培训；

（三）严格执行特种设备操作规程和有关安全规章制度；

（四）拒绝违章指挥；

（五）发现事故隐患或者不安全因素应当立即向现场管理人员和单位有关负责人报告；

（六）其他有关规定。

第二十二条　《特种设备作业人员证》每4年复审一次。持证人员应当在复审期届满3个月前，向发证部门提出复审申请。对持证人员在4年内符合有关安全技术规范规定的不间断作业要求和安全、节能教育培训要求，且无违章操作或者管理等不良记录、未造成事故的，发证部门应当按照有关安全技术规范的规定准予复审合格，并在证书正本上加盖发证部门复审合格章。

复审不合格、逾期未复审的，其《特种设备作业人员证》予以注销。

第二十五条　任何单位和个人不得非法印制、伪造、涂改、倒卖、出租或者出借《特种设备作业人员证》。

第四章　罚则

第三十一条　有下列情形之一的，责令用人单位改正，并处1000元以上3万元以下罚款：

（一）违章指挥特种设备作业的；

（二）作业人员违反特种设备的操作规程和有关的安全规章制度操作，或者在作业过程中发现事故隐患或者其他不安全因素未立即向现场管理人员和单位有关负责人报告，用人单位未给予批评教育或者处分的。

第三十二条　非法印制、伪造、涂改、倒卖、出租、出借《特种设备作业人员证》，或者使用非法印制、伪造、涂改、倒卖、出租、出借《特种设备作业人员证》的，处1000元以下罚款；构成犯罪的，依法追究刑事责任。

第三十六条　特种设备作业人员未取得《特种设备作业人员证》上岗作业，或者用人单位未对特种设备作业人员进行安全教育和培训的，按照《特种设备安全监察条例》第七十七条的规定对用人单位予以处罚。

特种设备作业人员作业种类与项目对比见下表。

特种设备作业人员作业种类与项目对比表

140号令规定的作业项目和代号		对应原70号令中的作业项目
作业项目	项目代号	
特种设备安全管理负责人	A1	

（续）

140 号令规定的作业项目和代号		对应原 70 号令中的作业项目
特种设备质量管理负责人	A2	
锅炉压力容器压力管道安全管理	A3	锅炉安全管理 压力容器安全管理 压力管道安全管理 气瓶充装安全管理
固定式压力容器操作	R1	压力容器操作
移动式压力容器充装	R2	压力容器操作中的罐车充装
带压封堵	D2	
带压密封	D3	压力容器操作中和压力管道操作中的带压密封

2. 锅炉压力容器压力管道特种设备安全监察行政处罚规定（节选）

国家质量监督检验检疫总局令第 14 号，经 2001 年 12 月 29 日国家质量监督检验检疫总局局务会审议通过，自 2002 年 3 月 1 日起施行，共十八条。

第二条　国家质量监督检验检疫总局和各地质量技术监督部门对特种设备设计、制造、安装、充装、检验、修理、改造、维修保养、化学清洗等违法行为实施行政处罚，应当遵守本规定。

第十一条　制造、销售、使用等环节违反规定，责令其对设备进行必要的技术处理；设备存在事故隐患，无修理、改造价值的，予以判废、监督销毁。

第十二条　违反设备设计、制造、安装、使用、检验、修理、改造等有关法律、法规规定，造成事故的，依据有关规定进行处理；构成犯罪的，依法追究刑事责任。

第十六条　被检查者对行政处罚不服的，可以依法提请行政复议或者行政诉讼。

3. 特种设备事故报告和调查处理规定（节选）

经 2009 年 5 月 26 日国家质量监督检验检疫总局局务会议审议通过，2009 年 7 月 3 日总局第 115 号令予以公布施行，共七章四十九条。

第一章　总则

第一条　为了规范特种设备事故报告和调查处理工作，及时准确查清事故原因，严格追究事故责任，防止和减少同类事故重复发生，根据《特种设备安全监察条例》和《生产安全事故报告和调查处理条例》，制定本规定。

第二条　特种设备制造、安装、改造、维修、使用（含移动式压力容器、气瓶充装）、检验检测活动中发生的特种设备事故，其报告、调查和处理工作适用本规定。

第二章　事故定义、分级和界定

第六条　本规定所称特种设备事故，是指因特种设备的不安全状态或者相关人员的不安全行为，在特种设备制造、安装、改造、维修、使用（含移动式压力容器、气瓶充装）、检验检测活动中造成的人员伤亡、财产损失、特种设备严重损坏或者中断运行、人员滞留、人员转移等突发事件。

第七条　按照《特种设备安全监察条例》的规定，特种设备事故分为特别重大事故、重大事故、较大事故和一般事故。

第三章　事故报告

第十条　发生特种设备事故后，事故现场有关人员应当立即向事故发生单位负责人报告；事故发生单位的负责人接到报告后，应当于1小时内向事故发生地的县以上质量技术监督部门和有关部门报告。

情况紧急时，事故现场有关人员可以直接向事故发生地的县以上质量技术监督部门报告。

第十二条　报告事故应当包括以下内容：

（一）事故发生的时间、地点、单位概况以及特种设备种类；

（二）事故发生初步情况，包括事故简要经过、现场破坏情况、已经造成或者可能造成的伤亡和涉险人数、初步估计的直接经济损失、初步确定的事故等级、初步判断的事故原因；

（三）已经采取的措施；

（四）报告人姓名、联系电话；

（五）其他有必要报告的情况。

第十三条　质量技术监督部门逐级报告事故情况，应当采用传真或者电子邮件的方式进行快报，并在发送传真或者电子邮件后予以电话确认。

特殊情况下可以直接采用电话方式报告事故情况，但应当在24小时内补报文字材料。

第十四条　报告事故后出现新情况的，以及对事故情况尚未报告清楚的，应当及时逐级续报。

续报内容应当包括：事故发生单位详细情况、事故详细经过、设备失效形式和损坏程度、事故伤亡或者涉险人数变化情况、直接经济损失、防止发生次生灾害的应急处置措施和其他有必要报告的情况等。

自事故发生之日起30日内，事故伤亡人数发生变化的，有关单位应当在发生变化的当日及时补报或者续报。

第四章　事故调查

第十八条　发生特种设备事故后，事故发生单位及其人员应当妥善保护事故现场以及相关证据，及时收集、整理有关资料，为事故调查做好准备；必要时，应当对设备、场地、资料进行封存，由专人看管。

因抢救人员、防止事故扩大以及疏通交通等原因，需要移动事故现场物件的，负责移动的单位或者相关人员应当做出标志，绘制现场简图并做出书面记录，妥善保存现场重要痕迹、物证。有条件的，应当现场制作视听资料。

事故调查期间，任何单位和个人不得擅自移动事故相关设备，不得毁灭相关资料、伪造或者故意破坏事故现场。

第二十八条　事故调查组有权向有关单位和个人了解与事故有关的情况，并要求其提供相关文件、资料。有关单位和个人不得拒绝，并应当如实提供特种设备及事故相关的情况或者资料，回答事故调查组的询问，对所提供情况的真实性负责。

事故发生单位的负责人和有关人员在事故调查期间不得擅离职守，应当随时接受事故调查组的询问，如实提供有关情况或者资料。

第三十条　事故调查组根据事故的主要原因和次要原因，判定事故性质，认定事故责任。

事故调查组根据当事人行为与特种设备事故之间的因果关系以及在特种设备事故中的影响程度，认定当事人所负的责任。当事人所负的责任分为全部责任、主要责任和次要责任。

当事人伪造或者故意破坏事故现场、毁灭证据、未及时报告事故等，致使事故责任无法认定的，应当承担全部责任。

第五章 事故处理

第三十四条 依照《特种设备安全监察条例》的规定，省级质量技术监督部门组织的事故调查，其事故调查报告报省级人民政府批复，并报国家质检总局备案；市级质量技术监督部门组织的事故调查，其事故调查报告报市级人民政府批复，并报省级质量技术监督部门备案。

国家质检总局组织的事故调查，事故调查报告的批复按照国务院有关规定执行。

第三十六条 质量技术监督部门及有关部门应当按照批复，依照法律、行政法规规定的权限和程序，对事故责任单位和责任人员实施行政处罚，对负有事故责任的国家工作人员进行处分。

第三十七条 事故发生单位应当落实事故防范和整改措施。防范和整改措施的落实情况应当接受工会和职工的监督。

事故发生地质量技术监督部门应当对事故责任单位落实防范和整改措施的情况进行监督检查。

第三十九条 事故调查的有关资料应当由组织事故调查的质量技术监督部门立档永久保存。

立档保存的材料包括现场勘察笔录、技术鉴定报告、重大技术问题鉴定结论和检测检验报告、尸检报告、调查笔录、物证和证人证言、直接经济损失文件、相关图纸、视听资料、事故调查报告、事故批复文件等。

第六章 法律责任

第四十四条 发生特种设备特别重大事故，依照《生产安全事故报告和调查处理条例》的有关规定实施行政处罚和处分；构成犯罪的，依法追究刑事责任。

第四十五条 发生特种设备重大事故及其以下等级事故的，依照《特种设备安全监察条例》的有关规定实施行政处罚和处分；构成犯罪的，依法追究刑事责任。

第四十六条 发生特种设备事故，有下列行为之一，构成犯罪的，依法追究刑事责任；构成有关法律法规规定的违法行为的，依法予以行政处罚；未构成有关法律法规规定的违法行为的，由质量技术监督部门等处以4000元以上2万元以下的罚款：

（一）伪造或者故意破坏事故现场的；

（二）拒绝接受调查或者拒绝提供有关情况或者资料的；

（三）阻挠、干涉特种设备事故报告和调查处理工作的。

1.3.4 安全技术规范

1. 移动式压力容器安全技术规范背景

移动式压力容器涉及多种运输方式的安全管理，如交通运输安全管理（铁路、公路、水路或其联运等）、公安消防安全管理（道路运输、充装、卸载等）、特种设备安全使用管理（设计、制造、充装、监督管理等）、危险化学品安全运输管理（剧毒介质的运输、使用许可）等，管理复杂，牵涉面广，移动式压力容器一旦发生交通事故，对社会的公共安全影响较大、对环境的危害较严重，为了更好地规范移动式压力容器行业各个环节（设计、制造、改造、维修、使用、充装、检验检测、运输等）的监督管理，现行的安全技术法规修订了1994版《液化气体汽车罐车安全监察规程》（以下简称《汽规》）和1999版《压力容器安全技术监察规程》（以下简称《容规》）的移动式压力容器部分时，根据国家质量监督检验检疫总局（以下简称国家质检总局）的计划安排，将“固定式”和“移动式”压力容器分开，分别制定TSG R0004—2009《固定式压力容器安全技术监察规程》（以下简称《固定容规》，已于2009年发布执行）和TSG R0005—2011《移动式压力容器安全技术监察规程》（以下简称《移动容规》）。

我国移动式压力容器在安全监察管理上，按 TSG R1001—2008《压力容器压力管道设计许可规则》和国家质检总局［2002］第 22 号令《锅炉压力容器制造监督管理办法》的特种设备许可规则分为三大类产品，即铁路罐车（C1 级）、汽车罐车（C2 级，含长管拖车）、罐式集装箱（C3 级，含管束式集装箱），按国家质检总局国质检锅［2004］31 号《特种设备目录》的特种设备编码规则分为五大品种，即铁路罐车（2210）、汽车罐车（2220）、长管拖车（2230）、罐式集装箱（2240）、管束式集装箱（2250）。

移动式压力容器具有装载量大、运输手段灵活、运营成本低、汽车罐车和罐式集装箱门到门运输等特点，并可进行公路、铁路、水路的运输，对于罐式集装箱和管束式集装箱还可以实现这些运输方式的联运。

移动式压力容器主要是由承压容器、管路、安全附件及走行装置（或者无动力半挂行走机构、定型汽车底盘、框架等）等装置或部件组成，以实现物流转移为目的的罐式或者瓶式运输装备，它们主要用于运输能源化工行业和城市燃气供应系统的工业原料、初级产品、工业及民用燃料等，诸如液氨、丙烯、混合液化石油气、丙烷、液氯、丁二烯、液化天然气、液氧、液氮等压缩气体、液化气体和冷冻液化气体等，这些介质广泛应用于石油和化学工业、航天航空工业、电子与机械工业、食品与烟草工业、医疗、造纸印染行业及城市交通、民用燃料的燃气供应等许多领域，并且该类介质绝大部分为易燃、易爆、有毒、剧毒或具有较强的腐蚀性等危险特性，所以无论是我国还是世界各国的政府管理部门对移动式压力容器的安全性能都有较高的要求，其设计、制造、检验、使用、充装、维修改造及在役检验等所有环节均实行法定的强制性监督管理。

我国移动式压力容器行业发展至今已有 50 多年历史。该行业的发展从无到有、从小规模制造到大规模批量生产，为我国经济的发展、综合国力的逐步壮大做出了不可磨灭的贡献。由于汽车罐车、铁路罐车及罐式集装箱等产品本身具有不同的运输方式等特点，分属于政府不同的行业管理部门，各行业主管部门从各自的管理职能和要求出发，制定了一些安全技术规范、行业或部门规章、规范性文件和标准，在一定历史阶段起到了相当重要的作用。但是，随着我国经济和管理体制的改革以及移动式压力容器技术的发展，原有的一些标准、法规存在的重复与交叉、介质覆盖面较窄、技术水平参差不齐、安全要求和管理要求不统一等问题日益凸现，更存在有些技术要求和管理要求明显与国际规范不协调或者低于相应国际规范，带来国际交流和国际贸易的障碍等问题。

我国移动式压力容器中液化气体铁路罐车首部规范性文件，是由原化工部于 1978 年颁布的，名称为《液化气体铁路槽车技术监察暂行规定》（以下简称《暂行规定》）。《暂行规定》以原国家劳动总局《压力容器安全技术监察规程》及行业标准 JB 741—1980《钢制焊接压力容器技术条件》（送审稿）为基础，结合当时国内液化气体铁路罐车的实际设计、制造及管理要求编制的，经 4 年执行后，原化工部于 1982 年结合执行中遇到的有关问题对《暂行规定》进行了第一次修订，并以［82］化调字第 316 号文下发，名称为《液化气体铁路槽车安全管理规定》（以下简称《管理规定》），同时原国家劳动总局锅炉压力容器安全监察局以［82］劳锅字第 22 号文予以确认并转发。1987 年化工部针对《管理规定》在实际执行中出现的新问题进行了第二次修订，并以［87］化生字第 1174 号文下发，名称为《液化气体铁路罐车安全管理规程》，该规程因化工部的撤销和政府职能的转移，再也没有进行过正式的修订，一直执行至今。

我国移动式压力容器中液化气体汽车罐车（原名称为汽车槽车）的首部规范性文件，是原国家劳动总局 1981 年制定的。1980 年，为了加强对液化石油气汽车槽车的安全管理，保障人民生命和财产的安全，适应现代化建设的需要，原国家劳动总局会同有关部门经过反复调查研究，拟定了《液化石油气汽车槽车安全管理规定》（以下简称《槽车管理规定》），并广泛地征求了设计、制造及使用单位的意见，于1981年颁布。《槽车管理规定》仅适用于充装液化石油气介质的汽车罐车的设计、制造及管理，为此，原国家劳动部于1991年开始编制《液化气体汽车罐车安全监察规程》（以下简称《罐车规程》），1994年6月20日以劳部发［1994］262号颁发，并于1995年1月1日起实施，该规程将介质范围扩大到液化气体介质，同时，《罐车规程》结合当时国内液化气体汽车罐车的实际设计、制造及管理水平，对液化气体汽车罐车的材料、设计、制造、充装、运输、使用、检验、修理、改造等诸多环节，从安全管理及监察的角度均提出了较为详细的要求，对提高我国液化气体汽车罐车设计、制造等技术水平起到了积极的推进作用。

我国移动式压力容器中罐式集装箱的设计、制造起步较晚，但发展较快，尤其是石油、化工、制药等行业的快速发展，使我国危险货物物流量得到快速增长，全球贸易一体化为我国罐式集装箱制造业创造了良好的机遇，危险货物罐式集装箱的制造产业逐渐向我国转移。近几年，我国制造的危险货物罐式集装箱的品种和数量不断增加，已经占据了全球的主导地位。为了进一步贯彻执行国务院颁布的《危险化学品安全管理条例》及国务院国阅［2005］81号《研究加强危险化学品安全管理有关问题的会议纪要》的有关要求，在我国履行加入WTO的承诺，履行1972年《国际集装箱安全公约》缔约国义务，适应联合国经社理事会UN-16《关于危险货物运输的建议书—规章范本》（以下简称联合国UN-16）要求的背景下，依据我国现有法规，参照国际规则或规范，制定适合我国国情的危险货物罐式集装箱的安全技术规范，对落实国务院有关工作会议要求，促进我国国民经济和国际贸易的快速发展，保障人民生命和财产的安全，保护环境，具有非常重要意义。

我国移动式压力容器中长管拖车和管束式集装箱的设计制造是一个新兴的、发展迅速的朝阳产业。长管拖车和管束式集装箱主要以运输压缩气体类介质为主，如天然气（CNG）等。天然气作为一种洁净的能源，是公认的未来世界普遍采用的燃料，它相对于电力、煤炭、燃油等“化石燃料”经济性明显，加之价格稳定，近年来天然气需求量节节攀升。据有关部门分析，未来几年随着“西气东输”“海气登陆”“川气东送”“俄气南送”等工程的实施及延伸，我国天然气需求增长将快于煤炭和石油。按照国家能源专项规划，2010年天然气在能源总需求构成中的比重约为6%，需求达到900亿m^3，预计2020年需求量将达到2000亿m^3，未来我国的天然气的需求将出现井喷式发展，新兴能源市场需求的快速发展，为我国燃气运输装备制造行业提供了广阔的发展空间。目前，我国长管拖车和管束式集装箱的设计和制造还没有相应的安全技术规范、国家标准和行业标准可遵循，为了满足国内市场对该类产品的需求，大多数长管拖车和管束式集装箱的制造企业均是采用借鉴国际规范（如美国DOT认证等）制定企业标准的方法进行设计、制造、检验与试验。

我国真空绝热罐体的移动式压力容器行业是一个发展非常迅速的高起点行业，特别是随着经济快速发展，各种气体已广泛使用在机械制造、冶金、医药、化工、环保、生物工程、动力、食品和航天航空工业等领域中。由于工业快速发展带来能源短缺和环境保护等问题，对绿色能源——天然气的需求，已放在突出位置，再加上世界上排名前十位的气体公司均已进入我国市场，已形成了规模宏大的工业气体市场，且每年以10%以上的增长速度发展，同时气体产品种类越来越丰富，如氧、氮、氩、氦、氢气、二氧化碳以及液化天然气等。随着气体工业的迅速发展，加上世界制造业的调整，移动式压力容器的制造正在向我国转移，进而也带动了我国真空绝热罐体的移动式压力容器行业科技水平的不断提高和快速发展。真空绝热罐体的绝热形式已从堆积绝热和真空粉末绝热型向高真空多层绝热形式发展，既解决了真空粉末绝热层沉降的问题，又使容器的绝热性能大大提高，其支撑结构由吊拉带结构向支撑绝热结构变化，使产品更安全；

同时，在全国锅炉压力容器标准化技术委员会的组织下已经完成了相应的行业标准的制定工作（如JB/T4783和JB/T4784），但相应的安全技术规范的制定和修订明显滞后，原仅有1994版《液化气体汽车罐车安全监察规程》和1999版《压力容器安全技术监察规程》（移动式压力容器部分）。

移动式压力容器按照《特种设备安全监察条例》的规定，属于特种设备的一种。我国特种设备的安全监察的规范性管理起步较早，1960年原劳动部制定了第一个特种设备安全监察规范，即第一版的《蒸汽锅炉安全监察规程》。1979年，由于连续发生锅炉压力容器爆炸事故，国务院发出通报，并于当年批转当时的国家劳动总局报告，要求健全锅炉压力容器安全监察机构和加强安全监察工作，建立国家检测中心，并且批转全国安全监察机构增加编制800人。同时，开始了安全监察法规的起草。1982年2月6日，国务院颁布了《锅炉压力容器安全监察暂行条例》（以下简称《暂行条例》），奠定了我国锅炉压力容器安全监察的法制基础。为贯彻落实《暂行条例》的实施，原锅炉压力容器安全监察局根据《暂行条例》第二十三条授权规定，制定了《〈锅炉压力容器安全监察暂行条例〉实施细则》，由原劳动人事部于1982年8月7日颁布。以后陆续颁布了有关的部门规章、规范性文件（如1991年劳动部颁布《起重机械安全监察规定》等），建立了我国的锅炉压力容器等特种设备安全监察制度。《暂行条例》的实施，对规范锅炉压力容器安全监察工作，明确锅炉压力容器企业的安全义务，降低并减少当时高发的锅炉压力容器事故，保护人民群众生命财产安全起到了非常重要的作用。但是，《暂行条例》实施20年来，我国经济的发展和形势发生了巨大的变化，这些变化，使《暂行条例》暴露出在新形势下存在的许多方面不适应的问题，为了解决这些问题，2001年启动了对《暂行条例》的修订工作。2003年3月，国务院颁布了《特种设备安全监察条例》（第373号国务院令，以下简称《条例》），自2003年6月1日起施行，原《锅炉压力容器安全监察暂行条例》同时废止。2003年《条例》颁布后，于2007年启动修订工作，进行实施后评估，并于2009年1月14日国务院第46次常务会议通过修订案，2009年1月24日第549号国务院令发布，2009年5月1日施行。在新修订的《条例》中，增加高耗能特种设备节能监管内容；明确特种设备事故分级、特种设备安全监督管理部门事故调查的主体职责；进一步明确特种设备安全监察范围，将场（厂）内专用机动车辆的安全监察纳入条例调整范围；下放特种设备审批权限；明确行政许可的收费依据；将水处理的要求加入等。《条例》首次规定特种设备的生产、使用、检验等单位，应当依照国务院特种设备安全监督管理部门制定并公布的安全技术规范的要求，进行相应的活动，提出了特种设备安全技术规范的概念。现行的《移动式压力容器安全技术监察规程》就是关于移动式压力容器基本安全要求和管理要求的综合性安全技术规范。

由于移动式压力容器涉及多种运输方式的安全管理，所以移动式压力容器安全技术规范的基本安全要求不但要满足《特种设备安全监察条例》的规定，根据运输方式的不同，还应当满足《中华人民共和国安全生产法》《中华人民共和国道路交通安全法》《中华人民共和国铁路法》以及国务院颁布的《危险化学品安全管理条例》《铁路运输安全保护条例》《公路安全保护条例》《中华人民共和国道路运输条例》《中华人民共和国水路运输管理条例》和《中华人民共和国船舶和海上设施检验条例》等法律法规、条例的规定。

2. 现行的移动式压力容器安全技术规范

（1）TSG R0005—2011《移动式压力容器安全技术监察规程》（节选）

由国家质量监督检验检疫总局2011年11月15日颁布，2012年6月1日起实施，共十章，附件8个。2014年12月26日质检总局颁布了对该规程的第1号修改单。

说明：对于需要掌握的有关移动式压力容器罐体材料、设计、制造、改造与维修、定期检验、安全附件和装卸附件的要求，见本教材其他相应章节的知识内容。

第一章 总则

1.2 移动式压力容器

移动式压力容器是指由罐体（注1-1）或者大容积钢质无缝气瓶（以下简称气瓶，注1-2）与走行装置或者框架采用永久性连接组成的运输装备，包括铁路罐车、汽车罐车、长管拖车、罐式集装箱和管束式集装箱等。

注1-1：罐体是指铁路罐车、汽车罐车、罐式集装箱中用于充装介质的压力容器，其设计制造按照本规程的有关规定进行。

注1-2：气瓶是指长管拖车、管束式集装箱中用于充装介质的压力容器，其设计制造按照《气瓶安全监察规程》的有关规定进行。

1.3 适用范围

1.3.1 适用范围的一般规定

本规程适用于同时具备下列条件的移动式压力容器：

（1）具有充装与卸载（以下简称装卸）介质功能，并且参与铁路、公路或者水路运输（注1-3）；

（2）罐体工作压力大于或者等于0.1MPa，气瓶公称工作压力大于或者等于0.2MPa（注1-4）；

（3）罐体容积大于或者等于450L，气瓶容积大于或者等于150L且气瓶容积之和不小于3000L（注1-5）；

（4）充装介质为气体（注1-6）以及最高工作温度高于或者等于其标准沸点（注1-7）的液体（注1-8）。

注1-3：具有装卸介质功能，仅在装置或者场区内移动使用，不参与铁路、公路或者水路运输的压力容器按照固定式压力容器管理。

注1-4：工作压力，是指移动式压力容器在正常工作情况下，罐体顶部可能达到的最高压力；公称工作压力，是指在基准温度（20℃）下，气瓶内压缩气体达到完全均匀状态时的限定压力。本规程所指压力除注明外均为表压力。

注1-5：容积，是指移动式压力容器单个罐体或者单个气瓶的几何容积，按照设计图样标注的尺寸计算（不考虑制造公差）并且圆整，一般需要扣除永久连接在容器内部的内件的体积。

注1-6：气体，是指在50℃时，蒸气压力大于0.3MPa（绝压）的物质或者20℃时在0.1013MPa（绝压）标准压力下完全是气态的物质。按照运输时介质物理状态的不同，气体可以分为压缩气体、高（低）压液化气体、冷冻液化气体等。其中：

①压缩气体，是指在-50℃下加压时完全是气态的气体，包括临界温度低于或者等于-50℃的气体；

②高（低）压液化气体，是指在温度高于-50℃下加压时部分是液态的气体，包括临界温度在-50～65℃的高压液化气体和临界温度高于65℃的低压液化气体（以下通称为液化气体）；

③冷冻液化气体，是指在运输过程中由于温度低而部分呈液态的气体（临界温度一般低于或者等于-50℃）。

注1-7：移动式压力容器罐体内介质为最高工作温度低于其标准沸点的液体时，如果气相空间的容积与工作压力的乘积大于或者等于2.5MPa·L时，也属于本规程的适用范围。

注1-8：液体，是指在50℃时蒸气压力小于或者等于0.3MPa（绝压），或者在20℃和0.1013MPa（绝压）压力下不完全是气态，或者在0.1013MPa（绝压）标准压力下熔点或者起始熔点等于或者低于20℃的物质。

1.3.2　适用范围的特殊规定

(1) 本规程适用范围内的铁路罐车，还应当满足附件 A 的规定；

(2) 本规程适用范围内的汽车罐车（注 1-9），还应当满足附件 B 的规定；

(3) 本规程适用范围内的罐式集装箱，还应当满足附件 C 的规定；

(4) 本规程适用范围内的移动式压力容器上的真空绝热罐体，还应当满足附件 D 的规定；

(5) 本规程适用范围内的长管拖车（注 1-10）和管束式集装箱，还应当满足附件 E 的规定。

注 1-9：本规程所指汽车罐车除注明外，是汽车罐车（单车）和汽车罐车（半挂车）的总称。

注 1-10：本规程所指长管拖车除注明外，是长管拖车（单车）和长管拖车（半挂车）的总称。

1.4　不适用范围

本规程不适用于下列移动式压力容器：

(1) 罐体或者气瓶为非金属材料制造的；

(2) 正常运输使用过程中罐体工作压力小于 0.1MPa（包括在装卸介质过程中需要瞬时承受压力大于或者等于 0.1MPa）的。

1.5　移动式压力容器范围的界定

本规程适用的移动式压力容器，除罐体或者气瓶、管路、安全附件、装卸附件外，其范围还包括走行装置或者框架等。

1.5.1　罐体或者气瓶罐体或者气瓶界定在下述范围内：

(1) 罐体与管路焊接连接的第一道环向接头的坡口面，罐体或者气瓶与管路、安全附件螺纹连接的第一个螺纹接头端面、法兰连接的第一个法兰密封面；

(2) 罐体或者气瓶开孔部分的端盖、端塞及其紧固件；

(3) 罐体与非受压元件的连接焊缝。

罐体中的主要受压元件包括筒体、封头以及公称直径大于或者等于 50mm 的接管、凸缘、法兰、法兰盖板等。

1.5.2　管路

移动式压力容器的管路包括所有与罐体或者气瓶相连接的管子与管件。

1.5.3　安全附件

移动式压力容器的安全附件包括安全泄放装置、紧急切断装置、压力测量装置、液位测量装置、温度测量装置、阻火器、导静电装置等。

1.5.4　装卸附件

移动式压力容器的装卸附件包括装卸阀门、装卸软管和快速装卸接头（以下简称快装接头）等。

1.6　与技术标准、管理制度的关系（节选）

(1) 本规程规定了移动式压力容器的基本安全要求，有关移动式压力容器的技术标准、管理制度等，不得低于本规程的要求。

第五章　使用管理

5.1　移动式压力容器使用登记

(1) 在移动式压力容器投入使用前，使用单位应当按照《压力容器使用管理规则》（TSG R5002）的要求，并且按照铭牌和产品数据表规定的一种介质，逐台向产权单位所在地（对于有汽车牌照的应当与其注册地一致）的直辖市或者设区的市质量技术监督部门（以下简称使用登记机关）办理《特种设备使用登记证》（以下简称《使用登记证》）及电子记录卡；登记标志的放置位置应当符合有关规定；

（2）移动式压力容器计划长期停用（指停用1年及以上，下同）的，使用单位应当按照规定向使用登记机关申请报停，并且将使用登记证及电子记录卡交回使用登记机关；长期停用后重新启用时，应当按照本规程5.9的规定进行定期检验，检验合格后持定期检验报告向使用登记机关申请启用，领取使用登记证；

（3）移动式压力容器需要过户的，使用单位应当按照规定向使用登记机关申请变更《使用登记证》；

（4）移动式压力容器报废时，使用单位应当按照规定向使用登记机关办理注销手续，并且将《使用登记证》及电子记录卡交回使用登记机关。

5.2 使用单位的职责

（1）使用单位是保证移动式压力容器安全运行的责任主体，对移动式压力容器安全使用负责，应当严格执行国家有关法律法规，按照本规程和压力容器使用管理有关安全技术规范的规定，保证移动式压力容器的安全使用；

（2）使用单位应当配备具有移动式压力容器专业知识、熟悉国家相关安全技术规范及其相应标准的工程技术人员作为安全管理人员，安全管理人员应当按照规定取得相应的特种设备作业人员证，负责移动式压力容器的安全管理工作。

5.3 使用单位安全管理

使用单位移动式压力容器的安全管理工作主要包括以下内容：

（1）贯彻执行本规程和移动式压力容器有关的安全技术规范；

（2）建立健全移动式压力容器安全管理制度，制定移动式压力容器安全操作规程；

（3）办理移动式压力容器使用登记，建立移动式压力容器技术档案；

（4）负责移动式压力容器的设计、采购、使用、装卸、改造、维修、报废等全过程的有关管理；

（5）组织开展安全检查、定期自行检查，并且做出记录；

（6）制定移动式压力容器的定期检验计划，安排并且落实定期检验和事故隐患的整治；

（7）按照规定向使用登记机关和主管部门报送当年移动式压力容器数量及变更情况的统计报告、定期检验实施情况报告、存在的主要问题及处理情况报告等；

（8）组织开展移动式压力容器作业人员的教育培训；

（9）制定移动式压力容器事故应急救援专项预案并且组织演练；

（10）按照规定报告移动式压力容器事故，组织、参加移动式压力容器事故的应急救援，协助事故调查和善后处理。

5.4 移动式压力容器技术档案

使用单位应当逐台建立移动式压力容器技术档案并且由其管理部门统一负责保管。技术档案应当包括以下内容：

（1）《使用登记证》及电子记录卡；

（2）《特种设备使用登记表》；

（3）本规程4.1.3规定的移动式压力容器技术文件和资料；

（4）移动式压力容器定期检验报告，以及有关检验的技术文件和资料；

（5）移动式压力容器维修和改造的方案、设计图样、材料质量证明书、施工质量检验技术文件和资料；

(6) 移动式压力容器的日常检查和维护保养与定期自行检查记录、年度检查报告；

(7) 安全附件、装卸附件（如果有）的校验、修理和更换记录；

(8) 有关事故的记录资料和处理报告。

5.5　操作规程

使用单位应当在工艺和岗位操作规程中，明确提出移动式压力容器安全操作要求，操作规程至少包括以下内容：

(1) 移动式压力容器的操作工艺参数，包括工作压力、工作温度范围、最大允许充装量等；

(2) 移动式压力容器的岗位操作方法，包括车辆停放、装卸的操作程序和注意事项；

(3) 移动式压力容器运行中应当重点检查的项目和部位，运行中可能出现的异常现象和防止措施，紧急情况的处置和报告程序；

(4) 移动式压力容器的车辆安全要求，包括车辆状况、车辆允许行驶速度以及运输过程中的作息时间要求。

5.6　作业人员

移动式压力容器的安全管理人员和操作人员应当持有相应的特种设备作业人员证。使用单位应当对移动式压力容器作业人员定期进行安全教育与专业培训并且做好记录，保证作业人员了解所充装介质的性质、危害性和罐体、气瓶的使用特性，具备必要的移动式压力容器安全作业知识、作业技能，及时进行知识更新，确保作业人员掌握操作规程及事故应急措施，按章作业。

对于从事移动式压力容器运输押运的人员，应当取得国务院有关部门规定的资格证书。

5.7　日常检查和维护保养与定期自行检查

使用单位应当做好移动式压力容器的日常检查和维护保养与定期自行检查工作。日常检查和维护保养包括随车作业人员对移动式压力容器的每次出车前、停车后和装卸前后的检查。定期自行检查由使用单位的安全管理人员负责组织，至少每月进行一次。对日常检查和维护保养与定期自行检查中发现的事故隐患，应当及时妥善处理。日常检查和维护保养与定期自行检查应当进行记录。

日常检查和维护保养与定期自行检查至少包括以下内容：

(1) 罐体或者气瓶涂层及漆色是否完好，有无脱落等；

(2) 罐体保温层、真空绝热层是否完好；

(3) 罐体或者气瓶外部的标志是否清晰；

(4) 紧急切断阀以及相关的操作阀门是否置于闭止状态；

(5) 安全附件是否完好；

(6) 装卸附件是否完好；

(7) 紧固件的连接是否牢固可靠、是否有松动现象；

(8) 罐体或者气瓶内压力、温度是否异常及有无明显的波动；

(9) 罐体或者气瓶各密封面有无泄漏；

(10) 随车配备的应急处理器材、防护用品及专用工具、备品备件是否齐全，是否完好有效；

(11) 罐体或者气瓶与走行装置或者框架的连接紧固装置是否完好、牢固。

5.8　异常情况处理

5.8.1　异常情况报告

移动式压力容器发生下列异常现象之一时，操作人员或者押运人员应当立即采取紧急措施，并且按照规定的程序，及时向使用单位的有关部门报告：

(1) 罐体或者气瓶工作压力、工作温度超过规定值，采取措施仍然不能得到有效控制；

(2) 罐体或者气瓶发生裂缝、鼓包、变形、泄漏等危及安全的现象；

(3) 安全附件失灵、损坏等不能起到安全保护的情况；

(4) 管路、紧固件损坏，难以保证安全运行；

(5) 发生火灾等直接威胁到移动式压力容器安全运行；

(6) 充装量超过核准的最大允许充装量；

(7) 充装介质与铭牌和使用登记资料不符；

(8) 真空绝热罐体外表面局部存在严重结冰、结霜或者结露，介质压力和温度明显上升；

(9) 移动式压力容器的走行装置及其与罐体或者气瓶连接部位的零部件等发生损坏、变形等危及安全运行；

(10) 其他异常情况。

5.8.2 隐患处理

使用单位应当对出现故障或者发生异常情况的移动式压力容器及时进行检查处理，消除事故隐患；对存在严重事故隐患，无改造、维修价值的移动式压力容器，应当及时予以报废，并且办理注销手续。

5.9 定期检验

使用单位应当按照本规程第 8 章定期检验的规定和《压力容器定期检验规则》（TSG R7001—2013）的要求，安排并且落实定期检验计划。在使用过程中，移动式压力容器存在下列情况之一的，应当进行全面检验：

(1) 停用 1 年后重新使用的；

(2) 发生事故，影响安全使用的；

(3) 发现有异常严重腐蚀、损伤或者对其安全使用有怀疑的；

(4) 变更使用条件的。

5.10 安全使用要求

(1) 充装易燃、易爆介质的移动式压力容器，在新制造或者改造、维修、检验检测等后的首次充装（以下简称首次充装）前，必须对罐体或者气瓶内介质进行分析检测，不符合规定的应当按照本规程 4.10.2 的规定及产品使用说明书的要求重新进行氮气置换或者抽真空处理，合格后方可投入使用；

(2) 充装介质对含水量有特别要求的移动式压力容器，首次充装前，必须按照产品使用说明书的要求对罐体或者气瓶内含水量进行处理和分析；

(3) 移动式压力容器到达卸载站点后，具备卸载条件的，必须及时卸载；充装易燃、易爆介质的，卸载后罐体或者气瓶内余压不得小于 0.05MPa；

(4) 移动式压力容器卸载作业应当满足本规程第 6 章的相关安全要求，采用压差方式卸载时，接受卸载的固定式压力容器应当设置压力保护装置或者防止压力上升的等效措施；

(5) 除应急救援情况外，禁止移动式压力容器之间相互装卸作业，禁止移动式压力容器直接向气瓶进行充装；

(6) 禁止使用明火直接烘烤或者采用高强度加热的办法对移动式压力容器进行升压或者对冰冻的阀门、仪表和管接头等进行解冻。负责本条第①、②项处理工作的单位，应当向使用单位出具处理和分析结果的证明文件。

5.11 变更移动式压力容器使用条件

变更移动式压力容器使用条件（如变更充装介质、设计参数、最大允许充装量等）应当符合以下要求：

(1) 必须经过原设计单位或者具有相应资质的设计单位书面同意，并且出具设计修改文件；设计修改文件的内容至少包括设计修改说明、必要的检验试验要求、标志要求以及根据实际变更条件所需要的强度校核计算、安全泄放装置排放量计算、设计修改图样及产品使用说明等；

(2) 需要对移动式压力容器结构进行相应改造的，按照本规程第7章相关规定及设计修改文件要求执行；

(3) 不需要对移动式压力容器结构进行相应改造的，使用单位应当向使用登记机关提出书面申请，经具备相应检验资质的检验机构按照5.9的规定及设计修改文件的要求进行相应检验，合格后方可办理使用登记变更手续；

(4) 变更充装介质，如果在原出厂设计文件（竣工图、产品说明书等）允许范围内，按照本条第③项的规定执行；如果不在原出厂设计规定范围内，则根据情况按照本条的相应规定执行；

(5) 变更使用条件，但是未进行本规程7.2所述改造的，可以不更换产品铭牌，由修理单位或者改造单位根据变更后的内容，按照引用标准进行表面涂装及标志等；

(6) 使用条件变更后，使用单位必须将移动式压力容器的变更资料（包括设计单位同意的证明文件、设计修改文件及必要的检验报告等）报使用登记机关备案，并且办理使用登记变更手续。

5.12　临时进口移动式压力容器安全要求

5.12.1　临时进口移动式压力容器

临时进口移动式压力容器，是指产权注册在境外，用以进出口的原料、物料的包装，完成卸载或者充装后复运出境的移动式压力容器。

5.12.2　临时进口移动式压力容器安全管理

临时进口移动式压力容器的使用单位安全管理工作应当符合以下要求：

(1) 制定和执行临时进口移动式压力容器安全管理制度；

(2) 建立临时进口移动式压力容器档案；

(3) 按照规定要求办理临时进口移动式压力容器的通关手续，约请检验机构实施安全性能检验，安全性能检验不合格的临时进口移动式压力容器不得使用；

(4) 满足本规程5.12.4要求，且充装后即出境的临时进口罐式集装箱允许在境内充装，其他的临时进口移动式压力容器需要取得充装所在地省、直辖市或者设区的市的质监部门同意后方可在境内充装。

5.12.3　符合《国际海运危险货物运输规则》的临时进口罐式集装箱（以下简称临时罐箱）的安全管理。

对符合《国际海运危险货物运输规则》，按照该规则进行检验并且检验合格证明文件在有效期内的临时罐箱，如果卸载后或者充装后即出境，可免除5.12.2、5.12.3规定中的安全性能检验。

临时罐箱在境内的使用单位应当自主执行检查并核对产权所在国家（或者地区）官方授权检验机构出具的检验合格证明文件，并且按照本规程相关要求做好日常检查和维护保养工作。

5.12.4　临时进口移动式压力容器安全性能检验

临时进口移动式压力容器安全性能检验应当符合以下要求：

(1) 首次进口的临时进口移动式压力容器，需要查验其产权所在国家（或者地区）官方授权检验机构出具的检验合格证明文件，并且对其产品铭牌、钢印、标志、外观质量以及安全附件等进行安全性能检验，安全性能检验合格有效期为1年；

(2) 经检验合格的临时进口移动式压力容器出境或者再次进口时，如果使用单位能够提供安全性能检验合格证明文件并且在检验有效期内，不再进行安全性能检验。

5.13 运输过程安全作业要求

使用单位应当严格执行国务院有关部门的相关规定，移动式压力容器的运输过程作业安全至少还应当满足以下安全要求：

(1) 公路危险货物运输过程中，除按照有关规定配备具有驾驶人员、押运人员资格的随车人员外，还需配备具有移动式压力容器操作资格的特种设备作业人员，对运输全过程进行监护；

(2) 运输过程中，任何操作阀门必须置于闭止状态；

(3) 快装接口安装盲法兰或者等效装置；

(4) 充装冷冻液化气体介质的移动式压力容器，装卸间隔的时间不得超过其标态维持时间；

(5) 罐式集装箱或者管束式集装箱按照规定的要求进行吊装和堆放。

5.14 随车装备

使用单位应当为操作人员或者押运员配备日常作业必需的安全防护装备、专用工具和必要的备品、备件等，还应当根据所充装介质的危害特性随车配备必需的应急处理器材和个人防护用品。

5.15 随车携带的文件和资料

除随车携带有关部门颁发的各种证书外，还应当携带以下文件和资料：

(1)《使用登记证》及电子记录卡；

(2)《特种设备作业人员证》和有关管理部门的从业资格证；

(3) 液面计指示值与液体容积对照表（或者温度与压力对照表）；

(4) 移动式压力容器装卸记录；

(5) 事故应急专项预案。

5.16 应急救援

使用单位应当制定相应的事故应急专项预案，建立相应的应急救援组织机构，配置与之适应的应急救援装备，并且定期组织演练，演练应当有记录并进行分析总结。

第六章 充装与卸载

6.1 充装许可与安全管理

6.1.1 充装许可

从事移动式压力容器充装的单位（以下简称充装单位）应当具备一定的条件，按照《移动式压力容器充装许可规则》（TSG R4002—2011）要求，取得省、自治区、直辖市质量技术监督部门（以下简称省级质监部门）颁发的移动式压力容器充装许可证，并且在有效期内按照许可的范围从事移动式压力容器的充装工作。

6.1.1.1 充装单位技术力量

充装单位应当配备熟悉法律法规、安全技术规范、技术标准以及充装工艺的技术负责人、安全管理人员、充装人员和检查人员等，并且按照以下要求取得相应项目的《特种设备作业人员证》：

(1) 技术负责人和安全管理人员应当按照《压力容器安全管理人员和操作人员考核大纲》（TSGR 6001—2005）的规定，取得压力容器安全管理人员证书；

(2) 充装人员和检查人员应当按照《压力容器安全管理人员和操作人员考核大纲》的规定，取得移动式压力容器操作人员证书。

6.1.1.2 充装单位资源条件

充装单位的资源条件应当满足《移动式压力容器充装许可规则》的有关要求，人员配备和场地、设施配置应当与其充装规模相适应。

6.1.1.3 充装单位质量保证体系

充装单位应当按照相关法律、法规和安全技术规范的规定建立健全质量保证体系，体系文件中的充装管理制度、安全操作规程以及相应的工作记录应当符合《移动式压力容器充装许可规则》的有关规定。

6.1.2 充装单位的安全管理

充装单位应当对充装作业过程的安全负责，使质量保证体系有效实施，并且按照以下要求实施各项制度：

（1）根据充装介质的危害性为操作人员配备必要的防护用具和用品，进入易燃、易爆介质充装区域的人员，必须穿戴防静电并且阻燃的工作服和防静电鞋；

（2）易燃、易爆、有毒介质的充装系统应当具有充装前置换介质的处理措施及其充装后密闭回收介质的设施，并且符合相关技术规范和标准的要求；

（3）在通风不良并且有可能发生窒息、中毒等危险场所内的操作或者处理故障、维修等活动，必须由2名以上（含2名）的操作人员进行作业，配置自给式空气呼吸器，并且采取监护措施；

（4）在指定部位设置安全警示标志和报警电话；

（5）制订应急专项预案，配备应急救援器材、设备和防护用品。

6.1.3 充装单位的其他要求

充装单位的安全管理除了符合本规程的规定，还应当符合公安、消防、安全生产、环境保护等相关管理部门的规定。

6.2 卸载单位的安全管理

（1）卸载单位应当对卸载作业过程的安全负责，按照相关法律、法规和安全技术规范的规定建立健全安全管理制度，制定安全操作规程，并且确保各项管理制度和操作规程的有效实施；

（2）卸载单位的安全管理人员应当按照《压力容器安全管理人员和操作人员考核大纲》的规定，取得压力容器安全管理人员证书；

（3）卸载单位的移动式压力容器操作人员应当按照《压力容器安全管理人员和操作人员考核大纲》的规定，取得移动式压力容器操作人员证书；

（4）卸载单位应当按照卸载介质的危害性为操作人员配备必要的防护用具和用品；

（5）易燃、易爆、有毒介质的卸载系统应当具有卸载前置换介质的处理措施及其卸载后密闭回收介质的设施，并且符合有关技术规范和相应标准的要求；

（6）在通风不良并且有可能发生窒息、中毒等危险场所内的操作或者故障处理、维修等活动，必须由2名以上（含2名）的操作人员进行作业，配置自给式空气呼吸器，并且采取监护措施；

（7）卸载单位应当制订应急专项预案，配备应急救援设备、器材和防护用品。

6.3 装卸用管

装卸用管应当符合以下要求：

（1）装卸用管与移动式压力容器的连接应当可靠；

（2）有防止装卸用管拉脱的安全保护措施；

（3）所选用装卸用管的材料与充装介质相容，接触液氧等氧化性介质的装卸用管的内表面需要进行脱脂处理和防止油脂污染措施；

(4) 冷冻液化气体介质的装卸用管材料能够满足低温性能要求;

(5) 装卸高(低)压液化气体、冷冻液化气体和液体的装卸用管的公称压力不得小于装卸系统工作压力的2倍,装卸压缩气体的装卸用管公称压力不得小于装卸系统工作压力的1.3倍;装卸用管的最小爆破压力大于4倍的公称压力;装卸用管制造单位需注明软管的设计使用寿命;

(6) 充装单位或者使用单位对装卸用管必须每年进行1次耐压试验,试验压力为装卸用管公称压力的1.5倍,试验结果要有记录和试验人员的签字;

(7) 装卸用管必须标志开始使用日期,其使用年限严格按照有关规定执行。

6.4 装卸工作质量

6.4.1 装卸前检查

装卸前应当对移动式压力容器逐台进行检查,检查是否符合以下要求:

(1) 随车规定携带的文件和资料应当齐全有效,并且装卸的介质应与铭牌和使用登记资料、标志一致;

(2) 首次充装投入使用并且有置换要求的,应当有置换合格报告或者证明文件;

(3) 购买、充装剧毒介质的,应当有剧毒介质(剧毒化学品)的购买凭证、准购证以及运输通行证;

(4) 随车作业人员应当持证上岗,资格证书有效;

(5) 移动式压力容器铭牌与各种标志(包括颜色、环形色带、警示性、介质等)应当符合相关规定,充装的介质与罐体或者气瓶涂装标志一致;

(6) 移动式压力容器应当在定期检验有效期内,安全附件应当齐全、工作状态正常,并且在校验有效期内;

(7) 压力、温度、充装量(或者剩余量)应当符合要求;

(8) 各密封面的密封状态应当完好无泄漏;

(9) 随车防护用具、检查和维护保养、维修(以下简称检修)等专用工具和备品、备件应当配备齐全、完好;

(10) 易燃、易爆介质作业现场应当采取防止明火和防静电措施;

(11) 装卸液氧等氧化性介质的连接接头应当采取避免油脂污染措施;

(12) 罐体或者气瓶与走行装置或者框架的连接应当完好、可靠。

未经检查合格的移动式压力容器不得进入装卸区域进行装卸作业。

6.4.2 装卸过程控制

装卸作业过程的工作质量和安全应当符合以下要求:

(1) 充装人员必须持证上岗,按照规定的装卸工艺规程进行操作,装卸单位安全管理人员进行巡回检查;

(2) 按照指定位置停车,汽车发动机必须熄火,切断车辆总电源,并且采取防止车辆发生滑动的有效措施;

(3) 装卸易燃、易爆介质前,移动式压力容器上的导静电装置与装卸台接地线进行连接;

(4) 装卸接口的盲法兰或者等效装置必须在其内部压力卸尽后卸除;

(5) 使用充装单位专用的装卸用管进行充装,不得使用随车携带的装卸用管进行充装;

(6) 装卸用管与移动式压力容器的连接符合充装工艺规程的要求,连接必须安全可靠;

(7) 装卸不允许与空气混合的介质前,进行管道吹扫或者置换;

(8) 装卸作业过程中,操作人员必须处在规定的工作岗位上;配置紧急切断装置的,操作人员必须位于紧急切断装置的远控系统位置;配置装卸安全连锁报警保护装置的,该装置处于完好的工作状态；

(9) 装卸时的压力、温度和流速符合与所装卸介质相关的技术规范及其相应标准的要求，超过规定指标时必须迅速采取有效措施；

(10) 移动式压力容器充装量（或者充装压力）不得超过核准的最大允许充装量（或者充装压力），严禁超装、错装。

6.4.3　装卸后检查

装卸后的移动式压力容器应当进行检查，检查是否满足以下要求并且进行记录：

(1) 移动式压力容器上与装卸作业相关的操作阀门应当置于闭止状态，装卸连接口安装的盲法兰等装置应当符合要求；

(2) 压力、温度、充装量（或者剩余量）应当符合要求；

(3) 移动式压力容器所有密封面、阀门、接管等应当无泄漏；

(4) 所有安全附件、装卸附件应当完好；

(5) 充装冷冻液化气体的移动式压力容器，其罐体外壁不应存在结露、结霜现象；

(6) 移动式压力容器与装卸台的所有连接件应当分离。

充装完成后，复核充装介质和充装量（或者充装压力），如有超装、错装，充装单位必须立即处理，否则严禁车辆驶离充装单位。

6.4.4　禁止装卸作业要求

凡遇有下列情况之一的，移动式压力容器不得进行装卸作业：

(1) 遇到雷雨、风沙等恶劣天气情况的；

(2) 附近有明火、充装单位内设备和管道出现异常工况等危险情况的；

(3) 移动式压力容器或者其安全附件、装卸附件等有异常的；

(4) 移动式压力容器充装证明资料不齐全、检验检查不合格、内部残留介质不详以及存在其他危险情况的；

(5) 其他可疑情况的。

6.5　装卸记录和充装证明资料

6.5.1　装卸记录

(1) 移动式压力容器装卸作业结束后，充装单位或者卸载单位应当填写充装记录、卸载记录，并且将与充装有关的信息及时写入移动式压力容器的电子记录卡，装卸记录的内容必须真实有效；

(2) 充装记录、卸载记录内容至少包括本规程6.4.1～6.4.4的项目，并且由相应的称重人员、检查人员签字，装卸记录至少保存1年。

6.5.2　充装证明资料

充装完成后，充装单位应当向介质买受方提交以下证明资料：

(1) 充装记录；

(2) 化学品安全技术说明书、危险化学品信息联络卡，按照相应国家标准的规定，注明所充装危险化学品的名称、编号、类别、数量、危害性、应急措施以及充装单位的联系方式等；

(3) 必要时，还应当向介质买受方出具充装介质组分含量检测报告。

附件A

铁路罐车专项安全技术要求

A1.1　资质和职责

铁路罐车的设计和制造单位除按照国家质检总局的规定取得相应的特种设备设计和制造资质外，还应当按照国务院铁路运输主管部门的规定取得相应的产品设计和制造资质。

铁路罐车的设计应当为整车设计，设计单位对整车设计文件的正确性和完整性负责。

铁路罐车的制造应当为整车制造，制造单位对铁路罐车的制造质量负责。

A4 使用管理

达到设计使用年限的罐体按照以下要求处理：

（1）对于已经达到设计使用年限的铁路罐车罐体，但是其罐车未超过国务院铁路运输主管部门规定的使用年限，如果罐体要继续使用，使用单位应当委托具有相应资质的检验机构对其进行检验，检验机构按照定期检验的要求做出检验结论并且评定其安全状况等级，经过使用单位主要负责人批准后，方可继续使用；

（2）铁路罐车使用达到国务院铁路运输主管部门规定的罐车使用年限需要报废时，其罐体随铁路罐车一同报废。

附件 B

汽车罐车专项安全技术要求

B1.1　资质和职责

汽车罐车的设计和制造单位除按照国家质检总局的规定取得相应的特种设备设计和制造资质外，还应当按照国务院汽车行业主管部门的规定取得相应的产品制造资质。

汽车罐车的设计应当为整车设计，设计单位对整车设计文件的正确性和完整性负责。

汽车罐车的制造应当为整车制造，制造单位对汽车罐车的制造质量负责。

B4 使用管理

B4.1　达到设计使用年限的罐体的处理

（1）对于已经达到设计使用年限的汽车罐车罐体，但是其危险品车辆未超过规定使用年限，如果罐体要继续使用，使用单位应当委托具有相应资质的检验机构对其进行检验，检验机构按照定期检验的要求做出检验结论并且评定其安全状况等级，经过使用单位主要负责人批准后，方可继续使用；

（2）危险品车辆达到规定的使用年限需要报废时，其罐体随车辆一同报废，其中真空绝热罐体的使用未达到设计使用年限的，可以按照本附件 B4.2 规定更换走行装置。

B4.2　真空绝热罐体的汽车罐车走行装置更换

B4.2.1　更换走行装置要求

在定期检验有效期内的真空绝热罐体的汽车罐车，更换其走行装置，应当符合以下要求：

（1）汽车罐车走行装置的更换改造由该汽车罐车的原制造单位进行，并且对更换改造的质量负责；

（2）更换走行装置后的汽车罐车质量符合引用标准要求，制造单位向使用单位提供汽车罐车改造合格证及产品质量证明文件；

（3）更换走行装置的改造过程，由具有相应资质的检验机构对其过程进行监督检验，未经监督检验合格的汽车罐车不得投入使用；

（4）使用单位按照有关规定，持制造单位提供的汽车罐车改造合格证及产品质量证明文件和检验机构的监督检验证书，以及汽车罐车登记资料向使用登记机关变更登记信息。

B4.2.2　走行装置更换改造前制造单位职责

汽车罐车走行装置进行更换改造前，承担更换改造的原制造单位应当对需要改造的真空绝热罐体进行全面检查和安全性能评估，其安全性能应当满足安全技术规范及其引用标准的规定。

附件 C

罐式集装箱专项安全技术要求

C1.1 资质和职责

罐式集装箱的设计和制造单位除按照国家质检总局的规定取得相应的特种设备设计和制造资质外，对于参与海运、国际联运或者海关监管的罐式集装箱的制造单位还应当按照国务院交通运输主管部门的规定取得相应的产品制造资质。

罐式集装箱的设计应当为整体设计，设计单位对罐式集装箱设计文件的正确性和完整性负责。

罐式集装箱的制造应当为整体制造，制造单位对罐式集装箱的制造质量负责。

C5 使用管理

C5.1 达到设计使用年限的罐体的处理

对于已经达到设计使用年限的罐式集装箱罐体，如果罐体要继续使用，使用单位应当委托具有相应资质的检验机构对其进行检验，检验机构按照定期检验的要求做出检验结论并且评定其安全状况等级，经过使用单位主要负责人批准后，方可继续使用。

C5.2 租赁境外罐式集装箱的安全管理

租赁境外产权的罐式集装箱（以下简称租赁罐箱）的使用单位，在境内使用的安全管理要求如下：

（1）使用单位应当贯彻执行本规程和相关的法律法规，加强使用管理；

（2）使用单位应当制定和执行租赁罐箱租赁期间的安全管理制度；

（3）使用单位应当按台建立租赁罐箱的技术档案；

（4）每台租赁罐箱应当具有境外官方检验机构的有效检验证书和租赁合同；

（5）按照规定要求办理租赁罐箱的通关手续和境内检验机构的安全性能监督检验；

（6）使用单位应当到其所在地的省级质监部门办理租赁罐箱的临时使用证。

附件 D

真空绝热罐体专项安全技术要求

D1.1 真空绝热罐体

真空绝热罐体，是指充装介质为冷冻液化气体，由外壳和内容器形成夹层的真空绝热结构，并且与走行装置或者框架采用永久连接的移动式压力容器罐体。

本附件是对附件 A、附件 B、附件 C 中有关真空绝热罐体的补充技术要求。

D1.2 型式试验

（2）真空绝热罐体的主要设计参数、主体材料、结构型式、关键制造工艺和使用条件等变更时，应当重新进行低温性能型式试验。

D3.2 充满率

（1）充装易燃、易爆介质的真空绝热罐体，任何情况下的最大充满率不得大于95%；

（2）充装其他介质的真空绝热罐体，任何情况下的最大充满率不得大于98%。

D3.3 额定充满率

（1）充装易燃、易爆介质的真空绝热罐体，额定充满率不得大于90%；

（2）充装其他介质的真空绝热罐体，额定充满率不得大于95%。

附件 E

长管拖车、管束式集装箱专项安全技术要求

E1.1 适用范围

（1）本附件适用于由气瓶与走行装置或者框架采用永久性连接组成的、充装压缩气体介质的长管拖车和管束式集装箱；

（2）长管拖车和管束式集装箱不得充装毒性程度为极度危害的介质。

E1.2 资质和职责

长管拖车的设计和制造单位除按照国家质检总局的规定取得相应的特种设备设计和制造资质外，还应当按照国务院汽车行业主管部门的规定取得相应的产品制造资质。

管束式集装箱的设计和制造单位除按照国家质检总局的规定取得相应的特种设备设计和制造资质外，对于参与海运、国际联运或者海关监管的管束式集装箱的制造单位还应当按照国务院交通运输主管部门的规定取得相应的产品制造资质。

长管拖车和管束式集装箱的设计应当为整体设计，设计单位对长管拖车和管束式集装箱设计文件的正确性和完整性负责。

长管拖车和管束式集装箱的制造应当为整体制造，制造单位对长管拖车和管束式集装箱的制造质量负责。

E1.3 基本要求

（1）长管拖车和管束式集装箱用气瓶的设计、制造、检验试验等应当按照《气瓶安全监察规程》的规定执行，并且符合本附件的相关规定；

（2）采用纤维缠绕气瓶制造长管拖车或者管束式集装箱时，应当按照本规程 1.7 的规定办理。

E5 使用管理

E5.1 达到设计使用年限的气瓶的处理

对于已经达到设计使用年限的长管拖车或者管束式集装箱的气瓶，如果要继续使用，使用单位应当委托具有相应资质的检验机构对其进行检验，检验机构按照定期检验的要求做出检验结论，经过使用单位主要负责人批准后，方可继续使用。

（2）移动式压力容器充装许可规则 TSG R4002—2011（节选）

国家质量监督检验检疫总局于2011年5月10日颁布，2011年11月1日起实施，共五章三十条，附件5个。

第一章 总则

第三条 本规则所涉及的移动式压力容器包括铁路罐车、汽车罐车、长管拖车、罐式集装箱和管束式集装箱等。移动式压力容器充装介质包括压缩气体、高（低）压液化气体、冷冻液化气体和最高工作温度高于或者等于其标准沸点的液体（注）。

注：充装介质的具体含义见《移动式压力容器安全技术监察规程》。

第四条 从事移动式压力容器充装的单位，取得省、自治区、直辖市（以下简称省级）质量技术监督部门（以下简称发证机关）《移动式压力容器充装许可证》（以下简称《充装许可证》）后，方可在许可范围内从事移动式压力容器的充装工作。

第二章 许可条件

第七条 充装单位应当具备以下基本条件：

（一）有与移动式压力容器充装工作相适应的，符合相关安全技术规范要求的管理人员和操作人员；

（二）有与充装介质类别相适应的充装设备、储存设备、检测手段、场地（厂房）和安全措施；

（三）有健全的质量保证体系和适应充装工作需要的事故应急预案，并且能够有效实施；

（四）充装活动符合有关安全技术规范的要求，能够保证充装工作质量；

（五）能够对使用者安全使用移动式压力容器提供指导和服务。

第三章　许可程序

第十八条　取得充装许可的单位（以下简称充装单位），当单位名称发生变化、地址变更时，应当向发证机关办理《充装许可证》变更手续。办理《充装许可证》变更手续时，应当提交新的单位名称及其法定资格证明文件、组织机构代码证书等资料，发证机关根据充装单位的变更申请，做出同意变更、进行必要的检查后变更、重新申请办理许可等决定，并且通知充装单位。

充装单位因名称、地址变更，或者增加充装项目时，其《充装许可证》的原有效期不变。

充装单位的法定代表人（主要负责人）、技术负责人变更时，应当在15天内书面告知发证机关和当地质监部门。

第十九条　《充装许可证》有效期为4年。充装单位到期需要继续从事充装工作时。应当在有效期满6个月前向发证机关提出换证申请。

第二十条　充装单位因改制、整体搬迁等特殊情况需要延长《充装许可证》有效期时，应当在许可有效期满30日前向发证机关提出书面申请，说明需要延长许可证有效期的理由并且提交相关证明资料，经过批准后可以延期办理《充装许可证》有效期的变更。延续时间一般不超过1年，并且延续时间在下一个《充装许可证》有效期内扣除。

第四章　监督管理

第二十四条　充装单位应当在许可的充装范围内从事移动式压力容器充装工作，不得超范围充装。充装单位不得转让、买卖、出租、伪造或者涂改《充装许可证》。

第二十五条　充装单位不得擅自对移动式压力容器的罐体、管路、阀门及其外观、漆色、色环、标志等进行任何改动。

第二十六条　充装单位应当在每年第1季度向发证机关和当地质监部门报送上年度综合工作报告。

附件A

充装许可资源条件

A1.1.3　安全管理人员

设专（兼）职安全管理人员，负责安全管理与安全检查工作，并且符合以下要求：

① 按照《压力容器安全管理人员和操作人员考核大纲》的规定，取得含压力容器安全管理项目的《特种设备作业人员证》，掌握介质充装的法规、规章、安全技术规范及相应标准；

② 掌握充装单位充装介质的基础知识及有关安全知识；

③ 熟悉充装单位充装工艺过程及现状，掌握移动式压力容器充装相关要求；

④ 熟悉充装单位事故应急预案，掌握充装单位一般事故的处理方法，熟悉事故上报程序及要求。

A1.2　操作人员

A1.2.1　充装人员

充装人员不少于4人，并且每班不少于2人。充装人员应当符合以下要求：

① 按照《压力容器安全管理人员和操作人员考核大纲》的规定，取得移动式压力容器充装操作项目的《特种设备作业人员证》；

② 了解介质充装的法规、规章、安全技术规范及其相应标准；

③ 掌握充装单位充装介质的基本知识，了解移动式压力容器基础知识，掌握各种移动式压

力容器充装量规定；

④ 熟悉充装设备性能及其安全操作方法，掌握移动式压力容器充装技能；

⑤ 掌握移动式压力容器充装一般事故的处理方法。

A1.2.2 检查人员

检查人员不少于2人，并且每班不少于1人。检查人员应当符合以下要求：

① 按照《压力容器安全管理人员和操作人员考核大纲》的规定，取得移动式压力容器充装操作项目的《特种设备作业人员证》；

② 了解介质充装的法规、规章、安全技术规范及其相应标准；

③ 掌握充装单位充装介质的基本知识与移动式压力容器基础知识；

④ 熟悉掌握移动式压力容器充装前、后检查要点与方法，正确使用检查工具。

A1.2.3 化验人员

有关安全技术规范及其相应标准对充装介质有要求时，充装单位应当配备与充装介质相适应的化验人员。化验人员应当能熟练化验、分析介质组分。

A3 工艺设备、管道与设施

A3.1 基本要求

① 选用的特种设备及其安全附件，应当符合《条例》、相关规章、有关安全技术规范及其相应标准规范，并且由取得相应许可的单位生产；

② 特种设备的使用单位在投入使用前，应当按照要求办理使用登记手续；

③ 具有一定的固定式存储能力；

④ 充装系统调试合格；

⑤ 对特种设备及其安全附件和承压附件等应当进行日常维护保养和定期检查，并且确保按照有关安全技术规范的要求实施定期检查；

⑥ 建立特种设备安全技术档案；

⑦ 储罐应当设置防超装（超压）、超限装置或者其报警装置；

⑧ 具备复核充装［介质为高（低）压液化气体、冷冻液化气体、液体］或者充装压力（介质为压缩气体）的能力与装置；

⑨ 有对超装移动式压力容器进行有效处理的设置；

⑩ 处置易燃、易爆、有毒介质的充装区域，应当具有监视录像系统；

⑪ 充装系统应当具有紧急切断、紧急停车功能；

⑫ 充装易燃、易爆介质的管道系统，应当设置阻火器；

⑬ 充装台的液相管道上应当装置紧急切断装置；

⑭ 充装易燃、易爆介质或者有毒介质，应当在安全泄放装置出口装设导管，将排放介质引导到安全地点妥善处理；

⑮ 充装有毒介质，应当配备泄露介质处理装置，如液氯充装单位应当配备碱液喷淋装置、液氨充装单位应当配备水喷淋装置等；

⑯ 充装易燃、易爆介质，应当有符合消防要求的水源和消防设施；

⑰ 储罐本体有色标，并且在显著的位置按照规定标示盛装介质的名称；

⑱ 充装设备、管道、阀门、密封元件以及其他附件，不得选用与所装介质不相容的材料制造；

⑲ 阀门之间的液相封闭管段，应当设置管道安全泄放装置。

A3.2 专用的装卸台（线）和装卸装置的配置要求

① 装卸用管与移动式压力容器有可靠的连接方式；

② 有防止装卸用管拉脱的连锁保护装置；

③ 所选用装卸用管的材料与充装介质相容，接触液氧等氧化性介质的安全附件内表面应当进行脱脂处理；

④ 充装冷冻液化气体的装卸用管的材料应当能够满足低温性能要求；

⑤ 装卸用管和快速装卸接头的工程压力不得小于装卸系统工作压力的2倍，并且装卸软管和快速装卸接头在承受4倍公称压力时不得破裂；

⑥ 装卸用管必须每半年进行一次耐压（水压）试验，试验压力为1.5倍的公称压力，试验结果要有记录和试验人员签字；

⑦ 装卸用管必须标记开始使用日期，其使用寿命严格按照有关规定执行；

⑧ 易燃、易爆、有毒介质的装卸系统，应当具有处理充装前置换介质的措施及充装后密闭回收介质的设施，并且符合有关规范及其相应标准的要求。

装卸用管的耐压试验应当由充装单位的专业人员进行，也可以委托有资质的特种设备检验机构进行。

A4　电气、仪器仪表、计量器具

① 爆炸危险场所电力装置的设计、仪器仪表等的配置，以及施工与验收应当符合GB 50058—2014《爆炸和火灾危险环境电力装置设计规范》和GB 50257—2014《电气装置安装工程爆炸和火灾危险环境电气装置施工及验收规范》的要求；

② 按照有关规范及其相应标准的要求，配备与充装介质相适应的介质分析检测仪器仪表与设施；

③ 易燃、易爆、有毒介质的充装单位，应当设置相应的气体危险浓度监测报警装置，报警显示器应当设置在值班室或者仪表室等有值班人员的场所；

④ 充装工艺管线及其设备应当配置与充装介质相适应的压力表，压力表盘刻度极限值应为设计压力的1.5倍至3倍，表盘直径不小于100mm，其精度不低于1.6级；

⑤ 配备电子衡器（轨道衡），对完成充装的移动式压力容器进行充装量的复检和计量；

⑥ 按照有关规定的要求对仪器仪表、计量器具进行定期检定，并且在检定有效期内使用；

⑦ 建立仪器仪表、计量器具、设备等台账。

A5　消防、安全设施

A5.1　基本要求

① 充装单位入口应当设立进入充装单位须知牌，重要部位有安全警示标志和报警电话号码；

② 储存、充装场所的周围能够杜绝一切火源，并且有明显的禁火标志；

③ 在储存、充装等区域，严禁携带和使用能够产生电磁波的设备，以及存在潜在危险的电器和设备；

④ 按GB 50140—2010《建筑灭火器配置设计规范》的要求配备相应的消防器材；

⑤ 易燃、易爆、助燃介质充装系统，应当设置静电接地设施和静电接地报警器，充装单位入口处应当设置人体静电释放装置，所有设施应当在检测合格有效期内，其相关设计符合GB 50057—2010《建筑物防雷设计规范》和HG/T 20675—1990《化工企业静电接地设计规程》的规定；

⑥ 按照所装介质的特性，作业人员应当配备相应的防护用具和用品；

⑦ 易燃、易爆介质充装时，充装人员应当选择避免产生静电与阻燃的工作服和防静电鞋，并且采用合适的工具（如不易形成火花的工具）；

⑧ 冷冻液化气体的充装人员，应当配备防护面罩、皮革手套、无袋长裤、长袖衣服及防静电鞋等劳动保护用品；

⑨ 配备用于事故处理的应急工具、器具和安全防护用品，并且定期进行检查，确保有效可用。

A5.2 易燃、易爆、有毒介质充装单位的安全设施

易燃、易爆、有毒介质充装单位的安全设施除符合 A5.1 的基本要求外，还应当符合以下要求：

① 介质储存和充装区安装明显可见的风向标或者风向袋；

② 充装单位内设置紧急切断系统，事故发生时，能够切断或者关闭介质源，并且关闭正在运行可能使事故扩大的设备；

③ 生产区的排水系统采取防止易燃、易爆、有毒介质流入下水道或者其他以顶盖密封的沟渠中的措施；

④ 非防爆设备不得进入易燃、易爆介质充装区域；

⑤ 在易燃、易爆介质作业区域行驶的机动车辆，在其排气管出口装有阻火器。

（3）液化气体铁路罐车安全管理规程（节选）

化工部［（87）化生字第1174号文件］于1987年12月31日颁布，1988年5月1日起实施，共八章六十四条。

第一章 总则

第二条 本规程适用于设计压力为 0.8～2.2MPa（8～22kgf/cm^2），设计温度为50℃，容积大于30m^3 的液化气体铁路罐车。

适用的液化气体（以下简称为介质）包括：液氨、液氯、液态二氧化硫、丙烯、丙烷、丁烯、丁烷、丁二烯中两种或两种以上混合物。

运输其他介质，需经化学工业部和铁道部、劳动人事部批准后，方可运行。

第二章 设计

第十条 罐体的结构设计

1. 罐车外形尺寸应符合 GB 146.1—1983《标准轨距铁路机车车辆限界》的规定。

2. 罐车可采用“有底架”或“无底架”的结构形式。其设计应符合 TB1335—78《铁道车辆强度设计及试验鉴定规范》。

有底架的罐车，车辆底架应选用铁道部定型底架。

无底架的罐车，应选用铁道部件，并按铁道 TB1532—84《罐车通用技术》规定装配。

罐车还应符合 TB1560—84《铁路货车安全规定》。

3. 罐车的罐体应为钢制焊接结构。其结构设计应符合《容器设计规定》。

4. 罐车的罐体一般不设保温层，罐车罐体内部不设防波板。罐体上应设置一个直径不小于450mm 的入孔。

5. 罐车应采用上装上卸的装卸方式。阀件应集中设置，并设保护罩。阀件周围设走台及扶梯。

6. 所有法兰应符合通用法兰标准。

7. 罐车必须设下列主要附件：

（1）装卸阀门；

（2）紧急切断装置（适用于液氯、液态二氧化硫罐车的紧急切断装置尚无定型产品前可暂不装设）；

(3) 全启式弹簧安全阀；

(4) 压力计装置（液化石油气罐车用1.5级普通压力表、液氨罐压力表、液氯罐车用2.5级膜片压力表）；

(5) 液面指示装置（仅为指示液面的安全装置如滑管式液位计，适用于液氯、液态二氧化硫罐车的液面指示装置尚无定型产品前可暂不装设）；

(6) 温度计。

第十一条　装卸阀门

1. 罐车上至少装设二个液相和一个气相装卸阀门。

2. 阀门结构可为球阀，也可为直角截止阀；阀门应符合国家有关标准。

3. 阀门的水压强度试验为罐车罐体设计压力的1.5倍，阀门应分别在0.1MPa（kgf/cm^2）和罐车罐体设计压力的全开和全闭两种状态下，进行气密性试验合格。

4. 阀门应具有产品合格证和有关性能检验报告。

第十二条　安全阀（节选）

1. 罐车顶部必须设置全启式弹簧安全阀。液氨和液化石油气罐车的安全阀应为内置全启式弹簧安全阀，应符合化学工业部HG5—1587—84《液化石油气罐车弹簧式安全阀》的要求。安全阀排气方向应为罐上方，并设保护罩。

5. 对腐蚀性介质，应选用外置全启式弹簧安全阀，与罐体之间可装设阀件，以便安全阀检修。

第十三条　紧急切断装置

1. 罐车的液相和气相出口处，必须设置紧急切断装置，以便在管道破裂，阀门损坏或环境发生火灾时，进行紧急切断。

2. 紧急切断装置应包括：可以快速关闭的紧急切断阀，不用登车即可操作的远控系统，在环境温度升高时可自动切断液流的易熔元件。本装置应动作灵活，性能稳定可靠，便于检修。

3. 易熔元件的易熔合金熔融温度为70±5℃。

4. 紧急切断阀应保证车正常工作时全开，并在持续放置48小时内不至自然闭止。

5. 紧急切断自发出闭止指令起，对于通径Dg50及其以下者应在5秒钟内，Dg65及其以上者应在10秒钟内，完全闭止。

6. 紧急切断阀的试验应符合化工部HG5—1588—84《液化石油气紧急切断阀》的规定。

第三章　总则

第二十五条　罐体水压试验

罐体水压试热处理后进行，试验压力为设计压力的1.5倍。试验方法按《压力容器安全监察规程》要求进行。

第五章　罐车的使用与管理

第三十九条　液氯、液态二氧化硫罐车充装前应用干燥空气进行密封试验，检查合格后需将罐体内气体排净方可充装（干燥空气的标准为含水量小于等于100ppm）。密封全压力为设计压力的0.9倍。

第四十条　罐车充装量必须严格按第二章第九条执行。严禁超装，并以重量计量为准。罐车充装量称重衡器，应按有关规定进行定期校验。

第六章　罐车的检修

第五十一条　罐体停用时间超过一年者，使用前应按大修内容进行检验。

第五十二条　罐车变更装运介质时，需经厂技术总负责人审批，并向当地劳动部门和铁路部门办理使用变更手续。

第五十三条　罐车发生大量泄漏、着火、颠覆、撞车、爆炸等重要事故应及时上报并进行事故分析及全面检查。修复方案应报主管部门批准。

第五十四条　罐体报废条件

1. 罐体内外表面严重腐蚀，实际壁厚小于等于理论强度计算壁厚者；

2. 罐车因事故造成罐体变形、破裂、罐体表面严重损伤或经技术鉴定无修复价值者；

3. 罐车报废后应办理《压力容器使用登记证》注销手续。

第七章　罐车的运输

第五十六条　液化气体罐车在运输途中，必须派二名押运人员监护，押运人员对其所装产品的物理、化学性质及防护办法必须熟悉，遇有异常情况能及时处理。

第五十七条　押运人员必须从企业安全技术考核合格者中选派，企业安全部门审查后颁发押运许可证后方准押运。

第五十八条　押运人员在押运过程中不得擅离职守，到编组站时积极与铁路部门联系，及时挂运，同时要对发运、路经各编组站与收货单位交接这几方面作详细记录（见附件四）。

第五十九条　押运人员应携带防护用具及必要的检修工具，中途发生泄漏时应积极主动处理，以免事态扩大，如处理不了，应立即同铁路部门及有关企业联系加以解决。

第六十二条　运行中发生严重故障的处理：

1. 发生严重泄漏时，铁路部门与押运人员应及时向当地政府、公安部门报告，组织抢救，装运易燃介质的，要立即切断周围火源。

2. 根据泄漏程度设立警戒区，组织人口向逆风方向疏散，最大限度减少人员伤亡或财产的损失。

3. 液化气体生产和使用单位同铁路部门应在当地政府协调组织下建立联系，以便发生事故时，及时有效的处理。

（4）压力容器使用管理规则 TSG R5002—2013（节选）

由国家质量监督检验检疫总局颁布，2013 年 7 月 1 日起实施，共六章五十三条，附件 8 个。

第一章　总则

第二条　本规则适用于《特种设备安全监察条例》范围内的固定式压力容器、移动式压力容器和氧舱，但是不包括气瓶。

第三条　压力容器使用单位应当按照本规则的规定对压力容器的使用实行安全管理并且办理压力容器使用登记，领取《特种设备使用登记证》（格式见附件 A，以下简称《使用登记证》）。

第四条　压力容器使用单位应当对压力容器的使用安全负责。

第二章　使用安全管理

第六条　压力容器使用单位的主要职责如下：

（一）按照本规则和其他有关安全技术规范的要求设置安全管理机构，配备安全管理负责人和安全管理人员；

（二）建立并且有效实施岗位责任、操作规程、年度检查、隐患治理、应急救援、人员培训管理、采购验收等安全管理制度；

（三）定期召开压力容器使用安全管理会议，督促、检查压力容器安全工作；

（四）保障压力容器安全必要的投入。

第七条　安全管理负责人是指使用单位最高管理层中主管本单位压力容器使用安全的人员，

按照有关规定协助最高管理者履行本单位压力容器安全领导职责，确保本单位压力容器安全使用。

安全管理人员作为具体负责压力容器使用管理的人员，其主要职责如下：

（一）贯彻执行国家有关法律、法规和安全技术规范，组织编制并且适时更新安全管理制度；

（二）组织制定压力容器安全操作规程；

（三）组织开展安全教育培训；

（四）组织压力容器验收，办理压力容器使用登记和变更手续；

（五）组织开展压力容器定期安全检查和年度检查工作；

（六）编制压力容器的年度定期检验计划，督促安排落实定期检验和隐患治理；

（七）组织制定压力容器应急预案并且组织演练；

（八）按照压力容器事故应急预案，组织、参加压力容器事故救援；

（九）按照规定报告压力容器事故，协助进行事故调查和善后处理；

（十）协助质量技术监督部门实施安全监察，督促施工单位履行压力容器安装改造维修告知义务；

（十一）发现压力容器事故隐患，立即进行处理，情况紧急时，可以决定停止使用压力容器，并且报告本单位有关负责人；

（十二）建立压力容器技术档案；

（十三）纠正和制止压力容器操作人员的违章行为。

安全管理负责人和安全管理人员应当按照规定持有相应的特种设备作业人员证。

第八条　压力容器的操作人员应当按照规定持有相应的特种设备作业人员证，其主要职责如下：

（一）严格执行压力容器有关安全管理制度并且按照操作规程进行操作；

（二）按照规定填写运行、交接班等记录；

（三）参加安全教育和技术培训；

（四）进行日常维护保养，对发现的异常情况及时处理并且记录；

（五）在操作过程中发现事故隐患或者其他不安全因素，应当立即采取紧急措施，并且按照规定的程序，及时向单位有关部门报告；

（六）参加应急演练，掌握相应的基本救援技能，参加压力容器事故救援。

第九条　压力容器使用单位在采购压力容器时，应当向设计单位提供必要的设计条件，其所采购的压力容器应当是具有相应许可资质的单位设计、制造并且按照规定经监督检验合格的压力容器，产品安全性能应当符合有关安全技术规范及其相应标准的要求，产品技术资料应当符合有关安全技术规范的要求。使用的高耗能压力容器能效应当符合有关安全技术规范及其相应标准的规定。

使用单位不得采购报废和超过设计使用年限的压力容器。

第十条　压力容器使用单位应当选择具有相应资质的单位进行压力容器的安装、改造和维修，并且督促施工单位履行压力容器安装改造维修的告知义务。

第十二条　压力容器使用单位应当按照相关法律、法规和安全技术规范的要求建立健全压力容器使用安全管理制度。安全管理制度至少包括以下几个方面：

（一）相关人员岗位职责；

（二）安全管理机构职责；

（三）压力容器安全操作规程；

（四）压力容器技术档案管理规定；

（五）压力容器日常维护保养和运行记录规定；

（六）压力容器定期安全检查、年度检查和隐患治理规定；

（七）压力容器定期检验报检和实施规定；

（八）压力容器作业人员管理和培训规定；

（九）压力容器设计、采购、验收、安装、改造、使用、维修、报废等管理规定；

（十）压力容器事故报告和处理规定；

（十一）贯彻执行本规则以及有关安全技术规范和接受安全监察的规定。

第十三条　符合下列条件之一的压力容器使用单位，应当设置专门的安全管理机构，配备专职安全管理人员，逐台落实安全责任人，并且制定应急预案，建立相应的应急救援队伍，配置与之适应的救援装备，适时演练并且记录：

（一）使用超高压容器的；

（二）使用医用氧舱的；

（三）使用易爆介质、毒性程度为高度危害及其以上介质、液化气体介质的移动式压力容器的；

（四）使用设计压力与容积的乘积大于或者等于（1×10^5）MPa·L的第Ⅲ类固定式压力容器的；

（五）使用移动式压力容器、非金属及非金属衬里压力容器、第Ⅲ类固定式压力容器，并且设备数量合计达到5台以上（含5台）的；

（六）使用100台以上（含100台）压力容器的。

第十四条　符合下列条件之一的压力容器使用单位，应当配备专职安全管理人员，同时制定应急预案，适时演练并且记录：

（一）使用移动式压力容器、非金属及非金属衬里压力容器、第Ⅲ类固定式压力容器，并且设备数量合计在5台以下的；

（二）使用10台以上（含10台）第Ⅰ、Ⅱ类固定式压力容器的。

第十五条　使用10台以下第Ⅰ、Ⅱ类固定式压力容器的使用单位，可以聘用具有压力容器安全管理人员资格的人员负责使用安全管理，但是压力容器安全使用的责任主体仍然是使用单位。

第十六条　符合本规则第十五条规定的使用单位，其压力容器发生事故有可能造成严重后果或者产生重大社会影响的，应当制定应急预案，建立相应的应急救援队伍，配置与之适应的救援装备，适时演练并且记录。

第十八条　压力容器定期安全检查每月进行一次，当年度检查与定期安全检查时间重合时，可不再进行定期安全检查。定期安全检查内容主要为安全附件、装卸附件、安全保护装置、测量调控装置、附属仪器仪表是否完好，各密封面有无泄漏，以及其他异常情况等。

第二十条　使用单位应当按照有关安全技术规范的要求，在压力容器定期检验有效期届满1个月前，向特种设备检验机构提出定期检验申请，并且做好定期检验相关的准备工作。

检验结论意见为符合要求或者基本符合要求时，使用单位应当将检验机构出具的检验标志粘贴在《使用登记证》上，并且按照检验结论确定的参数使用压力容器。

第二十一条　压力容器发生下列异常情况之一的，操作人员应当立即采取紧急措施，并且按照规定的程序，及时向本单位有关部门和人员报告：

（一）工作压力、介质温度超过规定值，采取措施仍不能得到有效控制的；

（二）受压元件发生裂缝、异常变形、泄漏、衬里层失效等危及安全的；

（三）安全附件失灵、损坏等不能起到安全保护作用的；

（四）垫片、紧固件损坏，难以保证安全运行的；

（五）发生火灾、交通事故等直接威胁到压力容器安全运行的；

（六）过量充装、错装的；

（七）液位异常，采取措施仍不能得到有效控制的；

（八）压力容器与管道发生严重振动，危及安全运行的；

（九）与压力容器相连的管道出现泄漏，危及安全运行的；

（十）真空绝热压力容器外壁局部存在严重结冰、介质压力和温度明显上升的；

（十一）其他异常情况的。

第二十二条　使用单位发生压力容器事故，应当立即采取应急措施，防止事故扩大，并且按照《特种设备事故报告和调查处理规定》的要求，向有关部门报告，同时协助事故调查和做好善后处理工作。

第二十三条　压力容器的改造、维修应当符合有关安全技术规范的规定。固定式压力容器不得改作移动式压力容器使用。

第二十四条　移动式压力容器（如长管拖车、罐式集装箱、管束式集装箱），临时作为固定式压力容器使用，应当满足以下要求：

（一）在定期检验有效期内；

（二）在规定区域内使用，并且有专人操作；

（三）制定专门的操作规程和应急预案，配备必要的应急救援装备。

第二十五条　移动式压力容器本体改作固定式压力容器使用时，应当满足以下要求：

（一）由具有改造后压力容器相应许可级别的设计单位出具设计技术文件；

（二）由具有改造后压力容器相应许可级别的制造单位按照设计确定的改造要求进行改造；

（三）改造后固定式压力容器的结构和强度应当满足安全使用要求；

（四）经具有相应资质的检验机构进行监督检验合格；

（五）注销原移动式压力容器《使用登记证》，重新办理使用登记。

第三章　使用登记和变更

第二十七条　以下压力容器在投入使用前或者投入使用后30日内，使用单位应当向所在地的直辖市或者设区的市的质量技术监督部门（以下简称登记机关）申请办理使用登记：

（一）《固定式压力容器安全技术监察规程》规定需要办理使用登记的压力容器；

（二）《移动式压力容器安全技术监察规程》（TSG R0005）适用范围内的压力容器；

（三）《超高压容器安全技术监察规程》（TSG R0002）适用范围内的压力容器；

（四）《非金属压力容器安全技术监察规程》（TSG R0001）适用范围内的压力容器；

（五）《医用氧舱安全管理规定》以及有关安全技术规范适用范围内的氧舱。

租赁或者承包场所使用的压力容器，可以由租赁或者承包合同所确定的承担主体安全责任的单位办理使用登记。

第二十九条　使用单位申请办理压力容器使用登记时，应当逐台向登记机关提交以下相应资料，并且对其真实性负责：

（一）《使用登记表》（一式两份）；

（二）使用单位组织机构代码证或者个人身份证明（适用于公民个人所有的压力容器）；

（三）压力容器产品合格证（含产品数据表）；

（四）压力容器监督检验证书（适用于需要监督检验的）；

（五）压力容器安装质量证明资料；

（六）压力容器投入使用前验收资料；

（七）移动式压力容器车辆走行部分行驶证；

（八）医用氧舱设置批准书。

使用单位为承租或者承包方时，应当提供与产权所有者签订的明确安全责任的租赁或者承包合同。

对于特种设备安全技术规范没有规定提供产品数据表的压力容器，登记机关可以根据《固定式压力容器安全技术监察规程》附表 b 的格式，制定压力容器产品数据表，由使用单位根据产品出厂的相应资料填写。

第三十二条　制造资料齐全的新压力容器安全状况等级为 1 级，进口压力容器安全状况等级由实施进口压力容器监督检验的特种设备检验机构评定。

压力容器一般应当在投用后 3 年内进行首次定期检验，但其他安全技术规范另有规定或者使用单位认为有必要缩短检验周期的除外。首次定期检验的日期由使用单位在办理使用登记时提出，登记机关按照有关要求审核确定。首次定期检验后的检验周期，由检验机构根据压力容器的安全状况等级按照有关规定确定。

特殊情况，不能按照前款要求进行首次定期检验时，由使用单位提出书面申请说明情况，经使用单位安全管理负责人批准，向登记机关备案后可适当延期，延长期限不得超过 1 年。

第三十三条　压力容器改造、长期停用、移装、变更使用单位或者使用单位更名，相关单位应当向登记机关申请变更登记。登记机关按照本章第二十九条、第三十条、第三十一条及第三十四至第四十条办理变更登记。

办理压力容器变更登记时，如果压力容器产品数据表中的有关数据发生变化，使用单位应当重新填写产品数据表，并且在《使用登记表》设备变更情况栏目中，填写变更情况。压力容器申请变更登记，其设备代码保持不变。

第三十四条　压力容器改造完成后，使用单位应当在投入使用前或者投入使用后 30 日内向登记机关提交原《使用登记证》、重新填写《使用登记表》（一式两份）和改造质量证明资料以及改造监督检验证书，申请变更登记，领取新的《使用登记证》。

第三十五条　压力容器拟停用 1 年以上的，使用单位应当封存压力容器，在封存后 30 日内向登记机关办理报停手续，并且将《使用登记证》交回登记机关。重新启用时，应当参照定期检验的有关要求进行检验。检验结论为符合要求或者基本符合要求的，使用单位到登记机关办理启用手续，领取新的《使用登记证》。

第三十六条　在登记机关行政区域内移装的压力容器，移装后应当参照定期检验的有关规定进行检验。检验结论为符合要求的，使用单位应当在投入使用前或者投入使用后 30 日内向登记机关提交原《使用登记证》、重新填写的《使用登记表》（一式两份）和移装后的检验报告，申请变更登记，领取新的《使用登记证》。

第三十七条　跨登记机关行政区域移装压力容器的，使用单位应当持原《使用登记证》和《使用登记表》向原登记机关申请办理注销。原登记机关应当注销《使用登记证》，并且在《使用登记表》上做注销标记，向使用单位签发《特种设备使用登记证变更证明》（见附件 D）。

移装完成后，应当参照定期检验的有关规定进行检验。检验结论为符合要求的，使用单位应当在投入使用前或者投入使用后 30 日内持《特种设备使用登记证变更证明》、标有注销标记的原《使用登记表》、重新填写的《使用登记表》（一式两份）和移装后的检验报告，向移装地登记机关申请变更登记，领取新的《使用登记证》。

第三十八条 压力容器需要变更使用单位，原使用单位应当持《使用登记证》、《使用登记表》和有效期内的定期检验报告到原登记机关办理注销手续。原登记机关应当注销《使用登记证》，并且在《使用登记表》上做注销标记，向原使用单位签发《特种设备使用登记证变更证明》。

原使用单位应当将《特种设备使用登记证变更证明》、标有注销标志的原《使用登记表》、历次定期检验报告和登记资料全部移交压力容器变更后的新使用单位。

第三十九条 压力容器变更使用单位但是不移装的，变更后的新使用单位应当在投入使用前或者投入使用后30日内持全部移交文件向原登记机关申请变更登记，重新填写《使用登记表》(一式两份)、领取新的《使用登记证》。

压力容器变更使用单位并且在原登记机关行政区域内移装的，变更后的新使用单位应当按照本规则第三十六条规定重新办理使用登记。

压力容器变更使用单位并且跨登记机关行政区域移装的，变更后的新使用单位应当按照本规则第三十七条规定重新办理使用登记。

第四十条 压力容器使用单位或者产权单位更名时，使用单位应当持原《使用登记证》、单位变更的证明资料，重新填写《使用登记表》（一式两份），到登记机关换领新的《使用登记证》。

第四十一条 压力容器有下列情形之一的，不得申请变更登记：

（一）在原使用地未按照规定进行定期检验的；

（二）在原使用地已经报废的；

（三）无技术资料的；

（四）超过设计使用年限或者使用超过20年的（使用单位或者产权单位更名的除外）；

（五）擅自变更使用条件进行过非法改造维修的；

（六）安全状况等级为4级或者5级的（使用单位或者产权单位更名的除外）。

其中（六）项在通过改造维修消除隐患后，可以申请变更登记。

第四十二条 压力容器报废时，使用单位应当将《使用登记证》交回登记机关，予以注销。

压力容器注销时，使用单位为租赁方的，需提供产权所有者的书面委托或者授权。

第四十三条 使用单位应当将《使用登记证》挂或者固定在压力容器显著位置。当无法悬挂或者固定时，可存放在使用单位的安全技术档案中，同时将使用登记证编号标注在压力容器产品铭牌上或者其他可见部位。

移动式压力容器的《使用登记证》及移动式压力容器IC卡应当随车携带。

第四章 年度检查

第四十四条 使用单位每年对所使用的压力容器至少进行1次年度检查，年度检查至少包括压力容器安全管理情况检查、压力容器本体及其运行状况检查和压力容器安全附件检查等。年度检查工作完成后，应当进行压力容器使用安全状况分析，并且对年度检查中发现的隐患及时消除。

年度检查工作可以由压力容器使用单位安全管理人员组织经过专业培训的作业人员进行，也可以委托有资质的特种设备检验机构进行。其中移动式压力容器中的汽车罐车、铁路罐车和罐式集装箱以及氧舱等按照《压力容器定期检验规则》（TSG R7001）有关规定进行年度检验的，不进行年度检查。

第四十五条 压力容器安全管理情况的检查至少包括以下内容：

（一）压力容器的安全管理制度是否齐全有效；

（二）压力容器安全技术规范规定的设计文件、竣工图样、产品合格证、产品质量证明文件、监督检验证书以及安装、改造、维修资料等是否完整；

（三）《使用登记表》《使用登记证》是否与实际相符；

（四）压力容器作业人员是否持证上岗；

（五）压力容器日常维护保养、运行记录、定期安全检查记录是否符合要求；

（六）压力容器年度检查、定期检验报告是否齐全，检查、检验报告中所提出的问题是否得到解决；

（七）安全附件校验（检定）、修理和更换记录是否齐全真实；

（八）移动式压力容器装卸记录是否齐全；

（九）是否有压力容器应急预案和演练记录；

（十）是否对压力容器事故、故障情况进行了记录。

第四十六条　压力容器本体及其运行状况的检查至少包括以下内容：

（一）压力容器的产品铭牌、漆色、标志、标注的使用登记证编号是否符合有关规定；

（二）压力容器的本体、接口（阀门、管路）部位、焊接接头等有无裂纹、过热、变形、泄漏、机械接触损伤等；

（三）外表面有无腐蚀，有无异常结霜、结露等；

（四）隔热层有无破损、脱落、潮湿、跑冷；

（五）检漏孔、信号孔有无漏液、漏气，检漏孔是否通畅；

（六）压力容器与相邻管道或者构件有无异常振动、响声或者相互摩擦；

（七）支承或者支座有无损坏，基础有无下沉、倾斜、开裂，紧固螺栓是否齐全、完好；

（八）排放（疏水、排污）装置是否完好；

（九）运行期间是否有超压、超温、超量等现象；

（十）罐体有接地装置的，检查接地装置是否符合要求；

（十一）监控使用的压力容器，监控措施是否有效实施；

（十二）快开门式压力容器安全联锁功能是否符合要求。

在符合本规则正文的基本要求外，长管拖车、管束式集装箱年度检查专项要求见附件E，非金属及非金属衬里压力容器年度检查专项要求见附件F。

第四十八条　年度检查工作完成后，检查人员根据实际检查情况出具检查报告（报告格式参见附件H），做出以下结论意见：

（一）符合要求，指未发现或者只有轻度不影响安全使用的缺陷，可以在允许的参数范围内继续使用；

（二）基本符合要求，指发现一般缺陷，经过使用单位采取措施后能保证安全运行，可以有条件的监控使用，结论中应当注明监控运行需要解决的问题及其完成期限；

（三）不符合要求，指发现严重缺陷，不能保证压力容器安全运行的情况，不允许继续使用，应当停止运行或者由检验机构进行进一步检验。

年度检查由使用单位自行实施时，其年度检查报告应当由使用单位安全管理负责人或者授权的安全管理人员审批。

第五章　附则

第五十一条　本规则所指的使用单位，是指有压力容器使用管理权的公民、法人和其他组织，一般是压力容器的产权单位，也可以是由合同关系确立的具有压力容器实际使用管理权者。

产权单位出租或者由承包方使用压力容器时，应当在合同中约定安全责任主体。未约定的，由产权单位承担安全责任。

第五十三条 本规则自2013年7月1日起施行。2003年7月14日国家质检总局颁布的《锅炉压力容器使用登记管理办法》（国质检锅［2003］207号）中有关压力容器的规定同时废止。

附件E

长管拖车、管束式集装箱年度检查专项要求

E1 气瓶检查

①核实拖车产品铭牌，逐只核实气瓶制造标志；

②逐只检查气瓶外部，检查有无裂纹、腐蚀、油漆剥落、凹陷、变形、鼓包和机械接触损伤等；

③使用木锤或者重约250g的铜锤轻击瓶壁，逐只对气瓶进行音响检查；

④检查充装介质的分析报告，腐蚀性介质的残液分析报告等。

E2 附件检查

E2.1 气瓶端塞的检查

检查有无变形、裂纹或者机械接触损伤。

E2.2 管路和阀门的检查

①检查管路有无泄漏、变形、裂纹、凹陷、扭曲或者机械接触损伤；

②检查阀门有无锈蚀、变形、泄漏，开闭是否正常；

③检查排污装置是否完好、通畅；

④检查气动阀门有无损伤，是否处于常闭状态。

E2.3 快装接头的检查

检查有无锈蚀、变形、裂纹和其他损坏。

E3 气瓶固定装置安全状况检查

①检查气瓶与前后两端支撑立板的连接是否松动，气瓶是否发生转动；

②检查框架有无裂纹、凹陷、扭曲或者机械接触损伤；

③检查框架与拖车底盘连接是否牢固可靠；

④检查捆绑带有无损伤、腐蚀，紧固连接螺栓有无腐蚀、松动、弯曲变形，螺母、垫片、缓冲垫是否齐全、完好。

E4 安全附件检查

E4.1 易熔塞易熔合金检查

检查易熔塞易熔合金使用条件是否超过产品说明书的规定，是否有易熔合金挤出、渗漏的情况。

E4.2 导静电装置检查

①检查瓶体、管路、阀门与导静电带接地端的电阻是否超过10Ω；

②检查导静电带安装是否正确。

E4.3 紧急切断装置检查

对设置紧急切断装置的长管拖车、管束式集装箱，应当进行如下检查：

①紧急切断装置的设置是否符合标准和设计图样的规定；

②外观质量是否良好；

③解体检查阀体、先导杆、弹簧、密封面、凸轮等有无损伤变形、腐蚀生锈、裂纹等缺陷；

④性能校验是否合格；

⑤ 远控系统动作是否灵敏可靠。

E5 整车泄漏试验

E1～E4 的检查项目完成后，应当对长管拖车所有密封面进行泄漏检查，检查所用介质为氮气或者充装气体，压力为气瓶公称工作压力的 0.8～1.0 倍。

附件 G

压力容器安全附件年度检查项目、内容和要求

G1 压力表

G1.1 检查内容和要求

压力表的检查至少包括以下内容：

① 压力表的选型是否符合要求；

② 压力表的定期检修维护、检定有效期及其封签是否符合规定；

③ 压力表外观、精度等级、量程是否符合要求；

④ 在压力表和压力容器之间装设三通旋塞或者针形阀时，其位置、开启标记及其锁紧装置是否符合规定；

⑤ 同一系统上各压力表的读数是否一致。

G1.2 检查结果处理

压力表检查时，发现以下情况之一的，使用单位应当限期改正并且采取有效措施确保改正期间的安全运行，否则应当暂停该压力容器使用：

① 选型错误的；

② 表盘封面玻璃破裂或者表盘刻度模糊不清的；

③ 封签损坏或者超过检定有效期限的；

④ 表内弹簧管泄漏或者压力表指针松动的；

⑤ 指针扭曲断裂或者外壳腐蚀严重的；

⑥ 三通旋塞或者针形阀开启标记不清或者锁紧装置损坏的。

G2 液位计

G2.1 检查内容和要求

液位计的检查至少包括以下内容：

① 液位计的定期检修维护是否符合规定；

② 液位计外观及其附件是否符合规定；

③ 寒冷地区室外使用或者盛装 0℃ 以下介质的液位计选型是否符合规定；

④ 用于易爆、毒性程度为极度或者高度危害介质的液化气体压力容器时，液位计的防止泄漏保护装置是否符合规定。

G2.2 检查结果处理

液位计检查时，发现以下情况之一的，使用单位应当限期改正并且采取有效措施确保改正期间的安全，否则应当暂停该压力容器使用：

① 选型错误的；

② 超过规定的检修期限的；

③ 玻璃板（管）有裂纹、破碎的；

④ 阀件固死的；

⑤ 液位指示错误的；

⑥ 液位计指示模糊不清的；

⑦ 防止泄漏的保护装置损坏的。

G3　测温仪表

G3.1　检查内容和要求

测温仪表的检查至少包括以下内容：

① 测温仪表的定期校验和检修是否符合规定；

② 测温仪表的量程与其检测的温度范围是否匹配；

③ 测温仪表及其二次仪表的外观是否符合规定。

G3.2　检查结果处理

测温仪表检查时，凡发现以下情况之一的，使用单位应当限期改正并且采取有效措施确保改正期间的安全，否则暂停该压力容器使用：

① 仪表量程选择错误的；

② 超过规定校验、检修期限的；

③ 仪表及其防护装置破损的。

G4　爆破片装置

G4.1　检查内容和要求

爆破片装置的检查至少包括以下内容：

① 爆破片是否超过产品说明书规定的使用期限；

② 爆破片的安装方向是否正确，产品铭牌上的爆破压力和温度是否符合运行要求；

③ 爆破片装置有无渗漏；

④ 爆破片使用过程中是否存在未超压爆破或者超压未爆破的情况；

⑤ 与爆破片夹持器相连的放空管是否通畅，放空管内是否存水（或者冰），防水帽、防雨片是否完好；

⑥ 爆破片单独作泄压装置（见图 G-1），检查爆破片和容器间的截止阀是否处于全开状态，铅封是否完好；

⑦ 爆破片和安全阀串联使用，如果爆破片装在安全阀的进口侧（见图 G-2），爆破片和安全阀之间装设的压力表有无压力显示，打开截止阀检查有无气体排出；

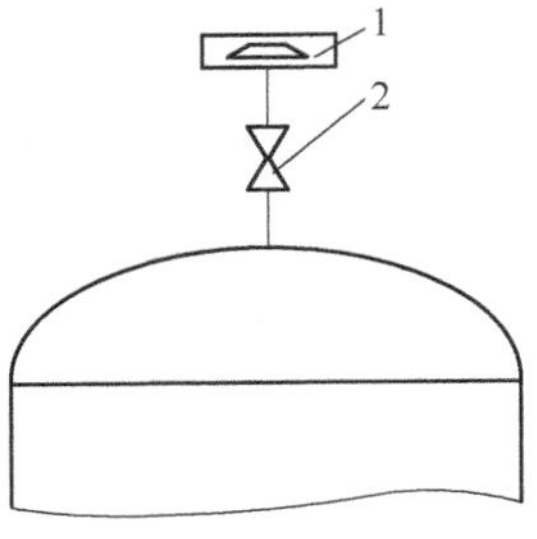

图 G-1　爆破片单独使用

1—爆破片　2—截止阀

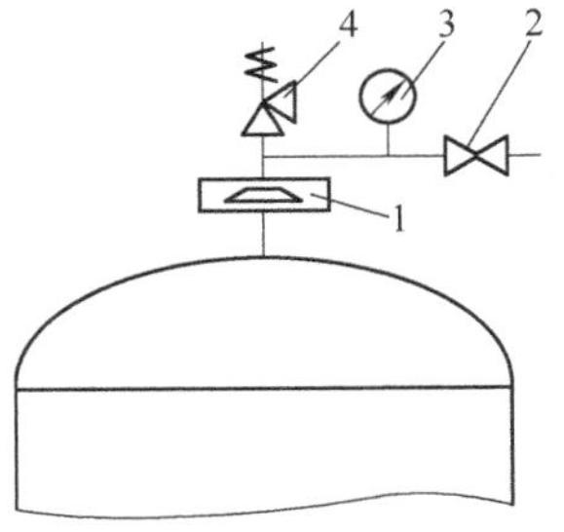

图 G-2　安全阀与爆破片串联使用

1—爆破片　2—截止阀　3—压力表　4—安全阀

⑧ 爆破片和安全阀串联使用，如果爆破片装在安全阀的出口侧（见图 G-3），爆破片和安全阀之间装设的压力表有无压力显示，如果有压力显示应当打开截止阀，检查能否顺利疏水、排气；

⑨ 爆破片和安全阀并联使用（见图 G-4）时，爆破片与容器间装设的截止阀是否处于全开

状态，铅封是否完好。

G4.2 检查结果处理

爆破片装置检查时，凡发现以下情况之一的，使用单位应当限期更换爆破片装置并且采取有效措施确保更换期间的安全，否则暂停该压力容器使用：

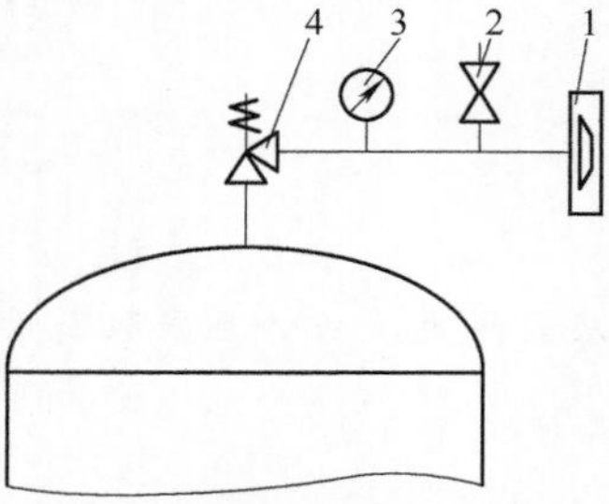

（爆破片装在安全阀出口侧）

图 G-3 安全阀与爆破片串联使用

1—爆破片 2—截止阀 3—压力表 4—安全阀

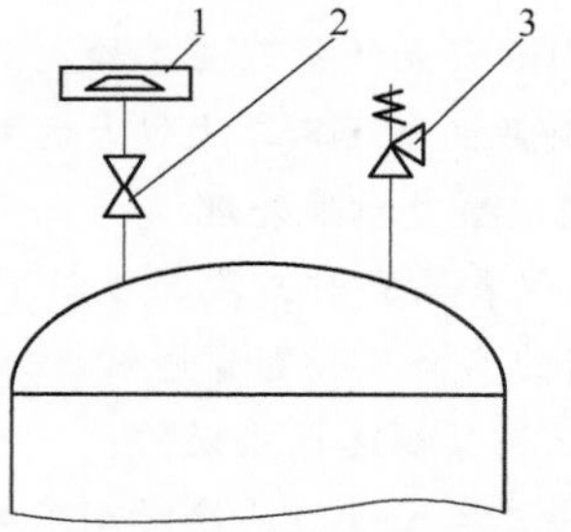

图 G-4 安全阀、爆破片并联使用

1—爆破片 2—截止阀 3—安全阀

① 爆破片超过规定使用期限的；

② 爆破片安装方向错误的；

③ 爆破片标定的爆破压力、温度和运行要求不符的；

④ 爆破片使用中超过标定爆破压力而未爆破的；

⑤ 爆破片和安全阀串联使用时，爆破片和安全阀之间的压力表有压力显示或者截止阀打开后有气体漏出的；

⑥ 爆破片单独作泄压装置或者爆破片与安全阀并联使用时，爆破片和容器间的截止阀未处于全开状态或者铅封损坏的；

⑦ 爆破片装置泄漏的。

G5 安全阀

G5.1 检查内容和要求

安全阀检查至少包括以下内容：

① 选型是否正确；

② 是否在校验有效期内使用；

③ 杠杆式安全阀的防止重锤自由移动和杠杆越出的装置是否完好，弹簧式安全阀的调整螺钉的铅封装置是否完好，静重式安全阀的防止重片飞脱的装置是否完好；

④ 如果安全阀和排放口之间装设了截止阀，截止阀是否处于全开位置及铅封是否完好；

⑤ 安全阀是否泄漏；

⑥ 放空管是否通畅，防雨帽是否完好。

G5.2 检查结果处理

安全阀检查时，凡发现以下情况之一的，使用单位应当限期改正并且采取有效措施确保改正期间的安全，否则暂停该压力容器使用：

① 选型错误的；

② 超过校验有效期的；

③ 铅封损坏的；

④ 安全阀泄漏的。

G5.3　安全阀校验

G5.3.1　校验周期

G5.3.1.1　基本要求

安全阀一般每年至少校验一次，符合G5.3.1.2的特殊要求，经过使用单位技术负责人批准可以按照其要求适当延长校验周期。凡是校验周期延长的安全阀，使用单位应当将延期校验情况书面告知登记机关。

G5.3.1.2　延长校验周期的特殊规定

G5.3.1.2.1　延长3年

弹簧直接载荷式安全阀满足以下条件时，其校验周期最长可以延长至3年：

① 安全阀制造单位已取得国家质检总局颁发的制造许可证的；

② 安全阀制造单位能提供证明，证明其所用弹簧按照GB/T 12243—2005《弹簧直接载荷式安全阀》进行了强压处理或者加温强压处理，并且同一热处理炉同规格的弹簧取10%（但不得少于2个）测定规定负荷下的变形量或者刚度，其变形量或者刚度的偏差不大于15%的；

③ 安全阀内件材料耐介质腐蚀的；

④ 安全阀在正常使用过程中未发生过开启的；

⑤ 压力容器及其安全阀阀体在使用时无明显锈蚀的；

⑥ 压力容器内盛装非黏性并且毒性程度中度及中度以下介质的；

⑦ 使用单位建立、实施了健全的设备使用、管理与维护保养制度，并且有可靠的压力控制与调节装置或者超压报警装置的；

⑧ 使用单位建立了符合要求的安全阀校验站，具有安全阀校验能力的。

G5.3.1.2.2　延长5年

弹簧直接载荷式安全阀，在满足G5.3.1.2.1中①、③、④、⑤、⑦、⑧的条件下，同时满足以下条件时，其校验周期最长可以延长至5年：

① 安全阀制造单位能提供证明，证明其所用弹簧按照GB/T 12243—2005《弹簧直接载荷式安全阀》进行了强压处理或者加温强压处理，并且同一热处理炉同规格的弹簧取20%（但不得少于4个）测定规定负荷下的变形量或者刚度，其变形量或者刚度的偏差不大于10%的；

② 压力容器内盛装毒性程度低度及低度以下的气体介质，工作温度不大于200℃的。

G5.3.2 现场校验和调整

安全阀需要进行现场校验（在线校验）和压力调整时，使用单位压力容器安全管理人员和安全阀维修作业（校验）人员应当到场确认。调校合格的安全阀应当加铅封。校验及调整装置用压力表的精度应当不低于1级。在校验和调整时，应当有可靠的安全防护措施。

（5）压力容器定期检验规则　TSG R7001—2013（节选）

国家质量检验检疫总局颁布，自2013年6月1日起施行，共五章五十七条，附件5个。

第一章　总则

第二条（节选）　本规则适用于《特种设备安全监察条例》范围内的在用固定式压力容器、移动式压力容器和医用氧舱的定期检验，但是不包括气瓶。

其中，铁路罐车、汽车罐车和罐式集装箱（以下统称罐车）的定期检验，按照本规则附件A《铁路罐车、汽车罐车和罐式集装箱定期检验专项要求》进行；长管拖车、管束式集装箱的定期检验，按照本规则附件D《长管拖车、管束式集装箱定期检验专项要求》进行。

本规则第一、第二和第五章的规定适用于前款压力容器的定期检验工作，专项要求中另有规定的，从其规定。

第三条　压力容器定期检验，是指特种设备检验机构（以下简称检验机构）按照一定的时间周期，在压力容器停机时，根据本规则的规定对在用压力容器的安全状况所进行的符合性验证活动。

第五条　压力容器的安全状况分为1级至5级。对在用压力容器，应当根据检验情况，按本规则第四章进行评级。

第六条　压力容器一般于投用后3年内进行首次定期检验。以后的检验周期由检验机构根据压力容器的安全状况等级，按照以下要求确定：

（一）安全状况等级为1、2级的，一般每6年检验一次；

（二）安全状况等级为3级的，一般每3年至6年检验一次；

（三）安全状况等级为4级的，监控使用，其检验周期由检验机构确定，累计监控使用时间不得超过3年，在监控使用期间，使用单位应当采取有效的监控措施；

（四）安全状况等级为5级的，应当对缺陷进行处理，否则不得继续使用。

应用基于风险的检验（RB1）技术的压力容器，按照《固定式压力容器安全技术监察规程》（TSG R0004）7.8.3的要求确定检验周期。

本规则附件或者其他安全技术规范对检验周期有特殊规定的，从其规定。

第七条　有下列情况之一的压力容器，定期检验周期可以适当缩短：

（一）介质对压力容器材料的腐蚀情况不明或者腐蚀情况异常的；

（二）具有环境开裂倾向或者产生机械损伤现象，并且已经发现开裂的（注1）；

（三）改变使用介质并且可能造成腐蚀现象恶化的；

（四）材质劣化现象比较明显的；

（五）使用单位没有按照规定进行年度检查的；

（六）检验中对其他影响安全的因素有怀疑的。

采用“亚铵法”造纸工艺，并且无有效防腐措施的蒸球，每年至少进行一次定期检验。使用标准抗拉强度下限值大于或者等于540MPa低合金钢制造的球形储罐，投用一年后应当开罐检验。

注1：环境开裂主要包括应力腐蚀开裂、氢致开裂、晶间腐蚀开裂等；机械损伤主要包括各种疲劳、高温蠕变等。

第八条　安全状况等级为1、2级的压力容器，符合下列条件之一的，定期检验周期可以适当延长：

（一）介质腐蚀速率每年低于0.1mm、有可靠的耐腐蚀金属衬里或者热喷涂金属涂层的压力容器，通过1次至2次定期检验，确认腐蚀轻微或者衬里完好的，其检验周期最长可以延长至12年；

（二）装有催化剂的反应容器以及装有充填物的压力容器，其检验周期根据设计图样和实际使用情况，由使用单位和检验机构协商确定（必要时征求设计单位的意见），报办理《特种设备使用登记证》（以下简称使用登记证）的质量技术监督部门（以下简称使用登记机关）备案。

第九条　对无法进行定期检验或者不能按期进行定期检验的压力容器，按照以下要求处理：

设计文件已经注明无法进行定期检验的压力容器，由使用单位在办理使用登记证时作出书面说明；

因情况特殊不能按期进行定期检验的压力容器，由使用单位提出书面申请报告说明情况，经使用单位安全管理负责人批准，征得上次承担定期检验的检验机构同意（首次检验的延期不需要），向使用登记机关备案后，可以延期检验；对固定式压力容器，也可以由使用单位提出申请，按照《固定式压力容器安全技术监察规程》7.8的规定办理。

对无法进行定期检验或者不能按期进行定期检验的压力容器，使用单位均应当采取有效的安全保障措施。

第二章　检验前的准备工作

第十七条　使用单位和相关的辅助单位，应当按照要求做好停机后的技术性处理和检验前的安全检查，确认现场条件符合检验工作要求，做好有关的准备工作。检验前，现场至少具备以下条件：

（一）影响检验的附属部件或者其他物体，按照检验要求进行清理或者拆除；

（二）为检验而搭设的脚手架、轻便梯等设施安全牢固（对离地面2m以上的脚手架设置安全护栏）；

（三）需要进行检验的表面，特别是腐蚀部位和可能产生裂纹缺陷的部位，彻底清理干净，露出金属本体；进行无损检测的表面达到JB/T 4730《承压设备无损检测》的有关要求；

（四）需要进入压力容器内部进行检验，将内部介质排放、清理干净，用盲板隔断所有液体、气体或者蒸气的来源，同时设置明显的隔离标志，禁止用关闭阀门代替盲板隔断；

（五）需要进入盛装易燃、易爆、助燃、毒性或者窒息性介质的压力容器内部进行检验，必须进行置换、中和、消毒、清洗，取样分析，分析结果达到有关规范、标准规定；取样分析的间隔时间应当符合使用单位的有关规定；盛装易燃、易爆、助燃介质的，严禁用空气置换；

（六）人孔和检查孔打开后，必须清除可能滞留的易燃、易爆、有毒、有害气体和液体，压力容器内部空间的气体含氧量在18%至23%（体积比）之间；必要时，还需要配备通风、安全救护等设施；

（七）高温或者低温条件下运行的压力容器，按照操作规程的要求缓慢地降温或者升温，使之达到可以进行检验工作的程度，防止造成伤害；

（八）能够转动或者其中有可动部件的压力容器，必须锁住开关，固定牢靠；移动式压力容器检验时，采取有效措施防止移动；

（九）切断与压力容器有关的电源，设置明显的安全警示标志；检验照明用电电压不得超过24V，引入压力容器内的电缆必须绝缘良好、接地可靠；

（十）需要现场进行射线检测时，隔离出透照区，设置警示标志。

检验时，使用单位压力容器安全管理人员、操作和维护等相关人员应当到场协助检验工作，及时提供有关资料，负责安全监护，并且设置可靠的联络方式。

第十八条　存在以下情况时，应当根据需要部分或者全部拆除压力容器外隔热层：

（一）隔热层有破损、失效的；

（二）隔热层下容器壳体存在腐蚀或者外表面开裂可能性的；

（三）无法进行压力容器内部检验，需要外壁检验或者从外壁进行内部检测的；

（四）检验人员认为有必要的。

第四章　安全状况等级评定

第四十九条　综合评定安全状况等级为1级至3级的，检验结论为符合要求，可以继续使用；安全状况等级为4级的，检验结论为基本符合要求，有条件的监控使用；安全状况等级为5级的，检验结论为不符合要求，不得继续使用。本规则附件中对检验结论另有规定的，从其规定。

第五十条　安全状况等级评定为4级并且监控期满的压力容器，或者定期检验发现严重缺陷可能导致停止使用的压力容器，应当对缺陷进行处理。缺陷处理的方式包括采用维修的方法消除缺陷或者进行合于使用评价。负责压力容器定期检验的检验机构应当根据合于使用评价报告的结论和其他定期检验项目的结果综合确定压力容器的安全状况等级、允许使用参数和下次检验日期。

第五十一条　对于应用基于风险的检验（RB1）的压力容器，使用单位应当根据其结论所提出的检验策略制定压力容器的检验计划，定期检验机构依据其检验策略制定具体的定期检验方案并且实施定期检验。

第五十五条　在用压力容器移装后的检验、停用后重新启用前的检验、超期服役继续使用前的检验均可参照本规则进行。

第五十七条　本规则自2013年7月1日起施行。2004年6月23日国家质检总局颁布的《压力容器定期检验规则》（TSG R7001—2004）同时废止。

附件 A

铁路罐车、汽车罐车和罐式集装箱定期检验专项要求

A1　总则

A1.1　适用范围

本专项要求适用于在用铁路罐车、汽车罐车和罐式集装箱（以下简称罐车）的定期检验。

A1.2　检验类别与周期

在用罐车的定期检验分为年度检验、全面检验。

(1) 年度检验，每年至少一次；

(2) 全面检验，罐车的全面检验周期按照表A-1规定。

表 A-1　全面检验周期

罐体安全状况等级	设备品种		
	铁路罐车	汽车罐车	罐式集装箱
1级~2级	4年	5年	5年
3级	2年	3年	2.5年

A1.3　检验周期特殊规定

有下列情况之一的罐车，应当进行全面检验：

(1) 新罐车投用后1年内进行首次检验的；

(2) 停用1年后重新使用的；

(3) 发生事故，影响安全使用的；

(4) 经过重大修理或者改造的；

(5) 改变使用条件的；

(6) 使用单位或者检验机构认为有必要提前进行全面检验的。

附件 D

长管拖车、管束式集装箱定期检验专项要求

D1.2　检验周期

按照所充装介质不同，定期检验周期见表D-1。

表 D-1　定期检验周期（注 D1）

介质类别	充装介质	定期检验周期（年）	
		首次定期检验	定期检验
A	天然气（煤层气）、氢气	3	5
B	氮气、氦气、氩气、氖气、空气	4	6

注 D1：除B组的介质和其他惰性、无腐蚀性气体外，其他介质（如有毒、易燃、易爆、腐蚀等）均为A组。

D1.3　提前进行定期检验情况

有下列情形之一的长管拖车、管束式集装箱，应当提前进行定期检验：

(1) 发现有严重腐蚀、损伤或者对其安全使用有怀疑的；

(2) 充装介质中，腐蚀成分含量超过相应标准规定的；

(3) 发生交通、火灾等事故，对安全使用有影响的；

(4) 年度检查发现问题，而且影响安全使用的。

(6) 压力容器安装改造维修许可规则 TSG R3001—2006（节选）

国家质量检验检疫总局于2006年06月21日颁布，自2006年10月1日起施行，共五章二十八条。

第一章　总则

第二条　本规则所称压力容器，是指《条例》适用范围的压力容器，但不适用于以下压力容器：

(一) 移动式压力容器（限安装）；

(二) 制冷装置中的压力容器；

(三) 非金属材料制造的压力容器；

(四) 真空下工作的压力容器（不含夹套压力容器）；

(五) 正常运行最高工作压力小于0.1MPa的压力容器（包括在进料或出料过程中需要瞬时承受压力大于或者等于0.1MPa的压力容器，不包括消毒、冷却等工艺过程中需要短时承受压力大于或者等于0.1MPa的压力容器）；

(六) 机器上非独立的承压部件（包括压缩机、发电机、泵、柴油机的气缸或承压壳体等，但不含造纸、纺织机械的烘缸、压缩机的辅助压力容器）；

(七) 无壳体的套管换热器、波纹板换热器、空冷式换热器、冷却排管等。

需在现场完成最后环焊缝焊接工作的压力容器和整体需在现场组焊的压力容器，不属于压力容器安装许可范围。

医用氧舱的安装、改造、维修许可按照《医用氧舱安全管理规定》进行。

第三条　本规则所称压力容器的安装、改造、维修工作包括以下内容：

(一) 安装，压力容器整体就位、整体移位安装的活动；

(二) 改造，对压力容器主要受压元件进行更换、增减和其他变更（注），导致压力容器参数、介质和用途等安全技术性能指标改变的活动；

(三) 维修，对压力容器和主要受压元件进行修理，不导致压力容器参数、介质和用途等安全技术性能指标改变的活动。

注：其他变更，是指压力容器设计条件、使用条件变更导致主要受压元件、安全附件的几何尺寸（形状）、材料发生改变。

第四条　凡是在我国境内从事本规则适用范围的压力容器安装、改造、维修工作的单位，应当取得国家质量监督检验检疫总局（以下简称国家质检总局）或者省级质量技术监督局颁发的《特种设备安装改造维修许可证》（以下简称许可证）。

压力容器安装改造维修许可资格分为1、2级。取得1级许可资格的单位允许从事压力容器安装、改造和维修工作，取得2级许可资格的单位允许从事压力容器维修工作。

取得压力容器制造许可资格的单位（A3级注明仅限球壳板压制和仅限封头制造者除外），可以从事相应制造许可范围内的压力容器安装、改造、维修工作，不需要另取压力容器安装改造维修许可资格。

取得GC1级压力管道安装许可资格的单位，或者取得2级（含2级）以上锅炉安装资格的单位可以从事1级许可资格中的压力容器安装工作，不需要另取压力容器安装许可资格。

第四章　监督管理

第十九条　压力容器安装、改造、维修单位在进行安装、改造、维修施工时应当履行以下义务：

（一）在安装、改造、维修施工前，应当按照《条例》要求规定，书面告知当地质量技术监督部门；

（二）自觉接受当地质量技术监督部门的安全监察工作，积极配合压力容器监督检验机构（以下简称监督机构），按照《条例》和有关检验规则等安全技术规范的规定所实施的监督检验工作；

（三）发现压力容器受压元（部）件存在安全性能问题，应当停止施工，并且及时向当地质量技术监督部门报告，在有关问题得到解决后方可继续施工；

（四）对安装、改造、维修施工质量负责，并且及时记录、收集、整理压力容器安装、改造、维修施工质量记录，妥善保存相关压力容器技术资料和相应见证材料。应当按照《条例》规定，在验收后30日内将有关技术资料完整移交给压力容器使用单位存档。

（7）安全阀安全技术监察规程TSG ZF001—2006（节选）　国家质量检验检疫总局于2006年10月27日颁布，自2007年1月1日起施行，共九条。

第二条　本规程适用于《条例》所规定的锅炉、压力容器和压力管道等设备（以下简称设备）上所用的最高工作压力大于或者等于0.02MPa的安全阀。

第三条　安全阀的材料、设计、制造、检验、安装、使用、校验和维修等，应当严格执行本规程。

第四条（节选）　安全阀制造单位应当取得《特种设备制造许可证》。国家质量监督检验检疫总局（以下简称国家质检总局）统一管理境内、外安全阀制造许可工作，并且颁发特种设备制造许可证，制造许可证的有效期为4年。获得《特种设备制造许可证》的制造单位，应当按照TSG D2001—2006《压力管道元件制造许可规则》附件B的要求在其制造的产品上使用“许可标记”和许可证号。

第七条　从事使用中的安全阀校验的单位应当具有与校验工作相适应的校验技术负责人、技术人员，以及校验装置、仪器和场地。

安全阀使用单位具备安全阀校验能力，向省级质量技术监督部门告知后，可以自行进行安全阀的校验工作。没有校验能力的使用单位，应当委托有安全阀校验资格的检验检测机构进行。进行在用设备检验，安全阀使用单位自行进行安全阀校验时，应当将校验报告提交负责该设备检验的检验检测机构。

从事使用中的安全阀的运行维护、拆卸检修、校验工作的人员应当取得《特种设备作业人员证》。

附件A

A1 安全阀：一种自动阀门，它不借助任何外力而是利用介质本身的力来排出一额定数量的流体，以防止压力超过额定的安全值。当压力恢复正常后，阀门再行关闭并阻止介质继续流出。

A2 直接载荷式安全阀：一种仅靠直接的机械加载装置，如重锤、杠杆加重锤或弹簧来克服由阀瓣下介质压力所产生作用力的安全阀。

A6 整定压力：安全阀在运行条件下开始开启的预定压力，是在阀门进口处测量的表压力。在该压力下，在规定的运行条件下由介质压力产生的使阀门开启的力同使阀瓣保持在阀座上的力相互平衡。

A9 排放压力：整定压力加超过压力。

A12 回座压力：安全阀排放后其阀瓣重新与阀座接触，即开启高度变为零时的进口静压力。

A18 开启高度：阀瓣离开关闭位置的实际升程。

A29 卡阻：安全阀阀瓣在开启或者关闭中产生的卡涩现象。

（8）特种设备作业人员考核规则 TSG Z6001—2013（节选）

第一章 总则

第一条 为了规范特种设备作业人员考核工作，根据《特种设备作业人员监督管理办法》（以下简称《办法》），制定本规则。

第三条 申请《特种设备作业人员证》（以下简称《作业人员证》）的人员应当先经考试合格，凭考试合格证明向负责发证的质量技术监督部门申请办理《作业人员证》后，方可从事相应的工作。

《作业人员证》有效期为4年。有效期满需要继续从事其作业工作的，应当按照本规则规定及时办理证件延续（本规则简称复审）。

第七条 作业人员的用人单位（以下简称用人单位）应当对作业人员进行安全教育和培训，保证作业人员具备必要的特种设备安全作业知识、作业技能，及时进行知识更新。作业人员未能参加用人单位培训的，可以选择专业培训机构进行培训。

第八条 《作业人员证》有效期内，全国范围内有效。持有《作业人员证》的人员（以下简称持证人员）经用人单位雇（聘）用后，其《作业人员证》应当经用人单位法定代表人（负责人、雇主）或者其授权人签章后，方可在许可的项目范围内在该用人单位作业。

第三章 考核程序与要求

第十四条 申请人应当符合下列条件：

（一）年龄在18周岁以上（含18周岁）、60周岁以下（含60周岁），具有完全民事行为能力；

（二）身体健康并满足申请从事的作业项目对身体的特殊要求；

（三）有与申请作业项目相适应的文化程度；

（四）具有相应的安全技术知识与技能；

（五）符合安全技术规范规定的其他要求。

第十五条 申请人应当在工作单位或者居住所在地就近报名参加考试。申请人报名参加作业人员考试时，应当向考试机构提交以下申请资料：

（一）《特种设备作业人员考核申请表》（见附件A，2份）；

（二）身份证明（复印件，2份）；

（三）照片（近期2寸、正面、免冠、白底彩色，3张）；

（四）学历证明（毕业证复印件，2份）；

（五）健康证明（考核大纲对身体状况有特殊要求时，由医院出具本年度的体检报告，1份）；

（六）安全教育和培训的证明（符合考核大纲规定的课时，由用人单位或者有关专业培训机构提供，1份）；

（七）实习证明（符合考核大纲要求，与申请项目一致，由用人单位或者有关专业培训机构提供，1份）。

申请人也可通过发证部门或者指定的考试机构的网上报名系统填报申请，并且附前款要求提交的资料的扫描文件（PDF格式或者JPG格式）。

第四章 复审程序与要求

第二十四条 持证人员应当在持证项目的有效期届满3个月前，自行或者委托考试机构向发证部门提出复审申请。

申请复审时，持证人员应当提交以下资料：

（一）《特种设备作业人员复审申请表》（见附件B，1份）；

（二）《作业人员证》（原件）；

（三）持证期间用人单位或者专业培训等机构出具的安全教育和培训证明（内容和学时等要求符合安全技术规范，1份）；

（四）医院出具的本年度的体检报告（考核大纲对身体状况有特殊要求时，1份）；

（五）持证期间用人单位出具的中断所从事持证项目的作业时间未超过1年的证明（有关安全技术规范另有规定的，从其规定）；

（六）持证期间用人单位出具的没有违章作业等不良记录证明（1份）；

有关安全技术规范规定复审必须参加考试的，还应当提交相应的考试合格证明。

第二十五条 满足下列所有要求的，准予复审合格：

（一）复审申请提交的资料齐全、真实的；

（二）年龄60周岁以下（含60周岁）；

（三）在持证期间中断所从事持证项目的作业时间未超过1年的（有关安全技术规范中另有规定的，从其规定）；

（四）无违章作业等不良记录、未造成事故的；

（五）符合有关安全技术规范规定条件的；

（六）按照有关安全技术规范要求参加考试，考试成绩合格的。

第二十六条 跨发证部门地区从业的作业人员，可向原发证部门申请复审，也可向其用人单位所在地的发证部门申请复审。发证部门在办理复审时，应当登录“全国特种设备公示信息查询系统”进行查询，确定原证件的有效性；在此信息查询系统未查询到的，要求回原发证机关处理。

第二十八条 复审不合格的持证人员可以重新申请领证。逾期未申请复审或者复审不合格的，其《作业人员证》中的该项目失效，不得继续从事该项目作业。

第五章 附则

第三十条 《作业人员证》遗失或者损毁的，持证人员应当及时向发证部门挂失，并且在市级以上（含市级）质量技术监督部门的官方网公共信息栏目中发布遗失声明，或者登报声明原《作业人员证》作废。如果一个月内无其他用人单位提出异议，持证人员可以委托原考试机构向发证部门申请补发。查证属实的，由发证部门补办《作业人员证入原持证项目有效期不变，补发的《作业人员证》上注明“此证补发”字样。

第三十一条 用人单位应当根据本规则的规定，结合本单位的实际情况，制定作业人员管理办法，建立作业人员档案，为作业人员申请领证和复审提供客观真实的证明资料。

压力容器类特种设备作业人员作业种类与项目

作业项目	项目代号
特种设备安全管理负责人	A1
特种设备质量管理负责人	A2

（续）

作业项目	项目代号
锅炉压力容器压力管道安全管理	A3
固定式压力容器操作	R1
移动式压力容器充装	R2
氧舱维护保养	R3
永久气体气瓶充装	P1
液化气体气瓶充装	P2
溶解乙炔气瓶充装	P3
液化石油气瓶充装	P4
车用气瓶充装	P5
压力管道巡检维护	D1
带压封堵	D2
带压密封	D3
安全阀校验	F1
安全阀维修	F2

1.3.5　中华人民共和国标准法（节选）、中华人民共和国劳动法（节选）、中华人民共和国产品质量法（节选）和中华人民共和国计量法（节选）

1.　中华人民共和国标准法（节选）

由1988年12月29日第七届全国人民代表大会常务委员会第5次会议通过，1988年12月29日中华人民共和国主席令第11号发布，1989年4月1日起施行，共五章二十六条。

第二章　标准的制定

第六条　对需要在全国范围内统一的技术要求，应当制定国家标准。国家标准由国务院标准化行政主管部门制定。对没有国家标准而又需要在全国某个行业范围内统一的技术要求，可以制定行业标准。行业标准由国务院有关行政主管部门制定，并报国务院标准化行政主管部门备案，在公布国家标准之后，该项行业标准即行废止。对没有国家标准和行业标准而又需要在省、自治区、直辖市范围内统一的工业产品的安全、卫生要求，可以制定地方标准。地方标准由省、自治区、直辖市标准化行政主管部门制定，并报国务院标准化行政主管部门和国务院有关行政主管部门备案，在公布国家标准或者行业标准之后，该项地方标准即行废止。

企业生产的产品没有国家标准和行业标准的，应当制定企业标准，作为组织生产的依据。企业的产品标准须报当地政府标准化行政主管部门和有关行政主管部门备案。已有国家标准或者行业标准的，国家鼓励企业制定严于国家标准或者行业标准的企业标准，在企业内部适用。

法律对标准的制定另有规定的，依照法律的规定执行。

第七条　国家标准、行业标准分为强制性标准和推荐性标准。保障人体健康，人身、财产安全的标准和法律、行政法规规定强制执行的标准是强制性标准，其他标准是推荐性标准。省、自治区、直辖市标准化行政主管部门制定的工业产品的安全、卫生要求的地方标准，在本行政区域内是强制性标准。

第八条　制定标准应当有利于保障安全和人民的身体健康，保护消费者的利益，保护环境。

第九条　制定标准应当有利于合理利用国家资源，推广科学技术成果，提高经济效益，并符合使用要求，有利于产品的通用互换，做到技术上先进，经济上合理。

第十条　制定标准应当做到有关标准的协调配套。

第十一条　制定标准应当有利于促进对外经济技术合作和对外贸易。

第十二条　制定标准应当发挥行业协会、科学研究机构和学术团体的作用。制定标准的部门应当组织由专家组成的标准化技术委员会，负责标准的草拟，参加标准草案的审查工作。

第十三条　标准实施后，制定标准的部门应当根据科学技术的发展和经济建设的需要适时进行复审，以确认现行标准继续有效或者予以修订、废止。

第三章　标准的实施

第十四条　强制性标准，必须执行。不符合强制性标准的产品，禁止生产、销售和进口。推荐性标准，国家鼓励企业自愿采用。

第十五条　企业对有国家标准或者行业标准的产品，可以向国务院标准化行政主管部门或者国务院标准化行政主管部门授权的部门申请产品质量认证。认证合格的，由认证部门授予认证证书，准许在产品或者其包装上使用规定的认证标志。

已经取得认证证书的产品不符合国家标准或者行业标准的，以及产品未经认证或者认证不合格的，不得使用认证标志出厂销售。

第十六条　出口产品的技术要求，依照合同的约定执行。

第十七条　企业研制新产品。改进产品，进行技术改造，应当符合标准化要求。

第十八条　县级以上政府标准化行政主管部门负责对标准的实施进行监督检查。

第十九条　县级以上政府标准化行政主管部门，可以根据需要设置检验机构，或者授权其他单位的检验机构，对产品是否符合标准进行检验。法律、行政法规对检验机构另有规定的，依照法律、行政法规的规定执行。处理有关产品是否符合标准的争议，以前款规定的检验机构的检验数据为准。

2. 中华人民共和国劳动法（节选）

1994 年 7 月 5 日第八届全国人民代表大会常务委员会第八次会议通过，自 1995 年 1 月 1 日起施行，共十三章一百零七条。

（1）总则

第一条　为了保护劳动者的合法权益，调整劳动关系，建立和维护适应社会主义市场经济的劳动制度，促进经济发展和社会进步，根据宪法，制定本法。

第二条　在中华人民共和国境内的企业、个体经济组织（以下统称用人单位）和与之形成劳动关系的劳动者，适用本法。

国家机关、事业组织、社会团体和与之建立劳动合同关系的劳动者，依照本法执行。

第三条　劳动者享有平等就业和选择职业的权利、取得劳动报酬的权利、休息休假的权利、获得劳动安全卫生保护的权利、接受职业技能培训的权利、享受社会保险和福利的权利、提请劳动争议处理的权利以及法律规定的其他劳动权利。劳动者应当完成劳动任务，提高职业技能，执行劳动安全卫生规程，遵守劳动纪律和职业道德。

第四条　用人单位应当依法建立和完善规章制度，保障劳动者享有劳动权利和履行劳动义务。

第五条　国家采取各种措施，促进劳动就业，发展职业教育，制定劳动标准，调节社会收入，完善社会保险，协调劳动关系，逐步提高劳动者的生活水平。

第六条　国家提倡劳动者参加社会义务劳动，开展劳动竞赛和合理化建议活动，鼓励和保护劳动者进行科学研究、技术革新和发明创造，表彰和奖励劳动模范和先进工作者。

第七条　劳动者有权依法参加和组织工会。工会代表和维护劳动者的合法权益，依法地开展活动。

第八条　劳动者依照法律规定，通过职工大会、职工代表大会或者其他形式，参与民主管理或者就保护劳动者合法权益与用人单位进行平等协商。

第九条　国务院劳动行政部门主管全国劳动工作。县级以上地方人民政府劳动行政部门主管本行政区域内的劳动工作。

（2）劳动安全卫生

第五十二条　用人单位必须建立、健全劳动安全卫生制度，严格执行国家劳动安全卫生规程和标准，对劳动者进行劳动安全卫生教育，防止劳动过程中的事故，减少职业危害。

第五十三条　劳动安全卫生设施必须符合国家规定的标准。

新建、改建、扩建工程的劳动安全卫生设施必须与主体工程同时设计、同时施工、同时投入生产和使用。

第五十四条　用人单位必须为劳动者提供符合国家规定的劳动安全卫生条件和必要的劳动防护用品，对从事有职业危害作业的劳动者应当定期进行健康检查。

第五十五条　从事特种作业的劳动者必须经过专门培训并取得特种作业资格。

第五十六条　劳动者在劳动过程中必须严格遵守安全操作规程。劳动者对用人单位管理人员违章指挥、强令冒险作业，有权拒绝执行；对危害生命安全和身体健康的行为，有权提出批评、检举和控告。

第五十七条　国家建立伤亡事故和职业病统计报告和处理制度。县级以上各级人民政府劳动行政部门、有关部门和用人单位应当依法对劳动者在劳动过程中发生的伤亡事故和劳动者的职业病状况，进行统计、报告和处理。

3. 中华人民共和国产品质量法（节选）

1993年2月22日第七届全国人民代表大会常务委员会第三十次会议通过，自1993年9月1日起施行，共六章五十一条。

第一章　总则

第一条　为了加强对产品质量的监督管理，明确产品质量责任，保护用户、消费者的合法权益，维护社会经济秩序，制定本法。

第二条　在中华人民共和国境内从事产品生产、销售活动，必须遵守本法。本法所称产品是指经过加工、制作，用于销售的产品。建设工程不适用本法规定。

第三条　生产者、销售者依照本法规定承担产品质量责任。

第四条　禁止伪造或者冒用认证标志、名优标志等质量标志；禁止伪造产品的产地，伪造或者冒用他人的厂名、厂址；禁止在生产、销售的产品中掺杂、掺假，以假充真、以次充好。

第五条　国家鼓励推行科学的质量管理方法，采用先进的科学技术，鼓励企业产品质量达到并且超过行业标准、国家标准和国际标准。对产品质量管理先进和产品质量达到国际先进水平、成绩显著的单位和个人，给予奖励。

第六条　国务院产品质量监督管理部门负责全国产品质量监督管理工作。国务院有关部门在各自的职责范围内负责产品质量监督管理工作。县级以上地方人民政府管理产品质量监督工作的部门负责本行政区域内的产品质量监督管理工作。

第二章　产品质量的监督

第七条　产品质量应当检验合格，不得以不合格产品冒充合格产品。

第八条　可能危及人体健康和人身、财产安全的工业产品，必须符合保障人体健康、人身、财产安全的国家标准、行业标准；未制定国家标准、行业标准的，必须符合保障人体健康，人身、财产安全的要求。

第九条　国家根据国际通用的质量管理标准，推行企业质量体系认证制度。企业根据自愿原则可以向国务院产品质量监督管理部门或者国务院产品质量监督管理部门授权的部门认可的认证机构申请企业质量体系认证。经认证合格的，由认证机构颁发企业质量体系认证证书。国家参照国际先进的产品标准和技术要求，推行产品质量认证制度。企业根据自愿原则可以向国务院产品质量监督管理部门或者国务院产品质量监督管理部门授权的部门认可的认证机构申请产品质量认证。经认证合格的，由认证机构颁发产品质量认证证书，准许企业在产品或者其包装上使用产品质量认证标志。

第十条　国家对产品质量实行以抽查为主要方式的监督检查制度，对可能危及人体健康和人身、财产安全的产品，影响国计民生的重要工业产品以及用户、消费者、有关组织反映有质量问题的产品进行抽查。监督抽查工作由国务院产品质量监督管理部门规划和组织。县级以上地方人民政府管理产品质量监督工作的部门在本行政区域内也可以组织监督抽查，但是要防止重复抽查。产品质量抽查的结果应当公布。法律对产品质量的监督检查另有规定的，依照有关法律的规定执行。根据监督抽查的需要，可以对产品进行检验，但不得向企业收取检验费用。监督抽查所需检验费用按照国务院规定列支。

第十一条　产品质量检验机构必须具备相应的检测条件和能力，经省级以上人民政府产品质量监督管理部门或者其授权的部门考核合格后，方可承担产品质量的检验工作。法律、行政法规对产品质量检验机构另有规定的，依照有关的法律、行政法规的规定执行。

第十二条　用户、消费者有权就产品质量问题，向产品的生产者、销售者查询；向产品质量监督管理部门、工商行政管理部门及有关部门申诉，有关部门应当负责处理。

第十三条　保护消费者权益的社会组织可以就消费者反映的产品质量问题建议有关部门负责处理，支持消费者对因产品质量造成的损害向人民法院起诉。

4. 中华人民共和国计量法（节选）

1985年9月6日第六届全国人民代表大会常务委员会第十二次会议通过，自1986年7月1日起施行，共六章三十五条。

第一章　总则

第一条　为了加强计量监督管理，保障国家计量单位制的统一和量值的准确可靠，有利于生产、贸易和科学技术的发展，适应社会主义现代化建设的需要，维护国家、人民的利益，制定本法。

第二条　在中华人民共和国境内，建立计量基准器具、计量标准器具，进行计量检定，制造、修理、销售、使用计量器具，必须遵守本法。

第三条　国家采用国际单位制。

国际单位制计量单位和国家选定的其他计量单位，为国家法定计量单位。国家法定计量单位的名称、符号由国务院公布。

非国家法定计量单位应当废除。废除的办法由国务院制定。

第四条　国务院计量行政部门对全国计量工作实施统一监督管理。

县级以上地方人民政府计量行政部门对本行政区域内的计量工作实施监督管理。

第二章　计量基准器具、计量标准器具和计量检定

第五条　国务院计量行政部门负责建立各种计量基准器具，作为统一全国量值的最高依据。

第六条　县级以上地方人民政府计量行政部门根据本地区的需要，建立社会公用计量标准器具，经上级人民政府计量行政部门主持考核合格后使用。

第七条　国务院有关主管部门和省、自治区、直辖市人民政府有关主管部门，根据本部门的特殊需要，可以建立本部门使用的计量标准器具，其各项最高计量标准器具经同级人民政府计量行政部门主持考核合格后使用。

第八条　企业、事业单位根据需要，可以建立本单位使用的计量标准器具，其各项最高计量标准器具经有关人民政府计量行政部门主持考核合格后使用。

第九条　县级以上人民政府计量行政部门对社会公用计量标准器具，部门和企业、事业单位使用的最高计量标准器具，以及用于贸易结算、安全防护、医疗卫生、环境监测方面的列入强制检定目录的工作计量器具，实行强制检定。未按照规定申请检定或者检定不合格的，不得使用。实行强制检定的工作计量器具的目录和管理办法，由国务院制定。

对前款规定以外的其他计量标准器具和工作计量器具，使用单位应当自行定期检定或者送其他计量检定机构检定，县级以上人民政府计量行政部门应当进行监督检查。

第十条　计量检定必须按照国家计量检定系统表进行。国家计量检定系统表由国务院计量行政部门制定。

计量检定必须执行计量检定规程。国家计量检定规程由国务院计量行政部门制定。没有国家计量检定规程的，由国务院有关主管部门和省。自治区、直辖市人民政府计量行政部门分别制定部门计量检定规程和地方计量检定规程，并向国务院计量行政部门备案。

第十一条　计量检定工作应当按照经济合理的原则，就地就近进行。

复习思考题

一、判断题

1. 压力容器使用的安全距离，应当符合《中华人民共和国消防法》的规定，不属于《中华人民共和国特种设备安全法》监管内容。[37]　（×）

2.《中华人民共和国安全生产法》规定：从业人员在作业过程中，应当严格遵守本单位的安全生产规章制度和操作规程，服从管理，正确佩戴和使用劳动防护用品。[49]　（√）

3.《中华人民共和国节约能源法》规定：用能单位应当按照合理用能的原则，加强节能管理，制定并实施节能计划和节能技术措施，降低能源消耗。[24]　（√）

4.《中华人民共和国铁路法》规定：铁路运输企业必须加强对铁路的管理和保护，定期检查、维修铁路运输设施，保证铁路运输设施完好，保障旅客和货物运输安全。[42]　（√）

5.《中华人民共和国道路交通安全法》规定：机动车号牌应当悬挂，并保持清晰，不得故意遮挡、污损。[11]　（×）

6. 有一起压力容器爆炸事故未造成人员伤亡，根据《特种设备安全监察条例》规定，属于一般事故。[63]　（×）

7.《危险化学品安全管理条例》规定：用于运输危险化学品的槽罐以及其他容器应当封口严密，能够防止危险化学品在运输过程中因温度、湿度或者压力的变化发生渗漏、洒漏；槽罐以及其他容器的溢流和泄压装置应当设置准确、起闭灵活。[45]　（√）

8.《中华人民共和国道路运输条例》规定：道路运输从业人员应当遵守道路运输操作规程，不得违章作业。驾驶人员连续驾驶时间不得超过6个小时。[29]　（×）

9.《铁路运输安全保护条例》规定：办理危险货物运输的工作、装卸、押运人员应当掌握危险货物的性质、危害特性、包装容器的使用特性和发生意外时的应急措施。[56]　（√）

10.《特种设备作业人员监督管理办法》规定，特种设备作业人员作业时应当随身携带证件，自觉接

受用人单位的安全管理和质量技术监督部门的监督检查。[21] (√)

11.《特种设备事故报告和调查处理规定》中规定：发生特种设备事故，事故发生单位的负责人接到报告后，应当于2小时内向事故发生地的县以上质量技术监督部门和有关部门报告。[10] (×)

12.《移动式压力容器安全技术监察规程》规定：移动式压力容器投入使用前或使用后30日内，使用单位应当按照压力容器使用管理有关安全技术规范的要求，并且按照铭牌和产品数据表规定的一种介质，逐台向省、自治区、直辖市质量技术监督部门办理《特种设备使用登记证》及电子记录卡。[5.1] (×)

13.《移动式压力容器充装许可规则》规定：充装单位不得擅自对移动式压力容器的罐体、管路、阀门及其外观、漆色、色环、标志等进行任何改动。[25] (√)

14. 根据TSG R5002—2013《压力容器使用管理规则》的规定，固定式和移动式压力容器都应进行年度检查。[44] (×)

15. TSG R7001—2013《压力容器定期检验规则》规定，切断与压力容器有关的电源，设置明显的安。全警示标志；检验照明用电电压不得超过12V，引入压力容器内的电缆必须绝缘良好、接地可靠。[17] (×)

二、选择题

1.《中华人民共和国特种设备安全法》规定：特种设备使用单位应当遵守本法和其他有关法律、法规，建立、健全特种设备（　　）制度。[7] (A)

A. 安全和节能责任　　B. 安全和岗位责任

C. 安全和操作管理责任　　D. 作业和节能责任

2.《中华人民共和国安全生产法》规定：生产经营单位的从业人员有权了解其作业场所和工作岗位存在的危险因素、防范措施及（　　），有权对本单位的安全生产工作提出建议。[45] (B)

A. 操作规程　　B. 事故应急措施　　C. 岗位责任制度　　D. 管理制度

3.《中华人民共和国铁路法》规定：（　　）有爱护铁路设施的义务。禁止任何人破坏铁路设施，扰乱铁路运输的正常秩序。[6] (C)

A. 铁路工作人员　　B. 作业人员　　C. 公民　　D. 铁路运输人员

4.《中华人民共和国道路交通安全法》规定：机动车载运爆炸物品、易燃易爆化学物品以及剧毒、放射性等危险物品，应当经（　　）批准后，按指定的时间、路线、速度行驶，悬挂警示标志并采取必要的安全措施。[48] (D)

A. 安全监察部门　　B. 技术监督部门　　C. 单位主要负责人　　D. 公安机关

5.《特种设备安全监察条例》规定：压力容器、压力管道有毒介质泄漏，造成（　　）人以上1万人以下转移的为一般事故。[64] (B)

A. 300　　B. 500　　C. 800　　D. 1000

6.《危险化学品安全管理条例》规定：运输危险化学品途中因住宿或者发生影响正常运输的情况，需要较长时间停车的，驾驶人员、押运人员应当采取相应的安全防范措施；运输剧毒化学品或者易制爆危险化学品的，还应当向当地（　　）报告。[48] (C)

A. 安全监察部门　　B. 技术监督部门　　C. 公安机关　　D. 政府

7.《中华人民共和国道路运输条例》规定：违反本条例的规定，客运经营者、危险货物运输经营者未按规定投保承运人责任险的，由（　　）责令限期投保；拒不投保的，由原许可机关吊销道路运输经营许可证。[68] (B)

A. 省级以上道路运输管理机构　　B. 县级以上道路运输管理机构

C. 安全监察部门　　D. 保险机构

8. 根据《特种设备作业人员监督管理办法》，申请《特种设备作业人员证》人员应当符合如下条件：① 年龄在（　　）以上；② 身体健康并满足申请从事的作业种类对身体的特殊要求；③有与申请作业种类相适应的文化程度；④ 具有相应的安全技术知识与技能；⑤ 符合安全技术规范规定的其他要求。[10] (B)

A. 16 周岁　B. 18 周岁　C. 20 周岁　D. 24 周岁

9. 按照《特种设备事故报告和调查处理规定》的要求：因抢救人员、防止事故扩大以及疏通交通等原因，需要移动事故现场物件的，（　　）的单位或者相关人员应当做出标志，绘制现场简图并做出书面记录，妥善保存现场重要痕迹、物证。有条件的，应当现场制作视听资料。[18]　（C）

A. 发生事故　B. 事故调查处理　C. 负责移动　D. 应急处理

10.《移动式压力容器安全技术监察规程》规定：移动式压力容器到达卸载站点后，具备卸载条件的，必须及时卸载；充装易燃、易爆介质的，卸载后罐体或者气瓶内余压不得小于（　　）MPa。[5.10]（B）

A. 0.01　B. 0.05　C. 0.1　D. 0.2

11.《移动式压力容器充装许可规则》规定：充装人员每班不少于（　　）人。[A1.2.1]（A）

A. 1　B. 2　C. 3　D. 4

12.《液化气体铁路罐车安全管理规程》规定：罐体水压试验压力为设计压力的（　　）倍。[25]　（C）

A. 1.1　B. 1.25　C. 1.5　D. 2.0

13.《压力容器使用管理规则》规定：弹簧直接载荷式安全阀满足规定条件时，其校验周期最长可以延长至（　　）年。[G5.3.1.2.1]　（C）

A. 1　B. 2　C. 3　D. 5

14.《压力容器定期检验规则》规定：为检验而搭设的脚手架、轻便梯等设施安全牢固［对离地面（　　）m 以上的脚手架设置安全护栏］；[17]　（B）

A. 1　B. 2　C. 3　D. 5

15.《特种设备作业人员考核规则》规定：《特种设备作业人员证》有效期为（　　）年。[3]（D）

A. 1　B. 2　C. 3　D. 4

三、问答题

1. 特种设备使用单位应当建立特种设备安全技术档案，《中华人民共和国特种设备安全法》规定安全技术档案应当包括哪些内容？[35]

答：（1）特种设备的设计文件、产品质量合格证明、安装及使用维护保养说明、监督检验证明等相关技术资料和文件。

（2）特种设备的定期检验和定期自行检查记录。

（3）特种设备的日常使用状况记录。

（4）特种设备及其附属仪器仪表的维护保养记录。

（5）特种设备的运行故障和事故记录。

2.《特种设备作业人员监督管理办法》规定，特种设备作业人员应当遵守哪些规定？[21]

答：（1）作业时随身携带证件，并自觉接受用人单位的安全管理和质量技术监督部门的监督检查。

（2）积极参加特种设备安全教育和安全技术培训。

（3）严格执行特种设备操作规程和有关安全规章制度。

（4）拒绝违章指挥。

（5）发现事故隐患或者不安全因素应当立即向现场管理人员和单位有关负责人报告。

（6）其他有关规定。

3.《移动式压力容器安全技术监察规程》规定，移动式压力容器随车携带的文件和资料至少包括哪些内容？[5.15]

答：除随车携带有关部门颁发的各种证书外，还应当携带以下文件和资料：

（1）《使用登记证》及电子记录卡。

（2）《特种设备作业人员证》和有关管理部门的从业资格证。

（3）液面计指示值与液体容积对照表（或者温度与压力对照表）。

（4）移动式压力容器装卸记录。

（5）事故应急专项预案。

4.《压力容器使用管理规则》规定，压力容器的操作人员应当按照规定持有相应的特种设备作业人员证，其主要职责包括哪些内容？[8]

答：（1）严格执行压力容器有关安全管理制度并且按照操作规程进行操作。

（2）按照规定填写运行、交接班等记录。

（3）参加安全教育和技术培训。

（4）进行日常维护保养，对发现的异常情况及时处理并且记录。

（5）在操作过程中发现事故隐患或者其他不安全因素，应当立即采取紧急措施，并且按照规定的程序，及时向单位有关部门报告。

（6）参加应急演练，掌握相应的基本救援技能，参加压力容器事故救援。

5.《压力容器定期检验规则》规定，长管拖车、管束式集装箱存在哪些情形，应当提前进行定期检验？[D1.3]

答：（1）发现有严重腐蚀、损伤或者对其安全使用有怀疑的。

（2）充装介质中，腐蚀成分含量超过相应标准规定的。

（3）发生交通、火灾等事故，对安全使用有影响的。

（4）年度检查发现问题，而且影响安全使用的。

第 2 章

移动式压力容器基本知识

本章知识要点

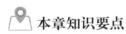

本章重点介绍移动式压力容器的基本知识。要求学员在了解移动式压力容器相关基本常识的基础上，重点掌握压力、温度、介质、压力容器定义、压力容器分类、压力容器界限等基本概念以及压力容器钢材的选用要求和相关载荷对容器的影响等。

2.1 移动式压力容器简介

本节介绍涉及移动式压力容器的基本概念和相关知识。

2.1.1 基本概念

1. 压力

在物理学中，压力是指垂直作用于物体表面上的力。移动式压力容器涉及的“压力”应为压力强度，简称压强。

压强是均匀地垂直作用于物体单位面积上的力的量度，是表示压力作用效果的物理量。其定义式为

$$p=\frac{F}{A} \tag{2-1}$$

式中 p——压强（Pa）；

F——作用力（N）；

A——面积（m^2）。

压力与压强是两个概念不同的物理量，但在工程上常把压强称为压力。本书所说的压力实际上就是压强。

（1）压力的单位　由于作用力（F）和面积（A）的量值和取用单位不同，因而出现了多种压力计量单位。

1）帕（Pa）是压力法定计量单位，全称帕斯卡，简称帕，符号 Pa，是国际单位制（SI）中具有专门名称的导出单位。$1Pa=1N/m^2$。

工程上常用千帕（kPa）或兆帕（MPa）作为压力单位，其换算关系为：$1kPa=1000Pa$，$1MPa=1000000Pa=10^6Pa$。

2）巴（bar）在国际上使用比较普遍，尤其常见于各种科技文献。巴（bar）不是我国法定计量单位。$1bar=10^5Pa=0.1MPa$。

3）工程大气压常见的有米制工程大气压和英制工程大气压。

米制工程大气压单位为 kgf/cm^2，与 Pa 的换算关系为：$1Pa=1.0197\times10^{-5}kgf/cm^2$，$1MPa=10.197kgf/cm^2$。

英制工程大气压符号为 psi，单位为 $1bf/in^2$，psi 与 Pa 的换算关系为：$1Pa = 1.4504 \times 10^{-4}$ psi，1MPa = 145.04psi。

4）标准大气压是地球表面的大气由于地心的引力作用而产生的压力，用符号 atm 表示。1 标准大气压定义为气温 0℃、纬度 45°、晴天的海平面上的大气压强，也等于 0℃ 下，760mmHg 的压强。1atm = 101325Pa = 0.101325MPa。

常用基本单位换算关系见表 2-1。

表 2-1　压力单位换算表

单位名称	帕斯卡 (Pa)	工程大气压 (kgf/cm^2)	标准大气压 (atm)	磅力/英寸² ($1bf/in^2$)	巴 (bar)	毫米汞柱 (mmHg)	米水柱 (mH_2O)	毫巴 (mbar)
帕斯卡 (Pa)	1	1.01972×10^{-5}	9.86923×10^{-6}	1.45038×10^{-4}	1×10^{-5}	7.50064×10^{-3}	1.01972×10^{-4}	1×10^{-2}
工程大气压 (kgf/cm^2)	9.80665×10^4	1	9.67841×10^{-1}	1.42233×10	9.80665×10^{-1}	7.35562×10^2	10	9.80665×10^2
标准大气压 (atm)	1.01325×10^5	1.03323	1	14.6959	1.01325	760	10.3323	1.01325×10^3
磅力/英寸² ($1bf/in^2$)	6.89746×10^3	7.0307×10^{-2}	6.805×10^{-2}	1	6.894×10^{-2}	51.7151	70.307	68.9476
巴 (bar)	1×10^5	1.01972	9.86923×10^{-1}	14.504	1	750.064	10.1972	1×10^3
毫米汞柱 (mmHg)	1.33322×10^2	1.35951×10^{-3}	1.31579×10^{-3}	1.934×10^{-2}	1.33322×10^{-3}	1	1.35951×10^{-2}	1.33322
米水柱 (mH_2O)	9.80665×10^3	0.1	9.67841×10^{-2}	1.42233	9.80665×10^{-2}	73.5562	1	98.0665
毫巴 (mbar)	1×10^2	1.01972×10^{-3}	9.86923×10^{-4}	1.4504×10^{-2}	1×10^{-3}	7.50064×10^{-1}	1.01972×10^{-2}	1

在工程计算中常按照 $1kgf/cm^2 \approx 0.1MPa$ 进行换算。

我国多年来大力推行国际单位制，为贯彻国际单位制，本教材所采用的单位（除特别注明外）均为国际单位。

（2）常见压力的概念及关系　工程上常见的压力有大气压力、绝对压力、表压及负压等，现简要介绍如下：

1）大气压力。地球的周围被厚厚的空气包围着，这些空气被称为大气层。大气层中的物体受大气层自身重力产生的作用于物体上的压力称为大气压。大气压不是固定不变的，大气压的变化与地面高度、空气湿度、空气温度等因素有关。如离地面越高的地方，大气层就越薄，大气压就越小。空气湿度越大，空气密度变小，大气压也随着降低。另外，大气压的变化与温度也有关系，因气温升高时空气密度变小，所以气温高时大气压比气温低时要小些。

如前所述，为了比较大气压的大小，科学家对大气压人为规定了一个标准，即在纬度 45°的海平面上，当温度为 0℃时，760mmHg 产生的压强称为标准大气压。这就是 1 标准大气压的值，记为 1atm。为方便起见，有将 1 标准大气压定义为 100kPa 的，记为 1bar。

2）绝对压力、表压力与负压。在工程上，有绝对压力（简称绝压）和相对压力（简称表压）之分。

绝对压力，是以绝对真空为基准表示的压力，简称绝压，用符号“$p_{绝压}$”表示。相对压力，是指以当时当地大气压为基准表示的压力，又称为表示压力、表视压力等，简称表压，用“$p_{表压}$”表示。

当所测量的系统的压力等于当时当地的大气压时，压力表的指针指零，即表压为零。当所测量的系统的压力大于当时当地的大气压时，压力表为正值，其数值就是表压；当所测量的系统的压力小于当时当地的大气压时，压力表为负值，即负压，常用真空度表示。大气压与系统绝对压力之差，称为真空度。真空单位换算关系见表 2-2。

表 2-2　真空单位换算表

托（mmHg）	Pa	kPa	MPa	(kgf/cm^2)（工程大气压）	atm（标准大气压）	kgf/m^2	lbf/in^2
760	1.013×10^5	101.23	0.10123	1.033	1	10333	14.7
736	98066.5	98	0.098	1	0.968	10^4	14.223
635		84.55					
1	1.33×10^2	0.133	0.000133	0.00136	0.00131	13.6	0.0193
0.5	65						
0.0736	9.8	0.0098	0.0000098	0.0001		1	0.00142
10^{-2}	1.33						

3）绝对压力与表压之间的关系，如图 2-1 所示。

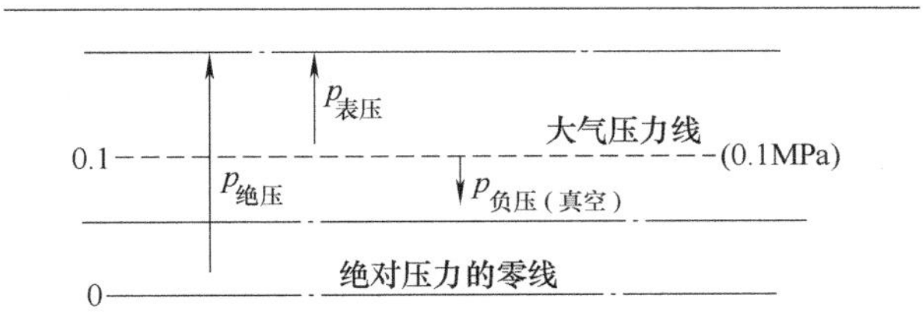

图 2-1　绝对压力与表压之间的关系

绝对压力与表压之间的关系可以描述为

$$绝对压力 = 表压 + 当时当地的大气压 \qquad (2\text{-}2)$$

通常“当时当地的大气压”数值差异不大，所以工程上一般将“当时当地的大气压”取一固定值 1atm，换算成巴（bar），为 1.013bar，英制单位为 14.7psi。

对于压力容器，容器内介质（液体或气体）的压力高于周围大气压，介质处于正压状态；若低于周围大气压，则介质处于负压状态。容器内介质的压力与周围大气压力相同时，容器上的压力表的指针应指在零位。

当容器内介质的压力 p 大于大气压力时，压力表的指针才会转动，表上才有读数。此时压力表的读数就是容器内介质压力超出大气压力的部分，即表压

$$表压 = 绝对压力 - 大气压 > 0。$$

当容器内介质的压力低于外界大气压时，压力表上的指针所指示的读数即为介质的压力低于大气压力的部分，称为负压力或真空，简称负压（真空表压力）

负压力 = 绝对压力 - 大气压 < 0。

人们通常所说的容器压力或介质压力均指表压。

压力容器中的压力是通过压力表来测量的。压力表上所指示的压力被称为“表压”，它是表示容器内部流体压力超过周围大气压力的压差值。容器内部的绝对压力应是压力表上显示的压力与周围大气压力之和。

2. 温度

温度是确定物质状态的基本参数之一。宏观上，温度是用来表示物体冷热程度的物理量。微观上，温度是物体分子的不规则热运动激烈程度的反映，也是物体分子平均动能大小的标志，是大量分子热运动的集合表现。温度越高，物体分子的不规则运动越剧烈，物体分子的平均动能就越大；反之，则降低。当温度达到绝对零度时，分子热运动则完全停止。

温度可以通过物体随温度变化的某些特性来间接测量，或者说温度的量度实质上是温差的量度。用来量度物体温度数值的标尺称为温标。选取某种物质的两个恒定的温度作为基准点，在此两点之间加以等分来确定温度单位的尺度称之为度。

由于基准点的选择和基准点之间所作的等分不同，因而出现了各种不同的温标。目前国际上用得较多的温标有摄氏温标（℃）、华氏温标（℉）、热力学温标（K）。

（1）摄氏温标　摄氏温标于1740年由瑞典人摄尔休斯（Celsius）提出。在标准大气压下，取水的冰点为0度、水的沸点为100度作为两个基准点，在此两点之间分成100等份，每一等份温度间隔为1摄氏度，用符号℃表示，记作1℃。并以t代表其读数。

（2）华氏温标　华氏温标规定：在标准大气压下，冰的熔点为32 ℉，水的沸点为212 ℉，以这两点作为基准，中间分成180等份，每等份为华氏1度。用符号“℉”表示，记作1 ℉。也以t代表其读数。

华氏温标由德国物理学家华伦海特（Daniel Gabriel Fahrenheit）于1714年提出。至今只有美国等地区仍在使用。

（3）热力学温标（开氏温标）　开尔文1848年创立了把-273.15℃作为零度的温标，称为热力学温标、开式温标或绝对温标，用热力学温标表示的温度称为热力学温度或绝对温度。热力学温标规定水的三相点（水的固、液、气三相平衡的状态点）的温度为273.15K。热力学温标与摄氏温标的每刻度的大小是相等的，但热力学温标的零度（0K），是摄氏温标的-273.15℃，热力学温标用K作为单位符号，用T作为物理量符号。

热力学温度（单位开尔文）是水三相点作为温标的基准点，也就是把0.01℃定为热力学温度的273.16K，向下降温到0℃（即273.15K）时，水就会开始无气态结冰（即水的冰点），假如水完全结冰后再继续向下降温，一直降到-273.15℃时，热力学温度就达到零度（即绝对零度）。因为从理论和实践中来讲，所有温度都高于绝对零度，从而使用开（尔文）表示温度就没有负值。

同时，也可看出：冰的熔点0℃就是273.15K，水的沸点100℃就是373.15K。就每一度的大小来说，热力学温度和摄氏温度是相同的。

（4）温度之间的换算关系　若用$t_{(℃)}$表示摄氏温度，用$t_{(℉)}$表示华氏温度，用$T_{(K)}$表示热力学温度，则三者之间的换算关系如下

$$\begin{cases} t_{(℃)} = 5/9 \times [t_{(℉)} - 32] \\ t_{(℉)} = 9/5 \times t_{(℃)} + 32 \end{cases} \tag{2-3}$$

$$\begin{cases} t_{(℃)} = T_{(K)} - 273.15 \\ T_{(K)} = t_{(℃)} + 273.15 \end{cases} \tag{2-4}$$

（5）温度的测量　测量温度的方法很多，按照测量体是否与被测介质接触，可分为接触式测温法和非接触式测温法两大类。

接触式测温法的特点是测温元件直接与被测对象接触，两者之间进行充分的热交换，最后达到热平衡，这时感温元件的某一物理参数的量值就代表了被测对象的温度值。这种方法的优点是直观可靠，缺点是感温元件影响被测温度场的分布，接触不良等会带来测量误差。另外，温度太高和腐蚀性介质对感温元件的性能和寿命会产生不利影响。

非接触式测温法的特点是感温元件不与被测对象相接触，而是通过辐射进行热交换，故可以避免接触式测温法的缺点，具有较高的测温上限。此外，非接触式测温法热惯性小，可达 1/1000s，故便于测量运动物体的温度和快速变化的温度。由于受物体的发射率、被测对象到仪表之间的距离以及烟尘、水气等其他介质的影响，这种方法的测温误差较大。

3. 质量与重量

质量是我国法定计量单位的七个基本单位之一，它是表示物质多少的一个物理量。质量的符号为 m，单位名称为千克（公斤），单位符号为 kg。

在生活中，人们习惯把质量称为重量。严格地说“重量”指的是物体受到重力的大小。重力的大小是随地点的变化而变化的，而质量是不随地点的变化而变化的。

4. 体积

由于气体分子的热运动，气体总是充满容器的空间。一般情况下，气体分子本身的体积可以忽略不计，所以，说到容器的容积，通常就是指在容器中充满介质所占的体积。在法定计量单位中，体积是用立方米表示，单位符号为 m^3。

5. 比体积和密度

比体积是确定物质状态的基本参数之一，它是均匀物质的单位质量所占有的空间的量度。常用“v”表示，单位为 $m^3/kg(L/g)$。

单位体积中所容的物质的质量称为密度，常用 ρ 表示，单位为 kg/m^3（g/L）。它是比体积的倒数，即

$$\rho = 1/v$$

密度是物性计算和罐车充装量计算中广泛使用的一种物理量。气体的密度（比体积）对温度、压力的变化都敏感。而液体的密度（比体积）受温度影响明显，受压力的影响却不大，特别是在低压下，其压力的影响可略而不计。

相对密度是指一流体的密度和某一标准流体的密度之比。

通常，液体的相对密度是液体的密度与 1 标准大气压下 4℃纯水的密度之比，以 d 表示，即

$$d = \rho/\rho_0$$

式中　d——液体的相对密度；

ρ——液体的密度（kg/m^3）；

ρ_0——1 标准大气压下、4℃纯水的密度（kg/m^3）。

水在 1 标准大气压、4℃时的密度为 1000 kg/m^3，因此液体的相对密度和密度在数值上是相等的。

气体的相对密度是该气体的密度与空气的密度之比，其表达式为

$$d = \rho/\rho_k = \rho/1.293$$

式中　d——气体的相对密度；

ρ——气体的密度（kg/m^3）；

ρ_k——空气的密度，标准状况下为 1.293kg/m^3。

2.1.2 移动式压力容器

1. 移动式压力容器的定义

所谓容器，通常的说法是：由曲面构成，用于盛装物料的空间构件。广义上理解：凡是承受流体介质压力的密闭壳体都可称为压力容器。按照 GB 150—2011《压力容器》的规定，设计压力低于 0.1MPa 的容器属于常压容器，设计压力高于 0.1MPa 的容器则属于压力容器。通俗地讲，就是化工、炼油、医药、食品等生产所用的各种设备外部的壳体都属于容器。不言而喻，所有承受压力的密闭容器都可称为压力容器，或者称为受压容器。从安全角度看，压力容器的压力、容积和介质特性是与安全相关的最为密切的三个重要参数。

根据 TSG R0005—2011《移动式压力容器安全技术监察规程》规定（以下简称《移动容规》），移动式压力容器是指由罐体或者大容积钢质无缝气瓶（以下简称气瓶）与走行装置或者框架采用永久性连接组成的运输装备，包括铁路罐车、汽车罐车、长管拖车、罐式集装箱和管束式集装箱等。

2. 压力容器的压力源

容器所盛装的或在容器内参加反应的物质，称为工作介质。常用压力容器的工作介质是各种压缩气体或液体。压力来源可以分为两类，一类是介质的压力在容器外产生或提高，另一类是介质的压力在容器内产生或提高。

（1）在容器外产生或提高的介质压力　容器的介质压力产生于容器外时，其压力源一般是气体压缩机（泵）或与其连通的另一容器罐体压力。

压缩机（泵）是用机械方法来提高介质压力的一种机器。压缩机主要有容积型（活塞式、螺杆式、转子式、滑片式等）和速度型（离心式、轴流式、混流式等）两类。容积型气体压缩机是通过缩小气体的体积，增加气体的密度来提高气体压力的。而速度型气体压缩机则是通过增加气体的流速，使气体的动能转变为势能来提高气体压力的。工作介质为压缩气体的压力容器，其可能达到的最高压力为气体压缩机出口气体的压力（气体在容器内温度大幅度升高或产生其他物理化学变化使压力升高的情况除外）。

移动式压力容器罐体与其连通的另一容器罐体压力因其所处的工艺不同，而比较复杂多样，将在后续章节中讨论。

（2）在容器内产生或提高的介质压力　容器的介质压力产生于容器内时，其原因有：容器内介质的聚集状态发生改变；气体介质在容器内受热，温度急剧升高；介质在容器内发生体积增大的化学反应等。

由于介质的聚集状态发生改变而产生或提高压力的，一般是由于液态或固态物质在容器内受热（如周围环境温度升高、容器内其他物料发生放热化学反应等）、蒸发或分解为气体，体积剧烈膨胀，但因受到容器容积的限制，气体密度大为增加，因而在容器内产生压力或使原有的气体压力增加。例如二氧化硫，当温度低于 -10.1℃（标准沸点）时，它在密闭容器内的蒸气压力低于大气压力，而当温度升高至 60℃时，呈液态的二氧化硫便大量蒸发，其蒸气压力即升高到 1.08MPa。又如氨，在 0℃时的饱和蒸气压力为 0.42MPa；温度为 50℃时，压力即升高至 2.01MPa。再如高分子聚合物固态聚甲醛，受热后“解聚”变为气态，体积约增大 1065 倍，在密闭容器内也会产生很高的气体压力。

3. 移动式压力容器界限

本书讨论的移动式压力容器，主要是指涉及生命安全、危险性较大的在特种设备监察范围之内的移动式压力容器。

（1）移动式压力容器的界限范围 根据《特种设备安全监察条例》定义，压力容器是指盛装气体或者液体，承载一定压力的密闭设备，其范围规定为最高工作压力大于或者等于0.1MPa（表压），且压力与容积的乘积大于或等于2.5MPa·L的气体、液化气体和最高工作温度高于或者等于标准沸点的液体的固定式容器和移动式容器；盛装公称工作压力大于或等于0.2MPa（表压），且压力与容积的乘积大于或者等于1.0MPa·L的气体、液化气体和标准沸点等于或者低于60℃液体的气瓶、氧舱等。

对于移动式压力容器，除了前文的定义以外，《移动容规》同时也规定了纳入其管理范畴的条件，即适用于同时具备下列条件的移动式压力容器：

1）具有充装与卸载介质功能，并参与铁路、公路或者水路运输。

2）容器工作压力大于或者等于0.1MPa；气瓶公称工作压力大于或者等于0.2MPa。

3）容器容积大于或者等于450L，气瓶容积大于或者等于1000L。

4）充装介质为气体以及最高工作温度高于或者等于其标准沸点的液体。

《移动容规》不适用于非金属材料制造的容器和正常运输使用过程中工作压力小于0.1MPa的（包括在进料或者出料过程中需要瞬时承受压力大于等于0.1MPa的）压力容器。

（2）划分压力容器的界限应考虑的因素 主要包含事故发生的可能性与事故危害性的大小两个方面。目前国际上对压力容器的界限范围尚无完全统一的规定。一般说来，压力容器发生爆炸事故时，其危害性大小与工作介质的种类、介质状态、工作压力及容器的容积等因素有关。

由于压力容器中常常包括很多对人体具有各种危害性质的介质，如果压力容器出现事故造成这些介质外泄，将对周围人们的身体健康产生严重的威胁。因此，我国通过制定GBZ 230《职业性接触毒物危害程度分级》、GB 50160《石油化工企业设计防火规范》及GB 50016《建筑设计防火规范》，颁布《危险化学品名录》等方式对相关介质进行分类、规范并严格管理。

由于液体的可压缩性极小，因此工作介质是液体的压力容器，在容器爆破时其瞬间所释放的能量也相对较小，所带来的危害也小。气体具有很大的压缩性，因此工作介质是气体的压力容器，在容器爆破时其瞬间所释放的能量也大，所带来的危害也大。

例如：容积为$10m^3$，工作压力为11个绝对大气压的压力容器，如果盛装的介质为空气，则容器爆破时所释放的能量约为13.3×10^6J。如果盛装的是水，则容器爆破时所释放的能量仅为21.6×10^2J，约为前者的1/6200倍。由此可见，工作介质为液体时，即使容器爆破，其危害性也比较小。所以，一般都不把这类介质为液体的压力容器列入监察范围。值得注意的是，这里所说的液体，是指常温下的液体，不包括最高工作温度高于其标准沸点（即标准大气压下的沸点）的液体和液化气体，因为这些介质虽然在容器中由于压力较高而绝大部分呈液态（实际上是气液并存的饱和状态），但当容器爆破时，容器内压力下降，这些饱和液体会立即气化，体积急剧膨胀，所释放出来的能量也很大。所以从工作介质的状态来划分压力容器的界限范围时，它应包括介质为气体、水蒸气、工作温度高于其标准沸点的饱和液体和液化气体的容器。

划分压力容器的界限，除了考虑工作介质的种类、介质状态以外，还应考虑容器的工作压力和容积这两个因素。一般说来，工作压力越高，容积越大，容器储存的能量就越大，爆破时释放出来的能量也越大，所以事故的危害性也就大。但压力和容积的划分不像工作介质那样有一个比较明确的界限，都是人为地规定一个比较合适的下限值。例如：工作压力的下限值规定为1个大气压（0.098MPa，表压）。至于压力容器的容积应如何规定才合适却很难说，所以有些国家不是单独规定容积的下限值，而是以容器的工作压力和容积的乘积达到某一规定数值作为下限条件。

4. 对压力容器的基本要求

对压力容器最基本的要求是在确保安全的前提下有效运行，保证储运的持续和稳定。这就需要压力容器必须具备生产工艺所要求特性的使用性能：安全可靠、易于制造安装、结构先进、维修方便、经济合理等。因此，压力容器至少应保证以下性能：

（1）强度　强度是指容器在限定的压力条件下材料抵抗破裂或过量塑性变形的能力。如果容器设计时强度不足，简体在压力作用下就会产生塑性变形，导致直径增大、壁厚变薄，最后导致容器破裂失效。

（2）刚度　刚度是指容器或容器的受压部件在限定的载荷条件下抵抗弹性变形的能力。与强度不同，虽然容器或容器的受压部件刚度不足不会发生破裂和过量的塑性变形，但是会由于弹性变形过大丧失正常的工作能力。例如，容器法兰和接管法兰由于刚度不足而变形可能导致密封垫片发生泄漏，致使密封结构失效。

（3）稳定性　稳定性是容器在外载荷的作用下保持其几何形状不发生改变的性能。常见的例子是薄壁圆筒在外压作用下，有可能会突然被压瘪，使容器丧失工作能力。

（4）耐久性　耐久性是指容器的使用寿命。一般的压力容器设计使用寿命为 10 年，对于重要的压力容器可以按照 20 年来进行设计。容器的设计使用年限与容器的实际使用年限是不同的。如果维修保养比较好，实际使用年限有可能比设计使用年限长很多。压力容器的实际使用年限取决于容器的疲劳、腐蚀或腐蚀速率等。

（5）密封性　压力容器的密封不但指可拆连接处，而且也包括各种母材和焊缝的致密程度。对易燃、毒性程度为高度危害和极度危害介质的容器，其密封性能要求更加严格。对盛装这类介质的容器不但要求采用可靠的密封结构、进行整体气密性试验，而且对制造和检验有更多、更严格的要求。

（6）结构强度　移动式压力容器的主要功能是运输、转移介质，要经受运输过程中的颠簸、振动、冲击等，因此要求容器的结构强度好。

5. 移动式压力容器的应用

移动式压力容器作为一种应用于有压流体的储存、运输和热量传导等多种用途的密闭容器，具有广泛的用途。在工业生产中，尤其是在化学工业中的应用极为普遍，几乎每一个化工工艺过程都离不开压力容器，而且它还常常是生产中的主要设备。除了工业生产外，移动式压力容器还用于基本建设、医疗卫生、地质勘探、文教体育等国民经济各部门，与社会发展和人民生活密切相关。基本应用范围有化学工业、炼油、制药、炸药、油脂、化肥、食品工业、皮革、水泥、冶金、涂料、合成树脂、合成橡胶、塑料、合成纤维、造纸、深海探测器、潜水舱、火力发电站、航空、深冷、运输储罐、原子能发电、液化石油气运输、天然气转移等。

移动式压力容器的应用，顾名思义，利用压力容器和走行装置或者框架采用永久性连接组成的运输装备来转移介质。

传统压缩气体，由于气瓶容积小，储量不大，运输、转移效率低。随着新材料、新工艺的出现以及结构的改进，气瓶容积极大的增加，承压能力提高，运输效率得到改善，这就出现了长管拖车（图 2-2）、管束式集装箱（图 2-3）。

随着工业技术的快速发展，工业气体的应用范围和使用量快速上升，传统的气瓶运输、转移压缩气体的方式不能满足市场的需要，自 20 世纪 90 年代以来，压缩气体以液态的方式进行储运。由于液体的密度远远大于压缩气体，因此储运效率大大提高。此类移动式压力容器有汽车罐车（图 2-4）、罐式集装箱（图 2-5）和铁路罐车（图 2-6）。

图 2-2　长管拖车

图 2-3　管束式集装箱

图 2-4　汽车罐车

图 2-5　罐式集装箱

图 2-6　铁路罐车

2.2　压力容器的主要工艺参数

压力容器的工艺参数是按照生产的工艺要求确定的，是进行压力容器设计和安全操作的主要依据。压力容器主要的工艺参数是压力、温度、介质和容积。作为特殊的压力容器，移动式压力容器有同样的特性。

1. 压力

这里主要讨论压力容器工作介质的压力，即压力容器工作时所承受的主要载荷。压力容器运行时的压力是通过压力表来测量的，压力表上所显示的压力值为表压力。在各种压力容器的安全技术规范中，经常出现工作压力、最高工作压力和设计压力等概念，现将其定义分述如下。

除了《移动容规》中压力的概念以外，其他有关压力的概念参考GB 150—2011《压力容器》和TSG R0004—2009《固定式压力容器安全技术监察规程》（以下简称《固定容规》）。

（1）工作压力　移动式压力容器在正常工作情况下，容器顶部可能达到的最高压力称为工作压力。公称工作压力，是指在基准温度（20℃）下，气瓶内压缩气体达到完全均匀状态时的限定压力。《移动容规》所指压力（包括工作压力、饱和蒸气压力等）除注明外均为表压力。

（2）等效压力　移动式压力容器的等效压力是指容器罐体所承受的在正常运输工况中由于介质惯性力载荷的作用而引起的压力。

（3）计算压力　计算压力是指在相应设计温度下，用以确定受压元件厚度的压力。计算压力的确定除应考虑设计压力以外，还应当考虑液柱静压力、等效压力等附加载荷的影响，对于真空绝热容器的内容器，还应当考虑夹层真空对内容器的影响。

（4）设计压力　由于考虑问题的角度不一样，不同安全技术规范对设计压力的选取原则可能会略有差异。

1）《移动容规》规定。移动容器设计压力指设定的容器顶部的最高压力。与相应的设计温度一起作为容器设计载荷条件。对于移动式压力容器，《移动容规》规定容器的设计压力应当大于或者等于以下任意工况中的最大值：

① 充装、卸载工况的工作压力。

② 设计温度下由介质的饱和蒸气压确定的工作压力。

③ 正常运输使用中，容器内采用不溶性气体保护时，由介质在设计温度下的饱和蒸气压与容器内顶部气相空间不相溶气体分压力之和确定的工作压力。

无保温或者保冷结构的充装液化气体介质容器的设计压力不得小于0.7MPa。

2）《固定容规》规定。固定容器的设计压力应略高于容器在使用过程中的最高工作压力。装有安全装置的容器，其设计压力不得小于安全装置的开启压力或爆破片的爆破压力。

《固定容规》对盛装液化气体容器的设计压力，根据不同情况做出以下三条具体规定：

① 盛装临界温度≥50℃的液化气体的容器，如有可靠的保冷措施，其最高工作压力应为所盛装气体在可能达到的最高工作温度下的饱和蒸气压力；如无保冷措施，其最高工作压力不得低于50℃时的饱和蒸气压力。

② 盛装临界温度<50℃的液化气体的容器，如有可靠的保冷措施，其最高工作压力不得低于试验实测的最高温度下的饱和蒸气压力；没有试验实测温度数据或没有保冷措施的容器，其最高工作压力不得低于所充装的介质在规定的最大充装量时，温度为50℃的气体压力。

③ 盛装混合液化石油气的容器，其50℃时的饱和蒸气压力低于异丁烷在50℃时的饱和蒸气压时，取50℃时异丁烷的饱和蒸气压力；如高于50℃时异丁烷的饱和蒸气压、小于或者等于丙烷50℃饱和蒸气压力，取50℃时丙烷的饱和蒸气压力；如高于50℃时丙烷的饱和蒸气压力，取50℃时丙烯的饱和蒸气压力；以上是无保冷设施的情况。当有保冷设施时，取相应可能达到的最高工作温度下异丁烷、丙烷及丙烯的饱和蒸气压力。

3）GB 150—2011《压力容器》（简称GB 150）规定。容器的设计压力，应略高于或等于最高工作压力。针对不同的情况，提出了如下几种确定设计压力的方法。

① 当容器上装有安全泄放装置时，取安全泄放装置的整定压力（p_z）或稍大于整定压力作为设计压力（即$p \geqslant p_z$）。

② 当容器内为爆炸性介质时，容器的设计压力根据介质特性、爆炸前的瞬时压力，爆破膜的破坏压力以及爆破膜的排放面积与容器中气相容积之比等因素做特殊考虑。爆破膜的实际爆

破压力与额定爆破压力之差，应在 ±5% 范围之内。实际上，对于这种工况，国内多取最高工作压力的 1.15～1.3 倍作为设计压力。

③ 对装有液化气体的容器，如果具有可靠的保冷措施，应根据充装系数和工作条件下可能达到的最高温度确定设计压力。

④ 外压容器，应取不小于在正常工作过程中任何时间内可能产生的最大内外压差为设计压力。

⑤ 真空容器，按外压容器设计，当装有安全控制装置时，取最大内外压差的 1.25 倍或 0.1MPa（$1kgf/cm^3$）两者中的较小者为设计压力；当未装安全控制装置时，设计压力取 0.1MPa（$1kgf/cm^3$）；对带有夹套的真空容器，按上述原则再加夹套内压力为设计压力。

（5）最高允许工作压力　最高允许工作压力，是在指定的相应温度下，容器顶部所允许承受的最大表压力（即不包括液体静压力）。该压力是根据容器各受压元件的有效厚度，考虑了该元件承受的所有载荷而计算得到的，且取最小值。当压力容器的设计文件没有给出最高允许工作压力时，则可以认为该容器的设计压力即是最高允许工作压力。

内压容器的最高允许工作压力，是指容器在正常工作过程中，其顶部可能出现的最高压力；外压容器的最高允许工作压力，是指容器在正常工作过程中，其顶部可能出现的最大内外压差。

（6）设计压力、最高允许工作压力、工作压力三者之间的关系　综前所述，设计压力是指设定的容器顶部的最高压力，与相应的设计温度一起作为容器设计载荷条件。

容器在正常工作情况下，其顶部可能达到的最高允许压力称为工作压力。对气瓶而言，公称工作压力是指在基准温度（20℃）下，气瓶内压缩气体达到完全均匀状态时的限定压力。

根据三者定义可以看出，工作压力是指在正常工作情况下，容器可以达到的最高压力；最高允许工作压力是指容器在指定温度下允许承受的最大压力，最高允许工作压力应不低于工作压力。

（7）移动式压力容器常用压力术语　在移动式压力容器的罐车标准和技术文件中，有关压力的常用术语有如下几种。

工作压力——在正常工作情况下，罐体顶部能达到的最高表压力，单位一般为 MPa。

设计压力——设定的罐体顶部的最高表压力，与相应的设计温度一起作为罐体的设计载荷件，其值不低于工作压力，单位一般为 MPa。

计算压力——在相应设计温度下，用以确定元件厚度的压力其中包括液柱静压力和动载荷等，单位一般为 MPa。当元件所承受的液柱静压力小于 5% 设计压力时，则可忽略液柱静压力。

等效压力——罐车在运行过程中，由于罐车惯性力的影响，罐内介质所产生的液体冲击压力。该压力等于液体惯性力除以罐体端面的投影面积。液体惯性力按相应工况的纵向力乘以载重与罐车总重的比值求得，单位一般为 MPa。

封口真空度——有绝热层的罐车在抽真空结束且完成封口时，夹层在常温状态下的真空度，单位一般为 Pa。

2. 温度

（1）介质温度　介质温度是指容器内工作介质的温度，可以用测温仪表测得。

（2）设计温度　设计温度是指容器在正常工作情况下，设定的元件的金属温度（沿元件金属截面的温度平均值）。设计温度与设计压力一起作为设计载荷条件。

压力容器的设计温度不同于其内部介质可能达到的温度，是容器在正常工作情况下，设定的元件金属温度。我国压力容器有关规范对设计温度的选取有如下规定：

1）当容器的各个部位在工作过程中可能产生不同温度时，可取预计的不同温度作为各相应部位的设计温度。

2）对有内保温的容器，应做壁温计算或以工作条件相似容器的实测壁温作为设计温度，并需在容器壁上设置测温点或涂以超温显示剂。

3）对于储存液化气体（如液氨、液氯、液化石油气等介质）的容器，其设计温度一般为50℃，这是由于液化气体容器内的工作压力仅取决于环境温度，而我国环境极端温度一般不会超过50℃。

这里值得注意的是，只有当壳壁或元件金属的温度低于－20℃时，才按最低温度确定设计温度。除此之外，设计温度一律按最高温度选取。

凡介质骤然气化会造成急剧降温者，最低工作温度宜考虑因安全阀启跳等原因产生最低工作温度的情况。对于可能出现负压操作的设备应同时给出可能达到的负压值，以便设备专业设计人员进行负压校核。壳体的金属温度仅由大气环境气温条件所确定的设备，其最低工作温度可按该地区气象资料，取历年来月平均最低气温的最低值。任何情况下，金属表面的温度不得超过钢材的允许使用温度，当设备的最高（或最低）工作温度接近所选材料允许使用温度极限时，应结合具体情况慎重选取设备的最高（或最低）工作温度，以免增加投资或降低安全性。

（3）试验温度　试验温度是指进行耐压试验或泄漏试验时，容器壳体的金属温度。

金属温度是指压力容器元件沿截面厚度方向的温度平均值。但是，试验条件下的环境温度也是一个不容忽视的大问题。

由于绝大多数的压力试验均采用“洁净水”来进行，所以，应注意防冻问题的基础上，对于碳素钢Q245R制压力容器在液压试验时，液体介质的温度不得低于5℃；其他低合金钢制压力容器，液体温度不得低于15℃。如果由于板厚等因素造成材料无延性转变温度升高，则需相应提高液体温度。其他材料制压力容器液压试验温度应按设计图样规定。铁素体钢制低温压力容器在液压试验时，液体温度应高于壳体材料和焊接接头两者夏比冲击试验的规定温度的最高值再加20℃。当采用可燃性液体进行液压试验时，试验温度必须低于可燃性液体的闪点，试验场地附近不得有火源，且应配备适用的消防器材。

《固定容规》中规定：压力试验时，试验温度（即容器器壁金属温度）应当比容器器壁金属无延性转变温度高30℃，或者按照相关标准规定执行。如果由于板厚等因素造成材料无延性转变温度升高，则需相应提高试验温度。

（4）常用温度术语　在移动容器罐车标准和技术文件中，有关温度的常用术语是设计温度：

设计温度——在正常工作情况下，设定的元件的金属温度（沿元件金属截面的温度平均值）。设计温度与设计压力一起作为设计载荷条件。

3. 质量

对不同的移动式压力容器，由于行业的不同，对“质量”的解释也不同。

下面是有关移动式压力容器的国家标准或行业标准中的具体规定：

（1）铁路罐车

自重——空车时，罐车自身具备的质量。

整备质量——罐车的附加质量，主要指设有押运间的罐车，押运间内在装满备足情况下所考虑的附加质量（包括押运员自身及所携带的生活用品，必备的检修工具等）。

载重——罐车标记中所注明的允许最大充装介质质量。

轴重——罐车总重（自重＋载重＋整备质量）与全车轴数的比值。

每延米重——罐车总重（自重＋载重＋整备质量）与罐车全长的比值。

（2）汽车罐车和长管拖车

整备质量——整车设备（包括备胎等附件）及燃油的质量总和。

最大设计总质量——车辆制造厂规定的最大车辆质量，包括装运介质质量、乘员质量及整车整备质量。

最大设计装载质量——最大设计总质量减去整车整备质量及乘员的质量所得到的数值。

（3）罐式集装箱和管束式集装箱

额定质量——空箱质量与最大允许充装质量之和。该质量在营运中为最大值，在试验中为最小值。

空箱质量——空箱时，罐式集装箱或管束式集装箱自身具备的质量。

自重——空箱时自身具备的质量。

整车整备质量——整车设备（包括备胎等附件）及燃油的质量总和。

最大设计总质量——车辆制造厂规定的最大车辆质量，包括装运介质质量、乘员质量及整车整备质量。

最大设计装载质量——最大设计总质量减去整车整备质量及乘员的质量所得到的数值。

静蒸发率——低温液体罐达到 90% ~100% 额定充满率，内部静置的低温液体在大气压下达到热平衡后，24h 内把自然蒸发损失的液体质量和罐内有效容积下液体质量换算成标准状况下（0℃、101.325Pa）的值的百分比称为静蒸发率，单位为%/d。

4. 容积

如 2.1.1 节所述，容器的容积通常就是指在容器中充满介质所占的体积。在法定计量单位中，体积是用立方米来表示，单位符号为 m^3。

在罐车标准和技术文件中，有关体积的常用术语有以下几种：

几何容积——按设计的几何尺寸确定的容器内部的体积（对有保温层或绝热层的，则为内容器内部的体积）。

有效容积——在使用状态下允许达到最大装运液化气体或低温液体的体积。

充满率——罐内所充装介质的体积与罐内容器的几何体积之比。

额定充满率——罐内允许达到最大充装量时的体积与罐内容器的几何体积之比。

5. 单位容积充装量

如 2.1.1 节所述比体积与密度的概念，在罐车标准和技术文件中，有关的常用术语是单位容积充装量：

单位容积充装量——液化气体罐车盛装液化气体时，按介质在可能出现最高工作温度时罐体留有 8% 气相空间及该温度下的介质密度所确定的单位容积允许的最大充装质量。

6. 介质

关于压力容器的介质，指存在于（或者说介于）压力容器内部的另一种物质。压力容器中常见的介质有气体和液化气体两类状态。

介质的主要物理和化学性质有临界温度、临界压力、可燃性、毒性、比热容、饱和压力、化学稳定性、绝缘性、密度和黏度等。另外，介质与相关材料的相容性，也是压力容器设计时需要重点考虑的方面。

介质的性质直接影响相关设备或装置的性能、安全和经济性等。结合设备或装置的特点合理地选择介质，才能保证设备或装置能经济、安全运行，因此，了解介质的基本性质是十分必要的。本书将在第 5 章中，具体介绍对压力容器操作者有严重威胁的毒性介质和易燃易爆介质的特性及安全防护要点。

2.3 压力容器的分类

由于压力容器的型式繁多，在生产工艺过程中作用多样、用途广泛，所以依据不同的指标，压力容器可有许多分类方法，常用的有以下几种。

1. 按压力分类

按所承受压力（p）的高低，压力容器可分为低压、中压、高压、超高压四个等级。具体划分如下：

（1）低压容器　容器压力为$0.1 \leqslant p < 1.6$MPa。

（2）中压容器　容器压力为$1.6 \leqslant p < 10$MPa。

（3）高压容器　容器压力为$10 \leqslant p < 100$MPa。

（4）超高压容器　容器压力为$p \geqslant 100$MPa。

压力容器破坏时所造成的危害大小，并不仅仅取决于压力的高低，容积的大小、介质的状态（气态或液态）及性质（是否易燃、易爆及毒性程度）、温度高低、材料的强度和塑性、工艺性能以及结构特点，甚至包括容器周围的环境特点等都直接或者间接地决定了容器破坏的危害程度，因此认为高压容器就一定比中、低压容器危险的观点是很片面的。

2. 按壳体承压方式分类

按壳体承压方式不同，压力容器可分为内压（壳体承受内部介质的压力）容器和外压（壳体承受外部介质的压力）容器两大类。

这两类容器是截然不同的，其差别首先反映在设计原理上，内压容器的壁厚是根据强度计算确定的，而外压容器的设计则主要考虑稳定性问题。其次，反映在安全性上，外压容器的数量和破坏几率都远远少于内压容器，因此，本书将重点介绍内压容器。

3. 按设计温度分类

按设计温度（t）的高低，压力容器可分为低温容器（$t < -20$℃）、常温容器（$-20℃ \leqslant t < 450℃$）和高温容器（$t \geqslant 450℃$）。

4. 从安全技术管理角度分类

从安全技术管理的角度分类，压力容器可分为固定式容器和移动式容器两大类。

（1）固定式容器　这类容器有固定的安装和使用地点，工艺条件和使用操作人员也比较固定，容器一般不会单独装设，而是用管道与其他设备相连，如合成塔、蒸球、管壳式余热锅炉、换热器、分离器等。固定式容器一般可以理解为除了用于运输储存气体的盛装容器以外的所有容器。我国固定式压力容器主要遵循的安全技术法规有TSG R0004—2009《固定式压力容器安全技术监察规程》。

（2）移动式容器　移动式容器属于储运容器，如气瓶、汽车罐车、铁路罐车等。它的主要用途是盛装和运送有压力的气体和液化气体。容器在气体制造厂充气，然后运送到用气单位。我国移动式压力容器主要遵循的安全技术法规有TSG R0005—2011《移动式压力容器安全技术监察规程》。

5. 按压力容器在生产工艺过程中的作用原理分类

按生产工艺过程中的作用原理，压力容器可分为反应容器、换热容器、分离容器和储存容器。

（1）反应容器（R）　反应容器是指主要用来完成介质的物理、化学反应的容器。常用的如反应器、反应釜、聚合釜、合成塔、变换炉、煤气发生炉等都属于反应容器。许多反应容器内工作介质发生化学反应的过程，往往伴随着放热或吸热的过程。为了保持一定的反应温度，常常需要装设一些附属装置，如加热或冷却装置、搅拌装置等。

（2）换热容器（E） 换热容器主要是用于完成介质的热量交换的压力容器，以达到生产工艺过程中所需要的将介质加热或冷却的目的。常用的如各种换热器、冷却器、冷凝器、蒸发器等。

（3）分离容器（S） 分离容器主要是用于完成介质的流体压力平衡和气体净化分离等的压力容器。常用的如各种分离器、过滤器、净化器、集油器、洗涤塔、吸收塔、铜洗塔、干燥塔、汽提塔、分汽缸、除氧器等。

（4）储存容器（C，其中球罐代号B） 储存容器主要是用于盛装生产用的原料气体、液体、液化气体等压力容器。常用的如各种型式的储罐、压力缓冲罐等都属于这类容器。由于工作介质在容器内一般不发生化学的或物理性质的变化，不需要装设供传热或传质用的内部工艺装置（内件），所以储存容器的内部结构比较简单。

在实际生产过程中，有一些容器往往具有多种不同的作用原理或用途。在这种情况下，容器应归属于作为主要作用原理或用途的一类。例如合成氨厂的二氧化碳水洗塔，既有冷却原料气的作用（换热），又有从原料气中溶解分离出二氧化碳的作用（分离），但它的主要作用是后者，所以它应归属于分离容器。

6. 压力容器的安全综合管理分类

为了在压力容器设计、制造、检验、使用中对安全要求不同的压力容器有区别地进行安全技术管理和监督检查，《固定容规》根据容器的压力高低，容积大小、介质的危害程度以及在生产过程中的重要作用，将压力容器划分为三类。其中，涉及的几个基本概念如下：

（1）介质分组 压力容器的介质包括气体、液化气体以及最高温度高于或者等于标准沸点的液体。

1）第一组介质：毒性程度为极度危害、高度危害的化学介质，易爆介质，液化气体。

2）第二组介质：除第一组介质以外的介质。

（2）介质危害性 介质危害性是指压力容器在生产过程中因事故致使介质与人体大量接触，发生爆炸或者因经常泄漏引起职业性危害的严重程度，用介质毒性程度和爆炸危害程度表示。

（3）毒性程度 综合考虑急性毒性、最高容许浓度和职业性慢性危害等因素，极度危害（Ⅰ级）最高容许浓度小于$0.1mg/m^3$；高度危害（Ⅱ级）最高容许浓度为$0.1 \sim 1.0mg/m^3$；中度危害（Ⅲ级）最高容许浓度为$1.0 \sim 10mg/m^3$；轻度危害（Ⅳ级）最高容许浓度$\geqslant 10mg/m^3$。

（4）易爆介质 指气体或者液体的蒸气、薄雾与空气混合形成的爆炸混合物，并且其爆炸下限小于10%，或者爆炸上限与下限的差值大于或者等于20%的介质。

介质毒性程度和爆炸危险性的确定按照HG 20660—2000《压力容器中化学介质毒性危害和爆炸危害程度分类》确定。HG 20660—2000中没有列入的，由设计单位参照GBZ 230—2010《职业性接触毒物危害程度分级》的原则决定介质组别。第5章有关章节将有较为详细的介绍。

《固定容规》规定压力容器分类应当先按照介质特性，按照以下要求选择分类图，再根据设计压力p（单位为MPa）和容积V（单位L），标出坐标点，确定容器类别：

1）对于第一组介质：压力容器的分类如图2-7所示。

2）对于第二组介质：压力容器的分类如图2-8所示。

7. 其他分类方法

（1）按容器的壁厚 分为薄壁容器（壁厚不大于容器内径的1/10）和厚壁容器。

（2）按壳体的几何形状 分为球形容器、圆筒形容器和圆锥形容器。

（3）按制造方法 分为焊接容器、锻造容器、铆接容器、铸造容器及各式组合制造容器。

（4）按结构材料 分为钢制容器、铸铁容器、有色金属容器和非金属容器。

（5）按容器的放置形式 分为立式容器和卧式容器。

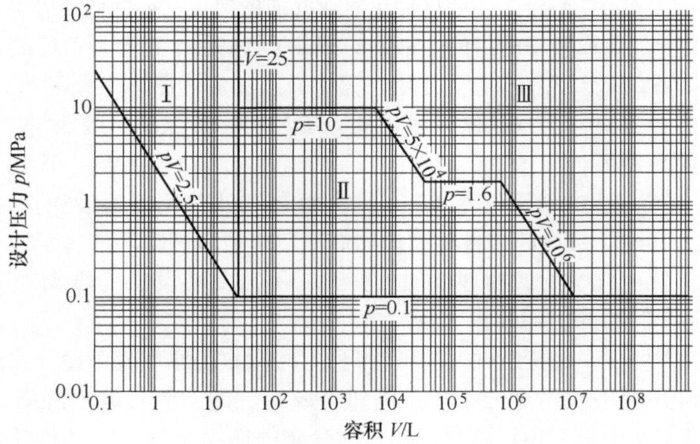

图 2-7　压力容器分类图——第一组介质

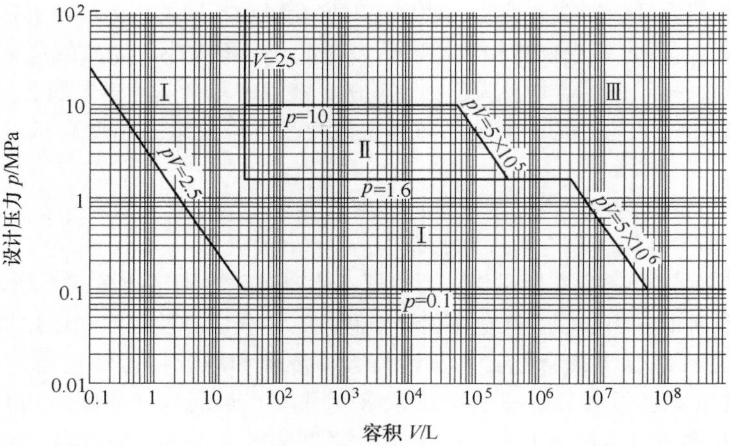

图 2-8　压力容器分类图——第二组介质

8. 移动式压力容器分类

移动式压力容器的分类，按国家质检总局国质检锅［2004］31 号《特种设备目录》的特种设备编码规则分为五大品种，即铁路罐车（2210）、汽车罐车（2220）、长管拖车（2230）、罐式集装箱（2240）、管束式集装箱（2250）。本书将在第 3 章有关章节中叙述。

2.4　压力容器常用钢材（选学）

制造压力容器的材料种类较多，有金属材料和非金属材料、黑色金属和有色金属等，但目前绝大多数的压力容器是钢制的。

钢材是钢锭、钢坯通过压力加工制成所需要的各种形状、尺寸和性能的材料。由于压力容器是在承压状态下工作的，有些容器在承压的同时还要承受高温（低温）或腐蚀介质的作用，工作条件较差，易产生变形、腐蚀和疲劳等；此外，在制造压力容器时，为了获得所需的几何形状，钢材还需弯卷、冲压、焊接等冷热成形加工，因而会产生加工残余应力及缺陷，所以，压力容器要比其他一般的机械设备更容易损坏。为了保证压力容器安全运行，了解常见金属材料的性能以及钢材的选用是一项重要的工作。

2.4.1 压力容器钢材的选用要求

制造压力容器的钢材应能适应容器的操作条件（如温度、压力、介质特性等），并有利于容器的加工制造和产品质量保证。具体选用时，重点应考虑钢材的力学性能、工艺性能和耐蚀性。

1. 力学性能

（1）强度　金属材料在外力作用下抵抗永久变形和断裂的能力称为强度。按外力作用的性质不同，主要有屈服强度、抗拉强度、抗压强度、抗弯强度等，工程常用的是屈服强度和抗拉强度，这两个强度指标可通过拉伸试验进行测量。

强度是衡量零件本身承载能力（即抵抗失效能力）的重要指标。强度是机械零部件首先应满足的基本要求。机械零件的强度一般可以分为静强度、疲劳强度（弯曲疲劳和接触疲劳等）、断裂强度、冲击强度、高温和低温强度等项目。

物体的原子间存在着的相互作用力称为内力，这是物体所固有的。当对物体施加外力时，在物体内部将引起附加的内力，这一附加内力会随着外力的加大而相应地增加。把物体单位面积上所承受的附加内力称为应力。对于某一种材料来说，所能承受的应力有一定的限度，超过了这个限度，物体就会被破坏，这一限度就称为强度。在此，也可以将物体的强度简单说成能承受外力和内力作用而不破坏的能力。

对于压力容器用钢材的强度，以常温及工作温度下的抗拉强度和屈服强度表示其短时强度性能，而以蠕变强度和持久强度来表示其长时高温强度性能。通常，抗拉强度和屈服强度是评价材料强度的两个最重要的指标。

上述强度参数都是通过试验得出的，其涵义分别解释如下：

1）抗拉强度：钢材试样在拉伸试验中，拉断前所能承受的最大载荷值，其所对应的应力即为该材料的抗拉强度。用 R_m 来表示，单位为 MPa 。

2）屈服强度（又称屈服极限）：钢材试样在拉伸过程中，拉力不增加（甚至有所下降），还继续显著变形时的最小应力。用 R_{eL}来表示，单位为 MPa。

3）蠕变强度。常温条件下金属材料受外力作用时，如应力小于屈服强度，仅会发生弹性变形（外力消除能恢复原状的变形）；如应力达到屈服强度时，除发生弹性变形外金属材料还会产生一定的塑性变形（外力消除不能恢复原状）。但在高温条件下则不然，金属材料即使受到小于屈服强度的应力，也会随着时间的延长而缓慢地产生塑性变形，且时间越长，累积的塑性变形量越大，这种现象就称为“蠕变”。由此可见，材料的蠕变现象在温度高到一定程度时才会出现。大量试验表明，材料的蠕变温度与材料的熔点有关。以绝对温度计，蠕变温度约为熔点温度的25% ~35% 。铅锡等金属在室温下即有蠕变现象；碳钢在约 350℃时开始出现蠕变现象；合金钢出现蠕变的温度在400℃以上。而蠕变强度，是指在一定温度和恒定拉力负荷下，试样在规定的时间间隔内的蠕变变形量或蠕变速度不超过某规定值时的最大应力。例如，在 GB 150—2011《压力容器》中采用的 R_n^t，是指在温度为 t 的条件下，经过 10 万 h 后总变形量为 1% 的蠕变强度。

4）持久强度：试样在给定温度条件下，经过规定时间发生断裂的应力。对于压力容器来讲，失效的形式主要是破坏而不是变形，所以，持久强度能更好地反映高温元件失效特点。持久强度是指用 R_D^t表示，即温度为 t（高温条件，$t \geqslant 400℃$）下，经过 10 万 h 而断裂的应力。在 GB 150—2011 材料许用应力表中，短粗竖实线后面标出的许用应力数据是由高温持久强度极限得到的许用应力。

（2）塑性　金属材料在载荷作用下断裂前发生的不可逆永久变形的能力。压力容器在制造过程中要经受弯卷、冲压等成形加工，要求用于制造压力容器的钢材具有较好的塑性。由于塑性好的钢材在破坏前一般都会产生较明显的塑性变形，不但易于发现，且可松弛局部应力而避免断裂。

评定材料塑性的指标包括伸长率（δ：试样拉断后的总伸长与原长比值的百分数）和断面收缩率（ψ：试样拉断后，断口面积缩减值与原截面积比值的百分数）。

伸长率可用下式确定

$$\delta = [(L_1 - L_0)/L_0] \times 100\% \tag{2-5}$$

式中　L_1——试样拉断后的长度（mm）；

L_0——试样原始长度（mm）。

断面收缩率可用下式确定

$$\psi = [(F_0 - F_1)/F_0] \times 100\% \tag{2-6}$$

式中　F_1——试样拉断后断口处的截面积（mm^2）；

F_0——试样初始截面积（mm^2）。

δ 和 ψ 的值越大，则钢材的塑性越好。国内承压类特种设备材料的伸长率一般至少要求在10%以上。

（3）冲击韧性　金属材料在外加载荷作用下断裂时所消耗的能量大小称为冲击韧性或冲击吸收功。为了防止或减少压力容器发生脆性破坏（在较低的应力状态下发生无显著塑性变形的破坏），要求压力容器用钢材在使用温度下具有较好的韧性。评定材料韧性的指标是 α_K 值。α_K 值是一定尺寸和形状的试样在规定类型的试验机上受冲击负荷折断时，试样槽口处单位面积上所消耗的冲击功。

$$\alpha_K = A_K/F \tag{2-7}$$

式中　A_K——冲击试验机的摆锤冲断试样时所做的功（J）；

F——试样槽口处的初始截面积（cm^2）。

冲击韧性通常是在摆锤式冲击试验机上测定的。冲击试样受到摆锤的突然打击而断裂时，它的断裂过程是一个裂纹发生和发展的过程。在裂纹发展过程中，如果塑性变形能够发生在它的前面，就将阻止裂纹的长驱直入，当其继续发展时就需消耗更多的能量。因此，冲击吸收功的高低，决定于材料有无迅速塑性变形的能力。冲击吸收功高的材料，一般都有较高的塑性，但塑性指标较高的材料却不一定都有高的冲击吸收功。这是因为在静载荷下能够缓慢塑性变形的材料，在冲击载荷下不一定能迅速发生塑性变形。

由于冲击韧性是材料各项力学性能指标中对材料的化学成分、冶金质量、组织状态及内部缺陷等比较敏感的一个质量指标，而且也是衡量材料脆性转变和断裂特性的重要指标。所以，对压力容器用钢来说，冲击韧性是衡量其裂纹扩展阻力的重要指标之一。

（4）硬度　硬度是指材料抵抗局部塑性变形或表面损伤的能力。硬度与强度有一定的对应关系。一般情况下，硬度较高的材料其强度也较高，所以，可以通过测试硬度来估算材料的强度。此外，硬度较高的材料耐磨性较好。工程上常用的硬度试验方法有布氏硬度（HBW）、洛氏硬度（HRC）、维氏硬度（HV）、里氏硬度（HL）等。

2. 工艺性能

压力容器的加工制造大多数是用钢板辊卷或冲压后焊接制成的，所以要求压力容器用钢要具有良好的工艺性能，即具有良好的冷塑性变形能力和焊接性。前者可以通过控制塑性指标得到保证；而焊接性是指钢材在规定的焊接工艺条件下，能否得到质量优良的焊接接头的性质。焊接性主要取决于钢材的含碳量（对碳钢）或碳当量（对合金钢）。在焊接过程中或焊接后易发生裂纹的钢材焊接性差。为了保证焊接质量，压力容器用钢需选用焊接性好的钢材。碳钢和普通低合金钢其含碳量（碳的质量分数，分别小于 0.3% 和 0.25% 时，一般都具有良好的焊接性。对合金钢，特别是高强度合金钢由于加入了较多的合金元素，其焊接性与含碳量及合金元素的含量有关。目前常用碳当量 C_d（将钢中的碳含量与合金元素含量折算成相当的碳含量的总和）作为评价金属材料焊接性的指标。碳素钢及低合金结构钢的碳当量，可采用下式估算

$$C_d = C + Mn/6 + (Cr + Mo + V)/5 + (Ni + Cu)/15 \tag{2-8}$$

式中　C_d——碳当量（%）；

C、Mn、…、Cu——钢中碳、锰、…、铜等成分含量（质量分数）（%）。

经验表明，当 $C_d < 0.4\%$ 时，焊接性良好，焊接时可不预热；当 $C_d = 0.4\% \sim 0.6\%$ 时，钢材的淬硬倾向增大，焊接时需采用预热等技术措施；当 $C_d > 0.6\%$ 时，属于焊接性差或较难焊的钢材，焊接时需采用较高的预热温度和严格的工艺措施。

由于裂纹一直被认为是压力容器中不允许存在的最危险的缺陷。所以，控制材料的焊接性（特别是对合金钢），主要是防止产生焊接裂纹。不过，焊接裂纹产生的因素很多，除了碳当量这个主要因素外，焊缝金属中氢的含量、钢板厚度等也有较大的影响。

3. 耐蚀性

金属材料的耐蚀性（一般腐蚀，或称连续腐蚀）通常是根据腐蚀速度来评定的。在化工容器中，一般采用三级标准：金属在介质中的腐蚀速度小于 0.1mm/年时为耐蚀性良好；腐蚀速度为 0.1 ~ 1mm/年时为耐蚀性一般；腐蚀速度大于 1mm/年时，耐蚀性差。各种腐蚀介质对常用钢材的腐蚀速率可查阅腐蚀手册。

对于压力容器来说，一般连续腐蚀的现象是比较少见的，常见的是斑点腐蚀、麻坑腐蚀，而最严重、最危险的是晶间腐蚀和应力腐蚀。这些腐蚀不但与介质的种类有关，而且与使用条件（温度、压力、含有杂质等）有更为密切的关系。例如，有些气体在常温下对材料没有腐蚀，而在高温下却有严重腐蚀；有些气体干燥时不腐蚀，含有水分时有严重腐蚀等。选用材料时，必须根据介质在正常操作条件下，甚至是在可能发生的最不利条件下的腐蚀性来进行考虑。

为了保证压力容器安全运行，《固定容规》和 GB 150—2011《压力容器》对压力容器金属材料的选用有明确的规定，在选用时应严格遵照执行。

2.4.2　压力容器常用钢材及其使用范围

1. 低碳钢

低碳钢中的含碳量⊖在 0.25% 以下，还含有锰、硅、磷、硫元素，合称五大元素。其中，磷、硫为有害的元素，其含量越低，钢材的质量越好。

低碳钢具有良好的塑性和韧性，便于进行各种冷热加工；焊接性良好，易于获得优质焊接接头。低碳钢价格便宜、经济性好，是压力容器中使用最普遍的材料，特别是热轧或正火状态供货的 Q245R 钢使用最为广泛。其他常用材料牌号还有 Q235B、Q235C 等。

2. 低合金高强度钢

低合金高强度钢是在普通碳素钢中添加少量合金元素制成，其力学性能和工艺性能都较好。

低合金高强度钢的含碳量一般不大于 0.25%，属于低碳低合金钢，主要依靠合金元素来强

⊖ 本书微量元素的含量均为质量分数。

化钢材，改善和提高钢材性能。其主要合金元素是锰或者锰和钼，其他合金元素还有钒、钛、铌、硼等。由于强度提高，可以使承压部件的壁厚显著减小。例如，Q345R 与 Q235B 相比，钢中含锰量增加约 1%，但是，在 100℃时的许用应力水平却由 113MPa 上升到了 189MPa，一般情况下，可以减少容器用材料 30% ~40%。

除了 Q345R 以外，如 Q370R、15CrMoR 等也常用于常温中、低压容器的制造。

3. 耐热钢

压力容器中采用的耐热钢主要是钼和铬钼热强钢，常用于制造需要承受高温的压力容器。如过热器、再热器、蒸汽集箱、蒸汽管道等。耐热钢除具有良好的常温力学性能和工艺性能外，还具有良好的高温性能，即在高温下具有足够的强度，有一定防止氧化和腐蚀的能力，又具有长期的组织稳定性。

耐热钢中的合金元素除铬、钼外，还有钒、钨、硼等，目前常见的钢种有 12MnNiVR（钢板）、12CrMo（钢管）、15CrMo（钢管）、12CrlMoV（锻件）等。

4. 低温压力容器用钢

工作温度≤ -20℃的压力容器属于低温容器。低温容器的钢材必须是镇静钢。为防止容器发生冷脆破裂，这些钢材必须满足在规定低温下的低温冲击韧性的要求。常见的低温压力容器用钢有 16MnDR、15MnNiDR、15MnNiNbDR、09MnNiDR 等。

5. 不锈钢

不锈钢又被称为耐大气腐蚀的铬镍钢，主要由铬钢、铬镍钢组成。它们是以铁-碳合金为基础，加入各种合金元素所组成的，其中主要是铬、镍两种元素。

铬镍钢中具有代表性的钢种是 18-8 不锈钢（含碳量在 0.14% 以下、含铬约为 18%、含镍≥8%）。此钢种经过 1100 ~ 1200℃淬火后，其金相组织为奥氏体，在常温下无磁性，塑性良好，适宜各种冷加工，常用于耐蚀、耐热和低温方面。由于 18-8 不锈钢可以在较高温度下保持较高的强度，因此在切削时刀具易磨损。

由于铬镍不锈钢含有大量的铬、镍合金元素，在元件表面易于形成厚度约为 100Å（$1m = 10^{10}$Å）的致密 Cr_2O_3 的保护膜，这层保护膜中富集了大量的 Cr，因而在很多介质中具有很好的耐蚀性。正是由于不锈钢具有很好的耐热性和耐蚀性，因而被广泛用于化工、石油、空气分离、食品和轻工等工业中。但是，在加工及使用过程中应注意防止铁离子污染、氯离子腐蚀以及避免材料在其“敏化温度区”长时间停留等。常见的压力容器用不锈钢有 S3048（0Cr18Ni9）、S3043（00Cr19Ni10）、S32168（0Cr18Ni10Ti）和 S321608（0Cr17Ni12Mo2）等。

压力容器常用的钢种和牌号很多，上面所列举的钢种和牌号仅是其中常用的一小部分。压力容器常用钢板适用范围见表 2-3。

表 2-3 压力容器常用钢板

<table>
<tr><th>钢材牌号</th><th>技术标准</th><th>使用压力/MPa</th><th>使用温度/℃</th><th>板厚/mm</th><th>限定</th></tr>
<tr><td>Q235B</td><td>GB/T 3274</td><td>≤1.6</td><td>20 ~ 300</td><td>用于容器壳体≤16
用于其他受压元件≤30</td><td rowspan="2">热轧，控轧，正火状态下使用；
不得用于毒性程度极度或高度危害的介质</td></tr>
<tr><td>Q235C</td><td>GB/T 3274</td><td>≤2.5</td><td>0 ~ 300</td><td>用于容器壳体≤16
用于其他受压元件≤40</td></tr>
<tr><td>Q245R</td><td>GB 713</td><td>不限</td><td>-20 ~ 400</td><td>3 ~ 150</td><td rowspan="2">用于多层容器内筒、壳体大于 36mm 或其他受压元件厚度大于 50mm 的应在正火状态下使用</td></tr>
<tr><td>Q345R</td><td>GB 713</td><td>不限</td><td>-20 ~ 350</td><td>3 ~ 200</td></tr>
</table>

（续）

钢材牌号	技术标准	使用压力/MPa	使用温度/℃	板厚/mm	限定
16MnDR	GB 3531	不限	-40～350	6～120	正火，正火加回火使用
09MnNiDR	GB 3531	不限	-70～350	6～120	正火，正火加回火使用
06Ni9DR	—	不限	-196～100	6～40	调质状态下使用

注：表中涉及国家标准：GB/T 3274—2007《碳素结构钢和低合金结构钢热轧厚钢板和钢带》、GB 713—2014《锅炉和压力容器用钢板》、GB 3531—2014《低温压力容器用钢板》。

6. 压力容器用碳素钢和低合金钢钢板的现行标准

现行标准是指 GB 713、GB 3531 和 GB 19189 三个标准，简要介绍如下：

（1）GB 713《锅炉和压力容器用钢板》　该标准参照了国外先进标准——欧洲标准 ENl0028—2：2003《压力容器用钢板第 2 部分：规定高温性能的非合金钢和合金钢》，是在合并和修改 GB 713—1997《锅炉用钢板》和 GB 6654《压力容器用钢板》（2003 年报批稿）基础上制定的，代替 GB 713—1997《锅炉用钢板》和 GB 6654—1996《压力容器用钢板》（含修改单），GB 713—2008《锅炉和压力容器用钢板》于 2008 年 9 月 1 日实施。随后在原标准 2008 版的基础上修订，GB 713—2014《锅炉和压力容器用钢板》标准已颁布，于 2015 年 4 月 15 日实施。

现行的 GB 713—2014 共列入 Q245R、Q345R、Q370R、Q420R、18MnMoNbR、13MnNiMoR、15CrMoR、14CrlMoR、12Cr2M01R 和 12CrlMoVR、07Cr2AlMoR、12Cr2Mo1VR 计 12 个牌号钢。

GB 713—2014 相对于其所代替的标准主要变化有：

1）扩大了钢板厚度、宽度范围。

2）取消了 15MnVR 和 15MnVNR，加入了 14CrlMoR 和 12Cr2Mo1R、Q420R、07Cr2AlMoR、12Cr2Mo1VR。

3）降低了各牌号的 S、P 含量。

4）提高了各牌号的 KV_2 冲击功指标。

5）调整了钢板厚度允许偏差，统一按 GB/T 709—2006《热轧钢板和钢带的尺寸、外形、重量及允许偏差》中的 B 类偏差（-0.30mm）。

相对于国际上碳钢和低合金钢标准中相近牌号的钢材，GB 713 在强度指标、杂质含量（S 和 P）、冲击功控制指标等方面均可达到国际先进水平。例如对 S、P 含量的控制指标，我国超过美国 ASME 标准，也完全符合欧洲的同类标准（相关对比见《固定容规》释义）。

GB 713—2014 中材料的供货状态，见表 2-4。

表 2-4　GB 713—2014 材料的供货状态

材料牌号	材料的供货状态
Q245R、Q345R	热轧、控轧或正火
Q370R、Q420R	正火
8MnMoNbR、13MnNiMoR、15CrMoR、14CrlMoR、12Cr2Mo1R、12CrlMoVR、12Cr2Mo1VR、07Cr2AlMoR	正火加回火

对于板材，正火状态的钢板的金相组织和性能以及性能的稳定性都比热轧和控轧的钢板要好，对于材料 Q245R 和 Q345R，标准 GB 713 中并没有注明何种厚度必须正火，为了保证压力容器的安全，用于多层容器内筒的 Q245R 和 Q345R 必须在正火状态下使用。目前我国钢板的制造

单位装备能力和人员水平相比过去都有了很大的提高，压力容器用钢板的内在质量有了很大的提高，在一定的厚度范围内，即使是热轧或者控轧交货的钢板内在质量也达到了很高的水平，因此 Q245R 和 Q345R 热轧或者控轧钢板用于压力容器的最大厚度由 30mm 增加到 36mm。

15MnVR 已经在 GB 150—1998 标准的 2002 年第 1 号修改单中取消了。

（2）GB 3531—2014《低温压力容器用钢板》 GB 3531—2014 列入了 16MnDR、15MnNiDR、15MnNiNbDR、09MnNiDR、08Ni3DR 和 06Ni9DR 共 6 个牌号，代替了 GB 3531—2008，自 2015 年 4 月 1 日实施。

相对于 GB 3531—1996，GB 3531—2014 的主要变化：

1）扩大了钢板厚度范围。

2）降低了各牌号的 S 含量，S 含量均由不大于 0.015% 降低为均不大于 0.010%。

3）提高了各牌号的 V 型冲击功指标，各牌号的 V 型冲击功 KV_2 指标由不小于 27J 提高到不小于 47J。

4）钢板厚度允许偏差按 GB/T 709—2006 中的 B 类偏差（-0.3mm），双方协议也可按 GB/T 709—2006 中的 C 类偏差（0mm），根据需方需要，经供需双方协议，可供应偏差更严格的钢板。

16MnDR 钢板的厚度范围由 6～100mm 扩大为 6～120mm，厚度不小于 36～60mm 的冲击试验温度由 -30℃ 降低为 -40℃，对厚度不小于 30～100mm 钢板的下屈服强度 R_{eL} 和抗拉强度 R_m。进行了适当的提高，具体修改见表 2-5。

表 2-5 16MnDR（GB 3531—2014）和 16MnDR（GB 3531—1996）强度指标比较

牌号	16MnDR（GB 3531—2014）		16MnDR（GB 3531—1996）	
板厚/mm	R_m/MPa	R_{eL}/MPa	R_m/MPa	R_{eL}/MPa
>36～60	460～590	≥285	450～580	≥275
>60～100	450～580	≥275	450～580	≥255

09MnNiDR 钢板的厚度范围由 6～60mm 扩大为 6～120mm，将厚度为 36～60mm 钢板的下屈服强度 R_{eL} 由不小于 260MPa 提高到不小于 270MPa。

（3）GB 19189—2011《压力容器用调质高强度钢板》 GB 19189—2011 列入了 3 个低焊接裂纹敏感性钢（07MnMoVR、07MnNiVDR、07MnNiMoDR）和 1 个热输入焊接用钢（12MnNiVR），共计 4 个牌号。标准中钢板厚度允许偏差按 GB/T 709—2006 中的 B 类偏差（-0.30mm），经双方协议也可按 GB/T 709—2006 中的 C 类偏差（0mm）。

GB 19189—2011 参考国外标准 JIS G 3115—2005《压力容器用钢板》标准进行修订，为非等效采用，该标准中的四个牌号的技术要求远高于 JIS G 311 5—2005《压力容器用钢板》的技术要求，JIS G 3115—2005 相应牌号与 GB 19189—2011 的具体技术要求对照见表 2-6。

表 2-6 JIS G 3115—2005 与 GB 19189—2011 技术要求对照

标准	JIS G 3115—2005	GB 19189—2011	
牌号	SPV490	07MnMoVR	07MnNiVDR
P（%）	≤0.030	≤0.020	≤0.018
S（%）	≤0.030	≤0.010	≤0.008
P_{cm}（%）	≤0.28	≤0.20	≤0.21
R_m/MPa	610～740	610～730	610～730

（续）

标准	JIS G 3115—2005	GB 19189—2011	
$-10℃$ KV_2/J	≥47		
$-20℃$ KV_2/J		≥80	
$-40℃$ KV_2/J			≥80

GB 19189—2011 与其代替的 GB 19189—2003 技术要求对比见表 2-7，可见主要变化为：

1）扩大了钢板厚度范围，最小厚度由 12mm 变为 10mm。

2）新增加了 －50℃用 07MnNiMoDR 牌号。

3）降低了各牌号的 P、S 含量，成品分析中 P 含量的上偏差为 0.003%，S 含量的上偏差为 0.002%。

4）提高了各牌号的 V 型冲击功指标，各牌号的 V 型冲击功 KV_2 指标由不小于 47J 提高到不小于 80J，经供需双方协议，对厚度大于 36mm 的钢板可在厚度 1/2 处增加一组冲击试样，冲击功指标由供需双方协议。

5）增加了对所有牌号 Cu 含量不大于 0.25% 和 B 含量不大于 0.0020% 的限制。

表 2-7　GB 19189—2003 与 GB 19189—2011 技术要求对照

标准版本	钢板牌号	厚度范围/mm	变化的化学成分					低温冲击试验	
			P（%）	S（%）	P_{cm}（%）	Cu（%）	B（%）	温度/℃	KV_2/J
2011 版	07MnMoVR	10～60	≤0.020	≤0.010	≤0.20	≤0.25	≤0.0020	－20℃	≥80
	07MnNiVDR		≤0.018	≤0.008	≤0.21	≤0.25	≤0.0020	－40℃	≥80
	07MnNiMoDR		≤0.015	≤0.005	≤0.21	≤0.25	≤0.0020	－50℃	≥80
	12MnNiVR		≤0.020	≤0.010	≤0.25	≤0.25	≤0.0020	－20℃	≥80
2003 版	07MnCrMoVR	12～60	≤0.025	≤0.010	≤0.20			－20℃	≥47
	07MnNiMoVDR		≤0.020	≤0.010	≤0.21			－40℃	≥47
	12MnNiVR		≤0.025	≤0.010	≤0.26			－10℃	≥54
								－20℃	≥47

注：1. 07MnMoVR 是原标准 07MnCrMoVR 钢板取消 Cr 含量的下限而命名的，Cr 含量由≥0.10%～≤0.30% 修改为≤0.30%，同时规定，对于厚度不大于 36mm 的钢板，Mo 含量的下限可不做要求。

2. 07MnNiVDR 是原标准 07MnNiMoVDR 钢板取消 Mo 含量的下限而命名的，Mo 含量由≥0.10%～≤0.30% 修改为≤0.30%。

3. 07MnNiMoDR 是为了建造大型乙烯装置中设计温度为 －45～－50℃的乙烯和丙烯球罐所开发的 －50℃用钢板，是在原标准 07MnNiMoVDR 钢板的基础上进行成分设计的，钢板的厚度范围为 10～50mm，Ni 含量为≥0.30%～≤0.60%，V 含量为≥0.06% 并在必要时加入，同时规定，对于厚度不大于 30mm 的钢板，Mo 含量的下限可不做要求。

2.4.3　使用性能要求

使用性能要求主要包括以下几个方面：

1）钢材应具有较高的强度，包括常温及使用温度下的强度。

2）钢材应具有良好的塑性、韧性和较低的时效敏感性。

3）钢材应具有较低的缺口敏感性。缺口敏感性是指在带有一定应力集中的缺口条件下，材料抵抗裂纹扩展的能力。容器上常常需要开孔并焊接管接头，这样很容易造成应力集中，故要求钢材的缺口敏感性应低一些。

4）钢材应具有良好的耐蚀性能及组织稳定性。

2.5 压力容器的应力及其对安全的影响（选学）

压力容器在运行过程中，一般都要承受各种载荷的作用。其中比较常见的是内（外）压载荷、自重载荷（包括内件、填料和介质）、附属设备及保温、管道、平台、扶梯等形成的重力载荷、支座等支撑件的反作用力、温度梯度或热膨胀量不同引起的作用力、压力波动造成的冲击载荷、风载荷、地震载荷和运输或吊装时的作用力等。每一种载荷都有可能造成容器器壁产生整体的或局部的变形、引起各种应力，对容器的安全运行造成破坏。

对于移动式压力容器而言，除承受在正常装卸和运输使用过程中可能出现的各种工况条件下的内压、外压、内外压差等静载荷以及动载荷和热应力载荷外，还承受移动式压力容器在设计使用年限内由于反复施加这些载荷而造成的疲劳载荷效应。

2.5.1 各种载荷所产生的应力

1. 由压力产生的应力

容器在承载时器壁上应力的大小及性质都与容器安全运行密切相关。压力容器在内（外）压载荷作用下会产生应力。同样的载荷，例如承受相等的内压力，不但在不同形状的壳体中产生大小不同的应力，而且在同一壳体的不同部位上所产生的应力的大小及性质也各不相同。

压力是压力容器最主要的载荷。受内压的容器，由于壳体在压力作用下要向外扩张，所以在器壁上总是要产生拉伸应力，这一应力又称为薄膜应力。确切地说薄膜应力就是沿截面厚度均匀分布的应力成分，它等于沿所考虑截面厚度的应力平均值。由于薄膜应力存在于整个壁厚，一旦发生屈服就会出现整个壁厚的塑性变形。由压力而产生的应力则是确定容器壁厚的主要因素，对大多数容器来说往往是唯一的因素。

2. 惯性力载荷产生的应力

对于移动式压力容器而言，除承受容器罐体内介质的压力外，在运输工况中罐体等部件还需要承受由于介质的惯性冲击力而引起的压力载荷，这是移动式压力容器有别于固定式压力容器的最大特点。设计时，惯性力载荷如何确定是一个非常复杂的问题，影响因素非常多，由于运输使用条件的不同、道路路况的不同、司机驾驶技术的熟练程度不同、车辆制动装置结构及性能的不同、装卸状况及次数的不同等，要想精确计算惯性力载荷或者找到移动式压力容器设计使用年限内的最大惯性力载荷是很难做到的，但为了满足工程设计的需要，不管是国际规范还是国内相应标准均是按达朗贝尔原理或称等效质量法则进行简化处理，将动态载荷转换成最大的能够满足安全使用要求的等效静态力载荷。

《移动容规》第3.10.1.1中除铁路运输以外运输模式惯性力载荷就是参照这些相关的国际规范规定的。

《移动容规》3.10.1.1中有关铁路运输装备惯性力载荷的规定，是基于原铁道部对于参与运输的铁路运输装备所承受的惯性力有特殊的规定（见TB/T 1335及相应原铁道部规范性的规定），该规定没有采用上述的“等效质量法则”将动载荷转换成等效静态力，而是采用不同的运输工况及可能的最大纵向压缩或拉伸力进行比例分成的方法进行转换，而且我国铁路运输重载、高速的快速发展，最大纵向压缩或拉伸力的规定也是在不断变化，总的趋势应当是越来越大，所以对于参与铁路运输的铁路罐车、罐式集装箱、管束式集装箱等，其惯性力载荷的确定应当符合国务院铁路运输主管部门相关规范性文件的规定。

汽车罐车、罐式集装箱、长管拖车和管束式集装箱等，其惯性力载荷按照以下要求转换成等效静态力：

1）运动方向，最大质量㊀的2倍。

2）与运动方向垂直的水平方向，最大质量（当运动方向不明确时，为最大质量的2倍）。

3）垂直向上，最大质量。

4）垂直向下，最大质量的2倍。

铁路运输的铁路罐车、罐式集装箱、管束式集装箱等，其惯性力载荷的确定应当符合国务院铁路运输主管部门的规定。

3. 由质量产生的应力

压力容器本体具有一定的质量，通常称为容器的自重。此外，容器内的工作介质、工艺装置附件以及容器外的其他附加装置，如保温装置、衬里、管道、扶梯、平台等也有较大的质量。所有这些质量作用在器壁上也会使器壁产生应力。压力容器往往需要采用适当的支座来支撑或固定。例如，卧式容器常用的是鞍式支座，壳体横卧在两个支座上，由于重力的作用而在容器的器壁上产生弯曲应力。

4. 由温度引起的应力

压力容器在运行过程中，由于温度变化也会引起应力。热胀冷缩是物体的固有特性，如果物体的温度发生了变化或存在温差需要热胀冷缩时，由于它受到相邻部分或其他物体的约束而不能自由地热胀冷缩，则此物体内部就会产生应力，这种应力称为温度应力。例如，厚壁容器壁内外温度不一致，如果内壁温度高于外壁，则内壁的膨胀就会受到外壁的约束而不能自由膨胀，这样就产生了温度应力（也可称为温差应力）。又如，具有衬里或由复合钢板制成的容器，由于材料的热膨胀系数不同也会产生温度应力。

5. 外压载荷引起的稳定性问题

移动式压力容器在正常的运输、装卸、试验及检修等环节受工作条件、工艺方法等的影响，罐体可能承受外压（如惰性气体置换处理、检修时的真空处理、密闭充装卸料时的温度影响或其他不可预见工况等因素，可能造成罐体外部压力高于罐体内部压力，且罐体又没有设置有效的真空泄放阀），所以在进行设计时应对罐体进行外压稳定性校核。

《移动容规》规定罐体在正常的工作条件下（不存在真空工况时）应按不小于0.04MPa的外压进行罐体稳定性校核，此规定是保证罐体外压稳定的最低安全要求。

设计单位应根据用户给定的设计条件或工作条件或经批准的设计任务书的规定，确定在正常的运输、装卸、试验及检修等环节中，罐体是否存在真空工况，这里所说的真空工况虽然《移动容规》没有给出具体的量化指标，但可以根据我国压力容器的基本分类状况，也就是GB 150—2011适用范围中的分类原则掌握（压力容器、常压容器、真空容器），当罐体内真空度高于或等于0.02MPa，即认为是本规程所指的存在真空工况（也就是所谓的真空容器），对于存在真空工况或工作条件不明确无法判定罐体是否存在真空工况的罐体，设计时该罐体应按0.1MPa

㊀ （1）考虑罐体在运输工况中所承受的惯性力载荷时，最大质量为介质的最大允许充装量。

（2）考虑罐体或者气瓶与走行装置或者框架的连接处在运输工况中所承受惯性力载荷时，最大质量为介质的最大允许充装量、罐体或者气瓶、附件质量之和。

（3）考虑罐式集装箱、管束式集装箱整体结构在运输工况中所承受的惯性力载荷时，最大质量按照引用标准的规定确定。

外压进行罐体稳定性校核。

综上所述，罐体可能承受外压或者存在真空工况的移动式压力容器，必须高度关注稳定性问题，采取有效措施，防止因操作失误发生刚性失效。

6. 其他载荷

移动式压力容器在正常的运输使用过程中可能承受的载荷由于运输方式的不同、工作条件的不同而比较复杂，除上述载荷引起的应力外，还有如下载荷使容器器壁产生相应的应力：

1）内压、外压或最大压差。

2）充装介质达到最大充装量时的液柱静压力。

3）运输时的惯性力。

4）支座或支撑部位的作用力。

5）连接管道和其他部件的作用力。

6）罐体或者气瓶自重及正常工作条件下或试验条件下充装介质的重力载荷。

7）附件及管道、平台等的重力载荷。

8）温度梯度或热膨胀量不同引起的作用力。

9）压力急剧波动引起的冲击载荷。

10）冲击力，如由流体冲击引起的作用力等。

11）型式试验时承受的载荷。

具体的移动式压力容器设计中应当考虑哪些载荷，由设计者根据设计条件或工作条件确定（如运输使用区间内的路况条件、装卸工况的压力载荷等），《移动容规》仅给出了体现移动式压力容器特点的惯性力载荷、外压载荷的确定原则，其他载荷如何确定可按《移动容规》引用标准的规定。载荷确定也可以由设计单位根据设计条件（如路况条件、充装载荷条件等）确定，进行初步设计计算及性能试验，待积累数据取得经验后最终确定，并应用到产品定型设计中。

2.5.2 应力对容器安全的影响

不同的载荷使容器器壁产生的应力，或者由同一种载荷在容器各部位引起不同类型的应力，对容器安全的影响是不一样的。

1. 由压力产生的薄膜应力对安全的影响

由内压产生的薄膜应力均匀分布在容器壁的整个截面上，它使容器发生整体变形，且随着应力增大，容器变形加剧；当这一应力达到材料的屈服极限时，器壁即产生显著的塑性变形；若应力继续增大，容器则因过度的塑性变形而导致破裂。因薄膜应力能直接导致容器的破坏，所以，它是影响容器安全的最危险的一种应力。

2. 由温度变化或温差产生的应力对安全的影响

温度应力又称为热应力，它是由于构件受热不均匀或存在着温差，导致各处膨胀变形或收缩变形不一致并相互约束而产生的内应力。有些压力容器是在高温或低温的条件下运行的，这些容器或其部件在温度远高于或远低于常温时，如果它的热变形受到外部限制或本身温度分布不均匀，就会产生温度应力。这种应力有时可以达到很高的数值，造成容器产生过量的塑性变形，甚至断裂。

3. 局部应力对安全的影响

局部应力的特点是非对称性和存在于局部范围。有些应力只产生在容器的局部区域内，如容器的开孔部位、几何形状不连续部位等，也能引起容器变形，当应力值增大到材料的屈服极限时，局部地方还可能产生塑性变形，但由于相邻区域应力较低，材料处于弹性变形之中，使这些局部地方的塑性变形受到制约而不能继续发展，应力将重新分布。一般温度应力和总体结构不连续处的弯曲应力就是这样一种应力。过大的局部应力使结构处于不安定的状态，特别是在交变载荷作用下，易产生裂纹，从而导致容器疲劳失效。

有些由应力集中而产生的局部应力，只局限在一个很小的区域内，因为这种应力衰减得快，在其周围附近会很快消失，因受到相邻区域的制约，基本上不会使容器产生任何重要变形。例如，容器壁上的小孔或缺口附近的应力集中就是这样一种应力。这种类型的应力虽不会直接导致容器破坏，但可使韧性较差的材料发生脆性破坏，也会使容器发生疲劳破坏，故对容器安全也有一定影响。

降低局部应力，可以通过设计更加合理的结构，以尽量减少结构本身的缺陷、均布载荷、减少制造缺陷以及操作过程中平缓的参数变化等来解决。

通过上述分析，不同应力对压力容器安全的影响虽然不同，其结果都有可能导致容器破坏。为了防止压力容器在使用过程中过早失效或发生破裂而导致破坏事故，对容器在各种载荷下可能产生的各类型的应力，都必须控制在允许范围内。要做到这一点，需要设计人员精心设计；此外，操作人员认真操作、保持工况稳定、不超温和不超压也是十分重要的。

复习思考题

一、选择题

1. 压强的国家法定计量单位是 （D）

A. Bar　　B. kgf/cm^2　　C. atm　　D. Pa

2. 1标准大气压 =（　　）kgf/cm^2 =（　　）mmHg。 （A）

A. 1.033、760　　B. 1、760　　C. 1.033、735.6　　D. 1、735.6

3. 工程大气压 $1kgf/cm^2$ 约为0.1MPa，若以水柱高度来计算压力时：其水柱高度为（　　）。 （C）

A. 100mm　　B. 1000mm　　C. 10m　　D. 100m

4. 理想气体物理状态三个参数压力 P、比体积 v 和温度 T 在状态1与状态2时，

即 $$\frac{p_1 \times v_1}{T_1} = \frac{p_2 \times v_2}{T_2} = (\quad)$$ （D）

A. 5　　B. 8　　C. 20　　D. 常数

5. 气体变成液体的温度称为（　　）温度。 （A）

A. 液化　　B. 汽化　　C. 熔融　　D. 溶解

6. 某容器表压力为0.5MPa，绝对压力应该是（　　）。 （B）

A. 0.5MPa　　B. 0.6MPa　　C. 1.0MPa　　D. 1.5MPa

7. 压力容器温度指示为20℃，换算成热力学温度是（　　）K。 （B）

A. 193.15　　B. 293.15　　C. 393.15　　D. 68

8. 移动式压力容器除了定义意外，还需要具备下列条件：（　　）

1）具有充装与卸载介质功能，并参与铁路、公路或者水路运输。

2）容器工作压力大于或者等于0.1MPa；气瓶公称工作压力大于或者等于0.2MPa。

3）容器容积大于或者等于450L，气瓶容积大于或者等于1000L。

4）充装介质为气体以及最高工作温度高于或者等于其标准沸点的液体。 （D）

A. 1）、3）、4）　　B. 2）、3）、4）　　C. 1）、2）、4）　　D. 1）、2）、3）、4）

9. 压力为0.6MPa的压力容器应属于（　　）。 （A）

A. 低压压力容器　　B. 中压压力容器　　C. 高压压力容器　　D. 超高压压力容器

10. 单位体积所具有的质量称为（　　）。 （A）

A. 密度　　B. 比体积　　C. 比热容　　D. 强度

二、判断题：

1. 在物理学定义中，压力是指垂直作用于物体表面上的力。（√）

2. 移动式压力容器包括铁路罐车、汽车罐车、长管拖车、罐式集装箱、管束式集装箱和气瓶组等。（×）

3. 绝对压力与表压之间的关系可以描述为：绝对压力 = 表压 - 当时当地的大气压。（×）

4. 工作压力，是指移动式压力容器在正常工作情况下，罐体顶部可能达到的最高压力。（√）

5. 移动式压力容器，其设计压力一般要小于或者等于工作压力。（×）

6. 压力容器运行时的压力是通过压力表来测量的，压力表上所显示压力值为绝对压力值。（×）

7. 移动式容器主要用途是盛装和运送有压力的气体和液化气体。（√）

8. 设计压力、最高允许工作压力、工作压力三者之间的关系为：工作压力是指在正常工作情况下，容器可以达到的最高压力；最高允许工作压力是指容器在指定温度下允许承受的最大压力，最高允许工作压力应不低于工作压力。（√）

9. 按所承受压力（p）的高低，压力容器可分为低压、中压、高压三个等级。（×）

10. 移动式压力容器应遵循《固定式压力容器安全技术监察规程》。（×）

三、简答题

1. 移动式压力容器的定义是什么？

答：移动式压力容器是指由单个（或者多个）压力容器罐体（或者瓶体）与走行装置（或者无动力半挂行走机构、定型汽车底盘、框架等）等部件组成，并且采用永久性连接，适用于铁路、公路、水路运输或者这些方式联运的运输装备。

移动式压力容器包括铁路罐车、汽车罐车、长管拖车、罐式集装箱等产品。

2. 简述移动式压力容器的设计压力、最高允许工作压力、工作压力三者之间的关系。

答：移动式压力容器在正常工作情况下，容器顶部可能达到的最高压力称为工作压力。

设计压力指设定的容器顶部的最高压力，与相应的设计温度一起作为容器设计载荷条件。

容器在正常工作情况下，容器顶部可能达到的最高允许压力称为工作压力。

最高允许工作压力，是指在指定的相应温度下，容器顶部所允许承受的最大压力（即不包括液体静压力）。

工作压力是指在正常工作情况下，容器顶部可以达到的最高压力；最高允许工作压力是指容器在指定温度下允许承受的最大压力，最高允许工作压力应不低于工作压力。

3.《移动式压力容器安全技术监察规程》适用范围是什么？

答：移动式压力容器适用范围，即管理范畴，是指同时具备下列条件的压力容器：

（1）具有充装与卸载介质功能，并参与铁路、公路或者水路运输。

（2）容器工作压力大于或者等于0.1MPa；气瓶公称工作压力大于或者等于0.2MPa。

（3）容器容积大于或者等于450L，气瓶容积大于或者等于1000L。

（4）充装介质为气体以及最高工作温度高于或者等于其标准沸点的液体。

不适用于容器为非金属材料制造的容器和正常运输使用过程中容器工作压力小于0.1MPa的（包括在进料或者出料过程中需要瞬时承受压力大于等于0.1MPa的）压力容器。

4. 按照压力分类，移动式压力容器可以分为哪几类？

答：按所承受压力（p）的高低，压力容器可分为低压、中压、高压、超高压四个等级。具体划分如下：

（1）低压容器为$0.1 \leqslant p < 1.6$MPa。

（2）中压容器为$1.6 \leqslant p < 10$MPa。

（3）高压容器为$10 \leqslant p < 100$MPa。

（4）超高压容器为$p \geqslant 100$MPa。

5. 简述压力容器的主要工艺参数。

答：①压力；②温度；③质量与重力；④容积；⑤单位容积充装量；⑥介质等。

第 3 章

移动式压力容器的结构及标志与标识

本章知识要点

本章简单介绍移动式压力容器的结构与制造特点、移动式压力容器的基本要求以及其标志与标识。要求学员熟知移动式压力容器结构对安全运行的基本要求。

3.1 移动式压力容器的分类

我国移动式压力容器在安全监察管理上，按 TSG R1001—2008《压力容器压力管道设计许可规则》和国家质检总局［2002］第 22 号令《锅炉压力容器制造监督管理办法》中特种设备许可规则分为三大类产品，即铁路罐车（C1 级）、汽车罐车（C2 级，含长管拖车）、罐式集装箱（C3 级，含管束式集装箱），按国家质检总局国质检锅［2014］114 号《特种设备目录》的特种设备编码规则分为五大品种，即铁路罐车（2210）、汽车罐车（2220）、长管拖车（2230）、罐式集装箱（2240）和管束式集装箱（2250）。

移动式压力容器具有装载量大、运输手段灵活、运营成本低、汽车罐车和罐式集装箱门到门运输等特点，并可进行公路、铁路、水路的运输，对于罐式集装箱和管束式集装箱还可以实现这些运输方式的联运。

移动式压力容器主要是由承压容器、管路，安全附件及走行装置（或者无动力半挂行走机构、定型汽车底盘、框架等）等装置或部件组成。以实现物流转移为目的的罐式或者瓶式运输装备，它们主要用于运输能源化工行业和城市燃气供应系统的工业原料、初级产品、工业及民用燃料等，诸如 CNG、压缩氢气、液氨，丙烯、混合液化石油气、丙烷、液氯，丁二烯、液化天然气、液氧、液氮等压缩气体、液化气体和冷冻液化气体等，这些介质广泛应用于石油和化学工业、航天航空工业、电子与机械工业、食品与烟草工业、医疗、造纸印染行业及城市交通、民用燃料的燃气供应等许多领域，并且该类介质绝大部分为易燃、易爆、有毒、剧毒或具有较强的腐蚀性等危险特性。所以，无论是我国还是世界各国的政府管理部门对移动式压力容器的安全性能都有较高的要求，其设计、制造、检验、使用、充装、维修改造及在役检验等所有环节均实行法定的强制性监督管理。

我国移动式压力容器行业发展至今已有 50 多年历史。该行业的发展从无到有、从小规模制造到大规模批量生产，为我国经济的发展、社会综合国力的逐步壮大做出了巨大的贡献。

3.1.1 移动式压力容器的分类

移动式压力容器通常分为以下 5 种。

1. 铁路罐车

铁路罐车是由压力容器罐体与走行装置（指转向架、车钩缓冲装置、制动装置、底架或者牵枕装置等部件的总成）组成，采用永久性连接，适用于标准轨距铁路运输。铁路罐车如图 3-1 所示。

a)

b)

c)

图 3-1 铁路罐车

a）铁路罐车——液化气体 b）铁路罐车——液化石油气 c）铁路罐车——液氢

2. 汽车罐车

汽车罐车是由压力容器罐体与定型底盘或者无动力半挂行走机构组成，采用永久性连接，适用于公路运输。汽车罐车如图 3-2 所示。

3. 长管拖车

长管拖车是由装运压缩气体的大容积钢质无缝气瓶与定型底盘或者无动力半挂行走机构组成，采用永久性连接，适用于公路运输。长管拖车如图 3-3 所示。

4. 罐式集装箱

罐式集装箱是由单个或多个罐体与标准框架组成，采用永久性连接，适用于公路、铁路、水路或者其联运。罐式集装箱如图 3-4 所示。

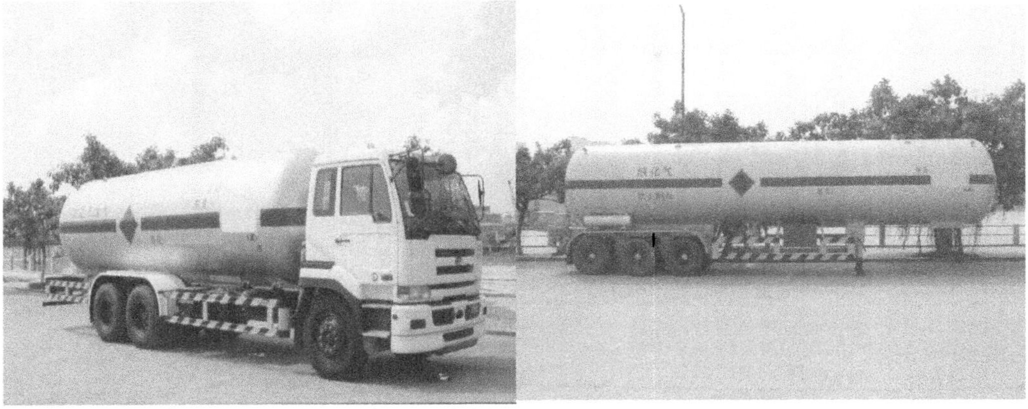

a)　　　　　　　　b)

图 3-2　汽车罐车

a）液化气体运输车　b）液化气体运输半挂车

a)

b)

图 3-3　长管拖车

a)

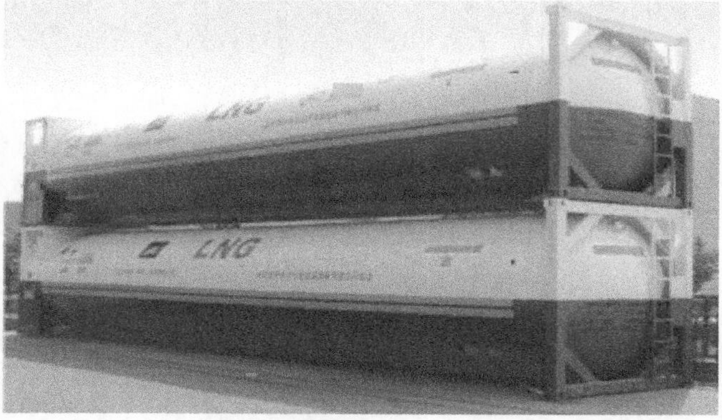

b)

图 3-4　罐式集装箱

a）超轻型无梁型罐式集装箱　b）LNG 罐式集装箱

5. 管束式集装箱

管束式集装箱是由装运压缩气体的大容积钢质无缝气瓶与框架组成，采用永久性连接，适用于铁路、公路、水路或者其联运。管束式集装箱如图 3-5 所示。

a)

b)

图 3-5　管束式集装箱

3.1.2 移动容器罐车的基本要求

罐车与其他受压设备一样，对设计与制造的要求也必须是结构先进、经济合理、安全可靠、经久耐用且美观大方。罐车主要是由罐体、安全附件和运输车辆〈汽车底盘或铁路底架〉组成。它既是一个移动式压力容器设备，大都又是一部完整的车辆。所以设计和制造一部性能良好的罐车，首先必须符合《移动式压力容器安全技术监察规程》的要求，同时又要符合公路和铁路运输，乃至水路运输（含海洋与内河运输）等有关规定和要求。

1. 结构设计与制造的基本要求

（1）安全可靠 罐车充装和运输的介质在工作温度下是具有一定的压力，其中有些介质易燃易爆。这就要求罐车的储液罐能够经受储存介质在储存和运输过程中可能出现的最高压力，在最高工作压力下罐车罐体不得有破裂或变形，也就是说，要有足够的强度和刚度。同时，罐体以及各连接部位要密封可靠，不允许有泄漏存在。只有这样，才能满足罐车的安全要求。

罐车罐体的安全可靠性，除设计与制造的罐体应具备足够的强度和刚度外，主要靠在罐体上配置的各种必要的安全附件来保证。例如，为预防超压，要求有安全阀来保证泄压；为防止超载，要有液面计或流量计来控制充装介质的容积或质量；为保证运行的安全要求，汽车底盘和铁路罐车底盘座具有足够的稳定性，且连接部位要有足够的坚固性，以预防车辆部分与罐体部分开脱或翻车事故。

对低温罐车，为保证正常的储运时间，须保持一定的内外罐之间的真空度。

（2）经济合理 任何设备都要讲经济性，罐车同样要考虑经济价值。不过它的经济性，是建立在安全的基础之上的。当然，安全性也有一定的限度，对于罐车来讲，不可能要求它在任何情况下都不发生问题。只能力求保证罐体在正常运输时可能出现的最高压力下安全可靠。否则，罐车将毫无经济价值。

罐体的经济合理性，主要是罐体和安全附件的自重要尽可能减轻，要求在设计罐体时要以最少的用料，最小的壁厚而获得最大的充装容积。目前，罐体材料一般多用强度级别较高的低合金钢（我国多用 Q345R（16MnR）钢，国外要求强度级别更高）。这样可以尽可能地减少罐体的壁厚，又保证具有良好的焊接性能，能够经受运输过程中的振动与冲击力。

（3）经久耐用 若用户较多，则罐车几乎每天都要进行装卸作业，有时甚至一天就进行几次作业。其使用的方便、性能的可靠和耐用的程度，都是罐车设计与制造的一个主要指标。

由于罐车经常进行装卸运输，所以对其各种安全装置，如液面计、安全阀、紧急切断装置等，要求便于操作、便于观察。各种阀门既要保证开关灵活，还要求严格密封不漏，而且要能够经久耐用，才能保证运输作业经常持久地进行。罐车罐体是一个密封性能要求特别高的压力容器，其充装介质不允许与空气混合所以不能经常做开罐检查去止漏，而要求各安全附件、操作阀门、管路等必须经常处于良好状态，罐车的使用是否方便，各种操作装置是否能经久耐用（耐磨损、耐腐蚀），也直接关系到罐车使用的安全。有不少事故就是由于操作部分的不方便或不能耐磨损和耐腐蚀而造成的。

（4）外形美观 罐车是一种运输的特种车辆，经常在市内街道或城市之间的公路、铁路行驶，以及在水路运输，其外形是否美观，与其他车辆、建筑物、景物是否协调，是设计和制造时必须考虑的因素。国外的气体罐车，从外形到色泽等方面都非常讲究，国内的罐车，也已逐步淘汰了那些外形差、奇形怪状的简易车辆。

（5）方便检修 为了保证罐车的使用安全，必须对罐体、车辆和附件进行经常或定期的维护检修。根据《移动式压力容器安全技术监察规程》的要求，罐车除必须加强日常的维护保养工作外，必须每年进行一次内外表面检查，安全阀调试及各种安全附件的检查；定期进行全面检查和各项性能测定，每6年至少进行一次耐压试验。因此，方便检修也是罐车设计制造中必须重视的一项基本要求。

（6）行驶稳定　罐车的行驶稳定也是罐车安全可靠的重要指标，一般对罐车要求尽量做到保持汽车底盘（或铁路车辆、船）原有的特性，如牵引性能、制动性能、稳定性能、操作性能、燃料经济性能、通过性能等，其中特别重要的是稳定性能。上述性能的任何改变，都会影响到罐车的安全性能和经济价值。

除此之外，还要求罐车的成本较低，零部件的标准化和通用化程度高等。总之，对罐车的结构设计与制造，其要求是多方面的，各方面的关系必须妥善处理，才能设计和制造出具有一定水平的安全可靠的气体罐车。

2. 结构设计与制造依据

对于汽车罐车的设计和制造，国内要遵循《移动容规》《液化气体汽车罐车安全监察规程》以及 GB/T 19905—2005《液化气体运输车》、JB/T 6897—2000、《低温液体运输车》、JB/T 4783—2007《低温液体汽车罐车》等的要求。

3. 罐车的主要部件及其作用

罐车要进行正常运输及装卸作业，并确保安全可靠，必须具备各种基本部件和安全附件，简述如下：

（1）底盘　底盘是罐车的承载和行驶部分。底盘的技术性能，如牵引和载重能力、制动转变性能、轴距以及重心位置等，都直接关系和影响罐车的安全性与经济性、一辆性能良好的罐车，不仅是指罐体或安全附件的性能好，其中也包括汽车底盘的性能良好。

（2）罐体　罐体是罐车上用来储存液体的容器。罐体应能够在规定的介质压力和介质温度下安全工作。

在罐车上都应设置安全阀、液面计和紧急切断阀门，才能保证槽车安全、可靠和正常的装卸运输作业。

罐体设有液相和气相进、出口，并配置操作阀门。

常温罐车的罐体通常还开设人孔，以便供制造和检修时操作人员的出入。

罐体内部一般还设置防波浪隔板，用来减轻运行时液体介质对罐体的冲击，增加罐车运行的稳定性。

在大型槽车的罐体上，还应增设排污孔或排污阀接孔。

3.2　移动式压力容器常见结构及管路系统工艺

综上节所述，移动式压力容器是指由罐体或者大容积钢质无缝气瓶（以下简称气瓶）与走行装置或者框架采用永久性连接组成的运输装备，包括铁路罐车、汽车罐车、长管拖车、罐式集装箱和管束式集装箱等。

其罐体是指铁路罐车、汽车罐车、罐式集装箱中用于充装介质的压力容器。其气瓶是指长管拖车、管束式集装箱中用于充装介质的压力容器。

走行装置对铁路罐车而言是指转向架、车钩缓冲装置、制动装置、底架或者牵枕装置等部件的总成，对汽车罐车或者长管拖车是指定型汽车底盘或者无动力半挂行走机构。

框架是指由罐体的底架、端框和所有承力构件组成的结构，用以传递由于罐式集装箱在起吊、搬运、固缚和运输中所产生的静载和动载。

永久性连接是指采用焊接或者螺栓连接结构，只有通过破坏方式或者检修拆卸方式才能分开的连接。

本节简要介绍移动式压力容器常见结构及管路系统工艺。

3.2.1 常温汽车罐车

常温汽车罐车，常称为液化气体罐车，按车与储液罐的连接形式，分为固定式常温汽车罐车（图3-6）、半挂式常温汽车罐车（图3-7）。

常温汽车罐车，按运输的介质，分为液化石油气（LPG）、液氨、液氯、丙烯、环氧乙烷等。

图3-6 固定式常温汽车罐车

图3-7 半挂式常温汽车罐车

1. 固定式常温汽车罐车

固定式常温汽车罐车，通常是指储液罐永久地牢牢固定在载重汽车的底盘梁上，一般采用螺栓连接，使储液罐与汽车底盘成为一个整体，它具有坚固、牢固、美观、稳定、安全等特性，其外形结构如图3-8所示，其主要技术性能见表3-1和表3-2。

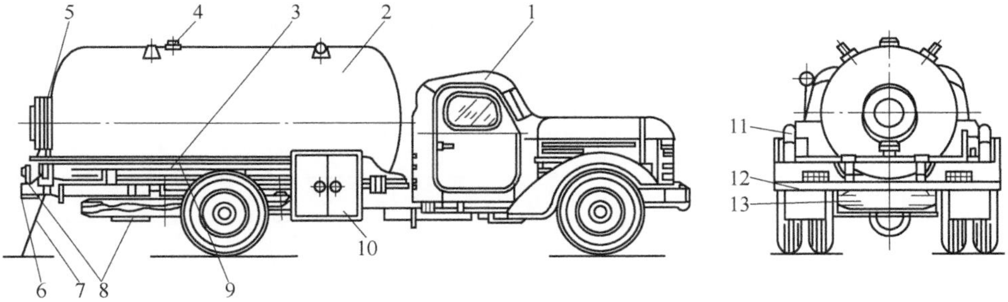

图3-8 BJ431Y型固定式液化石油气汽车罐车

1—驾驶室 2—罐体 3—挡泥板 4—安全阀 5—人孔、液位计 6—后保险杠 7—导静电装置 8—尾灯 9—走台 10—阀门箱 11—干粉灭火器 12—后保险杠 13—备用轮胎

表3-1 固定式常温汽车罐车的主要技术性能

项目		单位	型号	
			BJ431Y液化石油气汽车罐车	SD450Y液化石油气汽车罐车
底架型号		—	CA10B	JN150
整车尺寸	长	mm	6883	7600
	宽	mm	2400	2400
	高	mm	2450	3040

（续）

项　目		单　位	型　号	
			BJ431Y 液化石油气汽车罐车	SD450Y 液化石油气汽车罐车
总体积		m^3	5.7	11.7
最大充装量		kg	2500	4600
满载总量		kg	8025	15060
设计压力		MPa	1.8	1.8
使用温度范围		℃	-40～+50	-40～+50
罐体参数	直径	mm	*D*1500	*D*1800
	长度	mm	3732	4928
	壁厚	mm	10	12（筒体）14（封头）
	材质	—	16MnR	16MnR
装卸管道	液相：直径×个数	—	*DN*50×1	*DN*50×1
	气相：直径×个数	—	*DN*25×1	*DN*25×1
安全阀	型式	—	内装式	内装式
	直径×个数	—	*DN*50×1	*DN*50×1
	开启压力	MPa	1.68	1.89
液面计型式		—	浮筒式	旋转式
紧急切断系统		—	机械式	油压式
装卸软管		—	带	带

表 3-2　固定式液化石油气汽车罐车技术性能

项　目	HGJ5140GYQ	HGJ5242GYQ	HGJ5311GYQ	HGJ5324GYQ
设计压力/MPa	1.77	1.77	1.77	1.77
设计温度/℃	50	50	50	50
整备质量/kg	9350	14680	18125	18635
整定载质量/kg	5000	10000	12680	13100
满载质量/kg	14545	24680	31000	31930
几何水容积/m^3	12	23.87	30.19	31.2
运输车外形尺寸（长×宽×高）/（mm×mm×mm）	8315×2470×3100	11145×2470×3225	11720×2470×3450	11770×2490×3300
轴距(mm) $L_1+L_2+L_3+L_4$	5000	5350+1300	1950+4250+1300	4615+1350+1350
罐体外形尺寸（内径×长）/（mm×mm）	ϕ1800×5660	ϕ2000×8057	ϕ2100×9220	ϕ2200×8610
底盘型号	EQ1141G7DJ2	EQ1242GJ1	EQ1310WJ	CA1320P4K2L11T6A70
发动机功率/kW	132	179	221	177

（续）

项　目			HGJ5140GYQ	HGJ5242GYQ	HGJ5311GYQ	HGJ5324GYQ
紧急切断阀	型号	气相	QGQY51F-25-1			
		液相	QGQY51F-25-2			
	型式	气相/液相	油压			
	公称压力/MPa	气相/液相	2.5			
	公称直径/mm	气相	25			
		液相	50			
	操作方式	气相/液相	油压			
	闭止时间/s	气相/液相	<10			
	熔融温度/℃	气相/液相	70±5			
	油泵型号		SB-02			
压力表	型号		YTN-100Z			
	测量范围		0～4MPa			
温度计	型号		WSS-401F			
	测量范围		-40～80℃			
安全阀	型号		A411F-25-9			
	型式		内置全启			
	公称压力		2.5MPa			
液面计	型号		YWJ-25			
	型式		旋转管式			
	公称压力		2.5MPa			

2. 半挂式常温汽车罐车

半挂式常温汽车罐车，是将罐体固定在拖挂式汽车底架上，它比较充分地利用了汽车承载能力及拖挂性能，又不受底架尺寸的限制，因而具有装载能力大，稳定性能好的优点。半挂式液化石油气汽车罐车如图 3-9 所示，其主要规格及技术性能见表 3-3。图 3-10 所示为半挂式常温汽车罐车。

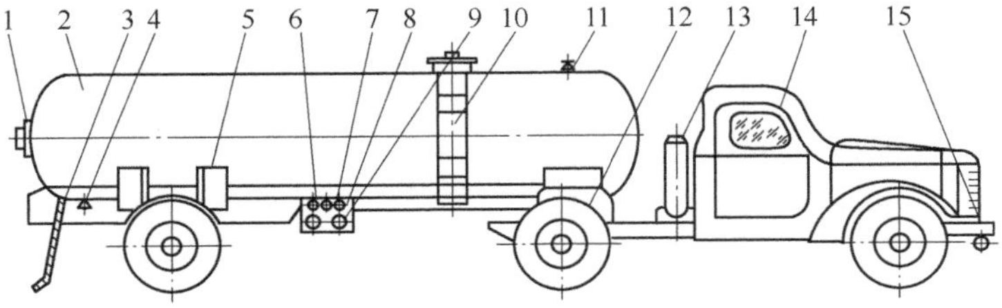

图 3-9　半挂式液化石油气汽车罐车

1—人孔、液位计　2—罐体　3—导静电装置　4—排污管　5—后支座　6—液相阀　7—温度计　8—压力表　9—气相管　10—梯子　11—安全阀　12—前支座　13—备用胎　14—驾驶室　15—消声器

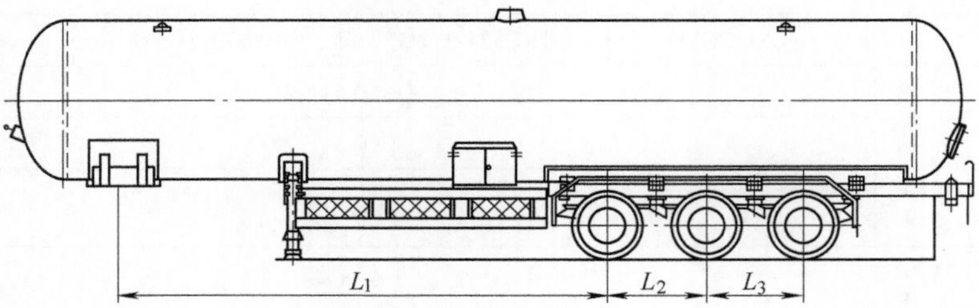

图 3-10 半挂式常温汽车罐车

表 3-3 液化石油气半挂式汽车罐车技术性能

			液化石油气二轴半挂车		液化石油气三轴半挂车		
产品型号			HGJ9281GYQ	HGJ9340GYQ	HGJ9401GYQ	HGJ9404GYQ	HGJ9407GYQ
设计压力/MPa			1.77	1.77	1.77	1.77	1.77
设计温度/℃			50	50	50	50	50
整备质量/kg			13410	15400	17700	17000	16420
整定载质量/kg			15000	18800	22300	23000	23580
满载质量/kg			28410	34200	40000	40000	40000
几何水容积/m^3			35.71	44.8	53.1	54.76	56.15
半挂车外形尺寸(长×宽×高)/(mm×mm×mm)			9996×2490×3650	11790×2490×3790	12150×2490×3980	12490×2490×3990	13000×2490×3990
满载轴荷分配/kg	牵引座		10429	16201	16075	16086	16290
	后轴		17981	17999	23925	23914	23710
支脚载荷(满载)/kg			17110	23082	22395	23105	22742
前回转半径/mm			1560	1970	1500	1950	1830
后间隙半径/mm			2175	2275	2200	2275	2300
牵引座结合面离地面高度(空载)/mm			1324	1310	1324	1324	1324
轴距/mm $L_1+L_2+L_3$			5240+1300	7400+1300	6800+1350+1350	6550+1350+1350	7110+1350+1350
罐体外形尺寸(内径×长)/(mm×mm)			ϕ2200×9808	ϕ2300×11360	ϕ2450×11810	ϕ2450×12150	ϕ2450×12850
紧急切断阀	型号	气相	25WQGQY51F-25				
		液相	50QGQY51F-25				
	型式	气相/液相	油压				
	公称压力/MPa	气相/液相	2.5				
	公称直径/mm	气相	25				
		液相	50				
	操作方式	气相/液相	油压				
	闭止时间/s	气相/液相	<10				
	熔融温度/℃	气相/液相	70±5				
	油泵型号		SB-02				

（续）

		液化石油气二轴半挂车	液化石油气三轴半挂车
压力表	型号	YTN-100Z	
	测量范围	0～4MPa	
温度计	型号	WSS-401F	
	测量范围	-40～80℃	
安全阀	型号	A411F-25-9	
	型式	内置全启	
	公称压力	2.5MPa	
液面计	型号	YWJ-25	
	型式	旋转管式	
	公称压力	2.5MPa	

3. 常温罐车的连接方式及结构

（1）罐体与汽车或挂车的连接方式

1）半承载式罐车。罐体刚性固定在汽车或挂车的车架上，载荷主要由车架承受，罐体只承受部分载荷，如图 3-11a 所示。罐体容积不太大的罐车多采用半承载式结构。

2）承载式罐车。罐体除作为容器外，还起车架作用，为无车架结构，全部载荷由罐体承受，如图 3-11b 所示。由于省去了车架部分质量，所以在总质量一定的情况下，装载质量要比半承载式罐车大一些，这对提高运输效率是有利的，但对罐体设计和制造要求也相应提高。

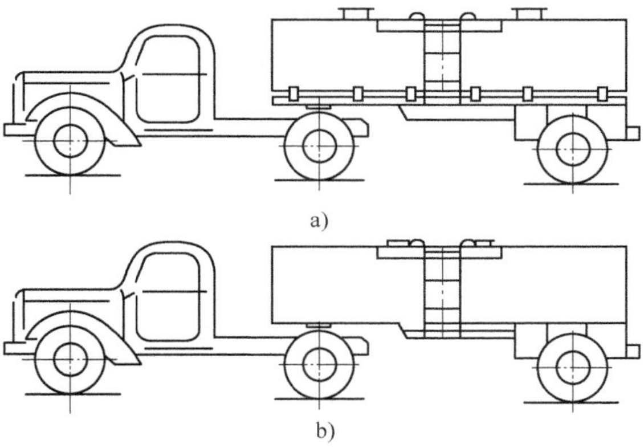

图 3-11　半承载式和承载式罐车
a）半承载式罐车　b）承载式罐车

3）罐体支承座。罐体与汽车架的连接是通过罐体底部的支承座和固定装置来完成的。支承座有整体式和分置式两类，分置式又分纵梁分置式、横梁分置式和纵横梁分置式三种。它们都是焊接在罐体的底部，与罐体成一体。通常在焊接处加有补强钢板。

① 整体式支承座。整体支承座的纵梁和横梁焊成一体，再与罐体焊在一起，如图 3-12 所示。纵梁截面有 L 形或与上部零件的连接面组成长方形、梯形、直角梯形等，上部形状视罐体外形而定。横梁截面多为 L 形。支承座与汽车之间用固定装置连锁。

② 分置式支承座：

a. 纵梁分置式支承座。它是由左右两根纵梁分别焊于罐体底部两侧，相互不直接连接。与整体式支承座一样，需用固定装置和止推板等与汽车车架连接。

b. 横梁分置式支承座。横梁常与罐体连接成长方形封闭截面。用 U 形螺栓和连锁装置与车架连接。这种支承座常采用前后横梁支承立式罐体下部。

c. 纵横梁分置式支承座。它由二根纵梁和一根横梁组成，用 U 形螺栓和连锁装置与车架连接，也常用于立式罐体上。

（2）罐体支承座固定装置　图 3-12 所示为常用的固定装置。图 3-13a 为刚性连锁，连接块分别装在支承座和车架上，然后用螺栓、螺母将两者刚性地连接起来；图 3-13b 为 U 形螺栓连锁，直接将支承座和车架连接在一起，是普遍采用的一种固定装置。

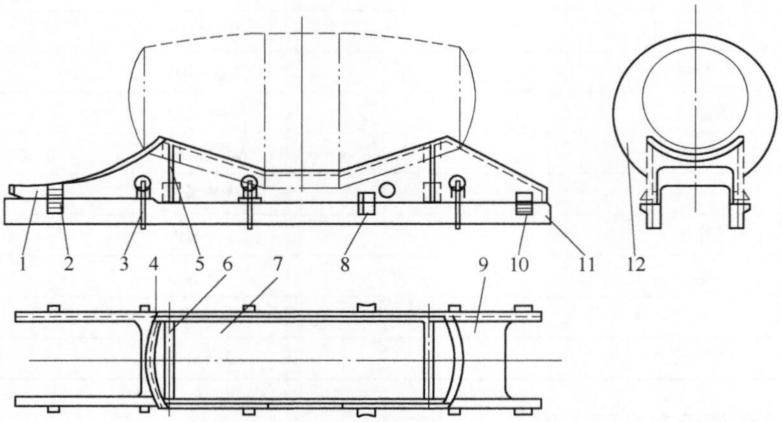

图 3-12　整体式支承座示意图

1—支承座纵梁　2—弹性连接块　3—U 形连接螺栓　4—封板上托板
5—支承座横梁　6—拱梁上托板（补强板）　7—纵梁上托板　8—止推板
9—封板　10—刚性连接块　11—汽车车架　12—罐体

图 3-14 所示为弹性固定装置图。

其中图 3-14a 为弹性垫板连锁，在支承座和车架之间上具有弹性的软垫，再用螺栓或 U 形螺栓连锁。这种弹性垫能缓冲罐体支承座的动载荷。若在螺栓两端装上弹性垫圈，缓冲效果更好。

图 3-14b 为弹性连锁。连接块通过弹簧、螺栓、螺母成弹性连锁。这种连锁不单独使用，常与刚性连锁配合使用。

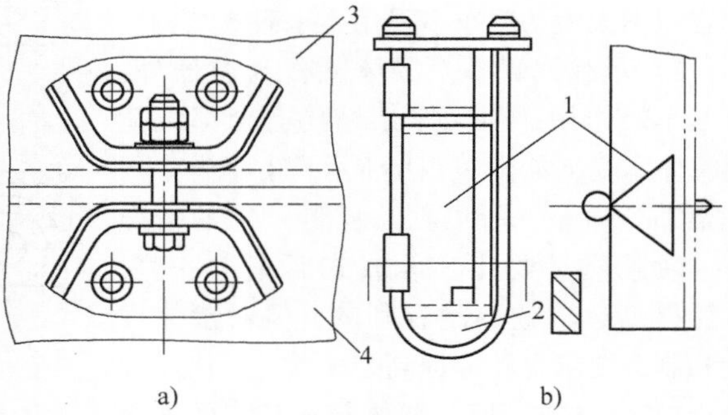

图 3-13　刚性固定装置

a）刚性连锁　b）U 形螺栓连锁

1—衬架　2—垫块　3—支承座　4—车架

图 3-14c 为弹性铰接式连锁，弹性胶套 10 衬在轴套 9 与铰轴 8 之间，轴套座两端固定在车架 2 或副车架 11 上。罐体支承座 5 与铰轴 8 铰接。在受外力作用或汽车底盘受到扭矩作用时，由于轴 8 在弹性胶轴套 10 中有一定的自由度，因此罐体不会承受扭矩。

图 3-14d 为球面铰接连锁。在罐体支承座和车架之间通过球面铰座 12 与球形钢套 13、中间加上具有弹性橡胶的软垫 14，再用中轴螺栓 15、垫片 16 铰接连锁。其弹性橡胶的软垫 14 起缓冲吸振作用。

图 3-14e 为全浮式连锁，中间有带孔隔板的胶芯 19 安装在座套 18 内，用上、下罩盖 21 和 20 及中轴螺栓 15 固定。当中轴螺栓受力时，胶芯 19 可起缓冲、吸振作用。

4. 固定式常温汽车罐车管路系统

为防止罐车在装卸过程中管道破坏造成事故，在管路系统上还增设了紧急切断装置，如图 3-15及图 3-16 所示。当管路系统发生事故时，可用手摇泵上的卸压阀或设在罐车尾部的卸压阀卸掉油路压力将紧急切断阀关闭。

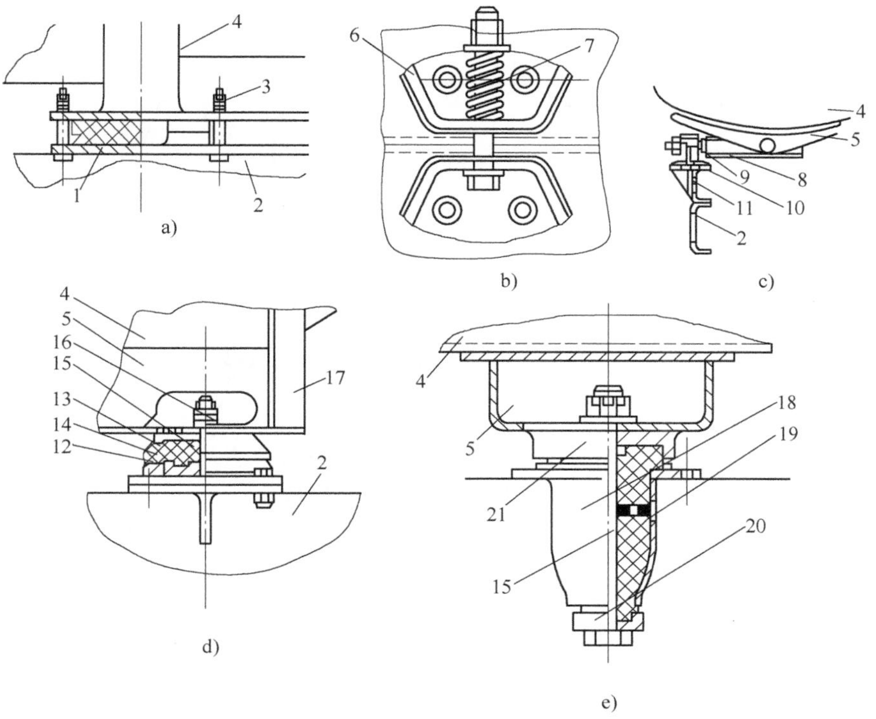

图 3-14　弹性固定装置图

a）弹性垫板连锁　b）弹性连锁　c）弹性铰接连锁　d）球面铰接连锁　e）全浮动式连锁

1—橡胶弹性块　2—车架　3—弹性胶垫　4—罐体　5—支座架　6—连接块　7—弹簧　8—铰轴　9—轴套座　10—弹性胶套　11—副车架　12—球面铰座　13—球形钢套　14—弹性橡胶　15—中轴螺栓　16—垫片　17—前立板　18—座套　19—胶芯　20—下罩盖　21—上罩盖

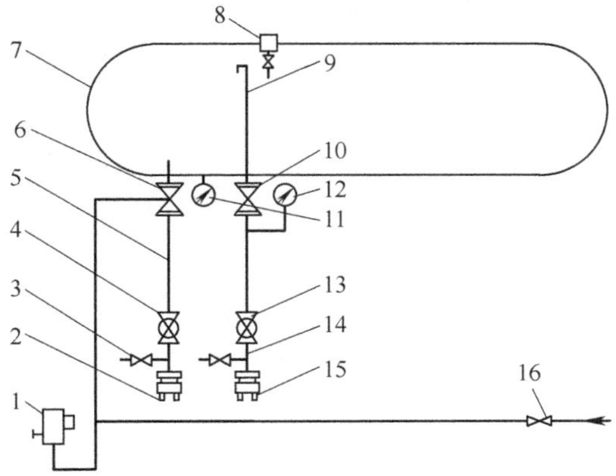

图 3-15　常温罐车管路系统（1）

1—手摇泵　2—*DN*50 快接头　3—放散管　4—*DN*50 球阀　5—液相管　6、10—*DN*50 紧急切断阀　7—罐体　8—安全阀　9—气相管　11—温度计　12—压力表　13—*DN*25 球阀　14—放散管　15—*DN*25 快接头　16—卸压阀

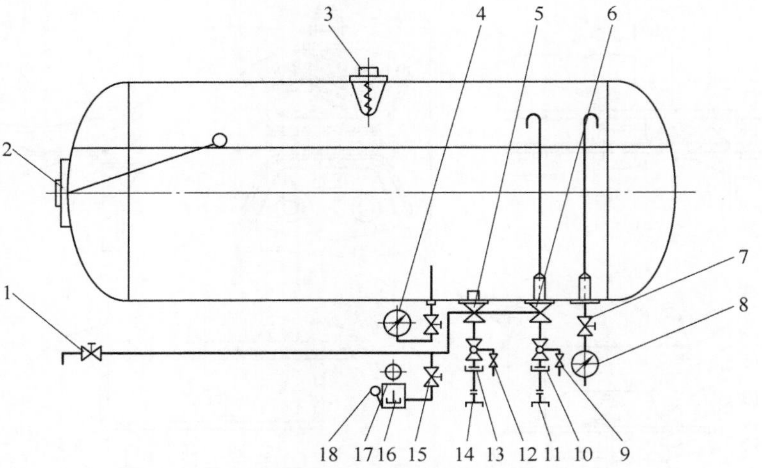

图 3-16 常温罐车管路系统（2）

1—卸压阀 2—液位计 3—安全阀 4—温度计 5—液相切断阀 6—气相切断阀 7—截止阀 8—压力表 9—气相排放阀 10—气相球阀 11—气相胶管 12—液相排放阀 13—液相球阀 14—气相胶管 15—截止阀 16—扳手 17—手压油泵 18—卸压手柄

3.2.2 铁路罐车

以目前投入运行使用较多的液化石油气铁路罐车为例，铁路罐车由车底架、走行部、罐体、装卸阀件、安全阀、紧急切断阀、遮阳罩、操作台、支座等附件组成。几种液化石油气铁路罐车的主要构造如图 3-17 ~ 图 3-19 所示。

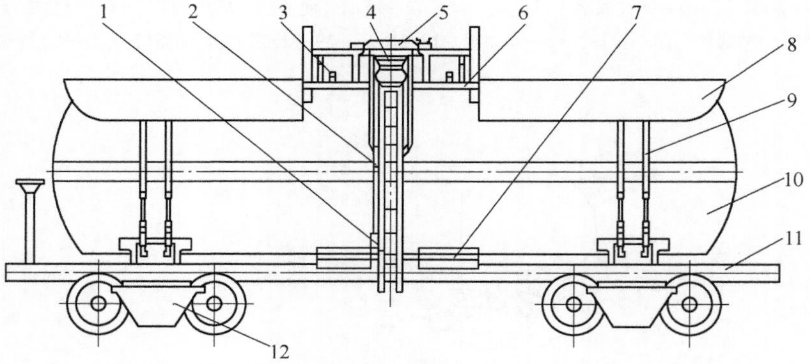

图 3-17 HG60/2.2-2 型液化石油气铁路罐车

1—拉阀手柄 2—外梯 3—安全阀 4—拉阀 5—阀门箱 6—操作台 7—中间托板 8—遮阳罩 9—拉紧带 10—罐体 11—底架 12—走行部

（1）车底架 液化石油气铁路罐车可采用有底架或无底架两种结构型式。其设计应符合 TB/T 1335—1996《铁道车辆强度设计及试验鉴定规范》。对于有底架的罐车，全部选用原铁道部定型罐车底架如 G60 或 G17 型。无底架的罐车，如 G60A 或 G17A 型等罐车属于无底架罐车，应选用原铁道部的定型部件，并按原铁道部 GB/T 5600—2006《铁道货车通用技术条件》规定进行装配。符合 TB 1560—2002《货车安全技术的一般规定》和 GB 146.1—1983《标准轨距铁路机车车辆限界》的规定。

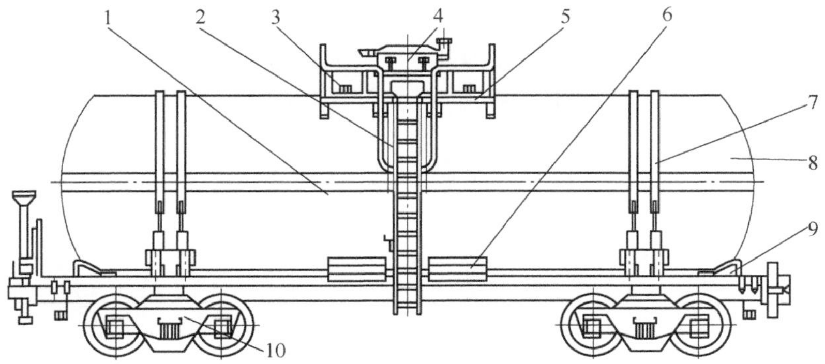

图 3-18　HG60/2. 2-3 型液化石油气铁路罐车
1—紧急切断阀　2—外梯　3—安全阀　4—阀门箱　5—操作台
6—中间托板　7—拉紧带　8—罐体　9—车底架　10—走行部

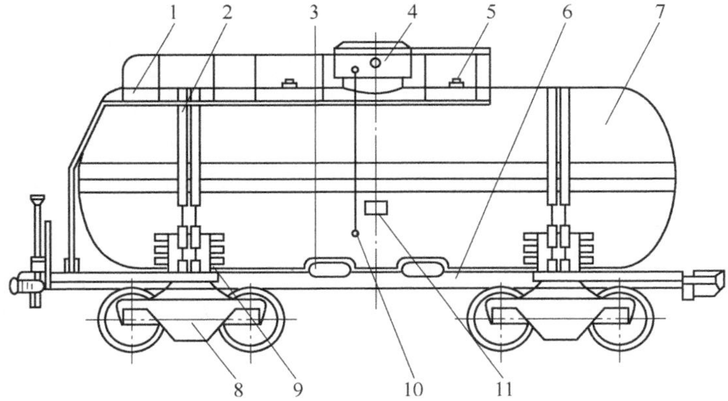

图 3-19　HG70/2. 2-1 型液化石油气铁路罐车
1—操作台　2—长带调整器　3—中间支座　4—阀体箱　5—安全阀
6—车底架　7—罐体　8—走行部　9—鞍座　10—紧急切断手柄　11—铭牌

(2) 走行部（转向架）　走行部的位置介于车体与轨道之间，引导车辆沿钢轨行驶和承受来自车体及线路的各种载荷并缓和动作用力，是保证车辆运行品质的关键部件，一般称它为转向架。早期二轴车的走行部把轮对、轴箱、弹簧等直接接在车底架下，近代走行部的结构型式多样，一般都做成一个相对独立的通用部件以适应多种车辆的需要。液化石油气铁路罐车转向架为转 8A 型转向架，这种转向架优点是结构比较简单、坚固、检修方便，在 120km/h 的速度范围内具有良好的运行品质。

(3) 制动装置　制动装置是保证列车安全运行必不可少的装置。由于整个列车的惯性很大，不仅要在机车上设制动装置，还必须在每辆车上也设制动装置，这样才能使运行中的车辆按需要减速或在规定的距离内停车。罐车的制动装置由 GK 型三通阀、制动缸和基础制动装置等组成，它是通过列车主管中空气压力的变化而使制动装置产生相应的动作。此外，罐车上还设有手制动装置，罐车在编组、调车作业中常要用到它。

(4) 车钩缓冲装置　车辆要成列运行非借助于连接装置不可。这种连接装置多为各种形式的车钩，车钩后部的钩尾框中装着能储存和吸收机械能的缓冲装置，以缓和列车冲动。液化石油气铁路罐车采用的车钩、缓冲装置为十三号车钩、二号缓冲器，主要由车钩、缓冲器、钩尾框、从板等零件组成。具有连挂、牵引和缓冲三种功能。

（5）罐体　液化石油气铁路罐车罐体为圆筒形卧式储罐，安装在底架上，罐车的罐体为钢制焊接结构。封头为标准椭圆形，筒体与封头都是用钢板卷制或冲压成形，材料一般选用 Q345（16MnR）和 15MnVR。其结构设计、制造和验收均应符合《移动式压力容器安全技术监察规程》和原化学工业部《液化气体铁路罐车安全管理规程》的规定。

罐车采用上装上卸的方式。罐车的罐体外部一般不设保温层；罐体内部不设防波板；罐体上部设有一个直径不小于 450mm 的人孔，全部装卸阀件及检测仪表均设置在人孔盖上，同时设置坚固的防护罩进行保护。在人孔盖内表面附设有阀件配置及操作方法、标志，以便操作者在操作前查阅。各阀件及检测仪表布置如图 3-20 和图 3-21 所示。阀件周围设有操作走台和罐内、外扶梯，以便于操作和检修作业。

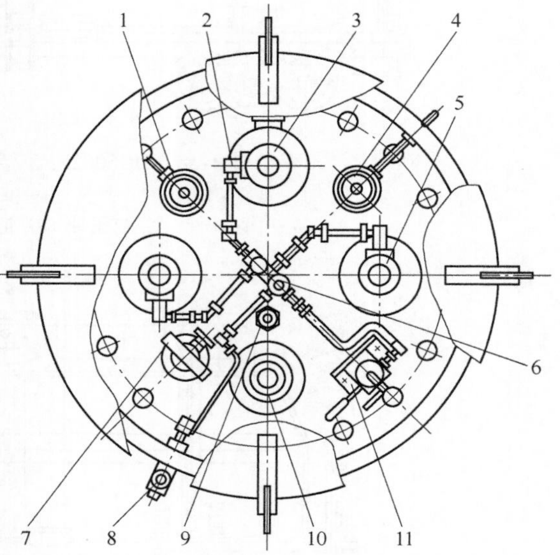

图 3-20　阀件配置图（HG60/2. 2-3 型）
1—最高液面阀　2—工作油缸　3—气相阀　4—排净检查阀　5—液相阀　6—控制阀　7—压力表　8—拉阀（截止阀）　9—湿度测量孔　10—滑管液位计　11—手压油泵

（6）主要附件　本部分仅简要介绍液化石油气铁路罐车所装设的附件，附件的工作原理及安全技术要求在第 4 章详细叙述。

1）装卸阀门。液化石油气铁路罐车上设有两个液相和一个气相装卸阀门，阀门结构可为球阀，也可为直角截止阀，并符合国家有关规定和标准。阀门的水压试验为罐车罐体设计压力的 1.5 倍，阀门分别在 0.1MPa 和罐体的设计压力的全开和全闭两种状态下，进行气密性试验。

2）紧急切断装置。为了防止罐车在装卸过程中，管路损坏造成火灾事故时，或有其他意外情况需要及时停止装卸作业，在装卸管上安装气、液相紧急切断阀。此阀与手压泵、分配台、液压缸、手拉阀或截止阀、易熔塞及液压管等元件组成紧急切断装置。图 3-22、图 3-23 所示为紧急切断装置系统。

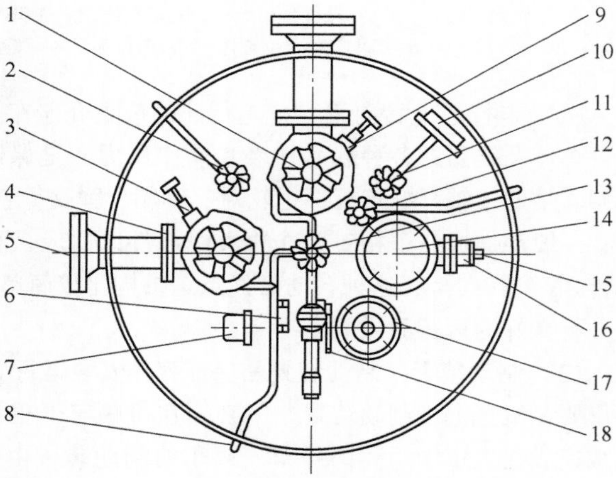

图 3-21　阀件配置图（HG70/2. 2-1 型）
1—气相阀　2—排净检查阀　3—放空阀　4—液相阀　5—法兰盖　6—手压泵　7—温度计　8—紧切断阀　9—放空阀　10—压力表　11—压力表阀　12—最高液位阀　13—分配台　14—备用液相阀　15—螺栓　16—套筒　17—滑管液位计　18—回流手柄

紧急切断装置系统中主要元件的性能、用途详见表 3-4。

油系统主要技术特性介绍如下。

① 油管路工作油：18 号冷冻机油或其他适合于环境温度的油。

② 管内系统工作压力：3.5MPa。

③ 管内系统耐压试验压力：6.0MPa。

④ 易熔塞金属熔融温度：(70±5)℃。

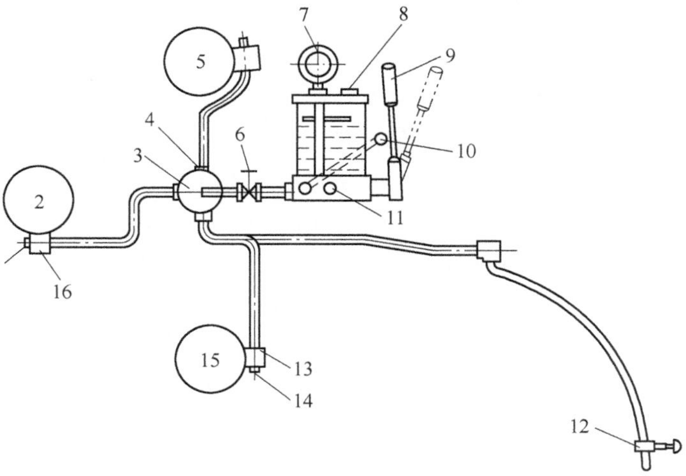

图 3-22 紧急切断装置系统（HG70/2. 2-1 型）

1、14—易熔塞 2—气相阀 3—分配台 4—螺塞 5—备用液相阀 6—控制阀 7—压力表 8—注油孔 9—液压手柄 10—回流手柄 11—易熔塞 12—手动切断阀 13、16—工作油缸 15—液相阀

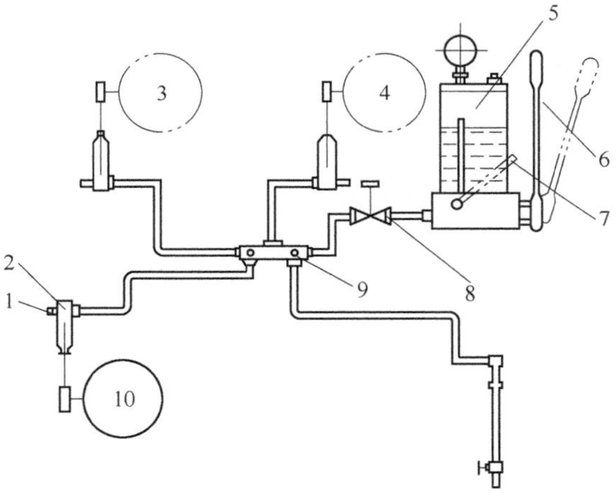

图 3-23 紧急切断装置系统（HG60/2. 2-3 型）

1—易熔塞 2—工作油缸 3—气相阀 4、10—液相阀 5—手压泵 6—注油手柄 7—卸压手柄 8—控制阀 9—分配台

表 3-4 紧急切断装置系统主要元件性能

序 号	名 称	技 术 规 程	用 途
1	紧急切断阀	*DN*50，*DN*25	即气、液相主阀
2	手压泵	往复式工作、压力 3.5MPa 流量 3mL/次	向油系统加压，红色动紧急切断阀
3	油路控制阀门		手压泵加压完成后，如需长时间装卸，此阀关闭使系统保压
4	分配台		分配液压管路
5	工作油缸	紧急切断阀上的附件	推动切断阀的先导阀瓣
6	易熔塞	熔融温度(70 ± 5)℃	遇火灾时易熔金属受热熔化，自动使油路卸压、关闭切断阀
7	手动拉阀或截止阀		紧急手动排油卸压，关闭切断阀
8	液压管路	ϕ10mm × 2mm 耐压 6.0MPa	

3）安全阀。安全阀是设置在液化石油气铁路罐车罐体上最重要的安全附件。其主要作用是当罐体内介质超压时，起自动排放泄压作用。

为了防止充装过量和意外超压，铁路罐车顶部设置两个内置全启式弹簧安全阀。安全阀在罐体露出的高度小于150mm，弹簧伸在罐体内部。安全阀的排气方向在罐体上方，并设有保护罩。安全阀通常装在罐体人孔左右各一个，其型号通常为 A412F-2.5、*DN*50 的内置全启式安全阀。安全阀的开启压力一般都调整为罐车设计压力的 1.05～1.1 倍，全开启压力为罐车设计压力的 1.2 倍，回座压力不低于开启压力的 0.8 倍，并有足够的排放能力。安全阀在一般情况下，保持良好的密封状态。当罐车充装过量或遇到火烧火烤，温度上升，使罐内压力超过开启压力，安全阀便自动起跳，液化石油气迅速气化逸出，罐体压力下降。当降至安全压力以下时，安全阀自动回座关闭。通常以此排除罐体的异常超压危险，保证铁路罐车安全运行。

4）滑管液位计。滑管液位计是铁路罐车上除安全阀以外的又一重要安全装置。它的作用是观测和控制铁路罐车的充装量（容积、液面高度），以保证车不致超装和超载，另外，也可避免亏装造成经济损失。罐车的实际载质量应以轨道衡称重为准。罐车人孔盖上设置一套滑管液位计。该液位计由滑管、阀头及密封座组成，测定液面时，须将滑管移在液、气分界面上，通过排液（气）检测液位高度。

5）压力计装置。为了监督罐车罐体内介质的压力，铁路罐车上必须装设压力表。压力表安装在罐车人孔盖上的一套装置上。该装置由控制阀、压力表座及压力表组成。控制阀的型号是压力表用针形阀（J13H-60Ⅲ）或 J24W-2.5 型卡套角式截止阀，与人孔盖连接的接头尺寸为法兰连接或 G1/2″。阀出口管端安装一块 Y-10 型压力表，量程为 4.0MPa，精度等级为 1.6 级，压力表指示数值为罐内介质气相压力，罐车工作时，阀门处于全开状态，关闭阀门即可定期检定或更换压力表。其结构如图 3-24 所示。

6）温度计装置。为了监督罐车罐内介质的温度，铁路罐车上必须装设温度计。

温度计安装在罐车人孔盖上的温度计测量孔内。该装置由封闭式的保护管与温度计等部件构成。温度计型号为 WSS-411 型双金属温度计，测量范围为 -40～+80℃，温度计指示的温度数值为罐内液相的温度，如图 3-25 所示。

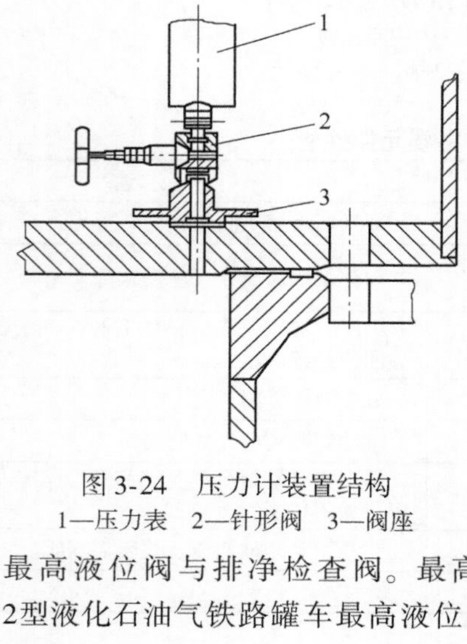

图 3-24　压力计装置结构
1—压力表　2—针形阀　3—阀座

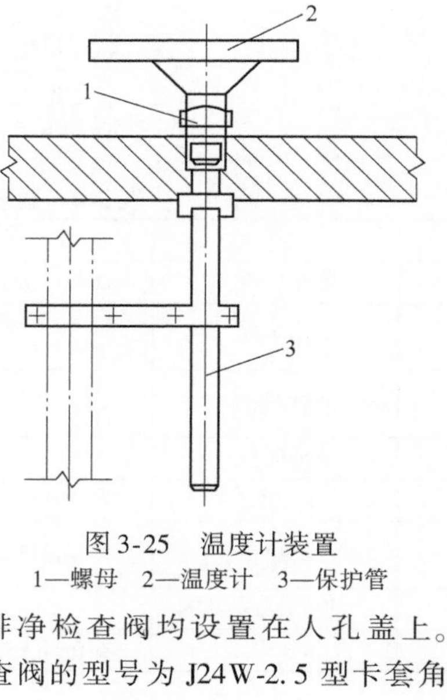

图 3-25　温度计装置
1—螺母　2—温度计　3—保护管

7）最高液位阀与排净检查阀。最高液位阀及排净检查阀均设置在人孔盖上。例如，HG70-2.2型液化石油气铁路罐车最高液位阀及排净检查阀的型号为 J24W-2.5 型卡套角式截止阀，阀与盖板连接尺寸为G1/2″。最高液位阀插入罐内附管长度，是按罐体容积的85%高度确定的，该阀是罐体安全附件之一，当液位计失灵时，可暂时用此阀计量液位高度，起安全保护作用。当用最高液位阀控制介质最大充装高度时，介质的密度不得大于0.5t/m^3，也可用此阀取样分析罐内含氧量指标。

排净检查阀的附管端距罐体内底部20～30mm，管径为ϕ16mm×3mm，用以检查罐内介质是否排净及取样用，如图3-26所示。

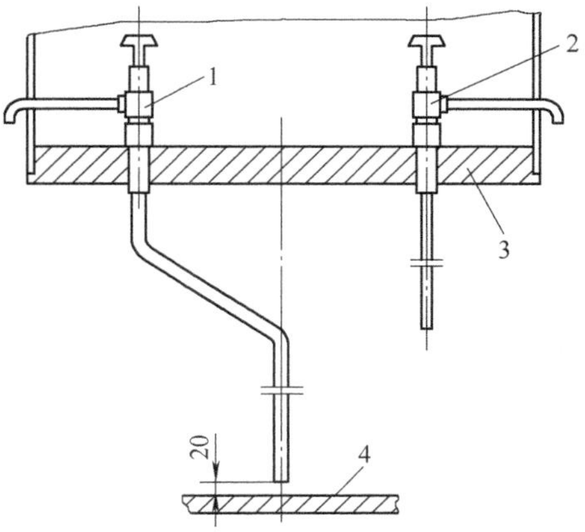

图3-26 最高液位阀与排净检查阀装置
1—排净检查阀 2—最高液位阀
3—人孔盖板 4—罐体底部

8）放空阀。在GH70/2.2型液化石油气铁路罐车气液相截止阀阀体的侧面各装有一个放空阀，用以在装卸介质前后排出管路中的残存介质及检查切断阀的泄漏情况，放空阀型号为J24W-25卡套角式截止阀，其与气液相截止阀阀体的连接尺寸为G1/2″。

9）备用液相阀。新一代GH70/2.2型铁路罐车人孔盖板上还装设一个备用液相阀。在正常装卸作业时，禁止使用此阀，只有液相切断阀出现故障，不能进行正常卸料作业时，才可启用此阀将罐内介质排尽。卸料后，当液相切断阀进行检修，合格后可进行正常装卸作业时，必须将备用液相阀重新封闭。

10）手压油泵。手压油泵是液化石油气铁路罐车装卸时启闭紧急切断装置配套用的原动部件。紧急切断阀借助手压油泵的高压液体推动，开启阀瓣使紧急切断阀进入工作状态。要求该阀性能稳定，工作可靠。

3.2.3 低温汽车罐车（单车及半挂式低温汽车）

低温汽车罐车，按车与储液罐的连接形式，分为固定式低温汽车罐车（图3-27）和半挂式低温汽车罐车（图3-28）。低温汽车罐车的储液罐一般做成圆筒形，容积通常为4～30m^3，少数可到200m^3。目前由于受公路运输最大运载量的限制，液氧、液氮车的容积一般只能到25m^3。容量较小的储液罐可直接装在汽车的车架上，即为固定式低温汽车罐车；容量较大的大型的则制成专门的半挂车，即为半挂式低温汽车罐车。

图3-27 固定式低温汽车罐车

图3-28 半挂式低温汽车罐车

（1）固定式低温汽车罐车　固定式低温汽车罐车由汽车底盘、车载低温液体储罐及附件等构成，如图3-29所示。低温液体储罐由罐体、安全附件、管路系统和操作箱组成。整车外形尺寸为 9650mm × 2500mm × 3325mm（长 × 宽 × 高），整车后双桥两侧挡泥板上设置了自增压汽化器和工具箱，工具箱内存放装卸液体用金属软管。整车两侧设置安全防护栏杆，同时在储罐前部左侧设置灭火器支架，车后部设置安全防护装置，兼作操作踏板。在大梁尾部配导静电接地装置。$10m^3$ 高真空多层绝热低温汽车罐车的主要设计参数见表 3-5。

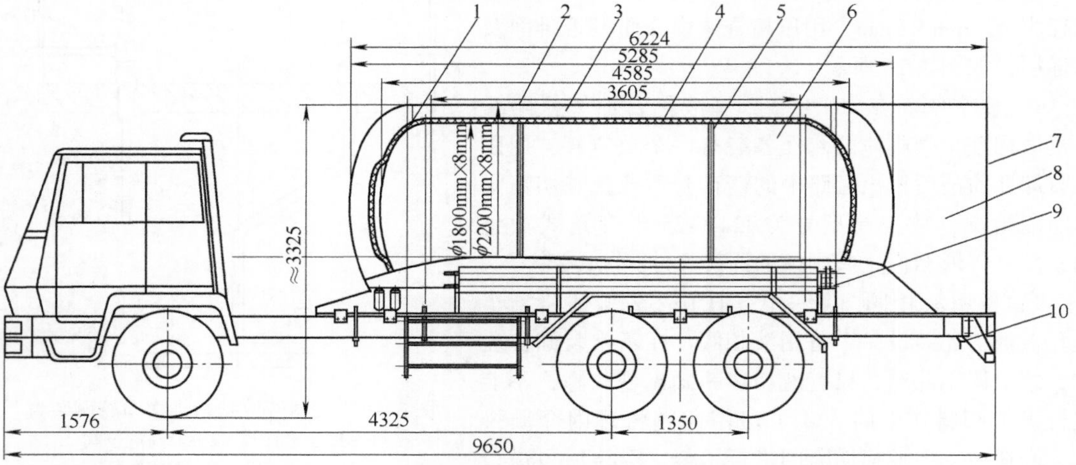

图 3-29 高真空多层绝热固定式低温汽车罐车结构示意图
1—吸附剂罩 2—外罐体 3—真空夹层 4—多层绝热材料 5—防波板 6—内罐体 7—操作箱 8—管路系统 9—自增压汽化器 10—导静电带

表 3-5 高真空多层绝热低温汽车罐车的主要设计参数

项 目		设计参数
内罐	内罐最高工作压力/MPa	0.8
	内罐设计压力/MPa	0.92
	内罐计算压力/MPa	1.107
	罐体所装介质	液氮、液氩和液氧
	内罐工作温度/℃	−183（液氮）、−186（液氩）、−196（液氧）
	内罐有效体积/m^3	10.7
外罐	外罐最高工作压力/MPa	−0.1
	外罐设计压力/MPa	−0.1
	外罐最高工作温度/℃	常温
	外罐设计温度/℃	40
罐体材料	内罐材料	0Cr18Ni9
	外罐材料	16MnR
焊接要求	内罐焊接接头系数	1
	内罐无损检测比例	100% 射线检测
	外罐焊接接头系数	0.85
最大充装质量/kg		8100
设计满载车速/(km/h)		≤60

（2）半挂式低温汽车罐车　高真空多层绝热半挂式低温汽车罐车，如图 3-30 所示，主要由罐体、阀门仪表箱、增压器、输液管和车架等组成。

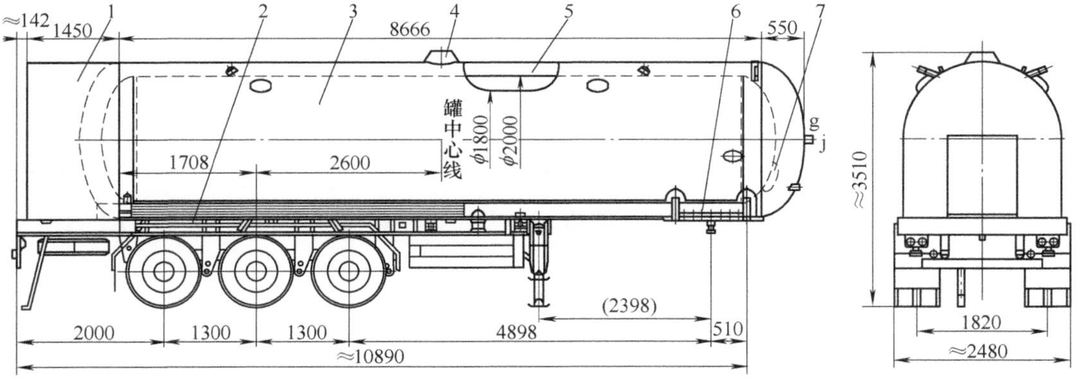

图 3-30　高真空多层绝热半挂式低温汽车罐车结构示意图

1—阀门仪表箱　2—增压器　3—罐体　4—外壳防爆装置　5—组合多层绝热材料　6—牵引盘　7—真空吸附剂

罐体由内胆和外套两大部件组成。内胆材质为低碳或超低碳不锈钢，外套材质为容器专用钢板。内胆封头的一侧设有吸附室，外筒上部设有一防爆装置，夹层为高真空多层绝热。

阀门仪表箱为箱式结构，设置在罐体外套封头的一侧（汽车尾部），内装设压力表、液位计、安全阀、放空阀、增压阀、液体进出口阀及真空检测和封结阀等。

增压器为翅片管式结构，安装在阀门仪表箱底或车体的左侧，排放液体时作内胆升压之用。

高真空多层绝热半挂式低温汽车罐车的主要技术参数，见表 3-6。

表 3-6　高真空多层绝热半挂式低温汽车罐车的主要技术参数

项　　目		技 术 参 数
内罐	内罐最高工作压力/MPa	0.8
	内罐设计压力/MPa	0.98
	罐体所装介质	液氮、液氩和液氧
	内罐设计温度/℃	-183(液氮)、-186(液氩)、-196(液氧)
	内罐几何体积/m^3	22m^3
	安全阀开启压力/MPa	0.93~0.98
外罐	外罐最高工作压力/MPa	-0.1
	外罐设计压力/MPa	-0.1
	外罐设计温度/℃	常温
	防爆装置开启压力/MPa	0.02~0.07
罐体材料	内罐材料	0Cr19Ni9 或 SUS304
	外罐材料	16MnR 或 20R

（续）

项　　目		技术参数
腐蚀裕度	内罐/mm	0
	外罐/mm	1
日蒸发率		<0.14%（液氧）
夹层漏放气速率/(Pa·m^3/s)		2×10^{-5}
夹层真空度/Pa		10^{-2}

（3）液氧低温罐车　液氧低温罐车，如图3-31所示，其结构和各组成部分的作用为：

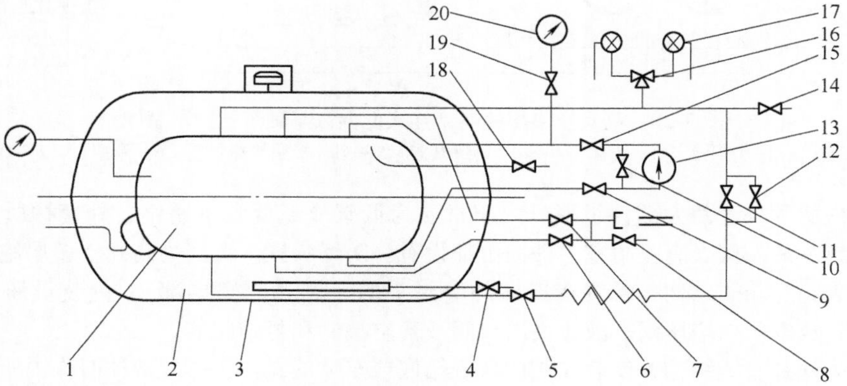

图3-31　低温槽车工艺结构图

1—容器　2—绝热夹层　3—外壳　4—抽空阀　5—增压液阀　6—下出液阀　7—上进液阀　8—吹除阀　9—液位计下阀　10—平衡阀　11—增压气阀　12—单向阀　13—液位表　14—放空阀　15—液位计上阀　16—三通阀　17—安全阀　18—测满阀　19—压力表阀　20—压力表

1）内胆。由内容器和输送管路构成，主要作用是充装低温液体介质。

2）绝热夹层。由内容器和外壳构成，主要作用是绝热保冷。

3）管路系统。由接管、阀门和连接头等组成，主要作用是输送低温液体。

4）仪表系统。由液位表、压力表和仪表阀等组成，主要作用是显示内容器液体的压力和充满率。

5）增压汽化器系统。由铝制翅片和阀门等组成，主要作用是在罐体需要卸出液体时，利用罐体储存的低温液体经气化后提高其自身的压力，使液体能顺利卸出。

（4）液化天然气（LNG）汽车罐车

1）图3-32所示为液化天然气（LNG）汽车罐工艺流程图。

2）图3-33所示为半挂式液化天然气（LNG）低温汽车罐车。

3）低温汽车罐车按储罐绝热形式分为堆积绝热、高真空绝热、真空粉末（纤维）绝热和高真空多层绝热（含多屏绝热）等型式车。每种绝热方式的原理和性能、特点又各不相同，具体见表3-7，因此，针对运输介质的品种不同，要选择不同的保冷形式。选择的原则是绝热可靠，施工工艺简单。例如液氧、液氮、液氩使用真空粉末或高真空多层绝热（图3-29、图3-30）；液化天然气使用真空纤维绝热（图3-33）。

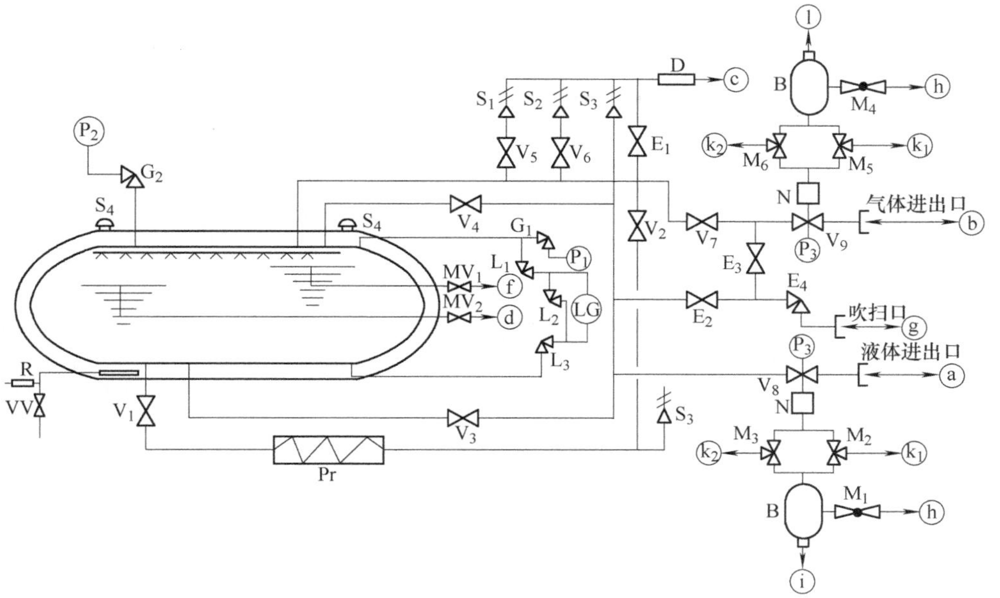

图 3-32　液化天然气汽车罐工艺流程图

B—平衡罐　D—阻火器　E_1—放空阀　E_2—液相吹扫阀　E_3—气相吹扫阀　E_4—吹扫总阀　G_1—压力表阀　G_2—压力表阀　L_1—液位计上阀　L_2—平衡阀　L_3—液位计下阀　LG—液位计　M_1—气源总阀　M_2—后部进排气阀　M_3—前部进排气阀　M_4—气源总阀　M_5—后部进排气阀　M_6—前部进排气阀　MV_1— LNG 测满阀　MV_2— LNG 测满阀　N—易熔塞　P_1—压力表　P_2—压力表　P_3—压力表　Pr—增压阀　R—真空规管　S_1—安全阀　S_2—安全阀　S_3—安全阀　S_4—外筒防爆装置　V_1—增压阀　V_2—增压回气阀　V_3—液体进出阀　V_4—上部进液阀　V_5—气体通过阀（1）　V_6—气体通过阀（2）　V_7—气体进出阀　V_8—紧急截断阀　V_9—紧急截断阀　VV—真空阀

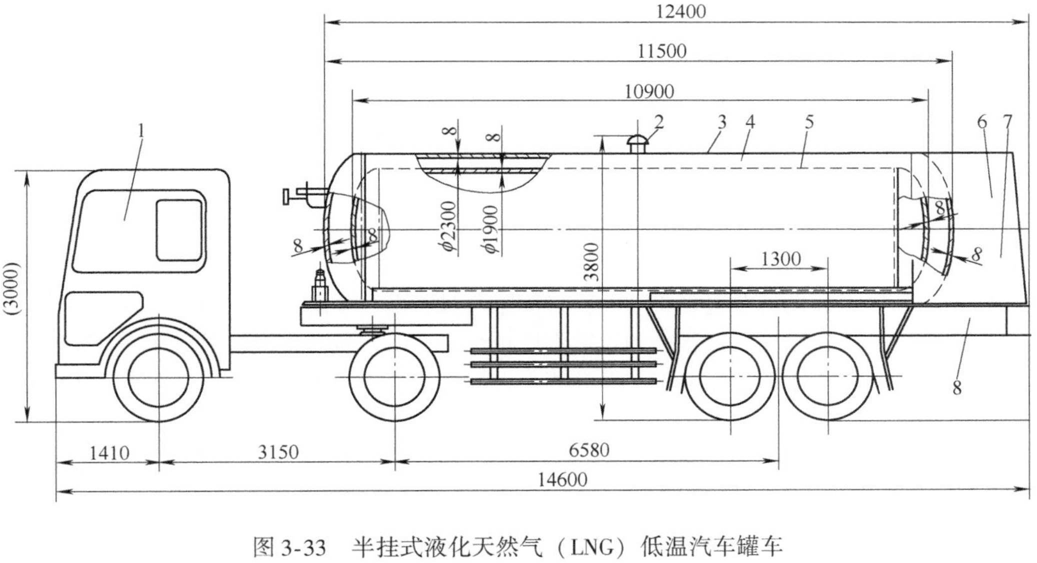

图 3-33　半挂式液化天然气（LNG）低温汽车罐车

1— 牵引车　2—外筒安全装置　3—外筒（16MnR）　4—绝热层真空纤维
5—内筒（0Cr18Ni9）　6—操作箱　7—仪表、阀门、管路系统　8—THT9360 型分体式半挂车底架

表 3-7 各种绝热类型的原理、性能及特点

序号	类型	原理	传热系数 W/(m^2·K)	特点
1	堆积绝热	利用热导率小的材料包覆在被绝热的表面上达到绝热目的	纤维类 0.035～0.05 粉末类 0.0185～0.064 泡沫类 0.028～0.064	优点：成本低，机械强度高，不需要刚性真空夹套 缺点：热收缩率大，热导率大
2	高真空绝热	绝热空间抽成高真空后消除气体对流传热和大幅度减少气体导热	残余气体传热系数约为 0.1～0.2W/m^2（300～77K）	优点：热流较许多小厚度的绝热小，预冷损失小，容易实现对形状复杂表面绝热 缺点：需要长期保持高真空，边界表面的辐射率要小
3	真空粉末（纤维）绝热	利用热导率很低的粉末或纤维充填在不高的真空下，即可消除气体对流传热	10^{-3}～10^{-2}	优点：厚度大于 100mm 时，热流比单纯高真空小；真空度比多层绝热要求低，真空获得较容易，易于对复杂形状进行绝热 缺点：在振动负荷下和反复热循环中粉末会沉降压实。抽空时须用真空过滤器，外露大气时应防潮
4	高真空多层绝热	利用在真空下气体传热很低的情况，采用多层反射屏减少辐射传热，达到高效绝热目的	10^{-5}～10^{-4}	优点：在所有绝热中性能最好，低质量，预冷损失比真空粉末小，稳定性也比真空粉末好（无沉降压实问题） 缺点：单位容积的成本高，难以对复杂形状绝热，真空度要求高，存在平行方向的导热问题

3.2.4 长管拖车

长管拖车（Tube Trailer）是指在半挂式拖车（行走装置）或者集装框架内安装多个大型无缝高压气瓶的气体运输设备。用管路和阀门将气瓶连接起来，并配有安全泄放装置、温度计、压力表。这种大型无缝高压气瓶的直径和长度都比传统的气体钢瓶大很多，承压能力也很高。由这种大型无缝高压气瓶组成的长管拖车，储存能力大、结构紧凑、占用空间相对较小，因此运输能力得到极大的提高，同时，它操作方便、储存安全，是一种有效的气体运输和储存设备，多用于压缩天然气（CNG）、氢气（H_2）、氦气（He）等压缩气体，以及高纯氯化氢（HCl）、高纯硅烷（SiH_4）等液化气体的运输、转移。

习惯上把大型无缝气瓶直接固定在半挂式行走装置上的压缩气体运输设备称为长管拖车（见图 3-34）。在集装框架内集成的大型无缝气瓶称为集束式集装箱（见图 3-35）。两者区别在于，管束式集装箱可以吊装到货轮上，通过海运运输，也可以吊装到平板拖车上，通过公路运

输，可以在全球范围内流通。半挂式长管拖车则只能用于公路运输，常常局限于国家或者地区内流通。

图3-34 （半挂式）长管拖车

图3-35 管束式集装箱

半挂式长管拖车的设计、制造、检验及验收完全符合GB 7258—2012《机动车运行安全技术条件》、GB/T 23336—2009《半挂车通用技术条件》及企业有关长管拖车方面的标准。它具有储存容量大、运输效率高、运载方便的优点。

半挂式长管拖车主要由半挂车、框架、大容积无缝钢瓶、前端安全仓、后端操作仓五大部分组成。大容积无缝钢瓶两端瓶口均加工内外螺纹，两端外螺纹与安装法兰用螺纹连接，将安装法兰用螺栓固定在框架两端的前后支承板上；瓶口内螺纹上旋紧端塞，在端塞上连接管件，前端设有爆破片装置构成安全仓，后端设有进出气管路、排污管路、测温仪表、测压仪表、快装接头以及爆破片装置等构成操作仓。

以天然气（CNG）长管拖车为例，其结构尺寸简图如图3-36所示，主要技术特性见表3-8。

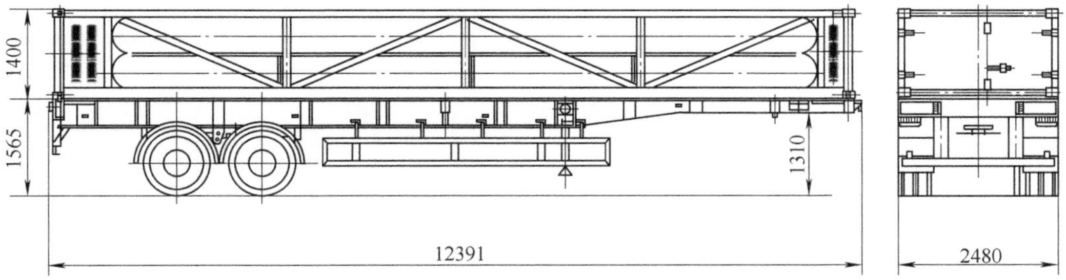

图3-36 长管拖车结构尺寸简图

管束集装箱的设计、制造、检验及验收完全符合GB/T 1413—2008（等同采用ISO668—1995）《系列1集装箱分类、尺寸和额定质量》及企业有关管束集装箱标准。它具有储存容量大、运输效率高、运载方便的优点。

管束集装箱主要由框架、大容积无缝钢瓶、前端安全仓、后端操作仓四大部分组成，大容积无缝钢瓶两端瓶口均加工内外螺纹，两端外螺纹与安装法兰用螺纹连接，将安装法兰用螺栓固定在框架两端的前后支承板上；瓶口内螺纹上旋紧端塞，在端塞上连接管件，前端设有爆破片装置构成安全仓，后端设有进出气管路、排污管路、测温仪表、测压仪表、快装接头以及爆破片装置等构成操作仓。

表 3-8　一种 CNG 长管拖车主要技术特性

项目 Item		数据 Data	项目 Item		数据 Data
整箱 Whole Container	整备质量 Whole Equipment weight	26620 kg	气瓶 Gas Cylinder	工作压力 Working Pressure	20MPa
	充装质量 Filling Weight	3190kg		工作温度 Working Temperature	-40～60℃
	总质量 Total Weight	29810kg		主体材质 Main Body Material	4130X
	工作压力 Working Pressure	20MPa		水容积 Water Capacity	2.25m^3
	工作温度 Working Temperature	-40～60℃		气瓶数量 Cylinder Qty	8
	充装介质 Filled Medium	压缩天然气 CNG		气瓶总容积 Total Volume of Cylinder	18m^3
	气密试验压力 Airtight Test Pressure	20MPa		水压试验压力 Hydroaulic Test Pressure	33.33MPa
	充气量 Filling Gas Qty	4540Nm^3		外形尺寸 （外径×壁厚×长度） Outline Sizes （$OD \times WT \times L$）	ϕ59mm×16.5mm× 10975mm
	外形尺寸（长×宽×高） Outline Sizes（$L \times W \times H$）	12192mm×2438mm× 1400mm		容器类别 Vessel Class	三 Third
爆破片 Burst Disc	爆破压力 Burst Pressure	30-33MPa	整车外形尺寸（长×宽×高） Whole Trailer Outline Sizes （$L \times W \times H$）		12391mm×2490mm× 2965mm
	型号 Type	LPA20-32-70	半挂车型号 Trailer Type		THT9352TJZ
	规格 Specification	DN20mm	外形尺寸（长×宽×高） Outline Sizes（$L \times W \times H$）		12391mm×2480mm× 1565mm
整备质量 Trailer Weight		4510kg	轴距 Wheelbase		8450mm
整车整备质量 Total weight of Container & Trailer		31130kg	后轴轴距 Wheelbase of Back Shaft		1300mm
满载最大总质量 Full-Load Max. Grand Weight		34320kg	轮胎 Tyre		11～20

以天然气（CNG）管束集装箱为例，其结构尺寸简图如图 3-37 所示，主要技术特性见表 3-9。

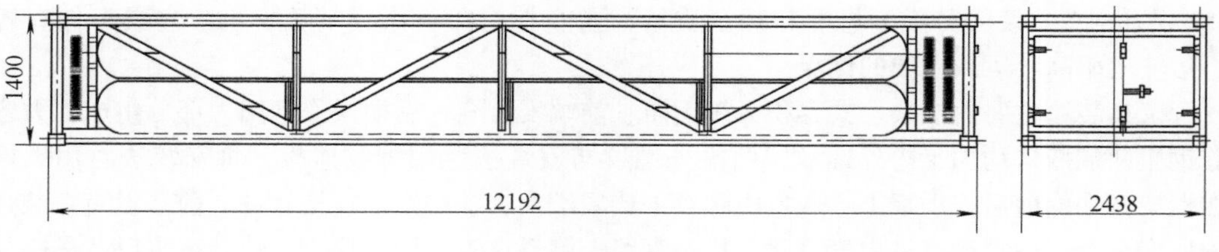

图 3-37　管束式集装箱结构尺寸简图

表 3-9　一种 CNG 管束式集装箱主要技术特性

项目 Item		数据 Data	项目 Item		数据 Data
整箱 Whole Container	整备质量 Whole Equipment Weight	26620kg	气瓶 Gas Cylinder	工作压力 Working Pressure	20MPa
	充装质量 Filling Weight	3190kg		工作温度 Working Temperature	-40～60℃
	总质量 Total Weight	29810kg		主体材质 Main Body Material	4130X
	工作压力 Working Pressure	20MPa		水容积 Water Capacity	2.25m^3
	工作温度 Working Temperature	-40～60℃		气瓶数量 Cylinder Qty	8
	充装介质 Filled Medium	压缩天然气 CNG		气瓶总容积 Total Volume of Cylinder	18m^3
	气密试验压力 Airtight Test Pressure	20MPa		水压试验压力 Hydroaulic Test Pressure	33.33MPa
	充气量 Filling Gas Qty	4540Nm^3		外形尺寸（外径×壁厚×长度）Outline Sizes（$OD \times WT \times L$）	ϕ559mm×16.5mm×10975mm
	外形尺寸（长×宽×高）Outline Sizes（$L \times W \times H$）	12192mm×2438mm×1400 mm		容器类别 Vessel Class	三 Third
爆破片 Burst Disc	爆破压力 Burst Pressure	30～33MPa			
	型号 Type	LPA20-32-70			
	规格 Specification	*DN*20mm			

3.2.5　罐式集装箱和管束式集装箱

集装箱（Container）广泛用于各种货物的运输，其中也包括各种工业气体的运输。集装箱运输具有装卸方便、快捷的特点，有利于不同运输方式的联运，是一种国际通用的运输方式。因此，集装箱的制造和用集装箱运输货物有具体的规范和要求。国际航运采用的集装箱按照国际标准进行制造。技术质量的监管和认可由各国的船级社负责。

按照“国际海运危险货物规则”（IMDG CODE）对集装箱的定义，集装箱是一种永久性的，强度上足以反复使用，便于一种或多种方式运输，中间无需转装而专门设计的，设计有系固与装卸附件的运输设备。国际标准化组织（ISO）对集装箱的定义为集装箱是一种运输设备，应满足以下条件：

1）具有足够的强度，在有效期内可以反复使用。

2）适于一种或者多种运输方式运送货物，途中无需倒装。

3）设有供快速装卸的装置，便于从一种运输方式转到另一种运输方式。

4）便于箱内货物装满或卸空。

5）内容积等于或大于 $1m^3$（$35.3ft^3$）。

“集装箱”这一术语既不包括车辆也不包括一般包装。

1. 集装箱的标准

为了有效地开展国际集装箱多式联运，必须强化集装箱标准化，应进一步做好集装箱标准化工作。集装箱标准按使用范围分，有国际标准、国家标准、地区标准和公司标准四种。

（1）国际标准集装箱　是指根据国际标准化组织（ISO）第104技术委员会制订的国际标准来建造和使用的国际通用的标准集装箱。

集装箱标准化历经了一个发展过程。国际标准化组织（ISO）/第104技术委员会自1961年成立以来，对集装箱国际标准做过多次补充、增减和修改，现行的国际标准为第1系列共13种，集装箱宽度均一样（2438mm），长度有四种（12192mm、9125mm、6058mm、2991mm），高度有四种（2896mm、2591mm、2438mm、2438mm）。

（2）国家标准集装箱　各国政府参照国际标准并考虑本国的具体情况，而制订本国的集装箱标准。

我国现行国家标准 GB/T 1413—2008《系列1集装箱分类、尺寸和额定质量》包括集装箱各种型号的外部尺寸、极限偏差及额定质量。

（3）地区标准集装箱　此类集装箱标准，是由地区组织根据该地区的特殊情况制订的，此类集装箱仅适用于该地区。如根据欧洲国际铁路联盟（VIC）所制订的集装箱标准而建造的集装箱。

（4）公司标准集装箱　某些大型集装箱船公司，根据本公司的具体情况和条件而制订的集装箱船公司标准，这类箱主要在该公司运输范围内使用。如美国海陆公司的35ft（1ft＝0.3048m，下同）集装箱。

此外，目前世界还有不少非标准集装箱。如非标准长度集装箱有美国海陆公司的35ft集装箱、总统轮船公司的45ft及48ft集装箱；非标准高度集装箱，主要有9ft和9.5ft两种高度集装箱；非标准宽度集装箱有8.2ft宽度集装箱等。由于经济效益的驱动，目前世界上20ft集装箱越来越多，而且普遍受到欢迎。

关于集装箱产品，我国现行标准 GB/T 1413—2008《系列1集装箱分类、尺寸和额定质量》，等同采用了 ISO 668—1995《系列1集装箱分类、尺寸和额定质量》。生产罐式集装箱和集束式集装箱，除了符合集装箱标准以外，容器部分的制造还要符合 GB 150—2011《压力容器》，以及 TSG R0004—2009《固定式压力容器安全技术监察规程》、TSG R0005—2011《移动式压力容器安全技术监察规程》《气瓶安全技术监察规程》。

2. 集装箱外形尺寸

系列1各种型号的集装箱的宽度均为2438mm（8ft）。

各种型号的集装箱的公称长度见表3-10。

箱高为2896mm（9ft 6in）的集装箱，其型号定为1EEE、1AAA和1BBB型。

箱高为2591mm（8ft 6in）的集装箱，其型号定为1EE、1AA、1BB和1CC型。

箱高为2438mm（8ft）的集装箱，其型号定为1A、1B、1C和1D型。

箱高小于2438mm（8ft）的集装箱，其型号定为1AX、1BX、1CX和1DX型。

表 3-10 系列 1 集装箱公称长度

集装箱型号	公称长度	
	m	ft
1EEE、1EE	13.716	45
1AAA、1AA、1A、1AX	12	40
1BBB、1BB、1B、1BX	9	30
1CC、1C、1CX	6	20
1D、1DX	3	10

集装箱结构简图如图 3-38 所示。

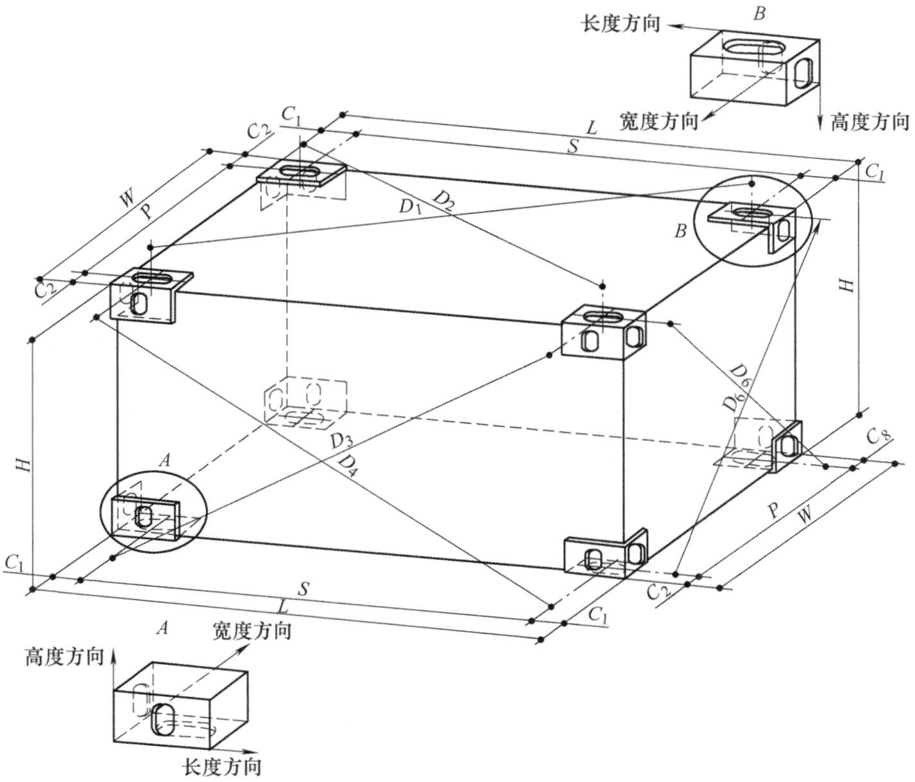

图 3-38 集装箱结构简图

罐式集装箱和管束式集装箱在气体运输中的运用。国际海事组织（IMO）制定的《国际海运危险货物规则》中，罐式集装箱可以用来运输非冷冻液化气体和冷冻的液化气体（见图 3-39），管束式集装箱用于装运压缩气体和液化气体（见图 3-40）。

图 3-39　罐式集装箱

图 3-40　管束式集装箱

3.3　移动式压力容器的标志与标识

标志与标识是通过颜色、形状、象形符号和（或）警告词来识别隐患、预防事故的一种记号。用标志和标识说明危害存在的种类和级别，使用标志和标识表示个人防护措施。

操作人员辨认并遵守标志和标识所表达的信息，预防伤害等事故的发生。因此，了解标志和标签是关乎操作人员安全与健康的关键。

由于每台移动式压力容器运输的介质相对固定，因此会根据介质特性和压力容器自身特点，在容器外部喷涂合适的警示标志与标识，提醒操作人员可能接触到非常规、难以预料或不明显的危害或潜在危害。常见的移动式压力容器依据相关标准的规定，有各自的标志与标识，介绍如下。

3.3.1　罐式集装箱的标志和标识

罐式集装箱具体是指符合 JB/T 4781—2005《液化气体罐式集装箱》、JB/T 4782—2007《液体危险货物罐式集装箱》、JB/T 4784—2007《低温液体罐式集装箱》等四种要求的罐式集装箱。

所有罐式集装箱的标志、标识都应该符合 GB/T 1836—1997《集装箱代码、识别和标记》(ISO 6346—1995)，综合起来应满足以下要求。

1. 一般标志

1）集装箱罐体标记应字迹工整、牢固、清晰易见，且不同于集装箱罐体颜色。

2）集装箱罐体的代码、标志应符合 GB/T 1836—1997《集装箱代码、识别和标记》的规定。

3）标记额定质量和空箱质量的字体应不小于 50mm，其余均应不小于 100mm。

4）额定质量超过 30840kg 的集装箱应有超重标志。

5）装运介质的危险类别、危险品名称、代码、色带等标志和标识的样式、位置及方式应符合有关法规和标准的规定，且耐腐蚀性能满足使用。

6）易于检查的明显位置安装产品铭牌、集装箱主铭牌、通用标记、海关牌照、国际铁路联盟（UIC）标记等标志和标识。

2. 标记内容

1）集装箱罐体应有以下标记内容：

① 集装箱箱体主代号、箱号及核对数字。

② 尺寸型号。

③ 制造厂铭牌。内容至少包括下列内容（参考）：
——产品型号名称。
——IMDG 箱型号。
——执行标准。
——制造国别。
——设计批准的授权机构。
——批准号。
——制造单位名称。
——质量技术监督部门的监检标记。
——船检机构名称和检验标记。
——质量技术监督部门的注册编号。
——压力容器制造单位许可证编号。
——产品编号。
——设备编号。
——制造日期。
——设计压力。
——设计温度。
——最大允许工作压力。
——耐压试验压力。
——安全阀开启压力和回座压力。
——爆破片爆破压力。
——安全泄放装置排放能力。
——装运介质名称。
——内容积 20℃时的水容积。
——首次耐压试验日期及识别证明。
——内容器和外壳材料。
——绝热方式。
——外壳、内容器标准钢等效厚度。
——最近一次定期检验的日期和试验压力。
——最近一次定期检验的授权机构和授权检验师钢印。
——国际集装箱安全公约（CSC）安全合格牌照。
——绝热系统的效能（热流量）。
——允许运输的标准维持时间。
——最初压力。
——额定充满率。
④ 集装箱箱主和经营人名称。
⑤ 额定质量。
⑥ 装运介质的实际维持时间。
⑦ 介质名称、UN 编号以及安全标志。
2）集装箱罐箱应有永久标记，至少包括下列内容：
① 首次耐压试验日期，××××××年××月。

② 试验压力，单位为 MPa。

③ 设计压力，单位为 MPa。

④ 内部容积（20°C 时水容积），单位为 m^3。

⑤ 下次进行耐压试验日期，××××年××月。

3）当需要标记液体罐箱的净质量时，应在额定质量和箱体质量的标记之后标记允许的净载质量。

4）海关牌照、国际铁路联盟（UIC）标记应符合中华人民共和国海关和国际铁路联盟集装箱规范的有关规定。

5）装有登顶扶梯的液体罐箱应在扶梯附近标示防电击警示标记。警示标记的图形应符合图 3-41 的规定，为黄底上黑字，周边是黑框。闪电箭头的高度至少为 175mm。在黑框外沿之间测得的警示标记尺寸，应不小于 230mm。

6）高度超过 2.6m 的液体集装箱罐箱高度标记应设有两个高度标识符，高度标识符图形应符合图 3-42 的规定，其位置距箱顶 1.2m，距右端 0.6m 以内，也可以直接设在箱体下方。高度标识符采用黄底黑字，周边黑框。上部的高度数字以 m 为单位，精确到小数点后一位，此值应不低于箱体的实际高度。下部英制尺寸按英寸取整，但不低于箱体的实际高度。此标识符黑框外缘测得的尺寸不应小于 155mm × 115mm，其上的数字应尽可能大，字迹清晰。

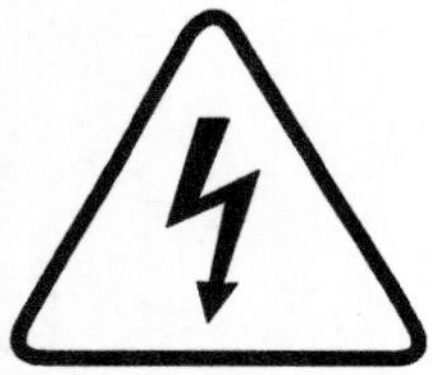

图 3-41　警示标示符号示意图

图 3-42　高度标识符示意图

3.3.2　低温液体汽车罐车的标志和标识

低温液体汽车罐车用于运输低温液体介质，如液氮、液氧、液氩、液氢、液氦、液化天然气（LNG）等，其标志应符合 JB/T 4783—2007《低温液体汽车罐车》的规定。

1. 标志

1）低温罐车的标志灯类型和标志牌规格尺寸应符合 GB 13392—2005《道路运输危险货物车辆标志》中表 1 和表 4 的规定。

2）低温罐车罐体应有一条沿通过罐体中心线的水平面与罐体外表面的交线对称均匀涂刷的表示装运介质特性的环形色带，宽度不小于 150mm，颜色应符合表 3-11 的规定，且罐体两侧中央部位应有留空处。

表 3-11　色带颜色

介质特性	色带颜色
易燃	大红（R03）
不易燃	酚酞蓝（PB06）

3）罐体两侧中央环形色带留空处以及低温罐车后部应悬挂或者涂刷、粘贴标志牌。标志牌的图形应根据装运介质特性，按照 GB 190—2009《危险货物包装标志》的规定选用。

2. 标示要求

低温罐车的罐体外表面的文字的字色、字体和字样按照下列要求：

1）在罐体两侧后部色带的上方书写装运介质的名称，字色为大红（R03），字高不小于200mm，字样宜为仿宋体。

2）在介质名称对应色带的下方书写“罐体下次检验日期：××××年××月”，字色为黑色，字高不小于100mm。

3.3.3　液化气体运输车的标志和标识

液化气体运输车用于运输常温下能以液体形式存在的介质，如液化石油气、二氧化硫、氯气、氨气、二氧化碳等，其标志应符合 GB/T 19905—2005《液化气体运输车》的规定。

1. 标志

1）液化气体运输车罐体应有一条沿通过罐体中心线的水平面与罐体外表面的交线对称均匀涂刷的表示液化气体介质种类的环形色带，在罐体两侧中央部位留空处涂刷标志图形。色带宽度不小于150mm，颜色按表 3-12 所示的规定。

表 3-12　常见介质的色带和标志图形

<table>
<tr><th>介 质 特 性</th><th>介 质 举 例</th><th>字　色</th><th>色 带 颜 色</th><th>标志图形按 GB 190 的规定</th></tr>
<tr><td rowspan="3">有毒</td><td>液氨</td><td rowspan="10">红色（K03）</td><td rowspan="3">淡黄色（Y06）</td><td rowspan="3">有毒气体标志
</td></tr>
<tr><td>液氯</td></tr>
<tr><td>液态二氧化硫</td></tr>
<tr><td rowspan="7">易燃</td><td>丙烯</td><td rowspan="7">大红色（R03）</td><td rowspan="7">易燃气体标志
</td></tr>
<tr><td>丙烷</td></tr>
<tr><td>液化石油气</td></tr>
<tr><td>正丁烷</td></tr>
<tr><td>异丁烷</td></tr>
<tr><td>丁烯、异丁烯</td></tr>
<tr><td>丁二烯</td></tr>
<tr><td>非易燃、无毒</td><td>液态二氧化碳</td><td>大红色（R03）</td><td>淡酚蓝（PB06）</td><td>非易燃压缩气体标志
</td></tr>
</table>

2）运输介质的图形标志的选用以及图形标志尺寸的规定：在罐体两侧中央环形色带留空处，按 GB 190—2009《危险货物包装标志》中规定的图形、字样、颜色，涂刷标志图形，图形尺寸不小于 300mm×300mm。

3）车辆识别代码（VIN）应符合下列要求：

① 单车识别代码（VIN）应有底盘制造厂标志。

② 半挂车识别代码（VIN）应有制造厂标志在半挂车行走机构上。

2. 标志要求

1）液化气体运输车的罐体外表面的文字的字色、字高和字样的规定（见图 3-43）：在罐体两侧后部色带的上方书写储运介质的名称，字色为大红（R03），字高不小于 300mm，字样宜为仿宋体。在介质名称对应色带的下方书写“罐体下次检验日期：××××年××月”，字色为黑色，字高不小于 100mm。

液化气体运输车的其余裸露部分涂色规定如下：

安全阀——大红色（R03）。

气相管（阀）——大红色（R03）。

液相管（阀）——淡黄色（Y06）。

其他——不限。

2）液化气体运输车的产品铭牌应安装在罐体一侧的易见部位，产品铭牌的格式与内容按 GB/T 19905—2005《液化气体运输车》的规定。

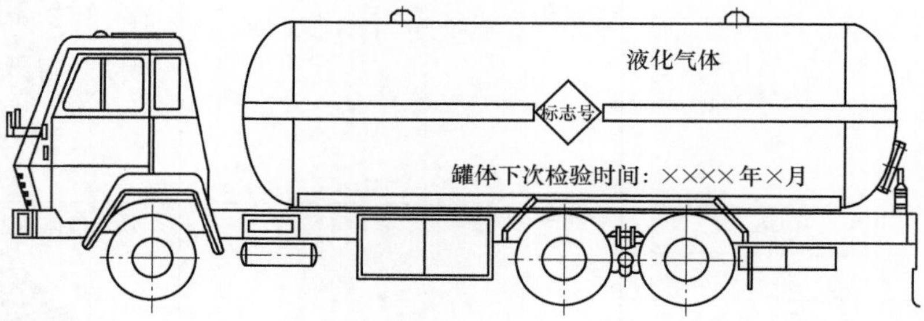

图 3-43 液化气体运输车标志示意图

3.3.4 液化气体铁路罐车的标志和标识

液化气体铁路罐车用于运输常温下能以液体形式存在的介质，如液化石油气、二氧化硫、氯气、氨气、二氧化碳等，其标志应符合 GB/T 10478—2006《液化气体铁道罐车》的要求。

1）铁路罐车应按照《铁路危险货物运输管理规则》、TB/T1. 1—1995《铁道车辆标记 一般规则》和 TB/T1. 2—1995《铁道车辆标记 文字与字体》的规定涂打标记外，还应该符合以下规定。

① 沿罐体水平中心线在罐车上涂一条环形色带，色带宽 300mm，由蓝色（PB05）与其他颜色分层涂刷，上层 200mm 宽涂蓝色（PB05），下层 100mm 宽按照表 3-13 液化气体分类涂色。与其他标记重叠处的色带可断开。

② 罐体色带上方且靠近中间的位置应有图形标志。图形标志应根据充装介质选用 GB 190 中规定的图形标志。图形标志不小于 500mm×500mm。

表 3-13 常见介质色带颜色

介质特性	介质名称	色带颜色	介质名称颜色
有毒	液氨、液氯、液态二氧化硫	淡黄色（Y06）	蓝色（PB05）
易燃	丙烯、丙烷、液化石油气、正丁烷、异丁烷、丁烯、异丁烯、丁二烯	红色（R03）	蓝色（PB05）

③ 在罐体中部或侧部色带断开的处，涂打介质名称、介质危险性和车辆警示性字体（例如“有毒”和“严禁烟火和溜放”等）。字体应为 300 号字。字体颜色除有规定外，应为红色。

④ 罐车性能：包括载重（t）、自重（t）、容积（m^3）、换长等，字体应为 70 号字，小数位的字体应为 50 号字。

⑤ 全面检验标记：“罐体下次全面检验日期：××××年××月”，字体为 100 号字。

⑥ 在罐体中下方涂打罐车制造单位的名称，字体为 200 号字。

⑦ 罐体上各阀门按下列要求涂色：

液相阀——黄色（Y06），气相阀——红色（R03），安全阀——红色（R03），其他阀——银灰色（B04）。

⑧ 罐车罐体中的液相、气相阀门及紧急切断系统中的泄压阀门附近应有能反映阀门用途的提示性标记，其尺寸、内容及方式按设计图样规定。

2）罐车标记中的文字颜色除另有规定外，应为黑色。标记中的汉字应为宋体字；汉语拼音应为大写直体字母；数字应为阿拉伯直体字；计量单位符号应为拉丁文字母。

3）铁路罐车的标记应在罐车两侧对称涂打，字体应清晰、工整、牢固永久。标记的位置按照图 3-44 所示的规定。其他标记的位置按照有关规定涂打。

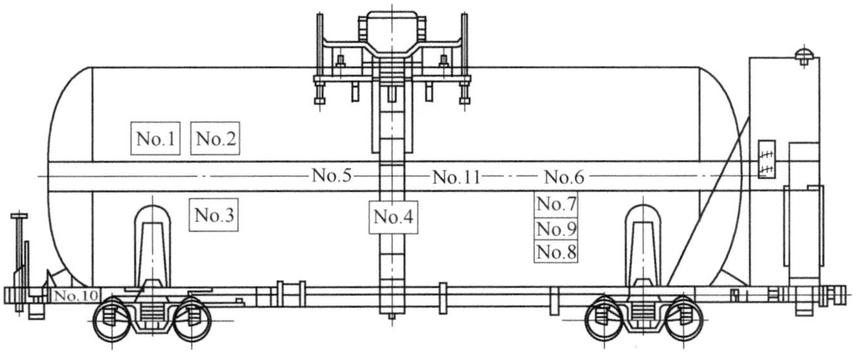

图 3-44 液化气体铁道罐车标志示意图

No. 1 —车种、车型及车号 No. 2 —罐车产权单位 No. 3 —到站 No. 4 —制造厂名称、技术性能 No. 5 —车辆警示性标记或介质特征标记 No. 6 —介质名称 No. 7 —罐车技术性能 No. 8 —罐体下次全面检验日期 No. 9 —禁止上驼峰标记 No. 10—车辆厂修、段修标记 No. 11—图形标志

复习思考题

一、选择题

1. 以下（　　）等移动式压力容器可以进行公路、铁路、水路的运输方式的联运。a 铁路罐车 b 汽车罐车 c 长管拖车 d 罐式集装箱 e 管束式集装箱 （B）

A. a、c　　B. d、e　　C. b、d　　D. b、e

2. 移动式压力容器可以转移、运输的介质包括（　　）。 （C）

a. H_2　b. 液氨　c. 液氧　d. 液化石油气　e. 液化天然气（LNG）　f. 压缩天然气（CNG）　g. 液氯　h. 液氮　i. 液氩　j. 氦气

A. abcdef　　B. defhij　　C. abcdefghij　　D. efghij

3. 下述有关液化气体铁路罐车罐体结构的叙述中，哪些是《液化气体铁路罐车安全管理规程》的规定（　　）。 (D)

a 罐车的罐体一般不设保温层

b 罐体上应设置一个直径不小于450mm 的人孔

c 罐车罐体内部不设防波板

d 罐车应采用上装上卸方式。阀件应集中设置，并设保护罩。阀件周围设走台及扶梯

A. abc　　B. bcd　　C. acd　　D. abcd

4. 液化石油气、压缩天然气、液化天然气英文缩写为（　　）。 (B)

A. YSQ、CNY、LNG　　B. LPG、CNG、LNG

C. PPG、CNG、LNG　　D. C3H8、CH4、LNG

5. 目前我国广泛使用的液化石油气槽车是（　　）。 (A)

A. 固定式槽车　　B. 半拖式槽车　　C. 活动式槽车　　D. 火车槽车

6. 压力容器安全装置的参数监测装置不包括（　　）。 (D)

A. 压力表　　B. 温度计　　C. 液位计　　D. 减压阀

7. 汽车罐车阀门箱内不包括以下部件（　　）。 (B)

A. 压力表　　B. 灭火器　　C. 温度计　　D. 气相管接头和液相管接头

8. 改变汽车罐车的使用条件是指（　　）的改变。

a. 介质　b. 温度　c. 压力　d. 用途 (D)

A. ab　　B. bc　　C. ad　　D. abcd

9. 液氯罐车的环形色带颜色为（　　）。 (A)

A. 淡黄色　　B. 大红色　　C. 淡酚蓝　　D. 黑色

10. 移动式压力容器罐体上（包括液化气体汽车罐车和液化气体铁路罐车）各阀门按下列要求涂色： (A)

A. 液相阀——黄色（Y06）、气相阀——红色（R03）、安全阀——红色（R03）

B. 液相阀——红色（R03）、气相阀——黄色（Y06）、安全阀——红色（R03）

C. 液相阀——红色（R03）、气相阀——红色（R03）、安全阀——黄色（Y06）

D. 液相阀——红色（R03）、气相阀——红色（R03）、安全阀——红色（R03）

二、判断题

1. 按国家质检总局国质检锅［2014］114 号《特种设备目录》的特种设备编码规则，移动式压力容器分为五大品种，即汽车罐车（2210）、铁路罐车（2220）、长管拖车（2230）、管束式集装箱（2240）、罐式集装箱（2250）。 (×)

2. 管束式集装箱，是指装运压缩气体的大容积钢质无缝气瓶与框架组成，采用永久性连接，适用于铁路、公路、水路或者其联运的集装箱。 (√)

3. 汽车罐车，是指压力容器罐体与定型底盘或者无动力半挂行走机构组成，采用永久性连接，适适由于公路、铁路、水路或者其联运的机动车。 (×)

4. 移动式压力容器属于储运容器。 (√)

5. 移动式容器没有固定的使用地点，使用环境常常变换，一般没有专职的使用操作人员，所以管理比较复杂。 (√)

6. 移动式压力容器的安全附件是指包括安全泄放装置（内置全启式安全阀、爆破片装置、易熔塞、带易熔塞的爆破片装置等）、紧急切断装置、液面指示装置、导静电装置、温度计和压力表等附件。 (√)

7. 移动式压力容器铭牌上标注的设计压力其值可以低于介质在运输过程中可能出现的最高工作压力。（×）

8. 低温型汽车罐车是指运输液氧、液氮、液氢、液氩、液态二氧化碳等介质，罐体为钢制且其外部有绝热层和受压外套的汽车罐车。（√）

9. 液化气体运输车罐体应有一条沿通过罐体中心线的水平面与罐体外表面的交线对称均匀涂刷的表示液化气体介质种类的环形色带，在罐体两侧中央部位留空处涂刷标志图形。色带宽度不小于150mm。液态二氧化碳色带颜色是淡黄色（Y06）。（×）

10. 液化石油气储备生产现场的操作人员工作时必须穿着防静电的劳动保护用品，天热时可赤手、赤臂操作。（×）

三、简答题

1. 根据国家质检总局《特种设备目录》，移动式压力容器，可以分为哪几类？

答：按国家质检总局《特种设备目录》的特种设备编码规则，移动式压力容器分为五大品种，即铁路罐车、汽车罐车、长管拖车、罐式集装箱、管束式集装箱。

2. 简单叙述移动式压力容器转移的常见介质（不少于5种）。

答：(1) 压缩气体：压缩天然气（CNG）、压缩氢气、压缩氦气等。

(2) 常温液体：液氨、液体二氧化硫、液氯、液化石油气（LPG）、液体氯化氢、丙烷、丙烯、正丁烷、异丁烷、丁烯、异丁烯、丁二烯、液体二氧化碳等。

(3) 低温液体：液化天然气（LNG）、液氧、液氮、液氩、液氢、液氦等。

3. 铁路罐车必须安装哪些附件？

答：(1) 装卸阀门。

(2) 紧急切断装置（液氯、液态二氧化硫罐车无定型产品前可暂不装设）。

(3) 全启式弹簧安全阀。

(4) 压力计装置（液化石油气罐车用1.6级普通压力表；液氨使用1.6级氨压力表；液氯罐车用2.5级膜片压力表）。

(5) 液面指示装置（仅为指示液面的安全装置如滑管式液位计；适用于液氯、液态二氧化硫罐车的液面指示装置尚无定型产品前可暂不装设）。

(6) 温度计。

以上附件必须灵敏、可靠。

4.《液化气体汽车罐车安全监察规程》所指的“汽车罐车”按罐体装置方式分哪两种？罐体有哪三种型式？

答：罐体固定在汽车底盘上的单车式汽车罐车和半挂式汽车罐车。

罐体可为裸式、有保温层或绝热层三种型式。

5. ISO对集装箱的定义

答：国际标准化组织（ISO）对集装箱的定义为集装箱是一种运输设备，应满足以下条件：

(1) 具有足够的强度，在有效期内可以反复使用。

(2) 适于一种或者多种运输方式运送货物，途中无需倒装。

(3) 设有供快速装卸的装置，便于从一种运输方式转到另一种运输方式。

(4) 便于箱内货物装满或卸空。

(5) 内容积等于或大于$1m^3$（$35.3ft^3$）。

第 4 章

移动式压力容器安全附件和装卸附件

本章知识要点

本章介绍移动式压力容器安全附件和装卸附件的原理、结构特点、安全技术要求以及使用维护要求，着重要求学员了解各种安全附件和装卸附件结构的特点，理解实际操作中应关注的安全技术问题和要求。

由于移动式压力容器是承压的密闭容器，储运时工艺参数（如温度、压力、液面等）需要通过测量仪表来显示，实现稳定工艺参数和维持正常化储运也需要控制各参数。同时，遇到超压时也需迅速卸压以保证移动式压力容器安全运行。因而，安全附件是移动式压力容器设备保障安全运行必不可少的装置。移动式压力容器用安全附件主要包括压力泄放装置（如安全阀、爆破片安全装置）、紧急切断装置、压力测量装置、液位测量装置、温度测量装置、外壳爆破装置、阻火器、导静电装置等。同时，装卸阀门和装卸软管也是压力容器得以安全和经济储运所必需的构成部分。压力容器操作人员通过对这些附件和仪表的监视和操作来实现和控制压力容器的运行。如果这些附件及仪表不齐全或不灵敏，就会直接影响移动式压力容器的安全运行。合格的作业人员要会正确地操作和监视这些装置，应了解它们的结构、工作原理及其使用管理等方面的知识。

4.1 安全阀

安全阀是一种超压防护装置，它是移动式压力容器应用最为普遍的重要安全附件之一。安全阀的功能在于：当压力容器内的压力超过某一规定值时，就自动开启迅速排放容器内部的过压气体，并发出声响，警告操作人员采取降压措施。当压力降到允许值时，安全阀又自动关闭，使压力容器内压力始终低于允许范围的上限，不致因超压而酿成爆炸事故。

安全阀的优点是只排出压力容器内高于规定值的部分压力，当压力容器内的压力降到允许值时则自动关闭，使压力容器和安全阀重新工作，从而不会使压力容器一旦超压就得把全部介质排出而造成浪费和生产中断；安全阀的结构特点使其安装和调整比较容易。

安全阀的缺点是密封性较差，即使是比较好的安全阀在正常的工作压力作用下，也难免会轻微地泄漏；由于弹簧等惯性作用，阀门的开启有滞后现象，因而泄压反应较慢；当介质不洁净时，阀芯和阀座会粘连，使安全阀达到开启压力而打不开或使安全阀不严密，没达到开启压力就已泄漏。

同时，安全阀对压力容器的介质有选择性，它适用于比较洁净的介质如空气、水蒸气、水等，单独设置安全阀不宜用于有毒性的介质，更不适用于有可能发生剧烈化学反应而使容器压力急剧升高的介质。

1. 安全阀的工作原理

安全阀主要由三部分组成：阀座、阀瓣和加载机构。阀座和座体有的是一个整体，有的组装在一起，与容器连通。阀瓣通常连带有阀杆，紧扣在阀座上。阀瓣上面是加载机构，用来调节载荷的大小。

当压力容器内的压力在规定的工作压力范围之内时，容器内介质作用于阀瓣上的压力小于加载机构施加在它上面的力，两者之差构成阀瓣与阀座之间的密封力，使阀瓣紧压着阀座，容器内介质无法排出。

当容器内压力超过规定的工作压力并达到安全阀的开启压力时，介质作用于阀瓣的力大于加载机构加在它上面的力，于是阀瓣离开阀座，安全阀开启，容器内介质通过阀座排出。

为保证容器不超压，如果容器的安全泄放量（即容器单位时间内所需排出的介质数量）小于安全阀的排量（即安全阀的阀瓣全部开启时所具有排出能力），容器内压力逐渐下降，很快降回到正常工作压力，此时介质作用于阀瓣上的力又小于加载机构施加在它上面的力，阀瓣又紧压阀座，气体停止排出，压力容器保持正常的工作压力继续工作。

安全阀通过作用在阀瓣上的两个力的不平衡作用，使其启闭，以达到自动控制压力容器超压的目的。

2. 安全阀的结构型式与分类

安全阀按其加载机构的型式可以分为杠杆式、静重式和弹簧式。另一种脉冲式安全阀，因结构相当复杂，只在大型电站锅炉上使用。由于移动式压力容器的储运使用特点，只适用于使用弹簧加载式的安全阀，这里仅着重介绍弹簧式安全阀的相关内容。

（1）弹簧式安全阀　弹簧式安全阀是弹簧式加载机构加载的安全阀，它利用弹簧被压缩的弹力来平衡作用在阀瓣上的力，其结构如图 4-1 所示，通过调整螺母来调整安全阀的开启（整定）压力。

弹簧式安全阀主要由阀体、阀芯、阀座、阀杆、弹簧、弹簧压盖、调节螺钉、销子、外罩、提升手柄等构件组成，如图 4-1 所示。弹簧式安全阀是利用弹簧被压缩后的弹力来平衡气体作用在阀芯上的力。

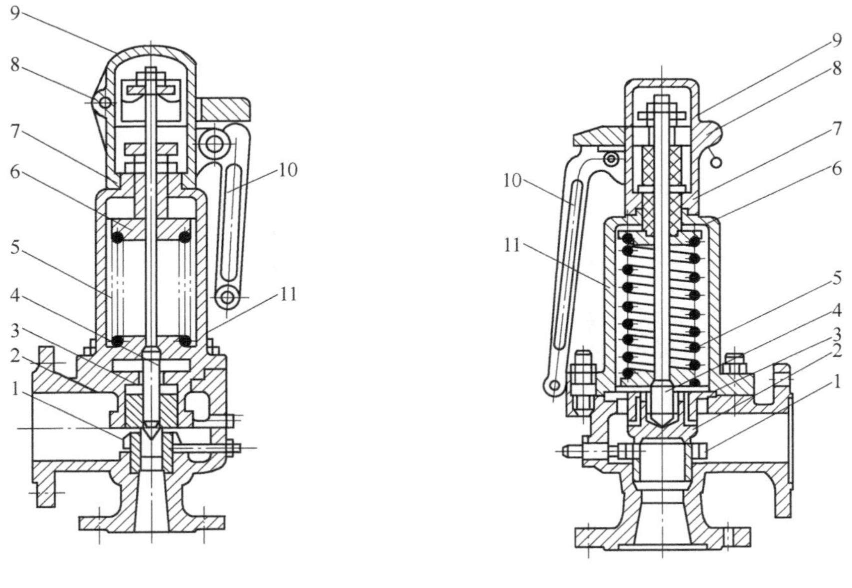

图 4-1　外置弹簧式安全阀

1—阀座　2—阀芯　3—阀盖　4—阀杆　5—弹簧　6—弹簧压盖
7—调节螺钉　8—销子　9—阀帽　10—提升手柄　11—阀体

当气体作用在阀芯上的力超过弹簧的弹力，弹簧被进一步压缩，阀芯被抬起离开阀座，安全阀开启排气泄压；当气体作用在阀芯上的力小于弹簧的弹力时，阀芯紧压在阀座上，安全阀处于关闭状态，如图4-2所示。其开启压力的大小可通过调节弹簧的松紧度来实现。将调节螺钉拧紧，弹簧被压缩量增大，作用在阀芯上的弹力也增大，安全阀开启压力逐渐增高；反之，则降低。

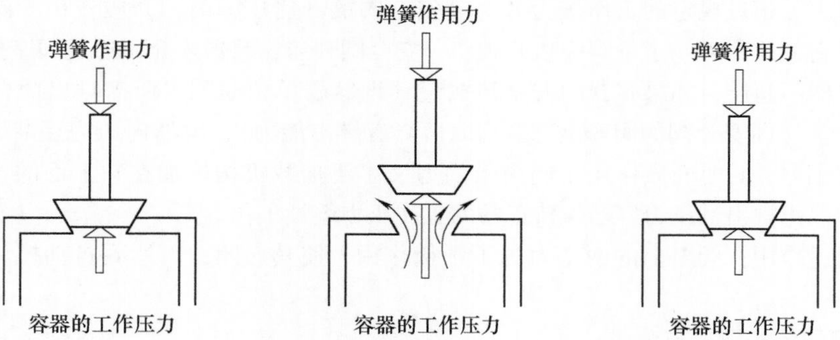

图4-2　弹簧式安全阀工作原理图

弹簧式安全阀的特点是结构轻便紧凑、灵敏度比较高、安置方位不受限制、对振动不敏感，但其所加的载荷会随着阀的开启而发生变化、阀上的弹簧会由于长期受高温的影响而弹力降低。弹簧式安全阀宜用于移动设备和介质压力脉动的固定式设备。

（2）按阀瓣开启高度分类　根据阀瓣开启高度的不同，安全阀分为全启式和微启式。

1）全启式安全阀。如图4-3～图4-6所示，安全阀开启时阀瓣开启高度 $h \geqslant d/4$（d 为流道最小直径）。阀瓣开启高度是指使其帘面积（阀瓣升起时，在其密封面之间形成的圆柱或圆锥形通道面积）大于或等于流道面积（阀进口端到密封面间流道的最小截面积）。为增加阀瓣的开启高度，应装设上、下调节圈。装在阀瓣外面的上调节圈和阀座上的下调节圈在密封面周围形成一个很窄的缝隙，当开启高度不大时，气流两次冲击阀瓣，使它继续升高，开启高度增大后，上调节圈又迫使气流方向转弯向下，反作用力使阀瓣进一步开启。这种形式的安全阀灵敏度较高，调节

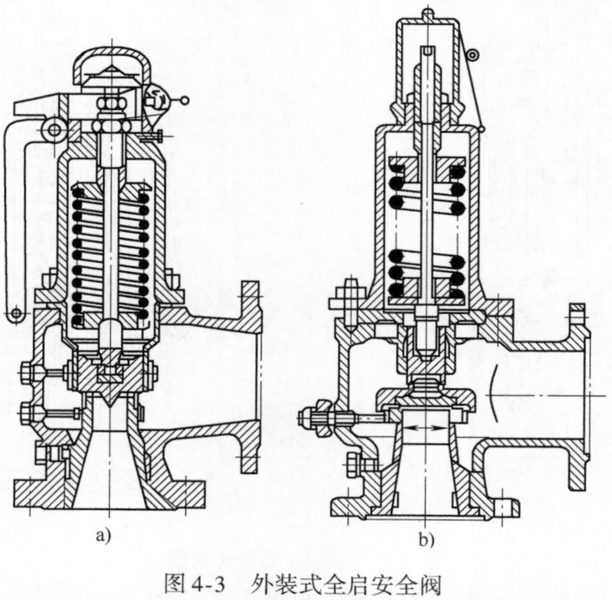

图4-3　外装式全启安全阀

a）有提升手把及上下调节圈　b）无提升手把、有反冲盘及下调节圈

圈位置很难调节适当。近年来制造的全启式安全阀普遍采用反冲盘的结构，与阀瓣活动连接。

移动式压力容器置于罐体上的安全阀一般选用内置全启式弹簧安全阀，安全阀的排气方向应在罐体的上方。

2）微启式安全阀。其阀瓣开启高度很小，$h=(1/40—1/20)\ d$。为了增加阀瓣开启高度，一般在阀座上装设一个调节圈，如图 4-7 所示。微启式安全阀的制造、维修、实验和调节比较方便，宜用于排气量不大、要求不高的场合。微启式弹簧安全阀不适用于移动式压力容器。

（3）按气体排放方式分类　安全阀按照气体排放的方式不同可以分为全封闭式、半封闭式和开放式。

1）全封闭式安全阀 。其排气侧要求密封严密，所排出的气体全部通过排气管排放，介质不能向外泄漏。主要用于介质为有毒、易燃气体的容器。

2）半封闭式安全阀。其排气侧不要求做气密试验，所排出的气体大部分通过排气管排放，一部分从阀道与阀杆之间的间隙中漏出。适用于介质为不会污染环境的气体容器上。

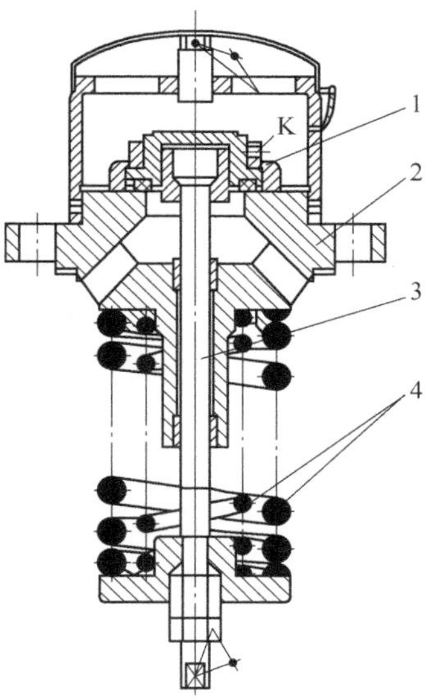

图 4-4　内置全启式组合弹簧安全阀
1—阀瓣　2—阀体　3—阀杆　4—弹簧

3）开放式安全阀。其阀盖敞开，弹簧内室与大气相通，有利于降低弹簧的温度。主要适用于介质为空气、对大气不造成污染的高温气体容器。

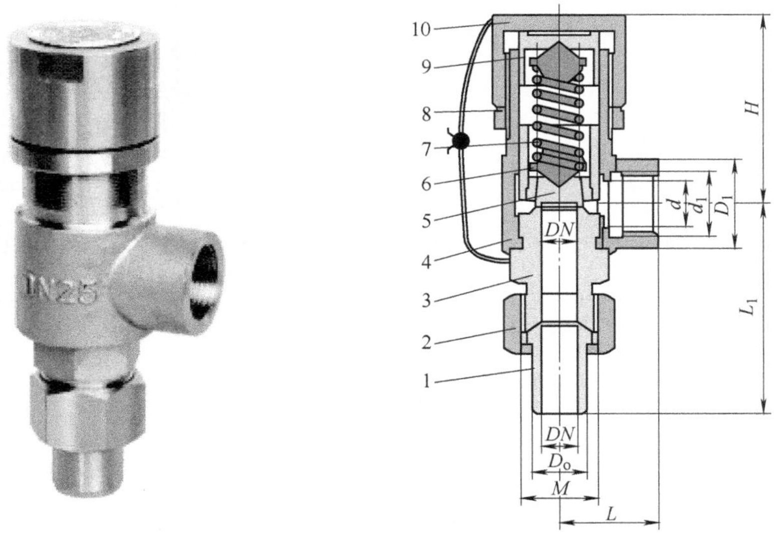

图 4-5　内置全启式组合弹簧安全阀
1—套管　2—接头　3—阀座　4—阀体　5—阀芯
6—阀杆　7—弹簧　8—阀套　9—可调阀顶盖　10—防护罩

3. 安全阀的型号规格及主要性能参数

（1）安全阀的型号规格　根据阀门型号编制方法的规定，安全阀的型号由六个单元组成，其排列方式如下：

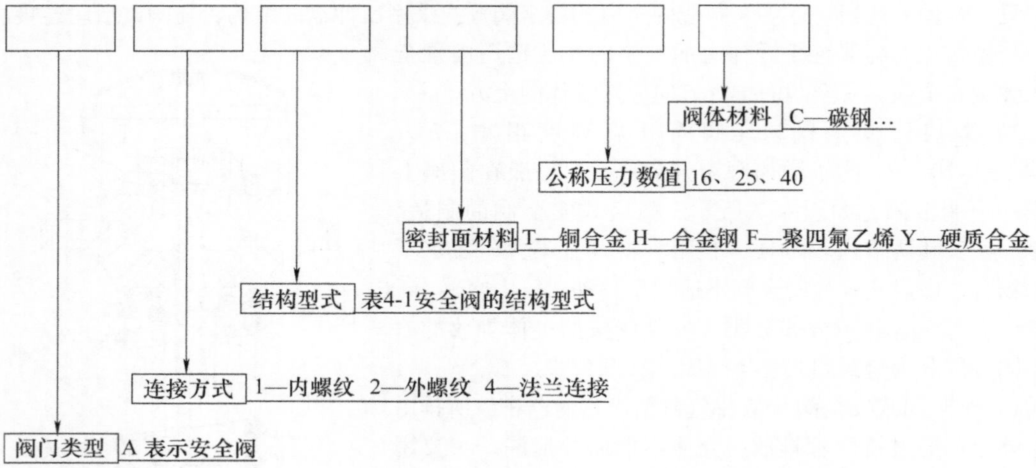

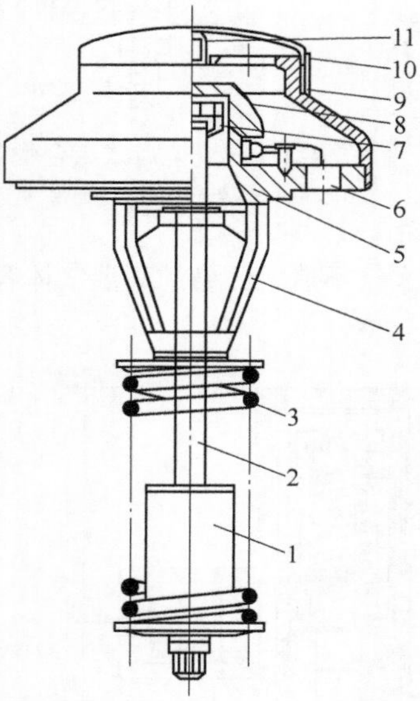

图 4-6 内置全启式组合弹簧安全阀

1—导向套 2—阀杆 3—弹簧 4—阀体
5—垫圈 6—下调节环 7—密封垫 8—反冲环
9—护罩 10—防护罩 11—顶紧盖

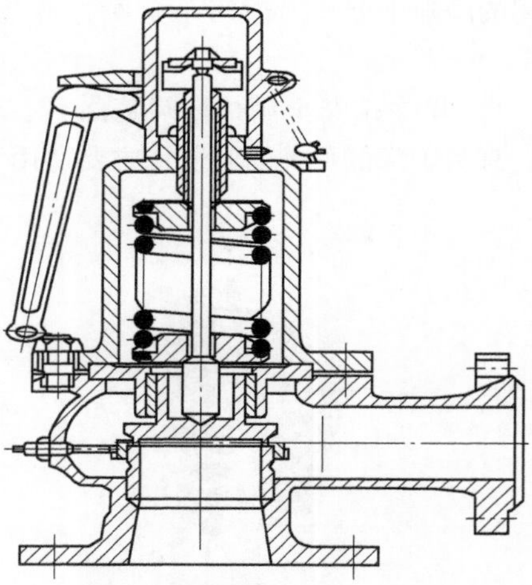

图 4-7 微启式安全阀

表 4-1a 安全阀的结构型式

<table>
<tr><td colspan="2">代 号</td><td>0</td><td>1</td><td>2</td><td>3</td><td>4</td><td>5</td><td>6</td><td>7</td><td>8</td><td>9</td></tr>
<tr><td rowspan="4">安全阀</td><td rowspan="4">A</td><td colspan="9">弹簧式</td><td rowspan="4">脉冲式</td></tr>
<tr><td colspan="3">封闭式</td><td>不封闭</td><td>封闭</td><td colspan="4">不封闭</td></tr>
<tr><td rowspan="2">带散热片全启式</td><td rowspan="2">微启式</td><td rowspan="2">全启式</td><td colspan="2">带扳手</td><td rowspan="2">微启式</td><td>带控制机构</td><td colspan="2">带扳手</td></tr>
<tr><td>双弹簧微启式</td><td>全启式</td><td>全启式</td><td>微启式</td><td>全启式</td></tr>
</table>

注：参照 JB/T 308—2004《阀门型号编制方法》。

表 4-1b　安全阀的结构型式

代　　号	开 启 高 度	结 构 型 式
11	≥1/4 流道直径	弹簧位于阀座上方，不与介质接触
12	≥1/4 流道直径	弹簧位于阀座下方，与介质接触

注：参照 HG 3157—2005《液化气体罐车用弹簧安全阀》。

（2）主要性能参数

1）公称压力。安全阀的公称压力与容器的工作压力应相匹配。因为弹簧的刚度不同和使安全阀规范化、系列化，安全阀分为几种工作压力级别。例如，低压用安全阀常按压力范围分为 5 级，公称压力用“PN”表示，例如 PN4、PN6、PN10、PN13、PN16。向制造厂订货时，除了应注明产品型号、适用介质、工作温度外，还应注明工作压力级别。

2）开启高度。开启高度是指安全阀开启时，阀芯离开阀座的最大高度。根据阀芯提升高度的不同，可将安全阀分为微启式和全启式两种：微启式安全阀的开启高度 h 为阀座喉径 d 的 1/（20～40），即 $h=d/(20\sim40)$；全启式安全阀的开启高度 h 为阀座喉径 d 的 1/4 以上，即 $h\geqslant d/4$。

3）安全阀的排放量。安全阀的排放量一般都标记在它的铭牌上，要求排量不小于罐体容器的安全泄放量。该数据由阀门制造单位通过设计计算与实际测试确定。

4）整定压力。安全阀阀瓣在运行条件下开始升起时的进口压力，在该压力下，开始有可测量的开启高度，介质呈现有视觉和听觉感知的连续排出状态。

5）排放压力。阀瓣达到规定开启高度时的进口压力。

6）额定排放压力。标准规定的排放压力上限值。

7）回座压力。排放后阀瓣重新与阀体接触，即开启高度为零时的进口静压力。

8）密封压力。密封试验时的进口压力，在该压力下测量通过阀瓣与阀座密封面间的泄漏率。

4. 安全阀的安全技术要求

（1）投入使用前安全阀的选用应符合下述原则

1）安全阀的制造。安全阀的制造单位必须是取得相应类别制造许可证的单位。产品应符合相应产品标准的规定，且出厂应有合格证和技术文件。

2）安全阀的铭牌。安全阀上应有铭牌，铭牌上应标明主要技术参数，例如排放量、开启压力、密封压力、回座压力等。

3）安全阀的选用。安全阀的选用应根据容器的工艺条件和工作介质的特性，从容器的安全泄放量、介质的物理化学性质以及工作压力范围等方面考虑。

4）安全阀的排量。安全阀的排量是选用安全阀的最关键问题，安全阀的排量必须不小于容器的安全泄放量。因为只有这样，才能保证容器在超压时，安全阀能及时开启，把介质排出，避免罐体容器内压力继续升高。

5）移动式压力罐体容器安全阀。必须选用全启式安全阀或者全启式安全阀与爆破片的组合装置。

6）安全阀技术要求。安全阀应符合 GB 12241—2005《安全阀一般要求》、GB 12242—2005《压力释放装置性能试验规范》、GB 12243—2005《弹簧直接载荷式安全阀》以及 HG 3157—2005《液化气体罐车用弹簧安全阀》的规定。

对移动式压力容器而言，安全阀还应满足以下要求：

① 当移动容器罐体安全泄放装置单独采用安全阀时，安全阀的整定压力应当为罐体设计压力的 1.05～1.10 倍，额定排放压力不得大于罐体设计压力的 1.20 倍，回座压力不得小于整定压

力的0.90倍。

② 当采用安全阀与爆破片串联组合装置作为罐体安全泄放装置时，安全阀的整定压力、额定排放压力、回座压力按照前述1）的要求确定，爆破片的最小爆破压力应当大于安全阀的整定压力，但其最大爆破压力不得大于安全阀整定压力的1.10倍。

③ 当采用安全阀与爆破片并联组合装置或者爆破片装置为辅助安全泄放装置时，安全阀的整定压力、额定排放压力、回座压力按照前述1）的要求确定，爆破片的最小爆破压力应当大于安全阀的整定压力，但其设计爆破压力不得大于罐体设计压力的1.20倍，最大爆破压力不得大于罐体的耐压试验压力。

④ 真空绝热罐体外壳爆破装置的性能参数应当符合引用标准的规定。

当罐体设计图样或者产品铭牌、产品数据表上标注有最高允许工作压力时，也可以用最高允许工作压力确定安全阀或者爆破片的动作压力，但是罐体的耐压试验压力和气密性试验压力等参数应当按照引用标准的规定进行调整。

⑤ 为了防止罐体营运时安全阀的机械碰撞或超高，安全阀外露于罐体顶部尺寸不得超过150mm。

（2）投入使用安全阀的要求

1）安全阀应当铅直安装在罐体液面以上气相空间部分，或者装设在与罐体气相空间相连的管道上，安全泄放装置气体进口横截面应当高于98%罐体容积的液面以上，并且尽量靠近罐体纵向中心。

2）罐体与安全阀之间的连接管和管件的通孔，其截面积不得小于安全阀的进口截面积，接管应当尽量短而直。

3）罐体一个连接口上装设两个或者两个以上的安全阀时，该连接口进口的截面积，至少等于这些安全阀的进口截面积总和。

4）安全阀与罐体之间一般不宜装设过渡连接阀门；对于充装毒性程度为极度或者高度危害类介质的移动式压力容器，为了便于安全阀的清洗与更换，经过使用单位主管压力容器安全技术负责人批准，并且采取可靠的防范措施，方可在安全阀与罐体之间装设过渡连接阀门；在移动式压力容器正常使用、装卸和运行期间，过渡连接阀门必须保证全开（加铅封或者锁定），过渡连接阀门的结构和通径不得妨碍安全阀的安全泄放。

5）安全阀应当设计成能够防止外部杂质、液体进入和渗透的形式，每个安全阀的出口应当设置一个保护装置，用以防止灰尘杂质、雨水的进入和堆积，这个装置不能阻碍泄放气体的流通。

6）真空绝热罐体内容器用安全阀，应当安装在介质冷冻效应不影响阀门有效动作的地方。

7）新安全阀校验合格后才能安装使用。

（3）安全阀使用中的检查

1）安全阀的调整。安全阀在安装前应进行水压试验和气密性试验，合格后才能进行调整校正。校正、调整分两步进行，一是在气体试验台上，通过调节施加在阀瓣上的载荷来初步确定安全阀的开启压力。弹簧式安全阀应调节弹簧压缩量。安全阀的整定（开启）压力一般应为罐体工作压力1.05～1.10倍，但不得超过容器的设计压力，如低温型罐车的安全阀的整定（开启）压力不得超过罐体的设计压力。安全阀的额定排放压力（表压）不得高于罐体设计压力的1.20倍；回座压力应不低于整定（开启）压力的0.90倍；开启高度应不小于阀座喉径的1/4。二是在容器上，通过调整安全阀调节圈与阀瓣的间隙，来精确地确定排放压力和回座压力。如在开启压力下仅有泄漏声而不起跳或虽起跳但压力下降后有剧烈振动和“蜂鸣”声，则是间隙偏大。如果是回座压力过低，则是间隙过小。校正调整后的安全阀应进行铅封。

2）安全阀的维护。欲使安全阀动作灵敏可靠和密封性能良好，必须加强日常维护检查。安全阀应经常保持清洁，防止阀体弹簧等被油垢、脏物所粘满或被锈蚀，还应经常检查安全阀的铅封是否完好，温度过低时有无冻结的可能性，检查安全阀是否有泄漏。如发现缺陷，要及时校正或更换。

3）安全阀停用更换要求。有下列情况之一时，应停止使用并更换：

① 安全阀的阀芯和阀座密封不严且无法修复。

② 安全阀的阀芯与阀座粘死或弹簧严重腐蚀、生锈。

③ 安全阀选型错误。

（4）安全阀的定期校验　《移动式压力容器安全技术监察规程》规定，安全阀要实行定期校验制度，每年至少校验一次。定期校验工作包括清洗、研磨、试验、校正和铅封，试验项目包括整定压力和密封性能，有条件时可以校验回座压力，整定压力试验不得少于3次，每次必须达到《安全阀安全技术监察规程》及相应标准的合格要求；整定压力和密封试验压力，需要考虑背压的影响和校验时介质、温度与设备运行的差异，并且予以必要的修正；检修后的安全阀，需要按照《安全阀安全技术监察规程》和产品合格证、铭牌、相应标准、使用条件进行整定压力的试验。

5. 安全阀常见故障及其排除方法

安全阀出现故障时应及时排除，以确保其灵敏可靠。安全阀常见的故障有以下几种。

（1）阀门泄漏　阀门泄漏是设备在正常压力下，阀瓣与阀座密封面间发生超过允许程度的渗漏。其原因和排除方法为：

1）脏物落在密封面上。可拆卸后在实验台上将阀门开启几次，把脏物冲去。

2）密封面损伤。应根据损伤程度，采用研磨或车削后研磨的方法加以修复。

3）由于装配不当或管道载荷等原因使零件的同心度遭到破坏。应重新装配或排除管道附加的载荷。

4）整定压力降低，与设备正常工作压力太接近，以致密封面比压力过低。应根据设备强度条件对整定压力进行适当的调整。

5）弹簧松弛从而使整定压力降低引起阀门泄漏。可能是由于高温（低温）或腐蚀等原因造成，应根据原因采取更换弹簧，甚至调换阀门等措施。如果由于调整不当引起，则必须把调整螺杆适当拧紧。

（2）阀门振荡

阀门振荡是指阀瓣频繁启闭。其可能原因及排除方法为：

1）安全阀排放量过大。应当选择额定排量尽可能接近设备必须排放量的安全阀或限制阀瓣开启高度。

2）排放管道阻力过大，造成排放时过大的背压。应降低管道阻力。

3）弹簧刚度过大。应改用刚度较小的弹簧。

4）调节圈调节不当，使回座压力过高。应重新调整调节圈位置。

5）安全阀型式选择不当。应更换安全阀。

（3）安全阀启闭不灵活

安全阀启闭不灵活的原因和排除方法为：

1）调节圈调整不当，致使安全阀开启过程拖长或回座迟缓。应重新加以调整。

2）内部运动零件卡阻，可能是由于装配不当、脏物混入或零件腐蚀等原因造成。应查明原因清除之。

3）排放管道阻力过大产生较大的背压。应减少排放管道的阻力。

（4）安全阀不在规定的初始整定压力下开启　安全阀调整好以后，其实际开启压力相对整定值有一定的偏差。整定压力偏差：当整定压力小于0.5MPa时为±0.014MPa；当整定压力大于或等于0.5MPa时为±3%整定压力。超出这个范围为不正常。造成开启压力值变化的原因有：

1）工作温度变化引起的。例如安全阀在常温下调整而用于高温时，开启压力常常有所降低，可以通过适当旋紧螺杆来调节。如果是属于选型不当致使弹簧腔室温度过高时，则应调换适当型号的安全阀。

2）弹簧腐蚀引起的。应调换弹簧。

3）背压变动引起的。当背压变化较大时，应选用背压平衡式波纹管安全阀。

4）内部活动零件卡阻，应检查消除之。

（5）安全阀不能保证完全开启

安全阀不能保证完全开启的原因及排除方法为：

1）弹簧刚度太大。应装设刚度较小的弹簧。

2）阀座和阀瓣上协助阀瓣开启的机构设置不当。调节圈调整得不正确，必要时更换其他型式的安全阀。

3）阀瓣在导向套中的摩擦增加。检查同轴度与间隙。

4.2 爆破片装置

爆破片装置主要是由一块很薄的膜片和一副夹盘组成，夹盘用埋头螺钉将膜片夹紧，然后装在容器的接口管法兰上。通常所说的爆破片已经包括了夹盘等部件，所以也称为爆破片组合件。

爆破片又称防爆膜、防爆片，是一种断裂型的泄压装置，它利用膜片的断裂来泄压，泄压后爆破片不能继续有效使用，压力容器也被迫停止运行。

1. 爆破片的特点

（1）与安全阀相比，爆破片的特点

1）适于浆状、有黏性、腐蚀性工艺介质。如果采用安全阀作为安全泄压装置，经过长期运行，这些杂质或结晶体就会积聚在阀芯上，可能使阀芯与阀座产生较大的黏结力，或者堵塞阀门的通道，减少气体对阀芯的作用面积，使安全阀不能按规定的压力开启而失去作用，这种情况下安全阀不可靠，故应装设爆破片。

2）惯性小，可对急剧升高的压力迅速作出反应。若容器内的压力由于化学反应或其他原因迅猛上升，装置安全阀难以及时排除过高的压力。这样的压力容器常因操作不当，例如投料数量错误、原料质量不纯、反应速度控制不严、温度过高等造成压力骤增，这种情况，其上装置安全阀一般是难以及时泄放压力的，故应采用爆破片。

3）在发生火灾或其他意外时，在主泄压装置打开后，可用爆破片作为附加泄压装置。

4）严密无泄漏，适用于盛装昂贵或有毒介质的压力容器。例如，容器内的介质为剧毒气体或不允许微量泄漏的气体，用安全阀难以保证这些气体不泄漏时应采用爆破片。

5）规格型号多，可用各种材料制造，适应性强。

6）便于维护、更换。

（2）爆破片作为泄压装置的局限性

1）当爆破片爆破时，工艺介质损失较大，所以常与安全阀串联使用以减少工艺介质的损失。

2）不宜用于经常超压的场合。

3）爆破特性受温度及腐蚀介质的影响。

4）一般拉伸型爆破片的工作压力不宜接近其规定的爆破压力，当承受的压力为循环压力时尤甚。

2. 爆破片装置的结构型式

爆破片装置如前所述，主要由一块很薄的膜片和一副夹盘所组成。常用的爆破片组合件有四种型式：

1）膜片预拱成型，并预先装在夹盘上的拉伸型爆破片，如图 4-8a 所示。这种爆破片的特点是爆破压力较稳定，并且可以在很大的压力范围内使用。

2）利用透镜垫和锥形夹盘型式的爆破片，如图 4-8b 所示，可适用于高压场合。

3）螺纹接头夹盘，如图 4-8c 所示，是通过螺纹套管和垫圈将膜片压紧，但膜片容易偏置，因而使用可靠性差。

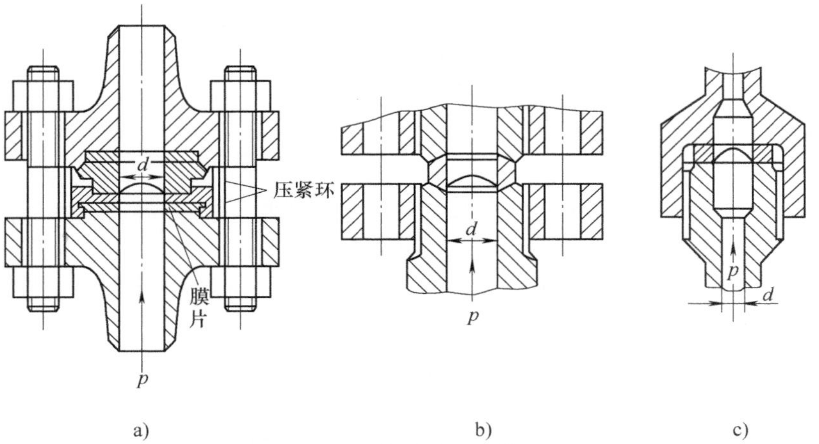

图 4-8　爆破片组合件

a）拉伸型爆破片　b）透镜垫和锥形夹盘型式的爆破片　c）螺纹接头夹盘

4）爆破帽，又称防爆帽，是一种断裂破坏型的一次使用安全泄压装置。爆破帽为端部封闭，短管上有一处薄弱断面，爆破帽结构及剖面图如图 4-9 所示。当容器内部压力达到爆破帽断裂的压力时，爆破帽就在此薄弱断面处破坏。其功用与爆破片类似，主要用在高压、超高压容器上。

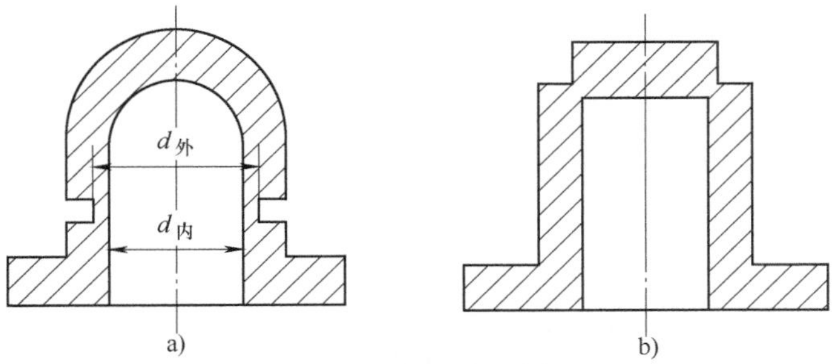

图 4-9　爆破帽结构及剖面图

a）爆破帽结构　b）爆破帽剖面图

3. 爆破片的适用场所

由于爆破片的自身特点，在一些情况下应优先选用爆破片作为泄压装置。

（1）工作介质为不洁净气体的压力容器　在石油化工生产过程中，有些气体往往混杂有黏性（如煤焦油）或粉状的物质，或者容易产生结晶体，对于这样的气体，如果采用安全阀作为安全泄压装置，则这些杂质或结晶体就会在长期的运行过程中积聚在阀瓣上，使阀座产生较大的黏结力，或者堵塞阀的通道，减少气体对阀瓣的作用面积，使安全阀不能按规定的压力开启，失去安全阀泄压装置应有的作用，在这种情况下，安全泄压装置应采用爆破片。

（2）由于物料的化学反应可能使压力迅速上升的压力容器　有些反应容器由于容器内的物料发生化学反应产生大量气体，使容器内的压力升高。这样的压力容器常常由于操作不当，例如投料的数量有误、原料不纯、反应速度控制不当等，发生压力骤增。这种情况下，如果采用安全阀作为安全泄压装置，一般是难以及时泄放压力的，容器内的压力将急剧增加。这种容器的安全泄压装置就必须采用爆破片。

（3）工作介质为剧毒气体的压力容器　盛装剧毒气体的压力容器，其安全泄压装置也应该采用爆破片，而不宜用安全阀，以免污染环境。

（4）介质为强腐蚀介质的压力容器　盛装强腐蚀介质的压力容器的安全泄漏装置亦选用爆破片。若选用安全阀，由于介质腐蚀作用，使阀瓣与阀座关闭不严，产生泄漏或使阀瓣与阀座粘连，不能及时打开，使容器超压爆破。

4. 对爆破片装置的安全技术要求

对爆破片装置有以下的要求：

1）爆破片应选用持有国家质量技术监督总局颁发的制造许可证的单位生产的合格产品。

2）爆破片的选用必须符合压力容器的设计需要。

3）对易燃介质或毒性程度为极度、高度或中度危害介质的压力容器应在爆破片的排出口装设导管，将排放介质引至安全地点，并进行安全处理，不得直接排入大气。

4）爆破片的安装必须注意安装方向，切记按标示的泄压侧安装，如图 4-10 所示。

5）爆破片装置应进行定期更换，对于超过最大设计爆破压力而未爆破的爆破片应立即更换；在苛刻条件下使用的爆破片装置应每年更换，一般爆破片装置应在 2 ~ 3 年内更换（制造单位明确可延长使用寿命的除外）。

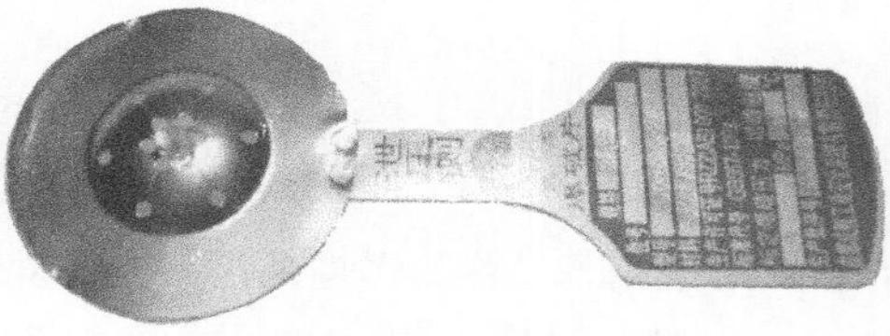

图 4-10　爆破片泄压侧标识图

5. 爆破片装置的维护

爆破片在使用期间不需要特殊维护，但需要定期检查爆破片、夹持器及泄放管道。

1）对爆破片主要检查表面有无伤痕、腐蚀、变形，有无异物附在其上。必要时可用溶剂和水进行清洗，如果发现有腐蚀应及时更换。

2）对夹持器、真空托架，要检查腐蚀情况，接触表面有无损伤、异物。

3）对泄放管道的检查包括：是否通畅，有无腐蚀，固定处是否牢固。还要检查拦截爆破片碎片装置的情况。

4）所有爆破片都有一定的工作期限（寿命）。许多因素都会影响爆破片的寿命，如容器工作压力与爆破压力之比、工作温度、压力的波动情况、爆破片的材料、工艺介质的腐蚀性、大气温度等。目前，爆破片的使用寿命还不能用公式计算，只有根据各自的使用条件来决定。一般情况下，在设备运转一定时间后，取出爆破片，重新做爆破试验，这样积累相当数据后，根据情况决定使用期限。

5）由于物理、化学因素的作用，爆破片的爆破压力会逐渐降低，因此在正常使用条件下，即使不破裂，也应定期予以更换。对于超压未爆的爆破片应立即更换。

6）使用单位应储存一定数量的备件，以便在定期检查时能及时更换。备件在库房中保管时要注意防腐蚀、防变形，避免高温、低温、高湿的影响。

6. 全启式弹簧安全阀与爆破片组合安全泄放装置

1）符合储运下列介质的液化气体罐车应设置全启式弹簧安全阀与爆破片组合的安全泄放装置：

① 储运毒性程度为极度、高度危害的介质。

② 储运易燃易爆的介质。

③ 储运强腐蚀性的介质。

2）全启式弹簧安全阀与爆破片串联组合安全泄放装置应符合以下要求：

① 安全阀与爆破片串联组合安全泄放装置应与罐体气相相通，且设置在罐体上方，罐体内部介质在超压排放时应直接通向大气，排放口方向朝上，以防排放的气体冲击罐体和操作人员。

② 组合装置的总排放能力应当大于或者等于罐体需要的最小安全泄放量，罐体安全泄放量的设计计算按照引用标准进行。安全泄放装置的排放能力应当考虑在发生火灾时或者接近不可预料的外来热源而酿成危险时（对真空绝热罐体还应考虑真空绝热层被破坏时），以及压力出现异常情况时均能迅速排放，并且此时各个安全泄放装置的组合排放能力应当足以将罐体内的压力（包括积累的压力）限制在不大于1.20倍的罐体设计压力范围内。

采用安全阀与爆破片串联组合装置时，安全阀的排放能力应当按照安全阀单独作用时的排放能力乘以修正系数0.90。

多个安全泄放装置的排放能力应当是各个安全泄放装置排放能力之和，安全泄放装置排放能力的设计计算按照引用标准的规定。

③ 爆破片的爆破压力应高于安全阀的开启压力，且不应超过安全阀开启压力的10%。

④ 爆破片应与安全阀串联组合，且在非泄放状态下与介质接触的是爆破片。

⑤ 组合装置中爆破片面积应大于安全阀喉径截面积。安全阀与爆破片之间的腔体应设置排气阀、压力表和其他合适的指示器等，用以检查爆破片是否渗漏或破裂，并及时排放腔体内蓄积的压力，避免因背压而影响爆破片的爆破压力。

4.3 压力表

压力容器以及需要控制压力的设备都必须装压力表。在压力容器上装压力表是为了测量容器内介质的压力，操作人员根据压力表所指示的压力进行判断操作，将压力控制在允许范围内。如果压力表不准或失灵，安全阀也同时失灵的话，则压力容器将发生事故。因此，压力表准确与否直接关系到容器的安全，压力表是容器罐体压力的测量装置，未装置压力表或压力表损坏的容器是不允许运行的。移动式压力容器罐体至少装设一套压力测量装置，用以显示罐体内的压力范围。

压力表有液柱式、弹性元件式、活塞式和电量式四大类。目前，单弹簧管式压力表广泛用于压力容器中。这种压力表具有结构坚固、不易泄漏、准确度较高、安装使用方便、测量范围较宽、价格低廉的优点。

1. 压力表的结构和工作原理

（1）单弹簧管式压力表　单弹簧管式压力表是利用弹簧弯管在内压力作用下变形的原理制成的，根据其变形量的传递机构可分为扇形齿轮式和杠杆式两种。带有扇形齿轮转动机构的单弹簧管压力表的结构如图4-11所示。

弹簧管（又称为波登管）是一根横断面呈椭圆形或扁平型的中空弯管（一般用无缝黄铜管制成，只有用于压力为15～20MPa的压力表才用不锈钢、铬钒钢等无缝钢管来制造）。压力表主要靠弯管的作用来表示压力的大小，它的一端牢固地焊在支座上，另一端为自由端，当容器内有压力的气流进入弹簧弯管内时，由于内压的作用，椭圆形截面的弯管就有膨胀成圆形的趋势，从而使弯管向外伸展，发生角位移变形，弯管内的压力越高，变形也越大。弹簧管的自由端通过拉杆与扇形齿轮相连，扇形齿轮又与小齿轮啮合，在小齿轮的轴上装有指针和游丝。游丝是为了消除扇形齿轮与小齿轮之间的间隙而装设的。这样当弹簧管向外伸展时，通过拉杆带动扇形齿轮，因为扇形齿轮的支点比较靠近拉杆这一端，所以只要弹簧弯管带着拉杆稍微移动，扇形齿轮就要做较大的摆动。又因为中心轴上小齿轮齿数较少，而扇形齿轮相当于一个齿数很多的大齿轮，所以当扇形齿轮作小量摆动时，小齿轮就作了较大的转动，从而使中心轴和指针也就跟着转动，由指针转动后的位置，在刻度盘上就可以直接读出所测的压力值。

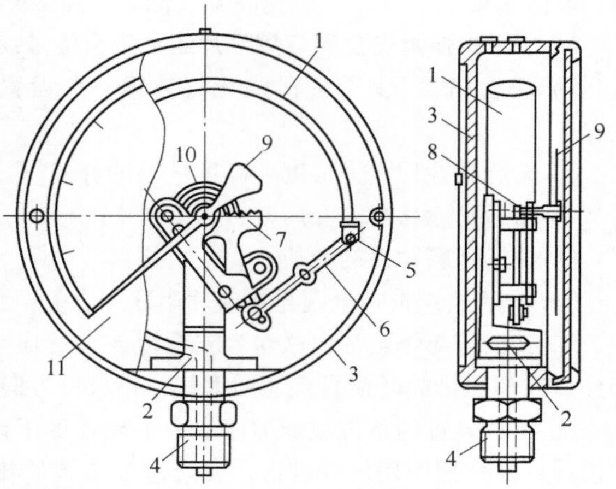

图4-11 带扇形齿轮的单弹簧管压力表结构
1—弹簧弯管 2—支座 3—表壳 4—接头
5—带铰轴的塞子 6—拉杆 7—扇形齿轮
8—小齿轮 9—指针 10—游丝 11—刻度盘

带杠杆传动机构的单弹簧管压力表的结构如图4-12所示。它的工作原理是：弹簧管的自由端通过拉杆带动弯曲杠杆，从而转动指针。这种弹簧管压力表可得到更高的准确度，而且耐振，但指针只能在90°的范围内转动。

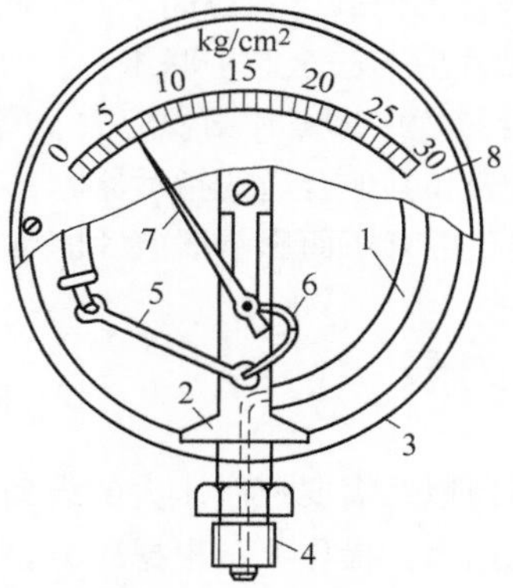

图4-12 带杠杆传动机构的单弹簧管压力表结构
1—弹簧弯管 2—支座 3—表壳 4—接头
5—拉杆 6—弯曲杠杆 7—指针 8—刻度盘

（2）波纹平膜式压力表

波纹平膜式压力表常用于工作介质具有腐蚀性的容器中，其结构如图4-13所示。它的弹性元件是波纹形的平面薄膜，而薄膜紧夹在上法兰与下法兰之间，两个法兰分别与接头及表壳相连，当薄膜下面通入压力时，薄膜受压向上凸起，并通过销柱、拉杆、齿轮传动机构来带动指针，从而直接在刻度盘上显示出被测的压力值。这种压力表的薄膜中心的最大挠度不能超过1.5～2mm，所以要用较高的传动比。其灵敏度和准确度都比较低，也不能用于较高的压力，一般应小于3MPa，它对振动和冲击不太敏感，更主要的是它可以在薄膜底面用耐蚀金属制成保护膜，所以能用来测定具有腐蚀性介质的压力，因此在许多化工容器中还经常采用。

2. 压力表的选用

（1）压力表的量程 装在压力容器上的压力表，其量程应与容器的工作压力相适应。压力表的最大量程最好为容器工作压力的2倍，最小不能小于1.5倍，最大不能大于3倍。因为压力表的量程越大，同样精确度的压力表，其允许误差的绝对值也越大，肉眼观察的偏差也越大，所以如果压力容器选用量程过大的压力表，就会影响压力读数的准确性。如果压力表的量程过小，容器的工作压力接近或等于压力表的刻度极限值，又会使弹簧弯管经常处于极大的变形状态下，因而容易产生永久变形，导致压力表的误差增大。同时，压力表的量程过小，万一压力容器超压，还会使指针越过最高量程达到零位，使操作人员产生错觉而误认为容器内无压力而造成更大的事故。所以从压力表的寿命与维护方面来要求，压力表的使用压力范围不应超过刻度极限的 70%，在波动压力下不应超过 60%。

（2）压力表的精确度　精确度是以压力表的允许误差占表盘刻度极限值的百分数来表示的，例如精确度为 1.6 级的压力表，其允许误差为表盘刻度极限值的 1.6%，精确度级别一般都标在表盘上。所以选用压力表应根据容器的压力等级和实际工作需要确定精确度。当液化气体罐车容器的设计压力小于 1.6MPa（低压）时，其选用压力表的精确度等级一般不应低于 2.5 级；设计压力不小于 1.6MPa 时，其选用压力表的精确度等级不应低于 1.6 级；对于低温液体的罐车容器，其选用压力表的精确度等级不应低于 2.5 级。

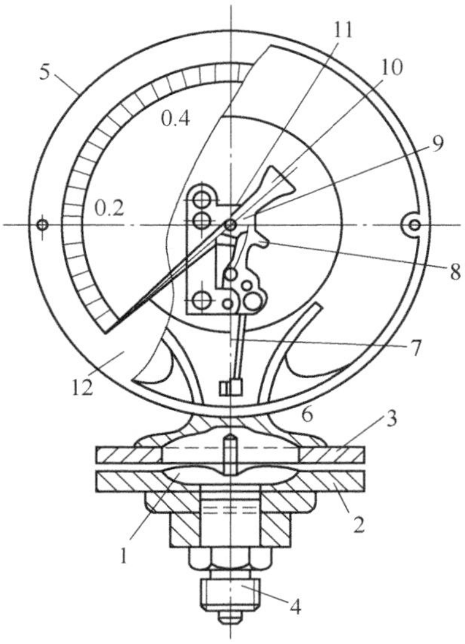

图 4-13　波纹平膜式压力表结构

1—平面薄膜　2—下法兰　3—上法兰　4—接头　5—表壳　6—销柱　7—拉杆　8—扇形齿轮　9—小齿轮　10—指针　11—游丝　12—刻度

（3）压力表的表盘直径　为了使操作人员能清楚准确地看出压力指示值，压力表表盘直径不能太小，一般不应小于 100mm。

（4）被测介质的性质　压力表所用的材质不能与压力容器内的介质发生物理化学反应，同时应与被测介质的温度高低、黏度大小、脏污程度、易燃易爆等有关。即选用压力表必须与压力容器的介质相适应。例如，盛装氨或含硫化氢介质的容器，不得选用钢质压力表。介质温度高于 150℃时，应选用银焊压力表。氧气用的压力表，严禁油压校验和接触高温。

（5）移动式压力容器用压力表抗振动要求　移动式压力容器槽车罐体用压力表应符合 JB/T 6804—2006《抗震压力表》的规定，选用的压力表应满足振动和腐蚀的要求。

3. 压力表的安装

1）应便于操作人员观察，压力表应安装在最醒目的地方，并要有足够的照明。压力表的接管应直接与压力容器本体相连接，同时要注意避免辐射热、低温（冻结）及振动的影响。

2）应便于更换和校验。为便于装卸和校验压力表，压力表与容器之间应装设三通旋塞，旋塞应装在垂直的管段上，并要有开启标志和锁紧装置，以便校对与更换。

3）应注意腐蚀介质的影响。若容器内工作介质对压力表零件材料具有腐蚀作用，则应在弹簧管式压力表与容器的连接管路上装置充填有液体的隔离装置，充填液不应与工作介质起化学反应或生成物理混合物。因限于操作条件不能采取这种装置时，则应选用耐蚀的压力表，如波纹平膜式压力表等。

4）安装的压力表必须是经过法定检定单位校验合格的压力表，其中包括新购置的压力表、使用需要定期校验和维修的压力表都必须校验合格，并有铅封标识和检定合格证书，且应注明下次校验日期。

5）压力表的安装应当采用可靠的固定结构，防止在运输过程中压力表发生相对的运移。

6）压力表表盘上应有警戒红线。每一个压力表最好固定用于相同压力的容器罐体上，这样可以根据容器罐体的最高许用压力在压力表的刻度盘上画出警戒红线。不应把表示容器最高许用压力的警戒红线涂画在压力表的玻璃上，以免玻璃转动使操作人员产生错觉，造成事故。

4. 压力表的维护

移动式压力容器罐体在储运中，应加强对压力表的及时维护和检查。操作人员对压力表的维护应做好以下几点工作：

1）压力表应保持洁净，表盘上的玻璃要明亮清晰，使表盘内指针指示的压力值能清楚易见，表盘玻璃破碎或表盘刻度模糊不清的压力表应停止使用。

2）压力表的连接管要定期吹洗，以免堵塞，特别是对用于较多的油垢或其他黏性物质的气体的压力表连接管。要经常检查压力表指针的转动与波动是否正常，检查连接管上的旋塞是否处于全开状态。

3）压力表必须定期校验，应当符合国家计量部门的有关规定。校验完毕应认真填写校验记录和校验合格证并加以铅封。如果容器罐体在正常运行中发现压力表指示不正常或有其他可疑迹象时应立即检验校正。

4）氧用压力表应禁油脱脂。与氧接触罐体设备、管道上安装的压力表必须禁油，新安装的压力表必须进行脱脂处理。

5. 压力表的更换

压力表有下列情况之一时，应停止使用并更换：

1）有限止钉的压力表，在无压力时，指针不能回到限止钉处；无限止钉的压力表，在无压力时，指针距零位置的数值超过压力表的允许误差。

2）表盘封面玻璃破裂或表盘刻度模糊不清。

3）封印损坏或超过校验有效期限。

4）表内弹簧管泄漏或压力表指针松动。

6. 压力表常见故障及处理方法

压力表常见故障及处理方法见表4-2。

表4-2 压力表常见故障及处理方法

常见故障	产生原因	处理方法
压力表损坏	1. 表盘玻璃破损 2. 表盘刻度模糊不清 3. 压力表铅封脱落 4. 压力表外壳变形	1. 修复、重新校验 2. 更换表盘刻度、重新校验 3. 重新校验打铅封 4. 修复重新校验
压力表指针不动	1. 压力表管道阀门未打开 2. 压力表连接管道堵塞 3. 指针与轴联接松动 4. 扇形齿轮与小齿轮脱节 5. 连杆销子松脱	1. 打开阀门 2. 拆下接管，清除堵塞杂物 3. 紧固指针 4. 重新装好扇形齿轮与小齿轮 5. 紧固连杆销子
压力表指针不回零位	1. 零位未校准 2. 弹簧管变形过度 3. 连杆零位磨损松动	1. 重新校验零位 2. 更换弹簧管 3. 修理或更换连杆零位

（续）

常见故障	产生原因	处理方法
压力表指针跳动不稳定	1. 小齿轮与扇形齿轮或轴孔间夹有杂质或生锈 2. 连杆生锈或齿轮间隙过大 3. 游丝弹簧磨损或过软过松 4. 表管或弹簧内积有污物	1. 清除杂物去除污垢 2. 紧固连杆调整齿轮间隙 3. 更换游丝弹簧 4. 清除污物
压力表指示不正确且超过允许误差	1. 接管接头处或阀门漏气 2. 弹簧变形过量产生疲劳 3. 游丝紊乱 4. 齿轮磨损松动	1. 更换接头垫片或检修阀门 2. 检查更换弹簧管 3. 调整或更换游丝 4. 检修或更换齿轮

4.4　液位（面）计

液位（面）计是用来测量液化气体或物料的液位、流量、装量等的一种计量仪表或称液位测量装置。例如计量罐、中间罐、储罐、球罐、液化气体汽车罐车、铁路罐车等都需装设液位计。对固定式压力容器而言，压力容器操作人员应根据其指示的液位高低来调节或控制充装量，从而保证容器罐体内介质的液位始终在正常范围内，不发生因超装过量而导致的事故的现象；另外，对于移动容器的罐体而言，液位测量装置仅是罐体充装量的辅助测量装置，罐体的最大允许充装量以衡器称重为准。历年来，由于液位计失灵或未按规定安装液位计，或操作人员不认真操作，导致移动式压力容器充装过量的事故是很多的。因此，每个压力容器操作人员及容器管理人员均须重视这个问题，严格监视液位；同时，除充装毒性程度为极度或者高度危害类介质，并且通过称重来控制最大允许充装量的罐式集装箱允许不设置液位测量装置外，其他罐体均应当设置一个或者多个液位测量装置，并保证其准确、灵敏、可靠。

1. 液位计的型式及结构

（1）浮球液位计　浮球液位计（图 4-14）又称浮球磁力式液位计，其工作原理是：当容器内液位升降时，以浮球为感受元件，带动连杆结构通过一对齿轮使互为隔绝的一组门形磁钢转动，并带动指针，使得刻度盘上指示出容器内的充装量。浮球液位计多安装在各类液化气体汽车槽车和油品车槽车上，它具有以下优点：

1）结构简单，动作可靠，精确度较高，安装维护方便，耐振动、耐磨损、耐压、耐高温、耐蚀。

2）表盘指示直观，读数清晰、准确可靠。

3）由于内部传动机构与表盘及指针互为隔绝，因而这种液位计的密封性能极好。

（2）滑管式液位计　这种液位计（图 4-15）主要由套管、带刻度的滑管、阀门和护罩等组成，一般用于液化石油气汽车槽车、铁路槽车和地下储罐。测量液位时，将带有刻度的滑管拔出，当有液态液化石油气流出时，即知液位高度。

（3）旋转管式液位计　旋转管式液位计（图 4-16）主要由旋转管、刻度盘、指针、阀芯等组成，一般用于液化石油气汽车槽车和活动罐上。

（4）差压式液位计　差压式液位计如图 4-17 ~ 图4-19所示，它由压差变送器、气液相法兰组成。

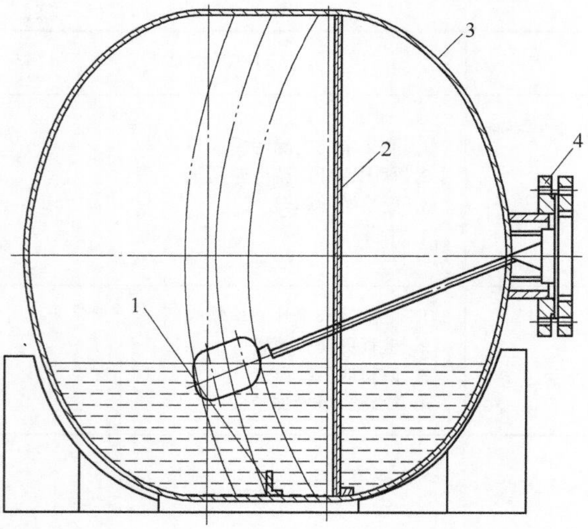

图 4-14　浮球磁力式液位计
1—避振装置　2—导向杆　3—储罐　4—液位计

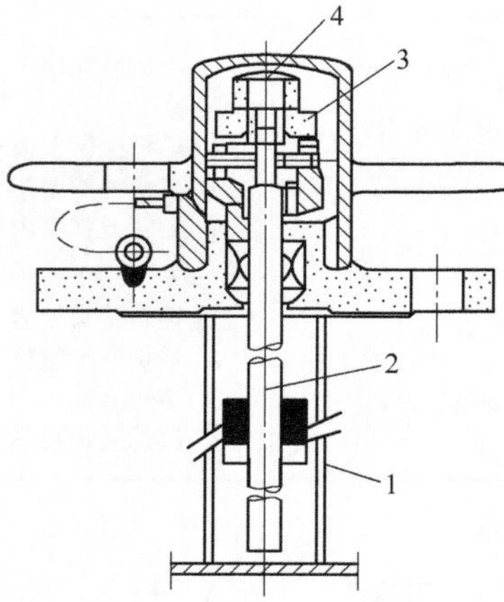

图 4-15　滑管式液位计
1—套管　2—带刻度的滑杆
3—阀门　4—护罩

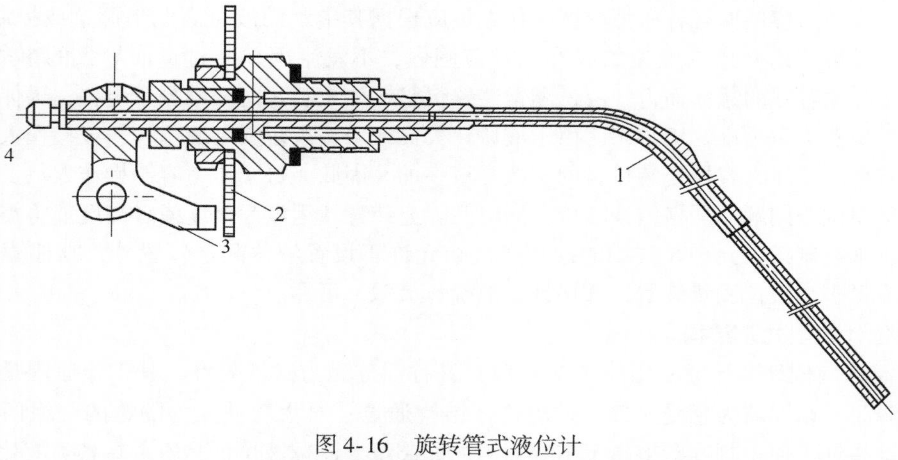

图 4-16　旋转管式液位计
1—旋转管　2—刻度盘　3—指针　4—阀芯

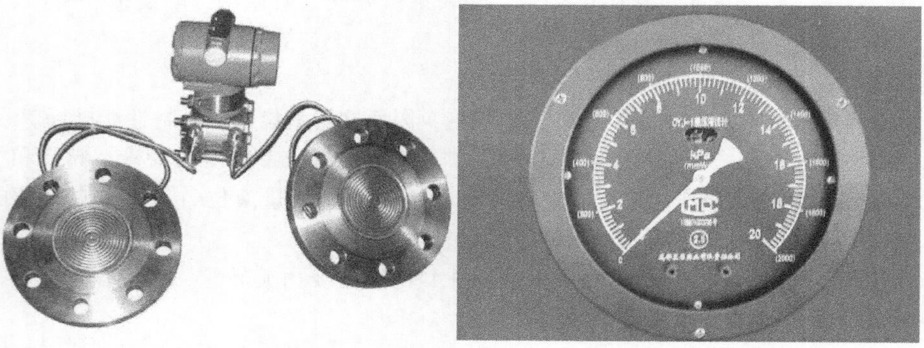

图 4-17　压差式液位计

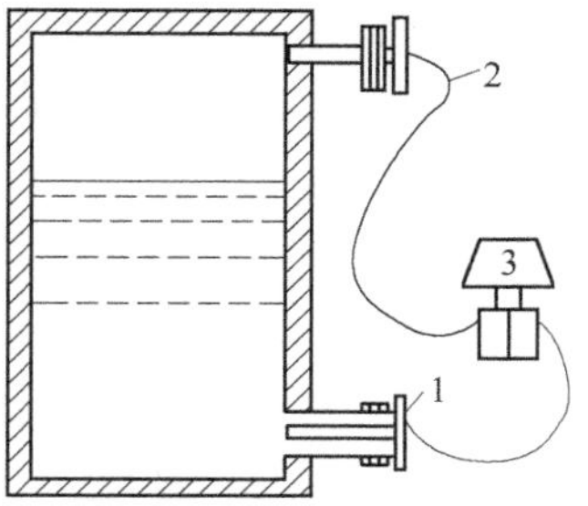

图4-18 差压式液位计示意图
1—液相 2—气相 3—压差变送器

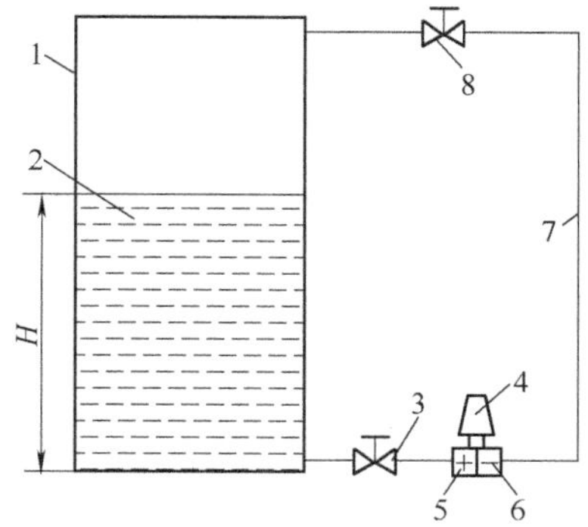

图4-19 普通型差压式液位计原理示意图
1—容器 2—被测介质 3、8—阀门 4—压差变送器
5—压差变送器正压室 6—压差变送器负压室 7—导压管

差压液位计变送器原理及零点迁移（选学）

差压液位计变送器，是利用容器内的液位改变时，由液柱产生的静压也相应变化的原理而工作的。将差压变送器的一端接液相，另一端接气相。如图4-20所示。因此，当用差压式液位计来测量液位时，若被测容器是敞口的气相压力为大气压，则差压计的负压室通大气就可以了，这时也可以用压力计来直接测量液位的高低。若容器是受压的，则需将差压计的负压室与容器的气相连接，以平衡气相压力 p_A 的静压作用。

测量物位时，一般情况下要选择一个参考点来计量初始零液位，这时就涉及零点迁移的问题。可参考以下叙述理解。

（1）零点迁移问题 应用差压变送器测量液面时，如果差压变送器的正、负压室与容器的取压点处在同一水平面上，就不需要迁移。而在实际应用中，出于对设备安装位置和便于维护等方面的考虑，测量仪表不一定都能与取压点在同一水平面上；又如被测介质是强腐蚀性或重黏度的液体，不能直接把介质引入测压仪表，必须安装隔离液罐，用隔离液来传递压力信号，以防被测仪表被腐蚀。这时就要考虑介质和隔离液的液柱对测压仪表读数的影响。

差压变送器测量液位安装方式主要有三种，为了能够正确指示液位的高度，差压变送器必须做一些技术处理，即迁移。迁移分为无迁移、负迁移和正迁移。由图4-20可知

$$p_B = p_A + H\rho g$$
$$\Delta p = p_B - p_A = H\rho g$$

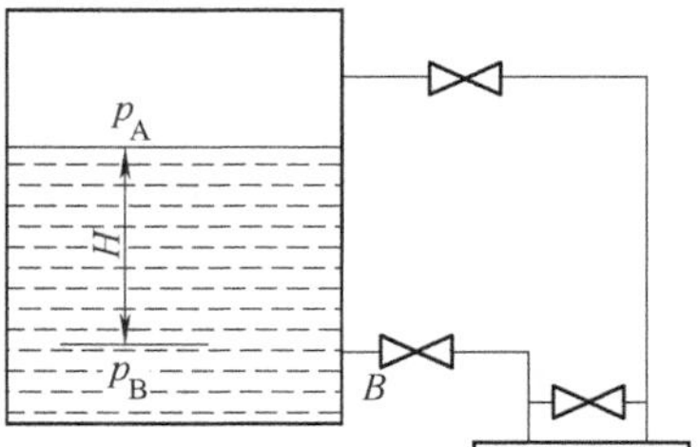

图4-20 差压式液位计原理

（2）无迁移 将差压变送器的正、负压室与容器的取压点安装在同一水平面上，如图4-21所示。

设 A 点的压力为 p_-，B 点的压力为 p_+，被测介质的密度为 ρ，重力加速度为 g，则 $\Delta p = p_+ - p_- = \rho gh + p_- - p_- = \rho gh$；如果为敞口容器，$p_-$ 为大气压力，$\Delta p = p_+ = \rho gh$，由此可见，如果差压变送器正压室和取压点相连，负压室通大气，通过测 B 点的表压力就可知液面的高度。

当液面由 $h=0$ 变化为 $h=h_{max}$ 时，差压变送器所测得的差压由 $\Delta p=0$ 变为 $\Delta p=\rho gh_{max}$，输出由4mA变为20mA。

假设差压变送器对应液位变化所需要的仪表量程为30kPa，当液面由空液面变为满液面时，所测得的差压由0变为30kPa，其特性曲线如图4-24a所示。

(3) 负迁移　如图4-22所示，为了防止密闭容器内的液体或气体进入差压变送器的取压室，造成引压管线的堵塞或腐蚀，在差压变送器的正、负压室与取压点之间分别装有隔离液罐，并充以隔离液，其密度为ρ_1。

当$H=0$时，$p_+=\rho_1 gh_1 \quad p_-=\rho_1 g\ (H+h_1)$

$\Delta p=p_+-p_-=-\rho_1 gH$

当$H=H_{max}$时，$p_+=\rho_1 gh_1+\rho gHp_-=\rho_1 g\ (H+h_1)$

$\Delta p=p_+-p_-=\rho gH-\rho_1 gH=\ (\rho-\rho_1)\ gH$

当$H=0$时，$\Delta p=-\rho_1 gH$，在差压变送器的负压室存在一静压力$\rho_1 gH$，使差压变送器的输出小于4mA。当$H=H_{max}$时，$\Delta p=\ (\rho-\rho_1)\ gH_{max}$，由于在实际工作中$\rho_1\rho$的作用，所以，在最高液位时，负压室的压力也远大于正压室的压力，使仪表输出仍小于实际液面所对应的仪表输出。这样就破坏了变送器输出与液位之间的正常关系。为了使仪表输出和实际液面相对应，就必须把负压室引压管线这段H液柱产生的静压力$\rho_1 gH$消除掉，要想消除这个静压力，就要调校差压变送器，也就是对差压变送器进行负迁移，$\rho_1 gH$这个静压力称为迁移量。

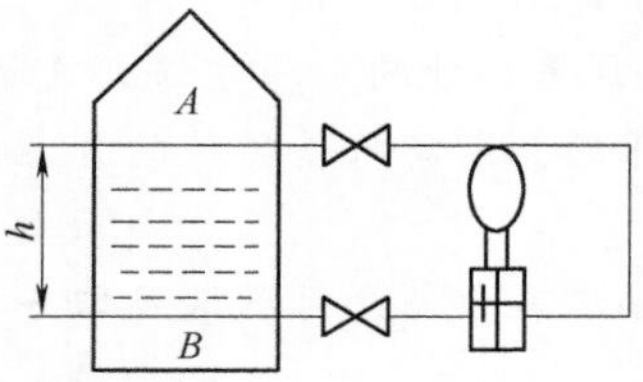

图4-21　无迁移原理

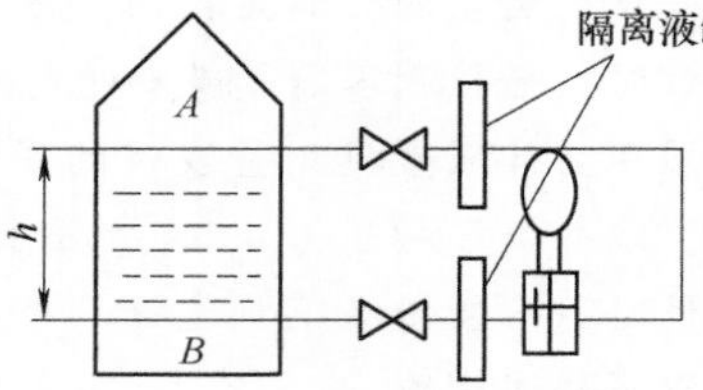

图4-22　负迁移原理

调校差压变送器时，负压室接输入信号，正压室通大气。假设仪表的量程为30kPa，迁移量$\rho_1 gH=30$kPa，调校时，负压室加压30kPa，调整差压变送器零点旋钮，使其输出为4mA；之后，负压室不加压，调整差压变送器量程旋钮，直至输出为20mA，中间三点按等刻度校验。输入与输出的关系见表4-3。

表4-3　负迁移输入与输出的关系

量　程	0	25	50	75	100
输入/kPa	-30	22.5	15	-7.5	0
输出/mA	4	8	12	16	20

当液面由空液面升至满液面时，变送器差压由$\Delta p=-30$kPa变化至$\Delta p=0$kPa，输出电流值由4mA变为20mA，其特性曲线如图4-24中的曲线b所示。

(4) 正迁移　在实际测量中，变送器的安装位置往往与最低液位不在同一水平面上，如图4-23所示。容器为敞口容器，差压变送器的位置比最低液位低h距离，$\Delta p=p=\rho gH+\rho gh$。

当$H=0$时，$\Delta p=\rho gh$，在差压变送器正压室存在一静压力，使其输出大于4mA。

当$H=H_{max}$时，$\Delta p=\rho gH+\rho gh$，变送器输出也远大于20mA，因此，也必须把ρgh这段静压力消除掉，这就是正迁移。

调校时，正压室接输入信号，负压室通大气。假设仪表量程仍为30kPa，迁移量$\rho gh=$

30kPa。输入与输出的关系见表 4-4。

表 4-4　正迁移输入与输出的关系

量　程	0	25	50	75	100
输入/kPa	+30	+37.5	+45	+52.5	+60
输出/mA	4	8	12	16	20

其特性曲线如图 4-24 中的曲线 *c* 所示。如果现场所选用的差压变送器属智能型，能够与 HART 手操器进行通信协议，可以直接用手操器对其进行调校。

(5) 测量范围、量程范围和迁移量的关系　差压变送器的测量范围等于量程和迁移量之和，即测量范围 = 量程范围 + 迁移量。如图 4-24 所示，*a* 曲线量程为 30kPa，无迁移量，测量范围等于量程为 30kPa；*b* 曲线量程为 30kPa，迁移量为 -30kPa，测量范围为 -30～0kPa；*c* 曲线量程为 30kPa，迁移量为 30kPa，测量范围为 30～60kPa。

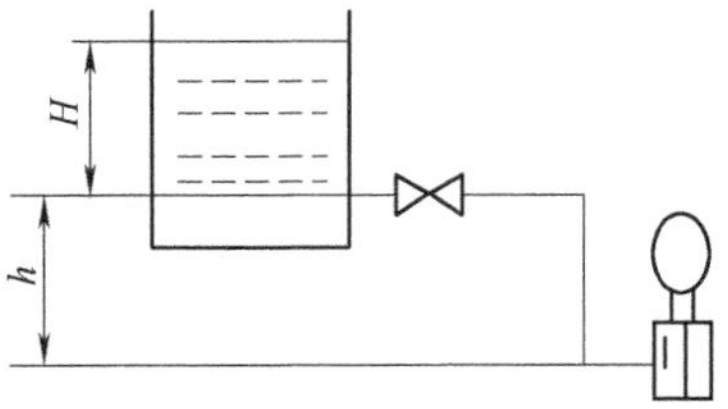

图 4-23　正迁移原理

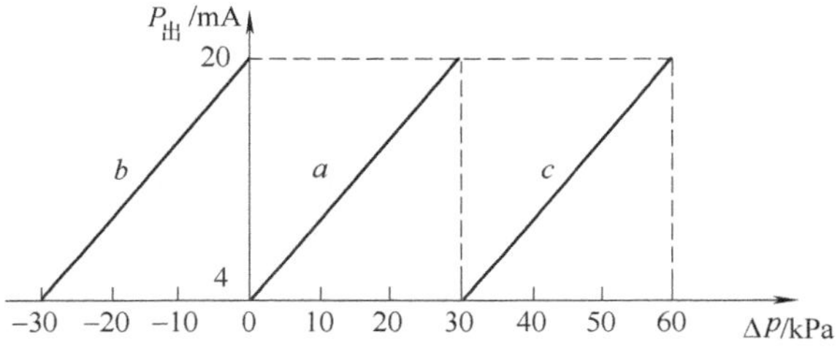

图 4-24　测量范围、量程范围和迁移量的关系

由此可见，正、负迁移的输入、输出特性曲线为不带迁移量的特性曲线沿表示输入量的横坐标平移。正迁移向正方向移动，负迁移向负方向移动，而且移动的距离即为迁移量。

综上所述，正、负迁移的实质是通过调校差压变送器，改变量程的上、下限值，而量程的大小不变。如果从负压室来看，也可以简单理解为正迁移，好比在负压室增加 ρgh 迁移量，而正迁移好比在负压室减少 ρgh 迁移量。

从以上分析中可以了解差压变送器测液面正、负迁移的原理，这样在实际应用中，就可以根据生产装置的工艺情况和仪表的使用条件及周围环境等灵活应用，对液面的测量方法进行相应的改进。

差压式液位计常见故障原因及处理方法，见表 4-5。

表 4-5　差压式液位计常见故障原因及处理方法

故障现象	原因分析	处理方法
无显示值	无电源	检查电源，接通信号线
	毛细管漏硅油	返厂重新填充硅油
	正、负压室引压管堵塞	清理引导管
显示值与实际物位值有偏差	没有零点迁移	对物位计进行零点迁移
	所测介质有剧烈波动	消除波动源，使介质物位缓慢变化

2. 对液位（面）计的安全技术要求

(1) 液位（面）计的选用　压力容器用液位（面）计应符合有关标准的规定，并符合下列要求：

1）应根据压力容器的介质、最高工作压力和温度正确选用。

2）耐压和密封性能良好。罐车压力随温度的变化而变化，压力波动较大，体积膨胀性能也较大，溶胀性能也较强，液位计的泄漏以致损坏，常常可能引起事故，这就对罐车用液位计耐压和密封性能提出了更高的要求，要求在介质的温度剧烈变动和介质长时间的溶胀作用下，也能保持密封不漏，确保安全可靠。因此，在安装使用前，应进行耐压试验，试验压力不应低于罐体设计压力的1.3倍。

用于易燃、毒性程度为极度、高度危害介质的液化气体压力容器上，应有防止泄漏密封保护装置。液位计或液位指示器上应有防止液位计泄漏的装置和保护罩。液化石油气液位计使用的电器部分应符合安全规定，必须达到防爆隔爆要求，并且安全可靠。

3）液位计要求结构简单、安全可靠、测量数据准确，精度要高，液位指示明显醒目，操作维修方便。

罐车几乎每天都要进行装卸作业，操作比较频繁。控制一定量的充装量是保证罐车安全运行的主要手段，任何超装都可能引起罐车罐体升压，甚至因此而出现重大事故，在日温差较大的环境下，低温充装时造成超压的危险性就更大；另一方面，少装也会给用户带来经济损失。这就要求液位计必须灵敏、准确、具有足够的精确度。而液位计的精度是指液位计的测量示值减去实际液面值（误差数），然后与全量程值的比值，用扩大100倍的数值的绝对值表示的数值为精度等级。《移动式压力容器安全技术监察规程》中规定液位计的精度等级不得低于2.5级。并且便于观察和使用，使作业人员能够比较容易直观地、准确地观测到液位的高低和容积的多少，再根据介质的密度或充装系数，迅速地计算出充装量。

4）结构牢固、经得起振动和撞击。罐车在行驶速度经常变化及路面复杂的情况下，不可避免地给罐车带来激烈的振动、颠簸和冲击，甚至不可避免地受到机械碰撞，因此，罐车上采用的液位计必须能够适应于这一恶劣的使用条件。这就要求液位计的结构牢固可靠，经得起剧烈振动、颠簸和撞击。因此，液化气体槽车上使用的液位计，为了防止碰撞、减少外露尺寸和确保安全可靠，液位计应尽可能的置于槽车罐体内部或减少外露尺寸，例如槽车上经常采用磁力式液位计、拉杆式液位计、浮球式液位计等。

（2）液位（面）计的安装　液位（面）计应安装在便于观察的位置，并有防爆装置。液位（面）计上最高和最低安全液位，应做出明显的标志。如安装完毕并经调校后，应在刻度表盘上用红色油漆画出最高、最低液位的警告红线，以便操作人员及时掌握充装情况。

（3）液位（面）计的维护管理　压力容器储运操作人员，应加强对液位（面）计的维护管理，保持其完好和显示清晰。操作人员要经常巡回检查，保持液位计的清洁，谨防泄漏，特别在冬季，要防止液位计冻堵和产生假液位。排放液位计内的有毒、剧毒、易燃易爆介质时，要采用引出管将介质排放至安全地带妥善处理。使用单位应对液位（面）计实行定期检修制度，可根据实际情况，规定检修周期，但不应超过罐体容器内外部检修周期。

（4）液位（面）计的更换　液位（面）计有下列情况之一时，应停止使用并更换：

1）超过检修周期。

2）阀件固死。

3）出现假液位。

4）液位（面）计指示模糊不清。

3. 液位计常见故障及处理方法

液位计常见故障及处理方法见表4-6。

表 4-6　液位计常见故障及处理方法

常见故障	产生原因	处理方法
液位计示数与实际液位误差较大	1. 充装台不平 2. 旋转拔管式及浮筒式液位计的转动杆弯曲 3. 指针与刻度盘相对位置位移 4. 磁针或磁铁磁力下降	1. 调平充装台 2. 调整转动杆 3. 调整指针与刻度盘相对位置并固定 4. 更换磁铁或指针
密封不严	1. 法兰密封垫损坏，有杂质 2. 导杆处密封填料损坏 3. 填料压紧螺母太松 4. 放气阀或螺塞失灵	1. 更换或清洗密封垫片 2. 更换密封填料 3. 上紧压紧螺母 4. 修理放气阀或更换螺塞
液位计失灵	1. 导管堵塞 2. 传动杆件卡死 3. 紧固螺母锈死 4. 浮筒在上、下死点卡死	1. 清洗疏通传动杆 2. 清洗研磨传动杆件 3. 清洗更换紧固螺母 4. 振动车体使之离开死点

4.5　温度计

移动式压力容器在储运过程中，对温度的控制一般都比压力控制更严格，因为温度对罐体中的充装介质或储运介质的压力升降具有决定性作用。特别是常温罐车罐体内的介质会由于温度的变化而发生压力上大的变化，如果超过了充装工艺所规定的介质温度，就可能产生超温过量充装，导致事故发生。所以，移动式压力容器操作人员应根据测温仪表所反映的数据对罐体容器工况进行调整。

1. 温度仪表的型式与结构

移动式压力容器上常用的温度计有压力式温度计、热电偶温度计等。压力容器中需要测量的温度范围相当广，从摄氏零下 100 多度至零上近千度。故备有多种类型测温仪表满足不同范围的测温要求，见表 4-7。

表 4-7　各类测温仪表测温范围

类　　别	作用原理	测温范围/℃
膨胀式温度计	物体受热产生热膨胀	－80～700
压力式温度计	液体、气体、蒸气在密封系统中受热产生压力或体积变化	－60～550
热电偶温度计	利用物体的热电性能	－50～160
电阻温度计	利用导体或半导体受热后的电阻值变化	－50～650

（1）压力式温度计

1）压力式温度计的原理与结构。压力式温度计是根据温包里的气体或液体，因受热而改变压力的性质制成的。一般分为指示式与记录式两种。前者可直接从表盘上读出当时的温度数值，后者有自动记录装置，可记录不同时间的温度数值。压力式温度计工作原理如图 4-25 所示。压力式温度计由温包、毛细管、游丝、小齿轮、扇形齿轮、连杆、弹簧管、指针等零件组成，如

图4-26所示。温包内装有易挥发的碳氢化合物液体。温包、毛细管和弹簧管三者的内腔共同构成一个封闭容器，其中充满工作物质。所以，其材料应具有防腐能力，并有良好的热导率。为了提高灵敏度，温包本身的受热膨胀应远远小于其内部工作物质的膨胀，故材料的体膨胀系数要小。此外，还应有足够的机械强度，以便在较薄的容器壁上承受较大的内外压差。通常，用不锈钢或黄铜制造温包，黄铜只能用在非腐蚀性介质里。当温包直接与被测介质接触受热后，温包内的液体受热蒸发，将使内部工作物质温度升高而压力增大，此压力经毛细管传到表头弹簧管内，使弹簧管产生变形，并由传动系统带动指针，指示相应的温度值。

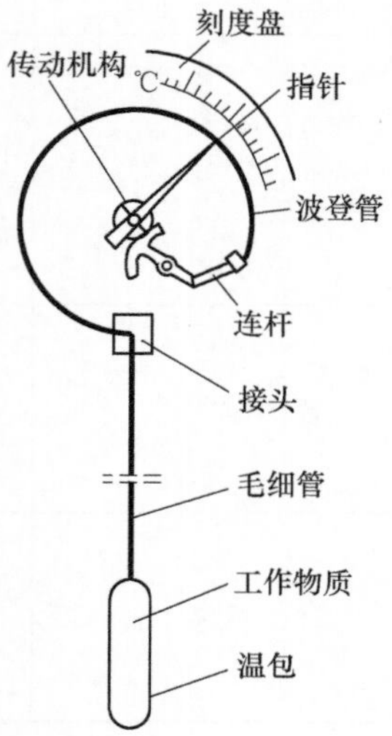

图4-25　压力式温度计工作原理图

目前生产的压力温度计根据充入密闭系统内工作物质的不同可分为充气体的压力温度计和充蒸气的压力温度计。

压力式温度计虽然属于膨胀式温度计，但它不是靠物质受热膨胀后的体积变化或尺寸变化反映温度，而是靠在密闭容器中液体或气体受热后压力的升高反映被测温度，因此这种温度计的指示仪表实际上就是普通的压力表。压力温度计的主要特点是结构简单、强度较高、抗振性较好。

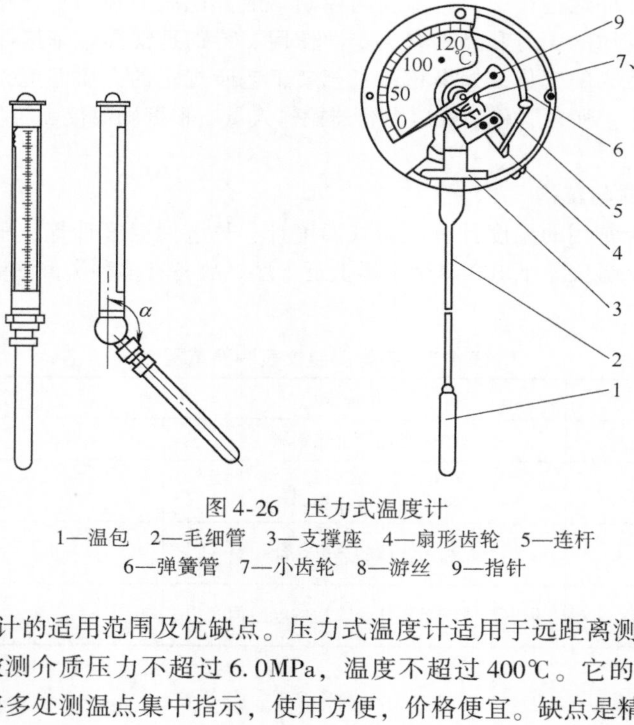

图4-26　压力式温度计
1—温包　2—毛细管　3—支撑座　4—扇形齿轮　5—连杆
6—弹簧管　7—小齿轮　8—游丝　9—指针

2）压力式温度计的适用范围及优缺点。压力式温度计适用于远距离测量非腐蚀性气体、蒸气或液体的温度，被测介质压力不超过6.0MPa，温度不超过400℃。它的优点是温度指示部分可以离开测点，能将多处测温点集中指示，使用方便，价格便宜。缺点是精确度较低，金属软管容易损坏，且不易修复。

一般罐车罐体装设的温度计，其测量范围为－50～60℃，并应在50℃处涂以红色警戒标记。罐车用温度计，应选用表盘式压力温度计以防止受振损坏。温度计的温感部分应与罐内液体相通，以测量液体温度，并应能耐罐体水压试验压力，同时，温度计必须经计量部门校验合格，每年至少校验一次，并打上铅封。对失灵或损坏的温度计，不得继续使用。

（2）热电偶温度计　热电偶温度计的原理与结构。热电偶温度计是利用两种不同金属导体的接点，受热后产生热电势的原理制成的测量温度的仪表。它主要由热电偶、补偿导线和电器测量仪（检流计）三部分组成，如图4-27所示。用两根不同的导体或半导体（热电极）ab和ac的一端互相焊接，形成热电偶的工作端（热端）。用它插入被测介质中以测量温度，热电偶的自由端（冷端）b、c分别通过导线与测量仪表相连接。当热电偶的工作端与自由端存在温度差时，则b、c两点之间产生了热电势，因而补偿导线上就有电流通过，而且温差越大，所产生的热电势和导线上的电流也越大。通过观察测量仪表上指针偏转的角度，就可直接读出所测介质的温度值。常用的普通铂铑－铑热电偶（WRLL型）最高测量温度为1600℃，普通铂铑－铂热电偶（WRLB型）最高测量温度为1400℃；普通镍铬－镍硅热电偶（WREU型）最高测量温度为1100℃。

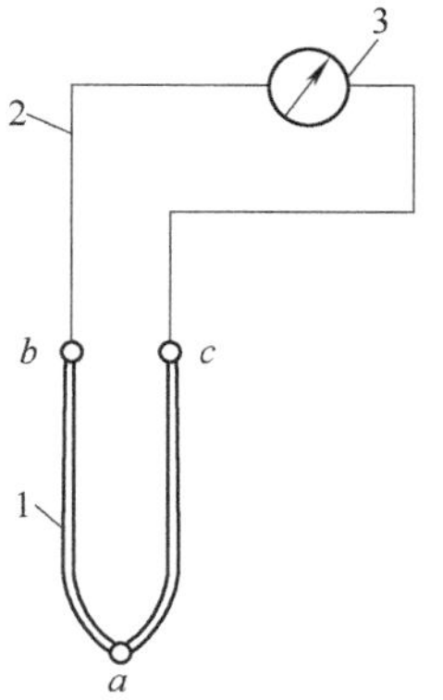

图4-27　热电偶温度计示意
1—热电偶　2—补偿导线　3—测量仪

常见的普通金属热电偶和贵重金属热电偶的内部结构如图4-28和图4-29所示。

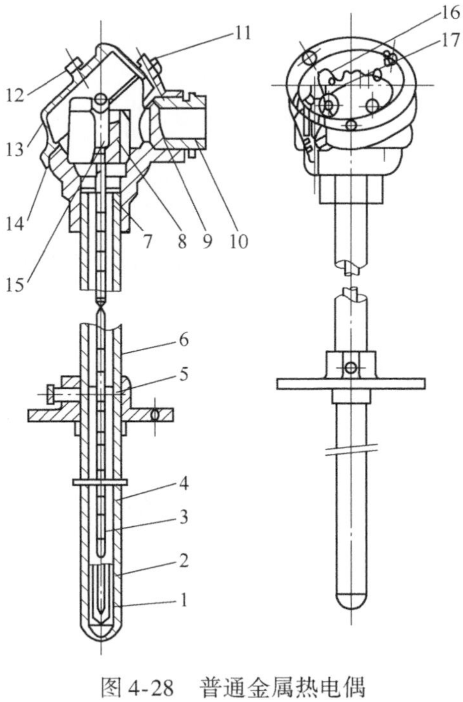

图4-28　普通金属热电偶
1—测温段　2—磁帽　3—磁柱　4—保护套　5—法兰
6—保护管上　7—头部外壳　8—磁座　9—石棉填料
10—填料函　11—螺钉　12—链环　13—盖子　14—垫圈
15—接z线柱　16—导线固定螺钉　17—热电偶固定螺钉

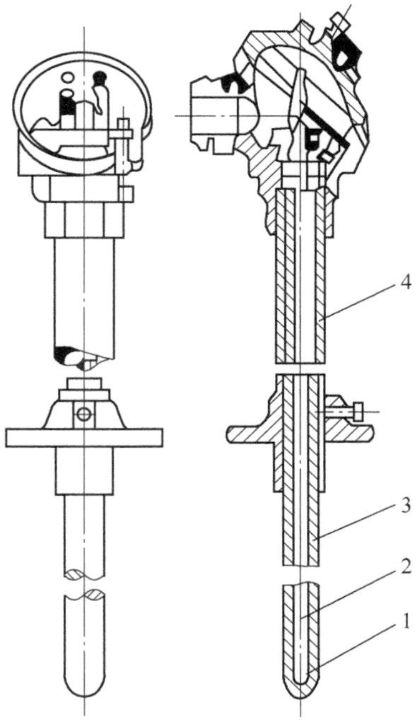

图4-29　贵重金属热电偶
1—工作段　2—磁管
3—磁保护管　4—钢保护管

热电偶温度计的优点是灵敏度高，测量范围大，无需外接电源，便于远距离测量和自动记录等。缺点是需要补偿导线，安装费较贵。

（3）热电阻温度计　利用金属、半导体的电阻随温度变化的特性，可制成热电阻温度计。通过测量其电阻值，即可得到被测温度的数值。它由测量元件热电阻和电气测量仪表组成。

1）热电阻有两类，一是用金属丝绕成的电阻，称为测温电阻，如铂电阻（图4-30）、铜电阻（图4-31）等；二是由半导体制成的电阻，称为半导体热敏电阻，如图4-32所示。

2）电气测量仪表。与热电阻匹配的电气测量仪表，用于测量热电阻的电阻值。电阻值随温度而变化，将此值作为信号输入测量仪表进行测量，即可获得被测物的温度值。不同热电阻的电阻值与温度的对应关系已通过实验获得，因此在测量仪表上可以直接显示被测介质的温度值。工业上常用的测量仪表有比率计和自动平衡电桥等。其优点是精确度较高，便于远距离测量和自动记录，既能测高温又能测低温，其测温范围通常为 -200 ~ +650℃。缺点是维护工作量较热电偶温度计大，在振动场合易损坏。

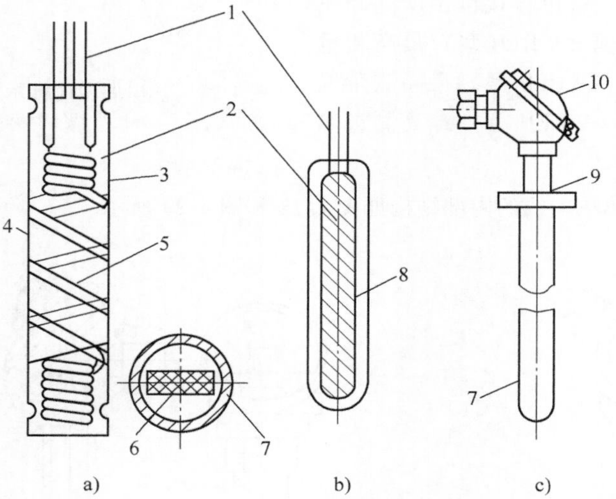

图4-30　铂电阻构造示意图

a）用云母片做骨架　b）用石英玻璃柱做骨架　c）外形图

1—银引出线　2—铂丝　3—锯齿形云母骨架

4—保护用云母片　5—银绑带　6—铂电阻横断面

7—保护套管　8—石英骨架　9—连接法兰　10—连接盒

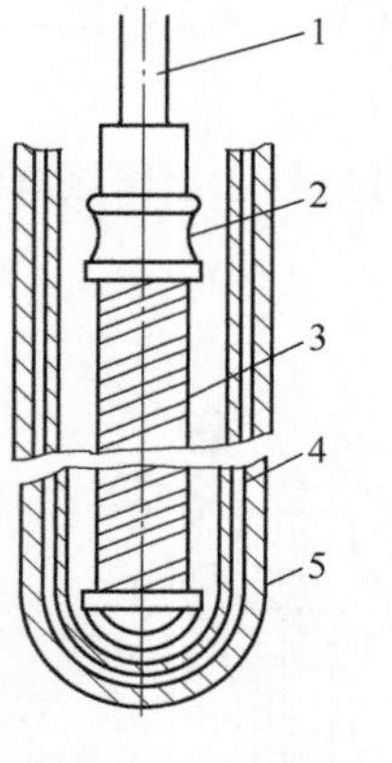

图4-31　铜电阻构造示意图

1—引线　2—塑料骨架　3—铜线

4—内保护套管　5—外保护套管

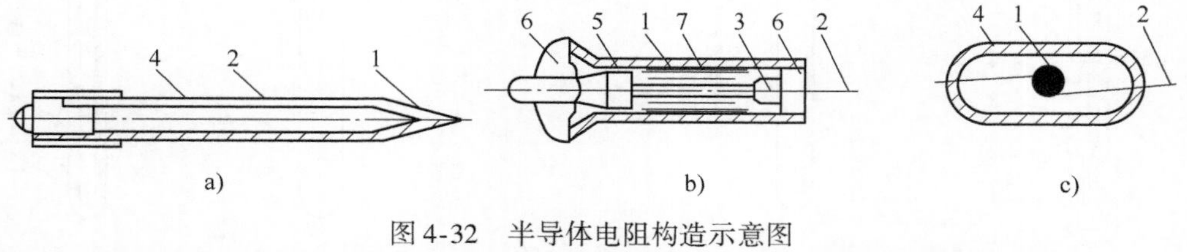

图4-32　半导体电阻构造示意图

a）带玻璃保护管的半导体电阻体　b）柱形半导体电阻体　c）带密封玻璃管的球形半导体电阻体

1—电阻体　2—引出线　3—导体　4—玻璃管　5—保护管　6—密封函料　7—锡箔

2. 温度计的安全使用要点

1）应选择合适的测温点，使测温点的情况具有代表性，并尽可能减少外界因素（如辐射散热等）的影响。其安装位置要便于操作人员观察，并配备防爆照明。

2）温度计的温包应尽量伸入压力容器或紧贴于容器器壁上，同时露出容器的部分应尽可能短些，确保能测准容器内介质的温度。用于测量蒸气和物料为液体的温度时，温包的插入深度不应小于150mm，用于测量空气或液化气体的温度时，插入深度不应小于250mm。

3）对于压力容器内介质的温度变化剧烈的工况，进行温度测量时应考虑到滞后效应，即温度计的读数来不及反映容器内温度变化的真实情况。为此，除选择合适的温度计型式外，还应注意安装的要求。如用导热性强的材料做温度计保护套管，在水银温度计套管中注油，在电阻式温度计保护套管中充填金属屑等，以减少传热的阻力。

4）温度计应安装在便于工作、不受碰撞、减少振动的地点。对于充注液体的压力式温度计，安装时其温包与指示部位应在同一水平面上，以减少由于液体静压力引起的误差。

5）新安装的温度计应经国家计量部门鉴定合格。使用中的温度计应定期进行校验，误差应在允许的范围内。在测量温度时不宜突然将其直接置于高温介质中。

3. 温度计常见故障及处理方法

温度计常见故障及处理方法见表4-8和表4-9。

表4-8 双金属温度计常见故障及处理方法

常见故障	产生原因	处理方法
温度计损坏	1. 表盘玻璃破碎 2. 表盘刻度不清 3. 铅封脱落 4. 外壳变形	1. 重配表盘，重新校验 2. 更换表盘，重新校验 3. 重新校验，打铅封 4. 修复或更换
温度计指针不动	1. 双金属片折断 2. 指针与轴松动 3. 双金属片固定端脱落 4. 保护管与细轴变形卡死	1. 更换双金属片 2. 紧固指针 3. 修理 4. 调修保护管和细轴
温度计指针不回零	1. 零位未校准 2. 双金属片变形过度 3. 保护管和细轴变形	1. 重新校验零位 2. 更换双金属片 3. 修复和保护管和细轴
罐内介质泄漏	1. 温度计保护管破裂穿孔 2. 连接螺母与罐体密封不严 3. 温度计安装管裂纹造成密封失效	1. 修复保护管 2. 更换密封填料，重新紧固 3. 修复安装管

表4-9 感温包式温度计常见故障及处理方法

常见故障	产生原因	处理方法
温度计指示不正确且超过允许误差	1. 温包穿孔，罐内介质进入温度计 2. 弹簧受高温、超负荷，以致变形过量 3. 齿轮磨损松动 4. 游丝紊乱	1. 更换温包，重新充气调试 2. 检查更换弹簧管 3. 检查或更换齿轮 4. 调整或更换游丝
温度计指针不动	1. 毛细管折断 2. 毛细管与表头、温包连接处泄漏 3. 指针与轴松动 4. 扇形齿轮与小齿轮脱落 5. 连杆销子松脱	1. 更换毛细管，充气校验 2. 焊牢接头后充气校验 3. 紧固指针 4. 重新装好扇形齿轮和小齿轮 5. 紧固连杆销子

（续）

常见故障	产生原因	处理方法
温度计指针不回零	1. 零位未校准 2. 弹簧管变形过度 3. 连杆零位磨损松动	1. 重新校验零位 2. 更换弹簧管 3. 泄漏或更换连杆零位
罐内介质泄漏	1. 温包导管与连接螺母密封失效 2. 连接螺母与罐体密封不严 3. 温包及毛细管均穿孔	1. 更换密封材料、重新安装 2. 更换密封填料，重新紧固 3. 更换温度计或修复

4.6 紧急切断阀及其装置

紧急切断阀及其装置是一种通常装设在液化石油气储罐或液化气体汽车罐车、铁路罐车的气、液出口管道上的安全装置，当管道及其附件破裂、误操作或容器附近发生火灾事故时，为了防止事故蔓延和扩大，需立即紧急关闭阀门，以迅速切断气源，杜绝事故的继续发生，此时紧急切断阀应立即投入。

1. 紧急切断阀分类

紧急切断阀按其切断方式分为油压式、气压式、电动式和机械式四种类型。

1）油压式紧急切断装置由手摇油泵、紧急切断阀和油管路等组成。紧急切断阀借助手摇油泵，给系统工作介质加压使阀开启。油压式紧急切断阀是利用油泵将油压送到紧急切断阀的上部油缸中，把油缸中的活塞压下，通过活塞杆带动阀芯下降而开启阀门，液化石油气通过紧急切断阀流出。当发生事故需要紧急切断时，即当需要关闭时，打开手摇油泵的泄压阀或油路上的泄压阀，卸掉系统压力，把油缸中的油放出，活塞在弹簧作用下向上移动，从而带动阀芯向上关闭阀门，达到紧急切断的目的。同时，紧急切断阀的上部还装有易熔合金塞，发生火灾时由于温度急剧升高，易熔合金迅速熔化，使油缸中的油漏出而关闭阀门。这种紧急切断装置安全可靠，操作灵活，可以远距离操纵。它可以安装在储罐和槽车罐体上。站用紧急切断装置的手摇油泵可设在仪表间、压缩机室或距储罐 15m 以外的地方。

站用和车用手油摇泵的构造，分别如图 4-33、图 4-34 所示。

2）气压式紧急切断阀则是利用压缩空气压入阀内，使阀开启，事故发生时放掉压缩空气使阀门自行关闭的原理制成；其构造原理与油压式相似。在寒冷地区使用时，要考虑压缩气系统的防冻。

3）电动式紧急切断阀的作用机制是通电时，由于电磁阀吸引使阀门开启，断电时阀门即自行关闭。这种阀门必须具有良好的耐压和防爆性能。

4）机械式紧急切断阀能通过传动机构使阀门开启或关闭，结构简单，操作方便，但操纵系统（钢索）易受损，只能近距离操作。目前只在某些固定槽车上使用。

所有紧急切断阀的断物料的时间，应在 10s 内完成。

紧急切断阀按安装方法可分为内置式和外装式两种：内置式紧急切断阀主要由阀盖、油缸、O 形密封圈、弹簧和阀座等部分组成，如图 4-35 所示，通常安装在储罐（凸缘）上；外置式紧急切断阀由阀座、阀瓣、弹簧、油缸、活塞、外壳等部件组成，如图 4-36 所示，通常安装于接管上。

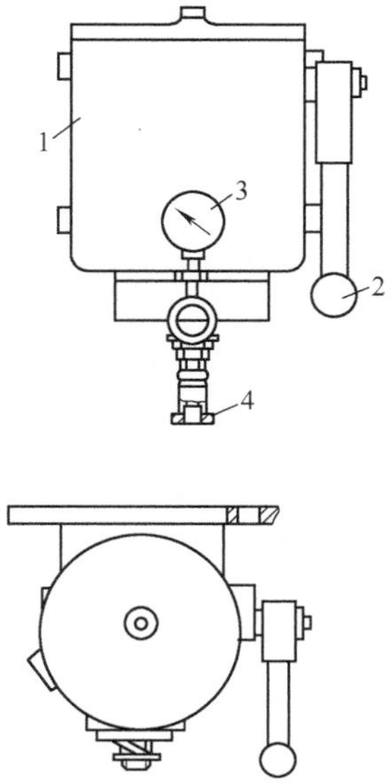

图 4-33　站用手摇油泵构造
1—外套　2—手柄　3—压力表　4—油路接管

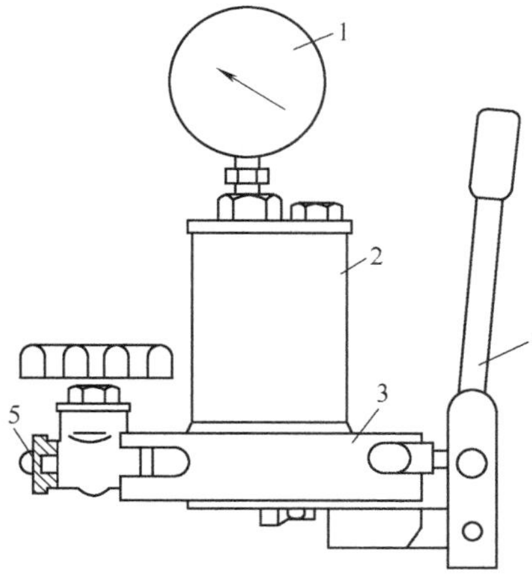

图 4-34　车用手摇油泵构造
1—压力表　2—油杯　3—阀体　4—手柄　5—油路接管

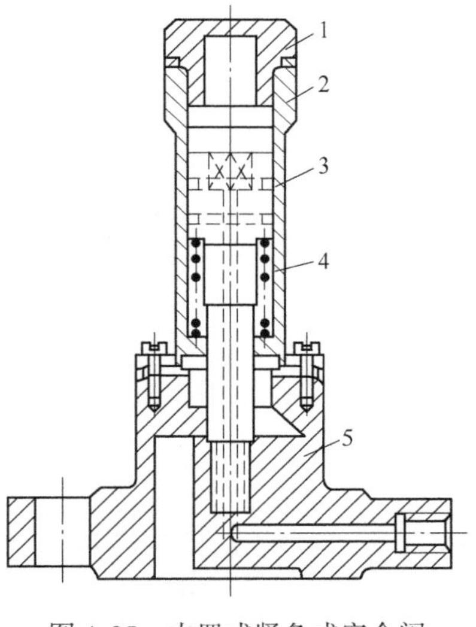

图 4-35　内置式紧急式安全阀
1—盖　2—阀座　3—O 形密性圈
4—弹簧　5—阀座

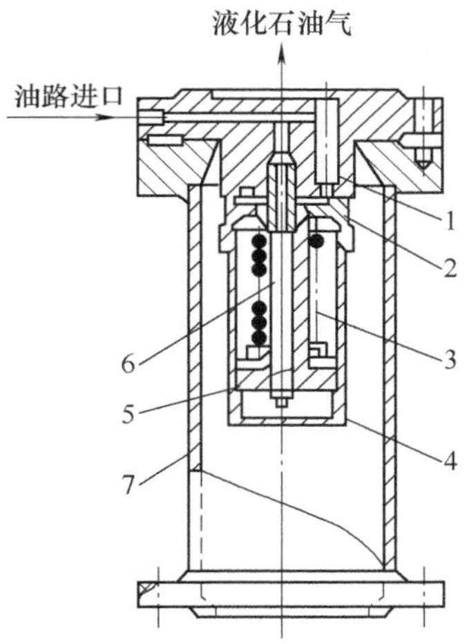

图 4-36　外置式紧急式安全阀
1—阀座　2—阀瓣　3—弹簧　4—油缸　5—活塞
6—导油管　7—外壳

2. 液化气体槽车上紧急切断阀装置

液化气体槽车上专用的紧急切断阀由紧急切断阀体、凸轮、油缸、弹簧等部件组成，如图 4-37 ~ 图 4-39 所示。安装时应根据槽车的特点，做成 135°角接式，并带有过流关闭装置，其构造如图 4-38 所示。

紧急切断阀装置如图 4-40 所示。正常工作时，高压油通过油管送到紧急切断阀 1 上部的油孔进入油缸，克服弹簧力并推动带着阀瓣的缸体移动，阀瓣离开阀座，油路导通，液化石油气便可以通过紧急切断阀；当发生事故时，使油卸压，阀瓣在弹簧力作用下，压在阀座上，通路关闭。高压油的压力，必须大于弹簧力及液体对阀瓣作用力之和，即不小于 3.0MPa（30kgf/cm^2），才能使阀门开启。为了使紧急切断阀在发生火灾时能自动关闭，在管路系统上设置易熔合金塞（图4-39）。当火灾发生时，周围温度升高，使易熔合金塞熔化，油泄出，油压降低，紧急切断阀即自动关闭。易熔塞的易熔合金熔融温度为（70±5）℃。紧急切断阀的技术性能见表4-10。

3. 过流阀

过流阀也是一种安全装置，由阀体、阀瓣、阀杆和弹簧等部件组成，如图4-41所示。常安装在储存易燃易爆介质储罐的液相出口管处，当管道正常工作时，通过规定的流量，过流阀打开。当管道或附件破裂或其他原因造成介质在管内流速急增时，阀门自行关闭，以防止管内介质大量流出。从而避免因介质与管壁剧烈摩擦而产生的静电火花导致事故的发生。过流阀一般用在罐式集装箱上。

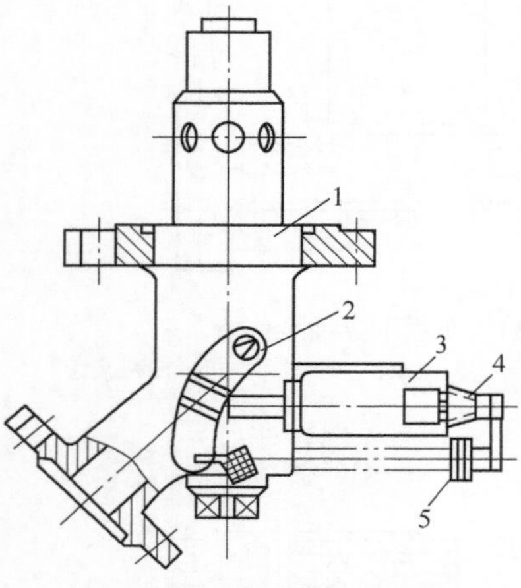

图4-37　车用紧急切断阀
1—阀体　2—凸轮　3—油缸
4—油路接口管　5—拉紧弹簧

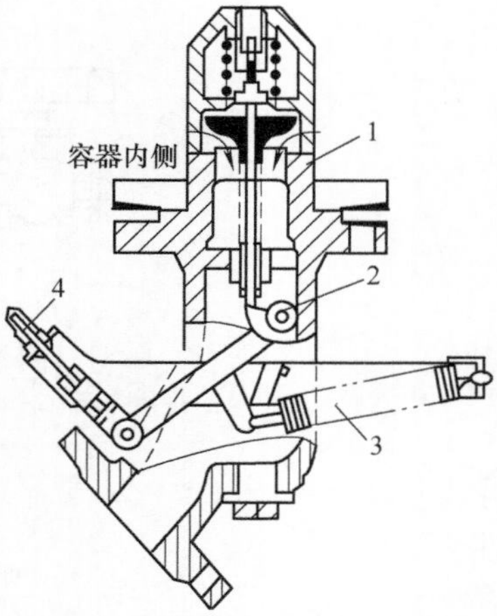

图4-38　车用紧急切断阀
1—阀体　2—凸轮
3—拉紧弹簧　4—操作手柄

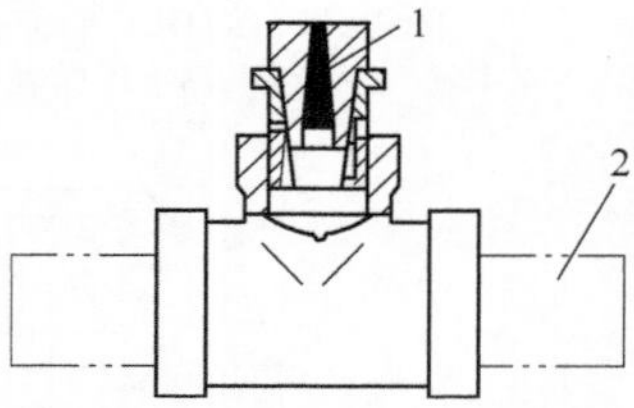

图4-39　易熔合金塞的构造
1—易熔合金塞　2—高压油管

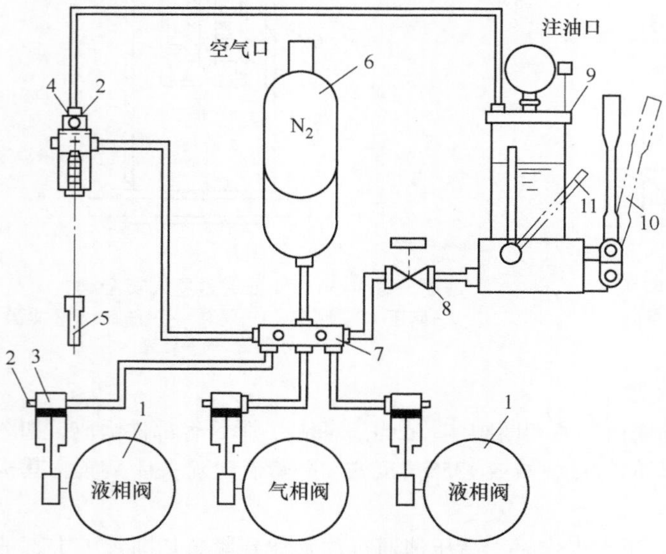

图4-40　紧急切断阀装置
1—液相阀　2—易熔塞　3—工作油缸　4—拉阀　5—拉阀手柄
6—皮囊蓄能器　7—分配缸　8—阀门　9—手摇泵
10—加压手柄　11—卸压手柄

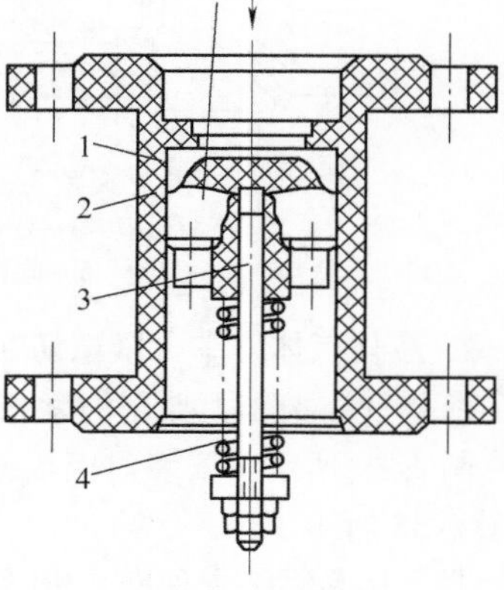

图4-41　过流阀
1—阀体　2—阀瓣　3—阀杆
4—弹簧　5—小孔

表 4-10　液化石油气槽车紧急切断阀的技术性能

设计压力/MPa	适用温度/℃	使用介质	易熔塞熔融温度/℃	油缸使用压力/MPa	油缸使用介质
1.8	-40 ~ +50	液化石油气	70 ±5	3.0	2 号定子油 13 号机械油

4. 紧急切断装置的安全技术性能要求

紧急切断装置如图 4-40 所示，是由手摇泵（操作手柄及拉紧弹簧）、紧急切断阀和油管路（操纵机构）组成。紧急切断阀借助手摇泵（操作手柄及拉紧弹簧）给系统工作介质加压使阀门开启，当发生事故或需要关闭时，打开手摇泵的泄压阀或油路上的泄压阀泄掉系统压力使阀门自行关闭（对机械式紧急切断阀松开操作手柄）。要保证这种紧急切断装置安全可靠，就必须保持下列良好的性能要求。

（1）足够的强度　紧急切断阀在制成或检修后，应在 1.5 倍的罐体设计压力下进行水压试验合格；用于推动紧急切断阀动作的油缸或气缸，也应在最高工作压力的 1.5 倍下进行耐压试验合格。

（2）良好的致密性能　良好的致密性能，即保证紧急切断阀在工作期间不发生液态气体外漏。外漏是十分危险的，因此，紧急切断阀在制成或检修后，应在 98.1kPa 的低压和罐体的设计压力下分别进行气密性试验合格，阀体和连接处不得泄漏（可浸入水中检验）。

（3）阀瓣与阀座有良好的密封（严密）性能　紧急切断阀关闭时阀瓣与阀座应严密接触、密封良好，其允许泄漏量（称漏）不得超过设计要求，以保证截流、止漏的效果。对于靠油压（或气压）操纵的紧急切断阀，还要求油（或气）压系统的密封良好，在工作压力下油（或气）压系统的压降要符合要求，以确保罐车在连续装卸作业过程中不至于因油（或气）压系统的超量泄漏、降压而使紧急切断阀自行关闭，中断装卸作业。为此，紧急切断阀在制成或检修后，应进行内漏量测定和油（或气）压系统的密封性能试验合格。

油（或气）压系统的密封性能要求，规定为在油（气）系统的工作压力时紧急切断阀在全开状态下连续放置 48h，不得自行闭止。在实际检验时为节约时间，在已有大量实验数据的基础上也可以根据所积累的时间 – 油（气）压曲线，以一定时间内的最大压降值为验收依据。

（4）启闭动作灵敏、迅速　要求发出指令后，紧急切断阀应能在最短的时间内完成启闭动作，通径小于 DN50mm 应在 5s 内完全闭止，通径不小于 DN50mm 应在 10s 内完全闭止，达到紧急快速截流止漏的目的。紧急切断阀在制成或检修后，以及在充装作业前，都应进行启闭动作检验。

（5）良好的过流关闭性能　对于带有过流阀结构的紧急切断阀，还要求其过流关闭性能良好。即当罐车在正常的流速下进行装卸作业时，紧急切断阀应始终处于常开状态，不能无故自行关闭；而当装卸流速超过设计允许的最大流速时，应能自动迅速闭止、截流，不能滞后动作。为此，紧急切断阀在制成或检修更换弹簧后，应进行过流关闭检验，因目前尚无控制流速大小的具体指标规定，一般可参照国外的要求，日本对液化石油气罐车用紧急切断阀的最大流速检验要求见表 4-11。

表 4-11　紧急切断阀的最大流速检验要求

紧急切断阀规格	介质为水时的过流关闭流/（L/min）	介质为液化石油气时的过流关闭流量/（L/min）
DN50	460	900
DN20	160	500

（6）在火灾情况下能自动关闭、截流、止漏　紧急切断阀的这一性能，是靠一个低熔点的金属塞在火焰的烘烤下自动熔化来实现的，易熔塞的熔化温度规定为（70±5）℃，相当于其周围环境温度为110℃。在发生火灾时易熔塞即在高温下自动熔化。此时，对于油（气）压操纵的紧急切断阀则立即自动卸除油（气）压力，对于牵引操纵的紧急切断阀则立即自动卸除牵引力，紧急切断阀迅速关闭。为了确保紧急切断阀这一性能，要求对每批易熔金属塞的熔化温度进行抽样试验；同时，易熔塞的设置应位于罐车最易发生泄漏起火的附近，且有一表面暴露在环境中。

（7）良好的抗振性能　因为紧急切断阀是在作为运输工具的罐车上使用的，它经常承受剧烈的振动，故必须有良好的抗振能力。为此，紧急切断阀至少应在产品技术鉴定时经过振动试验，证明经振动后能立即自动卸除油（气）压力。因国内目前对紧急切断阀的振动试验（包括方法、振幅、频率、试验时间等）仍无相应标准，一般可参考汽车零部件的试验规定进行。

（8）经久耐用、性能稳定　罐车每次装卸始末，紧急切断阀都要做启闭动作，作为一种事故时的紧急安全装置，在长期反复动作后能否仍保持良好的性能，就显得至关重要。为此，规定紧急切断阀还应按批量或者定期抽样进行反复动作试验。在空载下经20000次反复启闭动作，各项性能指标应能符合要求，各个零部件不得损坏。

5. 紧急切断装置常见故障及处理方法

紧急切断装置常见故障及处理方法见表4-12。

表4-12　紧急切断装置常见故障及处理方法

常见故障	产生原因	处理方法
紧急切断阀打不开	1. 油压系统或钢索失灵 2. 阀腔内凸轮安装位置不对 3. 阀外拨杆角度装错位 4. 球阀与截止阀未关严 5. 过流弹簧失灵	1. 维修油压系统或钢索损坏部位 2. 卸下重新安装 3. 调整90°重新安装 4. 关闭球阀或截止阀，待过流弹簧将主阀瓣打开后再打开球阀或截止阀 5. 更换过流弹簧
回位后密封不严	1. 主弹簧脆断 2. 阀杆锈死或变形卡死 3. 主阀瓣密封面损坏或夹有杂质 4. 先导阀瓣密封面损坏或夹有杂质	1. 更换主弹簧 2. 清洗打磨阀杆或更换阀杆 3. 清洗、研磨或更换主阀瓣 4. 清洗、研磨或更换先导阀
凸轮传动轴处泄漏	1. 传动轴密封圈太松 2. 螺纹连接处密封不严	1. 更换密封圈 2. 连接处加密封填料
泄油压或释放导杆后不回位	1. 油泵后控制阀手轮关闭 2. 回位弹簧太松 3. 凸轮传动轴太紧	1. 打开控制阀手轮 2. 更换回位弹簧 3. 清洗传动轴套
手动油泵不升压	1. 易熔合金损坏 2. 油管接头处密封不严 3. 油泵进出口单向阀密封不严	1. 更换易熔塞 2. 更换密封填料 3. 拆卸清洗手压泵，修理单向阀

4.7　移动式压力容器的装卸阀及其他附件

移动压力容器作为储运设备，常常需要进行频繁的装卸作业，其操作过程所需的阀门与附件，也必须有安全技术要求，以保证装卸作业安全。这里简要介绍常见的装卸阀、装卸软管和装卸快接头相关安全技术要求。

1. 装卸阀

常用的装卸阀是带快速连接接头的不锈钢球阀，一般由阀体、阀座、球体、手柄、快连接头盖等部分组成，如图 4-42 所示。装卸阀的安全技术要求为：

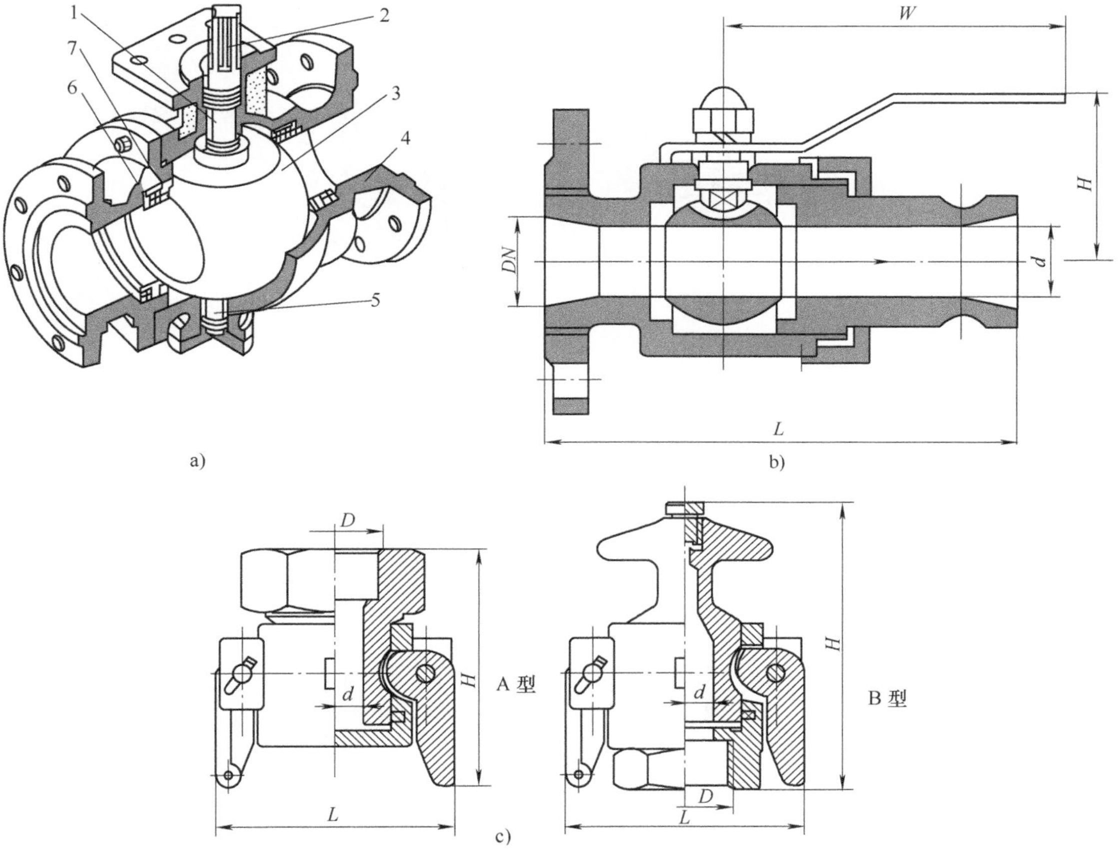

图 4-42 球阀及快接接头结构图

a）球阀内部结构 b）球阀结构 c）快接接头结构

1—上轴承 2—阀杆 3—球体 4—阀体 5—下轴承 6—弹簧 7—阀座

1）装卸阀的公称压力应当高于或者等于罐体设计压力或者 1.5 倍的气瓶公称工作压力，阀门阀体的耐压试验压力为阀体公称压力的 1.5 倍，阀门的气密性试验压力为阀体公称压力，阀门应当在全开和全闭工作状态下进行气密性试验合格。全开气密性试验是为检查其阀杆与阀体间的密封性（查外漏），全闭气密性试验是为检查其关闭严密性（查内漏）。

2）阀体不得选用铸铁或者非金属材料制造。规定阀体不得选用铸铁或者非金属材料制造，是考虑移动式压力容器在运输工况下有振动、冲击载荷，且遭受意外撞击的概率较高，而铸铁阀体耐受振动、冲击、撞击的性能较差，非金属阀体则在冲击、撞击下抵抗变形的能力较差。

3）手动阀应当在阀门承受气密性试验压力下全开、全闭操作自如，并且不得感到有异常阻力、空转等。

4）装卸阀出厂时应当随产品提供质量证明文件，并且在产品的明显部位装设牢固的金属铭牌。

2. 装卸软管和快接头

（1）装卸软管

1）高压橡胶管。移动式压力容器液化气罐车常用具有良好的耐压、耐油和不渗漏性能的高压胶管（图4-43），通常情况下，其耐压强度应不低于6MPa。通常选用的装卸软管是两层钢丝编织的高压软管，如图4-44所示，其性能要求见表4-13。

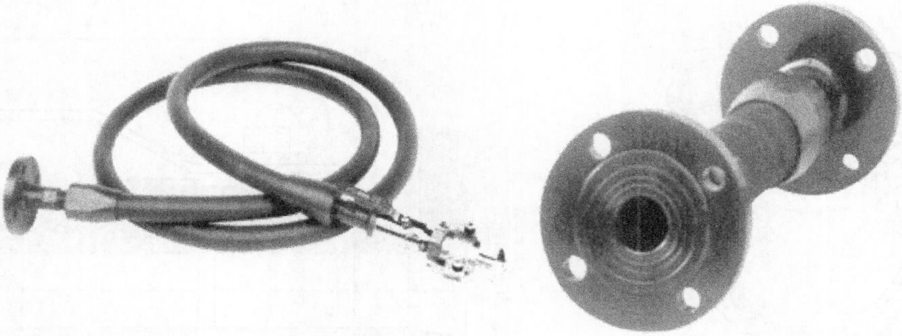

a)

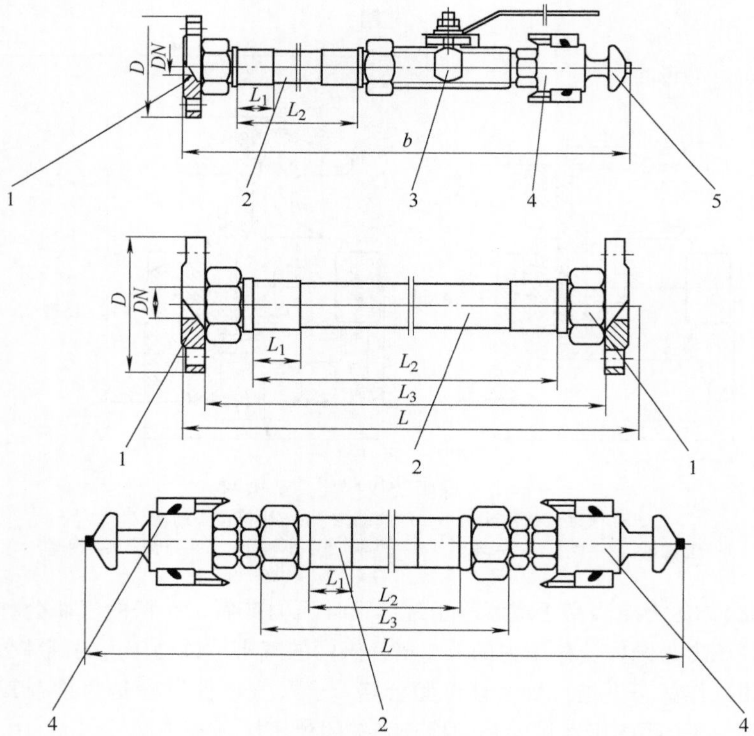

b)

图4-43　高压胶管实物及其结构

a）高压胶管实物　b）高压胶管结构

1—法兰接头　2—高压橡胶软管　3—快开球阀　4—快接接头　5—盲法兰等效装置

2）波纹金属软管（简称波纹管）。低温罐车一般采用波纹金属软管，其结构如图4-45所示。

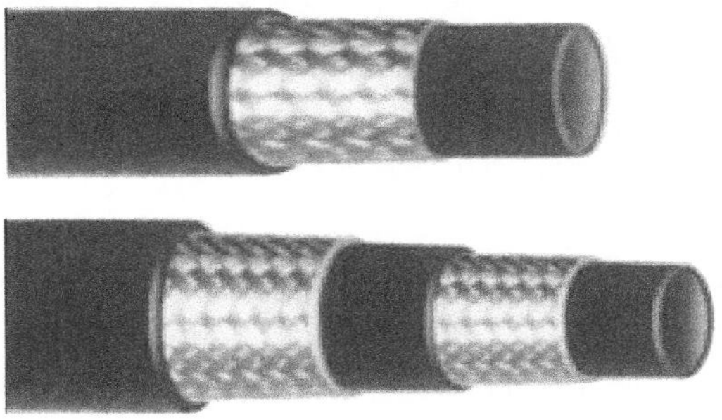

图 4-44　两层钢丝编织的高压软管结构图

表 4-13　两层钢丝编织的高压软管

内径/mm		外径/mm		耐压/MPa		
公称	公差	公称	公差	工作压力	试验压力	爆破压力
25	0.7	40	1.2	8.0	13.5	33.0
51	0.7	60	1.2	6.0	9.5	18.0

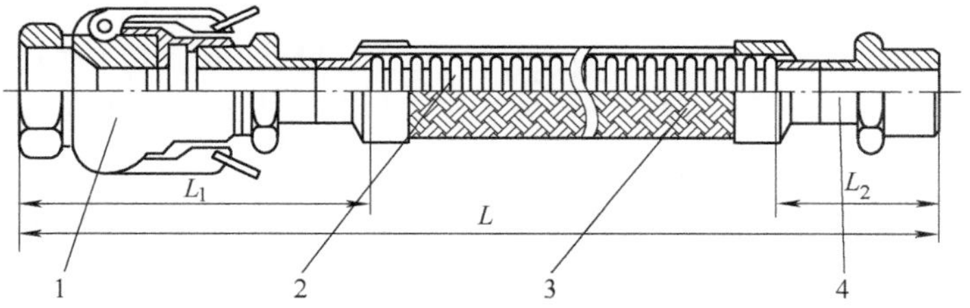

图 4-45　波纹金属软管结构示意
1—快接接头　2—波纹管　3—网套　4—接头

波纹管是现代工业管路中一种高品质的柔性管道。它主要由波纹管、网套和接头组成。它的内管是具有螺旋形或环形波形的薄壁不锈钢波纹管，波纹管外层的网套是由不锈钢丝或钢带按一定的参数编织而成。其特点是由于制作软管主要零件的材料是奥氏体不锈钢，因而保证了软管优良的耐温性和耐蚀性，软管的工作温度范围极广，为 -196 ~ 600℃，使用的软管按管道所通过介质的腐蚀性选择适用的不锈钢牌号，即可保证软管的耐蚀性。这就要求低温罐车采用的波纹金属软管具备下列特点：金属软管整体采用 1Cr18Ni9Ti 不锈钢材料制成，具有较强的耐蚀能力；软管管体为薄壁不锈钢管体液压成形，具有较强的柔韧性、伸缩性，弯曲和抗振能力强，编织网套的加强保护使之具有更高的承压能力；软管两端的连接应制成除螺纹、法兰标准之外的快速接头连接方式，方便连接和使用；此类软管不仅适于与旋转接头的配套，而且广泛用于多种流体介质输送的软性连接。此类金属波纹软管具有耐蚀、耐高温、耐低温（ -196 ~ 420℃），质量轻、体积小、柔软性好的特点，常常用做低温罐车装卸的软管。

从结构上来看，波纹管金属的胚料有带材和管材两种，它们都可以成型出环形波纹管和螺旋形波纹管。只是因为带材成型的波纹管总是有一定长度的钎焊或熔焊的搭扣和接头，这些地方常常积聚有工作介质的残渣，并沉淀有清洗试验和工作介质中的机械杂质污染内腔。因此，它的使用可信赖度要相对差一些。环形波纹管是若干圆环膜片外缘与若干凹面向心的半圆环相切接，内缘与若干凹面背心的半圆环相切接的特殊几何形状的管子。它的坯料以管材为主，这类波纹管具有挠性大、弹性好、制造简单、刚性小等特点。适宜用来制作承受一般工作压力，对挠性要求较高的大、中通径的金属软管。螺旋形波纹管是一定长度的绕簧状的膜片外缘与绕簧状的凹面向心的半圆环相切接，内缘与绕簧状的凹面背心的半圆环相切接的特殊几何形状的管子。这类波纹管具有强度高、刚性大、制造简单等特点，适宜用来制作对挠性要求一般，强度要求较高的高、中压力以及中、小通径的金属软管。

波纹管是金属软管的本体，起着挠性的作用；网套起着加强、屏蔽的作用；接头起着连接的作用。对不同的使用要求，它们之间相互连接的方式各不相同：波纹管、网套与接头三部分以焊接的形式连接，称为焊接式；以机械夹固的形式连接，称为机械夹固式；除此，还有把上述两种方法联用的，称为混合式。

网套是由相互交叉的若干股金属丝或若干绽金属带按一定顺序编织而成的，以规定的角度套装在金属波纹管的外表面，起着加强和屏蔽的作用。网套不仅分担金属软管在轴向、径向上静负荷，还在流体沿着管道流动产生脉动作用的条件下能够保证金属软管安全可靠地工作，同时，还能保证软管波纹部分不直接地受到相对摩擦、撞击等方面的机械损伤。编织了网套的波纹管，其强度可以提高十几倍至几十倍。最高屏蔽能力可以达到99.95%。网套的材料一般与波纹管材料相同，也有以两种材料联用的。普通金属软管仅用一层网套；特殊使用场合，也有编织两层、三层的。根据波纹管通径大小及使用要求的不同，它常以直径为0.3~0.8mm的线材或厚度为0.2~0.5mm的带材来制作。线材每股4~15根，带材每锭一条。目前，生产的钢丝网套多为24股、36股、48股、64股的，特大通径的波纹管，还有96股、120股和144股的。网套主要编织参数除了（线材）股数、丝径，（带材）锭数、厚度以外，还有覆盖面积、编织距、编织角度等。它们都是决定金属软管性能的重要依据。

（2）管接头与装卸接头　管接头是管件与液压元件、管件与管件之间可拆卸的连接件。它应满足拆装方便、连接牢固、密封可靠、液阻小、结构紧凑、压力损失小等要求。

管接头种类繁多，按接头的通路方向分类，有直通、直角、三通、四通等形式；按其与管件的连接方式分类，有扩口式、卡套式、焊接式等。管接头与其他元件用国家标准圆锥螺纹和普通细牙螺纹连接。下面介绍常用的几种管接头。

1）扩口式管接头。扩口式管接头如图4-46所示。先将接管1的端部用扩口工具扩成74~90°的喇叭口，拧紧螺母3，通过导套2压紧管1扩口和接头体4相应锥面连接与密封。结构简单，重复使用性好，适用于薄壁管件连接一般不超过8MPa的中低压系统。

2）焊接式管接头。焊接式管接头如图4-47所示。螺母2套在接管1上，把油管端部焊上接管1，旋转螺母2将接管1与接头体4连接在一起。接管1与接头体4接合处可采用密封圈密封。

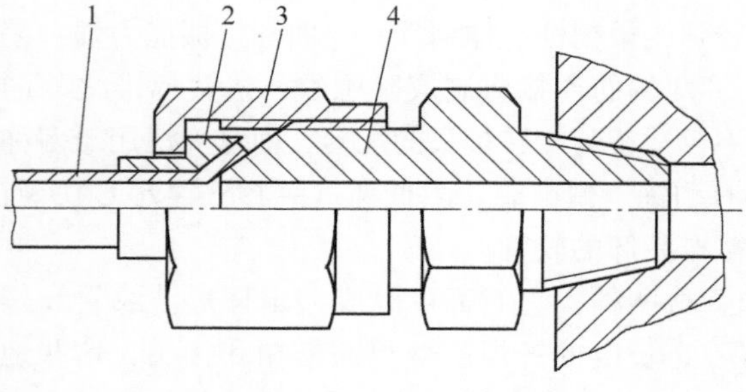

图4-46　扩口式管接头

1—接管　2—导套　3—螺母　4—接头体

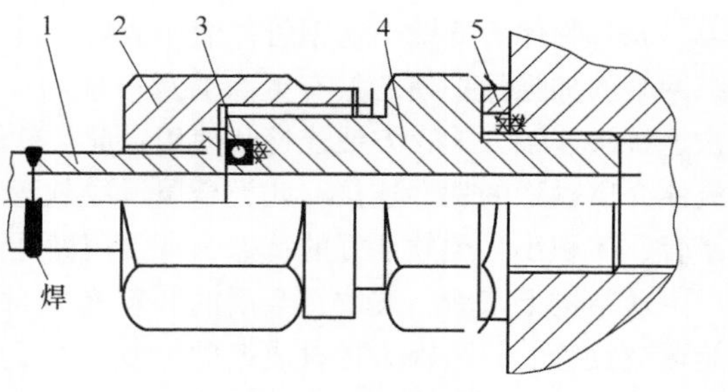

图4-47　焊接式管接头

1—接管　2—螺母　3—O形密封圈

4—接头体　5—组合密封圈

焊接管式管接头工作可靠，工作压力可达32MPa或更高。但装配工作量大，要求焊接质量高。不适用于薄壁钢管。

3）橡胶软管接头。橡胶软管接头有可拆式和扣压式两种，各有A、B、C三种形式分别与焊接式、卡套式和扩口式管接头连接使用。

可拆式橡胶软管接头如图4-48a所示。在胶管1上剥去一段外层胶，将六角形接头外套2套装在胶管1上再将锥形接头体3拧入，由锥形接头体3和外套2上带锯齿形倒内锥面把胶管1夹紧。图4-48b所示为扣压式橡胶软管接头。扣压式装配工序和可拆式相同，区别是外套6是圆柱形。另外，扣压式接头最后要用专门模具在压力机上将外套6进行挤压收缩，使外套变形后紧紧地与橡胶管和接头连成一体。随管径不同可用于工作压力在6～40MPa的系统。一般橡胶软管与接头集成供应，橡胶管的选用根据使用压力和流量大小确定。

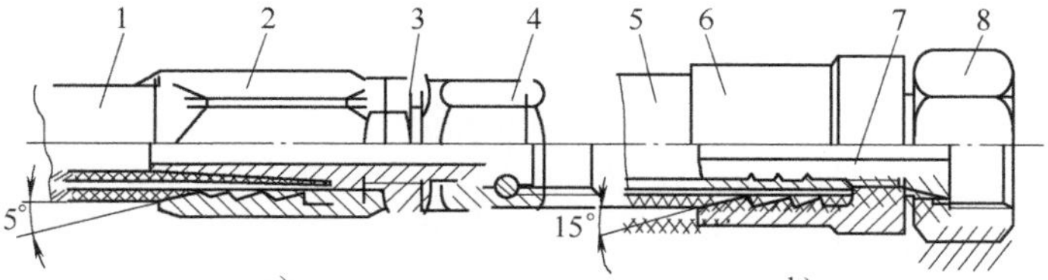

图4-48 橡胶管接
a）可拆式 b）扣压式
1、5—胶管 2、6—外套 3、7—接头体 4、8—接头螺母

4）卡套式管接头。卡套式管接头如图4-49所示。它由接头体4、螺母3和卡套2等组成。卡套是一个内圆带有锋利刃口的金属环。当螺母3旋紧时，卡套2变形，一方面使螺母3锥面与卡套2尾部锥面相接触形成密封，另一方面使卡套2内圆刃口切入被连管路1，卡住管子，卡套2内表面与接头体4内锥面配合形成球面接触密封。这种结构连接方便，密封性好，不用密封件，工作压力可达32MPa。但对钢管外径尺寸和卡套制造工艺要求高，必须按规定进行预装配，一般要用冷拔无缝钢管而不适用热轧管。

5）罐车装卸用管接头。罐车装卸用管接头的结构型式大体上分为螺纹式、法兰盘式和快速式三大类。

① 螺纹式接头。通径为50mm以下的金属软管的接头，在承受较高工作压力的情况下，多以螺纹式为主，当拧紧螺纹以后，两个接头上的内、外锥度面紧密配合，实现密封。车用装卸胶管与球阀连接也有采用高压胶管螺纹接头，它由管芯、外套及高压胶管组成。如前述图4-47所示。由于此类接头操作不够方便，近年来逐步被卡式快速接头代替。

② 法兰盘式。通径为25mm以上的金属软管的接头，在承受一般工作压力的情况下，以法兰盘式为主，它以榫槽配合的形式进行密封。可沿径向转动，也可沿轴向滑动的活套法兰盘在紧固螺栓拉力的作用下连接两体。该结构密封性能良好，但加工难度大，密封面容易碰伤。在需要快卸的特殊场合，可以将固紧螺栓通过的孔划开，制成快卸式法兰盘。法兰由于装卸操作比较麻烦、费时，而日益少见，逐步淘汰。

③ 快速式。通径为100mm以下的各种金属软管的接头，在要求快速装卸的使用条件下，一般采用快速式，如图4-50所示。它常用氟塑料或特种橡胶制成的O形密封圈密封。当手把搬动一定的角度以后，相当于多头螺纹的爪指被锁紧；O形密封圈被压得越紧，其密封性能越好。该结构在移动式压力容器必须快卸的场合最为适宜。在几秒钟的时间内，不需配用任何专用工具，

就可以对接或拆开一组接头。

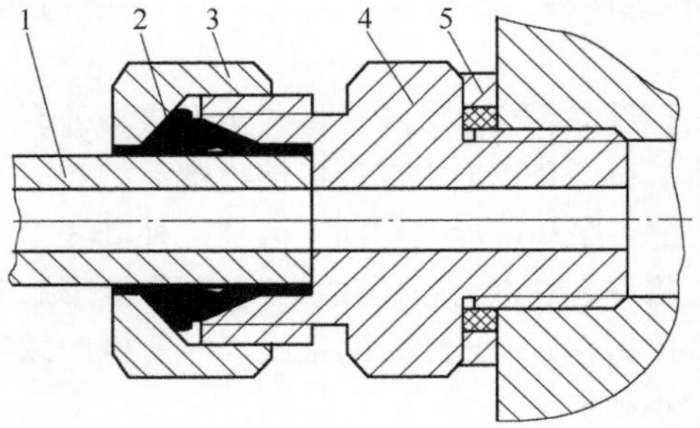

图 4-49　卡套式管接头

1—接管　2—卡套　3—螺母　4—接头体　5—组合密封圈

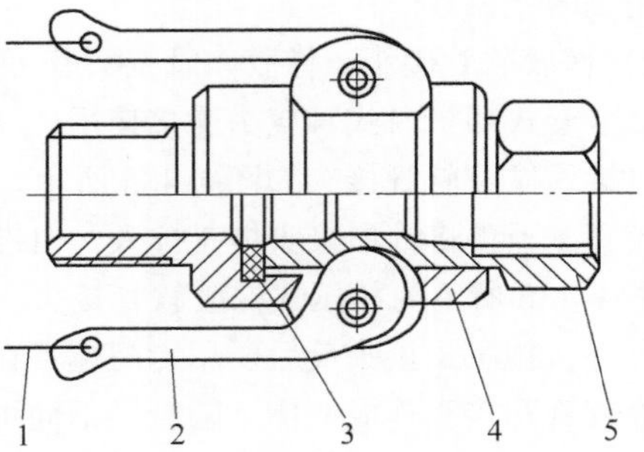

图 4-50　拉杆式快速管接头

1—拉圈　2—拉杆　3—密封垫　4—插套　5—插轴

④ 盲法兰等效装置。如图 4-51 所示，是一种带快接头盖的卡式快速接头，具有操作简便、连接迅速、牢固、密封性能好等优点。该装置被广泛应用于罐车上，接头的材料多为黄铜或者不锈钢，以后者为优。装运毒性程度为极度或者高度危害以及易爆介质的罐体，其装卸口应当由三个相互独立并且串联在一起的装置组成，第一个是紧急切断阀，第二个是球阀或截止阀，第三个是盲法兰或等效装置。装卸过程中，要求装卸口的盲法兰等效装置必须在其内部压力泄尽后卸除，以保证安全；可通过调节图示中的螺塞泄放内部压力，直至确认后再卸除。

常见的快接接头金属软管如图 4-52 所示。

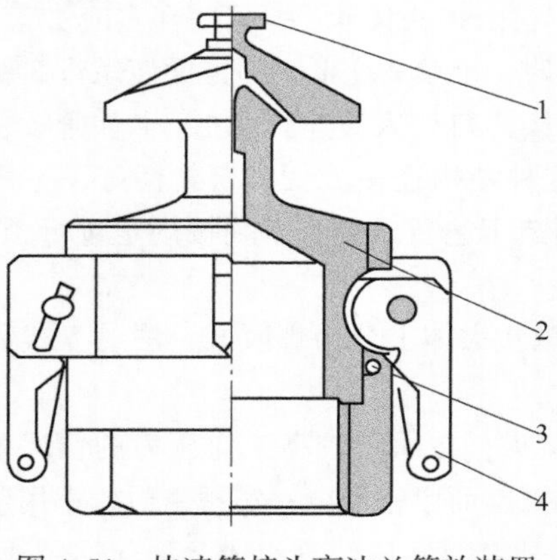

图 4-51　快速管接头盲法兰等效装置

1—螺塞　2—插套　3—密封垫　4—拉杆

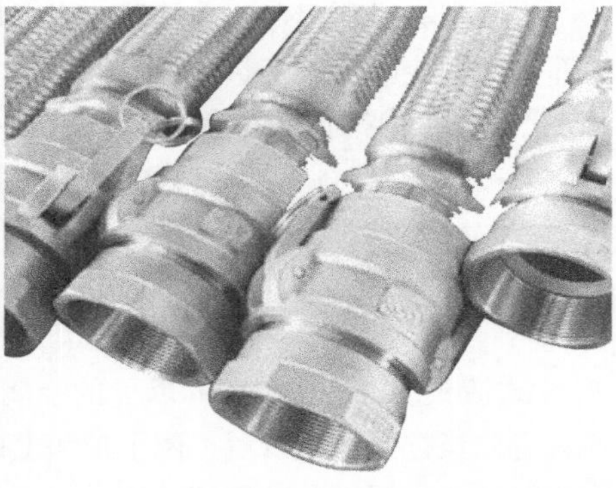

图 4-52　常见的快接接头金属软管

（3）液化气体常用装卸软管和快接头的安全技术要求

1）装卸用管应当符合以下要求：

① 装卸用管与移动式压力容器的连接应当可靠。

② 有防止装卸用管拉脱的安全保护措施。

③ 所选用装卸用管的材料与充装介质相容，接触液氧等氧化性介质的装卸用管的内表面需要进行脱脂处理和防止油脂污染措施。

④ 冷冻液化气体介质的装卸用管材料能够满足低温性能要求。

⑤ 装卸用管的公称压力不得小于装卸系统工作压力的 2 倍，其最小爆破压力大于 4 倍的公称压力。

⑥ 充装单位或者使用单位对装卸用管必须每半年进行 1 次耐压试验，试验压力为装卸用管公称压力的 1.5 倍，试验结果要有记录和试验人员的签字。

⑦ 装卸用管必须标志开始使用日期，其使用年限严格按照有关规定执行。

⑧ 装卸软管出厂时应当随产品提供质量证明文件，并且在产品的明显部位装设牢固的金属铭牌。

2）装卸软管和快装接头应当符合以下要求：

① 装卸软管和快装接头的设置应当符合设计图样和引用标准的规定。

② 装卸软管和快装接头与充装介质接触部分应当有良好的耐蚀性能。

③ 装卸软管和快装接头组装完成后应当逐根进行耐压试验和气密性试验，耐压试验压力为装卸软管公称压力的 1.5 倍，气密性试验压力为装卸软管公称压力的 1.0 倍。

（4）“装卸用管”和“装卸软管”的使用规定　移动压力容器装卸时使用的管路按《移动容规》的管理分为“装卸用管”和“装卸软管”两种。

“装卸用管”是指充装或卸载单位为满足移动式压力容器的装卸要求而配置的装卸管路的总称，包括装卸软管和硬管，产权归装卸单位所有且在充装环节中使用。

“装卸软管”为移动式压力容器出厂时随车携带的装卸附件，归移动式压力容器的“产权单位”所有且在卸载环节由随车配备人员（押运员或操作人员）卸载操作使用。

这样规定的目的是“明确安全责任”，如在充装环节必须使用充装单位的“装卸用管”，而不允许使用随车携带的“装卸软管”；在卸载环节，一般情况下卸载操作人员是车辆的随车配备人员，所以卸载时应当使用随车携带的“装卸软管”。

3. 阻火器

（1）阻火器的结构　阻火器又名防火器。阻火器是用来阻止易燃气体、液体沿管道（路）的火焰蔓延和防止外部火焰窜入存有易燃易爆气体的管道（路）内而引起爆炸的安全装置，如图 4-53 所示。它通常装在输送或排放易燃易爆气体的接管和管线上。阻火器是应用火焰通过热导体的狭小孔隙时，由于热量损失而熄灭的原理设计制造的。阻火器的阻火层结构有砾石型、金属丝网型或波纹型，结构如图 4-54 所示。适用于可燃气体管道，如汽油、煤油、轻柴油、苯、甲苯、原油等油品的储罐或火炬系统、气体净化系统、气体分析系统、煤矿瓦斯排放系统、加热炉燃料气的管网上，也可用在乙炔、氧气、氮气、天然气的管道上。

图 4-53　阻火器外形图

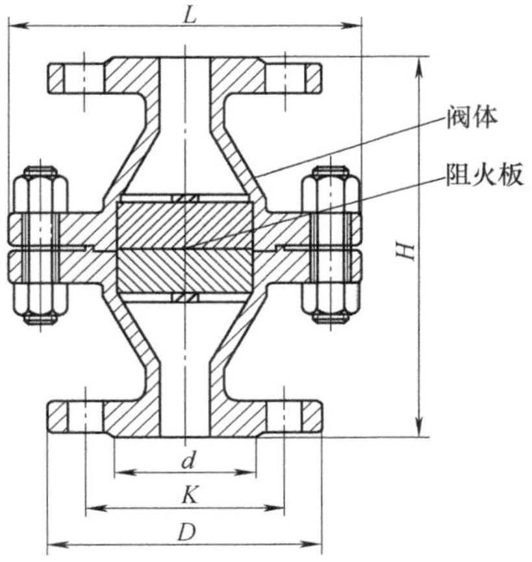

图 4-54　阻火器结构图

阻火器主要由壳体和阻火体两部分组成。壳体应具有足够的强度，以承受爆炸产生的冲击压力。阻火体是阻止火焰传播的主要构件，常用的有金属网和波纹型两种。金属网型滤芯用直径0.23~0.315mm的不锈钢或铜网，多层重叠组成。目前国内的阻火器通常采用16~22目金属网，为4~12层。

波纹型滤芯用不锈铜、铜镍合金、铝或铝合金支撑。波纹型阻火器能组织爆燃的猛烈火焰，并能承受相应的机械和热力作用，流动阻力小，易于清洗和更换。

对移动式压力容器中充装易燃、易爆介质的真空绝热罐体，出于防回火危险的考虑，《移动容规》有关条款［附件D3.5（7）］中规定其罐体的所有排放气体出口，应当集中通过阻火器排放。

（2）工作原理　大多数阻火器是由能够通过气体的许多细小、均匀或不均匀的通道或孔隙的固体材质组成，对这些通道或孔隙要求尽量的小，小到只要能够通过火焰就可以。这样，火焰进入阻火器后就分成许多细小的火焰流被熄灭。火焰能够被熄灭的机理是传热作用和器壁效应。

1）传热作用燃烧所需要的必要条件之一就是要达到一定的温度，即着火点。低于着火点，燃烧就会停止。依照这一原理，只要将燃烧物质的温度降到其着火点以下，就可以阻止火焰的蔓延。当火焰通过阻火元件的许多细小通道之后将变成若干细小的火焰。设计阻火器内部的阻火元件时，则尽可能扩大细小火焰和通道壁的接触面积，强化传热，使火焰温度降到着火点以下，从而阻止火焰蔓延。因此，管道阻火器能够阻止火焰继续传播并迫使火焰熄灭的因素之一就是传热作用。阻火器是由许多细小通道或孔隙组成的，当火焰进入这些细小通道后就形成许多细小的火焰流。由于通道或孔隙的传热面积很大，火焰通过通道壁进行热交换后，温度下降，到一定程度时火焰即被熄灭。试验表明，当把阻火器材料的导热性提高460倍时，其熄灭直径仅改变2.6%。这说明材质问题是次要的，即传热作用是熄灭火焰的一种原因，但不是主要的原因。因此，对于作为阻爆用的阻火器来说，其材质的选择不是太重要的。但是在选用材质时应考虑其机械强度和耐腐蚀等性能。

2）器壁效应。根据燃烧与爆炸连锁反应理论，认为燃烧爆炸现象不是分子间直接作用的结果，而是在外来能源（热能、辐射能、电能、化学反应能等）的激发下，使分子分裂为十分活泼而寿命短促的自由基。化学反应是靠这些自由基进行的。自由基与另一分子作用，作用的结果除了生成物之外还能产生新的自由基。由此可知，易燃混合气体自行燃烧（在开始燃烧后，没有外界能源的作用）的条件是：新产生的自由基数等于或大于消失的自由基数。当然，自行燃烧与反应系统的条件有关，如温度、压力、气体浓度、容器的大小和材质等。随着阻火器通道尺寸的减小，自由基与反应分子之间碰撞几率随之减少，而自由基与通道壁的碰撞几率反而增加，这样就促使自由基反应减低。当通道尺寸减小到某一数值时，这种器壁效应就造成了火焰不能继续进行的条件，火焰即被阻止。由此可知，器壁效应是阻火器阻止火焰的主要机理。由此点出发，可以设计出各种结构型式的阻火器，满足工业上的需要。

（3）阻火器的分类　目前阻火器有几种分类方法。依据阻火器使用场合不同可分为放空阻火器和管道阻火器；依阻火元件可分为填充型、板型、金属丝网型、液封型和波纹型5种。其中，波纹型阻火器性能稳定，在石油化工装置中应用较多。这里以波纹型阻火器为例，说明其在石油化工装置设计中的选用。

（4）阻火器的选用

1）最大实验安全间隙——MESG值。火焰通过阻火元件的细小通道并在通道内降温。当火焰被分割到一定程度时，经通道移走的热量足以将温度降到可燃物燃点以下，使火焰熄灭。或由器壁效应解释，当通道窄到一定程度时，自由基与管道壁的碰撞占主导地位，自由基大量减少，燃烧反应不能继续进行。因此，把在一定条件下（0.1MPa，20℃）刚好能够使火焰熄灭的通道尺寸定义为最大实验安全间隙（MESG，Maximum Experimental Safe Gap）。阻火元件的通道尺寸是决定阻火器性能的关键因素，不同气体具有不同的MESG值。因此，在选择阻火器时，应根据可燃气体的组成确定其MESG值。

在具体选择时，根据MESG值将气体划分为几个等级。目前国际上经常采用两类方法，一类是美国全国电气协会（NEC）的分类法，它根据气体的MESG值将气体分为四个等级（A、B、C、D）；另一类是国际电工协会（IEC）的分类法，它也将气体分为四个等级（IIC、IIB、IIA及MI）。两种标准划分的各类气体的MESG值及测试气体见表4-14。

表4-14　两种MESG分类标准

NEC	IEC	MESG/mm	测试气体
A	IIC	0.25	乙炔
B	IIC	0.28	氢气
C	IIB	0.65	乙烯
D	IIA	0.90	丙烯
	MI	1.12	甲烷

这样，在选用阻火器时，即可在设计规定使用的规范中首先查出所用可燃气体的等级，然后根据该组气体对应的MESG值来选择相应的阻火元件。

2）混合气体MESG值的确定。在化工装置设计中，经常会遇到混合可燃性气体。在这种情况下，可根据混合气体的具体组成来确定选用依据。表4-15给出不同的可燃性气体混合后可能出现的几种情况以及选用建议。

表4-15　混合气体MESG值

属NEC/IEC分类混合气体	举　例	化学反应	选用建议	采用MESG
相同类别	甲烷、乙烷与丁烷（全部为IIA）	不易发生	以混合气体中MESG值最小者为设计依据	1.12
不同类别	乙烯与丙烯	不易发生	以混合气体中MESG值最小者为设计依据	0.65
不同类别	乙炔与氢气	可能发生	实验确定	实验确定
不同类别	乙烯与氢气	可能发生	实验确定	实验确定

对于混合可燃气体选取MESG值时，应更加慎重。当可燃混合气体的组分之间有可能发生反应时，最安全的方法是将气体组成及操作条件提供给专业制造厂，由制造厂根据模拟实验确定MESG值。另外，虽然理论上选用所有可燃气体中MESG值最小的阻火器可能是安全的，但在实际应用中，还要考虑整个管路系统（尤其是管道阻火器）是否对该元件有压降要求。因为MESG值越小，通过阻力越大，有可能需要扩大阻火器直径以达到工艺要求。

3）选择阻火器类型的影响因素：

① 火源距离的影响。火焰在充满可燃气体管道中的传播速度随火焰的传播有很大的变化。如果点燃充满可燃气体的水平管道的一端，火焰首先传向管壁，然后迅速向还未引燃的气体传

播，燃烧产生的热量使得燃烧气体迅速膨胀，气体膨胀又导致可燃气体前端被压缩，产生压升（Pressure Piling）现象。火焰前端气体被压缩，密度增加，燃烧传播速度加快，燃烧时产生的热量增多，导致可燃气体前端更剧烈的压升。由于火焰在管道中传播的这一特性，使得火焰传播速度可以从零加速至声速甚至超声速，火焰前端压力也可增至约20MPa。因此，火源点距阻火器的距离对阻火器的选择有很大影响。如果阻火器距火源较远，那么燃烧就有了一定的加速距离，可能会由爆燃转变为爆轰。因此，火焰前端压力的增加，对阻火元件耐压能力提出了更为严格的要求。不同制造商的产品可能会有不同，必须对此参数给予足够地关注。

② 安装位置的影响。对同种可燃气体，在相同工况下，仅仅因安装位置不同，在阻火器制造强度和阻火时间的选择上就会有很大差异。因此在选用在线阻火器时，要十分注意安装位置的影响，在满足工艺条件的情况下，应尽可能使之靠近火源点，以降低对阻火器的制造要求，在保证安全的前提下，提高经济性。

③ 选用型号适用工作范围的影响。阻火器选择得当，就会在一定的条件下起到阻止火焰传播的作用。但是，每种阻火器都有其特定的工作范围，只能在一定的条件下起到安全保护作用，并不是任何情况下都能阻止火焰的传播。每种阻火器都应标出其阻火元件的通道尺寸，它只能用于MESG值大于该值的气体，否则会完全失效；每种阻火器在特定的条件下都有一定的阻火时间，当火焰端燃烧时间超过其阻火时间时，阻火器也会失效；对于在线型阻火器的选用更要注意由于安装位置不同而引起的选型变化，否则可能会因起不到预想的效果而埋下安全隐患。

综上所述，在阻火器的选型过程中，不仅要按照规范计算MESG值，还要注意影响选型的各种因素，根据实际工况，确定适宜的阻火器，只有这样才能达到既确保安全又经济实用的目的。

（5）真空绝热罐体排放气体出口配置阻火器的要求　在《移动容规》相关条款中出于防回火危险的考虑规定，充装易燃、易爆介质的真空绝热罐体的所有排放气体出口，应当集中通过阻火器排放。其阻火器的设置、选型、安装位置等都由设计制造单位，按照压力管道元件相应安全技术规范对阻火器的下列要求和规定确定配置：

1）阻火器的设置应当满足本规程附件中专项安全技术要求及其引用标准的规定。

2）选用的阻火器应当具有可靠的安全阻火功能，其安全阻火速度大于安装位置可能达到的火焰传播速度。

3）设置在安全泄放装置排放管路排放口的阻火器不得影响安全泄放装置的正常排放功能。

4）阻火器与管路的连接应当采用螺纹或者法兰的连接形式。

5）阻火器的制造许可、型式试验等按照压力管道元件相应安全技术规范的规定。

作为移动容器使用管理人员和作业人员，必须检查排气口阻火器配置情况并及时按规定维护保养，确保阻火器的阻火性能。

（6）维修与保养

1）为了确保阻火器达到使用目的，在安装阻火器前，必须认真阅读厂家提供的说明书，并仔细核对标牌与所装管线要求是否一致。

2）阻火器上的流向标记必须与介质流向一致。

3）每隔半年应检查一次。检查阻火层是否有堵塞、变形或腐蚀等缺陷。

4）被堵塞的阻火层应清洗干净，保证每个孔眼畅通，变形或腐蚀的阻火层应更换。

5）清洗阻火器芯件时，应采用高压蒸汽、非腐蚀性溶剂或压缩空气吹扫，不得采用锋利的硬件刷洗。

6）重新安装阻火层时，应更新垫片并确认密封面已清洁和无损伤，不得漏气。

4. 安全附件和装卸附件的保护装置

移动式压力容器由于其储运过程环境多变，意外事故中安全附件和装卸附件如被损坏会加重事故的灾害。为了慎防事故产生严重的后果，其罐体和管路上所有装卸阀、安全泄放装置、紧急切断装置、仪表和其他附件应当设置适当的、具有一定强度的保护装置，如保护罩、防护罩等，用于在意外事故中保护安全附件和装卸附件不被损坏。《移动容规》相关条款提出安全附件和装卸附件的保护的原则性规定。一般原则是，保护装置（如人孔保护罩、阀门操作箱、仪表箱等）的结构强度应当能够承受《移动容规》第3.10.1.1款规定的惯性力载荷。

4.8 液化气体罐车静电导除装置

1. 静电的产生

日常生活和工业生产过程中的大多数静电是由于不同物质的紧密接触和再分离或相互摩擦、物质受压或受热、物质发生电解以及物质受到其他带电体的感应等方式而产生的。例如，生产工艺中的挤压、切割、搅拌、喷溅、流动和过滤，以及生活中的行走站立、穿脱衣服等都会产生静电。这是由于不同物质中的电子脱离该物质时所需要的能量数值和条件不同，当两种物质之间的距离小于2.5×10^{-8}cm时，在它们之间将发生电子的转移而产生静电，静电产生的结果就是失去电子的物质带正电，而获得电子的物质带负电。当具备一定条件时，带有不同静电荷的物质之间就会发生放电，产生火花，这就是所谓的静电火花。

静电火花能成为点火源，是由于它放电过程中放出能量。在易燃易爆介质气体环境中，当静电火花放电能量大于爆炸性混合介质气体的最小着火能量时，静电就会引起着火或爆炸。

对于液化气体在管道和设备中流动，会因摩擦或者喷出而产生静电，如不及时导出，则静电积聚将产生数千伏至几万伏的危险电压。

2. 防止静电危害的措施

着火和爆炸是在一定的条件下发生的，静电引起的着火和爆炸的条件，可归纳为以下几点：

1）有产生静电的来源。

2）静电得以积累，并达到足以火花放电的静电电压.

3）静电放电的火花能量达到爆炸性混合物的最小着火能量。

4）静电火花周围有爆炸性混合物存在。

上述四个条件中，任何一个不具备时，即不会引起着火或爆炸。防止静电措施正是从控制这四个条件着手。控制前三个条件，实质上是控制静电的产生和积累，是消除静电危害的直接措施。控制第四个条件是消除或者减轻周围着火和爆炸的危险，是消除静电危害的间接措施。其中控制第二个条件是设置导除静电设施（导电导体），静电积累不能达到火花放电的电压。

由于装载易燃介质的移动式压力容器在运输和装卸过程中，介质的特性使其易产生静电而导致火灾事故。因此，必须设置消除静电装置，及时消除运输途中、装卸过程中产生的静电，以保证安全。

装载易燃介质的移动式压力容器设有接地链，同时接地链与罐体、管路相连通，在行走时可将静电导入大地。同时还设有接地柱，以接地线与装卸柱地线可靠地相接方式，用来消除装卸过程中产生的静电。

要求罐车设置的接地链、接地柱与罐体、管路、阀门和车辆底盘之间连接的电阻不应超过10Ω。在装卸作业时，必须使用静电接地钳和专用的接地导线，保证接地良好，严禁使用铁链。装卸操作时，连接接地柱和导静电接地装置的接地导线，截面积应不小于$5.5mm^2$。液化石油气汽车槽车结构如图 4-55 所示。

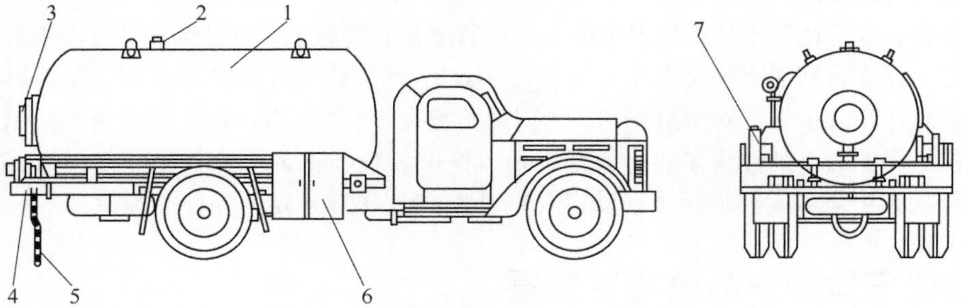

图 4-55　液化石油气汽车槽车

1—罐体　2—安全阀　3—人孔、液位计　4—后保险杠　5—导静电接地装置　6—阀门箱　7—灭火器

4.9　常用阀门

阀门是压力容器及其设备中不可缺少的配套件。压力容器运行中，操作人员通过操作各种阀门，实现对生产工艺系统中的控制和调节。压力容器及其管道上常用的阀门除已介绍的安全阀、紧急切断阀外，还有截止阀、闸阀、止回阀、减压阀等。

1. 截止阀

截止阀由阀芯、阀座、阀体、阀杆、填料、填料盖、手轮等构件组成，如图 4-56 所示。截止阀按介质流动方向的不同可分为直通式、直流式和角式三种，如图 4-57 所示。若按阀杆螺纹的位置则可分为明杆及暗杆两种。小直径的截止阀一般为暗螺纹杆式；直径较大，工作温度较高且用于腐蚀介质的截止阀一般为明螺纹杆式。按密封面形式分为平行密封面和锥形密封面两种。平行密封面启闭时擦伤少，容易研磨，但启闭力大，多用于大口径阀门；锥形密封面结构紧凑，启闭力小，但启闭时容易擦伤，研磨需专用工具，多用于小口径阀门。

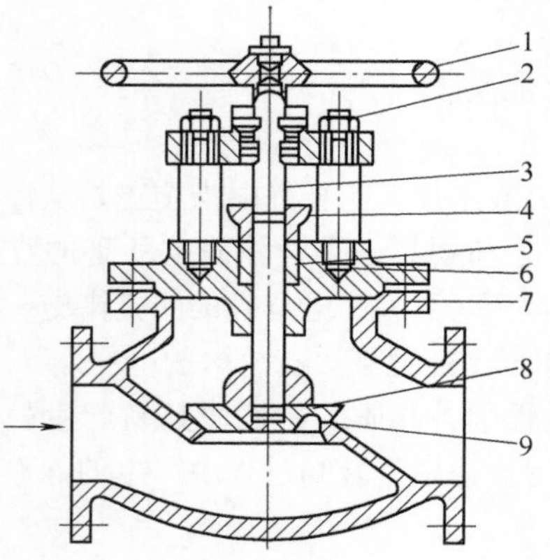

图 4-56　截止阀

1—手轮　2—阀杆螺母　3—阀杆　4—填料压盖
5—填料　6—阀盖　7—阀体　8—阀芯　9—阀座

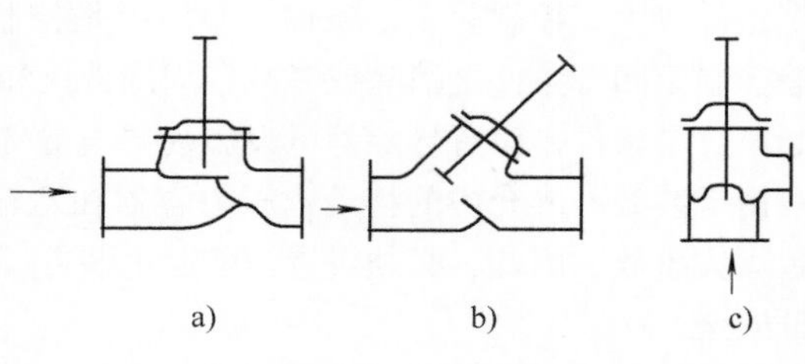

图 4-57　截止阀通道形式

a）直流式　b）直通式　c）角式

安装截止阀时，必须使介质由下向上流过阀芯与阀座之间的间隙，如图 4-57 中箭头所示方向，以减小阻力，便于开启。并且要在阀门关闭后，填料与阀杆不与介质接触，不受压力和温度的影响，防止因气、水侵蚀而损坏。

截止阀的优点是结构简单，密封性能好，制造和维护方便。其缺点是流体阻力大，阀体较长，占地较大。截止阀广泛用来截断流体和调节流量，如液化石油气储配站的液相和气相管线上的阀门均采用截止阀等。

2. 闸阀

闸阀又称闸门阀，阀体内装置一块与介质流动方向垂直的闸板，闸板升起时闸阀开启，下降时则关闭。闸阀由手轮、阀杆螺母、压盖、阀杆、阀体、闸板、密封面等构件组成，如图 4-58 所示。

阀杆有明杆和暗杆之分。明杆式闸阀一般用于腐蚀性介质及室内；暗杆式闸阀用于非腐蚀性介质和操作位置受限制的地方。按闸板结构型式不同，可分为楔式和平行式两类。楔式大多制成单闸板，两侧的密封面成楔形。平行式大多制成双闸板，两侧密封面是平行的。平行式比楔式易于制造和修理，但不宜输送含有杂质的流体，只能输送洁净流体。闸阀常用作截断物料、油气等介质，不适宜作调节流量之用。因为闸阀处于部分开启时，易使闸板未提起部分受到介质的磨损，日久会使接触面不严密而泄漏，故闸阀宜全闭或全开。闸阀的优点是密封性好，全启时介质流动阻力小，阀体较短，缺点是结构较复杂，密封面易磨损，检修较困难。闸阀常用于容器的放料阀、离心泵进口阀，介质双向流动的管道，要求介质输送阻力小的管道，阀体安装长度受限制的地方。

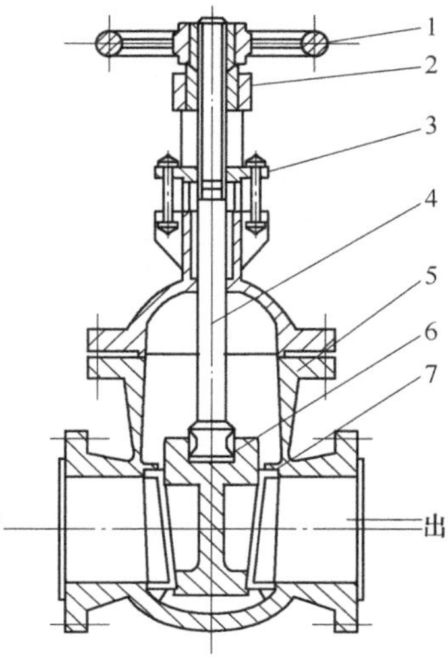

图 4-58　楔式闸阀
1—手轮　2—阀杆螺母　3—压盖
4—阀杆　5—阀体　6—闸板　7—密封面

3. 节流阀

节流阀属于截止阀中的一种。由于阀芯形状为针形，且直径较小，故又名针形阀。节流阀开启时通过阀芯与阀座间隙的微量变化，能准确地调节流量和压力。节流阀主要由手轮、阀杆、阀体、阀芯和阀座等构件组成，如图 4-59 所示。节流阀的特点是外形尺寸小，质量轻，制造精度高，密封好，能较准确地调节流量或压力，但加工困难。该阀常用于压缩气体的节流、液化气体的装卸和液化石油气钢瓶的角阀等。

4. 止回阀

止回阀又称逆止阀或单向阀，它依靠阀芯前、后流体的压差来自动启闭，以防介质倒流。当流体顺流时，阀芯即升起或掀起；当流体倒流时，阀芯即自动关闭，故流体只能单向流动。常用的止回阀有升降式和摆动式两大类。

（1）升降式止回阀　升降式止回阀又称为截门式止回阀，主要由阀盖、阀芯、阀杆和阀体等零件组成，如图 4-60 所示。在阀体内有一个圆形的阀芯，阀芯连着阀杆（也可用弹簧代替），阀杆不穿通上面的阀盖，并留有空隙，使阀芯能垂直于阀体作升降运动。这种阀门一般应安装在水平管道上。例如安装在液态烃泵的出口管线上的止回阀，当液态烃泵启动时，液态烃流体的压力将阀芯顶开，使液态烃进入灌瓶间或储罐，当灌瓶间或储罐的压力高于液态烃流体的压力时，阀芯自行关闭，阻止液态烃倒流。升降式止回阀的优点是结构简单，密封性较好，安装维修方便。缺点是阀芯容易被卡住。

（2）摆动式止回阀　摆动式止回阀主要由阀盖、阀芯、阀座和阀体等零件组成，如图 4-61 所示。阀芯的上端与阀体用插销连接，整个阀芯可以自由摆动。当进口压力高于出口压力时，介

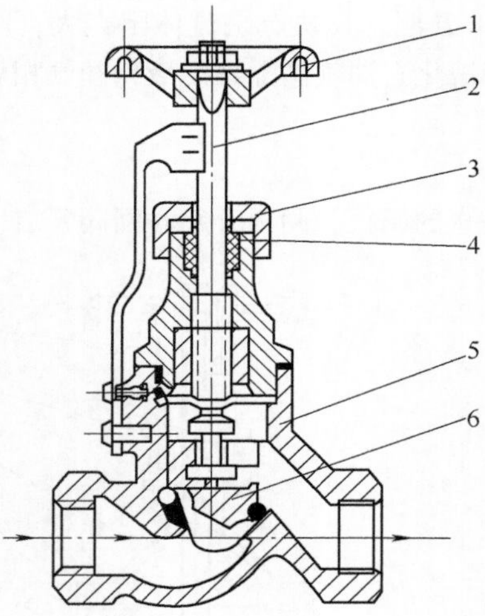

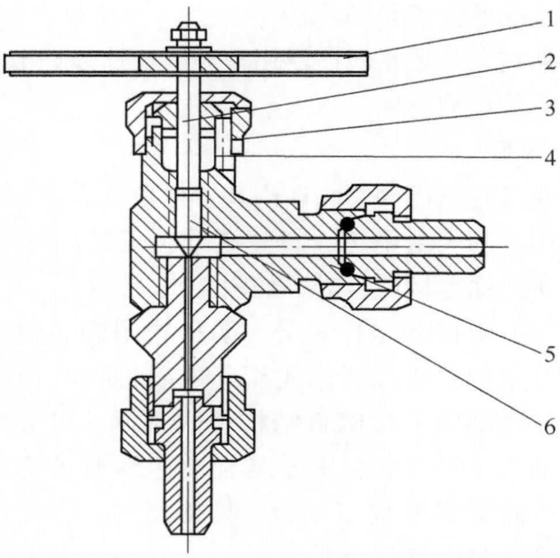

图 4-59 节流阀
1—手轮 2—阀杆 3—填料函 4—填料 5—阀体 6—阀芯

质便顶开阀芯进入容器；当进口压力低于出口压力时，容器内压力便压紧阀芯，阻止介质倒流。摆动式止回阀的优点是结构简单，流动阻力较小；缺点是噪声较大，密封性差。

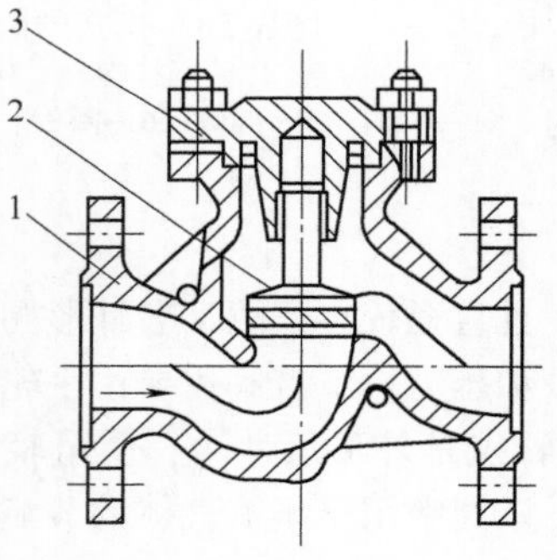

图 4-60 升降式止回阀图
1—阀体 2—阀芯 3—阀盖

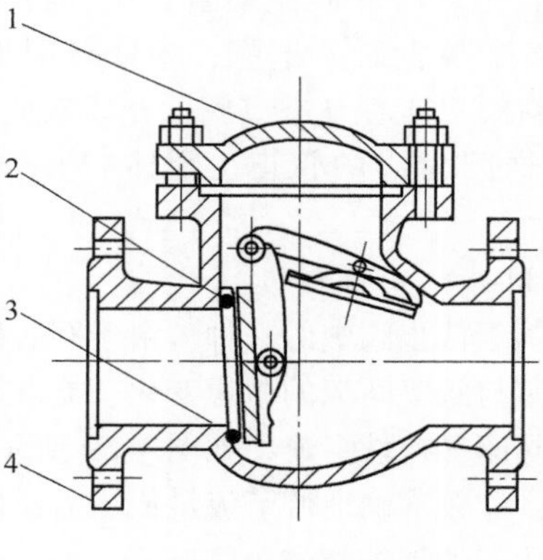

图 4-61 摆动式止回阀
1—阀盖 2—阀芯 3—阀座 4—阀体

5. 减压阀

减压阀是通过节流而使流体压力下降的一种减压装置。减压阀主要有两个作用，一是将较高的介质压力自动降至所需的压力；二是当高压侧的压力波动时，起自动调节作用，使低压侧的压力稳定。例如，储存高压气体的容器压力较高，而用气部分需要较低压力，就可以采用减压阀自动将压力降低，民用液化石油气灶具就是采用这种制式使用的。常用的减压阀有弹簧式、薄膜式、活塞式和波纹管式等类型。

（1）弹簧式减压阀 弹簧式减压阀主要由阀芯、阀杆、薄膜、弹簧、手轮及阀体等构件组成，如图 4-62 所示。当薄膜上侧的压力高于薄膜下侧的弹簧压力时，薄膜向下移动，弹簧压缩，阀杆随即带动阀芯向下移动，使阀芯的开启度减小，由高压端通过的介质流量随之减少，从而使出口压力降低到规定的范围内。当薄膜上侧的介质压力小于下侧的弹簧压力时，弹簧自由伸长，顶着薄膜向上移动，阀杆随即带动阀芯向上移动，使阀芯的开启高度增大，由高压端通过的介质流量随之增多，从而使出口处的压力升高到规定的范围内。

弹簧式减压阀的灵敏度比较高，而且调节比较方便，只需旋转手轮，调整弹簧的松紧度即可。但是薄膜行程较大时，橡胶薄膜容易损坏；另外，弹簧式减压阀承受压力和温度不能太高。因此，弹簧式减压阀较普遍地用在温度和压力不太高的水和空气介质管道。

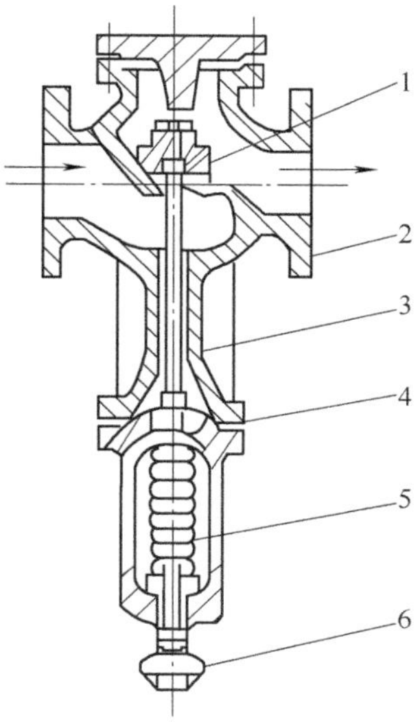

图 4-62 弹簧式减压阀
1—阀芯 2—阀体 3—阀杆 4—薄膜 5—弹簧 6—手轮

（2）杠杆式减压阀 杠杆式减压阀主要由阀体、双阀芯、阀杆、薄膜、杠杆、重锤等构件组成，如图 4-63 所示。其减压原理与弹簧式减压阀基本相同，通过调整重锤来实现减压。其薄膜上方设置一个小室，并有一根小管与低压部分连通，故薄膜上部承受的是低压端的压力值。

（3）气动薄膜压力调节阀 气动薄膜压力调节阀是由气动薄膜执行机构及调节阀两部分组成，如图 4-64 所示。其动作原理是将调节器传来的压力信号输入气动薄膜的气室中，从而使薄膜上部总压力增加，因而阀芯被压下，阀门开度减小，阻力增加，使流过的气体压力降低，从而实现调整和控制压力的目的。反之，若低压部分的压力低于控制的数值时，则动作完全相反，阀芯上移，阀门开度增大，阻力减小，使低压部分的压力恢复到需控制的数值。

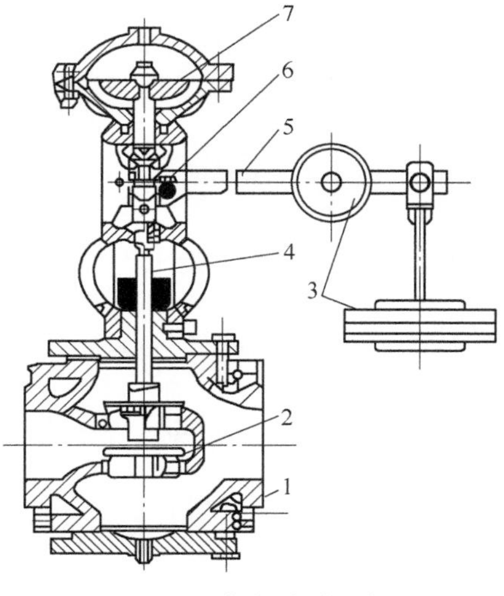

图 4-63 杠杆式减压阀
1—阀体 2—阀芯 3—重锤 4—阀杆
5—杠杆 6—杠杆支点 7—薄膜

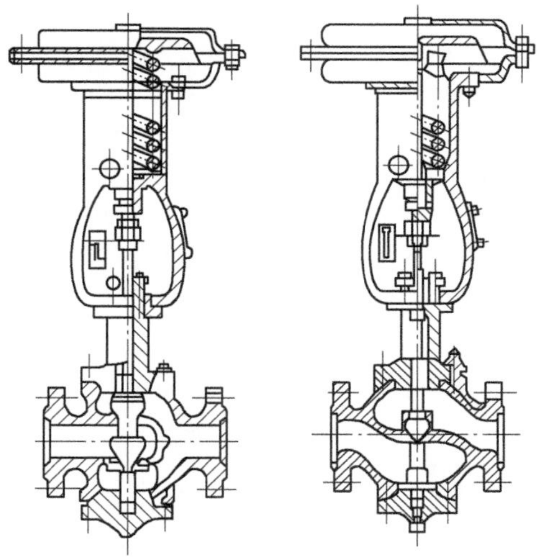
图 4-64 气动薄膜压力调节阀

这种减压阀有双阀芯和单阀芯两种，前者有两个阀座，具有流通能力大，不平衡力小，作用稳定，更换方便等优点，因此应用广泛；后者只有一个阀座，具有泄漏量小的优点，但不平衡力较大，尤其当通径增大时，不平衡力也随之增大。由于气动薄膜执行机构出力的限制，此种阀门的工作压差不宜过高，故调节范围不广，选用时应加以注意。

（4）减压阀的安装要求

1）减压阀常用于石油化工中的液化气体或蒸汽管路上，为调整方便，在减压阀前后必须装设压力表；为防止减压阀失灵引起低压端管道或容器超压爆炸，在低压部分应装设安全阀，如图4-65所示。同时，在选用安全阀时，应注意所需的压降不得超过减压阀允许的减压范围。

2）减压阀组不应设置在靠近移动设备或容易受冲击的地方，应设置在振动较小，周围较空旷之处，以便于检修。

3）蒸汽系统的减压阀组前应设置汽水分离器（并在汽水分离器的排凝液处加设疏水阀），为防止长距离输送的蒸汽管道中夹带一些渣物，应在切断阀（闸阀）之前，设置Y形过滤器或直角式过滤器。

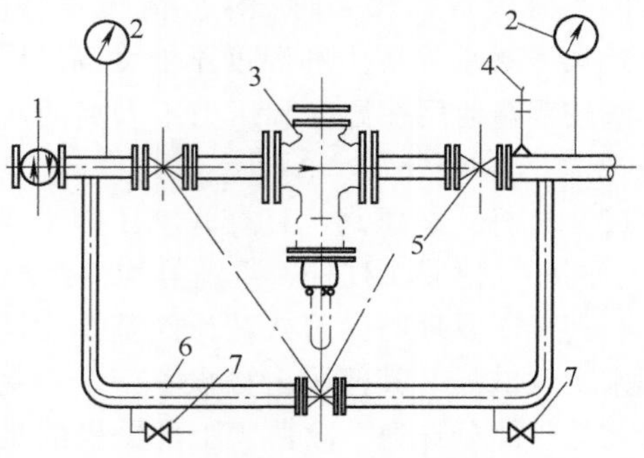

图4-65　减压阀组安装示意图
1—过滤器　2—压力表　3—波纹管式减压阀　4—安全阀　5—闸阀　6—旁通管　7—排凝水阀

4）阀组前后应装设压力表，以便于调节。阀组后应设置安全阀，当压力超过时能起泄压和报警作用，保证压力稳定。

5）减压阀均装在水平管道上，为防止膜片活塞式减压阀产生严重水锤，应将减压阀底的螺栓改为装排水阀（闸阀DN20或DN25）。在投入运行时应放尽减压阀底的存水。波纹管式减压阀的波纹管应向下安装，用于空气减压时需将阀门反向安装。

复习思考题

一、判断题

1. 移动式压力容器罐体一般选用内置全启式弹簧安全阀，安全阀的排气方向应在罐体的上方。　(√)

2. 主要用于介质为有毒、易燃气体的容器的全封闭式安全阀，其排气侧要求密封严密，阀所排出的气体全部通过排气管排放，介质不能向外泄漏。　(√)

3. 安全阀的排量是选用安全阀的最关键问题，安全阀的排量可小于容器的安全泄放量。　(×)

4. 爆破片的安装必须按标识的泄压侧方向安装。　(√)

5. 一般情况下按爆破片装置应在2~3年内进行定期更换的规定，对于超过最大设计爆破压而未爆破的爆破片可不用更换。　(×)

6. 全启式弹簧安全阀与爆破片串联组合的安全泄放装置，应符合爆破片与安全阀串联组合，且在非泄放状态下与介质接触的是爆破片的要求。　(√)

7. 从压力表的寿命与维护方面来讲，压力表的使用压力范围不应超过刻度极限的70%，在波动压力下不应超过60%。　(√)

8. 为了使操作人员能清楚准确地看出压力指示值，压力表表盘直径不能太小，一般不应小于100mm。　(√)

9. 盛装氨或含硫化氢介质的容器可选用铜质压力表。　(×)

10. 为便于装卸和校验压力表，压力表与容器之间应装设三通旋塞，旋塞应装在垂直的管段上，并要有开启标志和锁紧装置，以便校对与更换。　(√)

11. 按与氧接触罐体设备、管道上安装的压力表必须禁油的要求，新安装的压力表必须进行脱脂处理。　(√)

12. 罐车用温度计，应选用表盘式压力温度计以防止受振损坏。温度计的温感部分应与罐内液体相通，以测量液体温度，并应能耐罐体水压试验压力。　(√)

13. 新安装的温度计应经国家计量部门鉴定合格。使用中的温度计应定期进行校验，误差应在允许的范围内。　(√)

14. 移动容器液位测量装置或衡器称重是罐体最大允许充装量的控制指标。 (×)

15. 充装毒性程度为极度或者高度危害类介质的容器罐车或通过称重来控制最大允许充装量的罐式集装箱，可设置一个或者多个液位测量装置。 (×)

16. 紧急切断阀及其装置是装设在液化石油气储罐或液化气体汽车罐车、铁路罐车的气、液出口管道上的安全装置。 (√)

17. 所有紧急切断阀的断物料的时间，至少应在10s内完成。 (√)

18. 安装在储运易燃易爆介质罐车或罐式集装箱的液相出口管处的过流阀，其作用是当管道或附件破裂或其他原因造成介质在管内流速急增时，阀门自行关闭，以防止管（罐）内介质大量流出，从而避免因介质与管壁剧烈摩擦而产生的静电火花导致事故的发生。 (√)

19. 液化石油气罐车用紧急切断装置中易熔塞的易熔合金熔融温度为（70±5）℃。 (√)

20. 紧急切断阀的安全技术要求其检修后以及在充装作业前，都应进行启闭动作检验，其目的是试验其是否达到紧急快速截流止漏的性能。 (√)

21. 按紧急切断阀在检修后应保证紧急切断阀在工作期间不发生液态气体外漏的要求，应在98.1kPa的低压和罐体的设计压力下分别进行气密性试验合格，阀体和连接处不得泄漏。 (√)

22. 装卸阀门应当在全开和全闭工作状态下进行气密性试验合格。全开气密性试验是为检查其关闭严密性（查内漏）；全闭气密性试验是为检查其阀杆与阀体间的密封性（查外漏）。 (√)

23. 装卸软管和快装接头组装完成后应当逐根进行耐压试验和气密性试验，耐压试验压力为装卸软管公称压力的1.5倍，气密性试验压力为装卸软管公称压力的1.0倍。 (√)

24. 装运毒性程度为极度或者高度危害以及易爆介质的罐体，其装卸过程中，要求装卸口的盲法兰等效装置必须在其内部压力泄尽后卸除，以保证安全。 (√)

25. 移动式压力容器罐车在卸载环节，车辆随车配备的操作人员可使用充装单位的“装卸用管”进行卸载。 (×)

26. 作为移动容器真空绝热罐体的使用管理人员和作业人员，必须检查排气口阻火器配置情况、及时按规定维护保养，确保阻火器的阻火性能。 (√)

27. 设有接地链的液化气体罐车，当接地链与罐体、管路可靠连通时，可通过接地链将装卸过程中产生的静电导入大地。 (×)

28. 液化气体罐车装卸操作时，连接罐体和地面设备的接地导线，截面积应不小于5.5mm^2。 (√)

29. 安装截止阀时，必须使介质由下向上流过阀芯与阀座之间的间隙，按箭头所示方向设置安装，以减小阻力，便于开启。 (√)

30. 安装在液态烃泵的出口管线上的止回阀，当液态烃泵启动时，液态烃流体的压力将阀芯顶开，使液态烃进入灌瓶间或储罐，当灌瓶间或储罐的压力高于液态烃流体的压力时，阀芯自行关闭，阻止液态烃倒流。 (√)

二、选择题

1. 压力容器设置安全附件主要是为了考虑（　　）的要求，必须设置测量压力、温度和液面的检测装置以及保证在遇到异常工况时容器得以安全的装置。 (AB)

A. 从生产工艺角度，要求容器的工作压力与温度不低于工艺要求的参数

B. 从设备安全出发，要求容器的工作压力与温度不超过设计要求的参数

2. 压力容器安全装置的分类为（　　）。 (ABCD)

A. 泄压装置　B. 截流止漏装置　C. 参数监测装置　D. 安全防护装置

3. 压力容器安全装置的泄压装置主要有（　　）。 (BCD)

A. 安全连锁装置　B. 安全阀　C. 爆破片装置　D. 易熔塞

4. 压力容器安全装置的截流止漏装置主要有（　　）。 (ABCD

A. 截止阀　B. 紧急切断阀

C. 快速排泄阀及其执行机构　D. 过流阀

5. 压力容器安全装置的参数监测装置装置主要有（　　）。（ABC）

A. 压力表　B. 温度计　C. 液面计　D. 减压阀

6. 压力容器安全装置的安全防护装置主要有（　　）。（ABCD）

A. 安全联锁装置　B. 超温超压报警装置

C. 超液位报警装置　D. 防静电接地装置

7. 安全阀一般为每（　　）年校验一次，拆卸进行校验有困难时应采取现场校验。（A）

A、一　B、二　C、三

8. 安全阀以冷态校验所定的开启压力，在热态运行时，其实际开启压力会（　　）。（B）

A. 偏高　B. 偏低　C. 不一定

9. 对超压未爆破的爆破片应立即（　　）。（B）

A. 检查　B. 更换　C. 根据情况确定是否可以用

10. 在用压力容器的安全阀开启压力应根据（　　）来确定。（C）

A. 压力容器的设计压力　B. 压力容器的实际操作压力

C. 压力容器检验后所出具的检验报告书中确定的允许工作压力

11. 安全泄放装置能自动迅速地排放压力容器内的介质，以便使压力容器始终保持在（　　）范围内。（B）

A. 工作压力　B. 最高允许工作压力　C. 设计压力

12. 全启式安全阀开启的高度（　　）。（A）

A. ≥阀座喉径的1/4　B. ≤阀座喉径的1/4　C. ≥阀座喉径的1/20

13. 微启式安全阀开启的高度（　　）。（C）

A. ≥阀座喉径的1/4　B. ≤阀座喉径的1/4

C. 阀座喉径的1/40　D. ≤开启高度≤阀座喉径的1/20

14. 安全阀主要由（　　）部分组成。（ABC）

A. 阀座及阀体　B. 阀瓣　C. 加载机构

15. 弹簧式安全阀结构紧凑，调节方便，适用于（　　）的容器或管道。（ABD）

A. 运行工况稳定　B. 运行工况震荡　C. 温度较高　D. 温度较低

16. 弹簧管式压力表分为三种即（　　）。（A）

A. 压力表　B. 真空表　C. 压力真空表

17. 选用压力表时，需要考虑与选择的因素有（　　）。（ABCD）

A. 考虑被测介质的性质　B. 压力表的量程

C. 测量精度　D. 表盘直径的大小选用

18. 当液化气体罐车容器的设计压力小于1.6MPa时，其选用压力表的精度等级一般不应低于（　　）；设计压力不小于1.6MPa时，其选用压力表的精度等级不应低于（　　）；对于低温液体的罐车容器，其选用压力表的精度等级不应低于（　　）。（A、B、A）

A. 2.5级　B. 1.6级　C. 1级

19. 压力表在（　　）情况下应停止使用。（ABCD）

A. 有限止钉的压力表在无压力时，指针转动后不能回到限止钉处；无限止钉的压力表在无压力时，指针离零位的数值超过压力表规定允许误差

B. 表面玻璃破碎或表盘刻度模糊不清　C. 铅封损坏或超过校验期

D. 表内弹簧管泄漏或压力表指针松动

20. 压力容器是因为需要（　　），故必须在容器上装设测试壁温的仪表。（C）

A. 需要间接地测量介质仪表　B. 测量壁温　C. 严防超温

21. 液面计的精确度指的是（　　）。（C）

A. 测量示值与实际液面的比值，用百分比表示

B. 测量示值减去实际液面值，然后与全量程值的比值，用百分比表示

C. 测量示值减去实际液面值，然后与全量程值的比值，用扩大100倍的数值的绝对值表示

22. 移动式压力容器要求液位计必须灵敏、准确、具有足够的精确度。《移动容规》中规定液位计的精度等级不得低于（　　）。（A）

A. 2.5级　　B. 1.5级　　C. 4级

23. 紧急切断阀装置，当没有外力（机械手动、油压、气压、电动操作力）作用时，主阀处于（　　）位置。（B）

A. 常开　　B. 常闭　　C. 开和闭

24. 易熔塞的泄放温度，对于充装低压液化气体的容器，应以充装系数为基础来进行选定。因此，对于槽、罐车其易熔元件的易熔合金熔融温度应为(　　)。（C）

A. 其设计温度50℃　　B. ≤75℃　　C. 65～75℃

25. 常用测温仪表主要有（　　）五种。（BCDEF）

A. 温度控制器　　B. 热电阻温度计　　C. 热电偶温度计

D. 固体膨胀式（双金属）温度计　　E. 玻璃温度计　　F. 压力式温度计

26. 热电偶温度计的测温原理是（　　）。（C）

A. 利用导体或半导体的电阻随着温度而改变的性质

B. 利用导体或半导体的长度随着温度而改变的性质

C. 利用测温元件在不同温度下的热电势不同的性质

27. 热电偶的测量范围与（　　）有关。（C）

A. 热电偶的长度　B. 热电偶的直径　　C. 热电偶的材料

28. 安全阀与排放口之间装设截止阀的，运行期间必须处于（　　）并加铅封。（B）

A. 开启　　B. 全开　　C. 关闭

29. 依靠流体本身力量自动启闭的阀门是（　　）。（D）

A. 截止阀　　B. 球阀　　C. 节流阀　　D. 止回阀

30. （　　）的闭合原理是，依靠阀杆压力，使阀瓣密封面与阀座密封面紧密贴合，阻止流体流通。（A）

A. 截止阀　　B. 节流阀　　C. 球阀　　D. 止回阀

31. 以改变通道面积的形式调节流量称为（　　）。（B）

A. 截止阀　　B. 节流阀　　C. 球阀　　D. 止回阀

32. 截止阀的作用主要是（　　）。（C）

A. 调节流量　　B. 改变流向　　C. 切断　　D. 阻止倒流

33. 过流阀在正常工作时呈（　　）状态。（C）

A. 常通　　B. 常闭　　C. 开启　　D. 关闭

34. 装卸阀门的公称压力应当高于或者等于（　　）。（AC）

A. 罐体设计压力　　B. 气瓶公称工作压力　　C. 1.5倍的气瓶公称工作压力

35. 装卸阀门阀体的耐压试验压力为阀体公称压力的（　　），阀门的气密性试验压力为阀体公称压力的（　　）。（B、A）

A. 1.0倍　　B. 1.5倍　　C. 2.0倍

36. 装卸用管应当至少符合以下（　　）要求：（ABCDEFGH）

A. 装卸用管与移动式压力容器的连接应当可靠

B. 有防止装卸用管拉脱的安全保护措施

C. 所选用装卸用管的材料与充装介质相容，接触液氧等氧化性介质的装卸用管的内表面需要进行脱脂处理和防止油脂污染措施

D. 冷冻液化气体介质的装卸用管材料能够满足低温性能要求

E. 装卸用管的公称压力不得小于装卸系统工作压力的 2 倍，其最小爆破压力大于 4 倍的公称压力

F. 充装单位或者使用单位对装卸用管必须每半年进行 1 次耐压试验，试验压力为装卸用管公称压力的 1.5 倍，试验结果要有记录和试验人员的签字

G. 装卸用管必须标志开始使用日期，其使用年限严格按照有关规定执行

H. 装卸软管出厂时应当随产品提供质量证明文件，并且在产品的明显部位装设牢固的金属铭牌

37. 装运毒性程度为极度或者高度危害以及易爆介质的罐体，其装卸口应当由下列三个相互独立并且串联在一起的装置组成，第一个是（　　），第二个是（　　），第三个是（　　）。（C、A、B）

A. 球阀或截止阀　B. 盲法兰或等效装置　C. 紧急切断阀

38. 真空绝热罐体排气口设置阻火器的维修与保养要求：（　　）（ABCDEF）

A. 安装阻火器前，依据厂家提供的说明书，仔细核对标牌与所装管线要求是否一致

B. 阻火器上的流向标记必须与介质流向一致

C. 每隔半年应检查一次。检查阻火层是否有堵塞、变形或腐蚀等缺陷

D. 被堵塞的阻火层应清洗干净，保证每个孔眼畅通，对于变形或腐蚀的阻火层应更换

E. 清洗阻火器芯件时，应采用高压蒸汽、非腐蚀性溶剂或压缩空气吹扫，不得采用锋利的硬件刷洗

F. 重新安装阻火层时，应更新垫片并确认密封面已清洁和无损伤，不得漏气

39. 要求罐车设置导除静电的（　　）导线电阻不应超过 10mΩ。（ABC）

A. 接地链、接地线的接地电阻　B. 接地线的接地电阻

C. 与罐体管路、阀门和车辆底盘之间连接等处的电阻

40. 减压阀阀组一般由过滤器、压力表、减压阀、安全阀、闸阀、管路及旁通管路等管路元件安装组成，其阀组前后应装设（　　），以便于调节。阀组后应设置（　　），当压力超过时能起泄压和报警作用，保证压力稳定。（A、B）

A. 压力表　B. 安全阀　C. 过滤器　D. 闸阀

三、简答题

1. 简述储运哪些介质的液化气罐车需设置全启式弹簧安全阀与爆破片组合的安全泄放装置。

答：符合储运下列介质的液化气体罐车应设置全启式弹簧安全阀与爆破片组合的安全泄放装置：

（1）储运毒性程度为极度、高度危害的介质。

（2）储运易燃易爆的介质。

（3）储运强腐蚀性的介质。

2. 简答移动式压力容器罐体从哪些方面及时维护和检查压力表。

答：移动式压力容器罐体在储运中，应加强对压力表的及时维护和检查。操作人员对压力表的维护应做好以下几点工作：

（1）压力表应保持洁净，表盘上的玻璃要明亮清晰，使表盘内指针指示的压力值能清楚易见，表盘玻璃破碎或表盘刻度模糊不清的压力表应停止使用。

（2）压力表的连接管要定期吹洗，以免堵塞，特别是对用于较多的油垢或其他黏性物质的气体的压力表连接管。要经常检查压力表的指针的转动与波动是否正常，检查连接管上的旋塞是否处于全开状态。

（3）压力表必须定期校验，每半年至少经计量部门校验一次。校验完毕应认真填写校验记录和校验合格证并加以铅封。如果容器罐体在正常运行中发现压力表指示不正常或有其他可疑迹象时应立即检验校正。

（4）氧用压力表禁油脱脂。与氧接触罐体设备、管道上安装的压力表必须禁油，新安装的压力表须进行脱脂处理。

3. 简述液位（面）计的维护管理要求。

答：压力容器储运操作人员，应加强对液位（面）计的维护管理，保持完好和清晰。操作人员要经常巡回检查，保持液位计的清洁，谨防泄漏，特别在冬季，要防止液位计冻堵和产生假液位。排放

液位计内的有毒、剧毒、易燃易爆介质时，要采用引出管将介质排放至安全地带妥善处理。使用单位应对液位（面）计实行定期检修制度，可根据实际情况，规定检修周期，但不应超过罐体容器内外部检修周期。

4. 简答紧急切断装置的安全技术性能要求

答：紧急切断装置是由手摇泵（操作手柄及拉紧弹簧）、紧急切断阀和油管路（操纵机构）组成。紧急切断阀借助手摇泵（操作手柄及拉紧弹簧）给系统工作介质加压使阀门开启，当发生事故或需要关闭时，打开手摇泵的泄压阀或油路上的泄压阀泄掉系统压力使阀门自行关闭（对机械式紧急切断阀松开操作手柄）。要保证这种紧急切断装置安全可靠，就必须保持下列良好的性能要求：

（1）应有足够的强度。

（2）应有良好的致密性能。

（3）阀瓣与阀座有良好的密封（严密）性能。

（4）启闭动作灵敏、迅速。

（5）应有良好的过流关闭性能。

（6）在火灾情况下应能自动关闭、截流、止漏。

（7）应有良好的抗振性能。

（8）应经久耐用、性能稳定。

5. 简述《移动容规》的“装卸用管”和“装卸软管”的使用规定及目的。

答：移动压力容器装卸时使用的管路按《移动容规》的管理分为“装卸用管”和“装卸软管”两种。

“装卸用管”是指充装或卸载单位为满足移动式压力容器的装卸要求而配置的装卸管路的总称，包括装卸软管和硬管，产权归装卸单位所有且在充装环节中使用。

“装卸软管”为移动式压力容器出厂时随车携带的装卸附件，归移动式压力容器的“产权单位”所有且在卸载环节由随车配备人员（押运员或操作人员）卸载操作使用。

这样规定的目的为了“明确安全责任”，如在充装环节必须使用充装单位的“装卸用管”，而不允许使用随车携带的“装卸软管”；在卸载环节，一般情况下卸载操作人员是车辆的随车配备人员，所以卸载时应当使用随车携带的“装卸软管”。

6. 简答装运毒性程度为极度或者高度危害以及易爆介质的罐体装卸口应设置哪些组合装置及安全要求。

答：装运毒性程度为极度或者高度危害以及易爆介质的罐体，其装卸口应当由三个相互独立并且串联在一起的装置组成，第一个是紧急切断阀，第二个是球阀或截止阀，第三个是盲法兰或等效装置。装卸过程中，要求装卸口的盲法兰等效装置必须在其内部压力泄尽后卸除，以保证安全；即调节螺塞泄放内部压力，直至确认后再卸除。

第5章

移动式压力容器常用介质及其危害

本章知识要点

介绍对移动式压力容器操作者有严重威胁的毒性介质和易燃易爆介质的特性及安全防护要点。着重要求学员了解移动式压力容器常用介质及其危害，熟知安全防护要点。

5.1 移动式压力容器常用气体介质

5.1.1 气体基础知识

5.1.1.1 气体概念

1. 气体分子与原子

分子是能够独立存在并保持原物质性质（化学性质）的最小微粒。组成分子的更小的微粒称为原子。在一定条件下，分子能够分解成原子，但分解后的原子将不保持原物质的化学性质。氦、氩等气体，它们的分子是由单个原子组成的，称为单原子分子；氢、氧等气体，它们的分子由两个原子组成的，称为双原子分子；二氧化碳、氨、丙烷等气体，它们的分子是由两个以上的原子组成的，称为多原子分子。

在化学中，把性质相同的同一类的原子称为元素。元素就是同种原子的总称。采用一定的字母符号来表示各种元素，称为元素符号。用元素符号来表示物质分子组成的式子，称为分子式。例如氩的分子式是Ar，氧的分子式是O_2，二氧化碳的分子式是CO_2，氨的分子式是NH_3，丙烷的分子式是C_3H_8。

2. 压强（压力）、温度、质量与重量、体积及比体积和密度

气体介质的压强（压力）、温度、质量与重量、体积、比体积和密度等概念，本书已在第2章作了介绍，请参照阅读，这里不再赘述。

5.1.1.2 物质的状态

1. 物质状态的变化

自然界中物质所呈现的聚集状态（或称形态），通常有气态、液态和固态三种。任何一种聚集状态只能在一定的条件下（温度、压力等）存在。当条件发生变化时，物质分子间的相互位置就发生相应变化，即表现为状态的变化。如水在标准大气压下，当温度低于0℃时为固体冰，当温度高于0℃而低于100℃时为液态水，当温度高于100℃时为气态水蒸气。在三态转变过程中存在着几种不同的物理变化过程。

（1）汽化　物质从液态变成气态的过程称为汽化。在其过程中，要吸收大量的热。汽化过程中一般有两种方式：一是蒸发，二是沸腾。

1）蒸发。液体表面的汽化现象称为蒸发。蒸发现象有下列特征：

①液体在任意温度下都可以蒸发。②蒸发现象仅发生在液体的表面。

同一种液体的蒸发速度与下列因素有关：①液体的表面积越大，蒸发越快。②液体的温度越高其蒸发越快。③液面上的气体排除得越快，蒸发越快。④液面上的气体压力越小，蒸发越快。

2）沸腾。液体从内部和表面同时汽化的现象称为沸腾。液体开始沸腾时的温度称为沸点。

（2）液化　物质从气态变为液态的过程称为液化。

（3）凝固　物质从液态变为固态的过程称为凝固。

（4）升华　物质从固态不经液态直接变为气态的过程称为升华。

（5）熔化　物质从固态变成液态的过程称为熔化。开始熔化时的温度称为熔点。

特别注意：物质从一种状态转变为另一种状态的过程中，要吸收或放出热量，这部分热量仅用来改变物质的状态，而不是改变物质的温度。

2. 相平衡

物质的形态，在热力学上称为相，液态称为液相，气态称为气相。由液相和气相组成的同一体系，通常由界面分开。在界面两边各相的性质是互不相同的。在一个相的内部，当达到平衡时，其性质是一致的，如空气虽然是混合物，但由于内部已完全达到均匀，所以是一个相。当水和水蒸气共存时，其组成虽然为水，但因有完全不同的物理性质，所以是两个不同的相。物质形态的改变称为相变，在相变过程中，物质要通过两相之间的界面，从一个相迁移到另一个相中去，当宏观上物质的迁移停止时，就称为相平衡。物质的相平衡状态取决于温度和压力，若有一个条件发生变化，则与其对应的相平衡就遭到破坏，同时发生相变过程，从而建立新的相平衡关系，直至达到新的平衡。例如，盛装在气瓶内的液化二氧化碳，由于分子不断扩散与碰撞运动，经过一定时间后，飞离液面的分子数与返回液面的分子数恰好相等，也就是气相中分子数不再增加，液相中的分子数也不再减少，这种现象称为气液两相动态平衡。只要条件（如温度、压力）保持不变，这种动态平衡也会持续不变。但是，此时若打开瓶阀向外排气，则瓶内的压力略有下降，这就破坏了原来的相平衡状态，从而促使液相加强蒸发以供阀门排出，当阀门均匀排放，即排放量等于或接近蒸发量时，液相便连续稳定地蒸发。当关闭阀门停止向外排气时，气瓶内压力迅速恢复，气液两相重新达到动态平衡状态。

在一个密闭的容器中，气、液两相达到动态平衡状态时，称为饱和状态。饱和状态下的液体为饱和液体，其密度为饱和液体密度。在饱和液体界面上的蒸气称为饱和蒸气，其密度和压力分别称为饱和蒸气密度和饱和蒸气压力。

3. 临界状态

图 5-1 所示为气体在不同的温度下进行高温压缩时，其压力和体积的变化情况。

当气体在温度 T_1 时开始压缩，由 E 点到 D 点，气体容积随着压力增加而缩小。由 D 点开始液化直到 B 点全部变成液体；BD 段平行于横坐标轴，表明在液化的全过程中压力保持不变，但容积在缩小。B 点以后的曲线，即 BA 段急剧上升，表明压力虽继续增高，但液体很难压缩，故容积几乎不再缩小。若气体的温度为 T_2（$T_2 > T_1$），则从 F 点开始压缩至 C 点，但此后没有相当于 BD 段的直线部分。C 点以后的曲线（CG 段）与 BA 段相似，C 点称为临界点，气体在 C 点的状态称为临界状态，其特点是气液相差别消失，其有相同的比体积和密度。

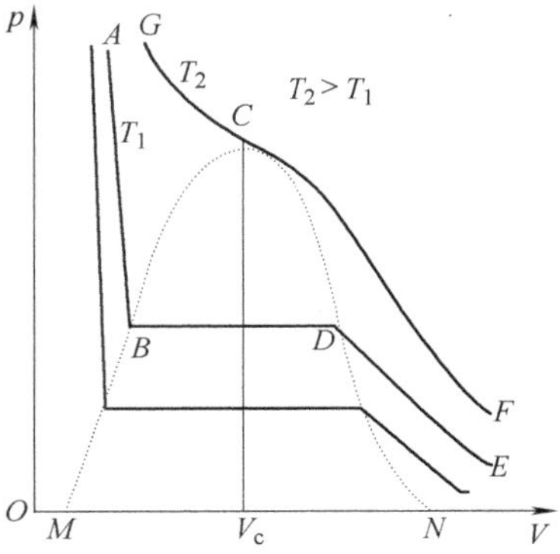

图 5-1　气液相变化过程

（1）临界温度　试验证明，只有当气体温度降低到某一温度以下时，对其施加压力才能使之液化。换言之，如果气体高于这一温度时，不论对其施加多大压力，都不能使之液化。这个特定的温度称为该气体的临界温度，通常用 T_c 来表示。不难理解，气体的临界温度越高，就越容易液化，气体的温度比其临界温度越低．液化所需压力越小。

对于已经液化了的气体，一旦温度升至临界温度时，它就必然会由液态迅速转变为气态。不同气体的临界温度是各不相同的。例如，丙烷的临界温度是 369.82K，丙烯的临界温度是364.76K。

（2）临界压力　气体在临界温度下，使其液化所需要的最小压力，称为临界压力。通常用符号 p_c 来表示。

不同气体的临界压力也是各不相同的。例如，丙烷的临界压力是4.25MPa，丙烯的临界压力是4.6MPa。

（3）临界比体积　气体在临界温度和临界压力下的比体积，称为临界比体积。通常用符号 v_c 来表示。因为不同气体的临界温度和临界压力各不相同，所以它们的临界比体积也是不相同的。例如，丙烷的临界比体积是4.500cm^3/g，丙烯的临界比体积是4.301cm^3/g。

临界温度、临界压力和临界比体积三个量统称为气体的临界恒量。不同的气体有不同临界恒量，见表5-1。

表5-1　几种气体的临界恒量

气体名称	T_c/K	p_c/MPa	v_c/（cm^3/g）
氧气（O_2）	154.58	5.04	2.294
氮气（N_2）	126.10	3.40	3.216
氩气（Ar）	150.86	49.0	1.867
氦气（He）	5.2	0.225	14.306
氢气（H_2）	33.18	1.31	31.847
氨气（NH_3）	405.65	11.3	4.255
氯气（Cl_2）	417.15	7.7	1.745
二氧化碳（CO_2）	304.19	7.38	2.136
二氧化硫（SO_2）	430.75	7.88	1.904

4. 气体的基本定律

在工程计算中，人们广泛地利用气体的基本定律来确定各种气体在物理状态下三个基本状态参数（压力、容积、温度）之间的关系。

（1）波义耳—马略特定律　当温度 T 不变时，气体压力 p 越大，则比体积 v 越小；而压力 p 越小，则比体积 v 增大。即当温度不变时，气体的压力与比体积成反比

$$p_1v_1 = p_2v_2 = 常数$$

对一定量气体，当温度不变时，压力由 p_1 变到 p_2，则体积由 v_1 变到 v_2

$$p_1v_1 = p_1v_2 = 常数$$

（2）查理定律　当比体积 v 不变时，气体温度 T 升高，则压力 p 增大；而温度 T 降低，则压力 p 减少。即当比体积不变时，气体的压力与温度成正比

$$\frac{p_1}{T_1} = \frac{p_2}{T_2} = （常数）$$

（3）盖伊吕萨克定律　当压力 p 不变时，气体温度 T 升高，则比体积 v 增大；而温度 T 降

低，则比体积 v 减少。即当压力不变时，气体的比体积与温度成正比

$$\frac{v_1}{T_1}=\frac{v_2}{T_2}=\text{（常数）}$$

对一定量气体，当压力不变时，温度 T_1 变到 T_2，则体积由 v_1 变到 v_2，即

$$\frac{v_1}{T_1}=\frac{v_2}{T_2}=\text{（常数）}$$

（4）理想状态方程式　根据以上三个气体基本定律，阐明了压力 p、温度 T 和比体积 v 的三个状态参数，当其中一个状态参数不变时，其他两个状态参数变化的关系。但实际上三个状态参数有时是同时发生变化的，如果将三个基本定律综合起来，可以推导出三个状态参数间的关系公式，即

$$\frac{p_1v_1}{T_1}=\frac{p_1v_2}{T_2}=R\text{（常数）}$$

由上式可知，它包括了三个基本定律，表示某种气体的状态发生任意变化时，压力和比体积的乘积除以热力学温度的值是不变的，即

$$\frac{pv}{T}=R$$

$$\text{或}\ pv=RT$$

上式称为理想状态方程式。并可看出，气体状态参数 p、v、T 中，当任意两个状态参数确定后，第三个状态参数就可由状态方程式求出。

R 是气体常数，其数值是不变的，不同的气体具有不同的 R 值，各种气体的气体常数见表 5-2。

表 5-2　各种气体的气体常数 R

气体名称	R/[J/(kg·K)]	气体名称	R/[J/(kg·K)]
空气	287.16	氦气	2077.45
氧气	259.89	氪气	99.24
氮气	296.86	氙气	63.34
氩气	208.17	氢气	4125.02
氖气	412.11	二氧化碳	188.96

若气体的物质的量为 n（单位为摩尔，mol），则理想气体状态方式可写成

$$pv=nRT$$

（5）真实气体状态方程式　所谓理想气体，是指密度很稀薄，因而可忽略其本身所占体积和分子间互相引力的气体。在实践中，只有在高温、低压条件下，气体状态接近理想气体，可以采用理想气体状态方程式来处理。而在低温（接近临界温度）、高压（和常压相比），尤其是对于容易液化的气体，气体分子间的引力和分子本身的体积便不能再忽略不计了，就需要采用真实气体状态方程式去求得符合实验结果的 p、V、T 关系。

真实气体状态方程式一般使用下式

$$pv=ZnRT$$

式中　Z——压缩因子（为解决真实气体与理想气体的偏差而引入的一个物理量）。

压缩因子是对比温度 T_r 和对比压力 p_r 的函数，可由图 5-2 中查出。其表达式为

$$T_r=T/T_c$$

$$p_r = p / p_c$$

式中 T——气体的实际温度（K）；

T_c——气体的临界温度（K）；

p——气体的实际压力（MPa）；

p_c——气体的临界压力（MPa）。

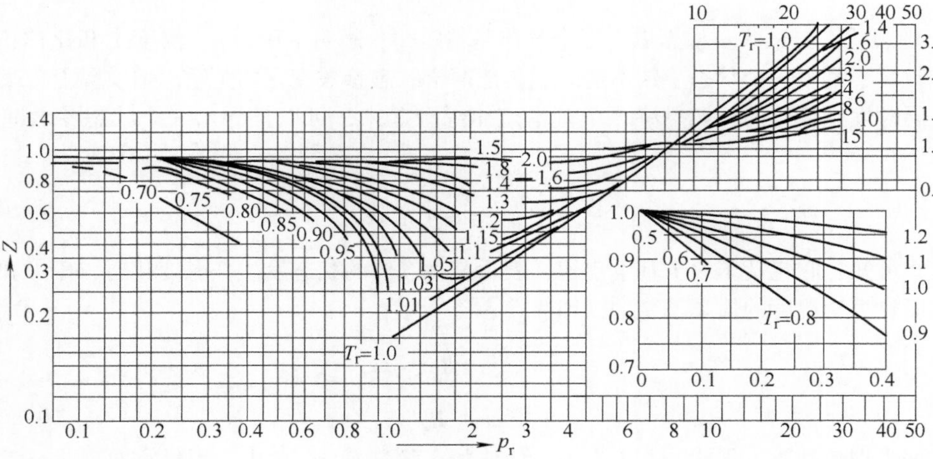

图 5-2 双参数压缩因子图

5.1.2 气体分类

罐车内充装的介质是液化气体或低温液体，对罐车而言因充装介质的性质而定。因此，了解与掌握气体的性质是操作罐车的基础，而气体分类也是构成罐车分类的基础。

5.1.2.1 分类标准

1. 分类方法

压力容器中气体的分类方法很多。按其燃烧性质，可分为易燃气体（甲烷等）、助燃气体（氧气等）和不可燃气体（氩气等）；按其毒性可分为极度危害介质（光气等）、高度危害介质（氯气等）、中度危害介质（一氧化碳等）和轻度危害介质（氨等）；按其临界温度又可分为压缩气体（氮气等）、高压液化气体（二氧化碳等）和低压液化气体（丙烷等）。

我国规定临界温度 $t_c \leqslant -50$℃ 的气体为压缩气体；-50℃ $< t_c \leqslant 65$℃ 的气体为高压液化气体；$t_c > 65$℃ 为低压液化气体。

压缩气体的临界温度低，因此在充装、运输、使用过程中均为气态，其压力高低取决于气体的压缩程度。

液化气体则根据临界压力和环境温度的变化，可以有两种情况：一种是临界温度高于环境温度的气体，如丙烷等。这些气体装入容器后始终保持气液两相平衡状态，其压力即为所充装气体在相应温度下的饱和蒸气压。这些临界温度比较高的液化气体，因为其饱和蒸气压都较低（在 60℃ 时的饱和蒸气压≤5.0MPa），所以又称为低压液化气体。另一种是临界温度处于环境温度变化范围之内的气体，如二氧化碳等，这些气体装入容器后，会随环境温度的变化而发生相变，可以是气液两相共存，也可以是单一的气相，其压力取决于充装量和温度。这些临界温度较低的液化气体，因为其饱和蒸气压都较高，所以又称为高压液化气体。

除此之外，还有气体是以第三种状态存在的，即气体以溶解在其他介质的形式运输、储存、使用，这种气体为溶解气体。目前溶解气体只有乙炔。

上述气体分类，见表 5-3。

表 5-3　气体分类

名　称	临 界 温 度	典型气体类型
压缩气体	$t_c \leq -50$℃	空气、氧、氮、氢、氦、甲烷等
高压液化气体	-50℃ $< t_c \leq 65$℃	二氧化碳、乙烷、乙烯、氧化亚氮、三氟氯甲
低压液化气体	$t_c > 65$℃	氯、氨、二氧化硫、丙烷、丙烯等
溶解气体		乙炔

2. 综合分类——气体的 FTSC 数字编码

根据压缩气体的物理状态和临界温度进行分类，按其化学性能、燃烧性、毒性、腐蚀性进行分组，标示每种气体的基本特性，以此作为分类依据，构成系统的综合分类。

我国制定了国家标准 GB 16163—2012《瓶装气体分类》，气体的特性主要包括它的可燃性、毒性及腐蚀性等，标准中对所有的瓶装气体进行了 FTSC 数字编码。根据编码数字，即可对该气体的特性一目了然。FTSC 是由火灾的潜在可能性（Fire Potential）、毒性（Toxicity），气体状态（State of Gas）和腐蚀性（Corrosiveness）的英文字头组成。FTSC 数字编码用四位阿拉伯数字分别按顺序表示气体的上列四种特性。即第一位数表示火灾的潜在可能性（简称燃烧性）。第二位数表示气体的毒性，第三位数表示气体在瓶内的状态，第四位数表示腐蚀性。而每一位数中的每一个阿拉伯数字都表示不同的特性。

FTSC 编码依据下列四个基本特征进行编定：

（1）燃烧性　根据燃烧的潜在危险，分为不燃、助燃（氧化性）、易燃、自燃、强氧化性、分解或聚合六个类型（0～5）。

（2）毒性　根据接触毒性的途径和毒性大小，按急性毒性（一次染毒）吸入半数致死量浓度 LC_{50} 分为无毒、毒、剧毒三个等级（1～3）。

（3）气体状态　根据瓶内充装气体的状态和在 20℃ 时瓶内压力的大小分为七个类型（0～6）。

（4）腐蚀性　根据气体不同的腐蚀性，分为无腐蚀、酸性腐蚀（卤氢酸腐蚀和非卤氢酸腐蚀）、碱性腐蚀四个类型（0～3）。

我国气体按 FTSC 数字编码分类，见表 5-4。

表 5-4　气体用 FTSC 数字编码的分类

分　类	可 燃 性
0	不燃（惰性）
1	助燃（氧化性）
2	可燃性气体 （1）可燃气体甲类：在空气中爆炸下限小于 10% 的可燃体，如氢、甲烷、氘和天然气等 （2）可燃气体乙类：在空气中爆炸下限大于等于 10% 的可燃气体，如一氧化碳等
3	自燃气体：在空气中自燃温度小于 100℃ 的可燃气体，如硅烷、磷烷等
4	强氧化性，如氧气、氟等
5	易分解或聚合的可燃性气体，如丁二烯、环氧乙烷等

（续）

T：毒性（第二位数）吸入半数致死量浓度 LC_{50}				
	1			无毒 LC_{50} > 5000ppm（体积分数）
	2			毒 200ppm（体积分数）< LC_{50} ≤5000ppm（体积分数）
	3			剧毒 LC_{50} ≤200ppm（体积分数）
S：状态（第三位数）表示气瓶内气体在 20℃的状态				
		1		低压液化气
		2		高压液化气
		3		溶解气体
		4		压缩气体（1）
		5		压缩气体（2）
		6		低温液化气体（深冷型）
C：腐蚀性（第四位数）				
			0	无腐蚀
			1	酸性腐蚀、不形成氢卤酸的
			2	碱性腐蚀
			3	酸性腐蚀、形成氢卤酸的

注：表中 LC_{50} 是“致死浓度”（Lethal Concentration）的缩写。下标 50 是表示在此浓度下试验，有半数（50%）以上的动物致死（动物一次染毒后，观察两周的结果）。

① 1ppm = 10^{-6}。

5.1.2.2 单一气体

GB/T 16163—2012《瓶装气体分类》以临界温度为基准，将瓶装气体分为三大类：压缩气体、液化气体（含高压液化气体和低压液化气体）和溶解气体。

1. 压缩气体

压缩气体是指在 -50℃时加压后完全是气态的气体，也包括临界温度低于或者等于 -50℃的气体，有时候也称为永久气体。该组气体在通常充装和温度下储运时为气体，压缩气体一般可分成以下两下小组，如表 5-5 所示。

a 组：不燃无毒和不燃有毒气体，有 10 种，包括氮、氩、氦（不燃无毒）；二氟化氧（不燃有毒）；氧等（强氧化性无毒）；氟、一氧化氮（强氧化性有毒）。

b 组：可燃无毒和可燃有毒气体，有 5 种，如氢、重氢 D_2、甲烷（易燃无毒）；一氧化碳（易燃有毒）。

表 5-5 压缩气体

序号	UN	FTSC	气体名称	气体英文名称	化学分子式	别名	相对分子质量	沸点 101.325 kPa/℃	临界温度/℃	燃烧性①	毒性①	腐蚀性①
a 组 不燃无毒和不燃有毒气体												
1	1002	1140	空气	Air			28.9	-194.3	-140.6	助燃（氧化性）		
2	1006	0140	氩	Argon	Ar		39.9	-185.9	-122.4			
3	1045	4353	氟	Fluorine	F_2		38.0	-188.1	-129.0	强氧化性	剧毒	酸性腐蚀
4	1046	0140	氦	Helium	He		4.0	-268.9	-268.0			

（续）

序号	UN	FTSC	气体名称	气体英文名称	化学分子式	别名	相对分子质量	沸点 101.325 kPa/℃	临界温度/℃	燃烧性①	毒性①	腐蚀性①
a 组　不燃无毒和不燃有毒气体												
5	1056	0140	氪	Krypton	Kr		83.8	−153.4	−63.8			
6	1065	0140	氖	Neon	Ne		20.2	−246.1	−228.7			
7	1660	4341	一氧化氮	Nitric oxide	NO		30.0	−151.8	−92.9	强氧化性	剧毒	酸性腐蚀
8	1066	0140	氮	Nitrogen	N_2		28.0	−195.8	−146.9			
9	1072	4140	氧	Oxygen	O_2		32.0	−183.0	−118.4	强氧化性		
10	2190	4353	二氟化氧	Oxygen difluoride	OF_2		54.0	−144.6	−58.0	强氧化性	剧毒	
b 组　可燃无毒和可燃有毒气体												
11	1016	2240	一氧化碳	Carbon monoxide	CO		28.0	−191.5	−140.2	可燃乙类	毒	
12	1957	2140	氘	Deuterium	D_2	重氢	4.0	−249.5	−234.8	可燃甲类		
13	1049	2140	氢	Hydrogen	H_2		2.0	−252.8	−239.9	可燃甲类		
14	1972	2140	甲烷	Methane	CH_4	R-50，沼气	16.0	−161.5	−82.5	可燃甲类		
15	1971	2140	天然气（压缩）	Natural gas	CH_4	CNG				可燃甲类		

① 气体的燃烧性为不燃的、毒性为无毒的、腐蚀性为无腐蚀性的，在表中均为空白。下表同。

压缩气体经过低温处理，使之低于其临界温度，加压就成为低温液化气体，简称低温液体，如表 5-6 所示。

表 5-6 中列出了 8 种低温液化气体（Cryogenic Liquid gas）。其中非活泼气体有 4 种：液氮（LIN），液氩（LAr）、液氖（LNe）、液氦（LHe）；氧化性气体 2 种：液体空气（LAir）、液氧（LOX）；可燃性气体 2 种：液体天然气（LNG）、液氢（LH_2）。

表 5-6　低温液化气体（深冷型）

序号	UN 编号		化学名称	标准压力下液化温度/℃		化学分子式	别名	临界点温度、压力、密度			气液容积比 标准状态下	燃烧性①
								t_c/℃	p_c/MPa	d_c/(kg/L)		
16	1003		空气（液体）	−194.3	Air（Liquid）	液空	液空	−140	3.78	0.319	665.8	助燃（氧化性）

（续）

序号	UN编号		化学名称	标准压力下液化温度/℃		化学分子式	别名	临界点温度、压力、密度			气液容积比标准状态下	燃烧性①
								t_c/℃	p_c/MPa	d_c/(kg/L)		
17	1951		氩（液体）	-185.9	Argon（Liquid）	Ar	液氩	-122	4.8	0.537	770	
18	1963		氦（液体）	-268.9	Helium(Liquid)	He	液氦	-268	0.226	0.069	700	
19	1966		氢（液体）	-252.8	Hydrogen (Liquid)	H_2	液氢	-239	1.2	0.312	795	可燃甲类
20	1972		天然气（液体）	-161.5	Natural gas (Liquid)	CH_4	以甲烷为主组分 LNG	-82	4.5	0.162	593	可燃甲类
21	1977		氮（液体）	-195.8	Nitrogen (Liquid)	N_2	液氮	-146	3.3	0.314	645	
22	1913		氖（液体）	-246.1	Neon（Liquid）	Ne	液氖	-228	2.68	0.484	1340	
23	1073		氧（液体）	-183.0	Oxygen(Liquid)	O_2	液氧	-118	4.97	0.436	800	强氧化性

表5-6中的低温液化气体，在储存、转充、运输时，均以低温（深冷）液体的形式存在，其储运的设备都须有绝热层。

低温液化气体在使用过程中，一般是在客户现场汽化成气体状态使用。如果需要低温冷媒，一般是以液体状态使用。

低温液化气体（深冷型）输送与钢制气瓶相比的优越性为，低温液体供气，即液化深冷液体通过槽车或者低温焊接绝热气瓶提供液体，经汽化后以管道或充瓶方式供用户使用。这种方式于20世纪80年代得到推广。

（1）其优越性　①低温液体输送量为中等容量，运输效率高、成本低，运输距离在200km以内为最佳，低温液化气体运输装载量（中等容量，气液容积比较大），1m^3 液氧可汽化800m^3 氧气，可装143瓶氧气；②有利于保证和提高产品质量，特别是含水分少，低温液体的充装量大，充装方便易行，受污染的内表面小；③可节省大量的优质钢材和汽车燃料；④有利于实现区域集中供气；⑤低温绝热气瓶及槽车的压力低，安全可靠性高。

（2）低温液化气体的共性　低温液化气体的共性是超低温、较大的气液容积比、惰性（窒息性）、氧化性及可燃性，其用途在不断地扩大：①液氧（LOX）、液氮（LIN）除在常规产业如冶金、石油化工等应用外，也在其他产业得到应用，如煤化工、煤液化、煤制气、石油开采、食品冷冻、低温粉碎和污水处理等；②液氢（LH_2）在燃料电池汽车的应用，可做到零污染；③液化天然气（LNG）作为新能源，近年来发展较快，国内已建有新疆广汇、广西北海、河南中原等地的LNG生产厂。扩大进口建设了广州大鹏湾和上海洋山港LNG专用码头。在北京、河南、新疆、长沙、贵州等地已建成10座LNG加气站，供LNG公交车使用。LNG清洁程度高，气液比593/1（以甲烷），运输方便灵活具有良好的应用前景；④液氦（LHe）的应用主要是低温工程，液氦温度-269℃使氦液化可进行低温超导、磁悬浮等低温试验。氦质谱仪广泛用于真空检漏，氦飞艇以及潜水的氦-氧混合气（海洋气体）和焊接等。由于国内氦资源较少，大部分依靠进口进行分装以供用户使用。

（3）低温液化气体的使用安全　①低温真空绝热气瓶及低温槽车日益普及，关键是在使用中要保持良好的绝热性能；②使用中要防止对非低温的结构材料产生低温冷脆导致脆性断裂；③操作人员要防止低温伤害，灼伤皮肤、脸部和眼睛；④除氧化性气体以外的低温气体要防止缺氧窒息；⑤所有低温系统应防止由于液体变成气体的相变而造成超压；⑥液氢在使用和排放时要防止形成空气中氧固化，构成爆炸极限导致爆炸事故；⑦液氧在生产和排放中要防止与可燃物质（油脂、木材、沥青等）结合，易形成敏感性的猛烈炸药（液氧炸药）导致燃烧爆炸。总之，低温液体潜在的危险性大于常温气体，在安全上要有防护措施。

2. 液化气体

1）高压液化气体临界温度为 -50 ~ 65℃的气体，见表 5-7；该组气体在充装时为液态。在允许的工作温度下储运时，气体在瓶内的状态会随着环境温度的变化而变化，即低于或等于临界温度时，罐内介质为气液两态共存，高于临界温度时为气态。

高压液化气体一般可分为以下三组。

a 组：不燃无毒和不燃有毒气体，有 15 种，如二氧化碳、三氟甲烷、六氟乙烷等为不燃无毒气体；氯化氢为不燃有毒气体。

b 组：可燃无毒和自燃有毒气体，有 5 种，如乙烷、乙烯等为可燃无毒气体；磷烷（磷化氢）为自燃有毒气体。

c 组：易分解或聚合的可燃气体，有 4 种，如氟乙烯（C_2H_3F）、乙硼烷（B_2H_6）。

表 5-7　高压液化气体

序号	UN	FTSC	气体名称	气体英文名称	化学分子式	别名	相对分子质量	沸点 101.325 kP/℃	临界温度/℃	燃烧性①	毒性①	腐蚀性①
a 组不燃无毒和不燃有毒气体												
24	1008	0223	三氟化硼	Boron trifluoride	BF_3	氟化硼	67.8	-100.3	-12.2		毒	酸性腐蚀
25	1013	0120	二氧化碳	Carbon dioxide	CO_2	碳酸气	44.0	-78.5	31.0			
26	2417	0223	碳酰氟	Carbonylf luoride	COF_2	氟化碳酰	66.0	-84.6	22.8		毒	酸性腐蚀
27	1022	0120	氯三氟甲烷	Chlorotrifl uoromethane	CF_3Cl	R-13	104.5	-81.9	28.8			
28	2193	0120	六氟乙烷	Hexafluor oethane	C_2F_6	R-116	138.0	-78.2	19.7			
29	1050	0223	氯化氢	Hydrogen chloride	HCl	无水氢氯酸	36.5	-85.0	51.5		毒	酸性腐蚀
30	2451	4123	三氟化氮	Nitrogen trifluoride	NF_3		71.0	-129.1	-39.3	强氧化性		酸性腐蚀
31	1070	4120	一氧化二氮	Nitrous oxide	N_2O	氧化亚氮、笑气	44.0	-88.5	36.4	强氧化性		
32	2198	0323	五氟化磷	Phosphoru spentafluo ride	PF_5		126.0	-84.5	18.95		剧毒	酸性腐蚀

（续）

序号	UN	FTSC	气体名称	气体英文名称	化学分子式	别名	相对分子质量	沸点 101.325 kP/℃	临界温度/℃	燃烧性①	毒性①	腐蚀性①
a组不燃无毒和不燃有毒气体												
33	1955	0223	三氟化磷	Phosphoru strifluoride	PF_3		88.0	-151.3	-2.1		毒	酸性腐蚀
34	1859	0223	四氟化硅	Silicontetr afluoride	SiF_4		104.1	-94.8	-14.2		毒	酸性腐蚀
35	1080	0120	六氟化硫	Sulfur hexafluoride	SF_6		146.1	-63.8	45.6			
36	1982	0120	四氟甲烷	Tetrafluor omethane	CF_4	R-14 四氟化碳	88.0	-128.0	-45.7			
37	1984	0120	三氟甲烷	Trifluoro methane	CHF_3	R-23	70.0	-82.2	26.0			
38	2036	0120	氙	Xenon	Xe		131.6	-108.1	16.6			
b组可燃无毒和可燃有毒气体												
39	1959	2120	1，1二氟乙烯	1，1-Difl uoroethy lene	$C_2H_2F_2$	偏二氟乙烯，R-1132a	64.0	-84.0	29.7	可燃甲类		
40	1035	2120	乙烷	Ethane	C_2H_6		30.1	-88.6	32.2	可燃甲类		
41	1962	2120	乙烯	Ethylene	C_2H_4		28.1	-103.8	9.2	可燃甲类		
42	2199	3320	磷烷	Phosphine	PH_3	磷化氢	34.0	-87.8	51.9	自燃	剧毒	
43	2203	3120	硅烷	Silane	SiH_4	四氢化硅	32.1	-111.4	-3.5	自燃		
c组可分解或聚合的可燃气体												
44	1911	5320	乙硼烷	Diborane	B_2H_6	二硼烷	27.7	-92.8	16.7	分解	剧毒	
45	1860	5120	氟乙烯	Fluoroethylene	C_2H_3F	乙烯基氟 R-1141	46.0	-72.2	54.7	聚合		
46	2192	2320	锗烷	Germanium hydride	GeH_4		76.6	-88.2	34.9	分解	剧毒	
47	1081	5120	四氟乙烯	Tetrafluoroe-thylene	C_2F_4		100.0	-75.6	33.3	聚合		

2）低压液化气体临界温度大于65℃的气体，见表5-8。该组气体在充装、储运时，罐内气体为气液两相共存状态（主要是液态），液体密度随环境温度而变。

低压液化气体一般可分以下四组。

a组：不燃无毒和不燃有毒、酸性腐蚀气体。有23种，如一氟二氯甲烷（R-21）、二氟氯甲烷（R-22）、二氟二氯甲烷（R-12）、四氟二氯乙烷（R-114）等为不燃无毒气体；二氧化硫、碳酰二氯（光气. $COCl_2$）、硫酰氟等为不燃剧毒气体。如表 5-8a 组所示。

b 组：强氧化性剧毒气体。有 2 种，如氯、二氧化氮（四氧化二氮）。如表 5-8a 组序号 51、64 所示。

c 组：可燃无毒和可燃有毒、碱性腐蚀气体，有 31 种。如丙烷（C_3H_8）、丙烯（C_3H_6）、正丁烷（C_4H_{10}）、二甲醚为可燃无毒气体；氨（NH_3）、乙胺（$C_2H_5NH_2$）、甲胺（CH_3NH_2）等位可燃有毒（或剧毒、碱性腐蚀气体）。如表 5-8b 组所示。

d 组：易分解或聚合的可燃气体有 6 种如环氧乙烷（C_2H_4O）是易分解且有毒气体；氯乙烯（C_2H_3Cl）、三氟氯乙烯（C_2ClF_3）等是易聚合有毒气体。如表 5-8c 组所示。

表 5-8 低压液化气体（临界温度高于 65℃的气体）

序号	UN	FTSC	气体名称	气体英文名称	化学分子式	别名	分子量	沸点 101.325 kPa/℃	临界温度/℃	燃烧性①	毒性①	腐蚀性①
a 组 不燃无毒和不燃有毒气体												
48	1974	0110	溴氯二氟甲烷	Bromochlorodifluoromethane	$CBrClF_2$	R-12B1	165.4	-3.3	154.0			
49	1741	0213	三氯化硼	Boron trichloride	BCl_3	氯化硼	117.0	12.5	176.8		毒	酸性腐蚀
50	1009	0110	溴三氟甲烷	Bromotrifluoromethane	$CBrF_3$	R-13B1	148.9	-57.9	66.8			
51	1017	4213	氯	Chlorine	Cl_2		70.9	-34.1	144.0	强氧化性	毒	酸性腐蚀
52	1018	0110	氯二氟甲烷	Chlorodifluoromethane	$CHClF_2$	R-22	86.5	-40.6	96.2			
53	1020	0110	氯五氟乙烷	Chloropentafluoroethane	C_2ClF_5	R-115	154.5	-39.1	80.0			
54	1021	0110	氯四氟乙烷	Chlorotetrafluoromethane	C_2HClF_4	R-124	136.5	-12.0	122.3			
55	1983	0110	氯三氟乙烷	Chlorotrifluoroethane	$C_2H_2ClF_3$	R-133a	118.5	6.9	150.0			
56	1028	0110	二氯二氟甲烷	Dichlorodifluoromethane	CCl_2F_2	R-12	120.9	-24.9	112.0			
57	1029	0110	二氯氟甲烷	Dichlorofluoromethane	$CHCl_2F$	R-21	102.9	8.9	178.5			
58	1421	4311	三氧化二氮	Dinitrogen trioxide	N_2O_3		76.0	2.0	151.8		剧毒	
59	1958	0110	二氯四氟乙烷	Dichlorotetrafluor oethane	$C_2Cl_2F_4$	R-114	170.9	3.9	145.7			
60	3296	0110	七氟丙烷	tafluoro propane	F_3CHFCF_3	R-227	170.0	-15.6	101.6			
61	1858	0110	六氟丙烯	afluoro propylene	C_3F_6	R-1216	150.0	-29.8	86.2			

（续）

序号	UN	FTSC	气体名称	气体英文名称	化学分子式	别名	分子量	沸点 101.325 kPa/℃	临界温度/℃	燃烧性①	毒性①	腐蚀性①
a组　不燃无毒和不燃有毒气体												
62	1048	0213	溴化氢	rogen bromide	HBr	无水氯溴酸	80.9	-66.7	89.8		毒	酸性腐蚀
63	1052	0213	氟化氢	Hydrogen fluoride	HF	无水氢氟酸	20.0	19.5	188.0		毒	酸性腐蚀
64	1067	4311	二氧化氮	Nitrogen dioxide	NO_2 (N_2O_4)	四氧化二氮	92.8	22.1	158.2	强氧化性	剧毒	酸性腐蚀
65	1976	0110	八氟环丁烷	Octafluorocyclobutane	C_4F_8	R-C318	200.0	-6.4	155.3			
66	3220	0110	五氟乙烷	Pentafluoroethane	CHF_2CF_3	R-125	120.0	-49.0	66.0			
67	1076	0313	碳酰二氯	Phosgene	$COCl_2$	光气	98.9	7.4	182.3		剧毒	酸性腐蚀
68	1079	0211	二氧化硫	Sulfur dioxide	SO_2		64.1	-10.0	157.5		毒	酸性腐蚀
69	2191	0210	硫酰氟	Sulfuryl fluoride	SO_2F_2		102.0	-55.4	92.0		毒	
70	3159	0110	1，1，1，2四氟乙烷	1，1，1，2-Tetrafluoroethane	CH_2FCF_3	R-134a	102.0	-26.0	101.1			
b组　可燃无毒和可燃有毒气体												
71	1005	2212	氨	Ammonia	NH_3		17.0	-33.4	132.4	可燃乙类	毒	碱性腐蚀
72	2676	2311	锑化氢	Antimony hydride	SbH_3		124.8	-17.1	173.0	可燃甲类	剧毒	
73	2188	2310	砷烷	Arsine	AsH_3	砷化氢	77.9	-62.5	99.9	可燃甲类	剧毒	
74	1011	2110	正丁烷	n-Butane	C_4H_{10}	丁烷	58.1	0.5	152.0	可燃甲类		
75	1012	2110	1-丁烯	1-Butene	C_4H_8		56.1	-6.2	146.4	可燃甲类		
76		2110	（顺）2-丁烯	Cis-2- butene	C_4H_8		56.1	3.7	162.4	可燃甲类		
77		2110	（反）2-丁烯	Trans-2-butene	C_4H_8		56.1	0.9	155.5	可燃甲类		
78	2517	2110	氯二氟乙烷	Chlorodifluoroethane	C_2H_3C	R-142b	100.5	-9.2	136.5	可燃甲类		
79	1027	2110	环丙烷	Cyclopropane	C_3H_6	三甲撑	42.1	-32.9	124.6	可燃甲类		
80	2189	2213	二氯硅烷	Dichlorosilane	SiH_2Cl_2		101.0	8.2	176.3	可燃甲类	毒	酸性腐蚀
81	1030	2110	1，1二氟乙烷	Difluoroethane	CHF_2CH_3	偏二氟乙烷 R-152a	66.0	-25.0	113.5	可燃甲类		
82	3252	2110	二氟甲烷	Difluoromethane	CH_2F_2	R-32	52.0	-51.7	78.1	可燃乙类		

（续）

序号	UN	FTSC	气体名称	气体英文名称	化学分子式	别名	分子量	沸点 101.325 kPa/℃	临界温度/℃	燃烧性①	毒性①	腐蚀性①
b 组　可燃无毒和可燃有毒气体												
83	1032	2212	二甲胺	Dimethylamine	$(CH_3)_2NH$		45.1	7.4	164.6	可燃甲类	毒	碱性腐蚀
84	1033	2110	二甲醚	Dimethylether	C_2H_6O		46.1	-24.8	126.9	可燃甲类		
85	1954	3210	乙硅烷	Disilane	Si_2H_6		62.2	-14.5	150.9	自燃		
86	1036	2212	乙胺	Ethylamine	$C_2H_5NH_2$	氨基乙烷	45.1	16.6	183.4	可燃甲类	毒	碱性腐蚀
87	1037	2110	氯乙烷	Ethylchloride	C_2H_5Cl	乙基氯，R160	64.5	12.3	187.2	可燃甲类		
88	2202	2311	硒化氢	Hydrogen selenide	H_2Se		80.9	-42.0	138.0	可燃甲类	剧毒	
89	1053	2211	硫化氢	Hydrogen sulfide	H_2S		34.1	-60.2	100.4	可燃甲类	毒	酸性腐蚀
90	1969	2110	异丁烷	Isobutane	C_4H_{10}		58.1	-11.7	135.0	可燃甲类		
91	1055	2110	异丁烯	Isobutylene	C_4H_8		56.1	-7.1	144.7	可燃甲类		
92	1061	2212	甲胺	Methylamine	CH_3NH_2		31.1	-6.3	156.9	可燃甲类	毒	碱性腐蚀
93	1062	2210	溴甲烷	Methyl bromide	CH_3Br	甲基溴	95.0	3.6	194.0	可燃乙类	毒	
94	1063	2210	氯甲烷	Methyl chloride	CH_3Cl	甲基氯	50.5	-23.9	143.0	可燃甲类	毒	
95	1064	2211	甲硫醇	Methyl mercaptan	CH_3SH	硫基甲烷	48.1	6.0	196.8	可燃甲类	毒	碱性腐蚀
96	1978	2110	丙烷	Propane	C_3H_8		44.1	-42.1	96.8	可燃甲类		
97	1077	2110	丙烯	Propylene	C_3H_6		42.1	-47.7	91.8	可燃甲类		
98	1295	2210	三氯硅烷	Trichlor osilane	$SiHCl_3$	三氯氢硅	135.5	31.8	206.0	可燃甲类	毒	
99	2035	2110	1，1，1三氟乙烷	1，1-Trifluoroethane	CF_3CH_3	R-143a	84.0	-47.6	73.1	可燃甲类		
100	1083	2112	三甲胺	Trimethy lamine	$(CH_3)_3N$		59.1	2.9	162.0	可燃甲类		碱性腐蚀
101	1075	2110	液化石油气			LPG				可燃甲类		

（续）

序号	UN	FTSC	气体名称	气体英文名称	化学分子式	别名	分子量	沸点 101.325 kPa/℃	临界温度/℃	燃烧性①	毒性①	腐蚀性①
c 组　易分解或聚合的可燃气体												
102	1010	5110	1，3 丁二烯	1，3 – Butadiene	C_4H_6	联乙烯	54.1	–4.5	152.0	聚合		
103	1082	5210	三氟氯乙烯	Chlorotrifliuoroethylene	C_2ClF_3	R-1113	116.4	–28.4	105.8	聚合	毒	
104	1040	5210	环氧乙烷	Ethylene oxide	C_2H_4O	氧化乙烯	44.0	10.5	195.8	分解	毒	
105	1087	5210	甲基乙烯基醚	Methy lvinylether	C_3H_6O	乙烯基甲醚	58.1	5.0	200.0	聚合		
106	1085	5210	溴乙烯	Vinyl bromide	C_2H_3Br	乙烯基溴	107.0	15.7	198.0	高温易聚合	毒	
107	1086	5210	氯乙烯	Vinyl chloride	C_2H_3Cl		62.5	–13.7	156.5	聚合	致癌	

3. 溶解气体

关于溶解气体，目前我国只有一种即溶解乙炔。溶解乙炔属于易分解或聚合的可燃气体。

由于溶解乙炔是以钢瓶装运，故不在本书所包含的范畴。

5.1.2.2　混合气体

混合气包括自然合成和人工制成的混合气（二元或多元混合气）。

混合气体的种类较多，本书只介绍液化石油气（LPG）、液化天然气（Liquefied Natu- ralGas 简称 LNG）。

液化石油气是从油气田或石油炼制过程中取得的一部分碳氢化合物。如丙烷（C_3H_8）、丙烯（C_3H_6）、丁烷（C_4H_{10}）、丁烯（C_4H_8）等。其主要成分的碳原子数为 3 和 4 个。

液化天然气为无色流体，其主要组分为甲烷，组分中可能含有少量的乙烷、丙烷、氮和其他组分。

下面介绍常见混合气体（液化石油气、天然气）的特性。

1. 液化石油气的化物特性及产品标准

（1）别名、英文名　液化气，Liquefied Petroleum Gas（LPG）。

（2）用途　液化石油气可用作民用燃料、工业燃料或化工原料。油气田生产的液化石油气一般都是饱和烃，可考虑作车用液化气，如作为化工原料，需要先进行脱氢。因此必须有相当大的批量，才会有较好的经济效益。如果油气田每年能有 100kt 或更多的丙烷或丁烷，可以考虑作为化工原料。炼油厂生产的液化石油气中的烯烃含量很高，不需要脱氢工序，即使批量偏小一些，也值得用作化工原料。

丙烯和丁烯，可进一步合成聚合物、芳烃、醇类、醚类、酮类和胺类等化合物一般作为生活用（民用）燃料。

丙烷可用于汽车燃料、金属或混凝土切割、机械零件的可控气氛热处理、燃料气管网调峰或备用气源、丙烯原料及炼油厂脱沥青的选择溶剂。

小批量的丁烷可用于小瓶装燃料或自压喷雾型日用化学剂。

近年来，为了降低汽油中的芳烃含量，以减少环境污染，需要大量的甲基叔丁基醚（MT-BE）。MTBE 的原料是甲醇和异丁烯，炼油厂自身可提供的原料远不够用，不少国家已经开始大量用油气田生产的丁烷作为原料。

（3）液化石油气的化物特性

1）液化石油气的成分。液化石油气的主要成分有：丙烷（C_3H_8）、丙烯（C_3H_6）、正丁烷（C_8H_{10}）、异丁烷（C_4H_{10}）、丁烯 - 1（C_4H_8）、顺丁烯 - 2（C_4H_8）、反丁烯 - 2（C_4H_8）、异丁烯（C_4H_8）等八种。

液化石油气的主要成分除上述八种外，还含有戊烷（即残液）、硫化物和水等杂质。

由于液化石油气（LPG）是混合气体，并主要由丙烷、丙烯、丁烷、丁烯等烃类构成（可以是单独的或几种混合的），其性质与其组成有很大关系，在一定压力下可以使其成为液态的石油产品。其中允许含有少量不超过规定值的更轻和更重的烃类组分。液化石油气主要来自天然气或炼油厂各工艺装置产出的 C_3 和 C_4 气体。从天然气中取得的液化石油气是烷烃，而炼油厂生产的液化石油气（LRG）可含有烯烃。

表 5-9 列出相关烃类的物理性质，可作为液化石油气性质的参考。液化石油气各成分的分子式与结构式见表 5-10。

表 5-9　液化石油气中烃类的物理性质

项　目	丙烷	丙烯	正丁烷	异丁烷	1 - 丁烯	顺 2 - 丁烯	反 2 - 丁烯	异丁烯
相对分子质量	44. 094	42. 081	58. 124	58. 124	56. 108	56. 108	56. 108	56. 108
密度（标准状态）/（kg/cm^3）	2. 005	1. 914	2. 703	2. 675	2. 500	2. 500	2. 500	2. 500
液体密度（沸点）/（kg/cm^3）	582		601	596	625			
沸点/K	230. 95	225. 45	272. 65	261. 42	266. 85	276. 85	274. 05	266. 25
熔点/K	85. 45	87. 95	134. 85	113. 55	87. 80	134. 25	167. 75	132. 85
临界性质								
温度/K	369. 95	365. 05	425. 16	408. 13	419. 15	433. 15	428. 15	417. 85
压力/MPa	4. 26	4. 60	3. 797	3. 648	4. 02	4. 21	4. 10	4. 00
密度/（kg/m^3）	220. 5	233	228. 0	221. 0	233	238	238	234
燃烧热/（kJ/m^3）	93018	81224①	118960	122142	107601①	107015①	106805①	106680①
爆炸极限下限（20℃）（%）	2. 3	2. 0	1. 86	1. 8	1. 6	1. 6	1. 8	1. 8
爆炸极限上限（20℃）（%）	9. 5	11. 1	8. 41	8. 5	9. 3	9. 7	9. 7	8. 8

① 为低热值的燃烧热。

表 5-10 液化石油气各成分的分子式与结构式

名称	分子式	结构式	名称	分子式	结构式
丙烷	C_3H_8	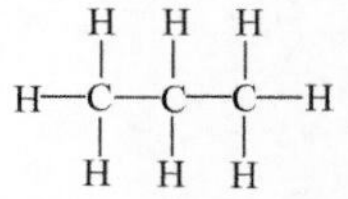	丁烯-1	C_4H_8	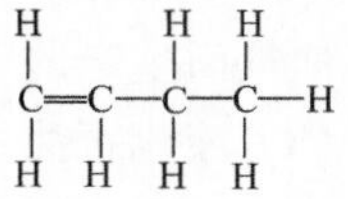
丙烯	C_3H_6	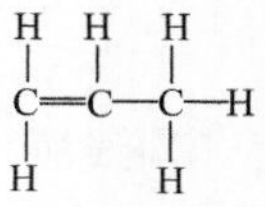	顺丁烯-2	C_4H_8	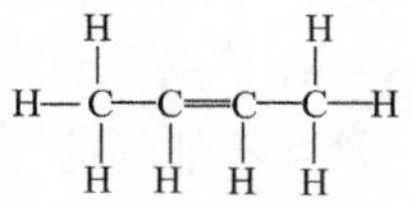
正丁烷	C_4H_{10}	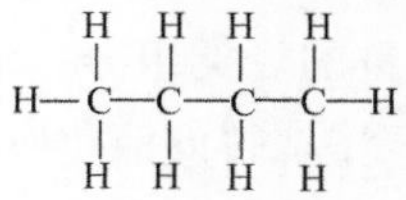	反丁烯-2	C_4H_8	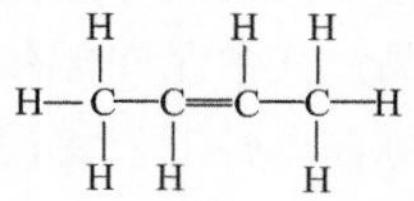
异丁烷	C_4H_{10}	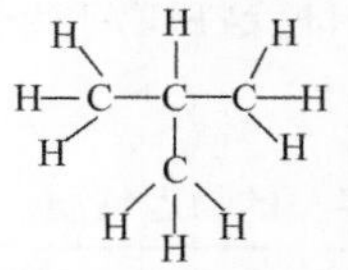	异丁烯	C_4H_8	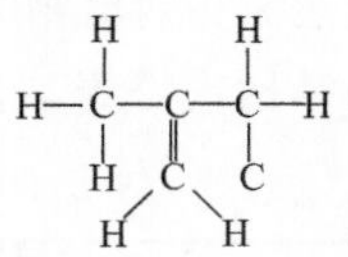

2）液化石油气产品质量标准。液化石油气的质量标准见表 5-11。

表 5-11 液化石油气的质量标准

项目	质量指标	试验方法
密度（15℃）/（kg/m^3）	报告	SH/T 0221
蒸气压（37.8℃）/kPa 不大于	1380	GB/T 6602
C_5 及 C_5 以上组分含量，（%）体积分数 不大于	3.0	SH/T 0230
残留物	0.05	SY/T 7509
蒸发残留物/（mL/100mL） 不大于		
油渍观察	通过	
铜片腐蚀，级 不大于	1	SH/T 0232
总硫含量/（mg/m^3） 不大于	343	SH/T 0222
游离水	无	目测

3）液化石油气的化物特性。液化石油气是丙烷、丙烯、丁烷、丁烯等多种成分组成的易燃易爆气体混合物，在一定压力条件下成为液化气体。液化石油气无色透明气化后的石油气，有一种特殊的臭味，由于它密度比空气大，在气态下比空气重 2 倍左右，易在地面扩散，积聚在低洼处。

① 在空气中的爆炸界限为 1.8% ~9.5%。液化石油气的爆炸范围虽然不宽，但因其爆炸下限小，所以一旦泄漏时容易引起爆炸。又由于液化石油气密度比空气大，一旦泄漏易在地面及低洼处积存，更容易形成爆炸隐患。

② 液化石油气自燃点为 446 ~480℃。

③ 液化石油气毒性。液化石油气在高浓度时，会使人因缺氧而引起窒息，液体触及皮肤可

能造成冻伤。最高容许浓度为1000ppm（1800mg/m^3）。

④ 液化石油气的饱和蒸气压随温度的升高而急剧增加，以丙烷为例，10℃时丙烷的饱和蒸气压为0.65MPa，20℃时即为0.85 MPa，30℃时为1.09 MPa，40℃时1.40 MPa，60℃时为2.14 MPa。

⑤ 液态的液化石油气膨胀系数也比较大，一般是水的10~16倍。由于液态的液化石油气膨胀系数大，在满液的气瓶中，温度每升高1℃，压力将增大1.0~2.0MPa。

⑥ 液化石油气的充装系数为0.425kg/L。

⑦ 液化石油气气液比在250以上，即1L的液体液化石油气完全气化后，体积在250L以上。

⑧ 临界温度。丙烷的临界温度95.6℃，在15℃时将丙烷加压0.7~0.8 MPa，丙烷气即可液化。丁烷的临界温度152.8℃，在15℃时将丁烷加压0.4~0.5MPa，丁烷气即可液化。

（4）毒性　在常温常压下，每吨液化石油气可变成500m^{3}的气体。气化后的密度比空气大一倍左右。与空气混合的爆炸上、下限为1.7%和9.7%，液化石油气的体积分数随组成不同有差异。由于液化石油气有很大的危险性，对设计、选材、施工、生产、运输和使用都有严格的规定或规范。液化石油气危险货物编号为21053。

吸入过量液化石油气会导致晕眩，甚至因缺氧而导致死亡。急救措施：将患者移至新鲜空气处，呼吸停止，施行呼吸复苏术；心跳停止，施行心肺复苏术；就医。

皮肤接触液体会导致冻疮。急救措施：勿擦揉，就医。

（5）安全防护　液化石油气泄漏时，应戴橡胶手套、面罩、穿防护服，配备通用防毒面具，关闭火源，并向消防部门报警。对渗漏出来的液化石油气要采取强制通风，以保持其浓度低于爆炸极限，然后采取妥善措施，消除渗漏。

2. 天然气

（1）别名、英文名　沼气、Natural Gas。

（2）用途　天然气是重要的有机化工原料，可用作制造炭黑、合成氨、甲醇以及其他有机化合物，也是优良的燃料。

（3）性质　天然气是一种重要能源，燃烧时有很高的发热值，燃烧产物对环境的污染也较小，而且还是一种重要的化工原料。天然气的生成过程和石油类似，但比石油更容易生成。约有40%的天然气与石油一起伴生，称油田气。

天然气为混合物，其物质性质不仅与其存在的状态有关，而且与其组成的物质和含量有关。不同组成、不同状态下的天然气物性可由其组成的纯物质的物性及含量计算求得。作为一种笼统的商品，天然气的物理化学性质标识如下：

外观与性状：无色、无臭。

沸点：-160℃。

液体相对密度（水=1）：约0.45（液化）。

气体相对密度（空气=1）：0.58~0.62。

溶解性：溶于水。

最大爆炸压力：6.8×10^2kPa。

与空气混合能形成爆炸性混合物，遇明火、高热极易燃烧爆炸。与氟、氯等能发生剧烈的化学反应。其蒸气密度比空气大，能在较低处扩散到相当远的地方，遇明火会引着回燃。若遇高热，容器内压增大，有开裂和爆炸的危险。

（4）毒性　急性中毒时，可有头昏、头痛、呕吐、乏力甚至昏迷症状。病程中尚可出现精神症状，步态不稳，昏迷过程久者，醒后可出现运动性失语及偏瘫。长期接触天然气者可出现神经衰弱综合症。

（5）安全防护　工程场所应密闭操作，并提供良好的自然通风条件。泄漏时，应佩戴供气式呼吸器，穿防静电工作服，必要时戴防护手套。

5.1.3　附录

移动式压力容器常用气体的理化性能及健康危害、燃烧爆炸危险性、储存注意事项、泄漏处理等特性见以下 20 个表。

1. 氧气

<table>
<tr><td rowspan="2">标识</td><td>英文</td><td>Oxygen</td><td>分子式</td><td>O_2</td></tr>
<tr><td>CAS 号①</td><td>7782-44-7</td><td>危险货物编号</td><td>22001</td></tr>
<tr><td rowspan="6">理化性能及健康危害</td><td>外观与性状</td><td colspan="3">氧在常温常压下为无色无臭无味的气体，液化后成蓝色。氧本身不燃烧，但能助燃。氧的化学性质活泼，能与多种元素化合发出光和热，即燃烧。当氧与易氧化物质反应产生的热蓄积到一定程度时就会自燃。当空气中氧的含量增加时火焰的温度和火焰长度增加，可燃物的着火温度下降。氧与氢的混合气具有爆炸性。液氧和有机物及其他易燃物质共存时，特别是在高压下，与其他物质反应也具有爆炸的危险性</td></tr>
<tr><td>沸点/℃（101.325kPa）</td><td colspan="3">−183.0</td></tr>
<tr><td>相对密度（水 = 1）</td><td colspan="3">液体（90.18K，101.325kPa）：1.141</td></tr>
<tr><td>气体密度/（kg/m^3）（0℃，101.325kPa）</td><td colspan="3">1.4289</td></tr>
<tr><td>相对蒸气密度(空气 = 1)</td><td>1.105</td><td>气液容积比（15℃，100kPa）</td><td>854</td></tr>
<tr><td>健康危害侵入及途径及毒性</td><td colspan="3">在常压下，氧的体积分数超过 40% 时，就有发生氧中毒的可能性。人的氧中毒主要有两种类型：①肺型——主要发生在氧分压为 1 ~ 2 个大气压，相当于吸入氧的体积分数为 40% ~ 60%。开始时，胸骨后稍有不适感，伴轻咳，进而感胸闷、胸骨后烧灼感和呼吸困难、咳嗽加剧，严重时可发生肺水肿、窒息；②神经型——主要发生于氧分压在 3 个大气压以上时，相当于吸入氧的体积分数为 80% 以上。开始多出现口唇或面部肌肉抽动、面色苍白、眩晕、心动过速、虚脱，继而出现全身强直性癫痫样抽搐、昏迷、呼吸衰竭而死亡</td></tr>
<tr><td rowspan="3">燃烧爆炸危险性</td><td>燃烧性</td><td>助燃</td><td colspan="2">《建筑设计防火规范》火灾危险性为 乙 类</td></tr>
<tr><td>危险特性</td><td colspan="3">液态氧能刺激皮肤和组织，引起冷烧伤。从液态氧蒸发的氧气易被衣服吸收，而且遇到任何一种火源均可引起急剧地燃烧
氧中毒治疗应及时，加强通风，改吸空气，安静休息，保持呼吸道通畅，给予镇静、抗惊厥药物，防止肺部继发感染。动物实验证明大剂量维生素 C 对氧中毒有一定疗效，可以采用。预防在于合理使用氧，使用高压氧时，应严格控制次数和时间
缺氧的救治，关键在于除去造成缺氧的原因和防治脑水肿。一般应立即撤离现场，吸入氧气，宜用正压给氧，有条件时，可采用高压氧治疗。心跳呼吸停止时，要进行人工呼吸，心脏按摩，尽快地使患者复苏</td></tr>
<tr><td>禁忌物</td><td colspan="3">运输时禁止与可燃物同车</td></tr>
<tr><td>储存注意事项</td><td colspan="4">储存于阴凉、干燥、通风良好的仓间内。远离火种、热源，防止阳光直射。应与禁忌物分开存放</td></tr>
<tr><td>泄漏处置</td><td colspan="4">①远离可燃物；②在确保安全的情况下，切断气源；③防止气体进入限制性空间；④隔离泄漏区直至气体散尽</td></tr>
</table>

① CAS 号又称 CAS 登录号，它是美国化学文摘服务社（Chemical Abstracts Service，CAS）为化学物质制订的登记号，该号是检索有多个名称的化学物质信息的重要工具。

2. 氢气

标识	英文	Hydrogen		分子式		H_2	
	CAS 号	133-73-0		危险货物编号		21001	
	RTECS 号①	MW8900000		IMDG②规则编号		2148	
理化性能及健康危害	外观与性状	无色、无臭气体					
	沸点/℃	−252.8					
	相对密度（水 = 1）	0.07（−252℃）					
	相对蒸气密度（空气 = 1）	0.07					
	溶解性	不溶于水，不溶于乙醇、乙醚					
	接触限值	中国 MAC③（mg/m^3）	未制定标准	美国 TLV − TWA④	ACGIH⑤窒息性气体		
	侵入途径及毒性	吸入					
	健康危害	本品在生理学上是惰性气体，仅在高温度时，由于空气中氧气分压降低引起窒息。在很高的分压下，氢气可呈现出麻醉作用					
燃烧爆炸危险性	燃烧性	易燃	《建筑设计防火规范》火灾危险性为甲类				
	自燃温度/℃	400	爆炸下限（%）	4.1	爆炸上限（%）	74.1	
	危险特性	与空气混合能形成爆炸性混合物，遇热或明火即会发生爆炸。气体比空气轻，在室内使用和储存时，漏气上升滞留屋顶不易排出，遇火星会引起爆炸。氢气与氟、氯、溴等卤素会剧烈反应					
	燃烧分解产物	水					
	稳定性	稳定					
	聚合危害	不聚合					
	禁忌物	强氧化剂、卤素					
	灭火方法	切断气源，若不能立即切断气源，则不允许熄灭正在燃烧的气体。喷水冷却容器，若有可能，将容器从火场移至空旷处。灭火剂：雾状水、泡沫、二氧化碳、干粉					
储运注意事项	易燃液体压缩气体。储存于阴凉、通风的仓间内。仓内温度不宜超过 30℃。远离火种、热源。防止阳光直射。应与氧气、压缩空气、卤素（氟、氯、溴）、氧化剂等分开存放。切忌混储混运。储存间内的照明、通风等设施应采用防爆型，开关设在仓外。配备相应品种和数量的消防器材。禁止使用易产生火花的机械设备和工具。验收时要注意品名，注意验瓶日期，先进仓的先发用。搬运时轻装轻卸，防止钢瓶及附件破损						
泄漏处置	迅速撤离泄漏污染区人员至上风处，并进行隔离，严格限制出入。切断火源。建议应急处理人员戴自给正压式呼吸器，穿消防防护服。尽可能切断泄漏源。合理通风，加速扩散。如有可能，将漏出气用排风机送至空旷地方或装设适当喷头烧掉。漏气容器要妥善处理，修复、检验后再用						

① RTECS：化学物质毒性数据库（Registry of Toxic Effects of Chemical Substances）是一个记录化学物质毒性资料的数据库。

② IMDG：国际海运危险货物（International Maritime Dangerous Goods）。

③ MAC：最高容许浓度（Maxium Allawable Concentration）。

④ TLV − TWA：人体可以承受每天 8h，每周 5 天的连续工作，而不产生任何机体的损伤的极限浓度。

⑤ ACGIH：美国政府工业卫生协会。

3. 氮气

标识	英文	Nitrogen		分子式		N_2
	CAS 号	7727-37-9		危险货物编号		22005
	RTECS 号	QW9700000		IMDG 规则编号		2163
理化性能及健康危害	外观与性状	无色、无臭气体				
	沸点/℃	-195.6				
	相对密度（水=1）	0.81（-196℃）		标准状态下气液体积比：640		
	相对蒸气密度（空气=1）	0.97				
	溶解性	微溶于水、乙醇。				
	接触限值	中国 MAC（mg/m^3）	未制定标准	美国 TLV-TWA		ACGIH 窒息性气体
	侵入途径及毒性	吸入				
	健康危害	当空气中氮含量增高时，使氧分压降低。引起缺氧窒息。吸入氮气浓度不太高时，患者最初感胸闷、气短、疲软无力；继而有烦躁不安、极度兴奋、乱跑、呼喊、神情恍惚、步态不稳，称之为“氮酩酊”，可进入昏睡或昏迷状态。吸入高浓度，患者可迅速出现昏迷、呼吸心跳停止而死亡 潜水员深潜时，可以发生氮的麻醉作用；若从高压环境下过快转入常压环境，体内会形成氮气气泡，压迫神经、造成血管阻塞，发生“减压病”				
燃烧爆炸危险性	燃烧性	不燃	《建筑设计防火规范》火灾危险性为戊类			
	危险特性	若遇高热，容器内压增大，有开裂和爆炸的危险				
	燃烧分解产物	氮气				
	稳定性	稳定				
	聚合危害	不聚合				
	禁忌物	无				
	灭火方法	本品不燃。用雾状水保持火场中容器冷却。				
储运注意事项	不燃性压缩气体。储存于阴凉、通风的仓间内。仓内温度不宜超过 30℃。远离火种、热源。防止阳光直射。应与易燃或可燃物分开存放。验收时要注意品名，注意验瓶日期，先进仓的先发用。搬运时轻装轻卸，防止钢瓶及附件破损					
泄漏处置	迅速撤离泄漏污染区人员至上风处，并进行隔离，严格限制出入。切断火源。建议应急处理人员戴自给正压式呼吸器，穿一般作业工作服。尽可能切断泄漏源。合理通风，加速扩散。如有可能，即时使用。漏气容器要妥善处理，修复、检验后再用					

4. 氩气

标识	英文	Argon		分子式	Ar
	CAS 号	7440-37-1		危险货物编号	22011
	RTECS 号	CF2300000		IMDG 规则编号	2105
理化性能及健康危害	外观与性状	无色、无臭惰性气体			
	沸点/℃	-185.7			
	相对密度（水=1）	1.40（-186℃）	标准状态下气液体积比：770		
	相对蒸气密度（空气=1）	1.38			
	溶解性	微溶于水			

（续）

标识	英文	Argon	分子式	Ar
	CAS 号	7440-37-1	危险货物编号	22011
	RTECS 号	CF2300000	IMDG 规则编号	2105
理化性能及健康危害	侵入途径及毒性	吸入		
	健康危害	普通大气压下无毒。高浓度时，使氧分压降低而发生窒息。氩的体积分数达50%以上，引起严重症状；75%以上时，可在数分钟内死亡。当空气中氩的体积分数增高时，先出现呼吸加速，注意力不集中，共济失调。继之，疲惫乏力，烦躁不安、恶心、呕吐、昏迷、抽搐，以致死亡 液态氩可致皮肤冻伤，眼部接触可引起炎症		
燃烧爆炸危险性	燃烧性	不燃	《建筑设计防火规范》火灾危险性为戊类	
	危险特性	若遇高热，容器内压增大，有开裂和爆炸的危险		
	燃烧分解产物	无		
	稳定性	稳定		
	聚合危害	不聚合		
	禁忌物	无		
	灭火方法	本品不燃。切断气源，喷水冷却容器，若有可能，将容器从火场移至空旷处		
储运注意事项	不燃性压缩气体。储存于阴凉、通风的仓间内。仓内温度不宜超过30℃。远离火种、热源。防止阳光直射。应与易燃或可燃物分开存放。验收时要注意品名，注意验瓶日期，先进仓的先发用。搬运时轻装轻卸，防止钢瓶及附件破损			
泄漏处置	迅速撤离泄漏污染区人员至上风处，并进行隔离，严格限制出入。切断火源。建议应急处理人员戴自给正压式呼吸器，穿一般作业工作服。尽可能切断泄漏源。合理通风，加速扩散。如有可能，即时使用。漏气容器要妥善处理，修复、检验后再用			

5. 氦气

标识	英文	Helium	分子式	He	
	CAS 号	7440-59-7	危险货物编号	22007	
理化性能及健康危害	沸点/℃		−272.1℃		
	相对密度（水=1）		0.15（−271℃）		
	相对蒸气密度（空气=1）		0.14		
	溶解性		不溶于水、乙醇		
	接触限值	中国 MAC（mg/m^3）	未制定标准	美国 TLV－TWA	ACGIH 窒息性气体
	侵入途径及毒性	吸入			
	健康危害	普通大气压下无毒。高浓度时，使氧分压降低而发生窒息。当空气中氦含量增高时，先出现呼吸加速，注意力不集中，共济失调。继之，疲惫乏力，烦躁不安、恶心、呕吐、昏迷、抽搐，以致死亡			
燃烧爆炸危险性	燃烧性	不燃	《建筑设计防火规范》火灾危险性为戊类		
	危险特性	若遇高热，容器内压增大，有开裂和爆炸的危险			
	燃烧分解产物	无			
	稳定性	稳定			
	聚合危害	不聚合			
	禁忌物	无			
	灭火方法	本品不燃。切断气源，喷水冷却容器，若有可能，将容器从火场移至空旷处			

（续）

标识	英文	Helium	分子式	He
	CAS 号	7440-59-7	危险货物编号	22007
储运注意事项	不燃性压缩气体。储存于阴凉、通风的仓间内。仓内温度不宜超过 30℃。远离火种、热源。防止阳光直射。应与易燃或可燃物分开存放。验收时要注意品名，注意验瓶日期，先进仓的先发用。搬运时轻装轻卸，防止钢瓶及附件破损			
泄漏处置	迅速撤离泄漏污染区人员至上风处，并进行隔离，严格限制出入。切断火源。建议应急处理人员戴自给正压式呼吸器，穿一般作业工作服。尽可能切断泄漏源。合理通风，加速扩散。如有可能，即时使用。漏气容器要妥善处理，修复、检验后再用			

6. 一氧化碳

标识	英文	Carbon monoxide	分子式	CO
	CAS 号	630-08-0	危险货物编号	21005
理化性能及健康危害	外观与性状	一氧化碳在常温常压下为无色、无臭、无味、无刺激性的窒息性气体。空气中可燃，燃烧时发出蓝色火焰。与空气混合形成爆炸性混合物。与酸、碱和水不起反应。在高温高压下，与铁、铬、镍等金属反应生成羰基金属，与氯结合形成光气，与羰基金属结合形成羰基金属化合物。一氧化碳具有还原作用，在室温下有锰及铜的氧化物混合存在时，一氧化碳可氧化成 CO_2，有一种防毒面具就是利用这种原理 一氧化碳是有毒气体，它是在没有任何刺激的情况下进入人体慢慢引起中毒。这时，人不仅感觉不到而且还有某种快感，所以它更是危险可怕的气体		
	沸点/℃(101.325kPa) -191.5	-191.5℃	液体密度 (-191.5℃，101.325kPa)	789kg/m^3
	气体密度/(kg/m^3) (0℃,101.325kPa)	1.2504	气液容积比：(15℃，100kPa)	674
	相对密度（气体，空气=1，101.325kPa）	0.967	MAC	20mg/m^3 30mg/m^3（高原，海拔〉3000m）
	侵入途径及毒性	经呼吸道侵入体内，与血红蛋白结合成碳氧血红蛋白，使血液携氧能力明显下降，造成组织缺氧		
	健康危害	急性中毒出现剧烈头痛、头昏、耳鸣、心悸、恶心、呕吐、无力、意识障碍，重者出现深昏迷、脑水肿、肺水肿和心悸损伤。血液碳氧血红蛋白浓度升高		
燃烧爆炸危险性	燃烧性 (20℃，101.325kPa)	空气中可燃范围：12.5%～74%		《建筑设计防火规范》火灾危险性为乙类
	危险特性	易燃，在空气中燃烧时火焰为蓝色，与空气混合能形成爆炸性混合物，遇明火或高热能能引起燃烧爆炸		
	火灾扑救	①灭火剂：干粉、二氧化碳、雾状水、泡沫；隔离泄漏区直至气体散尽；②在确保安全的情况下，切断气源；③用大量水冷却临近设备或着火容器，直至火灾扑灭		
急救	迅速脱离现场至空气新鲜处，保持呼吸道通畅，如呼吸困难，给输氧。呼吸、心跳停止，立即进行心肺复苏术。就医、高压氧治疗			
泄漏处置	①消除所有点火源；②使用防爆通信工具；③作业时所有设备应接地；④隔离泄漏区直至气体散尽；⑤作业时所有设备应接地；⑥防止气体进入限制性空间；⑦喷雾状水改变蒸气云流向			

7. 甲烷

<table>
<tr><td rowspan="2">标识</td><td colspan="2">英文</td><td>Methane</td><td>分子式</td><td>CH_4</td><td>UN 号</td><td>1972</td></tr>
<tr><td colspan="2">CAS 号</td><td>74-82-8</td><td>危险货物编号</td><td colspan="3">21007</td></tr>
<tr><td rowspan="5">理化性能</td><td colspan="3">外观与性状</td><td colspan="4">无色、无臭气体</td></tr>
<tr><td colspan="3">沸点℃</td><td colspan="4">-161.5</td></tr>
<tr><td colspan="3">相对密度（水=1）</td><td colspan="4">0.42（-79℃）</td></tr>
<tr><td colspan="3">相对蒸气密度（空气=1）</td><td colspan="4">0.55</td></tr>
<tr><td colspan="3">溶解性</td><td colspan="4">微溶于水、溶于乙醇、乙醚</td></tr>
<tr><td rowspan="3">毒性及健康危害</td><td>接触限值</td><td>中国 MAC（mg/m^3）</td><td>未制定标准</td><td colspan="2">美国 TLV-TWA</td><td colspan="2">ACGIH 窒息性气体</td></tr>
<tr><td colspan="2">侵入途径及毒性</td><td colspan="5">吸入</td></tr>
<tr><td colspan="2">健康危害</td><td colspan="5">甲烷对人体基本无毒，但浓度过高时，使空气中氧含量明显降低，使人窒息。当空气中甲烷的体积分数达到25%～30%时，可引起头痛、头晕、乏力、注意力不集中、呼吸和心跳加速、共济失调。若不及时脱离，可致窒息死亡。皮肤接触液化本品，可致冻伤</td></tr>
<tr><td rowspan="8">燃烧爆炸危险性</td><td colspan="2">燃烧性</td><td>易燃</td><td>《建筑设计防火规范》火灾危险性为甲类</td><td colspan="2">闪点℃</td><td>-188</td></tr>
<tr><td colspan="2">自燃温度/℃</td><td>538</td><td>爆炸下限（%）5.3</td><td colspan="2">爆炸上限（%）</td><td>15</td></tr>
<tr><td colspan="2">危险特性</td><td colspan="5">易燃，与空气混合形成爆炸性混合物，遇明火、高热能引起燃烧爆炸。与氟、氯等能发生剧烈的化学反应。若遇高热，容器内压增大，有开裂和爆炸的危险</td></tr>
<tr><td colspan="2">燃烧分解产物</td><td colspan="5">一氧化碳、二氧化碳</td></tr>
<tr><td colspan="2">稳定性</td><td colspan="5">稳定</td></tr>
<tr><td colspan="2">聚合危害</td><td colspan="5">不聚合</td></tr>
<tr><td colspan="2">禁忌物</td><td colspan="5">强氧化剂、氟、氯</td></tr>
<tr><td colspan="2">灭火方法</td><td colspan="5">切断气源，若不能立即切断气源，则不允许熄灭正在燃烧的气体。喷水冷却容器，若有可能，将容器从火场移至空旷处。灭火剂：雾状水、泡沫、二氧化碳、干粉</td></tr>
<tr><td>储运注意事项</td><td colspan="7">易燃性压缩气体。储存于阴凉、通风的仓间内。仓内温度不宜超过30℃。远离火种、热源。防止阳光直射。应与氧气、压缩空气、卤素（氟、氯、溴）分开存放。切忌混储混运。储存间内的照明、通风等设施应采用防爆型，开关设在仓外。配备相应品种和数量的消防器材。禁止使用易产生火花的机械设备和工具。验收时要注意品名，注意验瓶日期，先进仓的先发用。搬运时轻装轻卸，防止钢瓶及附件破损</td></tr>
<tr><td>泄漏处置</td><td colspan="7">迅速撤离泄漏污染区人员至上风处，并进行隔离，严格限制出入。切断火源。建议应急处理人员戴自给正压式呼吸器，穿消防防护服。尽可能切断泄漏源。合理通风，加速扩散。构筑围堤后挖坑收容产生的大量废水。如有可能，将漏出气用排风机送至空旷地方或装设适当喷头烧掉。漏气容器要妥善处理，修复、检验后再用</td></tr>
</table>

8. 二氧化碳

<table>
<tr><td rowspan="2">标识</td><td>英文</td><td>Carbon dioxide</td><td>分子式</td><td>CO_2</td><td>UN 号</td><td>1013</td></tr>
<tr><td>CAS 号</td><td>124-38-9</td><td>危险货物编号</td><td colspan="3">22019</td></tr>
<tr><td rowspan="3">毒性及健康危害</td><td colspan="2">外观与性状</td><td colspan="4">无色、无臭气体</td></tr>
<tr><td colspan="2">沸点/℃</td><td colspan="4">-78.5（升华）</td></tr>
<tr><td colspan="2">相对密度（水=1）</td><td colspan="4">1.56（-79℃）</td></tr>
</table>

（续）

标识	英文	Carbon dioxide	分子式	CO_2	UN 号 1013
	CAS 号	124-38-9	危险货物编号	22019	
	相对蒸气密度（空气=1）		1.53		
	溶解性		溶于水、烃类等多数有机溶剂		
毒性及健康危害	接触限值	中国 MAC（mg/m^3）	18000	美国 TLV-TWA	OSHA 5000ppm，9000mg/m^3 ACGIH 5000ppm，9000mg/m^3
				美国 TLV-STEL	ACGIH 30000ppm，5400mg/m^3
	侵入途径及毒性		吸入		
	健康危害	在低浓度时，对呼吸中枢有兴奋作用，高浓度时则产生抑制甚至麻痹作用，中毒机制中还兼备有缺氧的因素 急性中毒：人进入高浓度二氧化碳环境，在几秒钟内迅速昏迷倒下，反射消失、瞳孔扩大或缩小、大小便失禁、呕吐等，更严重者出现呼吸停止及休克，甚至死亡。固态（干冰）和液态二氧化碳在常压下迅速汽化，能造成 -80 ~ -43℃低温，引起皮肤和眼睛严重的冻伤 慢性影响：经常接触较高浓度的二氧化碳者，可有头晕、头痛、失眠、易兴奋、无力等神经功能紊乱等主诉。但在生产中是否存在慢性中毒国内外均未见病例报道			
燃烧爆炸危险性	燃烧性	不燃	《建筑设计防火规范》火灾危险性为戊类		
	禁忌物	无			
	燃烧分解产物	无			
	灭火方法	本品不燃。切断气源，喷水冷却容器，若有可能，将容器从火场移至空旷处			
储运注意事项	不燃性压缩气体。储存于阴凉、通风的仓间内。仓内温度不宜超过30℃。远离火种、热源。防止阳光直射。应与易燃或可燃物分开存放。验收时要注意品名，注意验瓶日期，先进仓的先发用。搬运时轻装轻卸，防止钢瓶及附件破损				
泄漏处置	迅速撤离泄漏污染区人员至上风处，并进行隔离，严格限制出入。切断火源。建议应急处理人员戴自给正压式呼吸器，穿一般作业工作服。尽可能切断泄漏源。合理通风，加速扩散。如有可能，即时使用。漏气容器要妥善处理，修复、检验后再用				

9. 氯

标识	英文	Chlorine	分子式	Cl_2	UN 号 1017
	CAS 号	7782-50-5	危险货物编号	23002	
理化性能	外观与性状	氯在常温常压下为具有强刺激性窒息气味的黄绿色有毒气体。易液化呈深黄色			
	沸点/℃	-34.05	标准状态下气液体积比：421		
	相对密度（水=1）	（-34.1℃，101.325kPa）1562.5			
	相对蒸气密度（空气=1）	（20℃，101.325kPa）2.980			
	溶解性	溶于水、碱溶液、二硫化碳、四氯化碳和乙醇等有机溶剂，也非常容易溶解于盐酸			
	侵入途径及毒性	吸入	MAC	1mg/m^3	
	健康危害	氯与人体内的水分作用形成盐酸和初生态氧，并有可能形成臭氧，因而它具有强烈的刺激性。吸入后能损伤呼吸道及支气管黏膜，引起黏膜的烧灼、肿胀和充血。作用于肺泡导致肺水肿，还损伤中枢神经系统引起各种症状。急性吸入中毒症状有感觉胸部发紧、呛咳、流泪、头痛、恶心、呕吐、胸骨后疼痛、声音嘶哑、引起鼻咽喉气管支气管发炎、肺水肿、昏迷、休克等。长期接触低浓度氯气慢性			

（续）

标识	英文	Chlorine	分子式	Cl_2	UN 号	1017
	CAS 号	7782-50-5	危险货物编号	23002		
理化性能	健康危害	中毒的症状有：眼黏膜刺激、流泪、结膜充血、咳嗽、咽烧灼感、慢性支气管炎、肺气肿、肺硬化、神经衰弱、牙齿发黄无光泽、齿龈炎、口腔炎、食欲不振、慢性肠胃炎、皮肤烧灼感、发痒、痤疮样皮疹等。				
燃烧爆炸危险性	燃烧性	助燃性气体	《建筑设计防火规范》火灾危险性为乙类			
	危险特性	强氧化性助燃性气体。一般的可燃物大都能在氯气中燃烧，就像在氧气中燃烧一样。干燥的氯在低温下不甚活泼，但遇水时首先生成次氯酸和盐酸，次氯酸可再分解为盐酸和初生态氧，这是氯作为氧化剂的基本反应。氯也能与许多化学物品，如与砷烷、磷烷、硫化氢反应生成氯化氢。与金属氧化物反应生成氯化物或含氧氯化物。与金属、溴化物、碘化物反应生成氯化物。与亚硫酸、亚硝酸反应，分别生成硫酸盐和硝酸盐。与氢等一般的可燃性气体或蒸气、松节油、乙醚、氨气、燃料、润滑剂、烃类、大多数塑料、某些金属粉末猛烈反应，发生爆炸或生成爆炸性产物				
	禁忌物	一般的可燃性气体或蒸气、松节油、乙醚、氨气、燃料、润滑剂、烃类、大多数塑料、某些金属粉末猛烈反应，发生爆炸或生成爆炸性产物				
储运注意事项	储存于阴凉、干燥、通风良好的仓间内。远离火种、热源，防止阳光直射。仓内温度不宜超过30℃。应与禁忌物分开存放。搬运时，必须戴好瓶帽、防振圈，严禁撞击，装卸是用橡胶板衬垫，严禁用叉车装卸					
泄漏处置	氯气泄漏时，现场负责人立即组织抢修，救护人员必须佩戴有效防护面具，及时通风，降低污染程度。液氯气瓶泄漏时，应转动气瓶使泄漏部位位于氯的气态空间；易熔塞泄漏时，应用竹签、木塞做堵漏处理；瓶阀泄漏时，拧紧六角螺母；瓶体焊缝泄漏时，应用内衬橡胶垫片的铁箍箍紧					

10. 氨

标识	英文	Ammonia	分子式	NH_3	UN 号	1005
	CAS 号	7664-41-7	危险货物编号	23003		
理化性能	外观与性状	无色有刺激性恶臭的气体				
	沸点/℃	-33.5				
	相对密度（水=1）	0.82（-79℃）				
	相对蒸气密度（空气=1）	0.6	溶解性	易溶于水、乙醇、乙醚		
毒性及健康危害	接触限值	中国 MAC(mg/m^3)	30	美国 TLV-TWA	OSHA 50ppm，34mg/m^3 ACGIH 25ppm，17 mg/m^3	
		前苏联 MAC (mg/m^3)	20	美国 TLV-STEL	ACGIH 35ppm，24 mg/m^3	
	侵入途径及毒性	吸入				
	健康危害	低浓度氨对黏膜有刺激作用，高浓度可造成组织溶解坏死 急性中毒：轻度者出现流泪、咽痛、声音嘶哑、咳嗽、咯痰等；眼结膜、鼻黏膜、咽部充血、水肿；胸部 X 线征象符合支气管炎或支气管周围炎。中度中毒上述症状加剧，出现呼吸困难、紫绀；胸部 X 线征象符合肺炎或间质性肺炎。严重者可发生中毒性肺水肿，或有呼吸窘迫综合症，患者剧烈咳嗽、咯大量粉红色泡沫痰、呼吸窘迫、昏迷、休克等。可发生喉头水肿或支气管黏膜坏死脱落窒息。高浓度氨可引起反射性呼吸停止				

（续）

<table>
<tr><td rowspan="2">标识</td><td>英文</td><td>Ammonia</td><td>分子式</td><td>NH3</td><td>UN 号</td><td>1005</td></tr>
<tr><td>CAS 号</td><td>7664-41-7</td><td>危险货物编号</td><td colspan="3">23003</td></tr>
<tr><td rowspan="9">燃烧爆炸危险性</td><td>燃烧性</td><td colspan="2">易燃</td><td colspan="3">《建筑设计防火规范》火灾危险性为乙类</td></tr>
<tr><td>爆炸下限（%）</td><td colspan="2">15.7</td><td colspan="2">爆炸上限（%）</td><td>27.4</td></tr>
<tr><td>危险特性</td><td colspan="5">与空气混合能形成爆炸性混合物。遇明火、高热能引起燃烧爆炸。与氟、氯等接触会发生剧烈的化学反应。若与高热，容器内压增大，有开裂和爆炸的危险</td></tr>
<tr><td>燃烧分解产物</td><td colspan="5">氧化氮、氨</td></tr>
<tr><td>稳定性</td><td colspan="5">稳定</td></tr>
<tr><td>聚合危害</td><td colspan="5">不聚合</td></tr>
<tr><td>禁忌物</td><td colspan="5">卤素、酰基氯、酸类、氯仿、强氧化剂。</td></tr>
<tr><td>灭火方法</td><td colspan="5">消防人员必须穿全身防火防毒。切断气源。若不能立即切断气源，则不允许熄灭正在燃烧的气体。喷水冷却容器，可能的话将容器从火场上移至空旷处。灭火剂：雾状水、抗溶性泡沫、砂土、二氧化碳</td></tr>
<tr><td>储运注意事项</td><td colspan="6">易燃、腐蚀性压缩气体。储存于阴凉、干燥、通风良好的仓间内。远离火种、热源，防止阳光直射。应与卤素（氟、氯、溴）、酸类等分开存放。储罐时要有防火防爆技术措施。配备相应品种和数量的消防器材。禁止使用易产生火花的机械设备和工具。验收时要注意品名，注意验瓶日期，先进仓的先发用。槽车运送时要灌装适量，不可超压超量运输。搬运时要轻装轻卸，防止钢瓶及附件破损。运输按规定路线行驶，中途不得停留</td></tr>
<tr><td>泄漏处置</td><td colspan="6">迅速撤离泄漏污染区人员至安全区，并进行隔离 150m，严格限制出入。切断火源。建议应急处理人员戴自给正压式呼吸器，穿防毒服。尽可能切断泄漏源。合理通风，加速扩散。高浓度泄漏时，喷含盐酸的雾状水中和、稀释、溶解。构筑围堤或挖坑收容产生的大量废水。如有可能，将残余气体或漏出气用排风机送至水洗塔或与塔相连的通风橱内。储罐区最好设稀酸喷洒设施。漏气容器要妥善处理，修复、检验后再用</td></tr>
</table>

11. 二氟氯甲烷（R-22）

<table>
<tr><td rowspan="2">标识</td><td>英文</td><td colspan="2">Chlorodifluoromethane</td><td colspan="2">分子式</td><td>$CHClF_2$</td></tr>
<tr><td>CAS 号</td><td colspan="2">75-45-6</td><td colspan="2">危险货物编号</td><td>22039</td></tr>
<tr><td rowspan="6">理化性能</td><td>外观与性状</td><td colspan="5">二氟氯甲烷在常温常压下为无色无毒气体，具有十分弱的发甜气味，不燃烧，化学性质稳定。在室温下，与酸、碱和润滑油不起作用。在 25℃，101.325kPa 时在水中的溶解度为 0.30%（质量分数），在 4.4℃时水在二氟氯甲烷中的溶解度为 0.069%（质量分数）。能溶解于丁烷、苯、甲苯等碳氢化合物、四氯化碳等氯化物、乙醇、酮、酯和一些有机酸中。不溶解于制冷工业用润滑剂、正二醇、甘油、酚、蓖麻油等。二氟氯甲烷在常温常压下为无色无毒气体，具有十分弱的发甜气味。不燃烧，化学性质稳定。在室温下，与酸、碱和润滑油不起作用</td></tr>
<tr><td>沸点（101.325kPa）/℃</td><td colspan="2">−40.78</td><td colspan="2">气液容积比（15℃，100kPa）</td><td>385</td></tr>
<tr><td>蒸气压（60℃）/ MPa</td><td colspan="5">2.32</td></tr>
<tr><td>密度</td><td>液体密度（−40.78℃，101.325kPa）/（kg/m³）</td><td>1413</td><td colspan="2">气体密度（20℃，101.325kPa）/（kg/m³）</td><td>3.74</td></tr>
<tr><td>侵入途径及毒性</td><td colspan="5">豚鼠急性吸入 160000×10⁻⁶，55min，可发生肌肉颤动、痉挛，停止接触后上述症状消失。吸入 400000×10⁻⁶，15min，可出现麻醉症状，吸入 580000×10⁻⁶，8min，动物死亡
最高容许浓度：1000×10⁻⁶（3500mg/m³）</td></tr>
<tr><td>健康危害</td><td colspan="5">最高容许浓度：1000×10⁻⁶（3500mg/m³）
人吸入高浓度二氟氯甲烷气体可引起眩晕、动作失控，恶心、呕吐、麻醉等症状。皮肤接触液体二氟氯甲烷可引起皮肤刺激或冻伤
注：二氟氯甲烷（氟里昂 22）是破坏大气层的受控过度性物质，在我国 2020～2040年受限</td></tr>
</table>

（续）

标识	英文	Chlorodifluoromethane	分子式	$CHClF_2$
	CAS 号	75-45-6	危险货物编号	22039
燃烧爆炸危险性	燃烧性	不燃	《建筑设计防火规范》火灾危险性为 戊类	
	危险特性	二氟氯甲烷为低毒物质。停止接触后上述症状消失。与可燃物混合燃烧时可先分解出有毒气体。火灾时放出盐酸和氟酸的烟雾		
	禁忌物	远离可燃物		

12. 氟化氢

标识	英语	Hydrogen fluoride	分子式		HF	
	CAS 号	7664-39-3	无水氟化氢危险货物编号		81015	
			氟氢酸危险货物编号		81016	
理化性能	外观与性状	氟化氢是具有刺鼻恶臭和强烈刺激性的无色有毒腐蚀性气体。不燃烧。在常温常压下为易流动的无色发烟性液体。易溶于水，通常成为50% ~60% 的水溶液，即氟氢酸 氟化氢的腐蚀作用非常强，许多材料都受它的侵蚀。能与大多数金属作用生成氟化物和氢。具有对玻璃等硅酸盐腐蚀的特性				
	沸点/℃（101.3kPa）	19.5℃	蒸气压（60℃）/MPa		0.28	
	气液体积比（101.3kPa 和 15℃）	469.7	气体密度 kg/m^3（101.3kPa，25℃）	2.201	液体密度 /(kg/m^3)（101.3kPa，20℃）	968
	侵入途径及毒性	人——吸入 TCL_0：32×10^{-6}（刺激性），职业接触限值：MAC：$2mg/m^3$ 最高容许浓度：$0.5mg/m^3$ 氟化氢被吸入后溶于体内的水分而变成氢氟酸，并由此产生其毒性作用。它能通过尿排出，但长期接触能蓄积于骨略中 高浓度的氟化氢既侵入皮肤，也侵犯胃及神经系统				
	健康危害	接触氟化氢出现的症状有刺激眼、鼻、咽、喉、气管、支气管，引起眼、鼻、咽喉黏膜的充血和炎症，出现结膜炎、角膜灼伤、有溃疡的严重皮肤灼伤。吸入后出现咳嗽、吐血、胸骨后疼痛、呼吸困难、支气管炎、肺炎，也出现恶心、呕吐、腹痛、腹泻、黄症、尿少、蛋白尿、血尿以及发绀、肌痉挛、惊厥、休克等 长期接触低浓度氟化氢可引起牙齿腐蚀症，易患牙龈炎；并可发生干燥性鼻炎，鼻粘膜干燥而易出血，鼻甲萎缩，嗅觉失灵，严重者鼻黏膜溃疡穿孔；以及引起慢性咽喉炎，咽部黏膜充血，声音嘶哑；也可出现骨质增生和韧带的钙沉着而导致运动的障碍				
燃烧爆炸危险性	燃烧性	不燃	《建筑设计防火规范》火灾危险性为 戊类			
	危险特性	酸性腐蚀品				
	个体防护	①佩戴正压式空气呼吸器；②穿内置式重型防化服				
急救	①眼睛受伤时，立即用水冲洗，后再用3.5%的硫酸镁充分洗涤；②皮肤接触时立即用水冲洗后再用饱和碳酸纳溶液或3%氨水洗涤					
泄漏处置	①尽可能切断泄漏源；②防止气体通过下水道、通风系统扩散或进入限制性空间；③喷雾状水溶解、稀释漏出气，禁止用水直接冲击泄漏物或泄漏源；④隔离泄漏区直至气体散尽					

13. 氯甲烷

标识	英文	Methyl chloride	分子式	CH_3Cl
	CAS 号	74-87-3	危险货物编号	23404
理化性能、公共安全与健康危害	外观与性状	氯甲烷为无色、有弱的醚味的气体，易液化，易溶于水，受高热易分解，释放出有毒烟气		
	相对密度（空气 =1）	1.78		
	隔离与公共安全	①泄漏：污染范围不明的情况下，初始隔离至少 100m，下风向疏散至少 800m，大口径输气管线泄漏时．初始隔离至少 1500m，然后进行气体浓度检测，根据有害气体的实际浓度调整隔离疏散距离；②火灾：火场内如有储罐、槽车或罐车、隔离 1600m；③考虑撤离、隔离区内的人员，物资要疏散到划定的禁戒区；④考虑撤离、隔离区内的无关人员应在上风处停留		
	健康危害	①职业接触限值：PC－TWA：60mg / m^3；PC－STEL：120 mg / m^3；②急性毒性：大鼠经口 LD_{50}：1800 mg / kg；大鼠吸入 LD_{50}：5300 mg / m^3（4h）；③对中枢神经系统有麻醉作用；④急性中毒出现头痛、头昏、乏力、视物模糊、精神障碍等。重者出现躁动、抽筋、昏迷。亦能引起肝、肾损害；⑤人吸入浓度大于 1.0g / m^3 时，可发生中毒；⑥可引起皮肤冻伤		
燃烧爆炸危险性	燃烧性	8.1%～17.2%	《建筑设计防火规范》火灾危险性为甲类	
	危险特性	极易燃，与空气混合形成爆炸性混合物，遇热源和明火有燃烧爆炸的危险，并放出有毒气体		
	火灾扑救	灭火剂：干粉、二氧化碳、雾状水、泡沫。①在确保安全的前提下，将容器移离火场防；②若不能切断气源，则不容许熄灭漏泄处的火焰；③尽可能远距离灭火或使用遥控水枪或水炮扑救；④用大量水冷却容器，直至火灾扑灭；⑤容器突然发出异常声响或发生异常现象，立即撤离		
急救	①皮肤接触：如果发生冻伤，切勿干加热，应及时将受伤的部位放入 40～50℃温水中浸泡，严重者到医院治疗；②吸入：迅速脱离现场至空气新鲜处，保持呼吸道通畅，如呼吸困难，输氧，心跳停止，立即进行心肺复苏术，就医			
泄漏处置	①消除所有的点火源（泄漏区附近禁止吸烟，消除所有明火、火花和火焰）；②使用防爆的通信工具；③作业时所有的设备应接地；④在确保安全的情况下，切断气源；⑤用雾状水稀释漏出，改变蒸气云流向；⑥隔离泄漏区直至气体散尽			

14. 一氧化二氮

标识	英文	Nitrous oxide	分子式	N_2O
	CAS 号	10024-97-2	危险货物编号	22017
理化性能、公共安全与健康危害	外观与性状	又称为氧化亚氮，其在常温常压下为稍有甜味的无色无臭麻醉性气体，液化后也是无色。物理性质和二氧化碳非常相似。液体氧化亚氮在 20℃有约 50MPa 的蒸气压，当把它从喷嘴喷射绝热冷却时变固体。在常温比较稳定，但是加热到 300℃以上时开始分解，500℃时分解明显，900℃时完全分解成氮和氧。空气中不燃烧，但能助燃。性质较稳定，不和碱溶液反应，与氧气混合也不生成危险的二氧化氮。与 O_2、O_3、H_2、卤素、碱金属、PH_3、H_2S、王水不起反应		
	沸点（101.325kPa）/℃	−88.5	气液容积比（15℃，100kPa）	662
	液体密度（88.33℃，101.325kPa）/（kg/m^3）	1281.5	气体密度（0℃，101.325kPa）/（kg/m^3）	1.977
	溶解性	可溶于水、乙醇、浓硫酸，易溶于醚和脂肪油中。在 0 ℃，101.325kPa 时的溶解度为：在水中为 67.5mL/100mL，在甲醇中为 332mL/100mL，在乙醇中为 299mL/100mL，在丙酮中为 603mL/100mL		

（续）

标识	英文	Nitrous oxide	分子式	N_2O
	CAS 号	10024-97-2	危险货物编号	22017
理化性能、公共安全与健康危害	侵入途径及毒性	氧化亚氮被吸入后以原形由肺排出，只有极少部分有可能转变为一氧化氮。刺激性比其他氮的氧化物低		
	健康危害	人吸入90%以上的氧化亚氮气体时，可引起深度麻醉，这时颜面肌肉挛缩，看来像是在笑，因此得名笑气。从麻醉中苏醒过来后心情愉快，所以一般认为它对细胞没有毒作用。长期吸入有窒息危险		
燃烧爆炸危险性	燃烧性	助燃	《建筑设计防火规范》火灾危险性为乙类	
	危险特性	高温时它是强氧化剂。与金属、碳、硫磺激烈反应。在碱金属的沸点与其作用生成亚硝酸盐。与可燃性气体形成爆炸性气体，把氢、氨、一氧化碳及其他某些易燃物和氧化亚氮的混合物加热时可发生爆炸		
	禁忌物	运输时禁与可燃物同车		
储运注意事项	储存于阴凉、干燥、通风良好的仓间内。远离火种、热源，防止阳光直射。应与禁忌物分开存放			
泄漏处置	①远离可燃物；②在确保安全的情况下，切断气源；③防止气体进入限制性空间；④隔离泄漏区直至气体散尽			

15. 硫化氢（液化）

标识	英文	Hydrogensulfide，liquefied	分子式	H_2S
	CAS 号	7783-06-4	危险货物编号	21006
理化性、公共安全与健康危害能	外观与性状	硫化氢在常温常压下为具有臭鸡蛋味和甜味的无色有毒气体。易燃，在空气中燃烧时发出浅蓝色火焰，并能与空气混合形成爆炸性气体。400℃时开始分解，1700℃时完全分解成组分元素。硫化氢比空气重，所以它容易聚积在低洼处，而且能扩散到很远，能被远处的火源引燃		
	沸点（101.325kPa）/℃	-60.3	气液容积比（15℃，100kPa）：	638
	液体密度（-60.2℃，101.325kPa）/(kg/m^3)	914.9	气体密度（0℃，101.325kPa）/(kg/m^3)	1.539
	蒸气压（60℃）/MPa	4.39	MAC	$10mg/m^3$
	溶解性	0℃时，吸收系数为4.67 cm^3/cm^3（H_2O）		
	侵入途径及毒性：硫化氢主要经呼吸道吸入。当接触的浓度超过100×10^{-6}（体积分数）时，在尚未引起皮肤症状的短时间内，就能从肺吸收后进入血液中，进入血液中的硫化氢被氧化成为无毒的硫酸盐和硫代硫酸盐，然后主要通过尿道排出。还有一部分游离的硫化氢，是经肺呼出，体内无蓄积作用。硫化氢在体内代谢变成无毒物以前，仍以游离状态与机体反应，引起急性全身中毒症状。主要表现为中枢神经系统的症状和组织缺氧引起的窒息症状。低浓度的硫化氢，人可以嗅到其臭味，但当浓度高时，由于嗅神经麻痹和疲劳，反而不易嗅到臭味。硫化氢在潮湿的黏膜表面迅速溶解，并与体液中的钠离子结合成碱性的硫化钠（Na_2S），引起强烈的局部刺激和腐蚀作用。接触时间有轻有重。一般有眼的痒痒感、眼痛、眼内异物感、明显的炎症、肿胀，也有神经过敏、咳嗽、恶心、头痛、食欲不振等症状。对呼吸停止者根据情况可以注射中枢神经兴奋剂；有抽搐时给解痉剂；昏迷者应加压给氧，同时给予50%葡萄糖、半胱氨酸、细胞色素C和维生素C。可静脉注射10%硫代硫酸钠20～40mL解毒剂。使用镇静剂，但要避免呼吸抑制剂			
	健康危害	硫化氢急性中毒可分轻、中、重三种。轻度中毒，最先出现羞明、流泪、眼刺痛、异物感以及呛咳、流鼻涕、咽喉部烧灼感等上呼吸道黏膜刺激症状，而后感到头昏、头胀、眩晕、窒息感，当场可昏倒。中度中毒：浓度在200～300mg/m^3以上，表现出一系列神经系统症状，如头痛、头晕、无力、呕吐、共济失调、意识障碍，同时引起上呼吸道炎症及消化道症状。重度中毒：浓度在700mg/m^3以上，通常首先出现头晕、心悸、呼吸困难、行动迟缓、谵妄、躁动不安、癫痫样抽搐而进入昏迷状态，最后因呼吸麻痹而死亡		

（续）

标识	英文	Hydrogensulfide，liquefied	分子式	H_2S
	CAS 号	7783-06-4	危险货物编号	21006
燃烧爆炸及急救	燃烧性	空气中的爆炸界限：4.0%～44.0%	《建筑设计防火规范》火灾危险性为甲类	
	对呼吸停止者根据情况可以注射中枢神经兴奋剂；有抽搐时给解痉剂；昏迷者应加压给氧，同时给予50%葡萄糖、半胱氨酸、细胞色素 C 和维生素 C 。可静脉注射 10% 硫代硫酸钠 20～40mL 做解毒剂。使用镇静剂，但要避免呼吸抑制剂 个体防护：①佩戴正压式空气呼吸器；②穿内置式重型防化服			

16. 氯化氢

标识	英文	Hydrogen chloride	分子式	HCl
	CAS 号	7647-01-0	危险货物编号	22022
理化性能、公共安全与健康危害	外观与性状	氯化氢在常温常压下为具有刺激性臭味的无色、有毒气体。盐酸为氯化氢的水溶液，是无色或微黄色的液体。空气中不燃烧，热稳定，到约1500℃才分解。与氟激烈反应，与许多金属反应生成氯化物和氢，与氨激烈反应生成氯化铵白烟，与乙烯混合形成爆炸性气体。氯化氢与水不反应但易溶于水，空气中常以盐酸烟雾的形式存在。浓盐酸因氯化氢蒸气而在空气中发烟。易溶于乙醇和醚，也能溶于其他多种有机物		
	沸点（101.325kPa）/℃	−85.0	气体密度（25℃，101.325kPa）kg/m^3	1.500
	液体密度（−85.1℃，101.325kPa）/(kg/m^3)	1191	气液容积比（15℃，101.325kPa）	772
			MAC	7.5mg/m^3
	侵入途径及毒性	大鼠一吸入 LC_{50}：4701×10^{-6}，30min；最高容许浓度：5×10^{-6}（7mg/m^3） 氯化氢主要以其刺激性和腐蚀性危害人体。由于氯化氢的刺激性强，人不能忍受其高浓度，必然想法避免其吸入，所以吸入高浓度氯化氢的情况较少		
	健康危害	气态氯化氢刺激黏膜，可产生鼻中隔溃疡，刺激眼睛引起结膜炎及浅表性角膜炎，刺激皮肤可引起暂时性的刺激炎症。浓度在 35×10^{-6}时可以忍耐 10min，但引起打喷嚏刺激喉头、嗓音嘶哑、有窒息感及胸部压迫感；浓度在（10～50）×10^{-6}时可以工作，如果长时间吸入就无法工作；浓度在（40～90）×10^{-6}时可以忍耐 0.5～1h，以后并不出现障碍；浓度在（1000～1350）×10^{-6}时，在 0.5～1h 内就有危险；浓度在（1250/1750）×10^{-6}时，在 0.5～1h 内死亡或 1h 后死亡		
燃烧爆炸及急救	燃烧性	不燃	《建筑设计防火规范》火灾危险性为戊类	
	急救	吸入氯化氢的患者应立即转移至通风良好的无污染区安置休息并保持温暖舒适，并速求医诊治。眼部受刺激时马上用水充分冲洗后就医诊治。皮肤受刺激时速用水冲洗，再用肥皂洗净后涂氧化镁甘油软膏，或者用大量水冲洗后用 5% 碳酸氢钠水溶液洗涤中和，然后再用净水冲洗		
	个体防护	①佩戴正压式空气呼吸器；②穿内置式重型防化服		
泄漏处置	①在确保安全的情况下，切断气源；②防止气体进入限制性空间；③隔离泄漏区直至气体散尽			

17. 二氧化硫

标识	英文	Sulfurdioxide	分子式	SO_2
	CAS号	7446-09-5	危险货物编号	23013
理化性能、公共安全与健康危害	外观与性状	二氧化硫在常温常压下为具有强烈辛辣窒息性刺激臭的无色气体。极易液化。空气中不燃烧，不助燃。在室温，绝对干燥的 SO_2 反应能力很弱，只有强氧化剂才可将 SO_2 氧化成 SO_3。氧仅能在催化剂存在时才能使 SO_2 氧化为 SO_3。常温下，潮湿的 SO_2 与 H_2S 起反应析出硫。在高温及催化剂存在的条件下可被氢还原成为 H_2S，被一氧化碳还原成为硫。对铜、铁不腐蚀。可溶于水、硫酸、醋酸、甲醇、乙醇、氯仿、乙醚、苯、甲苯、硝基苯、丙酮、液体樟脑等		
	沸点（101.325kPa）/℃	-10.0	气液容积比（15℃，100kPa）	535
	液体密度（-10℃，101.325kPa）相对密度	1458	气体密度（-10.0℃，101.325kPa）/(kg/m^3)	3.049
	蒸气压（60℃）/MPa	1.01	PC-TWA	$5mg/m^3$
			PC-STEL	$10mg/m^3$
	溶解性	水中溶解度为： （0℃，101.325kPa） 22.83g/100g， （20℃，101.325kPa） 11.28g/100g		
	侵入途径及毒性	急性中毒症状有眼、鼻、咽部的刺激、咳嗽、声音嘶哑、眼睑水肿、皮肤起水疱、角膜上皮损伤、化脓性结膜炎、胸部难受、呼吸困难、吞咽困难、紫绀、意识不清及死亡		
	健康危害	慢性中毒的症状有喉炎、味觉和嗅觉障碍、过度疲乏、头昏、头痛、慢性咳嗽、咳痰、呼吸阻力增加、慢性鼻炎、支气管炎、肺气肿、肺硬化、胃肠功能障碍、慢性结膜炎、牙齿酸蚀症等		
燃烧爆炸危险性	燃烧性	不燃烧，不助燃	《建筑设计防火规范》火灾危险性为戊类	
急救	接触液体二氧化硫可造成冷灼伤，操作人员接触液体冻伤时，切勿干加热，应及时将受伤的部位放入40~50℃温水中浸泡，严重者到医院治疗 吸入二氧化硫的患者应迅速离开污染区，到空气新鲜之处。如果呼吸微弱或停止，要进行输氧或人工呼吸。对可能有肺水肿者不能进行人工呼吸，而应给予输氧。眼睛受伤时立即用水冲洗，如有条件也可用2%~3%碳酸氢钠溶液进行冲洗			
泄漏处置	①在确保安全的情况下，切断气源；②防止气体进入限制性空间；③隔离泄漏区直至气体散尽			

18. 液化石油气（液化）

标识	英文	Liquefied petroleum gas	分子式	
	CAS号	68476-85-7	危险货物编号	21052
			危险货物编号（液化）	21053
理化性能、公共安全与健康危害	外观与性状	液化石油气是丙烷、丙烯、丁烷、丁烯等多种成分组成的易燃易爆气体混合物，在一定压力条件下的液化气体，液化石油气无色透明、比水轻，气化后的石油气有一种特殊的臭味，由于它比空气重，在气态下比空气重2倍左右，易在地面扩散，积聚在低洼处		

（续）

标识	英文	Liquefied petroleum gas	分子式	
	CAS 号	68476-85-7	危险货物编号	21052
			危险货物编号（液化的）	21053
理化性能、公共安全与健康危害	饱和蒸气压	液化石油气的饱和蒸气压随温度的升高而急剧增加，以丙烷为例，10℃时丙烷的饱和蒸气压为 0.65MPa，20℃时即为 0.85 MPa，30℃时为 1.09 MPa，40℃时 1.40 MPa，60℃时为 2.14 MPa		
	气液比	250		
	侵入途径及毒性	液化石油气在高浓度时，使人因缺氧而引起窒息，最高容许浓度为 1000ppm（1800mg/m^3）。液体触及皮肤可能造成冻伤		
	健康危害	PC-STEL：1500mg/m^3 ①急性毒性大鼠吸入 LC_{50}：658000mg/ m^3（4h）（丁烷）；②吸入有毒，有麻醉作用		
燃烧爆炸危险性	燃烧性	在空气中的爆炸界限为 1.8% ~9.5%。	《建筑设计防火规范》火灾危险性为甲类	
	危险特性	液化石油气的爆炸范围虽然不宽，但因其下限小，所以一旦泄漏时容易引起爆炸。又由于液化石油气比空气重，一旦泄漏易在地面及低洼处积存更容易形成爆炸隐患		
	个体防护	①佩戴正压式空气呼吸器；②穿简易防化服；③戴防化手套；④处理液化气体时，应穿防寒服		
急救	灭火剂：干粉、二氧化碳、雾状水、泡沫①冷灼伤，操作人员接触液体冻伤时，切勿干加热，应及时将受伤的部位放入 40 ~50℃温水中浸泡，严重者到医院治疗；②吸入时，迅速脱离现场至空气新鲜处，保持呼吸道通畅，如呼吸困难，输氧呼吸、心跳停止，立即进行心肺复苏术，就医			
泄漏处置	①泄漏后迅速气化，周边将降温，会结冰成霜；②消除所有的点火源；③使用防爆的通信工具；④作业时所有的设备应接地；⑤在确保安全的情况下，切断气源；⑥用雾状水驱散、稀释沉积漂浮的气体，禁止使用直流水，以免强水流冲击产生静电；⑦防止气体通过下水道、通风装置或进入限制性空间；⑧如果储罐底部发生泄漏，可通过排污阀向罐内适量注水，抬高液位，造成底部水垫层；⑨如果泄漏无法控制，可考虑点燃，保证其稳定燃烧；⑩隔离泄漏区直至气体散尽			

19. 液化天然气（液化）

标识	英文	Naturel gas, liquefied	分子式	CH_4
	CAS 号	8006-14-2	危险货物编号	21007
			危险货物编号（液化）	21008
理化性能、公共安全与健康危害	外观与性状	天然气、石油化工尾气等粗组分原料气提纯制取的甲烷在原料气中含量为 70% ~95%，其他杂质为水、氮、氧、氢、一氧化碳、二氧化碳和其他烃类，经精馏、吸附等工艺可得到纯甲烷 天然气为无色、无臭、无味、无毒、无刺激性的窒息性气体。空气中可燃，与空气混合形成爆炸性混合物。在常温下，很难与酸、碱、氧化物发生反应。但在高温下，能与一些物质发生氧化、卤化、热解等反应。甲烷与水蒸气反应生成一氧化碳和氢气；和氯反应生成卤化氢；裂解生成氢和炭；硫氧化生成二硫化碳等		
	相对蒸气密度（空气 =1）	0.7 ~0.75	燃烧性	5% ~15%
	危险特性	极易燃，与空气混合形成爆炸性混合物，遇热源和明火有燃烧爆炸的危险。《建筑设计防火规范》火灾危险性为甲类。		

（续）

标识	英文	Naturel gas, liquefied	分子式	
	CAS号	8006-14-2	危险货物编号	21007
			危险货物编号（液化）	21008
理化性能、公共安全与健康危害	隔离与公共安全	①泄漏：污染范围不明的情况下，初始隔离至少100m，下风向疏散至少800m，大口径输气管线泄漏时，初始隔离至少1500m，然后进行气体浓度检测，根据有害气体的实际浓度调整隔离疏散距离；②火灾：火场内如有储罐、槽车或罐车，隔离1600m；③考虑撤离、隔离区内的人员、物资要疏散到划定的禁戒区；④考虑撤离、隔离区内的无关人员应在上风处停留		
	健康危害	①吸入后可引起急性中毒；轻者出现头痛、头昏、胸闷、呕吐、乏力等；重者出现昏迷、口唇出现紫绀、抽筋；部分中毒者出现心律失常；②皮肤接触液化气体可引起冻伤		
	火灾扑救	灭火剂：干粉、二氧化碳、雾状水、泡沫①若不能切断气源，则不允许熄灭泄漏处的火焰；②在确保安全的前提下，将容器移离火场防；③尽可能远距离灭火或使用遥控水枪或水炮扑救；④用大量水冷却容器，直至火灾扑灭；⑤容器突然发出异常声响或发生异常现象，立即撤离		
急救	①皮肤接触：如果发生冻伤，切勿干加热，应及时将受伤的部位放入40~50℃温水中浸泡，严重者到医院治疗；②吸入：迅速脱离现场至空气新鲜处，保持呼吸道通畅，如呼吸困难，输氧，心跳停止，立即进行心肺复苏术，就医			
泄漏处置	①泄漏后迅速气化，周边将降温，会结冰成霜；②消除所有的点火源；③使用防爆的通信工具；④作业时所有的设备应接地；⑤在确保安全的情况下，切断气源；⑥用雾状水稀释漏出，改变蒸汽云流向；⑦防止气体通过下水道、通风装置或进入限制性空间；⑧隔离泄漏区直至气体散尽			

20. 乙炔

标识	英文		acetylene	分子式	C_2H_2	UN号	1001
	CAS号		74-86-2	危险货物编号	21024		
	RTECS号		A09600000	IMDG规则编号	2101		
理化性能、公共安全	外观与性状			无色、无臭气体，工业品有使人有不愉快的大蒜气味			
	沸点/℃			-83.8			
	相对密度（水=1）			0.62			
	相对蒸气密度（空气=1）			0.91			
	溶解性			微溶于水、乙醇，溶于丙酮、氯仿、苯			
	接触限值	中国MAC（mg/m^3）		未制定标准	美国TLV-TWA	ACGIH窒息性气体	
		前苏联MAC（mg/m^3）		未制定标准	美国TLV-STEL	未制定标准	
毒性及健康危害	侵入途径及毒性			吸入			
	健康危害	具有麻醉作用。高浓度吸入可引起单纯窒息 急性中毒：暴露于20%含量的空气中时，出现明显缺氧症状；吸入高浓度，初期兴奋、多语、哭笑不安，后出现眩晕、头痛、恶心、呕吐、共济失调、嗜睡；严重者昏迷、紫绀、瞳孔对光反应消失、脉弱而不齐，当混有磷化氢、硫化氢时，毒性增大，应与注意					
燃烧爆炸危险性	燃烧性	易燃		《建筑设计防火规范》火灾危险性为甲类		闪点/℃	无意义
	自燃温度/℃	305	爆炸下限（%）	2.3	爆炸上限（%）	100.0	

（续）

标识	英文	acetylene	分子式	C_2H_2	UN 号	1001
	CAS 号	74-86-2	危险货物编号	21024		
	RTECS 号	A09600000	IMDG 规则编号	2101		
燃烧爆炸危险性	危险特性	极易燃烧爆炸。与空气混合能形成爆炸性混合物，遇高热、明火能够引起燃烧爆炸。与氧化剂接触会猛烈反应。与氟、氯等接触会剧烈的化学反应。能与铜、银、汞等的化合物生成爆炸性物质				
	燃烧分解产物	一氧化碳、二氧化碳	稳定性	稳定		
	禁忌物	强氧化剂、强酸、卤素	聚合危害	聚合		
	灭火方法	切断气源，若不能立即切断气源，则不允许熄灭正在燃烧的气体。喷水冷却容器，若有可能，将容器从火场移至空旷处。灭火剂：雾状水、泡沫、二氧化碳、干粉。不可用卤代烷				
储运注意事项	乙炔的包装法通常是溶解在溶剂及多孔物中，装入钢瓶内。充装要控制流速，注意防止静电积聚。储存于阴凉、通风的仓间内。仓内温度不宜超过30℃。远离火种、热源。防止阳光直射。应与氧气、压缩空气、卤素（氟、氯、溴）、氧化剂等分开存放。切忌混储混运。储存间内的照明、通风等设施应采用防爆型，开关设在仓外。配备相应品种和数量的消防器材。禁止使用易产生火花的机械设备和工具。验收时要注意品名，注意验瓶日期，先进仓的先发用。搬运时轻装轻卸，防止钢瓶及附件破损					
泄漏处置	迅速撤离泄漏污染区人员至上风处，并进行隔离，严格限制出入。切断火源。建议应急处理人员戴自给正压式呼吸器，穿消防防护服。尽可能切断泄漏源。合理通风，加速扩散。构筑围堤后挖坑收容产生的大量废水。如有可能，将漏出气用排风机送至空旷地方或装设适当喷头烧掉。漏气容器要妥善处理，修复、检验后再用					

5.2 移动压力容器充装气体的危险特性

气体的危险特性是指易燃易爆、毒性、腐蚀性、氧化性、窒息性及可能发生分解、聚合、氧化倾向等性质。

5.2.1 气体的燃烧与爆炸

1. 燃烧与爆炸的概念

（1）燃烧　当氧化过程迅速进行时，产生热量使物质和周围空气的温度急剧升高，并产生光亮和火焰，这种剧烈的氧化现象就是燃烧。

（2）爆炸　当可燃物质与空气（氧化剂）的混合物在一定条件下瞬间燃烧时，发生火光和高温，燃烧气体受高温的作用，温度急剧上升，体积膨胀造成压力波冲击器壁，使容器破裂，产生强大的冲击波，摧毁设备及建筑，危及人员的安全，发出巨响，这种现象称为爆炸。爆炸又分为物理性爆炸和化学性爆炸。物理性爆炸是由于容器本身承受不了容器内的压力而破裂的现象。化学性爆炸是由于介质产生化学反应而放出强大的能量的现象。

1）罐体或气瓶物理性爆炸的特点：因腐蚀超压，导致罐体或气瓶强度不够产生的爆炸；罐体或瓶体断裂有延性的特征；裂口有旧裂纹；多数没有碎块。

2）罐体或气瓶化学爆炸的特点：有化学性反应，爆炸力强，气瓶粉碎性爆炸，碎片多；有压力冲击的断裂特征；飞出的碎片有数百米至千米远；碎片断口没有延展特性，是平直的；碎片上有高温烘烤的痕迹。

（3）燃烧与爆炸的相同点与不同点　燃烧与爆炸本质上都是可燃物质的氧化反应。燃烧需要三个基本条件：即可燃物质、助燃物、火源。又称燃烧的三要素。燃烧与爆炸的区别为：

1）氧化的速度的不同。

2）决定氧化速度的因素是在点火前可燃物质与氧化剂的接触均匀的程度。

3）同一物质，燃烧与爆炸的条件不同。

4）物质与氧化剂接触后，生成新物质并产生热量，这种热量叫燃烧热。

5）可燃物质与氧化剂接触的燃烧过程，会释放出燃烧热。

2. 可燃性气体

在 GB/T 16163—2012《瓶装气体分类》中，列出可燃性气体 52 种，占瓶装气体的 48.1%。主要包括：自燃气体（硅烷、磷烷）、可燃气体（氨、溴甲烷）、易燃气体（氢气、甲烷等）三部分。

1）自燃气体：在低于 100℃ 温度下与氧化剂接触能自发燃烧的气体。

2）可燃气体甲类：气体的爆炸下限小于 10% 的气体。

3）可燃气体乙类：气体的爆炸下限大于 10% 的气体。

3. 气体燃烧所需的能量

空气本身就是一种助燃的氧化剂，这一条件随时随地都存在。可燃物就是可燃气体本身。如何防止可燃性气体的燃烧和爆炸，关键问题就是要控制好点火源和防止气体的泄漏。点火源的种类见表 5-12。

表 5-12　点火源的种类

外界能量的形式	点火源种类
机械能	撞击、摩擦、绝热压缩、冲击波
热能	加热表面、火焰、高温气体辐射热
电能	电火花、电弧、静电、电晕
光能	紫外线、红外线
化学能	触媒、本身自燃

据统计，全国瓶装气体气瓶在生产、充装、运输及使用中，35% 的事故是因氢、氧混合造成爆炸。直接的原因是氢气的最小点火能量极低，仅为 0.019mJ，相当于一枚书钉从 1m 处下落的能量。

5.2.2　气体的毒性

在 GB/T 16163—2012《瓶装气体分类》中，共列出毒性气体 39 种，占瓶装压缩气体的 36.1%，其中剧毒的有 14 种，有毒的 25 种；可燃并带有腐蚀性或有分解聚合反应的气体 21 种。可见，这 39 种毒性气体中不仅有毒，大部分还可燃或有分解聚合的双重危害。

（1）毒物　凡是作用于人体产生有毒作用的物质，统称为毒物。毒性气体是工业毒物的一种。它侵入人体后，与人体组织发生化学或物理作用，在一定条件下，破坏人体的正常生理机能，或引起某些器官和系统发生暂时或永久性病变的现象叫中毒。中毒的发生不仅与毒物的性质有关，还与毒物侵入人体的途径、数量、接触时间长短及个人身体状态有关。毒性气体的危害主要是盛装气体的容器在充装、储运、使用过程中发生泄漏造成人体的慢性中毒，或是由于气瓶发生事故，导致气体大量外泄所引起的人体急性中毒。毒物侵入人体的途径有三个，即呼吸道、皮肤和消化道。而毒性气体中毒一般是经过呼吸道进入人体。

（2）毒性　毒性是毒物的剂量与反应之间的关系。对于毒性气体来说，一般指引起实验动物某种毒性反应的、在空气中该毒物的浓度来表示。所需浓度越低，表示毒性越大。最常用的毒性反应是动物的半数致死浓度，即半数实验动物死亡的最低浓度，用 LC_{50} 表示。浓度的表示方法常用 $1m^3$ 或（1L）空气中的毫克或克数（mg/m^3、g/m^3、mg/L）表示。对于气体常用 ppm 来表示，就是 100 万分的空气体积中，某一种毒性气体所占的体积分数。

GB 5044《职业性接触毒危害物程度分级》及 TSG R0004—2009《固定式压力容器安全技术监察规程》气体毒性级别为四级：

极度危害（Ⅰ级）：$<0.1mg/m^3$；

高度危害（Ⅱ级）：$0.1 \sim <1.0mg/m^3$；

中度危害（Ⅲ级）：$1.0 \sim <10mg/m^3$；

轻度危害（Ⅳ级）：$\geqslant 10mg/m^3$。

5.2.3　气体的腐蚀性

凡是能使人体、金属或其他物质发生腐蚀作用的气体，均被称为腐蚀性气体。

在 GB/T 16163—2012《瓶装气体分类》中，共列出腐蚀性气体 24 种，其中酸性腐蚀的 18 种，碱性腐蚀的 6 种。除三氟化氮、三甲胺外，其余的 22 种腐蚀性气体全是毒或剧毒气体，带有双重危害。气体的腐蚀性，主要是指容器内的气体在一定条件下，对容器内壁的侵蚀作用，使容器的壁减薄或产生裂纹，造成容器的强度下降以致发生爆炸事故。瓶装气体中少部分具有轻微的腐蚀性，大部分是非腐蚀性的，但由于瓶装的气体不纯，使气体具有了腐蚀性，其中最主要的是气体中的水分。如氯化氢，在无水时对钢材没有腐蚀性，但当水含量大于 0.3% 时，腐蚀性就增加了。对于充装腐蚀性介质的移动式压力容器罐体，同样也有腐蚀问题极需要关注与防护，后续章节将具体叙述。

5.2.4　气体的氧化性

能支持燃烧或增加与之接触的可燃物质的燃烧速度的气体称为氧化性气体。最常见的氧化性气体是氧气。氧气和含有大量氧气的混合气体（如空气）可与有机物反应生成热。这种反应可以导致爆炸。

气体行业，经常可以遇到的氧化性气体还有氯气、一氧化氮、二氧化氮、一氧化二氮（笑气）、三氟化氮。不常见的氧化性气体有氟气、三氟化氯等。

用于氧等氧化性气体的气瓶、阀门、减压器和配件等，绝不允许与油、油脂或其他可燃物质接触，否则可引起猛烈爆炸。氧和含氧的混合气可导致容器氧化，从而降低了容器的强度。

5.2.5　气体的窒息性

在正常温度或压力下与其他物质无反应的气体，通常称为惰性（窒息性）气体。常见的有单纯性窒息性气体和化学窒息性气体两大类。元素周期表中的氦（He）、氖（Ne）、氩（Ar）、氪（Kr）、氙（Xe）、氡（Rn）统称为惰性气体。其化学性质极不活泼，很难和其他元素发生反应，在空气中总含量约 1%（体积分数）。它们本身无毒或毒性很低，化学窒息性气体如一氧化碳（CO）和硫化氢（H_2S）等。

氮气与以上惰性气体具有同样的惰性气体性质。人长期处于含氧量低于 18%（体积分数），而惰性气体的体积分数高于 82% 的环境时，就会有发生缺氧窒息，甚至死亡的危险。

5.2.6 气体的低温危害

随着气体装备技术水平的提高，气体的液态储存、运输，大大地提高了气体的储存、运输效率。

常见的以液态储存、运输的气体有液氧、液氮、液氩、液氨、液氢、液化天然气等。常见的液态储存方式有真空绝热储罐、中压低温珠光砂绝热储罐等。

低温液体危害性，一是这些低温液体在0.1MPa的液化温度低于-150℃，触及人体皮肤造成冻伤，与开水烫伤相比，这种冻伤更难以治愈。二是低温液体在封闭的空间，随着温度升高，压力随之升高，当温度升至0℃时体积增加近650~800倍以上，若体积不变，压力由0.1MPa升至约65MPa。因此，对其危害性要特别注意预防。

5.3 工业毒物及其对人体的毒害

压力容器使用中，常常接触到许多有毒物质。这些毒物的种类繁多，来源多种多样，如原料、辅助材料、成品、半成品、副产品、废气、废水、废渣、助剂、夹杂物、热解产物、与水反应产物等。在生产过程中，当毒物达到一定浓度时，就会对人体健康带来潜在的危害。因此，在工业生产中预防中毒是极为重要的。

5.3.1 工业毒物与中毒

1）毒物的定义：在一定的条件下较小剂量的化学物质，作用于机体与细胞成分产生化学作用或生物物理变化，破坏机体的正常功能，引起功能性或器质性改变，导致暂时性或持久性病理损伤甚至危及生命。

2）工业毒物的形态：工业毒物是指工业生产中的有毒化学物质。毒性气体（有毒气体）是工业毒物其中的一类，是以气体的形态存在，移动式压力容器中气体则以压缩气体和液化气体的形态出现。

3）毒性：是指外源化学物质与机体接触或进入体内的易感部位后，能引起损害作用的相对能力。毒性气体一般都具有不同程度的毒性，而毒性的特征与化学结构、气体纯度、理化性能（密度、溶解度等）有关，其毒性引起机体损伤的能力是同进入人体内的剂量相关联的。

“毒性”是以毒物的剂量（气体的浓度）和接触时间来表示，毒物的剂量和接触时间是影响毒物对机体作用很重要的两个因素，遵照哈伯法则

$$W = CT \tag{5-1}$$

式中 W——毒性反应的强度（毒性的大小）；

C——毒物的剂量（气体的浓度）；

T——接触时间。

毒性是对动物进行试验研究并外推应用到人体来进行评定，一般性化学物质引起试验动物某种毒性反应用所需剂量来表示。按中（染）毒时间的长短，可分为急性毒性、亚急性毒性、慢性毒性。

毒物进入人体的途径，对预防职业中毒有重要意义，工业毒物侵入人体有三种途径，即经过皮肤、消化系统、呼吸系统。经呼吸系统进入人体，气体是最重要、最危险、最常见的物质。如温州氯爆、江西一甲胺的事故均是毒性气体经呼吸系统而使人中毒的。

毒性试验是指一次染毒的试验，主要用来确定毒物的上限，即半致死量或浓度。目前，急性

毒性通常用 LD_{50}（或 LC_{50}）表示，气体以 LC_{50} 表示，数值越小，毒性越大；反之，数值越大，毒性越小；其界限明确，容易掌握，是定量指标，可用于毒性分级。

5.3.2 工业毒物的毒性指标、分级及健康危害

1）半致死量或浓度 LD_{50}（或 LC_{50}）是染毒动物事故死亡的剂量或浓度，是将动物实验所得的数据经统计处理而得。ISO 10298 的急性毒性试验，即动物（大白鼠）一次中（染）毒（1h）观察 14 天，有半数死亡的实验数据是常用的指标，即吸入半致死量浓度 $LC_{50}/1h$。

气体的特性主要包括它的毒性、可燃性、状态及腐蚀性等。为了明确每种气体的特性，我国制定的 GB 16163《瓶装气体分类》中，将气体的毒性分为无毒、毒、剧毒三个等级，如表 5-13 所示。

表 5-13　气体的毒性

1	无毒 $LC_{50} > 5000 \times 10^{-6}$；
2	毒 $200 \times 10^{-6} < LC_{50} \leqslant 5000 \times 10^{-6}$；
3	剧毒 $LC_{50} \leqslant 200 \times 10^{-6}$。

毒性分级：毒性分级是根据化学性质（如毒性气体）的毒性大小进行比较而分解的，毒性分级在预防职业中毒方面有重要意义，化学物质的生产、运输、储存和使用均必须按所属毒性级采取相应的预防措施。

GB/T 16163—2012 根据国际标准，将瓶装气体进行了分类。

2）根据《固定地压力容器安全技术监察规程》极度危害最高容许浓度小于 0.1mg/m^3；高度危害最高容许浓度 0.1 ~ 1.0 mg/m^3；中度危害最高容许浓度 1.0 ~ 10.0mg/m^3；轻度危害最高容许浓度大于等于 10.0 mg/m^3。

3）根据《化学品分类和标记安全规范 急性毒性》的以 LD_{50} 经口、皮肤或 LC_{50} 吸入值分类，以经口、皮肤或吸入方式的急性毒性为基础分为五种毒性类别，如表 5-14 所示。

表 5-14　急性毒性危险类别 LD_{50}/LC_{50} 值

暴露方式	类别 1	类别 2	类别 3	类别 4	类别 5
经口［mg/kg（体重）］	5	50	300	2000	5000
经皮肤［mg/kg（体重）］	50	200	1000	2000	
气体（ppm，体积分数）	100	500	2500	5000	
蒸气（mg/L）	0.5	2.0	10	20	
粉尘和烟雾（mg/L）	0.05	0.5	1.0	5	

4）危害：职业接触限值采用国家标准 GB Z 2.1—2007《工作场所有害因素职业接触限值 第 1 部分：化学有害因素》。分为最高容许浓度（MAC），时间加权平均容许浓度（TWA），短时间接触容许浓度（STEL）。急性毒性用半数致死量（LD_{50}）和半数致死浓度（LC_{50}）指标表示。

5.3.3 工业毒性气体分类

工业毒性气体分为：

1）剧毒或强腐蚀或强刺激性气体。

2）有毒或具腐蚀性或具刺激性、窒息性的可燃气体。

3）易挥发剧毒蒸气或有强腐蚀性或有强刺激性的液体。

4）与水反应，放出剧毒、强腐蚀性气体。

5.4 介质的燃烧特性和防火技术

移动式压力容器中的工作介质（原料、成品或半成品）不少具有易燃、易爆的特性，且多以气体和液体状态存在，故极易泄漏和挥发，尤其在储运过程中，工艺状态条件苛刻，有深冷、高压、真空，多有环境温度提高或外部热源加热使介质温度都达到和超过了物质的自燃点，一旦操作失误或因设备失修，便极易发生火灾与爆炸事故。因此，一方面应防止介质在罐车内发生剧烈的化学反应，另一方面则应防止介质外漏，以避免在更大的空间范围内发生燃烧与爆炸。

5.4.1 燃烧及燃烧条件

1. 燃烧

如前所述，物质自一种状态骤然转变到另一种状态，并在释放出大量能量的瞬间产生亮光的现象称为燃烧。同时，把释放出大量能量、瞬间产生亮光并有巨大声响的现象称为爆炸。所以说燃烧是一种同时有光和热发生的剧烈的氧化还原反应，是化学能转变成热能的过程。在日常生活、生产中所见的燃烧现象，大都是可燃物质与空气（氧）或其他氧化剂进行剧烈化合而发生的。

燃烧必须具有如下三个特征：

1）是一个剧烈的氧化还原反应。

2）放出大量的热量。

3）发出光。

2. 燃烧条件

燃烧必须同时具备三个条件（或称三要素）：

1）有可燃物存在。它们可以是固态，如木材、煤等；或者是液态，如酒精、汽油、苯；也可以是气态，如乙炔、甲烷等。

2）有助燃物存在。即有氧化剂存在，常见氧化剂是氧气、空气（含氧气）。其他如氯气、笑气、一氧化氮也是氧化剂。

3）有着火源存在。如明火、摩擦、撞击、高温表面、自然发热、化学能、电火花、静电火花、绝热压缩产生的热能等。

上述三点是燃烧的必要条件，犹如三角形的三条边，缺少任何一条边，就不能组成三角形，同样道理，缺少上述三个条件中的任意一条，燃烧就不可能发生。所以人们也称燃烧的三个必要条件为燃烧三角形。

但有时虽然已经具备了这三个条件，燃烧也不一定发生。这是因为燃烧还必须有充分条件，即可燃物与助燃物要达到一定的比例，着火源必须具有一定的能量（温度和热量）。例如，氢气在空气中，体积分数低于4%时，就不能被点燃。同样氢气、氧气、氮气混合物，氧气体积分数低于5%时，氢气含量无论如何提高，也不会发生燃烧。实验证明，大部分可燃物质，在氧气体积分数为12%时，燃烧就不一定会发生。

要发生燃烧，着火源必须有一定的温度和足够的能量，否则，燃烧就不能发生。例如，电焊渣火花，温度可达1200℃以上，足以引起易燃液体和空气的混合气发生燃烧或爆炸。但如火花落在大块木料上，就不一定引起燃烧，这是因为火花虽有相当高的温度，但缺乏足够的热量，无法使木块加热到燃烧的温度。当大量的火花不断地落在木块上时，可以引起木块燃烧。

总之，要使可燃物质燃烧，不仅要具备燃烧的三个条件，而且每一个条件都要有一定的量，并且彼此相互作用，否则就不会发生燃烧。对于正在进行的燃烧，若消除其中任何一个条件，燃烧便会终止，这就是灭火的基本原理。

对于大多数可燃气体而言，在被着火后，会迅速传播开来，在有控制的条件下就形成火焰，维持着燃烧，在一个有限空间内迅速燃烧蔓延，无法控制的情况下则形成气体爆炸。一般将燃烧的极限浓度视为爆炸的极限浓度。

5.4.2 爆炸极限及其影响因素

1. 爆炸

物质自一种状态迅速转变为另外一种状态，并在瞬间以对外做机械功的形式放出大量能量的现象称为爆炸。可燃气体、可燃液体的蒸气或可燃粉尘在与空气混合达到一定浓度后，遇到火源就会发生爆炸。这个遇到火源能够发生爆炸的浓度范围，称为爆炸极限。通常用可燃气体在空气中的体积分数比（%）表示。可燃粉尘则以毫克/升（mg/L）表示。

爆炸可以分为物理爆炸、化学爆炸（核爆炸不在日常防火防爆研究范围）。

（1）物理爆炸　爆炸由物理变化所致，其特征是爆炸前后系统内物质的化学组成及化学性质均不发生变化。物理爆炸主要是指压缩气体、液化气体和过热液体在压力容器内，由于某种原因使容器承受不住压力而破裂，内部物质迅速膨胀并释放大量能量的过程。

（2）化学爆炸　化学爆炸是由化学变化造成的，其特征是爆炸前后物质的化学组成及化学性质都发生了变化。化学爆炸有的是氧化还原型，有的是分解反应型。

仅从气体和蒸气的角度上看，燃烧与爆炸在化学变化上没有本质的区别。

2. 易燃介质的爆炸极限

可燃气体和空气的混合物，并不是在任何混合比例下都能发生燃烧或爆炸的，当混合物中可燃气体含量接近反应当量浓度时，燃烧最激烈。若含量减少或增加，燃烧速度就降低。当含量低于或高于某一值时，火焰便不再蔓延。所以可燃气体或蒸气与空气（或氧气、或其他氧化剂）组成的混合物在点着后可以使火焰蔓延的最低浓度，称为该气体或蒸气的爆炸下限（LEL，燃烧下限为LFL）。同理，能使火焰蔓延的最高浓度，称为该气体或蒸气的爆炸上限（UEL，燃烧上限为UFL）。在上限和下限之间的范围称为爆炸范围。

通常工程上的爆炸下限是指可燃气体或蒸气在空气中的体积分数在空气中刚刚达到足以使火焰蔓延的最低浓度；爆炸上限是指可燃气体或蒸气在空气中的体积分数在空气中刚刚达到足以使火焰蔓延的最高浓度。气体所谓爆炸极限是可燃气体或蒸气与空气的混合物遇到着火源能够发生爆炸燃烧的浓度范围。气体的化学性爆炸与气体的特性关系很大，GB/T 16163《瓶装气体分类》将可燃气体分为0～5类，如表5-14所示。第0类为不燃（惰性）气体，第1类为助燃（氧化性）气体，如空气。可燃气体的编码为2是代表燃烧性，如果这些可燃气体与具有助燃性能编码中第一位数字为1的空气（助燃）或具有强氧化性的编码数字为4的气体（例如氧）混合，则会产生剧烈的氧化反应，反应热将使气体急剧升温、增压，并造成爆炸，这就是通常所说的化学性爆炸。发生氧化反应时，由于多数参数难以确定，其爆炸能量也不能准确计算，一般只能估算其最大爆炸能量及其范围。

如果可燃气体在空气中的含量低于下限，由于空气的冷却作用，阻止了火焰的蔓延，即使遇到火源，也不会爆炸燃烧。同样，可燃气体在空气中的含量高于上限，因空气（助燃气体）不足，所以也不会爆炸，但此时若补充空气，可以将可燃气体含量稀释到爆炸范围，意味着有火灾或爆炸的危险。因此，对于上限以上的可燃气体（蒸气）－空气混合物不能认为是安全的。

易燃介质压缩气体或液化气体在空气中的爆炸极限见表5-15。

表5-15 液化石油气主要成分的爆炸极限（%）

项 目	丙烷	正丁烷	异丁烷	丙烯	丁烯-1	顺丁烯－2	反丁烯－2	异丁烯
爆炸上限	9.5	9.5	8.4	11.7	10.0	9.7	9.7	9.7
爆炸下限	2.37	1.5	1.9	2.0	1.6	1.8	1.8	1.8

3. 易燃介质为混合物的爆炸极限

压力容器中的易燃介质常常为混合物质，对于这类物质的爆炸极限可按下式计算。

$$L_m = \frac{1}{\sum_{i=1}^{n} \frac{y_i}{L_i}} \times 100\% \qquad (5\text{-}2)$$

式中 L_m——混合气的爆炸上限或下限；

L_i——混合气中某一组分的爆炸上限或下限；

y_i——某一可燃组分的体积分数；

n——可燃组分的数量。

当求混合气爆炸上限时，y_i 全部以上限值带入，求爆炸下限值时，y_i 全部以下限值带入。

例如：某液化石油气中各液态烃的组份比为丙烷占20%，丙烯25%，丁烷30%，丁烯－1 25%，则该液化石油气的爆炸下限为

$$N = 100/\left[\frac{20}{2.37} + \frac{25}{2} + \frac{30}{1.9} + \frac{25}{1.6}\right] = 1.91\%$$

同样，由 $N = 100/[20/9.5 + 25/11.7 + 30/8.4 + 25/10]\% = 9.70\%$，可求得其爆炸上限为9.70%。

4. 影响爆炸极限的因素

爆炸极限值是随多种不同条件影响而变化的，并非固定值，其影响因素有：

（1）初始温度　爆炸性气体的初始温度越高，爆炸极限范围越宽，即下限降低，上限升高。因为系统温度升高，其分子内能增加，这是活性分子也就相应增加，使原来不燃不爆的混合物变成可燃可爆。以易燃介质丙酮、煤油为例，其爆炸范围随温度升高而扩大的情况如表5-16所示。

（2）初始压力　压力对爆炸上限的影响十分显著，对下限的影响较小。压力增加爆炸范围随之扩大。这是因为系统压力增加，物质分子间距离缩小，碰撞几率增加，使燃烧容易进行。压力下降，则气体分子间距拉大，爆炸极限范围会变小。待压力降到某一数值时，其上限即与下限重合，出现一个临界值，若压力再下降，系统便不燃不爆。因此，在密闭容器内进行负压操作，对安全生产是有利的。已知可燃气体中，只有一氧化碳随着压力增加爆炸范围变小。表5-17所示为压力对甲烷爆炸极限的影响。

表 5-16 初始温度对混合物爆炸极限的影响

可燃物	混合物温度/℃	爆炸下限（%）	爆炸上限（%）	可燃物	混合物温度/℃	爆炸下限（%）	爆炸上限（%）
丙酮	0	4.2	8.0	煤油	200	5.05	13.8
	50	4.0	9.8		300	4.40	14.25
	100	3.2	10.0		400	4.00	14.70
					500	3.65	15.35
煤油	20	6.00	13.4		600	3.35	16.40
	100	5.45	13.5		700	3.25	18.75

表 5-17 压力对甲烷爆炸极限的影响

初始压力/MPa（atm）	爆炸下限（%）	爆炸上限（%）	初始压力/MPa（atm）	爆炸下限（%）	爆炸上限（%）
0.101（1）	5.6	14.3	5.06（50）	5.4	29.4
1.01（10）	5.9	17.2	12.7（125）	5.7	45.7

（3）惰性介质及杂质　若混合物中所含的惰性气体量增加，爆炸范围就会缩小。惰性气体的浓度提高到某值时，混合物就不会爆炸。混合物中惰性气体量增加，对上限的影响比对下限的影响更为显著。惰性气体种类不同对爆炸极限的影响也不同，以汽油为例，其爆炸范围按氮气、二氧化碳、氟利昂 21 顺序依次缩小。

（4）容器　容器的材质和尺寸等对物质的爆炸极限均有影响。试验表明，容器管道的直径越小，则爆炸范围缩小。当管径小到一定程度时，火焰就不能通过，这一间距称为临界直径，也称最大灭火间距、阻火直径。常见气体阻火直径见表 5-18。

容器材质对物质的爆炸极限也有很大影响，如氢气与氟气在玻璃器皿中混合，即使在液态空气温度下，置于黑暗之中也会爆炸，而在银器之中，在一般温度下才能发生反应。

表 5-18 常见气体的阻火直径

可燃物	阻火直径/mm（空气中）	可燃物	阻火直径/mm（空气中）
乙炔	0.7	甲烷	2.8
乙烯	1.5	丙烷	2.4
氢气	0.7		

（5）点火源能量　燃烧和爆炸都需有点火源。火源的能量、热表面的面积、火源与混合介质的接触时间等，对爆炸极限均有影响。点火能量对甲烷–空气混合物的影响见表 5-19。

表 5-19 点火能量对甲烷–空气混合物爆炸极限的影响

点火能量/J	爆炸下限（%）	爆炸上限（%）	点火能量/J	爆炸下限（%）	爆炸上限（%）
1	4.9	13.8	100	4.25	15.1
10	4.6	14.2	10000	3.6	17.5

（6）含氧量　空气中氧气的含量是 21%，当混合气中氧气含量增加时，爆炸极限范围变宽。增加氧气含量，主要影响爆炸上限。一些可燃气体在氧气中的爆炸极限见表 5-20。

表5-20 部分可燃气体在空气和氧气中的爆炸极限

可燃物	在空气中		在氧气中	
	爆炸上限（%）	爆炸下限（%）	爆炸上限（%）	爆炸下限（%）
甲烷	14.0	5.3	61.0	5.1
乙烷	12.5	3.0	66.0	3.0
丙烷	9.5	2.2	55.0	—
正丁烷	8.5	1.8	49.0	1.8
异丁烷	8.4	1.8	48.0	1.8
丙烯	10.3	2.4	53.0	2.1
氯乙烯	22.0	4.0	70.0	4.0
氢气	75.0	4.0	94.0	4.0
一氧化碳	74.0	12.5	94.0	15.5
氨气	28.0	15.0	79.0	15.5

5.4.3 可燃气体的危险性

（1）燃烧性　可燃气体都能燃烧，且引燃所需的着火能量值较小，燃烧速度较一般的液体固体快。由于各种可燃气体的化学组成不同，它们的燃烧过程和燃烧速度也不同，一般情况下简单的化学结构的气体比复杂结构的气体燃烧速度快。

（2）扩散性　扩散性是指气体在空气中的扩散能力。由于气体分子间的空隙较大，分子在不断运动，一种气体很容易向另一种气体扩散，可燃气体能以任何比例与空气混合。比空气轻的可燃气体逸散在空气中与空气形成爆炸混合气，遇火即燃烧爆炸，如 H_2、CNG 等。比空气重的可燃气体若发生泄漏，就沉积在地面、沟渠、厂房死角，长时间聚集不散，一旦遇明火即燃烧爆炸，如 LPG 等。可燃气体在空气中扩散速度越快，火灾蔓延的危险性越大。气体的扩散速度取决于扩散系数的大小。气体中 H_2 的扩散系数最大。

（3）化学活泼性　可燃气体的化学活泼性越强，其燃烧爆炸的危险性越大，具有高度化学活泼性的可燃气体在常温下即能与许多物质反应而发生爆炸。气体烃分子结构中的价链越多，化学活泼性越强，燃烧爆炸危险性越大，如乙烷、乙烯和乙炔分子结构价链分别是单价链（CH_3-CH_3）、双价链（$H_2C=CH_2$）和三价链（$HC\equiv CH$），它们的燃烧爆炸和自燃危险性依次增加。

（4）易分解或聚合的气体　易分解或聚合的气体一般都可燃，是不稳定的化学物质。聚合反应是指低分子单体合成聚合为高分子化合物的反应。绝大多数的聚合反应是放热反应，聚合热的大小在热力学上可作为单位能源聚合的粗略判断指标，连锁聚合反应的聚合热高达 80kJ/mol，逐步聚合反应的聚合热低，为 21kJ/mol，在生产和保管中控制温度是避免引起事故的重要工作。在单体存放过程中，一般要加阻聚剂以防止气体自行聚合。

（5）可燃气体的爆炸性　可燃气体的爆炸性可用爆炸极限、爆炸范围、爆炸危险度来衡量。

1）爆炸极限。爆炸极限定义为：可燃气体、蒸气或粉尘，与空气混合后遇火会产生爆炸的最高或最低浓度。低于浓度下限混合气体进行点燃，不能产生火焰传播，最低浓度值为爆炸下限；高于浓度上限混合气体进行点燃，不能产生火焰传播，最高浓度值为爆炸上限。可燃气体发生的爆炸，可能是“爆燃”（以亚声速传播的爆炸，燃烧速度为 331.5m/s），也可能是“爆轰”（以冲击波为特征，以超声速传播的爆炸，燃烧速度为 1000～7000m/s）。

2）可燃气体和空气混合气中，可燃气体的爆炸下限与爆炸上限之间的范围，称为爆炸范围。

3）可燃气体或蒸气的爆炸危险性，可用爆炸危险度来表示，即爆炸范围与爆炸下限的比值

$$爆炸危险度 = \frac{爆炸上限 - 爆炸下限}{爆炸下限}$$

从爆炸危险度说明：

① 气体的爆炸极限越宽，其危险程度越高。

② 爆炸下限越低，危险程度越高。

③ 爆炸上限越高，危险程度越高。

④ 可燃气体的引燃温度（自燃点）越低，则危险程度越高。

⑤ 可燃气体的最小着火能量相对越小，则危险程度越高。如 H_2 最小着火能量仅为0.019mJ，C_2H_2 最小着火能量仅为0.02mJ，危险程度都很高。

根据以上5项条件，符合自燃气体特征的自燃气体中硅烷（SiH_4）、磷烷（PH_3）、乙硼烷（B_2H_6）、锗烷（GeH_4）均为氢化气体，爆炸极限为0.8%～98%，幅度极宽，98% − 0.8% = 97.2%，爆炸上限值较高，爆炸下限值较低，爆炸危险度较高：（98 − 0.8）/0.8 = 121.5，远远大于氢气［氢气的爆炸危险度为：（74.2 − 4）/4 = 17.55］，其他气体的爆炸危险度见表5-21。

表5-21　某些可燃性气体的爆炸极限和爆炸危险度

可燃气体名称	分子式	自燃点/℃	在空气中爆炸极限（%）		爆炸危险度
			下限	上限	
乙炔	C_2H_2	335	2.5	100	39
二硫化碳	CS_2	100	1.25	44	34.3
环氧乙烷	C_2H_4O	429	2.6	100	37.5
乙烷	C_2H_6	472	3.0	16	4.3
乙烯	C_2H_4	450	3.1	32	9.3
硫化氢	H_2S	260	4.0	46	10.5
丙烯腈	CH_2CHCN	481	3.0	17	4.7
氯乙烷	C_2H_5Cl	519	3.8	15.4	3.1
甲胺	CH_3NH_2	430	4.3	21	3.9
氨	NH_3	651	15.0	28	0.9

综上所述，说明自燃气体在可燃气体中危险程度是最高的。国际上为了加强管理，如美国防火协会和压缩气体协会对“硅烷”制定了专业标准CGA − 13、NFPA − 318来严加防范。

5.4.4　防止易燃介质燃烧爆炸的措施

防止易燃气体引起着火、爆炸的措施，主要围绕减少可燃气体浓度、减少氧气气体浓度、控制点火源进行。

为了控制点火能源，应研究有关冲击摩擦、明火、高温表面、绝热压缩、自然发热、电器火花、静电火花及热辐射、光辐射等8种重点火源的产生条件。

为了不让混合气体的组分浓度达到爆炸范围，可以采取下列措施：使混合气中的可燃组分浓度处在爆炸下限以下或者爆炸上限以上；使用惰性气体取代空气；使氧气浓度低于可燃气体

的最小需氧量。

1. 火源控制

易燃介质的生产或使用单位，常见的着火源除生产过程本身的燃烧炉火、反应热、电火花等以外，还有维修用火、机械摩擦、撞击火花、静电放电火花以及吸烟等。这些火源都是引起易燃易爆物质着火爆炸的直接原因。控制这些火源的使用范围，严格管理制度，对于防火防爆是十分重要的。

1）明火控制。明火主要是指生产过程中的加热用火、维修用火及其他火源。加热易燃介质时，应避免采用明火，应采用蒸汽、热水、中间热载体或电加热等间接加热。

在有火灾爆炸危险场所，若需在压力容器和管道内部作业时，不得采用普通电灯照明，应采用安全电压电器或防爆电器。同时，应尽量避免焊割作业，进行焊割作业时应严格执行动火安全规定。在积存有可燃气体或液化气体的管道、深坑、下水道及其附近，没有进行动火分析或消除危险之前，不能有明火作业。电焊具的手把线、地线应绝缘良好。不能利用与易燃易爆生产设备有联系的金属件作为电焊地线，以防止在电器通路不良的地方产生高温或电火花。

烟囱飞火，汽车、拖拉机、柴油机等排气管喷火，都可能引起可燃气体燃烧爆炸。为防止烟囱飞火，炉膛内燃烧要充分，烟囱要有足够的高度，周围一定距离内，不搭建易燃建筑，不堆放易燃易爆物资。为防止机动车辆排气管喷火引起火灾，储存易燃易爆介质的场地与交通干线应有一定的距离，同时进入易燃介质场地的机动车辆排气管上应安装火星熄灭器。

2）摩擦与撞击火花的控制。机器中轴承等转动部分的摩擦，金属的相互撞击，金属工具打击混凝土表面等都可能产生火花，当管道或钢制容器泄漏物料喷出时，也可能因摩擦而起火。为避免这类火花产生，必须对轴承及时加油，保持良好润滑，并经常消除附着的可燃污垢；凡是相互撞击的两部分应采用两种不同的金属制成。例如钢和铜、钢和铝等，撞击的工具用铜质或镀铜的材料。不能使用特种金属制造的设备，应采用惰性气体保护或真空操作；搬运盛装易燃易爆介质的容器时，不要抛掷、拖拉、振动；不准穿带钉子的鞋进入易燃易爆车间。特别危险的厂房内，地面应铺设不会产生火花的软质材料。

3）其他火源的控制。要防止易燃易爆介质与高温设备及管道表面相接触。可燃物料排放口应远离高温表面，高温表面要有隔热保温措施，不能在高温管道和设备上烘烤衣服及其他可燃物质。

油抹布、油棉纱等容易自燃引起火灾，应装入金属桶、箱内，放置在安全地点并及时清除。吸完烟的烟头虽是一个不大的热源，但能引起许多物质的燃烧。烟头的表面温度为200～300℃，中心温度高达700～800℃，超过了一般可燃物的燃点。根据在自然通风条件下的试验证明，烟头若扔进深度为5cm的锯末中，经过75～90min的阴燃，便开始出现火焰；烟头扔进深度为5～10cm的刨花中有75%的机会，经过60～100min开始燃烧；把烟头放在甘蔗板上，60min后燃烧面积扩展到15cm^2的范围，170min后，形成火焰燃烧。烟头的烟灰在弹落时，有一部分呈不规则的颗粒，带有火星，若落在比较干燥疏松的可燃物上，也会引起燃烧。因此，使用易燃易爆介质的厂区应禁止吸烟，避免因吸烟引起火灾爆炸事故。

4）电器火花的控制。为防止因电器火花引起火灾爆炸事故，对于使用易燃易爆介质的场所，应按规定选用相应的防爆设备。

2. 防止易燃介质的泄漏

压力容器使用过程中易燃介质的泄漏一般不发生在容器的本体，常常发生在工艺接管、阀门仪表等连接部位。对某些压力容器难以保证绝对没有泄漏。例如液化气体槽车进行充装和卸液时，必须将充装系统的设备、管线与容器连接或拆卸，其中总会残留一些介质。对此应严格遵照装卸作业规定，并加强压力容器周围环境的通风，防止燃烧条件的形成。尤其是对于气体（或蒸气）密度比空气大的易燃介质，若有少量泄漏，将会因通风不良而聚积在低凹处，可能形成局部燃烧爆炸的条件。

为了保证设备的密闭性，对危险设备及系统，在安装检修方便的前提下，应尽量减少法兰连接，输送管道要用无缝钢管。应做好气体中水分的分离和保温，以防止冬季气体中冷凝水在管道中冻结，造成管道胀裂而泄漏。易燃易爆介质的生产装置，投产前应严格进行气密性试验。要按照压力容器的管理规定，定期进行检验。系统检修时应注意密封填料的检查、调整和更换，凡是与系统密封性有关的部件都不能忽视检修质量，以防渗漏。

复习思考题

一、判断题

1. 气体临界状态的特点是气液相差别消失，并有相同的比体积和密度。（√）
2. 已经液化的气体，一旦温度升至临界温度，它就必然会由液态迅速转变为气态。（√）
3. 永久气体永远不能液化。（×）
4. 气液相变是不可逆过程。（×）
5. 液态物质有一定体积，也有一定形状。（×）
6. 物质固态有一定体积，无一定的形状。（×）
7. 化学变化时，物体本身没有生成新物质。（×）
8. 密闭容器中的液体介质以气液两相并存，液化和汽化两过程达到动态平衡，此时液态蒸气达到饱和状态，此时气相称饱和蒸气，饱和蒸气的压强称为饱和蒸气压，液相的液位越高则饱和蒸气压越高。（×）
9. 划分压缩气体与液化气体的主要参数是液化与汽化温度。（×）
10. 液化石油气属于低压液化气体。（√）
11. 原子是能够独立存在并保持物质性质（化学性质）的最小微粒。（×）
12. 氯化氢、一氧化碳、氯气是有毒的气体。（√）
13. 二氧化碳是低压液化气体。（×）
14. 压力表测出的压力数值是反映气体的真正压力。（×）
15. 不存在不能液化的气体。（√）
16. 在加大压下，降低温度，还有部分种类的气体不可液化。（×）
17. 压力越高气体的液化点越低。（×）

二、选择题

1. （　　）是理想气体。（D）

A. 无压力的气体　　B. 不考虑分子有体积的气体

C. 不考虑分子有引力的气体　　D. 既不考虑分子有体积也不考虑分子有引力的气体

2. 实际气体方程式 $pV/T=ZR$。(p、V、T) 代表气体某状态时的压力、容积和温度，R 为常数。关于压缩系数 Z 的以下解释其中（　　）是错误的。（B）

A. 在不同的压力和不同的温度下，不同的气体，Z 有不同的数值

B. 任何气体 Z 值都不可能大于 1

C. Z 是在同一温度、压力下实际气体与理想气体体积的比值，称为压缩系数或压缩因子。

D. 一些气体 Z 值在不同的压力温度下可能大于 1，一些气体 Z 值可能小于 1，在常温常压下 Z 值可能等于 1

3. （　　）的气体称为标准状态下的气体。（A）

A. 压强为 1 标准大气压、温度为 0℃　　B. 压强为 1 kg/cm^2、温度为 0℃

C. 压强为 1 物理大气压、温度为 20℃　　D. 压强为 1 kg/cm^2、温度为 20℃

4. 理想气体物理状态三个参数压力 p、体积 V、和温度 T 中，假定体积不变，p 和 T 关系是（　　）。（C）

A. 温度增加 10 倍则压力增加 5 倍　　B. 温度增加多少倍则压力减小多少倍

C. 绝对温度与绝对压力成正比　　D. 温度增加 10 倍则压力减小 5 倍

5. 关于以下气体临界状态的说法（　　）是错误的。（B）

A. 气体能够液化的最高温度称为气体的临界温度

B. 气体处于临界状态时气相液相仍有明显差别

C. 气体的临界温度越高，气体越容易液化

D. 某气体的临界温度、临界压力、临界密度都有固定不变的数值

6. 二氧化硫的气体类别为（　　）。（B）

A. 高压液化气体　　B. 低压液化气体　　C. 压缩气体　　D. 液体

7. 氮、氩、氖、氦是（　　）。（A）

A. 不燃、无毒、无腐蚀气体的气体　　B. 助燃、无毒、氧化性气体

C. 强氧化性、无毒气体　　D. 强氧化性、剧毒、酸性腐蚀气体

8. 氟和一氧化氮是（　　）。（D）

A. 不燃、无毒、无腐蚀气体的气体　　B. 助燃、无毒、氧化性气体

C. 强氧化性、无毒气体　　D. 强氧化性、剧毒、酸性腐蚀气体

9. 空气是（　　）。（B）

A. 不燃、无毒、无腐蚀的气体　　B. 助燃、无毒、氧化性气体

C. 强氧化性、无毒气体　　D. 强氧化性、剧毒、酸性腐蚀气体

10. 氧是（　　）。（C）

A. 不燃、无毒、无腐蚀的气体　　B. 助燃、无毒、氧化性气体

C. 强氧化性、无毒气体　　D. 强氧化性、剧毒、酸性腐蚀气体

11. 某容器表压力为 0.3MPa，绝对压力应（　　）。（B）

A. 0.3MPa　　B. 0.4MPa　　C. 1.3MPa　　D. 1.4MPa

12. 一氧化碳是（　　）。（A）

A. 可燃、有毒气体　　B. 不燃、有毒、酸性腐蚀气体

C. 可燃、无毒气体　　D. 不燃、无毒、无腐蚀气体

13. 下列气体中属于低压液化气体的是（　　）。（C）

A. 氮气　　B. 氧气　　C. 环氧乙烷　　D. 二氧化碳

14. 下列气体中属于高压液化气体的是（　　）。（C）

A. 氮气　　B. 氢气　　C. 二氧化碳　　D. 环氧乙烷

15. FTSC 是气体特性编码，其中 T（　　）。（B）

A. 代表燃烧性　　B. 代表毒性　　C. 代表气体状态　　D. 代表腐蚀性

16. 华氏温标用（　　）来表示。（B）

A. ℃　　B. ℉　　C. K　　D. °R

17. 在标准大气压下 1L 液二氧化碳汽化后为（　　）L 二氧化碳。（D）

A. 640　　B. 800　　C. 770　　D. 585

三、简答题

1. 可燃气体的危险性是什么？

答：①燃烧性。可燃气体都能燃烧，且引燃所需的着火能量值较小，燃烧速度较一般的液体固体快。②扩散性。扩散性是指气体在空气中的扩散能力。③化学活泼性。可燃气体的化学活泼性越强，其燃烧爆炸的危险性越大。④易分解或聚合的气体。易分解或聚合的气体一般都可燃，是不稳定的化学物质。

2. 气体分类中气体特性有几方面？数字编码是怎样对应的？

答：对所有的气体进行了数字编码（FTSC），根据编码数字，即可对该气体的特性一目了然。F代表火灾的潜在可能性；T代表毒性；S气体状态；C代表腐蚀性等。

3. 什么是饱和蒸气压？它与什么因素有关？

答：在一定的温度下，密闭容器中的液体介质以气液两相并存，气相不断地液化，液相不断地汽化。当单位时间内返回液体的分子和从液体逸出的分子相等时，液化和汽化两过程达到动态平衡，此时液态的蒸气达到饱和状态，其密度不增加也不降低，维持恒定值，称为饱和蒸气，饱和蒸气的压强称为饱和蒸气压。饱和蒸气压随着温度的升高而升高，随温度的降低而下降。

4. 液化石油气的性质、毒性及安全防护是什么？

答：液化石油气是一种重要能源和化工原料。由于液化石油气主要是由丙烷、丁烷、丙烯和丁烯组成的混合气体，其性质与组成有很大的关系。与空气混合形成爆炸混合物，爆炸下限为2%，爆炸上限9.5%。在急性中毒时吸入过量会使人头昏、头痛、呕吐、缺氧直至死亡。应将患者移至有新鲜空气，且通风良好的地方施行心肺复苏术，就医。皮肤接触液体会导致冻伤，不可干加热，不可擦揉，应在温水中浸泡或就医。液化石油气泄漏时，应有保证良好的自然通风条件，应佩戴供气式呼吸器，穿防静电服和防护手套。

5. 天然气的性质、毒性安全防护是什么？

答：天然气是一种重要能源，也是制造炭黑、合成氨、甲醇等有机化合物的原料。燃烧时有很高的热值，很小的环境污染。外观无色、无臭，与空气混合形成爆炸混合物，爆炸下限为5%，爆炸上限为15%。急性中毒时会使人头昏、头痛、呕吐、乏力直至昏迷。工作场所应密闭操作，应有良好的自然通风条件，泄漏时应佩戴供气式呼吸器，穿防静电服和防护手套。

6. 氮气、氩气的特性是什么？在接触氮气氩气时应注意什么？

答：氮、氩是无色、无嗅、无味的惰性气体。它本身对人体无危害，但空气中氮、氩含量增高时，减少了空气中的氧含量，使人呼吸困难、脉搏加快、血压增高、疲劳、不能自主动作，直致因严重缺氧而窒息致死。为了避免空气中氮含量增多，在氮、氩气集聚区，要控制空气中氧的体积分数不低于18%。检修氮、氩设备、容器、管道时，需先用空气置换，在密闭场所氩弧焊时要注意空气中的氧含量，工作时并应有专人看护。

7. 为什么要控制操作场所氧气的体积分数不超过23%？

答：氧是一种无色、无嗅、无味的气体，它是一种助燃剂。当空气中氧的体积分数达到25%时，已能激起活泼的燃烧，达到27%时火星将发展到活泼的火焰。所以，在氧气操作场所，氧的体积分数超过23%时极容易发生火灾。

第 6 章

移动式压力容器的腐蚀与防腐

本章知识要点

本章介绍金属的腐蚀、腐蚀的途径及腐蚀形态的分类，影响金属腐蚀的主要因素，金属常见的腐蚀现象和预防，移动式压力容器常见非金属材料的腐蚀及防护等。着重要求学员了解金属常见腐蚀现象的特点和预防措施，理解实际操作中防止腐蚀应关注的安全技术问题和要求。

6.1 金属腐蚀的分类

6.1.1 金属的腐蚀及途径

金属腐蚀是指因受周围介质的作用而造成金属材料的破坏和变质。

金属腐蚀是在介质中发生的，没有介质的作用，金属的腐蚀不会发生。金属材料因腐蚀而造成的破坏和变质主要指材料的形状、化学成分以及力学性能的改变。

金属腐蚀主要是通过化学腐蚀和电化学腐蚀两个途径进行。无论是化学腐蚀还是电化学腐蚀，金属被腐蚀后均会形成化合物。

化学腐蚀是金属表面与介质直接发生化学反应产生的腐蚀。金属在不导电的液体或干燥的常温气体中的腐蚀通常为化学腐蚀。

金属在电解质作用下所发生的腐蚀称为电化学腐蚀，是由于在电解质中的金属表面产生原（微）电池效果而引起的。两种不同材质的金属在电解质溶液中会在两种金属的表面形成不同的电位，形成造成电化学腐蚀的原电池。同一种金属由于金属的组织、成分以及应力分布不均匀也可在电解质溶液中形成原电池。电子在上述条件下不断地从阳极流到阴极。金属材料上的金属离子也会不断的进入介质中，腐蚀就会不停地进行下去。

本节简要介绍电化学腐蚀的原（微）电池作用原理。

电化学腐蚀的特点是能自发产生电流。通常在发生电化学腐蚀的金属中，腐蚀电池极小，但数量很多，所以又称微电池。要形成一个电池，必须具备三个基本条件：有两个电极电位不同的导体存在，这两个导体须保持接触，并同时与互相连通的电解质溶液接触。

形成微电池的电化腐蚀过程，应有以下三个紧密联系的环节。

1）阳极：金属 M 以金属离子状态溶解进入溶液中，即

$$M \rightarrow M^{+} + e$$

2）电子 e：在金属内部直接从阳极流入阴极。

3）阴极：流来的电子 e 被溶液中的去极剂物质 D 所接受，即

$$e + D = [D_e]$$

在大多数情况下去极剂 D 是溶液中的 H^{+} 或 O_2。H^{+} 与电子 e 结合形成 H，即

$$H^{+} + e \rightarrow H$$

由于H^+的存在消除了阴极的极化，有利于电子从阳极流向阴极，加强了腐蚀过程。此过程称为氢去极化腐蚀或析氢腐蚀。

若溶液中存在O_2时，O_2也可夺取电子e而形成OH^-，即

$$O_2+2H_2O+4e \to 4OH^-$$

因而也有利于电子不断地从阳极流向阴极，即加强腐蚀过程。此过程称为氧去极化腐蚀，或吸氧腐蚀。以上过程如图6-1所示。

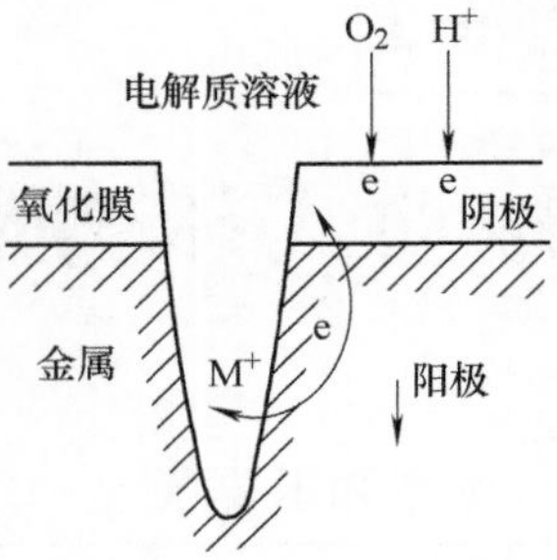

图6-1　原电池示意图

6.1.2　金属腐蚀的形态

金属腐蚀的形态有两大类。一类是均匀腐蚀，另一类是局部腐蚀。均匀腐蚀比较直观，容易发现。局部腐蚀往往不易发现，有些还需要利用特殊手段才能检测出来。由此可见，局部腐蚀往往更具隐蔽性。

1. 均匀腐蚀

均匀腐蚀是指腐蚀发生在金属的整个表面或较大的面积上的现象。均匀腐蚀可细分为成膜腐蚀和无膜腐蚀两种。无膜腐蚀是指腐蚀产物不能在金属表面形成膜的腐蚀。因为金属始终与介质接触，所以腐蚀会一直进行下去。成膜腐蚀是在金属表面形成腐蚀。成膜腐蚀过程中，在介质的作用下，金属首先在表面形成一层反应物，称为氧化膜。氧化膜处于介质和金属之间。介质只能透过氧化膜才能与金属继续反应。因此，成膜腐蚀的速度受所形成的氧化膜影响。

氧化膜对腐蚀速率的影响主要取决于膜的结构。氧化膜是由金属与介质的氧化物组成。当氧化物的体积较小时，氧化膜不能严密地遮盖金属表面时，氧化膜就仿佛是一个“网”。介质就可通过“网孔”与金属继续反应，腐蚀会继续下去。当氧化物的体积过大时，氧化物之间相互推挤，使部分氧化物脱离金属表面，也使得氧化膜不能严密地遮盖金属表面，腐蚀仍会继续下去。当氧化物的体积大小适当时，氧化膜致密、牢固地覆盖金属表面，阻挡介质与金属接触，腐蚀不能继续进行。

通常人们用腐蚀速率来描述特定环境下某种金属均匀腐蚀的快慢。腐蚀速率常用的有两种单位。一种是在单位时间内、单位面积上损失金属的质量［$g/(m^2 \cdot h)$］。另一种是在单位时间内材料损失的平均厚度（mm/y）。可以通过计算将第一种腐蚀速率换算成第二种腐蚀速率。这两种腐蚀速率中，后一种单位在压力容器的设计、管理、使用上较为方便，根据这种腐蚀速率可估算出容器的耐腐蚀寿命。可根据这种腐蚀速率和设计使用年限确定压力容器壁厚附加量中的腐蚀余量。

2. 局部腐蚀

局部腐蚀的种类很多。压力容器上常见的局部腐蚀有孔蚀、缝隙腐蚀、晶间腐蚀、应力腐蚀破裂、氢腐蚀、磨损腐蚀及冲蚀等。

（1）孔蚀　在金属表面出现小孔。孔的深度大于或等于孔的直径。此种腐蚀多发生在能形成保护膜的金属上。由于保护膜局部被破坏而形成蚀坑，由于蚀坑的存在，腐蚀会在蚀坑的底部继续进行，蚀孔会向深处发展。当孔蚀的深度达到容器壳体壁厚时，就会造成介质泄漏。因为影响孔蚀形成和发展的因素很多，所以人们现在还没有办法准确的预测出孔蚀何时穿透容器。所以，孔蚀是一种威胁压力容器安全的隐患。

（2）缝隙腐蚀　缝隙腐蚀发生在由于容器结构造成的狭小缝隙处，例如法兰密封处、螺纹密封、可拆卸内件螺栓紧固等处。腐蚀的现象是在缝隙较深的地方出现蚀沟。严重时也可把金属腐蚀穿。缝隙腐蚀的原理与孔蚀类似。工程结构中常见的导致缝隙腐蚀的间隙如图6-2所示。

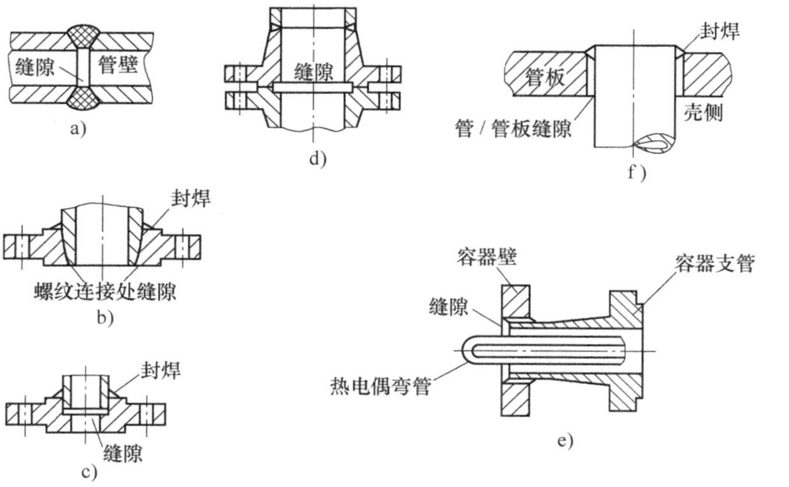

图 6-2 容器结构常见的几种易导致缝隙腐蚀的间隙

a）对接焊缝未焊透 b）采用螺纹连接的法兰 c）采用焊接连接的法兰
d）法兰垫圈尺寸、规格选择不当 e）热电偶套管与夹套之间间隙太小 f）管壳换热器管板背面的间隙

（3）晶间腐蚀 晶间腐蚀是发生在金属晶粒的外表面。介质对金属晶粒外表面的腐蚀可以贯穿金属的全厚度。此种腐蚀发生时金属的厚度往往不会发生变化。由于金属晶粒边界被腐蚀物充斥，金属的力学性能会下降，当晶间腐蚀发生在压力容器的受压元件上时，极有可能造成重大事故。晶间腐蚀的原因是晶粒外表面与晶粒内的化学成分不一致，且晶粒外表面的组分在介质环境下会发生腐蚀，而晶粒内部的化学成分则不会发生腐蚀或腐蚀很缓慢。在压力容器常用的材料中易产生晶间腐蚀的是部分奥氏体不锈钢。

所以说晶间腐蚀是腐蚀局限在晶界和晶界附近而晶粒本身腐蚀比较小的一种腐蚀形态。晶间腐蚀是由晶界的杂质，或晶界区某一合金元素增多或减少而引起的。

晶间腐蚀造成晶粒脱落，使机械强度和延伸率显著下降，但仍保持原有的金属光泽不易发现，常造成设备突然破坏，危害很大。

最易产生晶间腐蚀的是铬镍奥氏体不锈钢。关于铬镍奥氏体不锈钢晶间腐蚀的原因，较为公认的是贫铬理论。奥氏体不锈钢中碳与 Cr 及 Fe 能生成复杂的碳化物（Cr、Fe）C_6，在高温下固溶于奥氏体中。若将钢由高温缓慢冷却或在敏化温度范围（460～850℃）内保温时，奥氏体中过饱和的碳将和 Fe、Cr 化合成（Cr，Fe）$_{23}C_6$，沿晶界沉淀析出。由于铬的扩散速度比较慢，这样生成（Cr，Fe）$_{23}C_6$所需要的 Cr 必然要从晶界附近摄取，从而造成晶界附近区域铬含量降低，即所谓贫铬。如果铬含量降到 12%（钝化所需极限）以下，则贫铬区处于活化状态，它和晶粒之间构成原电池。

晶界区是阳极，面积小；晶粒是阴极，面积大，从而造成晶界附近贫铬区的严重腐蚀。图 6-3 所示为不锈钢晶界贫铬区腐蚀示意图。

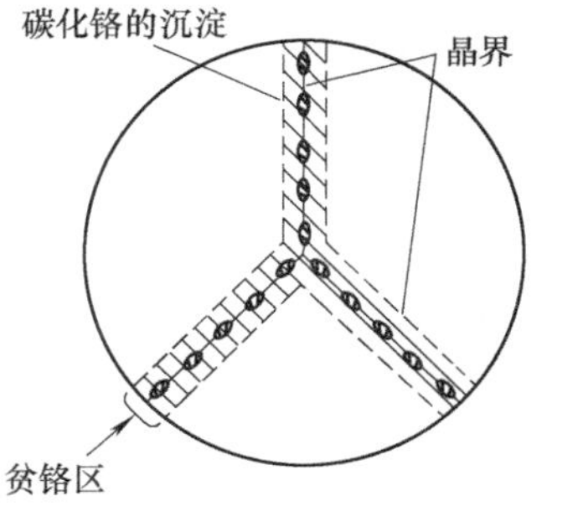

图 6-3 不锈钢晶界贫铬区腐蚀示意图

当奥氏体不锈钢被加热到 450～850℃ 的敏化温度范围时晶间腐蚀特别敏感。焊接时的热影响区正好处于敏化温度范围内，容易造成晶间腐蚀。因此，对用奥氏体不锈钢作为材质的设备施焊时，严格控制焊

接电流和返修次数，以尽可能减小热输入量。

奥氏体不锈钢晶间腐蚀的控制有三条途径：采用高温固溶处理，即固溶淬火；添加稳定化合金元素，如 Ti，Nb 等；降低钢中的碳含量至 0.03%（质量分数）以下。

（4）应力腐蚀　金属在腐蚀环境和拉应力作用下发生破裂。在破裂产生时，金属材料的应力大大低于正常情况下材料断裂的应力。对于压力容器而言应力腐蚀是最危险的腐蚀之一。应力腐蚀只发生在特定的材料－环境组成的体系中。在压力容器常见的材料－环境体系中主要有奥氏体不锈钢与氯离子、高温碱液，高温高压含氧纯水；碳钢与 NO_3^-、NaOH 溶液，含有硝酸根、碳酸根、硫化氢及其水溶液。应力腐蚀开裂的机理尚不清楚。目前已知即使在相应的材料环境体系中，若材料的应力不达到一定的水平，或造成应力腐蚀介质的浓度及温度环境不在特定的范围内，应力腐蚀也不会发生。

1）应力腐蚀破裂有以下一些明显的特征：

① 裂纹的起源往往伴随着明显的点蚀，并在点蚀的底部发生裂纹。研究其原因首先是发生了点蚀，点蚀小孔内的腐蚀环境（如 pH 值降低、氯离子浓缩、氧含量降低）在应力集中诱发下，逐渐产生应力腐蚀破裂。因此应力腐蚀破裂呈局部性。裂纹只发生在局部区域，而不是整个与介质接触的界面。

② 应力腐蚀破裂总是从表面开始，并沿厚度方向不断地沿其尖端向纵深做选择性腐蚀。可在不太大的拉应力作用下迅速扩展，甚至在没有明显塑性变形的情况下即发生脆性破裂。

③ 应力腐蚀破裂时的显微裂纹往往既有主干又有分支，其形状似落叶后的树干和树枝或树根。

④ 应力腐蚀破裂裂纹分两种，一种为晶间裂纹，另一种为穿晶裂纹。

⑤ 应力腐蚀破裂对腐蚀介质和材料的匹配有选择性。如 $MgCl_2$、$CaCl_2$ 等对不锈钢并无腐蚀作用，但有表面拉应力作用时，就很易产生腐蚀破裂。

⑥ 引起应力腐蚀破裂和一般晶间腐蚀的敏化加热温度并不完全一致。在 300℃ 以上很少见到应力腐蚀破裂现象。最易出现应力腐蚀破裂的温度范围为 50～200℃。

2）应力腐蚀裂纹的形成机理。金属为什么只在拉应力和腐蚀介质同时作用下才会产生应力腐蚀裂纹？20 世纪 70 年代以来，人们一直在探索，并提出各种各样的机理来解释。但由于问题的复杂性，影响因素很多，涉及电化学、力学以及金属物理学等诸方面知识，故至今尚未得到统一的见解。国内外资料的有关报道，内容以电化学腐蚀较多，故本节仅从电化学的角度来研究应力腐蚀裂纹开裂类型及其形核和延伸扩展。要理解这些机理，首先要了解原电池的作用原理。如前面介绍电化学腐蚀的原（微）电池作用原理所述，金属在电解质作用下所发生的腐蚀称为电化学腐蚀，是由于在电解质中的金属表面产生原（微）电池效果而引起的。两种不同材质的金属在电解质溶液中会在两种金属的表面形成不同的电位，形成造成电化学腐蚀的原电池。

3）应力腐蚀裂纹的开裂类型原理。从电化学考虑，应力腐蚀裂纹开裂类型大体上分为两大类，即应力阴极氢脆开裂 HEC（Hydrogen Embrittlement Cracking）和应力阳极溶解开裂 APC（Active Pass Cracking）。

HEC 和 APC 的形成原理，如图 6-4 所示。在拉应力 σ 作用下，氢离子去阴极极化反应超电势降低，电流密度增大，引起吸氢更强烈，氢进入阴极内部，致使阴极脆裂，这就是应力阴极氢脆开裂 HEC。在拉应力 σ 作用下，阳极电位降低，电流密度增大，引起 M^+ 的溶解更强烈，这就是应力阳极溶解开裂 APC。平时常讲的应力腐蚀裂纹开裂，一般往往理解为 APC，可是在实际生产中多数情况下，APC 和 HEC 常常是同时存在的。如高强度钢在水、盐水、H_2S 水溶液、氢气、硫酸，硝酸、苛性碱以及液氨等介质中发生的延迟性破裂现象，常常包含 APC 和 HEC 两方面的过程，谁主谁次，往往难以区别，要做具体分析。一般以外加电流的作用来区分氢脆和应力腐蚀破裂，当外加电流使试样阳极溶解过程加速，则为应力腐蚀破裂、若外加电流使试样阴极加速析氢（破裂加重），则为氢脆。

4）应力腐蚀裂纹的形核和延伸扩展。按应力腐蚀裂纹开裂过程，从裂纹形核到裂皱扩展大体可分为三个阶段。

①孕育阶段：由于拉应力作用，形成局部性的最初腐蚀裂纹端部扩展开裂方向裂口，使局部产生“滑移阶梯”，导致保护膜（氧化膜）破裂，如图6-5所示。原金属裸露在外呈阳极，而原保护膜呈阴极，即发生原电池反应。

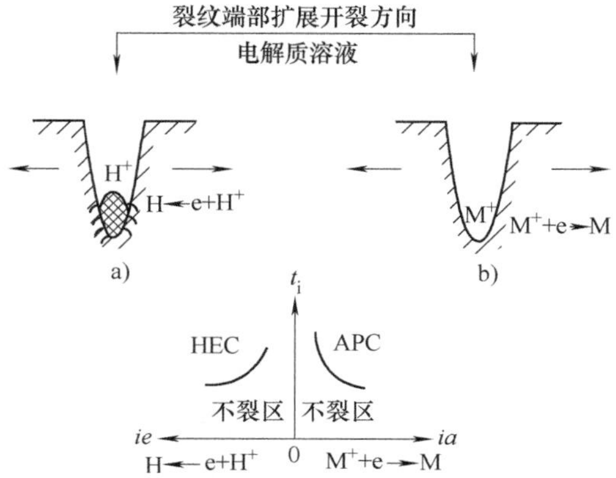

图6-4 应力腐蚀裂纹开裂的类型及原理

a）HEC示意图 b）APC示意图

t_i—开裂时间 ie—阴极电流密度 ia—阳极电流密度

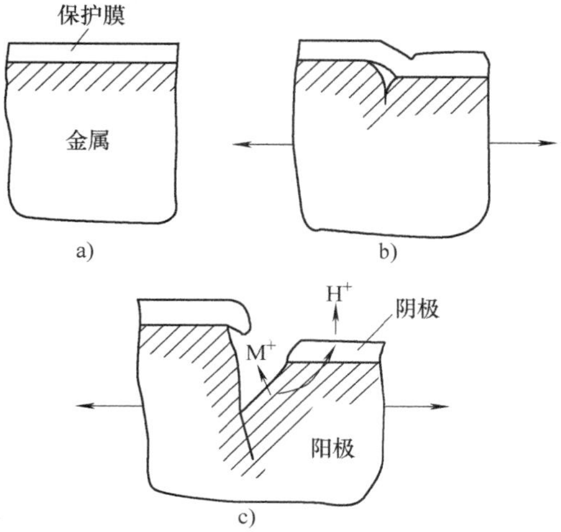

图6-5 “滑移阶梯”

a）金属表面生成一层保护膜

b）金属在拉应力的作用下产生“滑移”变形

c）金属产生较大的“滑移阶梯”，保护膜拉破

②发展阶段：在拉应力与介质的共同作用下，腐蚀裂口沿垂直于拉应力的方向向纵深扩展，呈枯干树枝或树根状，且逐步出现分支。当应力因素占优势时，将使某条裂口优先扩展，如图6-6所示。若腐蚀因素占优势，则可能有几条裂口同时扩展。

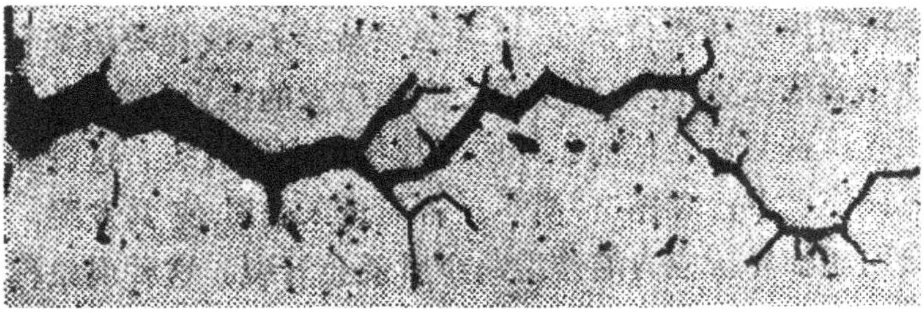

图6-6 应力腐蚀裂纹横断面微观形貌（应力因素占优势）

③破裂阶段：应力腐蚀裂纹扩展到一定程度就会发生灾难性瞬间破裂，此时拉应力起决定性作用。

应力腐蚀破裂机理一般倾向于电化学-机械复合作用原理。金属在腐蚀介质中首先发生电化学腐蚀，一定时间后金属表面产生较长的微裂纹。裂纹端部应力集中及渗入裂纹内部吸附物质的楔入作用，促使裂纹扩展，从而又暴露了新鲜的表面，继续在介质中腐蚀，其过程重复进行，直到材料断裂为止。

金属材料只有在特定的腐蚀环境中才发生应力腐蚀破裂。表 6-1 所示是容易引起应力腐蚀破裂的金属材料和环境组合。

表 6-1　易于产生应力腐蚀破裂的金属材料和环境的组合

合　金	环　境	合　金	环　境
碳　钢 低合金钢	苛性碱溶液	奥　氏 体不锈钢	高温碱液（NaOH，$Ca(OH)_3$，LiOH）
	氨溶液		氯化物水溶液
	硝酸盐水溶液		海水，海洋大气
	含 HCN 水溶液		连多硫酸（$H_2S_nO_6$，$n=2\sim5$）
	湿的 $CO-CO_2-$空气		高温高压含氧高纯水
	碳酸盐和重碳酸盐溶液		浓缩锅炉水
	含 H_2S 水溶液		水蒸气（260℃）
	海水		260℃的 H_2SO_4
	海洋大气和工业大气		湿润空气（湿度 90%）
	CH_3COOH 水溶液		$NaCl+H_2O_2$
	$CaCl_2$、$FeCl_3$ 水溶液		热 NaCl
	$(NH_4)_2CO_3$		湿的氯化镁绝缘物
	$H_2SO_4-HNO_3$ 混合酸水溶液		H_2S 水溶液
钛 及钛合金	红烟硝酸	铜合金	NH_3 蒸气及 NH_3 水溶液
	H_2N_4（含 O_2，不含 N0，24～74℃）		$FeCl_3$
	湿 Cl_2（298℃、-346℃、-427℃）		水，水蒸气
	HCl（10%，35℃）		水银
	H_2SO_4（7%～60%）		$AgNO_3$
	甲醇，甲醇蒸气	铝合金	NaCl 水溶液
	海水		海水
	CCl_4		$CaCl_2+NH_4Cl$ 水溶液
	氟利昂		水银

应力腐蚀破裂的裂纹形貌有穿晶、晶间和混合型三类。铁素体类钢在碱性介质中产生晶间裂纹；奥氏体不锈钢在氯化物介质中产生穿晶裂纹。

5）防止应力腐蚀破裂的方法：

① 进行消除应力的热处理，一般采用在 500～600℃保温 2h 来消除压力容器中的残余应力以达到防止应力腐蚀破裂的目的。

② 表面进行喷丸处理，产生应力腐蚀破裂必须是拉应力，喷丸处理使表面产生压应力是防止应力腐蚀破裂的有效方法。

③ 选用对腐蚀介质没有应力腐蚀破裂的材料，例如在海水中，不锈钢易于产生应力腐蚀破裂，而普通低碳钢则不敏感。因此，海水换热器可以采用低碳钢制造。

④ 利用外电源或牺牲阳极施加阴极保护。

（5）氢腐蚀　在钢材加工、焊接及使用的环境中，都有氢存在。通常扩散到金属内的氢会穿过金属在另一侧结合成氢气溢出。当氢扩散到金属内部并停留在金属内时，常常会对材料的性能造成影响。氢进入不同的材料会有不同的结果。由于氢渗入到金属内部而造成金属性能的恶化称为氢损伤，也称氢破坏。常见的有氢鼓泡、氢脆和氢蚀等。

1）氢鼓泡：当氢进入沸腾钢时，氢原子会在沸腾钢的空穴处结合成并形成氢气，并停留在那里。由于氢原子会不断地进入，不断地结合成氢气聚集在一起，在空穴处产生极大的压力，材料就会产生鼓包和破裂。产生氢鼓包的环境多是含有硫化物、砷化物、氰化物和磷离子的腐蚀介质。

氢鼓泡是氢原子进入到金属的空隙夹层处，并在其中复合成分子氢，结果产生很高压力而使夹层处鼓出来，如图 6-7 所示。

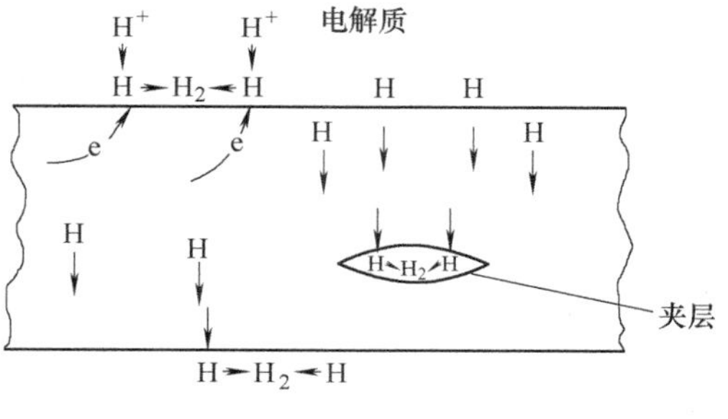

图 6-7　产生氢鼓泡的示意图

高强度钢制作的压力容器，在潮湿的 H_2S 气体、H_2S 水溶液、还原性酸中以及在酸洗和焊接过程中，也都会产生氢脆和氢鼓泡破坏。因此，对压力容器用钢，应尽量消除钢中的各种缺陷，以提高氢脆、氢鼓泡的抗力。

2）氢脆：氢脆是由于氢进入金属内部，在位错和微小间隙处集聚而达到过饱和状态，使位错不能运动阻止滑移的进行，使金属表现出脆性。当氢原子进入具有较高应力的高强度钢内后，会使金属晶格的应变加大，引起材料脆化。

前面讲到的应力腐蚀破裂之所以会破裂，是因为在应力腐蚀破裂的腐蚀过程中伴随有氢脆现象产生。通过适当的热处理可使脆化了的钢材恢复原有的性能。

3）氢蚀：在高温、高压条件下，进入金属的氢与金属内的元素或组分发生化学反应，使金属的性能发生变化。这种变化同样会使材料变脆。有的还会产生小裂纹和空穴。由于氢已经与金属中的元素或组分发生了反应，所以此类氢脆一旦形成，就会对金属产生永久性的损害。

（6）磨损腐蚀　由于腐蚀介质和金属表面之间的相对运动面使腐蚀过程加速的现象称为磨损腐蚀，也称为冲刷腐蚀。

流动的介质对金属表面既腐蚀也磨损，腐蚀速率因磨损的存在而加剧。腐蚀磨损有两种，一种是在腐蚀介质中，两个相互接触金属的表面因摩擦而使腐蚀发生或加剧；另一种是腐蚀介质高速流动使得金属表面发生腐蚀或使腐蚀加剧。压力容器中常见的是后一种。磨损腐蚀产生的原因是，磨损造成金属保护膜局部损坏，在保护膜被破坏处金属的腐蚀加速。磨损腐蚀的形态是金属表面呈现与流向平行的沟槽、波纹等。

这种腐蚀破坏是金属以其离子或腐蚀产物从金属表面脱离，而不是像纯粹的机械磨损那样以固体金属粉末脱落。腐蚀流体既对金属和金属表面的氧化膜或腐蚀产物层产生机械的冲刷破坏作用，又与不断露出的金属新鲜表面发生激烈的电化学腐蚀，故破坏速度很快。磨损腐蚀表面一般呈沟洼状、波纹状，且具有一定的方向性，如图 6-8 所示。

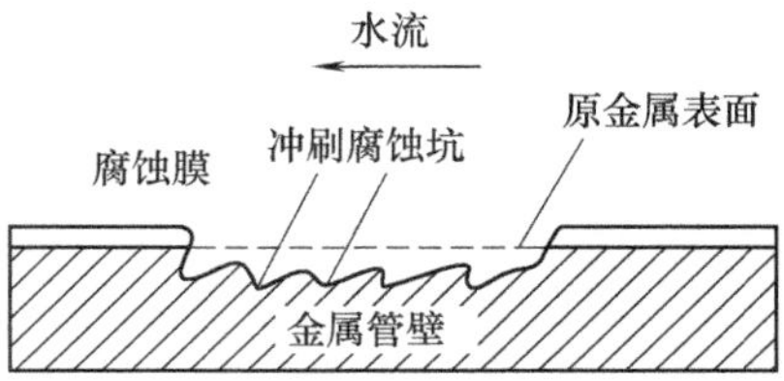

图 6-8　冷凝器管壁的磨损腐蚀

许多类型的腐蚀介质都能引起磨损腐蚀，包括气体、水溶液、液态金属等。例如，热气可以氧化一种金属，然后在高流速下冲走本来可以起保护作用的膜。从磨损腐蚀的观点来看，悬浮在液体中的固体颗粒特别有害。

暴露在运动流体中的设备都会遭受磨损腐蚀，如弯头、肘管、三通、阀、带搅拌的容器、换热器等。

防止磨损腐蚀的方法有：

1）选用耐蚀的金属材料。一般耐蚀性好、硬度又高的金属材料较耐磨损腐蚀。

2）设计压力容器时，要避免液体介质通路断面的急剧变化；避免介质流动方向的急剧改变；避免严重的湍流和涡流。图6-9所示为防止冲刷腐蚀的管接头设计。

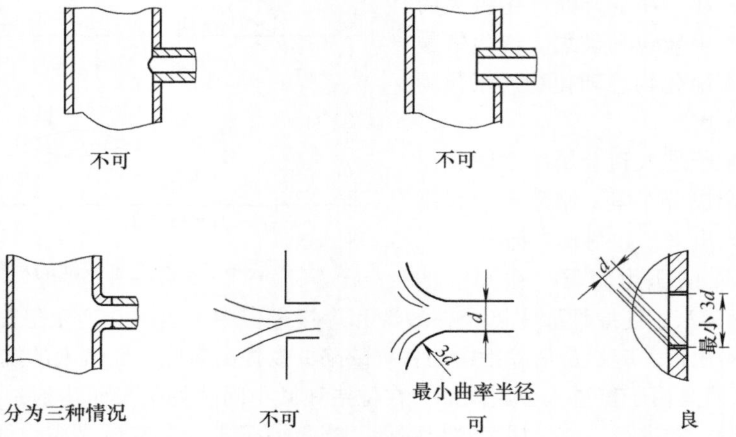

图6-9　防止冲刷腐蚀的管接头设计

3）改变环境。去氧和加缓蚀剂是减轻磨损腐蚀损害的有效方法。澄清和过滤固体颗粒可大为减轻磨损腐蚀。

（7）冲蚀　冲蚀是腐蚀介质高速流动使得金属表面出现磨损腐蚀的一种特例。与磨损腐蚀的区别是冲蚀发生在流体改变流动方向处。冲蚀腐蚀形成的原理与磨损腐蚀相同，其腐蚀的形态与磨损腐蚀相同。

6.2　影响腐蚀的主要因素

影响腐蚀的主要因素有以下几个方面：金属和合金成分、环境因素（介质、介质浓度、温度、杂质等）、应力的影响及介质的流速。

1. 金属和合金成分

某种金属（含有少量杂质的纯金属）对某种介质具有较好的耐蚀性能，对另一种介质的耐蚀性就不好。例如碳钢在大气中的耐蚀性能不是很好，但在浓硫酸中却具有很好的耐蚀性能。

移动式压力容器承压元件的金属材料中有低合金钢和高合金钢。低合金钢就是在钢（铁）中加入少量的其他金属成分，以提高材料在某些方面的性能。如Q345R中是在钢中加入了少量的金属锰以提高力学性能。典型的高合金钢是奥氏体不锈钢，加入适量的铬、镍等合金成分可提高这种合金钢在某些介质环境中的耐蚀性能。

降低金属及合金中的某些杂质成分可提高其耐蚀性。向金属及合金中添加少量的合金成分也可改善其耐蚀性。如降低铜中的氧含量可提高其对醋酸的耐蚀性。在铬－镍不锈钢中加入少量钛可降低晶间腐蚀倾向等。

2. 环境因素

影响腐蚀的主要环境因素有介质、介质浓度、温度、杂质等。

介质对腐蚀的影响是显而易见的。没有介质就不会有腐蚀环境，也就不会有腐蚀。同一种金属或材料，接触不同的介质有的就会发生强烈的腐蚀，有的就几乎不腐蚀。在金属－环境这样的腐蚀系统中，介质对金属的腐蚀性是首先要考虑的因素。

介质浓度对金属腐蚀的影响是多样的。有的金属在某种介质中会因介质的浓度高发生腐蚀而浓度低时不发生腐蚀，有的金属在某种介质中则会因介质的浓度高不发生腐蚀而浓度低时发生腐蚀。有的金属在某种介质中的腐蚀速率会随浓度而升高，而有的金属在某种介质中的腐蚀速率会因随浓度升高反而降低。所以说保持介质浓度在合适的范围之内（腐蚀速率较低的浓度），对保证压力容器的安全十分重要。

温度对腐蚀的影响相对简单。通常腐蚀会随着温度的升高而加剧。由于腐蚀是化学反应和电化学反应的结果，而化学反应和电化学反应的速度会随着温度的升高而加速。但事情不是绝对的，有些金属与介质形成的起保护作用钝化膜会随着温度的增高而改变其性能，在某个较高的温度条件下形成的膜会比较低温度形成的膜具有更好的保护金属的能力。

杂质虽然在金属或介质中含量很少，但往往对腐蚀的影响很大。以氯离子为例，有资料介绍在99%的醋酸中若氯离子浓度为0.0002%时，腐蚀速率为0.001mm/年。同样是99%的醋酸，当氯离子浓度为0.002%时，腐蚀速率为1.8mm/年。常见的有害杂质还有硫及硫化物、氟化物等。

3. 变形及应力、介质的流速影响

压力容器在制造过程中，金属受到冷热加工而变形（冲压、锻造、焊接），产生很大的内应力时，腐蚀过程不仅加速，而且在许多场合下还会产生应力腐蚀破裂。另外，在承压状态下，压力的增加常常使金属的腐蚀速度增大，这是由于参与电化学过程的气体随着压力增大而增大的缘故，特别是在氧去极化的过程中压力对金属腐蚀的影响尤为突出。如在高压锅炉中，系统中只要有很少一点氧，就会引起剧烈腐蚀。

就介质的流速影响对腐蚀而言，溶液流速会加大腐蚀速度，因为溶液流速的增加，加强了物质的扩散和对流，同时也加强了腐蚀产物的去除，或者冲坏保护膜。当流速很高时，就会产生磨损腐蚀。换热器和冷凝器管束进口端受到冲击腐蚀就是流速腐蚀加速的例子。

6.3 腐蚀的控制与预防

压力容器腐蚀是一个十分复杂的问题，影响因素比较多，涉及材料、结构设计、制造、安装、工艺操作等过程。对容器腐蚀的控制和预防主要采用如下方法：选用适当的材料，在压力容器设计、制造过程中采取相应措施、相应防护手段以及精心的操作和维护。

1. 材料的选择

压力容器材料的选用对其使用寿命有重要的影响。然而，合理选材是一项细致的技术工作，必须从多方面进行综合分析加以确定。

选材时应弄清压力容器所处的介质、温度及压力情况。高温时还要考虑材料的热强度和热脆性。工程上金属材料的耐蚀性，通常在年腐蚀率为0.1～0.5mm。此外，特别要注意材料的耐局部腐蚀（如晶间腐蚀、孔蚀、应力腐蚀、缝隙腐蚀、氢损伤等）的性能。

在材料选用时，通常从全面腐蚀和局部腐蚀两方面考虑。

为应对均匀腐蚀，在选材料时通常首先选用耐蚀评级为优良（＜0.05mm/年）的材料。当耐腐蚀评级为优良的材料价格过高或加工困难时，也可选用的耐蚀评级为良好(0.05～0.5mm/年)的材料。为保证均匀腐蚀条件下的容器寿命能达到预期的使用年限，设计人员在确定容器壳体厚度时为均匀腐蚀预留了部分壳体厚度。这部分被预留的壳体厚度称为腐蚀裕量。在GB 150－2011《压力容器》中明确规定：介质为压缩空气、水蒸气或水的碳素钢或低合金钢制容器，腐蚀裕量不小于1mm。由此可以看出压力容器相关的法规和标准对均匀腐蚀的控制和预防给予了足够的关注。

局部腐蚀中的晶间腐蚀、氢鼓泡和氢蚀可以通过选择材料的方法控制和预防腐蚀的发生。

当奥氏体不锈钢处于某一特殊的温度段时，不锈钢晶粒中的碳具有较强的扩散能力。碳扩散并聚集到晶粒的边界，其中一些与晶粒边界的铬形成化合物。碳向晶粒边界的扩散造成晶粒边界的碳含量相对增加，晶粒边界的铬含量相对下降，这种现象被称为贫铬。由于铬含量下降使得贫铬区失去了原有材料的耐蚀性能。介质对贫铬区与碳铬化合物的腐蚀就会发生，并沿着晶粒的边界不断深入，直至将金属穿透。

通过降低奥氏体不锈钢中的碳含量可以将贫铬区与碳铬化合物控制在可以接受的范围内，以达到控制和预防不锈钢的晶间腐蚀效果。如将12Cr18Ni9（1Cr18Ni9）改用022Cr19Ni10（00Cr19Ni10）。两种材料碳的质量分数由原来的0.15%降至0.03%，其他合金元素基本相同。

氢鼓泡的产生与技术中的空穴有直接的关系，在选择材料时避免选用沸腾钢即可有效降低氢鼓泡的发生。现在我国已不再使用沸腾钢制造压力容器。

在可能产生氢蚀的环境中，应选用Cr-Mo钢。铬和钼能够生成稳定的碳化物，避免了碳与氢形成甲烷而造成氢蚀。

2. 容器设计、制造过程中采取的控制与预防腐蚀的措施

（1）设计采取的相应措施　压力容器设计时，除考虑结构强度外，避免不合理的结构引起各种局部腐蚀破坏，对提高压力容器的使用寿命，保证安全运行都是十分重要的。

在进行压力容器设计时，应降低壳体的应力避免应力腐蚀开裂的发生。降低壳体应力分为降低壳体总体（薄膜）应力和降低局部应力两种。降低这两种应力分别采用不同的方法。降低总体应力主要是采用较厚的钢板做壳体。通过增加壳体壁厚来降低壳体的应力水平。降低局部应力的方法主要是避免结构不连续或者是把结构不连续造成的引力集中降到最低。例如接管与筒体的焊接焊缝及接管内壁与壳体内壁的相交处打磨成规定要求的圆角，矩形补强板的直角改成圆角等。

在压力容器设计时采用适当结构降低介质的流速，可有效地预防和减缓磨损腐蚀。设置防冲挡板、加大弯头的半径等可以避免和降低冲蚀。

设计时，对于易产生间隙腐蚀的材料－环境系统的容器应避免结构中出现间隙，如图6-10所示。

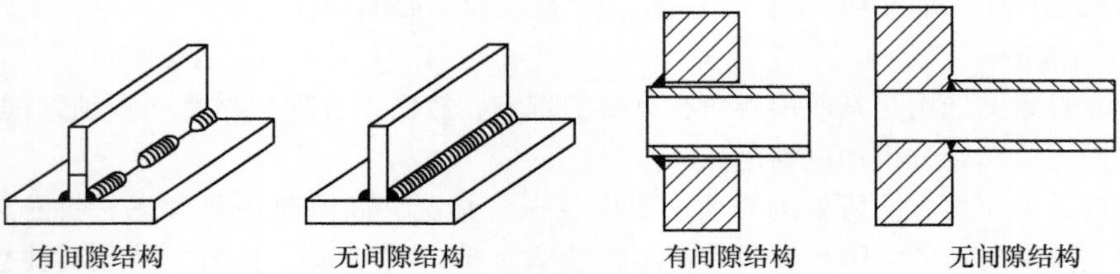

图6-10　避免结构中出现间隙

容器设计时要加强吊耳、支柱、人孔等处的保温措施，防止冷凝液腐蚀，要避免由于死角而引起积聚沉淀物的腐蚀；容器底部出口设计要考虑将液体排净，以防止残留液的腐蚀。

（2）制造过程中采用的相应措施　在制造过程中，针对不同的情况采取不同的措施以达到控制和预防腐蚀的目的。

1）加工工艺。容器的腐蚀和制造安装工艺有很大关系。因此，必须严格各种加工工艺操作。

冷加工引起的残余应力是产生应力腐蚀破裂的重要原因。对奥氏体不锈钢制压力容器的应力腐蚀破裂事故的调查结果（见表6-2）表明，由于冷加工残余应力造成的事故占首位。

表6-2　应力腐蚀破裂事故调查结果的应力类别

应力的种类	件　数	比　率（%）
冷加工残余应力	55	48.7
焊接残余应力	35	31.0
操作时的热应力	17	15.0
操作时的作用应力	4	3.5
设备安装时的残余应力	2	1.8
合　　计	113	100.0

在压力容器制造过程中，应采用热加工成型代替冷加工成型；必须采用冷加工成型时，则应在冷加工后进行消除应力的热处理以及用低温应力松弛和喷丸处理等。整台设备制造完毕，应进行整体消除应力的热处理。如条件限制、出厂前只能进行分部热处理时，则在现场安装时，应对最后组装焊缝进行有效的现场局部热处理。

2）焊接。为了防止不锈钢压力容器焊缝的晶间腐蚀，应采用小范围焊接，使输入热量尽量少，尽量缩短焊接热循环。目前发展起来的电子束焊接新技术是一种在真空中焊接的新方法，特别适宜不锈钢焊接；另外，焊接后最好能采用固溶热处理。对于选用含稳定元素的奥氏体不锈钢（1Crl8Ni9Ti 等）应在860～900℃，保持2～4h进行稳定化处理。

对高强度不锈钢和低合金高强度钢，焊接时应采用低氢焊条，焊条使用前要预热。焊接过程中，周围环境应保持清洁干燥，因为水和水蒸气将导致焊缝产生氢脆。

3）热处理要求。通过采用不同的热处理工艺可以有效地预防和控制不同的腐蚀发生。采用焊后热处理可以消除高强钢的氢脆现象。采用整体热处理可以降低因成型、组装、焊接等原因造成的应力，预防应力腐蚀开裂的发生。对易产生晶间腐蚀的不锈钢进行固溶化处理，可以消除因材料而产生晶间腐蚀的条件，也就预防了腐蚀的发生。

4）制造不锈钢设备表面质量及其处理要求。在制造不锈钢容器时，避免造成不锈钢表面被划伤，避免铁锈、焊渣、飞溅物等污染不锈钢表面。当不锈钢表面质量被破坏时，钝化膜就会被破坏，不锈钢的耐蚀性就会降低，还会引起点蚀、晶间腐蚀，甚至会导致应力腐蚀开裂。

容器制造好后，还要进行相应的处理以提高设备的耐蚀能力。对不锈钢制的容器与介质接触的表面要进行酸洗钝化。通过酸洗钝化除去不锈钢表面的污染物，形成致密的钝化膜使不锈钢具有更强的耐蚀力。碳钢制成的容器也要对容器的外表面进行除锈刷漆，减少大气环境对容器的腐蚀。

5）试压介质要求。不锈钢制压力容器试压时，要严格控制试压水中的氯离子含量，以防止孔蚀和应力腐蚀。在安装时加强防振设施，以防交变应力引起的腐蚀疲劳。

3. 采取相应防护手段

控制和预防腐蚀采取的相应手段主要有涂料、钝化、阴极保护、金属镀层及非金属衬里等手段。

（1）涂料防腐　是指用一种覆盖在金属上的膜将金属与介质隔开，控制、减缓腐蚀的发生。由于涂料干后会有微孔，不能完全把介质与金属完全隔开，所以涂料通常用于腐蚀不太强烈的场合。

(2) 钝化　是针对设备将要面临的环境，采用某种技术，使金属与介质接触的表面形成一层密实的膜，这种膜也称钝化膜。生成这种膜的过程称为钝化。钝化膜可以使得腐蚀变得很慢。应当注意的是，钝化膜很薄，一旦钝化膜被破坏，腐蚀就会按照原有的金属－环境体系进行。在这个条件下会有两种情况，一种情况是金属－环境体系会使金属生成新的钝化膜，腐蚀又会被变慢；另一种是金属－环境体系不能使金属生成新的钝化膜，腐蚀又会按照没有钝化膜的速度进行。当金属－环境体系属后一种时，对钝化膜的保护应格外当心。

(3) 阴极保护　金属在酸性电解质溶液中是由于产生了下列的氧化还原反应而引起腐蚀的：

阳极上　　$M \rightarrow M^{+n} + ne$

阴极上　　$2H^{+} + 2e \rightarrow H_2$

只有当阴极上的氢离子取走阳极上的电子时，金属的腐蚀才能进行。如果能使金属的电位处于阴极的电位范围，不让其失去电子，而是将电子提供给被保护的金属，就取得了阴极保护的效果，可以防止设备的腐蚀。

所以阴极保护是通过导入电流，让被保护的金属形成阴极。当导入的电流流向阳极的部分与腐蚀电流相等且方向相反时，腐蚀就会停下来，达到保护被保护金属的目的。当被保护的金属与一块比它电位低的金属相连时，也会使被保护的金属成为相对于低电位金属的阴极。在这种特殊的金属－环境体系中，腐蚀会从被保护金属转移到较低电位的金属上。这种让较低电位的金属被腐蚀来保护要保护的金属的方法称为牺牲阳极。因为，此种方法也是让被保护的金属变成阴极，所以也属阴极保护范畴。

常用的阴极保护有两种方法：

1) 外加电流法。这种方法就是采用一台直流电源，把要保护的设备接在直流电源的负极上；电源的正极和一个辅助电极相连（见图6-11）。电路接通后，电源便施给金属设备以阴极电流，设备的电位将向负的方向移动，即阴极极化。这就是外加电流法的阴极保护。

2) 牺牲阳极法。这种方法的原理同上。所不同的就是采用一个电位比要保护的金属电位更低的材料作为阳极，让它腐蚀，从而保护了设备。例如镁对钢而言是阳极。当它同钢偶接时就优先腐蚀，使钢成为阴极而被保护。镁就称为牺牲阳极，将不断被消耗。牺牲阳极法常被用来保护地下管道，如图6-12所示。镁阳极沿着管路分布以保证均匀的电流分布；它定期更换，使管道获得必须的保护电流。

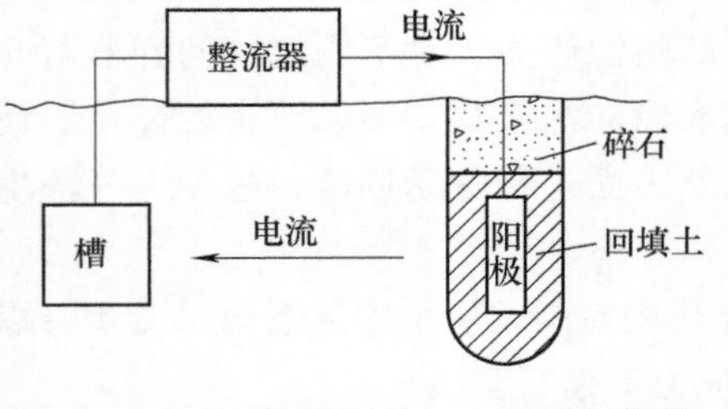

图6-11　地下储槽用外加电流阴极保护

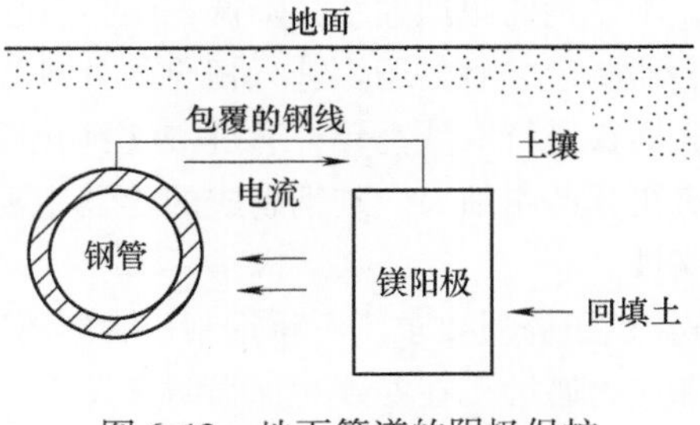

图6-12　地下管道的阴极保护

(4) 金属镀层和非金属衬里防腐　其实质都是把原来的金属－环境体系转换为另一种金属－环境体系或非金属－环境体系。将原来既承受载荷又需具备耐蚀性能的金属分解为仅承受载荷的金属和仅具备耐蚀的金属与非金属两部分。作为涂层的金属通常是一些价格昂贵或力学性能不能满足要求的有色金属或合金。作为衬里的非金属通常力学性能也不能满足要求。作为镀层的金属和衬里的非金属通常都有较好的耐蚀性，可以保证腐蚀在镀层和衬里上会被有效的预防和控制。

4. 操作和维护对腐蚀的控制和防护

人们往往忽略了操作、维护对避免或控制容器腐蚀的重要作用。正确操作和精心维护可以有效地避免和减缓容器的腐蚀。

（1）操作对腐蚀的控制和防护　容器使用过程中形成的金属－环境腐蚀体系是通过操作建立和改变的。操作对控制和预防移动式压力容器腐蚀的常见影响如下：

1）操作造成局部应力，在应力腐蚀介质条件下可引发应力腐蚀开裂。温度变化会造成局部应力：由于充装（或卸载）可能对容器会造成容器内介质温度的变化。移动容器在运输过程中会因环境变化而造成容器的温度变化。当温度变化时容器的壳体由于厚度、位置等原因会造成壁温变化不均匀。容器因温度变化而产生的变形也需要有协调的时间。所以温度变化会产生局部应力。温度变化产生的局部应力与温度变化剧烈程度形成正相关关系。

压力变化也会造成局部应力：压力变化时，容器的变形需要自身平衡并且还需要与系统中的其他设备和管线相协调，所以也会产生局部应力。

当局部应力与原有的总体应力叠加就有可能使得应力水平达到产生应力腐蚀的条件，当环境介质为产生应力腐蚀的某种介质时应力腐蚀就有可能发生。

2）每次充装会造成腐蚀环境变化。每次充装的介质都会有质量方面的波动，可能造成腐蚀环境的成分和浓度产生变化，有时还会伴随有温度和杂质的影响。

3）维持对压力容器腐蚀的预防和控制的作用通常在三种维护中实现，即使用中的维护、停用中的维护和检修中的维护。

在容器的使用中按要求及时将容器内的残液、残气从容器中排出，可以有效地预防和控制腐蚀的发生。有些容器在使用中会聚集残液或残气，有些残液、残气内含有腐蚀介质。随着残液、残气的聚集和浓缩，腐蚀介质的浓度就会不断地提高，其腐蚀性也会不断提高，及时将残液、残气排除就可以避免由此产生的腐蚀。

很多容器和停用的容器会有保护涂层。当保护涂层出现局部损坏时，介质或水就会对容器的碳钢部分产生腐蚀，腐蚀还会沿着被破坏的边缘不断扩大，及时发现保护涂层的破损并及时修复，可以避免此类腐蚀的发生。

（2）维护管理对腐蚀的控制和防护　为保证压力容器长周期安全运行，应严格执行有关规程和规章，要根据设备检修规定，切实做好定期检查取样。对在用压力容器中允许存在的缺陷必须进行复查，及时掌握其在运行中缺陷的发展和腐蚀情况，以便分析原因，采取适当的补救措施，防止设备继续腐蚀。

若容器内长期存放某种介质而不更换，也有可能造成腐蚀。在一些情况下，原来流动或相对流动的介质就变成静止的介质。原来流动或相对流动的介质中含有阻止腐蚀发生的成分（如形成钝化膜的氧），可以有效地阻止腐蚀发生。当静止介质中阻止腐蚀的成分被消耗尽时，腐蚀就会发生。所以及时将停用的盛装腐蚀性介质容器中的介质导出以及避免用移动式压力容器长期储存原料是十分必要的。

介质被导出后容器内仍然会后一些残留，残留的介质除了会因为不流动而引发腐蚀外，还会因种种原因造成浓度改变，对容器造成腐蚀。及时清洗盛装腐蚀性介质的压力容器可以预防此类腐蚀的发生。应当指出的是，清洗容器应当根据具体情况采用不同的清洗液或方式。

在容器的检修过程中，若措施不当也可能为容器腐蚀创造条件或直接对设备造成腐蚀。如在检修中由于防护措施不当就有可能对防腐层造成破坏。在检修不锈钢容器时破坏了钝化膜将降低不锈钢的耐蚀能力。试压是压力容器检修常用的手段，若试压用水中的氯离子含量较高且试压后容器又不马上使用，就应当将容器内的水擦干净。否则，氯离子就有可能对容器造成腐蚀。

6.4 移动式压力容器常见非金属材料的腐蚀及防护

非金属材料的腐蚀多为化学腐蚀和物理作用，其主要原因是绝大多数非金属材料不导电，不会产生电化学腐蚀。与金属很少发生内部腐蚀相反，非金属腐蚀内部腐蚀很常见。非金属材料与介质接触会产生溶胀、溶解、变色或者增重。增重的原因是介质侵入材料内部形成侵（浸）润。

非金属材料被介质腐蚀的结果是材料的力学性能和物理性能的改变。

非金属材料可分为有机和无机两大类。移动式压力容器上使用的非金属材料大多是装卸软管和密封元件。材质多为有各种橡胶、聚四氟乙烯等高分子有机物。

橡胶有天然橡胶和合成橡胶。合成橡胶种类繁多，性能各异。每种橡胶有自己的耐蚀特性，使用时应当格外小心，切不可乱用，以免因其不具备足够的耐蚀性能而造成事故。

聚四氟乙烯材料具有良好的耐蚀性能。其使用温度范围为 -200 ~ 260℃。但不能用在三氟化氯、高速流动的液氟和高温三氟化氧等介质中。

复习思考题

一、判断题

1. 金属在电解质作用下所发生的腐蚀称为化学腐蚀。（×）
2. 金属被腐蚀后其厚度会发生变化。（×）
3. 通常人们用腐蚀速率来描述特定环境下某种金属均匀腐蚀的快慢。（√）
4. 金属腐蚀的形态有两大类，一类是均匀腐蚀，另一类是局部腐蚀。（√）
5. 腐蚀性介质的浓度越高对金属的腐蚀就一定会越强烈。（×）
6. 介质中的杂质对金属的耐蚀性无影响。（×）
7. 材料被腐蚀后质量一定会减少。（×）
8. 材料的耐蚀性能不但与材料本身的化学成分有关，还与加工过程有关。（√）
9. 合理的结构设计可以避免某些腐蚀的发生。（√）
10. 制造容器所用的材料往往不是对容器所装介质具有最好耐蚀性能的材料。（√）

二、选择题

1. 下述各种腐蚀现象不属于局部腐蚀的是（　　）。（C）

A. 在金属表面出现大量的小黑点　　B. 可拆卸内件螺栓紧固等处出现蚀沟
C. 碳钢板表面产生疏松氧化铁

2. 下述哪项不是造成应力腐蚀的因素？（　　）（C）

A. 在构件受拉应力　　B. 奥氏体不锈钢与氯离子组成的材料 - 环境体系
C. 在构件受压应力　　D. 碳钢与硫化氢水溶液组成的材料 - 环境体系

3. 哪一种是常用的腐蚀速率单位？（　　）（A）

A. g/m^2h　　B. g/m^2　　C. g/h　　D. $m^2 \cdot h/g$

4. 不属于影响腐蚀要环境因素是（　　）。（D）

A. 介质　　B. 介质浓度　　C. 温度　　D. 金属和合金成分杂质

5. 制造压力容器选材时，通常从（　　）方面来考虑材料的耐蚀性。（C）

A. 全面腐蚀　　B. 局部腐蚀　　C. 全面腐蚀和局部腐蚀两个　　D. 造价与工期两个

6. 确定压力容器壁厚附加量中腐蚀余量最直接的材料耐腐蚀参数是（　　）。　　（A）

A. mm/Y　　B. mm/g　　C. g/mm　　D. $m^2 \cdot h/g$

三、简答题

1. 何为应力腐蚀？应力腐蚀产生的条件？

答：金属在腐蚀环境和拉应力作用下发生破裂。在破裂产生时，金属材料的应力大大低于正常情况下材料断裂的应力。

应力腐蚀只发生在特定的材料－环境组成的体系中。在压力容器常见的材料－环境体系中主要有奥氏体不锈钢与 Cl^-、高温碱液、高温高压含氧纯水；碳钢与 NO_3^-、NaOH 溶液，含有硝酸根、碳酸根、硫化氢及其水溶液。

2. 什么是晶间腐蚀？哪种较常用来制造容器材料可能发生晶间腐蚀？

答：晶间腐蚀通常发生在金属晶粒的外表面。介质对金属晶粒外表面的腐蚀可以贯穿金属的全厚度。此种腐蚀发生时金属的厚度往往不会发生变化。由于金属晶粒边界被腐蚀物充斥，金属的力学性能会下降，当晶间腐蚀发生在压力容器的受压元件上时，极有可能造成重大事故。

较常用来制造容器的材料中可能发生晶间腐蚀的是铬镍奥氏体不锈钢。

3. 防止应力腐蚀破裂的方法有哪些？

答：（1）进行消除应力的热处理。

（2）表面进行喷丸处理。

（3）选用对腐蚀介质没有应力腐蚀破裂的材料。

（4）利用外电源或牺牲阳极施加阴极保护。

第 7 章

移动式压力容器的使用与管理

本章知识要点

本章介绍移动式压力容器的安全技术档案、使用及变更登记、安全使用管理等方面的管理要求。

7.1 移动式压力容器的安全技术档案

《特种设备安全监察条例》中规定，特种设备使用单位应当建立特种设备安全技术档案，《移动式压力容器安全技术监察规程》中也有要求。因为通过特种设备安全技术档案可以使移动式压力容器的管理部门和操作人员全面掌握设备的技术状况，了解其运行规律。完整的安全技术档案是正确、合理使用移动式压力容器的主要依据，是移动式压力容器安全使用的基本条件。下面介绍安全技术档案中的技术资料、使用情况记录资料、安全装置日常维护记录的内容和要求。

1. 移动式压力容器的技术资料

移动式压力容器的使用单位，应当逐台建立移动式压力容器技术档案并且由其管理部门统一保管。技术档案应当包括：

1）《移动式压力容器使用登记证》及电子记录卡。

2）移动式压力容器登记卡。

3）移动式压力容器的设计文件。

移动式压力容器的设计文件，包括设计图样、制造技术条件、强度计算书或者应力分析报告、风险评估报告，必要时还应包括设计或安装、使用说明书。

① 移动式压力容器的设计单位，应向移动式压力容器的使用单位或移动式压力容器制造单位提供设计说明书、设计图样和制造技术条件。

② 用户需要时，移动式压力容器设计或制造单位还应向移动式压力容器的使用单位提供安装、使用说明书。

③ 移动式压力容器设计单位应向使用单位提供风险评估报告及强度计算书或者应力分析报告。

④ 按 JB/T 4732—1995（2005）《钢制压力容器 – 分析设计标准》设计时，设计单位应向使用单位提供应力分析报告。

强度计算书的内容，至少应包括设计条件、所用规范和标准、材料、腐蚀裕量、计算厚度、名义厚度、计算应力等。

装设安全阀、爆破片装置的移动式压力容器，设计单位应向使用单位提供移动式压力容器安全泄放量、安全阀排量和爆破片泄放面积的计算书。无法计算时，应征求使用单位的意见，协商选用安全泄放装置。

在工艺参数、所用材料、制造技术、热处理、检验等方面有特殊要求的，应在设计合同中注明。

4）移动式压力容器的制造文件和资料。移动式压力容器出厂时，制造单位应向用户至少提供以下技术文件和资料：

① 竣工图样。竣工图样上应有设计单位资格印章（复印印章无效）。若制造中发生了材料代用、无损检测方法改变、加工尺寸变更等，制造单位应按照设计修改通知单的要求在竣工图样上直接标注。标注处应有修改人的签字及修改日期。竣工图样上应加盖竣工图章，竣工图章上应有制造单位名称、制造许可证编号和“竣工图”字样。

② 移动式压力容器产品合格证、产品质量证明文件及产品铭牌的拓印件或者复印件。

③ 特种设备制造监督检验证书。

④ 产品使用说明书（含安全附件使用说明书）、随车工具及安全附件清单、底盘使用说明书等。

⑤ 移动式压力容器的设计文件。

移动式压力容器受压元件（封头、锻件）等的制造单位，应按照受压元件产品质量证明书的有关内容，分别向移动式压力容器制造单位和移动式压力容器用户提供受压元件的质量证明书。

5）移动式压力容器定期检验报告，以及有关检验的技术文件和资料。

6）移动式压力容器维修和技术改造的方案、图样、材料质量证明书、施工质量检验技术文件和资料。

7）移动式压力容器的定期自行检查和日常维护保养记录。

8）安全附件、承压附件（如果有）的校验、修理和更换记录。

9）有关事故的记录资料和处理报告。

2. 使用情况记录资料

移动式压力容器使用后，应按时记录使用情况并存入容器安全技术档案，使用情况记录包括定期自行检查的记录、日常使用状况记录、移动式压力容器运行故障和事故记录。

（1）定期自行检查的记录　主要记录定期检查及检验中发现的缺陷及缺陷消除情况或修理日期、内容和检验结论。移动式压力容器耐压试验及试验评定结论，移动式压力容器受压元件的修理或更换情况。

1）罐体涂层及漆色是否完好，有无脱落等。

2）罐体保温层、真空绝热层的保温性能是否完好。

3）罐体外部的标志标识是否清晰。

4）紧急切断阀以及相关的操作阀门是否置于闭止状态。

5）安全附件的性能是否完好。

6）承压附件（阀门、装卸软管等）的性能是否完好。

7）紧固件的连接是否牢固可靠、是否有松动现象。

8）罐体内压力、温度是否异常及有无明显的波动。

9）罐体各密封面有无泄漏。

10）随车配备的应急处理器材、防护用品及专用工具、备品备件是否齐全，是否完好有效。

11）罐体与底盘（底架或框架）的连接紧固装置是否完好、牢固。

12）定期自行检查，主要记录年度检查和至少每月进行一次的自行检查情况。

（2）日常使用状况记录　主要记录移动式压力容器开始使用日期、每次充装和卸载时间、实际操作压力、操作温度及其波动范围和次数等。操作条件变更时，应记录变更日期及变更后的实际操作条件。

（3）移动式压力容器运行故障和事故记录　主要记录移动式压力容器营运中出现的故障及事故情况，如事故发生时间、当时状况、人员伤亡和损失情况、事故性质、事故原因、处理结果、整改情况、今后预防的措施等。

3. 安全装置日常维护记录

安全装置、装卸装置包括：安全阀、爆破片、紧急切断装置、液位测量装置、压力表、温度测量装置、阻火器、导静电装置、装卸阀门、装卸软管、快速装卸接头等。

1）安全装置、装卸装置等技术说明书。说明书应包含名称、型式、规格、结构图、使用方法、注意事项、技术条件及适用范围等内容。技术资料应由安全附件或安全保护装置的制造单位提供。

2）安全装置、装卸装置检验或更换记录。内容应包括日常进行维护的情况、校验的日期及结果、下次校验日期、更换日期及更换原因等。记录应由安全附件或安全保护装置的日常维护保养、校验、更换负责人员如实填写。

7.2　移动式压力容器的使用、变更登记

国务院颁布的《特种设备安全监察条例》和国家质检总局颁发的《锅炉压力容器使用登记管理办法》中规定，移动式压力容器（汽车罐车、铁路罐车、罐式集装箱、长管拖车）在投入使用前，应逐台向省级安全监察部门申报和办理使用登记手续。移动式压力容器经使用登记后，颁发使用登记证，使用登记证应固定在移动式压力容器本体上（无法固定的除外），并在明显部位喷涂使用登记证号码，未办理注册或未在规定期限内领取使用登记证的移动式压力容器不准使用。在移动式压力容器状况发生变更或过户时也应按规定办理使用登记手续。在移动式压力容器报废时，使用单位应将《移动式压力容器使用登记证》交回发证机构，办理注销手续。同时，发证的安全监察部门应督促使用单位对报废的移动式压力容器进行解体或其他处理，严禁再做承压容器使用。

使用单位在移动式压力容器的安全管理中，应明确规定某一部门和人员按上述要求负责办理移动式压力容器的使用登记工作。

1. 使用单位的责任

1）移动式压力容器的使用单位是保证移动式压力容器安全运行的责任主体，必须对移动式压力容器的安全使用负责，严格执行有关规程和国家有关法律、法规和规章的规定，保证移动式压力容器的安全使用。

2）使用单位应当配备具有移动式压力容器专业知识，熟悉国家相关法律、法规、安全技术规范和标准的工程技术人员作为安全管理人员，负责移动式压力容器的安全管理工作。

3）移动式压力容器的使用单位应当取得国家有关主管部门规定的危险化学品运输资质，并接受相关管理部门依法实施的监督检查。

2. 使用单位的安全管理要求

1）贯彻执行相关规程和移动式压力容器有关的安全技术规范。

2）建立健全移动式压力容器安全管理制度，制定移动式压力容器安全操作规程。

3）办理移动式压力容器使用登记，建立移动式压力容器技术档案。

4）负责移动式压力容器的采购、使用、充装、改造、维修、报废等全过程管理。

5）组织开展移动式压力容器安全检查，至少每月进行一次自行检查，并且做出记录。

6）编制移动式压力容器的定期检验计划，督促安排落实移动式压力容器定期检验和事故隐患的整治。

7）向主管部门和登记地的质量技术监督部门报送当年移动式压力容器数量和变更情况的统计报表，移动式压力容器定期检验计划的实施情况，存在的主要问题及处理情况等。

8）按规定报告移动式压力容器事故，组织、参加移动式压力容器事故的救援、协助调查和善后处理。

9）组织开展移动式压力容器作业人员的教育培训。

10）制定事故救援预案并且组织演练。

3. 使用注册登记的事宜

（1）使用注册登记　移动式压力容器的使用单位，在移动式压力容器投入使用前，应当按要求到直辖市或者省级质量技术监督部门（以下统称使用登记机关）逐台办理《移动式压力容器使用登记证》及电子记录卡，登记标志的放置位置应当符合有关规定；移动式压力容器长期停用或者过户的，使用单位应当向使用登记机关申请变更登记；移动式压力容器报废时，使用单位应当向使用登记机关办理注销手续，并将《移动式压力容器使用登记证》及电子记录卡交回使用登记机关。

具体要求如下：

1）使用告知要求：移动式压力容器的使用单位在投入使用前，应向特种设备安全监察部门办理使用登记。移动式压力容器（铁路罐车、汽车罐车、长管拖车、罐式集装箱、管束式集装箱），应逐台向省级安全监察部门申报和办理使用登记手续。

2）使用单位提交的有关文件：

① 对新投入使用的移动式压力容器应提供：

a. 产品合格证。

b. 产品质量证明书。

c. 产品竣工图。

d. 产品制造监督检验单位颁发的产品制造安全质量监督检验证书。

e. 对进口移动式压力容器应有特种设备安全监察机构审核盖章的《进口移动式压力容器安全性能监督检验报告》。

f. 移动式压力容器使用安全管理的有关规章制度。

g.《移动式压力容器登记卡》一式两份（填写好，并盖使用单位公章）。

② 对在用的移动式压力容器应提供：

a. 在用移动式压力容器检验报告及档案资料。

b. 安全附件检验报告。

c. 移动式压力容器使用安全管理的有关规章制度。

d.《移动式压力容器登记卡》一式两份（填写好，并盖使用单位公章）。

3）登记机关审核、注册备案。使用单位申请办理使用登记时，应向登记机关提交有关的文件，并逐台填写《移动式压力容器登记卡》一式两份，交予登记机关。

① 能够当场审核的，应当场审核。登记文件符合《移动式压力容器使用登记管理办法》的当场办理使用登记证；不符合规定的，应当出具不予受理通知书，并书面说明理由。

② 当场不能审核的登记机关应当向使用单位出具登记文件受理凭证。使用单位按照通知时间，凭登记文件受理凭证领取使用登记证或不予受理通知书。

特种设备使用登记表

使用单位：（公章）

注册登记机构				注册登记日期	
设备注册代码				更新日期	
使用登记证编号		单位内部编号		注册登记人员	
使用单位				组织机构代码	
使用单位地址				邮政编码	
安全管理部门		安全管理人员		联系电话	
产权单位				产权单位代码	
产权单位地址				邮政编码	
装卸记录	□有　□无	规章制度	□有　□无	联系电话	
容器名称		容器类别		容器分类	
设计单位				组织机构代码	
制造单位				组织机构代码	
制造国		制造日期		出厂编号	
产品监检单位				组织机构代码	
结构型式	□单车　□半挂	装卸方式		罐车牌号	
设计压力		设计温度		充装介质	
最高工作压力		最高工作温度		容器容积/m^3	
罐体外形尺寸（内径×壁厚×长度）/mm				保温方式	
筒体材料		筒体壁厚/mm	封头材料		封头壁厚/mm
允许最大充装量		充装系数		启用日期	
真空度		静态漏率		蒸发率	

安全附件及有关装置

名　称	型　号	规　格	数　量	制 造 单 位	
安全阀					
爆破片					
压力表					
温度计					
液面计					
紧急切断阀					
导静电装置					

定期检验记录

检验单位				检验单位代码	
检验日期		检验类别		安全状况等级	
检验报告编号		检验人员		下次检验日期	

主要问题记载（事故、修理保养、安全附件更换、介质变更等）：

③ 登记机关按照申请登记的不同数量及不同的时限要求内完成审核发证工作，或者书面说明不予登记理由。

④ 登记机关办理使用登记证，应当按照《移动式压力容器注册代码和使用登记证号码编制规定》，编写注册代码和使用登记证号码，核发记录出厂信息和使用登记信息的“移动式压力容器 IC 卡”。

⑤ 登记机关向使用单位发证时应当退还提交的文件和一份填写的登记卡。使用单位应当建立安全技术档案，将使用登记证、登记文件妥善保管。

（2）使用变更登记。

1）使用变更申请。移动式压力容器安全状况发生变化、长期停用、移装或者过户的，使用单位应当按《锅炉压力容器使用登记管理办法》的规定向登记机关申请变更登记。

2）移动式压力容器的改造、维修要求。移动式压力容器的使用单位不得擅自变更罐体使用条件，如果要变更，要符合以下要求：

① 改造、维修告知要求。移动式压力容器改造、维修的施工单位应当在施工前将拟进行的改造、维修情况书面告知直辖市或市的特种设备安全监督部门，告知后即可施工。

② 改变移动式压力容器罐体使用条件（包括介质、温度、压力等）的应当符合以下规定：

a）超出原设计参数要求的，应当经原设计单位或者具有相应资格的设计单位同意，并且出具设计修改通知书或者设计图样。

b）由于变更罐体使用条件，需要对罐体结构进行相应改造，以及变更安全附件的，应当满足《移动容规》第 7 章的相关安全要求，按照相应移动式压力容器产品技术标准的规定，重新喷涂罐体的环形色带及相关标志标识。

c）改造完工后的移动式压力容器，应当由具备相应检验资格的检验机构进行全面检验。检验合格后，由检验机构按设计修改通知书或者设计图样的规定重新核定充装介质的最大允许充装质量，并对罐体内部进行置换处理。

d）使用单位将变更罐体使用条件后的移动式压力容器资料，报登记地的使用登记机关备案，并且办理使用登记变更手续。

7.3　移动式压力容器的安全使用管理

1. 使用单位安全使用管理工作

使用单位使用的移动式压力容器是生产过程或经营活动中必要的生产设备，如发生事故不仅影响其单位的正常生产经营，而且由于移动式压力容器事故的危害性极大，常造成人员伤亡和财产损失，因此，加强移动式压力容器使用环节的安全技术管理，预防和减少事故，可使用户保持正常的生产，也可预防使用单位可能出现的经济损失。

为了加强移动式压力容器的安全，防止和减少事故，保障人民群众生命和财产安全，促进经济发展，国家制定了有关安全生产的法律、行政法规。使用单位应制定移动式压力容器的管理和操作责任制、管理制度和安全操作规程，认真落实移动式压力容器的安全使用管理工作。

2. 移动式压力容器的管理制度

（1）移动式压力容器管理责任制　移动式压力容器使用单位除由主要技术负责人（总经理或总工程师）对容器的安全技术管理负责外，还应根据本单位所使用移动式压力容器的具体情况，设置安全管理机构，配置专职或兼职的工程技术人员作为安全管理人员，负责移动式压力容器的安全技术管理工作。移动式压力容器的安全管理人员应在技术总负责人的领导下认真履行下列职责：

1）具体负责移动式压力容器的安全技术管理工作，贯彻执行国家有关移动式压力容器的管理规程和安全技术规范。

2）建立健全移动式压力容器的安全管理制度和安全操作规程。

3）办理移动式压力容器使用登记，建立移动式压力容器技术档案。

4）负责移动式压力容器的设计、采购、安装、使用、改造、维修、报废等全过程管理。

5）组织开展移动式压力容器安全检查，至少每月进行一次自行检查，并做出记录。

6）实施年度检查并且出具检查报告。

7）编制移动式压力容器的年度定期检验计划，督促安排落实特种设备定期检验和事故隐患的整治。

8）向主管部门和当地质量技术监督部门报送当年移动式压力容器数量和变更情况的统计报表，移动式压力容器定期检验计划的落实情况，存在的主要问题及处理情况等。

9）按照规定报告移动式压力容器事故，组织、参加移动式压力容器事故的救援、协助调查和善后处理。

10）组织开展移动式压力容器作业人员的教育培训。

11）制定事故救援预案并且组织演练。

（2）移动式压力容器作业操作责任制　每台移动式压力容器都应有专职的作业操作人员。移动式压力容器专职作业操作人员应具有保证移动式压力容器安全运行所必需的知识和技能，并经过技术考核合格，取得特种设备安全监察部门颁发的移动式压力容器作业人员证。移动式压力容器使用单位应当对移动式压力容器作业人员定期进行安全教育与专业培训并且做好记录，保证作业人员了解所运载介质的性质、危害特性和罐体的使用特性，具备必要的压力容器安全作业知识、作业技能，及时进行知识更新，确保作业人员掌握操作规程及事故应急措施，按章作业。

对于从事移动式压力容器运输押运的作业人员，需取得国家有关管理部门规定的资格证书。

移动式压力容器作业操作人员应履行以下职责：

1）按照安全操作规程的规定，正确操作和使用移动式压力容器。

2）认真填写装卸操作记录、营运记录。

3）做好移动式压力容器的维护保养工作（包括停用期间对容器的维护），使移动式压力容器经常保持良好的技术状态。

4）经常对移动式压力容器的运行情况进行检查，发现操作条件不正常时及时进行调整，遇紧急情况应按规定采取紧急处理措施并及时向上级报告。

5）对任何不利于移动式压力容器安全运行的违章指挥，应拒绝执行。

6）努力学习业务知识，不断提高操作技能。

本书第8章8.2，针对不同类别的移动式压力容器，分别对作业操作人员应履行的职责提出了相应的要求，请参照阅读。

（3）管理规章制度　移动式压力容器管理规章制度一般应包括以下几项内容：

1）移动式压力容器使用登记制度。

2）移动式压力容器的年度检查和定期检验制度。

3）移动式压力容器修理、改造、检验、报废的技术审查和报批制度。

4）移动式压力容器改装、移装的竣工验收制度和停用保养制度。

5）移动式压力容器安全附件或安全保护装置的日常维护保养、校验、更换制度。

6）移动式压力容器的统计上报和技术档案的管理制度。

7）移动式压力容器操作、检修、焊接及管理人员的安全教育、安全技术培训和考核制度。

8）移动式压力容器应急救援预案。

9）移动式压力容器事故报告和事故调查处理制度。

10）接受特种设备安全监察部门监督检查的规定。

（4）安全操作规程　为了保证移动式压力容器的正确使用，防止因盲目操作而发生事故，移动式压力容器的使用单位应根据生产工艺要求和容器的技术性能制定移动式压力容器安全操作规程。安全操作规程至少应包括以下内容：

1）移动式压力容器的操作工艺参数控制指标，包括工作压力、工作温度范围、介质成分（特别是有腐蚀性、有毒、易爆介质）的控制值以及最大允许充装量等的要求。

2）移动式压力容器的岗位操作方法，包括车辆停放、装卸的操作程序和注意事项。

3）移动式压力容器运行中重点检查的项目和部位，包括移动式压力容器运行中应当重点检查的项目和部位、运行中可能出现的异常现象和防止措施以及紧急情况的处置和报告程序。

4）移动式压力容器的车辆安全要求，包括车辆状况、车辆允许行驶速度以及运输过程中的作息时间要求。

5）移动式压力容器的防腐蚀措施和停用时的维护保养方法。

3. 使用管理

（1）移动式压力容器的安全使用要求。

1）充装可燃、易爆介质的移动式压力容器，在新制造或者检修后首次充装前，必须按使用说明书的要求对罐内气体进行处理和分析，采用抽真空处理时，真空度不得低于650mmHg（86.66kPa）；采用充氮置换处理时，罐内气体含氧量不得大于3%（体积分数），并且处理单位必须出具证明文件。

2）充装的介质对含水量有特别要求的移动式压力容器，在新制造或者检修后首次充装前，必须按使用说明书的要求对罐内含水量进行处理和分析，处理单位必须出具证明文件。

3）装运液态介质的移动式压力容器，到达卸液站点后，具备卸液条件的，必须及时卸液；卸载不得把介质完全排净，并且罐体内余压不低于0.1MPa。

4）移动式压力容器卸载作业应当满足《移动容规》第6章的相关安全要求，采用压差方式卸液时，接受卸载的储存式压力容器应该设置压力连锁保护装置或者防止压力上升的等效措施。

5）禁止移动式压力容器之间相互装卸作业，禁止移动式压力容器直接向用气设备进行充装。

6）禁止使用明火直接烘烤或者采用高强度加热的办法对移动式压力容器进行升压或者对冰冻的阀门、仪表和管接头等进行解冻。

（2）超设计使用年限的罐体　对于已经达到设计使用年限的移动式压力容器罐体（真空绝热低温罐体除外），或者未规定设计使用年限，但是使用超过危险品车辆规定使用年限的移动式压力容器罐体，如果要继续使用，使用单位应当委托有资格的检验机构对其进行检验，检验机构按《移动容规》第8章的要求做出检验结论并且评定其安全状况等级，经过使用单位主要负责人批准后，方可继续使用。

（3）变更罐体使用条件要求　移动式压力容器的使用单位不得擅自变更罐体使用条件。改变移动式压力容器罐体使用条件（包括介质、温度、压力等）的应当符合以下规定：

1）超出原设计参数要求的，应当经原设计单位或者具有相应资格的设计单位同意，并且出具设计修改通知书或者设计图样。

2）由于变更罐体使用条件，需要对罐体结构进行相应改造，以及变更安全附件的，应当满足《移动容规》第7章的相关安全要求，按照相应移动式压力容器产品技术标准的规定重新喷涂罐体的环形色带及相关标志标识。

3）改造完工后的移动式压力容器，应当由具备相应检验资格的检验机构进行全面检验。检验合格后，由检验机构按设计修改通知书或者设计图样的规定重新核定充装介质的最大允许充装质量，并对罐体内部进行置换处理。

4）使用单位将变更罐体使用条件后的移动式压力容器资料报登记地的使用登记机关备案，并且办理使用登记变更手续。

（4）临时进口移动式压力容器安全管理要求　为了确保临时进口盛装原料、物料包装用的移动式压力容器在我国境内安全使用，临时进口移动式压力容器不得在境内充装使用。进口企业的安全管理工作主要包括以下内容：

1）贯彻执行本规程和移动式压力容器有关的安全技术规范。

2）制定和执行临时进口移动式压力容器安全管理制度。

3）建立临时进口移动式压力容器档案。

4）按规定要求办理临时进口移动式压力容器的通关手续和检验机构的安全性能检验。

（5）运输过程安全作业要求　使用单位应当严格执行国家相关主管部门的有关规定，确保移动式压力容器的运输过程作业安全，至少还需满足以下要求：

1）在道路运输过程中，除驾驶人员外，应当另外配备操作人员，操作人员应当对运输全过程进行监管。

2）运输过程中，任何操作阀门必须置于闭止状态。

3）快装接口安装盲法兰或等效装置。

4）真空绝热移动式压力容器的停放不得超过其无损储存时间。

5）罐式集装箱按规定的要求进行吊装和堆放。

（6）随车装备　移动式压力容器的使用单位应当为操作人员或者押运员配备日常作业必需的安全防护措施，专用工具和必要的备品、备件等，还应当根据所装运介质的物理化学性质随车配备必需的应急处理器材和个人防护用品。

（7）随车携带的文件和资料　除携带国家相关主管部门颁发的证书外，如交通部门颁发的《道路运输证》、公安部门发放的《剧毒危险化学品道路运输通行证》或者国务院铁路运输主管部门颁发的《铁路危险货物自备货车安全技术审查合格证》等，还应当携带的文件和资料至少包括：

1）《移动式压力容器使用登记证》及电子记录卡。

2）《特种设备作业人员证》和相关管理部门的从业资格证。

3）液面计指示值与液体容积对照表。

4）移动式压力容器装卸记录及运行记录。

5）事故应急救援预案。

（8）日常维护保养和定期自行检查　移动式压力容器的使用单位应当做好移动式压力容器的日常维护保养和定期自行检查工作。日常维护保养是随车作业人员对移动式压力容器的每次出车前、停车后和装卸前后的检查。自行检查是使用单位的安全管理人员对移动式压力容器每月至少进行一次的检查。对日常维护保养和自行检查中发现的安全隐患，应当及时妥善处理，并且做好记录。

1）日常维护保养和定期自行检查内容：

① 罐体涂层及漆色是否完好，有无脱落等。

② 罐体保温层、真空绝热层的保温性能是否完好。

③ 罐体外部的标志标识是否清晰。

④ 紧急切断阀以及相关的操作阀门是否置于闭止状态。

⑤ 安全附件的性能是否完好。

⑥ 承压附件（阀门、装卸软管等）的性能是否完好。

⑦ 紧固件的连接是否牢固可靠、是否有松动现象。

⑧ 罐体内压力、温度是否异常及有无明显的波动。

⑨ 罐体各密封面有无泄漏。

⑩ 随车配备的应急处理器材、防护用品及专用工具、备品备件是否齐全，是否完好有效。

⑪ 罐体与底盘（底架或框架）的连接紧固装置是否完好、牢固。定期自行检查主要记录年度检查和至少每月进行一次的自行检查情况。

2）异常情况处理。移动式压力容器发生下列异常现象之一时，操作人员或者押运人员应当立即采取紧急措施，并且按规定的报告程序，及时向有关部门报告。

① 罐体工作压力、工作温度超过规定值，采取措施仍不能得到有效控。

② 罐体的主要受压元件发生裂缝、鼓包、变形、泄漏等危及安全的现象。

③ 安全附件失灵、损坏等不能起到安全保护的情况。

④ 承压管路、紧固件损坏，难以保证安全运行。

⑤ 发生火灾等直接威胁到移动式压力容器的安全运行。

⑥ 装运介质质量超过核准的最大允许充装量。

⑦ 装运介质与核准不符的。

⑧ 真空绝热低温罐体外壁局部存在严重结冰、结霜，介质压力和温度明显上升。

⑨ 移动式压力容器的走行部分及其与罐体连接部位的零部件等发生损坏、变形等危及安全运行。

⑩ 其他异常情况。

3）隐患处理。移动式压力容器使用单位应当对出现故障或者发生异常情况的移动式压力容器及时进行检验，消除事故隐患；对存在严重事故隐患，无改造、维修价值的移动式压力容器，应当及时予以报废，并且办理注销手续。

（9）应急救援　移动式压力容器发生事故有可能造成严重后果或者产生重大社会影响的使用单位，应当制定应急救援预案，建立相应的应急救援组织机构，配置与之相适应的应急救援装备，并且定期组织演练。

（10）移动式压力容器定期检验　定期检验是指移动式压力容器停运时由检验机构进行的检验和安全状况等级评定，其中汽车罐车、铁路罐车和罐式集装箱的定期检验分为年度检验和全面检验。

定期检验的要求见第 10 章有关章节。

7.4　移动式压力容器的改造、维修

1. 维修和改造单位

1）从事移动式压力容器维修和改造的单位应当是已取得相应的制造许可证或者维修改造许可证的单位。

2）移动式压力容器维修和改造单位应当按相关安全技术规范的要求建立移动式压力容器质量保证体系并且有效运行，单位法定代表人必须对移动式压力容器维修和改造的质量负责。

3）维修和改造单位应当严格执行法规、安全技术规范和相应标准。

4）维修和改造单位应当向使用单位提供维修和改造设计图样、施工质量证明文件等技术资料。

2. 维修和改造告知

在移动式压力容器在维修和改造前，从事移动式压力容器维修和改造的单位应当向移动式压力容器使用登记机关书面告知。

3. 重大维修与改造

（1）移动式压力容器罐体的重大维修与改造的含义和基本要求。

1）重大维修是指罐体主要受压元件的更换、矫形、挖补，以及对符合《移动容规》3.11.1规定的对接接头焊缝的焊补。改造是指改变罐体主要受压元件的结构、承压管路的结构或者改变移动式压力容器运行参数、装运介质、用途等。

2）重大维修或者改造方案应当经过原设计单位或者具备相应资格的设计单位同意。

3）移动式压力容器经过重大维修或者改造后，应当保证其结构、强度及运行性能等满足安全使用要求。

4）重大维修或者改造的施工过程，必须由具有相应资格的特种设备检验检测机构（以下统称检验机构）进行监督检验，未经监督检验合格的移动式压力容器不得投入使用。

（2）维修或者改造前的准备工作　移动式压力容器罐体维修或者改造人员在进入移动式压力容器罐体内部进行工作前，应当按《压力容器定期检验规则》的要求，做好准备和清理工作，并且办理相关批准手续。达不到要求时，严禁人员进入。

（3）维修或者改造的焊接要求。

1）罐体的挖补、更换筒节以及焊后热处理，应当参照相应的设计制造标准制订施工方案，并经技术负责人批准，焊接工艺评定按《移动容规》4.2.1的规定。

2）经无损检测确认缺陷完全清除后，方可进行焊接，焊接完成后应当再次进行无损检测。

3）母材补焊后，应当打磨至与母材齐平。

4）有焊后消除应力热处理要求时，应当根据补焊深度确定是否需要进行消除应力处理，采用局部热处理时，热处理范围应当满足相应标准的要求。

5）用焊接方法更换主要受压元件的和主要受压元件补焊深度大于二分之一厚度的罐体，还应当进行耐压试验。

（4）维修或者改造的其他要求　移动式压力容器罐体的维修或者改造应当满足设计图样以及安全技术规范和相应标准的要求。

（5）安全附件的变更要求　变更后的安全附件其型式、参数等发生变化或者数量的增减，与原设计图样不符时，应当经原设计单位或者具备相应资格的设计单位同意，经检验机构检验合格后，使用单位将变更安全附件后的移动式压力容器资料报登记地的使用登记机关备案，并且办理使用登记变更手续。

4. 维修及密封安全要求

出现紧急泄漏需要进行带压密封除外，移动式压力容器罐体内部有压力时，不得进行任何维修。维修及紧固螺栓应当在卸压后进行，必要时还需更换密封件。

5. 汽车罐车走行部分的更换要求

未超过车辆使用年限的真空绝热低温汽车罐车，更换其走行部分应当符合以下要求：

1）汽车罐车走行部分的更换，应当由汽车罐车原制造单位或者由具备真空绝热低温汽车罐车制造资格的单位进行。

2）负责更换汽车罐车走行部分的制造单位应当对更换工作的质量负责；改造前应当对原汽车罐车资料、罐体和承压管路及其附件进行全面检查；完成更换走行部分的汽车罐车，其各项技术性能指标应当符合本规程引用标准的要求，提供汽车罐车改造合格证及质量证明文件。

3）汽车罐车使用单位应当按照《锅炉压力容器使用登记管理办法》的有关规定，持制造单位提供的汽车罐车改造合格证及质量证明文件和检验机构的产品质量监督检验证书以及汽车罐车登记资料，向登记地的使用登记机关变更信息登记。

7.5 移动式压力容器的选购、验收

为了确保移动式压力容器使用环节的安全可靠，必须购置符合安全质量要求的移动式压力容器；制造质量须经过检验验收，才能使移动式压力容器安全运行的基础条件得到保证。我国对移动式压力容器的制造、改造及维修实行许可制度（包括进口的移动式压力容器），并对移动式压力容器制造过程实施监督检验（进口移动式压力容器实施进口监督检验）。因此，在准备购置和改造、维修移动式压力容器时，必须审查移动式压力容器制造单位或移动式压力容器改造维修单位，是否有特种设备安全监察部门许可的移动式压力容器制造或移动式压力容器维修改造许可证或进口移动式压力容器制造许可证。下面介绍有关安全管理的基本要求。

把好移动式压力容器购置质量关是移动式压力容器安全运行的基础条件，只有购置符合安全质量要求的移动式压力容器才能保证移动式压力容器使用过程的安全。因此，要求选购、验收遵循以下原则。

1. 购置选型的总体原则

满足生产工艺需要、技术上先进、检修方便、安全性能可靠的同时，也要满足节能、经济性和安装位置的适应性。

2. 选购时应注意的问题

1）依据用途与工作压力确定结构型式与压力等级。

2）按照生产工艺和介质特性、装卸操作要求以及保证储运介质质量的要求选用主体材料。

3）依据储运能力的大小确定容积。

4）保障使用安全，必须选用合适的安全附件、报警装置及控制仪器仪表。

3. 购置时选择的制造单位

必须是具有制造许可证资格的、且在许可级别范围、产品经监督检验为合格产品的厂家。

4. 选购的产品验收

在移动式压力容器到货时，查验出厂资料是否齐全（出厂资料的要求见安全技术档案），特别是要有移动式压力容器监督检验证书或进口移动式压力容器监督检验报告。

7.6 移动式压力容器使用管理的技术经济性与节能

1. 技术可靠性原则

1）使用的移动式压力容器应具有符合安全技术规范要求的设计资料、产品质量合格证明、安全使用维护说明、监督检验证明等文件。

2）移动式压力容器投入使用前向所在地的安全监察管理部门登记。

3）移动式压力容器应按安全技术规范要求进行定期检验，并保证运行的移动式压力容器在安全检验合格有效期内。

4）移动式压力容器应建立完整的技术档案。

5）建立移动式压力容器自行检查、维护保养和安全附件、安全保护装置、测量调控装置及有关附属仪器仪表进行定期校验、检修的记录管理规定。

6）建立移动式压力容器管理和操作责任体系、完整的规章制度和操作规程。

7）建立移动式压力容器异常情况处理和隐患处理的管理规定。

8）移动式压力容器作业人员及其相关管理人员经安全监督管理部门考核合格，取得特种作业人员证书。

2. 经济性与节约能源的原则

1）节约能源是发展经济的长远战略目标。使用单位应认真贯彻《中华人民共和国节约能源法》。

2）移动式压力容器设计应当充分考虑节能降耗原则，选用设计先进、材料工艺和使用性能良好、制造单位质量可靠的产品。

3）移动式压力容器使用单位应建立完整的日常维护保养、巡回检查、定期检验的管理制度和责任制，保证移动式压力容器长期、稳定地运行。

4）淘汰国家明令禁止使用的高耗能移动式压力容器，建立经济运行、能效计量监督与统计、能效考核等管理制度和责任制。

5）设能源管理人员，降低单位产值能耗指标，把经济运行、节能降耗列为企业的管理目标。

6）定期开展对作业人员和相关管理人员的日常运行和能效监控的培训，提高管理意识。

复习思考题

一、选择题

1. 在移动式压力容器投入使用前，使用单位应按照《压力容器使用管理规则》（TSG R5002）的要求，并且按照铭牌和产品数据表规定的一种介质，逐台向省、自治区、直辖市质量技术监督部门（以下简称使用登记机关）办理。（A）

A. 特种设备使用登记证　B. 维修证　C. 安装证

2. 移动式压力容器计划长期停用（指停用1年及以上，下同）的，使用单位应当按照规定向使用登记机关申请报停，并将（　）交回使用登记机关。（C）

A. 驾驶证　B. 车辆产权证明　C. 使用登记证及电子记录卡

3. 长期停用后重新启用时，应进行定期检验，检验合格后持定期检验报告向（　）申请启用，领取使用登记证。（C）

A. 交通管理部门　B. 消防管理部门　C. 使用登记机关

4.（　）是保证移动式压力容器安全运行的责任主体，对移动式压力容器安全使用负责，应当严格执行国家有关法律法规。（B）

A. 交通管理部门　B. 使用单位　C. 使用登记机关

5. 使用单位应当配备具有移动式压力容器专业知识，熟悉国家相关技术规范及其相应标准的工程技术人员作为安全管理人员，安全管理人员应当按照规定取得相应的（　），负责移动式压力容器的安全管理工作。（B）

A. 驾驶证　B. 特种设备作业人员证　C. 检验员证

6. 使用单位移动式压力容器的安全管理工作主要包括（　）。（D）

A. 制定移动式压力容器事故应急救援专项预案，并且组织演练

B. 负责移动式压力容器的设计、采购、使用、装卸、改造、维修、报废等全过程的有关管理

C. 组织开展安全检查、定期自行检查，并且做出记录

D. 以上都是

7. 移动式压力容器的操作工艺参数，包括工作压力、工作温度范围、（　　）等。（B）

A. 车辆型号　　B. 最大允许充装量　　C. 制造日期

8. 移动式压力容器存在（　　），应当进行全面检验。（E）

A. 停用 1 年后重新使用

B. 发生事故，影响安全使用

C. 发现有异常严重腐蚀、损伤或者对其安全使用有怀疑

D. 变更使用条件

E. 以上都是

二、问答题

1. 移动式压力容器技术档案包含哪些内容？

答：（1）《使用登记证》及电子记录卡。

（2）《特种设备使用登记表》。

（3）本规程 4.1.3 规定的移动式压力容器设计制造技术文件和资料。

（4）移动式压力容器定期检验报告，以及有关检验的技术文件和资料。

（5）移动式压力容器维修和改造的方案、设计图样、材料质量证明书、施工质量检验技术文件和资料。

（6）移动式压力容器的日常检查和维护保养与定期自行检查记录、年度检查报告。

（7）安全附件、装卸附件（如果有）的校验、修理和更换记录。

（8）有关事故的记录资料和处理报告。

2. 移动式压力容器安全要求，操作规程至少包括哪些内容？

答：（1）移动式压力容器的操作工艺参数，包括工作压力、工作温度范围、最大允许充装量等。

（2）移动式压力容器的岗位操作方法，包括车辆停放、装卸的操作程序和注意事项。

（3）移动式压力容器运行中应当重点检查的项目和部位，运行中可能出现的异常现象和防止措施，紧急情况的处置和报告程序。

（4）移动式压力容器的车辆安全要求，包括车辆状况、车辆允许行驶速度以及运输过程中的作息时间要求。

3. 移动式压力容器日常检查和维护保养与定期自行检查至少有哪些内容？

答：（1）罐体涂层及漆色是否完好，有无脱落等。

（2）罐体保温层、真空绝热层是否完好。

（3）罐体外部的标志是否清晰。

（4）紧急切断阀以及相关的操作阀门是否置于闭止状态。

（5）安全附件是否完好。

（6）装卸附件是否完好。

（7）紧固件的连接是否牢固可靠、是否有松动现象。

（8）罐体内压力、温度是否异常及有无明显的波动。

（9）罐体各密封面有无泄漏。

（10）随车配备的应急处理器材、防护用品及专用工具、备品备件是否齐全，是否完好有效。

（11）罐体与底盘（底架或者框架）的连接紧固装置是否完好、牢固。

4. 移动式压力容器发生哪些异常现象之一时，操作人员或者押运人员应当立即采取紧急措施，并且按照规定的程序，及时向使用单位的有关部门报告？

答：(1) 罐体工作压力、工作温度超过规定值，采取措施仍然不能得到有效控制。

(2) 罐体的主要受压元件发生裂缝、鼓包、变形、泄漏等危及安全的现象。

(3) 安全附件失灵、损坏等不能起到安全保护的情况。

(4) 管路、紧固件损坏，难以保证安全运行。

(5) 发生火灾等直接威胁到移动式压力容器安全运行。

(6) 充装量超过核准的最大允许充装量。

(7) 充装介质与铭牌和使用登记资料不符的。

(8) 真空绝热罐体外表面局部存在严重结冰、结霜或者结露，介质压力和温度明显上升。

(9) 移动式压力容器的走行部分及其与罐体连接部位的零部件等发生损坏、变形等危及安全运行的。

(10) 其他异常情况。

5. 移动式压力容器的运输过程作业安全至少还应当满足哪些安全要求？

答：(1) 公路危险货物运输过程中，除按照有关规定配备具有驾驶人员、押运人员资格的随车人员外，还需配备具有移动式压力容器操作资格的特种设备作业人员，对运输全过程进行监护。

(2) 运输过程中，任何操作阀门必须置于闭止状态。

(3) 快装接口安装盲法兰或者等效装置。

(4) 充装冷冻液化气体介质的移动式压力容器，停放时间不得超过其标态维持时间。

(5) 罐式集装箱或者管束式集装箱按照规定的要求进行吊装和堆放。

6. 随车除携带有关部门颁发的各种证书外，还应当携带哪些文件和资料？

答：(1)《使用登记证》及电子记录卡。

(2)《特种设备作业人员证》和有关管理部门的从业资格证。

(3) 液面计指示值与液体容积对照表（或者温度与压力对照表）。

(4) 移动式压力容器装卸记录。

(5) 事故应急专项预案。

第 8 章

移动式压力容器安全操作及维护保养

本章知识要点

本章介绍移动式压力容器使用中常见事故的原因及案例，移动式压力容器安全技术的一般要求，移动式压力容器充装与卸载的基本要求，移动式压力容器的维护保养。着重要求学员了解压力容器产生事故的原因，以便在今后的操作使用过程中加以避免。明确压力容器作业人员的职责，严格遵守操作规程，熟知移动式压力容器的安全操作和日常维护的基本要点，理解实际操作中应关注的安全技术问题和要求。

8.1　移动式压力容器使用中常见事故的原因及案例

近年来，在移动式压力容器所发生的事故中，除少数是因为结构设计不合理，选用材质不当，制造质量低劣以外，大部分事故均是由于使用管理不善，劳动纪律松弛，违章操作，违章指挥，未按要求进行定期检验和操作人员技术水平低等原因造成的。因此，正确合理地操作和使用移动式压力容器是每一个操作人员应尽的职责，也是防止事故发生的主要措施。

8.1.1　移动式压力容器在运行过程中常见事故的原因

1. 容器本体质量问题

1）设计、制造缺陷，表现为设计结构不合理，选用材质不当，制造质量差等容器本身存在的先天性缺陷。

2）使用期间，未按要求定期检验和维护，或者因客观原因无法实施检验，致使容器存在缺陷没有及时发现，引发事故。

3）采购使用无证设计和制造的压力容器及自行改造的压力容器。

2. 容器在使用期间，由于超压、超温、超装引起事故

1）当压力容器的操作压力超过设计压力运行时，可能由于超过使用强度，使容器产生物理爆炸。

2）操作温度超过设计温度时，可使材料强度下降，正常压力下也可能导致容器破裂，或者产生物理爆炸。

3）容器内充装介质超过规定量值，尤其是低压液化气体超装，会降低容器的最高使用温度。当压力容器受热（如日光曝晒、火灾等）致使容器内物质发生膨胀、聚合、分解等剧烈物理、化学反应，都会引起压力容器内压力升高，直至容器破裂或爆炸。

3. 压力容器内形成爆炸性混合气体

在储运过程中，当容器内的可燃气体与助燃气体混合达到一定的比例，在合适条件下，就可以引起爆炸。例如氧气和氢气的混合；在容器中残留氧气、空气、氯气等助燃介质，又充入了可燃性气体；在可燃性气体中充入了氧气等助燃气体，达到一定条件时，就会产生爆炸。

4. 在运输过程中的事故

移动式压力容器由于附件或连接部位松动，导致可燃介质的跑、冒、滴、漏，引起着火导致容器爆炸事故。

1）移动式压力容器的阀门从主体脱落。这类事故很多，例如阀门的带压拆卸作业、阀门螺钉断裂、阀门受到外力冲击、阀门主体结构破损等。

2）移动式压力容器阀门法兰和阀杆漏气造成着火和爆炸。例如容器的阀门螺钉被腐蚀，油质等有机物黏附在氧气、氯气等阀门上使容器阀门烧损等。

3）安全泄压装置动作。由于容器内部压力或温度异常上升所引起的，有时也可能由于安全装置质量有缺陷，以致在正常使用中自行动作，使容器内物料喷出而引起事故。

4）移动式压力容器上的压力表、温度计、液位计等破损，造成物料泄漏引起事故。

5. 操作人员的原因引发的事故

操作人员缺乏基本知识，违章操作，或者未完全执行操作规程（如未执行充装后的泄漏检验等），领导违章指挥，任意改变生产工艺等。

6. 移动式压力容器在运输中的事故

移动式压力容器在运输过程中，遭遇交通事故，或者不按照危险品运输规定行驶发生交通意外，致使压力容器受损，出现压力容器事故。

8.1.2 移动式压力容器事故举例

1. 移动式压力容器附件原因事故

1）2008 年 4 月 6 日 17 时 48 分，河南省濮阳市南乐县××化工有限公司发生一起移动式压力容器爆炸事故，造成 3 人轻伤，直接经济损失 30 万元。

事发时，一辆丙烯罐车在该公司卸液过程中，由于接口泄漏，导致丙烯外溢着火，引发罐车罐体发生爆炸，造成 3 人轻度烧伤。

2）2008 年 5 月 2 日 17 时 20 分，湖南省泸溪县××有限公司发生一起液氨槽车卸氨软管破裂事故，造成 4 人死亡，1 人重伤，16 人轻伤，直接经济损失 100 万元。

事发时，一台液氨槽车（泸溪县××危化物品运输公司）在该公司液氨储罐处进行卸氨作业。槽车驾驶员将橡胶软管连接后，打开液氨槽车的卸氨阀和液氨储罐的进氨阀，卸氨约 2min 后，为加快卸氨速度，将槽车的卸氨阀开至最大，几秒后一声巨响，卸氨橡胶软管发生破裂，液氨泄漏，顿时卸氨处烟雾弥漫，造成现场及周围 4 人死亡，17 人中毒。

3）2007 年 1 月 20 日 0 时 50 分．安徽省黄山市歙县黄山市××化工有限公司发生一起压力容器严重事故，造成 1 人死亡。

事发时，该公司液氨储罐区，一辆浙江开化××化工公司的汽车罐车在充装液氨过程中发生泄漏，造成驾驶员死亡。造成泄漏的直接原因是液相装卸软管爆裂。该装卸软管是河北省枣强县××石油液化气配件有限公司2006 年 4 月 17 日出厂的，5 月投入使用（破裂软管长 4m，裂口距罐车约 2. 8m）。

2. 压力容器超压、超温、超装运行事故

1）2008 年 1 月 12 日 11 时 00 分，辽宁省海城市大屯镇海城市××金属结构厂发生一起气瓶爆炸事故，造成 2 人死亡，1 人重伤，4 人轻伤。

事发时由于天冷，该企业将 8 只二氧化碳气瓶围在火堆旁，烤了近 3h，其中一只气瓶发生爆炸。事故造成 1 人当场死亡，1 人送医院抢救无效死亡，5 人受伤，其中 1 人伤势严重。

2）2008 年 10 月 31 日 16 时 00 分，甘肃省临夏回族自治州永靖县××氯化石蜡厂发生一起气瓶爆炸事故，造成 1 人死亡、7 人重伤、34 人轻伤。

事发时，该石蜡厂存放的液氯气瓶发生爆炸，造成 1 人死亡、7 人重伤、34 人轻伤，受伤人员已全部送医院救治。经初步调查发现，发生事故的液氯气瓶是过量充装所致。

3）2006 年 7 月 9 日 20 时 40 分，宁夏银川经济技术开发区宁夏××化学有限公司发生一起压力容器严重事故，造成 5 人重伤。

事发时，该公司四烷车间 2 号液氯缓冲罐压力过大，将缓冲罐底部工艺阀（排污阀）外侧法兰与盲板间高压石棉垫冲破，导致氯气泄漏，123 人不同程度中毒或受氯气刺激，其中 5 人入院治疗，其余 118 人留院观察，入院治疗 5 人中除 1 人症状较严重外，其余 4 人病情平稳，没有造成人员死亡。事发后，现场操作人员立即启动碱喷装置，进行中和稀释。

3. 压力容器内形成爆炸性混合气体事故

1）2007 年 4 月 1 日 22 时 10 分，北京市西城区黄寺大街 23 号北京××餐饮管理有限责任公司发生一起气瓶爆炸严重事故，造成 1 人死亡，1 人重伤。

事发时，该饭店在进行冰柜维修，由于维修人员在使用便携式焊炬时操作不当，可燃气体进入氧气瓶中，导致氧气瓶发生化学爆炸，造成现场操作人员 1 人死亡，1 人受伤。

2）2007 年 12 月 27 日 17 时 10 分，甘肃省兰州市红古区兰州××矿用安全产品检测检验有限责任公司发生一起气瓶较大事故，造成 3 人死亡、1 人重伤。

事发时，该公司校准气室内的工作人员正在进行校准气体配制，正确的操作程序是抽真空—充甲烷—充氮气—混匀—充氧气，现场有 4 人，其中实习生 3 人，工作人员 1 人，充装过程由实习生完成。通过现场勘察分析，是操作人员违反规程，在充完甲烷后直接充入氧气，形成极易燃爆的甲烷和氧气的混合气体，充装氮气时，摩擦产生静电，点燃混合物，导致发生化学爆炸。现场气瓶炸成碎片，室内暖气破裂，设备全部损坏。在场 4 人有 3 人死亡，1 人重伤。

3）2006 年 11 月 3 日 1 时 20 分，辽宁省营口××精细化工有限公司发生一起压力容器爆炸严重事故，未造成人员伤亡。

该公司生产设备调试过程中，由于误操作造成系统突然停车，导致电解槽中离子膜损坏，电解槽中的氢气混入氯气中，两种气体在通往液氯储罐的平衡管中产生化学爆炸将储罐上方阀门之内短节的高颈法兰焊接坡口撕裂，造成储罐中 1t 左右的液氯泄漏。

4. 运输事故

1）2008 年 10 月 21 日 2 时 0 分，陕西宝鸡市凤县一辆东风牌牵引罐车装载 22.34t 液化石油气，由北向南行至 212 省道 156km + 729m 下坡道右拐弯时，罐体向左侧翻与牵引车分离，与宝成线涵洞北口中间隔离护墙相撞，罐内液化石油气泄漏起火，两名司机烧死。引发次生火灾致 11 间房屋起火，3 名村民被烧死。

2）2012 年 10 月 6 日 8 时 40 分，湖南省沅陵县境内，一辆中型半挂牵引槽车（装载 20t 液化石油气）途经长吉高速 1116km 处（沅陵县官庄镇地穆庵隧道口）时发生侧翻，造成车上 2 人当场死亡。中午 12 时许，该车辆突然发生爆炸，经清理，在距离爆炸现场 50m 处找到 3 名消防员遗体。

3）2012 年 8 月 25 日 16 时 55 分，蒙 AK ××××卧铺大客车从内蒙古自治区呼和浩特市长途汽车站出发前往陕西省西安市，出站时车辆实载 38 人。19 时，车辆在呼包高速土默特右旗萨拉齐出口匝道处搭乘一名乘客，车辆乘务员也在此处下车。22 时 50 分，该车在包茂高速与榆神高速互通式立交桥处，搭载另外一名转乘乘客，此时卧铺大客车实载 39 人，期间车辆由陈某、高某轮换驾驶。8 月 25 日 19 时 3 分，豫 HD ××××重型半挂货车在兖州矿业陕西榆林××有限公司装载 35.22t 甲醇后，前往陕西省韩城市××化工厂，期间车辆由闪某、张某轮换驾驶。8 月 26 日 2 时 15 分，重型半挂货车进入安塞服务区停车休息并更换驾驶员。2 时 29 分，闪某驾驶重型半挂货车从安塞服务区出发，违法越过出口匝道导流线驶入包茂高速公路第二车道。此时，卧铺大客车正沿包茂高速公路由北向南在第二车道行驶至安塞服务区路段。2 时 31 分许，卧铺大客车在未采取任何制动措施的情况下，正面追尾碰撞重型半挂货车。碰撞致使卧铺大客车前部与重型半挂货车罐体尾部铰合，大客车右侧纵梁撞击罐体后部卸料管，造成卸料管竖向球阀外壳破碎，导致大量甲醇泄漏。碰撞也造成卧铺大客车电气线路绝缘破损发生短路，产生的火花使甲醇蒸气和空气形成的爆炸性混合气体发生爆燃起火，大火迅速引燃重型半挂货车后部和卧铺大客车，并沿甲醇泄漏方向蔓延至附近高速公路路面和涵洞。事故共造成大客车内 36 人死亡、3 人受伤，大客车报废，重型半挂货车、高速公路路面和涵洞受损，直接经济损失 3160.6 万元。

8.2 移动式压力容器安全操作的一般要求

移动式压力容器是一种具有潜在爆炸危险的特种设备，移动式压力容器操作人员应具备必要的安全作业知识、作业技能，及时进行知识更新，掌握操作规程及事故应急措施，按章作业。移动式压力容器操作人员属特种作业人员。国务院发布的《特种设备安全法》《特种设备安全监察条例》和国家质量监督检验检疫总局颁布的《特种设备作业人员监督管理办法》等有关规定，对移动式压力容器操作人员和移动式压力容器安全操作要点都做了明确的规定。

8.2.1 对压力容器操作人员的要求

移动式压力容器的管理人员和操作人员应当持相应的特种设备作业人员证。移动式压力容器使用单位应当对移动式压力容器作业人员定期进行安全教育与专业培训，并且做好记录，保证作业人员了解所运载介质的性质、危害特性和罐体的使用特性，具备必要的压力容器安全作业知识、作业技能，及时进行知识更新，确保作业人员掌握操作规程及事故应急措施，按章作业。

对于从事移动式压力容器运输押运的作业人员，需取得国家有关管理部门规定的资格证书。

1. 培训要求（法规标准、岗位工艺及技术要求）

压力容器操作人员要定期进行安全教育与专业培训。学习压力容器的基本知识，熟悉国家颁发的安全技术法规、技术标准中有关安全使用的内容。要熟记本岗位的工艺流程，熟悉有关容器的结构、类别、技术参数和主要技术性能。

2. 遵守安全操作规程

要严格遵守安全操作规程，掌握好本岗位压力容器操作程序和操作方法及对一般故障、事故的处理技能，并做到认真填写操作运行记录或工艺生产记录，加强对容器和设备的巡回检查和维护保养。

3. 了解充装与卸载介质的物理和化学性质

压力容器的操作人员应了解生产流程中各种介质的物理性能和化学性质，了解它们相互之间可能引起的物理化学反应，以便在发生意外情况时，能做到判断准确，处理正确及时。

4. 掌握安全附件的性能、保持其良好的状态

压力容器操作人员必须掌握各种安全附件的型号、规格、性能及用途，经常保持安全附件的齐全、灵活、准确、可靠。

5. 了解和掌握各种压力容器充装量规定

操作人员需要清楚压力容器的充装量。充装压缩气体时，应知道容器的公称工作压力，以控制最大充装压力。充装液化气体，应首先了解充装介质特性和容器的运行参数，确定合适的充装量。

操作人员还必须掌握移动式压力容器充装量的测量方式。

6. 取证后方可上岗

压力容器充装单位，应按照要求取得相关证件，技术负责人和安全管理人员需要取得管理人员证书，充装人员和检查人员需要取得操作人员证书。

7. 申请《特种设备作业人员证》的人员应当符合下列条件

（1）安全管理人员应当具备以下条件

1）年龄在 20 周岁（含）以上，男性不超过 60 周岁，女性不超过 55 周岁。

2）身体健康，能够胜任本岗位工作。

3）具有高中以上（含中专、高中）学历，并且具有 1 年（含）从事相关工作的经历。

4）具有相应的压力容器基础知识、专业知识、安全管理知识和法规知识。

（2）操作人员应当具备以下条件

1）年龄在 18 周岁（含）以上，男性不超过 60 周岁，女性不超过 55 周岁。

2）具有初中以上（含）学历，在本岗位从事相关操作实习半年（含）以上。

3）身体健康，没有妨碍从事压力容器操作的疾病和生理缺陷。

4）具有相应的压力容器基础知识、专业知识、安全管理知识和法规知识，具备一定的实际操作技能。

8. 压力容器安全操作人员应履行的职责

1）严格执行各项规章制度，精心操作，认真填写操作运行记录或生产工艺记录，确保生产安全运行。

2）压力容器出现异常现象危及安全时，应立即采取紧急措施并及时向上级报告。

3）有权拒绝任何有害压力容器安全的违章指挥。

4）努力学习业务知识，不断提高操作技能。

除上述职责外，对于移动式压力容器罐车的作业人员，还应依据各自单位管理制度、装卸工艺、营运等安全技术的要求，认真负责，高度警觉，精心操作，随时防止突变事故的发生，同时必须履行以下职责：

（1）汽车罐车作业人员的职责。

1）汽车罐车作业人员在装卸时，应认真填写《汽车罐车装卸记录》，参照表 8-1（记录表具体应以本单位确定的为准）。

2）汽车罐车在进入充装单位时，必须严格遵守充装单位的各项规章制度，接受充装单位有关人员的检查，听从充装单位有关人员的指挥，做好防火、防爆、防毒准备，无关人员不得进入充装场地。

3）在进行仔细检查并确认无异常情况后，作业人员方可进行操作。

4）罐车未按规定进行充装检查，介质情况不明时，作业人员可以拒绝操作。

5）罐车在运行中发生严重泄漏时，作业人员应及时向当地政府、公安部门报告，组织抢救。并设立警戒区，组织人员向逆风方向疏散，最大限度减少伤亡和国家财产的损失。

表 8-1　汽车罐车装卸记录（参照式样）

充装单位：　　　　　　　　　　　　　　　　　　　　　　　　　　　　　充装人：

<table>
<tr><td>罐车编号</td><td>罐车质量</td><td></td><td>上次罐体检验日期</td><td></td><td></td></tr>
<tr><td>充装介质</td><td colspan="2">最大充装量</td><td colspan="2">实际充装量</td><td>充装日期</td></tr>
<tr><td></td><td colspan="2"></td><td colspan="2"></td><td></td></tr>
<tr><td>空车检衡</td><td colspan="5">罐车总质量　（kg）　　允许充装质量　（kg）
罐内余液质量　（kg）　　检衡人：　年　月　日</td></tr>
<tr><td>充装后的复验内容</td><td colspan="5">1. 实际充装量
2. 罐内压力
3. 安全附件件和其他阀件检查
4. 外观检查
5. 其余情况
结论：
检查员：　年　月　日</td></tr>
<tr><td>充装后的复验结论</td><td colspan="5">1. 充装后净重　（kg）
2. 充装后压力　（MPa）
3. 附件有无泄漏和损坏
检查员：　年　月　日</td></tr>
<tr><td rowspan="3">卸液记录</td><td>卸液地点</td><td colspan="2"></td><td>卸液时间</td><td>月　日　时　分</td></tr>
<tr><td>剩余质量</td><td colspan="2">（kg）</td><td>剩余压力</td><td>（MPa）</td></tr>
<tr><td>卸液单位</td><td colspan="2"></td><td>卸液人</td><td>（签名）</td></tr>
<tr><td colspan="2">押运员</td><td colspan="2">（签名）</td><td>驾驶员</td><td>（签名）</td></tr>
</table>

注：一式两份，充装单位保存一份，卸车单位保存一份。

（2）铁路罐车作业人员应履行的职责。

1）铁路罐车充装完毕后，需详细填写《铁路罐车充装记录》，参照表 8-2。该记录一式三份，一份由充装单位留底，一份交铁路发站存查，一份随货运单交到站收货人。

2）铁路罐车运行到用户后，应及时卸料，用户不得将铁路罐车当储罐使用；卸液前必须对铁路罐车的装载量用液面计和轨道衡进行检查，对铁路罐车的压力表、阀门等附件进行检查，确认无异常情况后，操作人员方可卸车并详细填写《铁路罐车卸车记录》，参照表 8-3。

3）铁路罐车的装卸人员或押运人员在押运过程中不得擅离职守，到编组站时应积极与铁路部门联系，及时挂运，同时要对发运时间、路经各编组站与收货单位交接等方面做详细记录，并认真填写《铁路罐车押运运行检查记录》，参见表 8-4。

4）作业人员到编组站时，应向编组站叙述所装介质的性能及安全要求，以便缩短停站时间并及时挂运。

5）铁路罐车到达用户后，作业人员应与用户办理《铁路罐车运输交接单》，参见表 8-5。只有在办理交接验收手续后作业人员方准离车返厂。

6）罐车未按规定进行充装检查，罐车情况不明时，作业人员可以拒绝作业。

表 8-2　铁路罐车充装记录（参照式样）

罐 车 车 号			罐 车 自 重		罐 车 载 重	
检验有效期		年　　月	空车检衡质量		检衡人	
进厂检查	进厂日期		年　月　日	车底架状况		
	罐体状况			检查人		
充装前检查	表、阀类情况			罐内余压	MPa	
	密封性试验时间		年　月　日	密封性试验介质		
	密封性试验压力		MPa	试验检查人		
充装情况	充装时间		年　月　日	充装数量		
	充装压力		MPa	充装人		
封车情况	封车时间		月　日　时	封车压力	MPa	
	表、阀情况			封车人		
出厂前复检	检查结果	罐车总量		罐车净重		
		表、阀情况		检衡人		
	罐车压力		MPa	押运员		

注：1. 液氨、液化石油气罐车可不做密封性试验。

2. 本表一式三份，由充装单位、铁路发站、到站收货人存档备查。

表 8-3　铁路罐车卸车记录（参照式样）

罐 车 车 号			充 装 介 质	
进 厂 时 间		年　月　日	卸 料 时 间	年　月　日　时
卸料前检查	复检质量		表、阀门情况	
	罐内压力	MPa	检查人	
卸料情况	卸料时间	年　月　日	卸完时间	
	实际卸量		卸车人	
封车情况	封车压力	MPa	表、阀情况	
	封车时间	年　月　日	封车人	
空车衡检			检衡人	

备注：

验收人员　　年　月　日

注：本记录由卸料单位填写，用户存查。

表 8-4 铁路罐车押运运行检查记录（参照式样）

罐车号		充装介质		充装单位	
用户		出厂时间	年 月 日 时	到 站	

运行情况记录

日期	编组站名	到站时间	挂运		罐体压力及附件检查情况						备注
			时间	车次	压力/MPa	安全阀	气相阀	液相阀	其他阀门	环境温度/℃	

注：本记录由押运员填写，用户存档备查。

表 8-5a 铁路罐车运输交接单（一）（参照式样）

罐车车号		
介质名称		
到 站		
收货单位		
出厂检查情况	实际载质量	t（吨）
	罐内压力	MPa
	表、阀情况	
	出厂时间	年 月 日 时
出厂检查员		
押运员		

注：本单一式两份，充装单位一份，另一份由押运员交用户。

表8-5b　铁路罐车运输交接单（二）（参照式样）

罐车车号		
介质名称		
到　　站		
收货单位		
出厂验收情况	实际载质量	t（吨）
	罐内压力	MPa
	表、阀情况	
	出厂时间	年　月　日　时
押运员		
验收人		

注：本单由用户存查。

7）罐车在运行中发生严重泄漏时，作业人员与铁路部门应及时向当地政府、公安部门报告，组织抢救。并设立警戒区，组织人员向逆风方向疏散，最大限度减少伤亡和国家财产的损失。

（3）罐式集装箱作业人员的职责。

1）罐式集装箱在进入装卸单位时，必须严格遵守装卸单位的各项规章制度，接受有关人员的检查，听从有关人员的指挥，做好防火、防爆、防毒准备，无关人员不得进入操作场地。

2）在进行仔细检查并确认无异常情况后，作业人员方可进行操作。

3）未按规定进行充装检查，介质情况不明时，作业人员可以拒绝操作。

4）在运行中发生严重泄漏时，作业人员应及时向当地政府、公安部门报告，组织抢救。并设立警戒区，组织人员向逆风方向疏散，最大限度减少伤亡和国家财产的损失。

9. 个人安全防护要求

根据8.2.2所述的安全技术要求，操作人员有义务在实施操作过程中，确保自己佩戴了合适的个人防护设备及设施。个人防护设备及设施应包括面部防护、胸部防护、手部防护、足部防护和呼吸防护等。具体涉及眼睛、面部、胸部、手、脚面等身体器官都应有有效的防护设备。在充装有毒、腐蚀性气体时，还需要进行呼吸防护。

移动式压力容器装卸单位有责任为操作人员提供合适的个人防护设备，培训并督促操作人员正确地使用这些设备。

8.2.2　移动式压力容器常见安全技术要求

1. 低温液体的安全技术

低温液体的主要危险在于这些液体有着非常低的温度，易于蒸发，能够放出大量的气体。例如，蒸发1m^3液体氧，即可释放出800m^3左右气态氧。

（1）使用低温液体的安全技术　低温液体只能装入专用的容器，用不同颜色标明容器用途，并做上标记。

当在容器中储存液体时，液体不断蒸发，应当采取措施以减少容器中压力的增大。为此，容器应当装设安全阀或者爆破片。当设有这些安全装置时，气体出口应当是经常打开的。对于只有较小入口的容器，则不准快速加温液体。

在有液体的房间或狭窄空间里进行工作时，应当保证必要的通风和对空间内空气所含有的氧气做定期测定，如果空气中含氧超过22%或者低于19%，则不准进行任何工作。

低温液体有着很低的温度（77~90K），附着在皮肤表面上，它们可很快向四处流动，引起皮肤深度冷却造成冻僵。液体的液滴落入眼组织时特别危险，能够造成严重的眼外伤。滴落在皮肤上的液滴，因液体热容量很小，在短时间内不会损伤皮肤，但如液体的液滴落入衣服内或者鞋子里，冻僵的危险性便增大许多。

在有液体的条件工作时，必须用护罩或者防护眼镜保护眼睛。上衣应当密闭，裤腿应当盖住鞋面。

用手触摸液体冷却的物体或容器也是危险的。因此在液体灌注操作中，应佩戴棉、皮革或者帆布的手套。手套应当宽绰地戴在手上，必要时能够轻易把它摘掉。当液体的液滴落在没有防护的肉体上时，应立即用水洗掉。

（2）发生深冷冻伤时的急救措施　当深冷冻伤时，首先应当把影响损伤部位血液循环的衣服脱掉，立即对损伤部位做40.5~45℃的温水浴，而不应当烘烤或者使用水温在46℃以上的水，因为在这种情况下，可能加重皮肤组织的损伤。

如果肉体表皮大面积冻伤引起体温下降，患者应进行暖浴，这时要注意患者还有可能转入休克状态。

冻伤后直接受损伤的表皮组织是不痛的，看起来蜡黄而有淡蓝的颜色，缓解以后部分组织会发生疼痛并出现水泡，水泡破后很容易感染。

解冻应当进行15~60min，直到冻伤部分的色调转变为粉红色或者发红的时候为止。解冻时为了减少病痛，建议可适当使用麻醉剂，但最好在医生的监督下进行。

绝不允许给患者饮用酒精饮料，同时不准吸烟。因为这会恶化损伤部位的血液循环。

2. 液氧安全技术

液氧储罐、罐车的内筒以及连接储罐或罐车的管线不能用铝或铝合金材料，内筒必须是不锈钢或含9%镍的钢材，管线必须是不锈钢或铜管。因为液氧从储罐或罐车中释放所造成的危害相当严重，所以正确选用材料是最好的防范措施。

使用液氧时产生的主要危险，与液氧会造成各种有机物质自燃和爆炸性有关，液氧与油、油脂、纺织品、木材接触是特别危险的。

凡与液氧工作有关的设备应当是无油的，同时应按要求脱脂。储存和使用液氧的设备和器械应保持清洁，有液氧的区域应当张贴“氧气，小心！”标语。

修理有液氧的器械、容器、仪表和管道时，只能在使它们恢复至常温时，采用空气把其中的氧气置换出来，且当氧气的体积分数降至23%以下才能进行。液氧用的设备绝对禁止用于其他液体。

在有液氧的区域里，严禁吸烟、划火柴、使用明火以及外露电阻丝的电炉，并张贴专门标语。

被氧气浸透的衣服是极其危险的。因为衣服被氧浸透以后，衣服成为易燃物。如果在空气中氧气的体积分数等于21%，棉织品与加热电阻丝接近10s后，就可以点燃。当提高氧气的体积分数达到30%，只要经过3s就可以点燃。此外，由于合成材料、毛纤维和绸料衣服摩擦产生静电，能使渗透氧气的衣服燃烧，因此，工作人员和暂时处在充满氧气的大气中的人员，应当穿棉织品内衣和服装。当留在充满氧气的大气中工作之后，在20~30min之内不准接近明火、吸烟和划火柴。

在有沥青（柏油）路面的场地和有沥青（柏油）屋顶的房间，绝对不允许进行液氧转注或进行与液氧有关的施工。因为沥青浸染了氧是具有爆炸危险的。

当液氧灌注和倒空时，运输液氧的槽车及导电带应当可靠接地。

在有雷雨的时候，禁止进行与灌注和倒空液氧有关的工作。

液氧罐车和储罐的充满率均不得大于95%，严禁过量充装。

压力表必须禁油，并定期校验；安全阀必须是不锈钢或铜制，定期校验，严格禁油。

当设备上阀门、仪表、管道等冻结时用70~80℃氮气、空气或热水解冻，严禁明火加热。

罐车或储罐内有液体时，禁止动火修理，必须加热至常温才能修理。

操作人员不得穿有油污或静电效应的化纤服装，不得穿有钉子的鞋子；操作中启闭阀门要缓慢；停用时，增压阀要关严。

液氧密闭储存时，必须有人监视压力，不得超压。

液氧不允许溅到无保护的皮肤上，以免发生严重冻伤。

当罐车或储罐已经排空液体，又不能马上进行加热时，必须立即关闭全部阀门。因为储罐内温度很低，湿空气会通过相连的管道侵入内部，造成结冰堵塞管道的事故。

3. 液氢安全技术

（1）液氢危险的性质。

1）由于液氢低温引起的危险性。液氢沸点低、易气化会引起超压危险。液氢中的固态气体杂质会破坏有关设备的正常工作（如阀门卡住、管路堵塞）。液氢中存在固态氧、固态空气，极易引起爆炸。液氢溅到皮肤上会引起冻伤。

2）易燃易爆危险性。氢与空气混合物的点火能量小，燃速高，在一定条件下易引起爆轰。氢与空气（氧或其他氧化剂）可燃混合物的燃烧速度高，在封闭、半封闭条件下爆燃可转化为爆轰或爆炸。在非封闭条件下，需要有很大能量的点火源才会引起爆轰。氢火焰的灭火距离很小，只有0.57mm，因此氢火焰有很强的穿透能力。

3）由于易泄漏和扩散引起的危险。液氢的黏度小，易泄漏，其泄漏速度比烃类燃料大100倍，比水大50倍，比液氮大10倍。氢气的泄漏速度比空气大2倍。

氢气的扩散速度比空气大3.8倍。漏出的液氢会很快蒸发形成易燃易爆的混合物。与此同时，这种易放易爆混合物消放得也很快，例如，溢出500加仑（1加仑=4.546dm^3）液氢，1min后就扩散成为不可燃的混合物。

（2）氢－氧的爆轰效应　氢－氧可燃混合物爆轰会产生冲击波，其破坏能力取决于冲击波升起的超压大小和持续时间长短。超压可由冲击波本身的峰压、动压或反射压力等引起。

氢－氧（空气）可燃混合物爆轰的TNT当量系数可用表8-6近似确定。混合物的总量乘以表中的系数，即可求出对应的TNT当量。应当指出，这种计算方法是很不准确的，因为爆轰当量和爆轰特性、混合物的状况、封闭情况等关系极大。

表8-6　TNT当量系数

推进剂	TNT当量系数	
	超压	冲击
LO_2/LH_2	0.6~0.8	0.8~0.9
LO_2/RP1（煤油）	0.6~0.8	0.8~1.05
N_2O_4/AZ50（混合）	0.42	0.52

冲击波对建筑物和人员的作用如下：

木结构和砖石结构的建筑物，在分别受到170~230mbar（17~23kPa）和300~330mbar

(30~33kPa) 峰值超压作用时，会发生中等程度到断裂性的破坏。这里所说中等程度的破坏是指对承载结构做较大修复后才能使用，断裂性的破坏是指要对建筑物重新构筑以后才能使用的破坏。

薄的或安装不佳的玻璃窗在10mbar (1kPa) 超压作用下会破碎。35mbar (3.5kPa) 超压作用会使大部分玻璃窗破碎。

350mbar (35kPa) 超压作用会使人的耳膜破裂；2.5~3.5bar (250~350kPa) 超压的致死率为1%，3.9~4.6bar (390~460kPa) 超压的致死率为99%。

峰值超压为200mbar (20kPa) 的冲击波风会吹走站立着的人。

(3) 液氢安全操作　在操作使用前应当对系统及设备检漏，对系统进行吹除、置换，清除系统中的气体和固体杂质。

在使用中应当对容器、管路、阀件进行正确的维护、保养，容器要定期排空，清除其中的气体和固体杂质。为了检查真空夹层的密封性，在排出容器中的低温液体并回温后，检查夹层的真空度，夹层真空度应高于5bar。管路、阀门在使用前应检漏，使用后应清理。

液氢操作必须遵守防漏、通风和防火三原则。

在危险区，任何热表面的温度不应高于450℃，如果进行焊接、切割等动火的工作，现场必须无氢气。不允许吸烟、带火柴或打火机。采用防爆或无火花的电气设备。对于非防爆的电气设备可采用把设备封闭在箱中，箱中充以微压惰性气体，阻止可燃气体进入箱内；把设备埋设在防护材料（油或粉末）中；把设备罩在火焰消除器中，消除器能有效地防止火焰向外传播等防爆措施。所有电气设备应防雷、接地。

操作人员不许穿着易产生静电的工作服（如化纤工作服）。参加操作的人员应尽量少，但不应少于两人，操作应按规定的程序进行。

4. 液化天然气安全技术

由于低温操作，金属元件会出现明显的收缩，在管道系统的任何部位尤其是焊缝、阀门、法兰、管件、密封及裂缝处，都可能出现泄漏和沸腾蒸发，如果不及时封闭这些蒸气，它就会逐渐上浮，且扩散较远，容易遇到潜在的火源，十分危险。可以采用围堰和天然屏障对比空气重的低温蒸气进行拦截。

在液化天然气（LNG）泄漏遇到水的情况下（例如集液池中的雨水），水与LNG之间有非常高的热传递速率，LNG将激烈地沸腾并伴随大的响声、喷出水雾，导致LNG蒸气爆炸。这个现象类似水落在一块烧红的钢板上发生的情况，可使水立即蒸发。为避免这种危险，应定期排放液池中的雨水。

LNG蒸气遇到火源着火后，火焰会扩散到氧气所及的地方。游离云团中的天然气处于低速燃烧状态，云团内形成的压力低于5 kPa，一般不会造成很大的爆炸危害。燃烧的蒸气就会阻止蒸气云团的进一步形成，然后形成稳定燃烧。

因此，LNG设施应包括事故切断系统（ESD），当该系统运行时，就会切断或关闭LNG、易燃液体、易燃制冷剂或可燃气体来源，并关闭继续运行将加剧或延长事故的设备。ESD系统应具有失效保护设计，当正常控制系统故障或事故时，失效的可能性应该最小。

使用带水位控制器的水幕或手握软管喷水使LNG蒸气团改道，避免风将蒸气团移向会点燃该蒸气团的运行设备，但同时水也会给蒸气带来额外的热量，造成云雾更快地浮动并向上扩散。

使用泡沫控制蒸气扩散及辐射，将泡沫覆盖在LNG池表面。由于热量增加，会使LNG的气化率增大，气化后的LNG蒸气穿过泡沫，温度升高，向上漂浮。这样LNG蒸气就像缕缕烟雾一样向上浮而不会沿着地面扩散，从而大大减少扩散区。如果是将泡沫覆盖在燃烧的LNG池上，就会降低气化率，从而减小火势，热辐射量也就随火势的减小而减少。

5. 液化石油气安全技术

由于液化石油气化的着火温度低，引燃能量和爆炸下限低，爆炸范围大，遇火源就有燃烧、爆炸的危险。因此，液化石油气是一种易燃易爆的介质。表8-7列出了液化石油气的着火温度、爆炸极限。

表8-7 液化石油气的着火温度及爆炸极限（液化石油气体积分数）

项目		名称					
		丙烷	丙烯	正丁烷	异丁烷	丁烯	异丁烯
着火温度/℃		510	455	490	490	445	445
爆炸极限	上限（%）	9.5	11.70	8.50	8.40	10.00	9.60
	下限（%）	2.10	2.00	1.50	1.80	1.60	1.80

从表8-7中可以看出，在常压下液化石油气的着火温度为455～510℃，其着火温度不高，所以在安全上要严防泄漏，严禁火种。虽与空气混合，着火爆炸极限狭窄，如丙烷为2.1%～9.5%，正丁烷为1.5%～8.5%，丙烯为2.0%～11.7%，但爆炸下限值较低，在泄漏量较小的情况下，发生爆炸事故的可能性也是很高的。一旦发生着火爆炸事故，将会造成严重的破坏。

在液化石油气的储存、装卸过程中，一旦罐车、储罐发生泄漏，高浓度的液化石油气被吸入人体内，会使人昏迷、呕吐，严重时可使人窒息死亡。若遇明火发生爆炸，在场人员也会全部被烧伤，甚至肺部、呼吸道都能着火，造成重伤，甚至死亡的严重后果。这些必须引起从事液化石油气工作人员的充分注意。

液化石油气的沸点很低，在0℃以下经加压或降温而成液体，储存在罐体内。在液化石油气从气态变液态过程中，其体积大约可缩小250～300倍，也就是253～305m^3气态可变成1m^3的液态。在从气态变液态的变换过程中放出大量的热。当使用过程中从液态变成气态，体积又膨胀250～300倍，1m^3的液态又变成250～300m^3的气体，在从液态变气态的变换过程中吸收大量的热，气态液化时放出的热与液态气化时吸收的热相等。

在罐车充装的过程中，一旦罐体的管道接头连接不好，或管道阀门等发生泄漏，液化气体大量喷出，由液态急剧变为气态，便从周围环境中大量吸收热量而造成低温，若该液体不小心喷在操作人员的皮肤上，液体急剧吸走皮肤上的热量，会造成皮肤冻伤。因此在装卸液化石油气的过程中，应该采取有效措施进行保护。

6. 液氨安全技术

液氨在常温常压下能气化成氨气，而氨气在空气中可燃，但一般难以着火，如果连续接触火源就会燃烧，有时也能引起爆炸。如果有油脂或其他可燃物质，则更容易着火。

氨气与空气混合物爆炸极限为氨的体积分数为15%～27%。虽然其爆炸极限范围比其他可燃性气体窄，危险性较小，但是在实际工作中仍须严禁烟火，而且要严防空气侵入储罐、罐车和管道中形成具有燃烧爆炸性的氨-空气混合气。

由于氨具有较高的体积膨胀系数，满罐充装液氨的罐车，在0～60℃范围内，液氨温度升高1℃，其压力升高约2.18～3.18MPa，因而液氨罐车超装极易发生爆炸。因此，在充装中必须注意液氨罐车的充装量。

由于液氨泄漏会挥发成比空气轻的氨气，很容易扩散，因此液氨泄漏时，应迅速将其附近（特别是下风侧）的一切火源移走、除去或熄灭。发出警报警告该区域内和邻近区域（特别是下风侧）内的人员，如果有必要撤离时应往上风侧撤离躲避。

如泄漏出自阀门或阀门法兰处，可用浸水湿布盖在泄漏处，在连续喷淋水的情况下，关闭阀门。如不能用一般方法阻止泄漏，则应将罐内液氨倒入其他储罐，或通过放空阀将其排空。若管道发生泄漏，应立即关闭上游阀门切断气源；如在泄漏时无法进行堵漏，则要用水冲释到常压为止。

在用水喷淋泄漏部位的同时，必须用大量的水稀释流出的液氨，以免流入江河湖海酿成公害。

生产设备必须严格密封，加强局部排风和全面通风。由于氨比空气轻，抽风口应装在高处。

空气中氨浓度超标时，必须佩戴防毒面具。紧急情况抢救或逃生时，应佩戴空气呼吸器，戴化学防护眼镜保护眼，必要时戴防护手套。工作或急救现场，严禁吸烟、进食、喝水。离开工作或急救现场后，应淋浴、更衣。

7. 罐车装卸安全技术

罐车装卸应在罐区专用装卸台进行。

在装卸台与罐车停放位置之间应设有防撞、防溜车设施，以防撞坏设备及溜车。

装卸台应用非燃烧材料制造，其中心线与液化气体储罐的防火间距不应小于30m。

在装卸台附近均需设置静电接地线的接头。罐车熄火停妥后，与装卸台设备之间应用临时接地线接通。

管道和管接头连接必须牢靠，管道内应排尽空气。对易燃介质作业现场严禁烟火，且不得使用易产生火花的工具和用品。

液氨、液化石油气及其他不允许与空气混合的介质，卸液时不得用空气压液，液化气体不得采用蒸气等可能引起罐内温度迅速升高的方法卸液。如采用热水升温卸液时，水温不得高于45℃。

在装卸过程中已装卸完毕而未拆除连接软管之前不准起动罐车，以免将软管拉断或者由于罐车排气管的火星引起液化气体起火。

罐车装卸作业时遇到下列情况一般应立即停止作业：

1）雷雨天气。

2）附近发生火灾或发现有火种时。

3）部件突然损坏发生跑气时。

4）压力异常，超过设计压力时。

5）液面计失灵，观察不到液位时。

遇到上述情况，正在进行充装的罐车应立即停止作业，并把气相、液相导管拆除，将罐车驶出作业现场，停放到安全地带。待故障排除后或天气没有雷电时，再继续充装。

充装、卸液时，操作人员应随身携带防毒面具，以防止一旦发生泄漏等异常情况时，能够及时、安全地进行处理。

罐车的充装单位在充装前必须对罐车进行检查，凡有下列情况之一者，必须由罐车的使用单位进行处理，否则禁止充装：

1）罐车超过检验期限而未做检查者。

2）罐车的外观不好，漆色、铭牌和标志不符合规定或者与所装介质不符者。

3）汽车罐车的消防装置不齐全或附件损坏、失灵及灭火器检查过期者。

4）罐体内没有余压或原装介质不明者。

5）罐体的外观检查有缺陷或附件有跑、冒、滴、漏者。

6）驾驶员和押运人员无有效证件者。

7）车辆部分无交通管理部门核发的行驶证者。

8）槽车的罐体号码与车辆号码不符者。

8.3　移动式压力容器充装与卸载的基本要求

移动式压力容器操作人员应当熟悉移动式压力容器充装、卸载中工艺参数的控制，移动式压力容器的运输、停止运行等安全操作要点，压力容器运行期间的检查要点（工艺条件、设备状态、安全附件、走行装置等方面的检查），熟知压力容器的维护保养、停用期间的维护保养等要求。

8.3.1　移动式压力容器的装卸准备工作

从事移动式压力容器充装的单位，需要按照 TSG R4002《移动式压力容器充装许可规则》的要求，取得充装许可资质。

1. 充装单位应当具备的基本条件

1）有具备能力的管理人员和操作人员，并且根据 TSG R6001《压力容器安全管理人员和操作人员考核大纲》的要求取得相应的资质证书。

2）有合适的充装工艺条件：与介质相适宜的充装设备；储存设备；介质分析、检测仪器及能力；足够的充装场地以及安全设施，并且各种仪器设备满足计量要求。

3）有健全的质量保证体系，并且能够有效运行。

4）有指导使用者正确使用压力容器的能力。

5）为充装操作人员提供合适的个人安全防护设备。

6）满足国家法律、法规要求的其他能力，如工商、环境保护、安全生产、消防、公安、职业卫生等要求。

7）充装单位必须通过省市一级政府部门指定的、有资质的评审部门评审，合格后可以进行移动式压力容器的充装。

2. 卸载单位应当具备的基本条件

1）操作人员应根据 TSG R6001《压力容器安全管理人员和操作人员考核大纲》的要求取得相应资质：移动式压力容器管理人员证书和移动式压力容器操作人员证书。

2）对卸载安全负责，应制定完善的管理制度和操作规程。

3）为使用、操作人员提供合适的个人安全防护设备。

4）满足国家法律、法规要求的其他能力，如工商、环境保护、安全生产、消防、公安、职业卫生等要求。

3. 编制充装工艺或操作规程

移动式压力容器充装单位，应该根据 TSG R4002《移动式压力容器充装许可规则》的要求以及相关法律、法规和安全技术规范的规定建立健全质量保证体系。

体系文件中的充装管理职责、管理制度、安全技术操作规程以及相应的充装工作记录等体系文件，应当符合 TSG R4002《移动式压力容器充装许可规则》的有关要求，并且能够根据实际情况和充装工艺变动及时改进与完善。

4. 移动式压力容器充装站环境

充装站站址及总平面布置应符合 GB 50187—2012《工业企业总平面设计规范》等的要求。

厂房建筑的耐火材料等级、厂区防火间距、安全通道及消防用水量等安全防火条件应符合 GB 50016—2014《建筑设计防火规范》的规定。可燃气体充装站应符合相应气体的设计规范。设置在石油化工企业内的充装站还应符合 GB 50160—2008《石油化工企业设计防火规范》的规定。

（1）GB 50187—2012《工业企业总平面设计规范》中规定

1）厂址应位于不受洪水、潮水或内涝威胁的地带，并应符合下列规定：当厂址不可避免会受洪水、潮水或内涝威胁的地带时，必须采取防洪、排涝措施。

2）山区建厂。当厂址位于山坡或山脚处时，应采取防止山洪、泥石流等自然灾害的危害的加固措施，应对山坡的稳定性等做出地质灾害的危险性评估报告。

3）下列地段和地区不应选为厂址：

① 地震断层和抗震设防烈度为 9 度及高于 9 度的地震区。

② 有泥石流、滑坡、流沙、溶洞等直接危害的地段。

③ 采矿陷落（错动）区地表界限内。

④ 爆破危险界限内。

⑤ 坝或堤决溃后可能淹没的地区。

⑥ 有严重放射性物质污染影响区。

⑦ 生活居住区、文教区、水源保护区、名胜古迹、风景游览区、温泉、疗养区、自然保护区和其他需要特别保护的区域。

⑧ 对飞机起落、电台通信、电视转播、雷达导航和重要的天文、气象、地震观察以及军事设施等有影响的范围内。

⑨ 受海啸或湖涌危害的地区。

4）江、河、湖、海水域严禁作为废料场。

5）火灾危险性属于甲、乙、丙类液体罐区的布置应符合下列要求：架空供电线严禁跨越罐区。

6）具有可燃性、爆炸危险性及有毒性介质的管道，不应穿越与其无关的建筑物、构筑物、生产装置、辅助生产及仓储设施、储罐区等。

（2）GB 50489—2009《化工企业总图运输设计规范》中规定。

1）厂址选择应符合国家工业布局和当地城镇总体规划及土地利用总体的要求。厂址选择应严格执行国家建设前期工作的有关规定。

2）厂址选择应由有关职能部门和有关专业协同对建厂条件调查，并全面论证厂址对当前经济、社会和环境的影响，同时应满足防灾、安全、环境保护和卫生防护的要求。

3）厂址选择应充分利用非可耕地和劣地，不宜破坏原有森林、植被，并应减少土石方开挖量。

4）厂址选择应同时满足交通运输设施、能源和动力设施、防洪设施、环境保护工程及生活等配套建设用地的要求。

5）厂址宜靠近主要的原料和能源供应地、产品的主要销售地和协作条件好的地区。

6）厂址应具有方便和经济的交通运输条件。临江、湖、河、海的厂址，通航条件能满足工厂运输要求时，应尽量利用水路运输，且厂址宜靠近适于建设码头的地段。

7）厂址应有充足、可靠的水源和电源且应满足企业发展需要。

8）厂址应位于城镇或居民区的全年最小频率风向的上风侧。

9）可能散发有害气体工厂的厂址，应避开形成逆温层及全年静风频率较高的区域。

（3）厂区总平面图布置应符合 HG 20571—2014《化工企业安全卫生设计规范》的规定

1）化工企业厂区总平面应满足现行国家标准 GB 50489《化工企业总图运输设计规范》的要求，应根据厂内各生产系统及安全、卫生要求进行功能明确合理分区的布置，分区内部相互之间保持一定的间距，并应设置通道。

2）厂区内甲、乙类生产装置或设施，散发烟尘、水雾和噪声的生产部分应避开人员集中场所，布置在明火或散发火花地点的全年最小风频率风向的上风侧，厂前区、机电仪修和总变配电等部分应位于全年最小风频率风向的下风侧。

3）污水处理场、大型物料堆场、仓库区应分别集中布置在厂区边缘地带。

4）化工企业主要出入口不应少于两个，并且位于不同方位，大型化工厂的人流和货运应明确分开，大宗危险货物运输须有单独路线，不与人流混行和平交。

5）厂内铁路线群一般应集中布置在后部或侧面，避免伸向厂前、中部位，尽量减少与道路和管线交叉。铁路沿线的建、构筑物必须遵守建筑限界和有关净距的规定。

6）厂区道路应根据交通、消防和分区的要求合理布置，力求顺通。危险场所应为环行，路面宽度按交通密度及安全因素确定，保证消防、急救车辆畅行无阻，并应符合下列规定：

① 厂区内道路应符合消防车通行的道路间距、宽度，其拐弯半径也应符合要求。

② 道路两侧和上下接近的建、构筑物必须满足有关净距和建筑限界要求。

7）机、电、仪、修等操作人员较多的场所宜布置在厂前附近，避免大量人流经常穿行全厂或化工生产装置区。应符号现行国家标准 GB 50016《建筑设计防火规范》和 GB 50160《石油化工企业设计防火规范》的有关规定。

8）室外变、配电站与建筑物、堆场、储罐之间的防火间距应现行国家标准 GB 50016《建筑设计防火规范》和 GB 50160《石油化工企业设计防火规范》的规定，不宜布置在循环水冷却塔冬季最大频率风向的下风侧。

9）储存甲、乙类物品的库房，甲、乙类液体罐区、液化烃储罐宜归类分区布置在厂区边缘地带，其储存量、防火间距、道路和安全疏散等各项设计应符合现行国家标准 GB 50016《建筑设计防火规范》和 GB 50160《石油化工企业设计防火规范》有关规定。

10）新建化工企业应根据企业生产性质、地面上下设施和环境特点进行绿化美化设计，其绿化用地系统应满足现行国家标准 GB 50489《化工企业总图运输设计规范》的规范和区域性详细规划，并与当地行政主管部门协同商定。

（4）厂房的耐火等级、层数和防火分区的最大允许建筑面积　遵守 GB 50016—2014《建筑设计防火规范》中的有关规定。

充装站厂房建筑应符合 GB 50016—2014 的有关规定。

充装爆炸下限小于10%（体积分数）的气体属于甲类气体，包括氢气、乙炔、甲烷、乙烯、丙烯、丁二烯、环氧乙烷、硫化氢、氯乙烯、乙硼烷、硅烷、磷烷、乙烷、丙烷、二甲醚等，要求一级或不低于二级耐火等级的建筑。

充装乙类气体，包括一氧化碳、氧气、空气、氨气、氟、一氧化氮、一氧化二氮、氯、二氧化氮、氯化氢、丙炔等的建筑耐火等级要求一、二级。

充装戊类气体，包括氮、氩、氖、氦、氪、四氟甲烷、氟利昂系列气体、氙、二氧化碳、六氟化硫、七氟丙烷等的建筑耐火等级不应低于三、四级。

液化烃、可燃液体的铁路装卸线不得兼作走行线。

5. 装卸操作前准备

移动式压力容器装卸单位在装卸作业前应当做好各项安全准备工作，安全准备工作应当符合以下要求：

1）装卸场地具备作业条件。

2）采取了防止装卸过程中车辆发生滑动的有效措施。

3）设置安全警示标志或者防护信号。

4）有释放静电要求的，做好压力容器的静电接地设施与装卸台接地线网连接。

5）装卸连接管与装卸接口的连接安全可靠，连接处无泄漏，并且对连接管内的空气及杂质进行吹扫、置换清理。

6）易燃、易爆介质作业现场已采取防止明火和静电的措施。

7）装卸液氧（高纯氧）等氧化性介质的连接接口采取避免油脂污染措施。

8）装卸低温液体介质压力容器，采取了防止安全阀和排放阀与液相接触的措施。

6. 装卸前检查

移动式压力容器，在充装、或者卸货以前，必须有针对性的对各项要求进行符合性检查，确保各项要求落在实处，必须符合以下各项要求：

1）随车规定携带的文件和资料应当齐全、有效，并且装卸的介质与铭牌、使用登记资料、标志一致。

2）首次充装投入使用并且有置换要求的，应当有置换合格报告或者证明文件。

3）购买、充装剧毒介质的，应当有剧毒介质（剧毒化学品）的购买凭证、准购证以及运输通行证。

4）随车作业人员应当持证上岗，资格证书有效。

5）压力容器铭牌与各种标志（包括颜色标志、环形色带标志、警示性标志、介质标志等）应符合相关规定，充装的介质与罐体或者气瓶涂装标志一致。

6）移动式压力容器应当在定期检验有效期内，未经检验合格的移动式压力容器不得进入装卸区域进行装卸作业。移动式压力容器的安全附件应当齐全、工作状态正常、并且在校验期内。

7）压力、温度、充装量（或者剩余量）应当符合要求。

8）各密封面的密封状态应当完好无泄漏。

9）随车防护用具、检查和维护保养、维修等专用工具和备品、备件应当齐全、完好。

10）易燃、易爆介质作业现场应当采取防止明火和防静电措施。

11）装卸液氧等氧化性介质的连接接头应当采取避免油质污染措施。

12）罐体或者气瓶与走行装置或者框架的连接应当完好、可靠。

8.3.2 压力容器装卸过程控制

装卸作业过程的工作质量和安全应当符合以下要求：

1）充装人员必须持证上岗，按照规定的装卸工艺进行操作，装卸单位安全管理人员进行巡回检查。

2）按照指定的位置停车，汽车发动机必须熄火，切断车辆总电源，并且采取防止车辆发生滑动的有效措施。

3）装卸易燃、易爆介质前，压力容器上的导静电装置与装卸台接地线进行连接。

4）装卸口的盲法兰或者等效装置必须在其内部压力泄尽后卸除。

5）使用充装单位专用的装卸用管进行充装，不得使用随车携带的装卸软管进行充装。

6）装卸用管与压力容器的连接符合充装工艺规程的要求，连接必须安全可靠。

7）装卸不允许与空气混合的介质前，进行管道吹扫或者置换。

8）装卸作业过程中，操作人员必须处在规定的工作岗位上；配置紧急切断装置的，操作人员必须位于紧急切断装置的远程控制系统位置；配置装卸安全连锁报警保护装置的，该装置处于完好的工作状态。

9）装卸时的压力、温度和流速符合与所装卸介质相关的技术规范及其相应的标准的要求，超过规定指标时必须迅速采取有效措施。

10）移动式压力容器的充装量（或者充装压力）不得超过核准的最大允许充装量（或者充装压力），严禁超装、错装。

8.3.3 装卸后检查

装卸后的压力容器应当进行检查，检查是否满足以下要求并且进行记录：

1）压力容器上与装卸作业相关的操作阀门应当置于闭止状态，装卸连接口安装的盲法兰等装置应当符合要求。

2）压力、温度、充装量（或者剩余量）应当符合要求。

3）压力容器所有密封面、阀门、接管等应当无泄漏。

4）所有安全附件、装卸附件应当完好。

5）充装冷冻液化气体的压力容器，其罐体外壁不应存在结露、结霜现象。

6）压力容器与装卸台的所有连接应当分离。

充装完成以后，复核充装介质和充装量（或者充装压力），如有超装、错装，充装单位必须立即处理，否则严禁车辆驶离充装单位。

8.3.4 禁止装卸作业要求

凡遇有下列情况之一的，压力容器不得进行装卸作业：

1）遇到雷雨、风沙等恶劣天气情况的。

2）附近有明火、充装单位内设备和管道出现异常工况等危险情况的。

3）压力容器或者其安全附件、装卸附件等有异常的。

4）其他可疑情况的。

8.3.5 装卸记录和装卸证明资料

1. 装卸记录

1）压力容器装卸作业结束后，充装单位或者卸载单位应当填写充装记录、卸载记录，并且将与充装有关的信息及时写入压力容器的电子记录卡，装卸记录的内容必须真实有效。

2）充装记录、卸载记录内容至少包括充装质量工作记录，包括压力容器装卸前检查、压力容器装卸过程控制、压力容器装卸后检查、禁止装卸作业要求，并且由相应的称重人员、检查人员签字，装卸记录至少保存1年。

2. 充装证明资料

充装完成以后，充装单位应当向介质买受方提交以下证明资料：

1）充装记录。

2）化学品安全技术说明书、危险化学品信息联络卡，按照相应国家标准的规定，注明所充装危险化学品的名称、编号、类别、数量、危害性、应急措施以及充装单位的联系方式等。

3）必要时，还应向介质买受方出具介质组分含量检测报告。

8.4 移动式压力容器的维护保养

移动式压力容器维护保养的目的在于提高设备的完好率，使移动式压力容器能保持在完好状态下运行，提高使用效率，延长使用寿命，保证运行安全。其内容包括：日常维修、大修、停用期间的维修保养等。维护保养的对象不仅包括压力容器本体，也应包括各种附属装置、仪器仪表，以及走行装置、支座基础、连接的管道阀门等。本节重点介绍容器本体的日常维护保养方面的内容。

8.4.1 移动式压力容器设备及走行装置的完好标准

1. 压力容器设备及装卸装置运行正常、效能良好

1）压力容器检验合格，并已办理使用登记手续。其具体标志为：

① 容器的各项操作性能指标符合设计要求，能满足正常生产的需要。

② 操作过程中运转正常，易于平稳地控制各项操作参数。

③ 密封性能良好，无泄漏现象。

2）装置完整，质量良好。一般来说，它应包括如下各项要求：

① 零部件、安全装置、附属装置、仪器仪表完整，质量符合设计要求。

② 容器罐体整洁，油漆、保温层完整，无严重锈蚀和机械损伤。

③ 阀门及各类可拆连接处无“跑、冒、滴、漏”现象。

④ 基础牢固，支座无严重锈蚀，外管道情况正常。

⑤ 各类技术资料齐备、准确，有完整的设备技术档案。

⑥ 容器在规定期限内进行了定期检验，安全性能好，并已办理使用登记证。

⑦ 安全阀、爆破片、易熔塞、温度计、液位计及压力表等附件定期进行了调校和更换。

⑧ 移动式压力容器的产品质量证明文件应当齐全、完整。

2. 走行装置及附件完整、质量良好

1）移动式压力容器的行走装置应当符合 GB 7258—2012《机动车运行安全技术条件》规定的要求，检查以下各项，均应正常。

① 整车技术条件要求，危险货物运输车的标志应符合 GB 13392—2005《道路运输危险货物车辆标志》的规定，罐式危险货物运输车还应按照 GB 18564. 1—2006《道路运输液体危险货物罐式车辆　第 1 部分：金属常压罐体技术要求》或 GB 18564. 2—2008《道路运输液体危险货物罐式车辆　第 2 部分：非金属常压罐体技术要求》在罐体上喷涂装运货物的名称，道路运输爆炸品和剧毒化学品车辆还应符合 GB 20300—2006《道路运输爆炸品和剧毒化学品车辆安全技术条件》的规定。

② 检查发动机、转向、制动、照明以及信号装置和其他电器设备符合要求。

③ 检查轮胎、车轮总成、悬架系统以及其他行驶系符合技术条件要求。

④ 检查离合器、变速器和分动器工作正常，传动轴和驱动桥不得有异常。

⑤ 安全防护装置正常。安全防护装置包括：汽车安全带、车外后视镜和前下视镜、前风窗玻璃刮水器。

2）牵引车与被牵引车的连接装置结构合理，确保连接牢固，并且有防止连接脱开的装置。

3）行走装置侧面以及后下部防护装置应提供防止人员卷入的侧面防护，挂车的后下部应装备后下部防护装置，该装置对追尾碰撞的机动车应有足够的阻挡能力，防止发生钻入碰撞。

8.4.2　移动式压力容器运行期间的维护保养

1. 日常维护检修

为了保障罐车的使用安全，使用单位必须加强对罐车的维护保养，保持车辆性能经常处于最佳状态。

罐车的日常维护保养参照表 8-8 所示的规定。对低温罐车，还需经常检查罐体夹层压力是否正常，并定期测量夹层的真空度，如发现真空度过低，要进行抽空和检漏，排除夹层漏点后再抽空至符合要求。

表 8-8　罐车的日常维护保养

项　目	维护检查	期　限
罐体	1. 罐体有无异常和明显变形 2. 漆色是否完好 3. 管路系统各连接部位是否泄漏 4. 人孔及附件连接螺栓是否松动	每天一次 每天一次 每天一次 三个月一次
紧急切断阀与操作装置	1. 连接法兰及密封面是否泄漏 2. 操作装置的状况 3. 事故手柄装置情况	每天一次 每天一次 每月一次
球阀	1. 连接部位有无泄漏 2. V 形密封处有无泄漏 3. 接头有无磨损及手柄的功能是否正常	每天一次 每天一次 每月一次
安全阀	1. 铅封是否完好 2. 安全阀有无泄漏现象 3. 密封面有无泄漏	每月一次 每月一次 每月一次
爆破片	1. 连接法兰是否泄漏 2. 是否需要更换爆破片	每天进行 每 2 ~ 3 年至少一次
压力表	1. 连接部位有无泄漏 2. 压力表指示是否正常 3. 用标准压力表校验	每天一次 每天一次 半年一次
温度计	1. 连接部位有无泄漏 2. 指示器是否损坏	每天一次 每天一次
液位计	1. 连接法兰、垫片部位有无泄漏 2. 液位指示是否正常 3. 校验	每天一次 每天一次 每年至少一次
干粉灭火器	1. 外观有无损坏 2. 干粉和喷射性能是否完好	按消防规定
装卸软管	1. 外观检查有无裂口等 2. 密封处有无泄漏 3. 接头自锁装置是否功能正常	每天进行 每天进行 每天进行
汽车底盘铁路底盘	按交通、铁道管理部门的规定	按要求进行

2. 现场检查方法

在现场正确地运用“一看、二听、三摸”的方法分析判断罐车发生故障的原因。

（1）一看

1）看罐体：

① 看罐体油漆是否脱落，标志是否完好、清晰。如果罐体油漆脱落，标志不清，则是不正常现象。

② 看罐体表面有无严重腐蚀、裂纹和硬物碰撞等凹凸变形及鼓包现象。如有则属不正常。

2）看安全装置：

① 看安全阀橡胶保护罩是否完好无损，看铅封是否良好，有无漏泄结白霜现象。若没有则属正常。

② 看紧急切断阀、液位计、球阀、截止阀手轮、扳手开关位置是否正确，有无结白霜现象各个阀门手轮、扳手开关位置不对且有白霜现象则是不正常现象。

③ 看紧急切断阀油缸、手压油泵、分配台、主管路系统（特别是各接头处）、易熔塞、截止阀、远程控制阀有无油渍现象。如果有油渍说明有渗漏。

④ 看压力表压力数值、温度计温度数值是否超过罐车设计数值。超过则是反常现象。

3）看罐车：看罐车定检是否过期。罐车定检应为不过期。

（2）二听

1）听罐体上部人孔与人孔盖板连接处有无“嘶、嘶、嘶”的气流声。如有则说明有泄漏现象。

2）听人孔盖内各安全附件有无漏气声。若无则属正常。

3）听罐体上部人孔盖两头安全阀有无漏气声。若有则说明罐内介质充装过量或安全阀本身有问题。

（3）三摸

1）摸罐体温度，如果用手摸罐体温度烫手，则属罐内介质温度过高，需做处理；如与环境温度差不多，则属正常。

2）摸安全阀和人孔盖内的安全附件、仪表接头处，用手摸时感到冰手和有风吹感，则说明有泄漏现象。

由于罐车是各个部件的组合体，它们彼此相互联系和相互影响。因此在实际工作中，只查出一种反常现象，是很难准确地判断出故障，一般需要找两种以上的反常现象来判断一个故障，才具有较高的准确性。这是因为一种反常现象很可能是多种故障所共有的，而两种或两种以上反常现象的同时出现，成了某种故障的特性，可以从中排除一些可疑的因素，才能较准确地分析出故障所在。

提高移动式压力容器的完好率，除必须加强日常的维护保养工作外，还要注意移动式压力容器在停用时的保养防腐措施。

8.4.3 移动式压力容器停用期间的维护保养

对于长期停用或临时停用的移动式压力容器，也应加强维护保养工作。从某种意义上讲，一台停用期间保养不善的容器甚至比正常使用的容器损坏得更快，这是因为停用容器不仅受到未清除干净的容器内残余介质的腐蚀，也受到大气的腐蚀作用。

在大气中，未被水饱和的空气冷却至一定温度后，水蒸气将从空气中冷凝而汇集成水膜覆盖在器壁表面的局部处，甚至整个表面都被水膜覆盖。如果金属表面粗糙或表面附着有尘埃、污物，或者防腐层有破损等，水蒸气更易在这些部位析出并聚集。应指出的是，水蒸气凝聚时，并非形成纯净的水。空气中的氮、氧以及其他气体杂质和二氧化硫、氮氧化合物、氯化氢，固体颗粒如烟气飘尘等都能溶解于水膜中形成电解质溶液，因而具备了电化学腐蚀的条件。影响腐蚀的因素首先是大气温度和湿度，其次是空气中的杂质成分及其含量、器壁材料的化学成分、器壁表面粗糙程度和沾污情况等。另外，如果移动式压力容器内部的介质对器壁材料具有腐蚀性，停用时未清除干净而残留于容器内某些转角、连接部件或接管等间隙处，也将溶解在水膜里继续腐蚀器壁。

停用容器的维护保养措施是：

1）停止运行尤其是长期停用的容器，要将其内部介质排除干净。特别对腐蚀性介质，要进行排放、置换和清洗、吹干。注意防止容器的“死角”中积存腐蚀介质。

2）保持容器内部干燥和洁净，清除内部的污垢和腐蚀产物。修补好防腐层破损处。

3）移动式压力容器外壁涂刷油漆，防止大气腐蚀。还要注意保温层下和支座处的防腐等。

8.4.4 安全装置维护保养

为防止承压的密闭移动式压力容器因操作失误或发生意外超温、充装过量及超压事故，储运时需要对通过测量仪表显示的工艺参数（如温度、压力、液面等）进行监控，实现稳定的工艺参数和维持正常化储运。同时，遇到超压时也需迅速卸压以保证移动式压力容器安全运行。因而，安全附件是移动式压力容器设备保障安全运行必不可少的装置。维护保养好移动式压力容器的安全装置是至关重要的。

要使安全泄压装置经常处于完好状态，保持准确可靠，灵敏好用，必须在移动式压力容器的运行过程中加强维护保养。安全附件维护在第 4 章相关章节中有详细描述，在此不再叙述。

复习思考题

一、选择题

1. 移动式压力容器在运行过程中常见事故的原因：

a. 容器本体质量问题。

b. 容器在使用期间，由于超压、超温、超装，引起事故。

c. 压力容器内形成爆炸性混合气体。

d. 在运输过程中，移动式压力容器由于附件或连接部位松动，导致可燃介质的跑、冒、滴、漏，引起着火导致容器爆炸事故。

e. 操作人员缺乏基本知识，违章操作，或者未完全执行操作规程（如未执行充装后的泄漏检验等），领导违章指挥，任意改变生产工艺等。

f. 移动式压力容器在运输过程中，遭遇交通事故，或者不按照危险品运输规定行驶发生交通意外，致使压力容器受损，出现压力容器事故。 （C）

A. abc　　B. abcd　　C. abcdef　　D. abcdf

2. 安全泄放装置能自动迅速地排放压力容器内的介质，以便使压力容器始终保持在（　　）范围内。 （B）

A. 工作压力　　B. 最高允许工作压力　　C. 设计压力　　D. 使用温度

3. 一辆液化石油气汽车槽车，公称容积为 20m^3，实测容积为 19.8m^3，装量系数为 0.42，该罐车允许的最大充装质量是（　　）。 （A）

A. 8.2t　　B. 8.4t　　C. 11t　　D. 10t

4. 一般情况下，压力表应装设在（　　）。 （D）

a. 压力容器顶部

b. 压力容器便于观察部位

c. 与压力容器连接的系统管道上

d. 直接与容器相连通的管道上

A. ab　　B. cd　　C. ac　　D. abcd

5. 移动式压力容器是一种具有潜在危险的特种设备，运作应具备必要的安全作业知识、作业技能，有关人员必须取得相应的特种设备作业资质，以下人员可以不用特种设备作业资质。（D）

A. 移动式压力容器的管理人员

B. 移动式压力容器的操作人员

C. 移动式压力容器的运输、押运的作业人员

D. 移动式压力容器的公司财务主管

6. 灭火的基本方法有（　　）。a 冷却法；b 窒息法；c 隔离法；d 抑制法（A）

A. abcd　　B. ab　　C. cd　　D. abc

7. 液化石油气压力容器在检验前的置换工作是严禁用（　　）置换的，否则将会引起爆炸。（C）

A. 氮气　　B. 水蒸气　　C. 压缩空气　　D. 热水

8. 在标准大气压下 1L 液氧汽化后为（　　）L 气氧气。（B）

A. 652　　B. 808　　C. 795　　D. 709

9. 空气中含氧为（　　）%（体积分数）。（B）

A. 78.1　　B. 20.9　　C. 19.5　　D. 23.5

10. 氮的液化温度为零下（　　）℃（在标准大气压下）。（B）

A. 183　　B. 196　　C. 269　　D. 186

二、判断题

1. 汽车罐车行驶时，不准拖带挂车，不得携带其他危险品，严禁其他人员搭乘，但搭乘自己公司的员工是允许的。（×）

2. 充装前，充装单位应对漆色或标志进行检查，移动式压力容器铭牌与各种标志、标识（包括颜色标志、环形色带、警示性标志、充装介质标识等）是否符合相关规定，不符合规程的规定，不得充装。（√）

3. 移动式压力容器货物装、卸完后，可以不用填写装卸记录。由驾驶员或押运员口头通知即可。（×）

4. 介质易燃、易爆的汽车罐车，遇有雷雨天气或附近有明火时，应禁止装卸作业。（√）

5. 超装危害：液体在容器内“满液”以后，温度继续升高，会引起液体膨胀力过大而使容器破裂。液化气体超装，会使“满液”温度降低，可能导致在常温下少量升温就可能导致容器因液体膨胀破裂。（√）

6. 液化石油气的充装系数是 0.42kg/L，或者 0.42t/m^3。（√）

7. 可以采用液体泵的方法直接转移液化气体：无水液氨、液化石油气、液氮、液氧、液氩。（√）

8. 罐体自行检查和日常维护检查中，发现罐体压力、温度有异常的、明显的波动，通知上级主管即可。（×）

9. 操作人员有义务在实施操作过程中，应确保自己佩戴了合适的个人防护设备及设施。个人防护设备及设施应有面部防护、胸部防护、手部防护、足部防护、呼吸防护等。具体涉及眼睛、面部、胸部、手、脚面等身体器官都应有有效的防护。在充装有毒、腐蚀性气体时，还需要进行呼吸防护。（√）

10. 移动式压力容器装卸作业结束后，充装单位或者卸载单位应当填写充装记录、卸载记录，并且将充装有关的信息及时写入移动式压力容器的使用登记证，装卸记录的内容必须真实有效。（√）

三、简答题

1. 移动式压力容器在运行过程中常见事故的原因。

答：（1）容器本体质量问题。

（2）容器在使用期间，由于超压、超温、超装，引起事故。

（3）压力容器内形成爆炸性混合气体。

（4）在运输过程中，移动式压力容器由于附件或连接部位松动，导致可燃介质的跑、

冒、滴、漏引起着火导致容器爆炸事故。

(5) 操作人员缺乏基本知识，违章操作，或者未完全执行操作规程，领导违章指挥，任意改变生产工艺等。

(6) 移动式压力容器在运输过程中，遭遇交通事故，或者不按照危险品运输规定行使发生交通意外，致使压力容器受损，出现压力容器事故。

2. 简单叙述移动式压力容器禁止装卸作业要求。

答：凡遇有下列情况之一的，压力容器不得进行装卸作业：

(1) 遇到雷雨、风沙等恶劣天气情况的。

(2) 附近有明火、充装单位内设备和管道出现异常工况等危险情况的。

(3) 压力容器或者其安全附件、装卸附件等有异常的。

(4) 其他可疑情况的。

3. 简述移动式压力容器充装单位至少应当具备的基本条件。

答：(1) 有具备能力的管理人员和操作人员，并且根据 TSG R6001《压力容器安全管理人员和操作人员考核大纲》的要求取得相应的资质证书。

(2) 有合适的充装工艺条件：与介质相适宜的充装设备；储存设备；介质分析、检测仪器及能力；足够的充装场地以及安全设施，并且各种仪器设备满足计量要求。

(3) 有健全的质量保证体系，并且能够有效运行。

(4) 有指导使用者正确使用压力容器的能力。

(5) 为充装操作人员提供合适的个人安全防护设备。

(6) 满足国家法律、法规要求的其他能力，如工商、环境保护、安全生产、消防、公安、职业卫生等要求。

(7) 充装单位必须通过省市一级政府部门指定的、有资质的评审部门评审，合格后可以进行移动式压力容器的充装。

4.《特种设备作业人员证》的操作人员应当符合的条件。

答：(1) 年龄在 18 周岁（含）以上，男性不超过 60 周岁，女性不超过 55 周岁。

(2) 具有初中以上（含）学历，在本岗位从事相关操作的实习半年（含）以上。

(3) 身体健康，没有妨碍从事压力容器操作的疾病和生理缺陷。

(4) 具有相应的压力容器基础知识、专业知识、安全管理知识和法规知识，具备一定的实际操作技能。

5. 移动式压力容器中压力容器液压试验的合格标准是什么？

答：(1) 无渗漏。

(2) 无可见的变形。

(3) 试验过程中无异常的响声。

第 9 章

典型移动式压力容器充装与卸载工艺及安全操作要点

本章知识要点

本章介绍典型移动式压力容器的充装与卸载工艺、运输与营运过程的操作安全要点。着重要求学员了解安全操作技术要求，明确压力容器作业人员的安全责任职责，严格遵守操作规程，确保自身生命和财产安全。

9.1 移动式压力容器卸车（倒罐）与充装（灌装）工艺

移动式压力容器安全运行主要包括其罐车在罐区内的充装与卸载安全、运输与营运等过程的安全，各储配站的规模、设备、工艺条件等虽有差异，但工艺原理、操作原则等基本相同。以下仅介绍罐区运行工艺的基本方面，对于运行中的具体做法和要求，应以各站的规定为准。

本节主要以液化石油气为例介绍罐车卸载（倒罐）、充装（灌装）操作工艺。

9.1.1 移动式压力容器罐车卸车（倒罐）操作工艺

罐区运行是充装站生产过程的重要组成部分。罐区运行工艺是用各种设备和手段接收、储存液化石油气，并通过技术处理为灌装、卸载和残液回收提供保障的操作工艺。

将液化石油气输入储罐的工艺称为接收，俗称进液。接收的方式有汽车罐车、铁路罐车、船舶运送和管道输送四种。铁路罐车和汽车罐车的卸车工艺基本相同。下面介绍接收工艺的几种接收方法。

罐车卸车工艺有：用压缩机卸车，用烃泵卸车，用气化器卸车，用静压差卸车，用压缩气体卸车等几种。

1. 用压缩机卸车工艺

这种卸车工艺流程简单，可几台罐车同时卸车，但罐车升压需要一定时间，须罐区运行岗位和压缩机岗位配合作业。

（1）工艺原理　用压缩机卸车的工艺流程如图 9-1 所示。

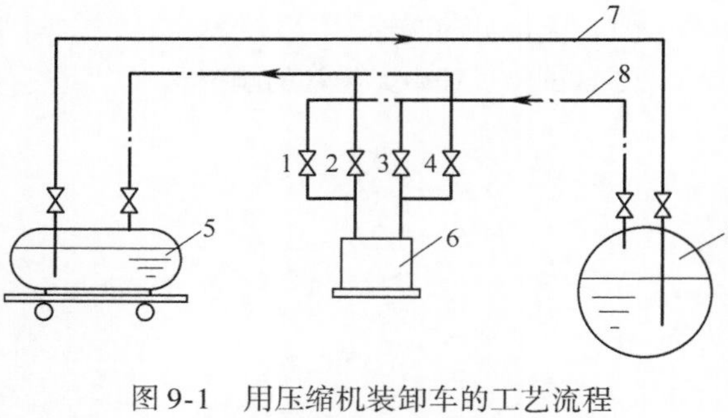

图 9-1　用压缩机装卸车的工艺流程

1、2—排气阀门　3、4—吸气阀门　5—罐车　6—压缩机　7—液相管　8—气相管　9—储罐

罐车气相管与压缩机管路相接，液相管与进液储罐管路相接。用压缩机抽吸储罐气体，经压缩升压后，输入罐车，造成罐车与储罐间的压差，将液输往储罐。

卸车过程分升压、卸车、降压三步。

首先应关闭压缩机阀门1、4，开启阀门2、3，压缩机抽吸储罐气体，经压缩后输入罐车，使罐车升压。当罐车与储罐间压差达到规定压力时，开启罐车与储罐液相阀门，液化石油气沿液相管输入储罐，直至将液卸净。

卸液后，罐车内的余压应降至0.05~0.2MPa，以保证罐车安全和防止空气渗入罐车。方法是：关闭压缩机阀门2、3，开启阀门1、4，起动压缩机抽吸罐车气体，排入储罐内，直至罐车余压符合要求为止。

（2）安全操作规程

1）接受并核查卸车任务单，了解任务要求。

2）检查储罐液位、压力、温度及管路情况，确定卸车方案。

3）接好罐车接地线及装卸管路的气相管、液相管。开启罐车气相紧急切断阀、气相阀门。

4）开启储罐、栈桥（或装卸柱）气相阀门。

5）按规定起动压缩机，抽储罐气体给罐车升压。

6）当罐车达到规定压力时，开启储罐、栈桥（或装卸柱）的液相阀门，开启罐车液相紧急切断阀、液相阀门，开始卸车。

7）卸车过程中，要注意保持卸车压差，不断检查作业情况，发现异常情况要及时处置。

8）卸液结束，关闭全部液相阀门。

9）压缩机改换进、排气方向，抽吸罐车气体输入储罐，使槽车降压。

10）当罐车压力降至0.05~0.2MPa时，压缩机按规定停车，关闭全部气相阀门。

11）安全处理连接胶管中的余液、余气后，卸下胶管和接地线。

12）检查作业情况，合格时双方签字；填写运行记录。

13）在符合安全要求的条件下，罐车离开作业点。

2. 用烃泵卸车工艺

这种卸车方法工艺流程简单，操作方便。

（1）工艺原理　用烃泵卸车的工艺流程如图9-2所示。

罐车气相管与储罐气相管路相接，液相管与烃泵进口管相接，烃泵出口管与储罐液相管相接。

用烃泵卸车时，用烃泵抽罐车的液，提高输液压力，将液输入储罐。卸车时，要根据罐车与储罐的压力情况，采取适当的方法。

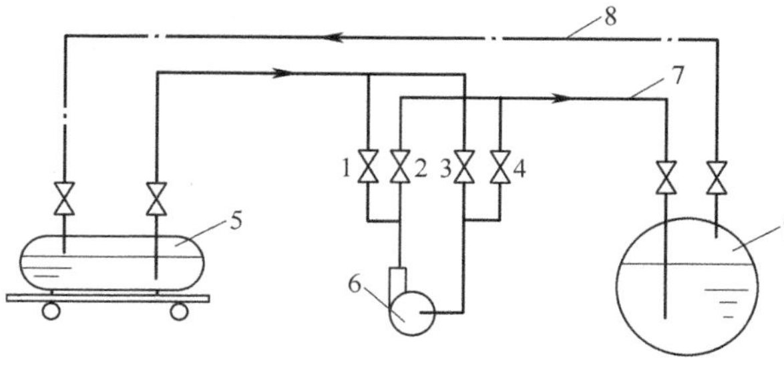

图9-2　用泵装卸车的工艺流程
1、2、3、4—阀门　5—罐车　6—泵
7—液相管　8—气相管　9—储罐

当罐车压力比储罐压力高时，应关闭阀门1、4，开启阀门2、3和储罐、罐车的液相阀门，起动烃泵，将罐车的液输入储罐。

当储罐比罐车的压力高时，应先用气相管路使两者串气，压力平衡后，再按上述方法卸车，以加快卸车速度。

（2）安全操作规程

1）接受并核查卸车任务单，了解任务要求。

2）检查储罐液位、压力、温度及管路情况，确定卸车方案。

3）接好罐车接地线及装卸管路的气相管、液相管。开启罐车气相紧急切断阀、气相阀门。

4）当储罐压力比罐车压力高时，应开启储罐、栈桥（或装卸柱）气相阀门，使储罐与罐车串气，使两者气相压力平衡。当罐车比储罐压力高时，不进行此项。

5）开启储罐、栈桥（或装卸柱）液相阀门；开启罐车液相紧急切断阀、液相阀门。

6）按规定起动烃泵，调整泵出口压力，开始卸车。

7）卸车过程中，要注意保持卸车压差，不断检查作业情况，发现异常情况要及时处理。

8）卸液结束，烃泵按规定停车，关闭全部液相阀门、气相阀门。

9）安全处理连接胶管中的余液、余气后，卸下胶管和接地线。

10）检查作业情况，合格时双方签字；填写运行记录。

11）在符合安全要求的条件下，罐车离开作业点。

3. 用气化器卸车工艺

这种卸车方法，适用于冬季低温地区，并具有蒸汽的储配站。它升压速度较快，但工艺流程较复杂，需几个岗位密切配合。

（1）工艺原理　用气化器卸车的工艺流程如图9-3所示。

罐车气相管与气化器相接，液相管与储罐液相管相接。气化器将液化石油气气化后，输入罐车升压，造成罐车与储罐间的压差，将液输入储罐。

气化器用蒸汽加热，液化石油气由中间储罐供给。

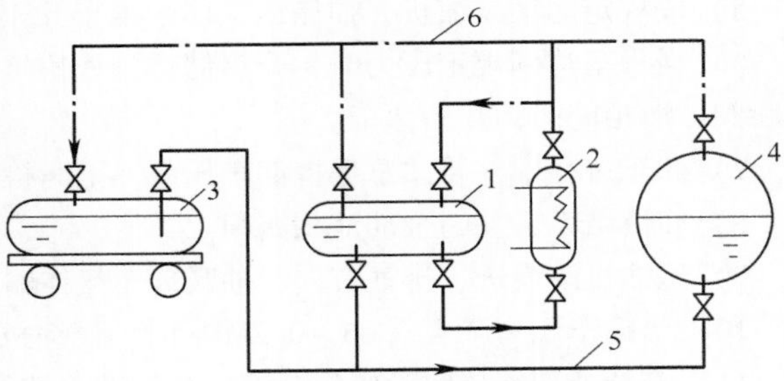

图9-3　用气化器装卸车的工艺流程

1—中间储罐　2—气化器　3—罐车
4—储罐　5—液相管　6—气相管

（2）安全操作规程

1）接受并检查卸车任务单，了解任务要求。

2）检查储罐液位、压力、温度及管路情况，确定卸车方案。

3）接好罐车接地线及装卸管路的气相管、液相管。开启罐车气相紧急切断阀、气相阀门。

4）开启气化器气相阀门、蒸汽管路阀门，按规定起动气化器。稍开中间储罐液相阀门，向气化器供液，气化后输入罐车升压。

5）当罐车达到规定压力时，开启储罐、栈桥（或装卸柱）液相阀门；开启罐车液相紧急切断阀、液相阀门，开始卸车。

6）卸车过程中，要注意保持卸车压差，不断检查作业情况，发现异常情况要及时处置。

7）卸液快结束时，气化器按规定停车，关闭蒸汽管路阀门、中间储罐液相阀门。利用罐车余压卸车。

8）卸液结束，关闭全部液相阀门。

9）先开启中间储罐气相阀门，再使气化器气相阀门与中间储罐相通，再关闭罐车气相阀门。应注意，气化器的气相阀门时刻要与一个储罐的气相空间相通，以免发生超压事故。

10）安全处理连接胶管中的余液、余气后，卸下胶管和接地线。

11）检查作业情况，合格时双方签字；填写运行记录。

12）在符合安全要求的条件下，罐车离开作业点。

4. 利用静压差卸车工艺

这种卸车方法适用于地形高程差大的储配站。它经济、方便，但卸车速度慢。

利用静压差卸车的工艺流程如图9-4所示。

高处的罐车向低处的储罐卸车，当高程差为15～20m时，可形成0.075～0.1MPa的静压差；

如果高程差为 30 ~ 40m 时，可形成 0.15 ~ 0.2MPa 的静压差。对于下卸式的罐车，只要开启罐车、储罐及管路的液相阀门，液化石油气即可自流进罐。

对于上卸式的罐车，必须使液相管充满液后，才能利用静压差卸车。

当储罐压力比罐车高时，应先使两者串气，压力平衡后，才能开始卸车。

利用静压差卸车虽然工艺流程简单、经济、方便，但这种方法受地形条件限制大，受气温的影响大，所以罐车卸车位置应尽量设在高处，并且要辅以必要的升压手段，才能顺利卸车。

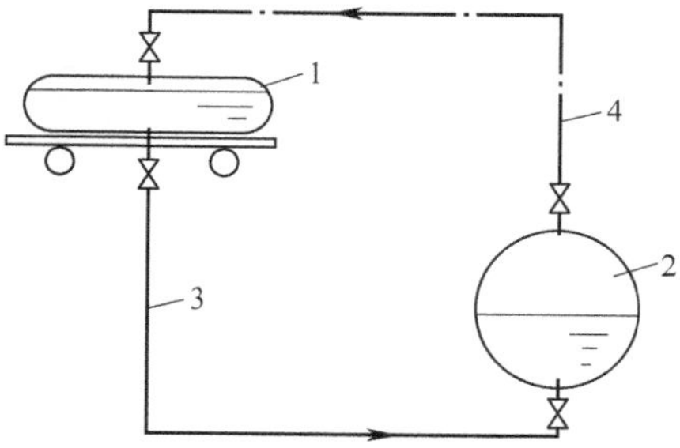

图 9-4　利用静压差卸车的工艺流程
1—罐车　2—储罐　3—液相管　4—气相管

5. 用压缩气体卸车工艺

这种卸车方法的工艺流程如图 9-5 所示。

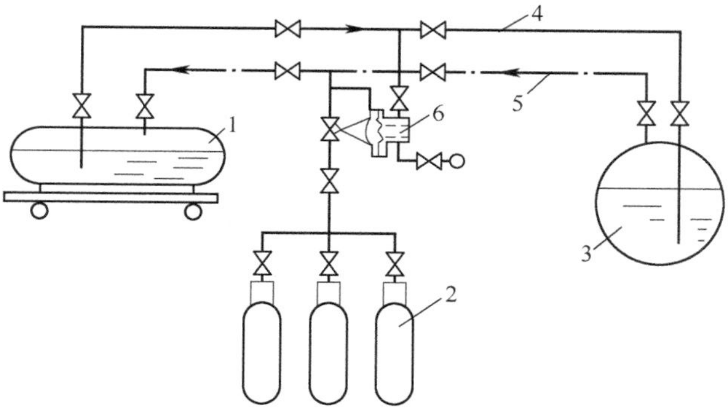

图 9-5　用压缩气体装卸车的工艺流程
1—罐车　2—压缩气体　3—储罐　4—液相管　5—气相管　6—调压器

它利用压缩气体给罐车升压，造成罐车与储罐间的压差，将液输入储罐。适用于此法的压缩气体有甲烷天然气（含乙烷很少的）、氮气、二氧化碳等。

卸车时，压缩气体要经过调压器，将压缩气体调整到卸车所需的压力后，输入罐车升压，当罐车比储罐压力高 0.15 ~ 0.2MPa 时，开启罐车、储罐液相阀门，将液输入储罐。

当储罐比罐车压力高，在罐车升压前，应先使罐车与储罐串气，待两者气相压力平衡后再用压缩气体给罐车升压卸车。

6. 接收管道输送液工艺

采用管道输送的储配站，液化石油气自气源厂（或储存站）通过管道输入储配站，既经济、方便，又安全可靠。

这种作业是两个单位的联合作业，需要上级调度部门组织进行，或者双方按作业规定协同完成，作为储配站一方，应主动与对方协同、配合。

（1）工艺原理　管道输送的工艺流程如图 9-6 所示。

气源厂（或储存站）用烃泵将液输送到储配站，经过过滤、计量后输入储罐。如输送距离过远，应设中间泵站。

（2）安全操作规程

1）根据上级调度部门（或气源厂）的进液指令，确定进液方案。

2）检查储罐液位、压力、温度及管路情况。

3）开启进液储罐及管道有关液相阀门、气相阀门，总进口阀门不开启。做好准备工作后，报告调度部门（或气源厂）。

4）在得知气源厂（或储存站）已经开泵，或总进口压力表压力升高时，开启总进口阀门开始进液。

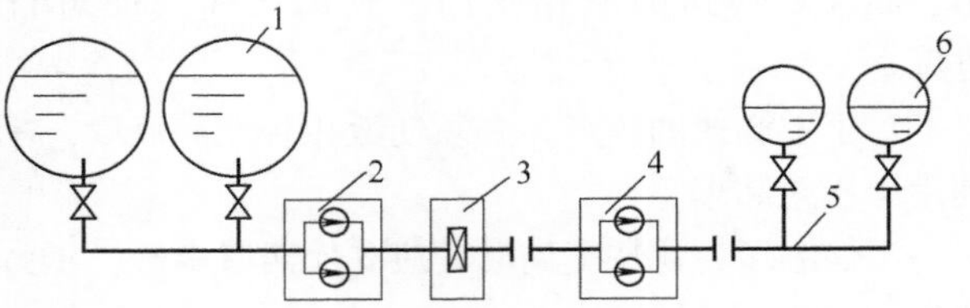

图9-6 液化石油气管道运输工艺流程
1—起点站储罐 2—起点泵站 3—计量站
4—中间泵站 5—管道 6—终点站储罐

5）检查进液的压力、数量，估算进液至规定液位所需的时间。

6）进液过程中要不断检查，储罐压力升高，应向其他罐串气降压；进液罐满应及时换罐进液；压力、流量不稳，应及时向调度部门（气源厂）报告。

7）进液结束前，应主动向调度部门（气源厂）联系，做好停止进液的准备。

8）进液结束，关闭全部液相阀门、气相阀门。

9）检查储罐液位、压力、温度及管路情况，特别是关键阀门是否处于规定状态。

10）计算进液量，填写运行记录。

11）进液结束后10~30min，应再次检查储罐液位、压力有无变化，如有异常情况，应查明原因，妥善处置。

9.1.2 移动式压力容器罐车充装（灌装）操作工艺

储配站主要是灌装汽车槽车，必要时，也可灌装铁路罐车。

灌装槽车的方法，通常是采用压缩机或烃泵装车，也可使用气化器装车。

1. 用压缩机充装车工艺

（1）工艺原理　用压缩机装车的工艺流程如图9-1所示。装车时，关闭压缩机阀门2、3，开启阀门1、4，起动压缩机抽槽车气体，给储罐升压。当两者压差达到规定值时，开启储罐和槽车液相阀门，储罐的液输入槽车中。

（2）安全操作规程

1）接受并核查装车任务单，了解任务要求。

2）检查储罐液位、压力、温度及管路情况，确定装车方案。

3）接好槽车接地线及装卸管路的气相管、液相管。开启槽车气相、液相紧急切断阀、液相阀门、气相阀门。

4）开启储罐、装卸柱（或栈桥）气相阀门。

5）按规定起动压缩机，抽吸槽车气体，输入储罐升压。

6）当储罐与槽车间压差达到规定值时开启储罐、装卸柱（或栈桥）液相阀门，开始装车。

7）装车过程中，要注意保持装车压差，不断检查作业情况，发现异常情况要及时处置。

8）装车结束，关闭全部液相阀门、气相阀门。

9）安全处理连接胶管中的余液、余气后，卸下胶管和接地线。

10）检查作业情况，合格时双方签字；填写运行记录。

11）在符合安全要求的条件下，槽车离开作业点。

2. 用烃泵充装车工艺

（1）工艺原理　用烃泵装车的工艺流程如图9-2所示。

装车时，关闭阀门2、3，开启阀门1、4，储罐的液经烃泵加压输入槽车。当槽车压力高于储罐时，应使两者串气，达到气相压力平衡后，再起动烃泵装车。

（2）安全操作规程

1）接受并核查装车任务单，了解任务要求。

2）检查储罐液位、压力、温度及管路情况，确定装车方案。

3）接好槽车接地线及装卸管路的气相管、液相管。开启槽车气相、液相紧急切断阀、液相阀门、气相阀。

4）开启储罐、装卸柱（或栈桥）液相阀门、气相阀门。

5）按规定起动烃泵，调节泵出口压力，开始装车。

6）装车过程中，要注意保持装车压差，不断检查作业情况，发现异常情况要及时处置。

7）装车结束，烃泵按规定停车，关闭全部液相阀门、气相阀门。

8）安全处理连接胶管中的余液、余气后，卸下胶管和接地线。

9）检查作业情况，合格时双方签字；填写运行记录。

10）在符合安全要求的条件下，槽车离开作业点。

3. 用气化器充装车工艺

（1）工艺原理　用气化器装车的工艺流程如图9-3所示。

装车时，用气化器将液化石油气气化后，输入中间储罐升压，将液输入槽车。

（2）安全操作规程

1）接受并核查装车任务单，了解任务要求。

2）检查储罐液位、压力、温度及管路情况，确定装车方案。

3）接好槽车接地线及装卸管路的气相管、液相管。开启槽车气相、液相紧急切断阀、液相阀门、气相阀门。

4）开启中间储罐、气化器气相阀门。

5）按规定起动气化器，开启蒸气管路阀门升温。

6）稍开中间储罐液相阀门，向气化器供液。气化后输入中间储罐升压。

7）当中间储罐压力达到规定值时，开启中间储罐液相阀门，装卸柱（或栈桥）液相阀门、气相阀门、开始装车。

8）装车过程中，要注意保持装车压差，不断检查作业情况，发现异常情况要及时处置。

9）装车结束前，气化器按规定停车。关闭蒸气管路阀门、中间储罐液相阀门，利用中间储罐余压装车。

10）装车结束。关闭全部液相阀门、气相阀门。应注意，气化器与中间储罐间的气相阀门不能关闭。

11）安全处理连接胶管中的余液、余气后，卸下胶管和接地线。

12）检查作业情况，合格时双方签字；填写运行记录。

13）在符合安全要求的条件下，槽车离开作业点。

9.1.3　液化石油气站管道、设备、防雷、防静电等安全要求

1）液化石油气管道设计应符合GB 50028—2006《城镇燃气设计规范》的规定。

2）液化石油气管道的施工、安装和试验应符合GB 50235—2010《工业金属管道工程施工规范》和《压力管道安全管理与监察规定》（劳动部1996）的规定。

3）液化石油气管道的管径必须由压力、安全流速确定。

4）充装站设备、管道及附件、阀件应定期检查、检修和检验。

5）液化石油气压缩机室的布置应符合 GB 50028—2006 的规定。

6）汽车罐车装卸台（柱），应符合 GB 50028—2006 的规定。

7）有铁路罐车装卸作业的充装站，应按 GB 50028—2006 的规定设置铁路栈桥。

8）充装站的消防设施应符合 GB 50028—2006、GB 50016—2014《建筑设计防火规范》的规定。

9）充装站爆炸危险场所的电力装置设计应符合 GB 50058—2006 的规定。电气装置的施工与验收应符合 GB 50257—1996《电气装置安装工程爆炸和火灾危险环境电气装置施工及验收规范》的规定。

10）充装站的防雷设计应符合 GB 50057—2010《建筑物防雷设计规范》的规定。

11）充装站的静电接地设计应符合 GD 90A3《化工企业静电接地设计技术规定》的规定。

12）充装站的电气防爆、防雷和防静电设施应定期检验、检修。

13）自控仪表及通信设施应符合 GB 50028—2006 的规定并应定期校验、检修。

14）消防给水、排水和灭火器材应符合 GB 50016—2014、GB 50028—2006 的规定并应定期检查、检修。

9.1.4 汽车罐车操作注意事项

1）罐车按指定的位置停车，用手闸制动，并熄灭引擎，停车有滑动可能时，车轮应加固定块。

2）作业现场应接好安全地线。管道和管接头连接必须牢固，并应排尽空气。

3）罐区严禁烟火，不得使用易产生火花的工具和用品。

4）装卸作业时，操作人员和押运员均不得离开现场，在正常装卸时，不得随意起动车辆。

5）首次充装的罐车，充装前应做抽真空或充氮置换处理，严禁直接充装。真空度应不低于650mmHg（86.45kPa），或罐内气体含氧量不大于3%（体积分数）。

6）充装时应用地磅、液面计或其他计量装置（如质量流量计）进行计量，严禁超装。充装完毕，必须复检质量或液位，如有超装，应及时处理。

7）在充装过程中，应认真填写充装记录，其内容包括罐车使用单位、车型、车号、充装介质、充装日期、实际装量及充装者、复验者和押运员的签字。

8）罐车到站后，应及时往储罐卸车。固定式罐车不得兼作储罐用，不得从罐车直接灌瓶。

9）禁止采用蒸汽直接注入罐车罐内升压或直接加热罐车罐体的方法卸车。

10）罐车卸车后，罐内应留有 0.05MPa 以上的剩余压力。

遇雷击天气、附近发生火灾、液化气体泄漏、液压异常及其他不安全因素时，罐车必须立即停止装卸作业，并做妥善处理。

9.2 移动式压力容器营运管理规定

1. 基本要求

移动式压力容器的使用、装卸单位，应根据《移动容规》规定及质监、公安、交通部门的有关规定，结合本单位的具体情况，制定相应的安全操作规程和管理制度，并对操作、运输和管理等有关人员进行安全技术教育。

移动式压力容器的使用单位，应按 JT 617—2004《汽车运输危险货物规则》的有关规定办理准运证，并按车辆管理部门的规定，办理移动式压力容器牌照。

移动式压力容器的使用单位，应按质监部门颁发的《特种设备使用登记管理规则》的规定，携带有关资料到省级质监部门办理使用登记手续并领取《特种设备使用登记证》。

移动式压力容器押运员必须经培训和考核合格，由省级运输管理部门颁发《押运员证》。汽车驾驶员必须先取得公安机关颁发的《机动车驾驶执照》，再经移动式压力容器安全驾驶、使用培训、考核合格，才有驾驶移动式压力容器的资格。

移动式压力容器的押运员和驾驶员应熟悉其所运输介质的物理、化学性质和安全防护措施，了解装卸的有关要求，具备处理故障和异常情况的能力。

移动式压力容器的使用单位，必须有本单位的持证押运员和驾驶员，并为押运员、驾驶员配备专用的防护用具和工作服装，专用检修工具和必要的备品、备件等。

使用单位必须认真贯彻执行《移动容规》相关规定，并按移动式压力容器使用说明书的要求，制定并认真贯彻执行移动式压力容器日常检查和维护保养制度，经常检查安全附件（包括安全阀、爆破片、压力表、液面计、温度计、紧急切断装置、管接头、人孔、管道阀门、导静电装置等）性能是否符合要求，有无泄漏、损伤等故障；按汽车日常检修和保养要求对汽车底盘及其走行部分进行检查和修理，及时排除故障，保证性能完好。同时，应保持移动式压力容器干净和漆色完好。

改变移动式压力容器的使用条件（介质、温度、压力、用途等）时，由使用单位提出申请，经省级以上（含省级）特种设备安全监察机构同意后，由有资格的单位更换安全附件、重新涂漆和标志。经检验单位内、外部检验合格后，按规定办理移动式压力容器使用证。

2. 汽车上路行驶时，随车必带的文件和资料

1）特种设备使用登记证。

2）机动车驾驶执照和移动式压力容器准驾证、准运证。

3）押运员证。

4）液面计指示刻度与容积的对应关系表，在不同温度下，介质密度，压力、体积对照表。

5）事故应急专项预案。

《特种设备使用登记证》是运输过程中需要携带的重要证件，该证件包括以下内容：管理页（移动式压力容器基本信息）、特性页（移动式压力容器技术参数）、检验记录（周期检验、年检）、（安全）附件校验记录、充装记录、电子记录卡，如图 9-7 所示。

3. 移动式压力容器装卸单位应具备的条件

1）有熟悉移动式压力容器运输与装卸安全技术管理人员，负责移动式压力容器装卸安全技术工作，有经过专业培训考核合格的操作人员。

2）移动式压力容器的装卸作业管理制度。

3）符合防火或防毒、防爆规定的专用场地，并有足够数量的防护用具和备件。

4）装卸设备和管线实施定期检验制度，装卸管道有可靠的连接方式，装卸软管的额定工作压力不低于装卸系统最高工作压力的 4 倍。

5）须有经计量部门检验并出具合格证书或定期校验证书的计量设备。

6）须有专人负责装卸前的检查和记录，并建立档案备查。

7）根据生产过程中的火灾危险和介质毒害程度，设置必要的排气、通风、泄压、防爆、阻止回火、导除静电、紧急排放和自动报警以及消防等设施。

4. 充装前充装单位应进行的检查

充装前充装单位应进行检查，发现有下列情况之一，不得充装：

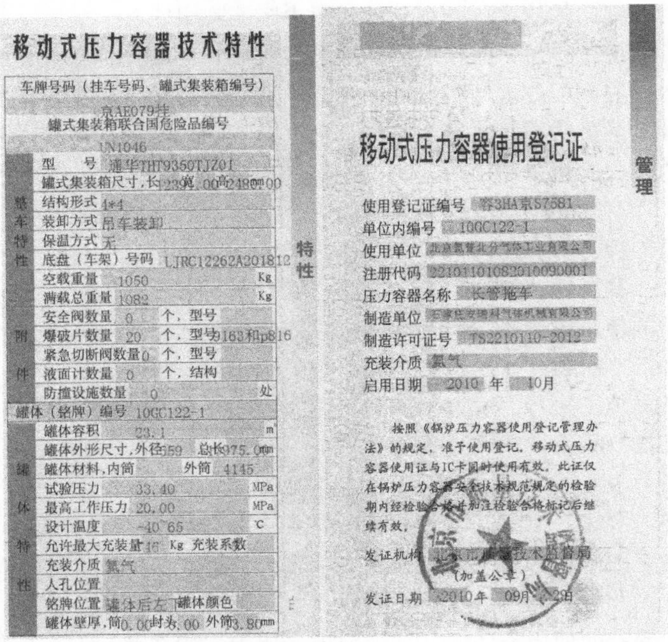

图 9-7　移动式压力容器使用登记证（样本）

1）移动式压力容器使用证或准运证已超过有效期。

2）移动式压力容器未按规定进行定期检验。

3）移动式压力容器漆色或标志不符合《移动容规》的规定。

4）保护用具、服装、专用检修工具和备品、备件没有随车携带。

5）随车必带的文件和资料不符合《移动容规》的规定或与实物不符。

6）首次投入使用或检修后首次使用的移动式压力容器，如对罐体介质有置换要求的，不能提供置换合格分析报告单或证明文件。

7）余压不符合《移动容规》的规定。

8）罐体或安全附件、阀门等有异常。

5. 移动式压力容器的装卸作业要求

1）按照有关规定，进行充装前的检查。

2）指定位置停车，关闭汽车发动机并用手闸制动，有滑动可能时，应加防滑块。

3）易燃介质作业现场严禁烟火，且不得使用易产生火花的工具和用品。

4）作业前应接好安全地线，管道和管接头连接必须牢靠，对于充装介质不允许与空气混合的应排尽空气。

5）移动式压力容器作业人员应相对稳定，且经培训和考核合格。装卸作业时，操作人员、驾驶员和押运员均不得离开现场，在正常装卸作业时，不得随意起动车辆。

6）新制造的移动式压力容器或检修后首次充装的移动式压力容器，充装易燃、易爆介质前必须经抽真空处理或充氮置换处理，要求真空度不得低于650mmHg（86.45kPa），或罐内气体含氧量不得大于3%（体积分数），且必须由处理单位出具证明文件。

7）移动式压力容器充装量不得超过允许的最大充装质量。充装时必须有液面计、流量计、地磅或其他计量装置。严禁超装。充装完毕必须复查充装质量或液位，如有超装必须立即妥善处理，否则严禁驶离充装单位。

8）装卸完毕应，填写装卸记录，并妥善保存。

9）移动式压力容器到站后，应及时卸液。卸液前必须对移动式压力容器各附件进行检查，无异常情况方可卸液。单车式移动式压力容器不得兼作储罐使用。移动式压力容器不得直接向气瓶灌装。

10）氨、液化石油气及其他易燃、易爆介质，卸液时不得用空气加压；液化气体卸液，不得采用蒸汽等可引起罐内温度迅速升高的方法升压卸液，采用热水升温卸液时，水温不得超过45℃。

11）装卸作业完成后，应立即按移动式压力容器使用说明书或操作规程关闭紧急切断阀和阀门。

12）移动式压力容器卸液不得把介质完全排净，必须留有不少于最大充装质量0.5%或100kg的质量，且余压不低于0.1MPa。

13）遇有下列情况之一，禁止装卸作业：

① 介质易燃、易爆的移动式压力容器，遇有雷雨天气或附近有明火时。

② 周围有易燃、易爆或有毒介质泄漏时。

③ 罐体内压力异常时。

低温型移动式压力容器的装卸作业还应符合由制造厂提供的使用维护说明书的有关规定。

6. 装卸完后的工作

装卸完后，应填写装卸记录并进行下列各项工作：

1）按移动式压力容器使用说明书或操作规程的要求，关闭紧急切断阀和阀门。

2）检查各密封面有无泄漏。

3）检查罐体内介质的压力（充装后不得超过当时环境温度下介质的饱和蒸气压力）或余压。

4）检查罐体充装质量（不得超过规定的充装重量）或余量。

5）撤离移动式压力容器与装卸装置的所有连接件。

6）装卸记录由押运员负责送达卸液单位。

7）驾驶员必须亲自确认移动式压力容器与装卸装置的所有连接件已经妥善分离，才准起动车体。

7. 移动式压力容器行驶时应遵守的规定

1）必须严格遵守国家交通管理法规的规定，行驶时按移动式压力容器的设计限速行驶，保持与前车的距离，严禁违章超车，并按指定路线行驶。

2）公路危险货物运输过程中，除按照有关规定配备具有驾驶人员、押运人员资格的随车人员外，还需配备具有移动式压力容器操作资格的特种作业人员，对运输全过程进行监护。

3）运输过程中，任何操作阀门必须置于闭止状态。

4）快装接口安装盲法兰或者等效装置。

5）不准拖带挂车，不得携带其他危险品，严禁其他人员搭乘。

6）车上禁止吸烟。

7）通过隧道、涵洞、立交桥等必须注意标高并减速行驶。

8. 移动式压力容器停放的要求

1）不得停靠在机关、学校、厂矿、桥梁、仓库和人员稠密等地方。

2）停车位置应通风良好，停车地点附近不得有明火。

3）停车检修时应使用不产生火花的工具，不得有明火作业。

4）途中停车如果超过6小时，应按当地公安部门指定的安全地点或有《道路危险货物运输中转许可证》的专用停车场停放。

5）充装冷冻液化气体介质的移动式压力容器，停放时间不得超过其标态维持时间。

6）罐式集装箱或者管束式集装箱按照规定的要求进行吊装和堆放。

7）途中发生故障，维修时间长或故障程度危及安全时，应立即将移动式压力容器转移到安全场地，并由专人看管，方可进行维修。

8）重新插车前应对全车进行认真检查，遇有异常情况应妥善处理，达到要求后方可插车。

9）停车时驾驶员和押运员不得同时离开车辆。

9.3 移动式压力容器罐车充装及卸载工艺

汽车罐车及铁路罐车由于储运的介质大多是剧毒、有毒、易燃易爆、腐蚀的带一定压力的气体、液体或液化气体，使其因物性特点、各单位资源条件等因素而装卸工艺复杂多变，目前按常温罐车、低温罐车分类的比较多。下面分别介绍常温罐车、低温罐车的启封及充装操作工艺。在下述各项操作中，任何时候发现异常或不符合相关标准和规范的要求时，均应停止充装作业以保证安全，具体操作步骤如下（本节介绍操作工艺步骤仅供参考，充装单位应按照本单位的实际情况制定相应的操作工艺及方法）。

9.3.1 罐车操作工艺注意事项

1）罐车按指定的位置停车，用手闸制动，并熄灭引擎，停车有滑动可能时，车轮应加固定块。

2）作业现场应接好安全地线。管道和管接头连接必须牢固，并应排尽空气。

3）作业区严禁烟火，不得使用易产生火花的工具和用品。

4）在装卸作业时，操作人员和押运员均不得离开现场，在正常装卸时，不得随意起动车辆。

5）首次充装的罐车，充装前应做抽真空或充氮置换处理，严禁直接充装。真空度应不低于650mmHg（86.45kPa），或罐内气体含氧量不大于3%（体积分数）。

6）充装时应用地磅、液面计或其他计量装置（如质量流量计）进行计量，严禁超装。充装完毕，必须复检重量或液位，如有超装，应及时处理。

7）在充装过程中，应认真填写充装记录，其内容包括罐车使用单位、车型、车号、充装介质、充装日期、实际装量及充装者、复验者和押运员的签字。

8）罐车到站后，应及时往储罐卸车。罐车不得兼作储罐用，不得从罐车直接灌瓶。

9）禁止采用蒸汽直接注入罐车罐内升压或直接加热罐车罐体的方法卸车。

10）罐车卸车后，罐内应留有0.05MPa以上的剩余压力。

11）遇雷击天气、附近发生火灾、液化气体泄漏、液压异常及其他不安全因素时，罐车必须立即停止装卸作业，并作妥善处理。

9.3.2 常温罐车的启封及充装操作

1. 首次充装前的处理

新购置和检修后的罐车罐体内部充满空气，如直接充装，不仅会影响其所装介质的纯度，而且如果用来充装可燃介质，还会与罐内的空气混合而达到着火浓度，甚至会产生化学爆炸。所以，为了使用安全可靠，都要进行处理。

通常槽车的首次充装有以下三种处理方法：

1）抽真空法。程序如下：

① 拆除压力表，换上真空表。

② 从气相管的接口处用导管与真空泵接通，关闭液相阀门，打开气相阀和真空泵阀。开启真空泵抽真空，液化石油气罐车抽至罐内真空度不小于650mmHg（86.45kPa）或经化验罐内气体的含氧量不大于3%（体积分数）为合格。

③ 关闭气阀门，关闭压力表管截止阀；拆下真空表，换上压力表，拆下真空泵与气相连接的导管。

2）氮气置换法。程序如下：

① 从罐车的液相管阀门处用导管与氮气瓶接通。

② 接导管后，先打开液相管阀门，后打开气瓶阀门往罐车内充氮气，同时打开气相阀门放空，约10min后关闭气相阀门。压力充至表压0.2MPa，关闭氮气瓶阀门，然后关闭液相阀门。稳压10min后打开气相阀门进行放空，直至取样化验气体氧气的体积分数小于3%为止。

③ 拆除氮气导管。

3）水置换法。程序如下：

① 从罐车的液相阀门处接上水导管。

② 打开上水阀门和罐车的液相管阀门，往罐车罐内充水，同时打开罐车罐的气相阀门，排放罐内的空气，直到水从气相管中流出。关闭气相管阀门、液相管阀门和上水管阀门，拆除上水管。

③ 把充装台的气相阀门用导管与罐车的气相阀门接通，打开充装台的气相阀门，放掉导管内的空气，然后关闭放空阀。

④ 打开罐车的气相阀门，往罐车储罐内充进介质气体，打开罐车的液相阀门，把罐车储罐内的水排出，直到水全部排净，从液相阀门处排出要充装介质的为止。关闭液相管阀门，使罐内升压至0.05MPa。

⑤ 注意，环境温度较低时（如北方的冬季）不宜采用水置换法。因为管道内易结冰造成冻结。也不要用介质液相直接顶水，因为液相进入罐内会迅速气化，气化时会吸收大量热量，会使水结冰造成冰堵。

2. 常温罐车在现场充装前的操作准备

1）服从供液单位的指挥，在指定位置停好罐车，牵引车发动机应处于熄火状态并拉好驻车制动，同时采取防止车辆滑动的措施。对运输可燃性的液化气体罐车，还应把罐车的地线与操作台的地线网接通，以导除充装时产生静电，防止静电火花引起的事故。

2）检查各个仪表、液面计和阀门是否灵活可靠；对于不太灵活的，应及时进行修理或更换，以保证充装安全。

3）打开压力表阀，使液面计投入使用。

4）确认要充装的液化气体符合要求，并把罐车的液相和气相管分别与充装管路的液相、气相阀门接通。

5）工作中注意防火。

3. 常温罐车首次充装

1）接受并核实充装罐车任务单，了解任务要求。

2）确认罐车的漆色、字样、标记和所装的介质相符。

3）罐车有余压，且可以判明罐车内残留介质品质，储罐内产品取样做全样分析合格。

4）对新罐车、经维修或检验后首次充装，必须经预处理，确保罐车内介质符合要求。

5）充装管路置换完全。

6）充装过程无泄漏现象。

7）检查罐车罐体及其附件的完好状况、各部位气密性。

8）运输可燃性的罐车还应接通地线网络。

9）确认已按规定方法处理了罐车。

10）由于石油液化气是可燃性气体，故不能直接排空，而应进行回收。液化气充装软管如图 9-8 所示，图中一根软管是液相充装软管，一根是气相回收软管。

图 9-8　液化气充装软管

11）检查罐车及其仪表阀门、液位计等处于安全、完好的工作状态。

12）检查储罐液位、压力、温度及管路情况，确定充装时间及方案。

13）打开罐车的气相阀门及气相紧急切断阀，用储罐的气体对罐车进行进一步吹扫。

14）吹扫时注意用罐车的放空阀来控制罐车的压力，使之低于其设计压力，置换时应注意排放口的位置及排量，以免引起火灾。

15）开大储罐充装管路的液相阀门，打开罐车液相阀、紧急切断阀，开始充装。

16）充装到规定的液位时，关闭储罐及充装管路的液相、气相阀门，停止充装。

17）充装时应注意观察液位的变化，进液量不得超过设计的最大允许充装量。

18）充装完后，关闭罐车的气液相阀门和紧急切断阀。利用放散角阀放掉导管内的液和气，然后收起导管。

19）移开防滑块，有地线的还须拆除接地线。

20）把罐车开离充装台进行检查，无异常时记录液位和压力。

4. 常温罐车重复充装

1）接受并核实充装罐车任务单，了解任务要求。

2）确认储罐、罐车与要充装的液化气体一致。

3）检查罐车及其仪表阀门、液位计等处于安全、完好的工作状态。

4）检查储罐液位、压力、温度及管路情况，确定充装时间及方案。

5）稍打开储罐及充装管路上的气、液相阀门，从罐车一头的导管放散角阀处，放散掉导管内的空气，放散后关闭放散角阀。

6）打开罐车的液相、气相阀门和紧急切断阀。

7）开大储罐及充装管路上的气、液相阀门，开始装液。

8）充装到规定的液位时，关闭储罐及充装管路的液相、气相阀门，停止充装。

9）充装时应注意观察液位的变化，进液量不得超过设计的最大允许充装量。

10）充装完后，关闭罐车的气液相阀门和紧急切断阀。利用放散角阀放掉导管内的液和气，然后收起导管。

11）移开防滑块，有地线的还须拆除接地线。

12）把罐车开离充装台进行检查，无异常时记录液位和压力。

5. 常温罐车充装后检查

1）充装后必须进行复检，发现超装的应进行妥善处理，否则不得发出。

2）检查罐车罐体及其附件的完好状况、各部位气密性。

3）运输可燃性低温液体的罐车还应解除接地线。

6. 向初次充装的受液罐卸车

1）接受并核实卸车罐车任务单，了解任务要求。

2）确认是已按规定处理了的储罐，并确认储罐、罐车与要卸装的液化气体要求一致。

3）检查罐车及其仪表阀门、液位计等处于安全、完好的工作状态。

4）检查储罐液位、压力、温度及管路情况，确定卸车时间及方案。

5）稍打开罐车的气相阀门和气相紧急切断阀，从罐车的导管放散角阀处，放散管内的空气，放散后关闭放散角阀。

6）打开储罐及卸车管路上的气相阀门，用罐车的气体对储罐进行进一步吹扫。

7）吹扫时注意用储罐的放空阀来控制储罐的压力，使之低于其设计压力。

8）吹扫合格后，稍开罐车的液相阀门、液相紧急切断，从罐车的导管放散角阀处，放散管内的空气，放散后关闭放散角阀。

9）开大罐车的液相阀门、液相紧急切断阀，打开储罐及卸车管路上的液相阀门，开始卸车。

10）当储罐内液体到规定的液位时，关闭罐车的液相、气相阀门和紧急切断阀，停止卸车。

11）卸车时应注意观察液位的变化，进液量不得超过设计的最大允许充装量。

12）卸车完后，关闭储罐及卸车管路上的气、液相阀门。利用放散角阀放掉导管内的液和气，然后收起导管。

13）移开防滑块，有地线的还须拆除接地线。

14）把罐车开离卸车台进行检查，无异常时记录液位和压力。

7. 向重复充装的受液罐卸车

1）接受并核实卸车罐车任务单，了解任务要求。

2）确认储罐、罐车与要卸装的液化气体要求一致。

3）检查罐车及其仪表阀门、液位计等处于安全、完好的工作状态。

4）检查储罐液位、压力、温度及管路情况，确定卸车时间及方案。

5）稍打开储罐及卸车管路上的气、液相阀门，从罐车的导管放散角阀处，放散掉导管内的空气，放散后关闭放散角阀。

6）当储罐压力比罐车压力高时，应开启罐车的气相阀门、气相紧急切断阀，使储罐与罐车串气，使两者气相压力平衡。当罐车压力比储罐压力高时，不进行此项。

7）打开罐车的液相、气相阀门和紧急切断阀。

8）开大储罐及卸车管路上的气、液相阀门，开始卸车。

9）当储罐内液体到规定的液位时，关闭罐车的液相、气相阀门和紧急切断阀，停止卸车。

10）卸车时应注意观察液位的变化，进液量不得超过设计的最大允许充装量。

11）卸车完后，关闭储罐及卸车管路上的气液相阀门。利用放散角阀放掉导管内的液和气，然后收起导管。

12）移开防滑块，有地线的还须拆除接地线。

13）把罐车开离卸车台进行检查，无异常时记录液位和压力。

8. 常温罐车卸车及卸车后检查

1）罐车在卸车前必须对罐车的装载量、阀门和压力表等附件进行详细检查，无异常情况方可卸车，并详细填写卸车记录。

2）罐车运行到用户或储配站时应及时将液体卸净，用户不可将罐车当储罐和气化罐使用。不得用罐车直接灌瓶。

3）液化石油气罐车卸车时，不得用空气压料，也不得用有可能引起罐内温度迅速上升的其他方法进行卸车，禁止采用蒸汽直接注入罐内升压卸车。

4）罐车卸车完毕后，应即时关闭紧急切断阀等，并将气液相阀门加上盲板，罐车所有的配件和卸车记录随车返回。

5）罐车的装卸场所应符合有关防火、防爆规定的要求，并配备一定数量的防护用具（如防毒面具等）。凡出现下列情况严禁充装或卸车：

① 盛装易燃、易爆介质的罐车遇到雷雨天气或附近有明火时。

② 周围有易燃、有毒介质泄漏时。

③ 出现其他不安全因素如充装单位设备和管道出现异常工况、罐车或者安全附件、装卸附件异常等危险情况时。

6）充装量的控制：

① 罐车的充装量是保证当罐内的介质温升至50℃时，仍不会因液体膨胀而充满全部容积，如果超载，会造成液体充装整个罐体的容积，或所留气相空间不够，都是十分危险的。因此必须严格控制充装量。

② 罐车卸液完毕后，应保证罐内留有不低于0.05MPa的剩余压力，最高不超过当时环境温度下介质的饱和蒸气压力。

9. 罐车充装记录

为了确保罐车充装站的安全和防止充装过量以及少装的现象，罐车的充装单位应对每台罐车的充装情况做详细的充装记录，充装记录表应包括以下内容：

1）罐车编号及驾驶员或押运员的情况。

2）罐车进厂时间及残留量。

3）罐车进厂检验情况，罐体部分检查内容包括：外观检查、密封性能检查及各部件检查。

4）气密性试验时间、试验压力、试验结果及检查人。

5）充装时间及充装后用轨道衡或地中衡复验充装量。

6）封车时间、封车压力、封车后净重、封车人。

7）充装单位名称。

8）上次检修（大、中修）日期。

9.3.3 低温罐车的启封及充装操作

低温液体罐车启封前的工作主要包括：查阅随车有关资料，随车配件等是否齐全；检查各管道连接是否牢固；检查各阀门转动是否灵活；检查各压力表、液面指示仪是否良好；清洗各阀门外表面和操作室，清洗灌充软管。以下以液氧、液化天然气低温罐车装卸为例介绍。

1. 液氧低温罐车的启封及充装操作

在运输液氧时，因氧气是助燃气体，其储运的罐体必须做除油脂处理，在操作时严禁使用带油脂的工具、防护用品和钢铁类撞击易产生火花的工具。应使用无油脂的橡胶或黄铜工具。

一般低温液体罐车出厂前都充入了0.05MPa的氮气或干燥空气，以防止水分、杂质进入罐体内。启封时，若压力表无指示，就说明已经泄漏。为了使用安全可靠，都要进行加温吹除。

（1）低温罐车加温吹除　由于使用单位基本没有配备专门的低温液体罐车加温装置，因此必须根据使用单位的实际情况，可利用干燥、无污染的压缩空气或氮气等经加热后来给低温液体罐车加温，其具体方法和步骤可按如下进行：

1）将低温液体罐车液体进、出口阀与加温气体用管道或胶皮管连接起来。

2）打开低温液体罐车所有阀门。

3）拧松压力表阀与压力表的接口，液位计上、下阀与液位计接口，然后将增压液阀、液面计上、下阀完全打开，观察气流中的湿气情况，直至气流中无湿气时关闭这些阀门。

4）待低温液体罐车放空阀处排气温度达到适合温度，即加温完毕。为了加温彻底，在加温过程中，可关小低温液体罐车放空阀，使低温液体罐车储罐内筒压力保持在0.2MPa。

若没有加温气源，可用干燥、无污染的氮气或压缩空气直接进行吹除，直到分析低温液体罐车放空阀处及其他可测量点处的露点均合格才完毕。此方法需较长时间。

5）关闭所有阀门后，检查低温液体罐车的气密性，以防止潮气进入罐车储罐内筒。

6）若在热状态下充装低温液体，应先慢慢放入一点低温液体，使低温液体罐车充分热交换，以防止气化过快使低温液体罐车储罐内筒超压。

7）低温液体罐车充满液体后，应视情况进行加压排放液体试验，若压力上升到设计工作压力，且液体能够排出来，说明该低温液体罐车性能良好。

8）待低温液体罐车充分进行热交换后，储罐外筒筒体表面应无出汗、结霜现象，仪表阀门处无泄漏，放气口处微有排气，说明低温液体罐车绝热性能和真空度良好，标志着新低温液体罐车启封成功。

（2）低温罐车净化　为了保证低温罐车能储运合格的低温液体产品，在使用前必须对其进行净化。用来净化的气源一般有两种：一是符合技术指标的气体；二是符合技术指标的液体。

（3）低温罐车初次充装操作应按以下内容作好充装前准备

1）服从供液单位的指挥，在指定位置停好罐车，牵引车发动机应处于熄火状态并拉好驻车制动，同时采取防止车辆滑动的措施。对运输可燃性的低温液体的罐车，还应接好地线。

2）检查各个仪表、液面计和阀门是否灵活可靠，对于不太灵活的，应及时进行修理或更换，以保证充装安全。

3）打开压力表阀，使液面计投入使用；检查增压阀是否关闭。

4）确认要充装的液体符合要求，并接好充装软管。

5）凡与液氧等强氧化性液体接触的罐体及管道内表面绝对禁油，工作中注意防火。

（4）低温罐车初次或检验后首次充装　低温液体罐车充装分为初次充装和重复充装两种。充装过程中，打开放空阀，关闭吹除阀，以免液体急速气化而使罐车内筒超压。

1）低温液体罐车储罐内部使用前应保证干燥，否则须按规定进行加温吹除，以免在使用中冻结，然后再按规定进行净化。对于运输液氮等普通纯度的低温罐车，也可将净化工序与加温吹除工序结合在一起进行。

2）充装前，应检查仪表处于安全、完好的工作状态，此时液位计的平衡阀、压力表阀应在开启位置。

在首次充装时，应正确操作液位计，此时的液位计平衡阀应在开启位置。操作的方法是：先打开上进液阀，再打开下进液阀，最后关闭平衡阀使液位计显示读数，如显示读数异常，应尽快打开平衡阀，防止损坏液位计。此时应用肥皂水检查仪表管道是否有泄漏并排除。因泄漏会使其读数不准确，甚至损坏液位计。

3）因罐内容器温度高，必须降低内容器的温度，对介质价格较高的罐车，可先用价格较低和沸点较低的深冷液体（例如液氮）预冷，再充装储运。

预冷的操作过程是：先打开吹除阀，将装卸管路的残气吹干净后关闭吹除阀，再打开上进液阀，使进液先从罐顶喷淋内容器，使其平衡降温，防止罐体因急冷而损坏各焊缝，此时将放空阀和测满阀打开，卸放冷却内容器的气体，控制罐内的压力不大于工作压力，同时防止放空阀开启过大而压力过低，造成浪费低温液体。在内容器冷却后，打开下进液阀改向下部进液，此时可关闭上进液阀。在当测满阀出液时，表示罐内的液位已达到设计的充装位置，应停止充装。

4）在停止充装时，当关进液阀后，要快速打开吹除阀排放残液，再关闭放空阀和测满阀，防止装卸软管内的残液气化后压力过高引起装卸软管爆炸而损坏和造成伤人事故。

5）卸下装卸软管放回软管箱内。移开防滑块，有地线的还须拆除接地线。

6）把罐车开离充装台进行检查，无异常时记录液位和压力。

7）充装时，应检查各连接法兰接头，螺纹接头在低温状态时不得有泄漏，严防因低温液体的泄漏到外壳体会引起外壳冷裂，导致罐体的绝热夹层失去真空度从而使罐体不能保冷的严重后果。

8）二氧化碳在充装罐车前，罐车内要充入压力为0.8MPa以上的压力，以防二氧化碳固化。

（5）低温罐车重复充装　阀门、仪表的使用与初次充装过程相同，不同之处在于此时储罐已处于低温状态。故重复充装过程一开始就可以迅速进行。

1）充装前，应检查仪表、阀门要处于安全、完好的工作状态。

2）先打开吹除阀，将装卸管路的残气吹干净后关闭吹除阀，再打开上进液阀，使进液先从罐顶喷淋内容器，使其降压。在压力降低后，打开下进液阀改向下部进液，此时可关闭上进液阀。在当测满阀出液时，表示罐内的液位已达到设计的充装量，应停止充装。

3）在停止充装时，当关进液阀后，要快速打开吹除阀排放残液，再关闭放空阀和测满阀，防止装卸软管内的残液气化后压力过高引起装卸软管爆炸而损坏和造成伤人事故。

4）卸下装卸软管放回软管箱内。移开防滑块，有地线的还须拆除接地线。

5）把罐车开离充装台进行检查，无异常时记录液位和压力。

6）充装时，应检查各连接法兰接头，螺纹接头在低温状态时不得有泄漏，严防因低温液体泄漏到外壳体引起外壳冷裂，导致罐体绝热夹层失去真空度从而使罐体不能保冷的严重后果。

（6）低温罐车充装后检查

1）充装后必须进行复检，发现超装的应进行妥善处理，充装易燃、易爆介质的真空绝热罐体，额定充满率不得大于90%；充装其他介质的罐体，额定充满率不得大于95%。充装易燃、易爆介质的真空绝热罐体，任何情况下最大充满率不得大于95%；充装其他介质的真空绝热罐体，任何情况下最大充满率不得大于98%，否则不得发出。

2）检查罐车罐体及其附件的完好状况、各部位气密性。

3）运输可燃性低温液体的罐车还应解除接地线。

（7）低温罐车卸车操作　低温罐车在现场应按以下内容做好充装前准备：

1）服从供液单位的指挥，在指定位置停好罐车，拉好驻车制动，并用三角楔块抵住前后轮。

2）检查罐车各个仪表、液面计和阀门是否灵活可靠。

3）确认已有液体的受液罐，所装液体符合要求；否则要排放干净受液罐内的液体并置换。

若是初次充装液体的受液罐，必须是已净化好的，且产品品种与纯度要与将充装液体相符。

4）确认受液罐各个仪表、液面计和阀门、罐体等完好，具备卸车条件。

5）接好充装软管。

6）凡与液氧等强氧化性液体接触的罐体及管道内表面绝对禁油，工作中注意防火。

（8）向初次充装的受液罐卸车　即向第一次充装液体或已经空的并已升温的储罐里卸车，应按下列步骤进行：

1）打开罐车的增压液阀，对罐车进行升压，至压力接近设计值时关闭。

2）关闭受液罐除液位计上、下阀外的所有阀门。

3）打开受液罐放空阀、测满阀、压力表阀，在储罐压力表指示0.03MPa左右时，关闭放空阀。

4）略开罐车上进液阀后，开关罐车吹除阀几次。将卸车软管吹除干净后，关闭罐车吹除阀，以确保液体的纯度。

5）打开罐车下进、出液阀，全开受液罐的上部进液阀，以尽可能迅速卸车。

6）监视受液罐的压力表显示，在其上升到受液罐安全阀设定值的90%范围时，立即关闭受液罐上部进液阀，并停止卸车。

7）打开受液罐放空阀排放，至受液罐压力表指示为0.4MPa左右关闭。

8）打开受液罐上部进液阀恢复卸车。

9）重复步骤6）~8）。

10）在卸车过程中要观察罐车压力表的显示，发现其与受液罐接近时，打开罐车的增压阀，将罐车压力升至适当值后关闭。

11）当液体从测满阀流出时，关闭罐车下进、出液阀，停止卸车。关闭受液罐测满阀。

12）当卸车软管中残余液体气化时，关闭受液罐上部进液阀。

13）打开罐车或受液罐的吹除阀，以降低卸车软管内压力。

14）在卸车软管内压力释放后，拆开卸车软管，关闭吹除阀。

（9）向重复充装的受液罐卸车　即向存有液体的储罐或最近空出来而仍是冷的储罐里卸车，应按下列步骤进行：

1）略开罐车上进液阀后，开关罐车吹除阀几次。将卸车软管吹除干净后，关闭罐车吹除阀，以确保液体的纯度。

2）检查受液罐的液位和压力情况。如果受液罐的压力过高，将受液罐和罐车的上进液阀双方打开，使其压力平衡后关闭罐车上进液阀，视情况再排放受液罐的气体降低其压力，尽可能减少放空造成浪费。

3）在开始卸车前，先将增压阀打开，在罐车的压力高于受液罐0.1~0.2MPa时，打开罐车储罐的下进、出液阀开始向受液罐的卸车。

4）全开受液罐的下部进液阀，同时打开受液罐上部进液阀一圈，按需要调节受液罐这两个阀的开度以保持正常的受液罐压力。

5）在受液罐液位计指示为满罐的3/4左右时，打开受液罐测满阀。

6）当受液罐测满阀有液体流出时，关闭罐车下部进出液阀，停止卸车。关闭受液罐测满阀。

7）当卸车软管中残余液体气化时，关闭受液罐上部进液阀。

8）打开罐车或受液罐的吹除阀，以降低卸车软管内压力。

9）在卸车软管内压力释放后，拆开卸车软管，关闭吹除阀。

10）在罐车将要卸放完时，应注意压力的变动，当发现罐车的压力突然下降，说明罐车的液体已经卸清而排气，应立即关闭罐车的下进、出液阀，停止卸车。

（10）低温罐车卸车后检查

1）检查罐车罐体及其附件的完好状况、各部位气密性。

2）运输可燃性低温液体的罐车还应解除接地线。

（11）低温罐车卸车工艺

1）升压传输（自增压输液）。所谓升压传输是利用蒸发器气化低温介质返回储罐增压，借助压差挤压出低温液体，如图9-9所示。这种输液方式较简单，只需接配简单的管路和阀门。这种输液方式的缺点是：

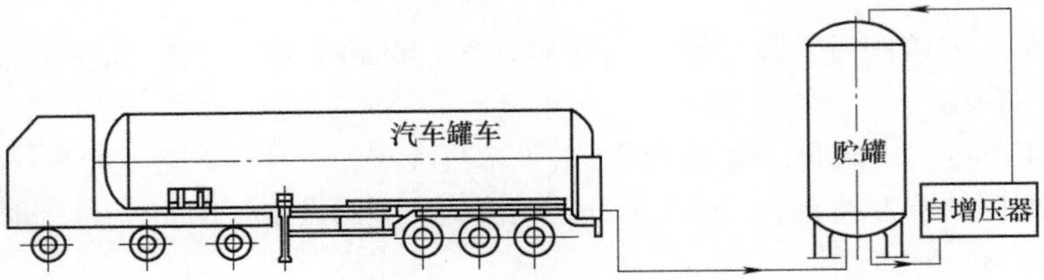

图9-9　自增压输液

① 转注时间长。低温液体罐一般有0.8MPa和1.6MPa两种压力规格，如果固定储槽带压操作，即使选用1.6MPa的高压罐车，转注压差也有限，导致转注流量降低。况且由于罐车空间的限制，蒸发器的换热面积有限，1.6MPa的高压罐车经常出现增压慢、罐内压力下降过快的情况。总之，转注时间长是采用升压传输经常出现的问题，给罐车的使用单位带来了很多麻烦。

② 罐体设计压力高，罐车空截质量大，载液质量与整车质量的比例（质量利用系数）下降，导致运输效率降低。由于低温液体用户普遍要求带压充装液体以减少损失，为了增加转注流量，提高罐体的设计压力是唯一的方法。因此，目前罐车的设计压力有增加的趋势，这使罐体质量增加，从而降低了罐车的质量利用系数。例如，STYER1491底盘改装的11m^3罐车（1.6MPa），其空重约为17000kg，载液量为8910kg，质量利用系数仅为0.52。运输过程都是重车往返，运输效率较低。

当将罐车内的液体卸到其他储罐、容器或排空时，需要提高罐车罐内压力，增压过程用增压器完成。增压的幅度根据使用情况而定，以内压力不超过0.2MPa为宜。

压力表和液面指示仪投入使用，其余阀门关闭。缓慢开启增压液阀，视使用压力的大小选择适当的开度，压力将要达到工作压力时关闭增压液阀。此时增压器中的液体继续蒸发，达到所需的工作压力。增压过程中必须密切关注压力表的指示值，发现超压应及时打开放空阀，排放部分压力。

2）静压高位差法。用储罐与罐车之间的位差（即高度差）进行充装，如图9-10所示。从图中可以看出，高位储罐和低位罐车在压力相等时，由于液体存在位差h，液体往低处流，从而达到充装的目的。静压高位差充装法虽然简单，但使用并不普遍，因为这种方法流速太慢、效率低。

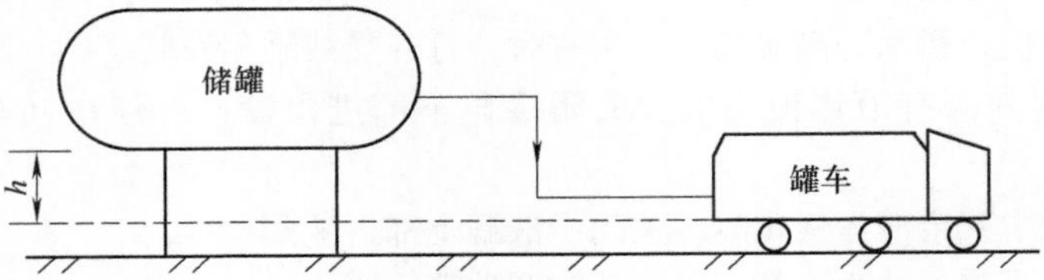

图9-10　静压高位差法

3）泵压液体。采用升压传输有以上所提及的缺点，罐车运用泵送液体是较好的方法。这种输液方式采用配置于储罐或车上的离心式低温液体泵泵送液体，如图 9-11 所示。

车载泵低温罐车流程如图 9-12 所示。

① 泵送液体的优点是：

a. 输送流量大，输送时间短。例如，美国低温集团（ACD. INC）的 AC-30 型离心泵的流量范围是 3600 ~ 204000L/h，缩短了输送时间。

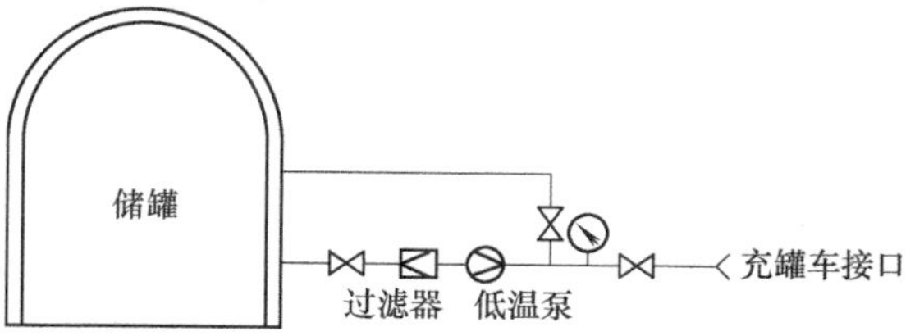

图 9-11　低温液体泵送液

b. 泵后压力高，可以适应各种压力规格的储槽。有能力做到客户储罐带压工作时的大流量输送。

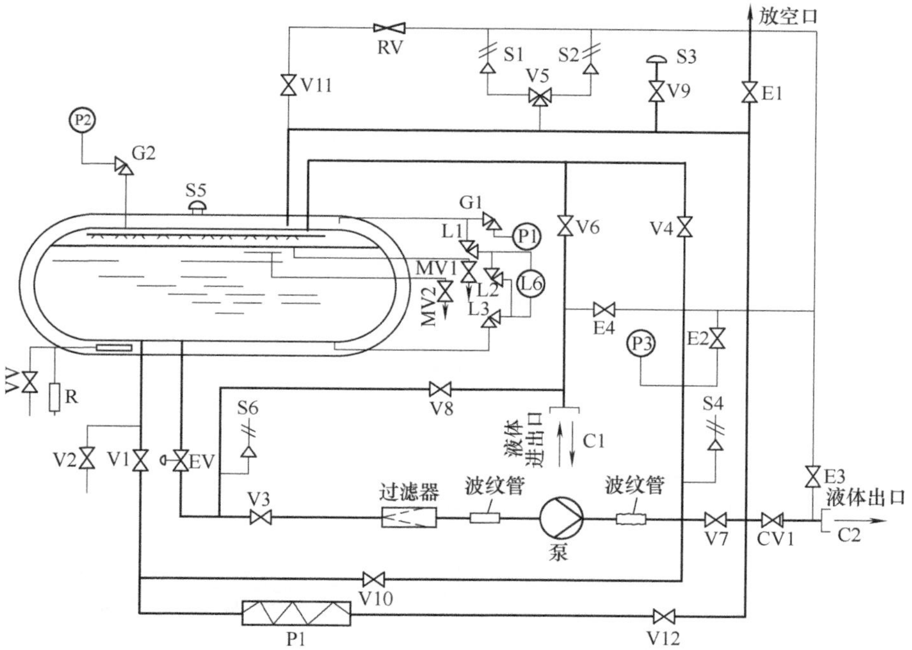

图 9-12　车载泵低温罐车流程

c. 由于泵前压力（NPSH）要求低，无需消耗大量的液体进行增压。

d. 由于泵前压力（NPSH）要求低，因此罐车罐体的最高工作压力和设计压力低，罐车的装备质量轻，质量利用系数和运输效率高。例如，美国空气化工产品公司在中国的空分广泛使用的 7000 加仑（26500L）半挂低温液体罐车运用了泵送技术，其最高工作压力仅为 45psi（绝压，约 316kPa），整车空重约 17000kg（含牵引车），载液量为 19660kg（LIN），质量利用系数达到了 1.16，运输效率较高。

② 与升压传输（自增压输液）的比较。将液氢从罐车加注到消费容器里，升压传输和泵压输液所造成的液氢损失是不同的。对 13000 加仑（49200L）液氢罐车［罐内压力为 55psi（379kPa），气体温度为 -320 ℉（-197℃）］，用自身升压传输液氢的损耗量为 5.9%，而泵压输液则为 12%，其具体比较数据见表 9-1。

表 9-1 升压传输和泵压输液从罐车上传输 12000 加仑 LH_2 损耗比较

	升压传输/加仑	泵压输液/加仑
罐车和设备传输线的清洗	27	27
传输线和泵的冷却	90	95
传输线的热损耗	6	6
泵造成的损失	0	930
从罐车来的置换气体	217	217
因升压而产生的 LH_2 蒸发	277	92
传输线的剩余气体	15	15
填充中内容器的冷却	80	60
合计损耗	712	1442
损耗率（%）	5.9%	12%

由于罐车采用泵送液体具有以上所述的优点，虽然整车造价高，结构较复杂；而且使用低温液体泵时存在合理预冷和防止汽蚀的问题，因此对使用者的技术要求较高，如卸车时作业人员必须在现场密切注意液位以防超压，但其代表了罐车输液方式的发展趋势。

4）空分装置塔的输液或卸液。空分装置开车过程中，当冷凝蒸发器（简称主冷）见到液位后，通过主冷排放口向主冷输送液氧或液氮，可以大大缩短空分装置的起动时间，具有很好的经济效应。如图 9-13 所示，其液体输送方向可由空分装置主冷向槽车输液，也可以由槽车向主冷输液。

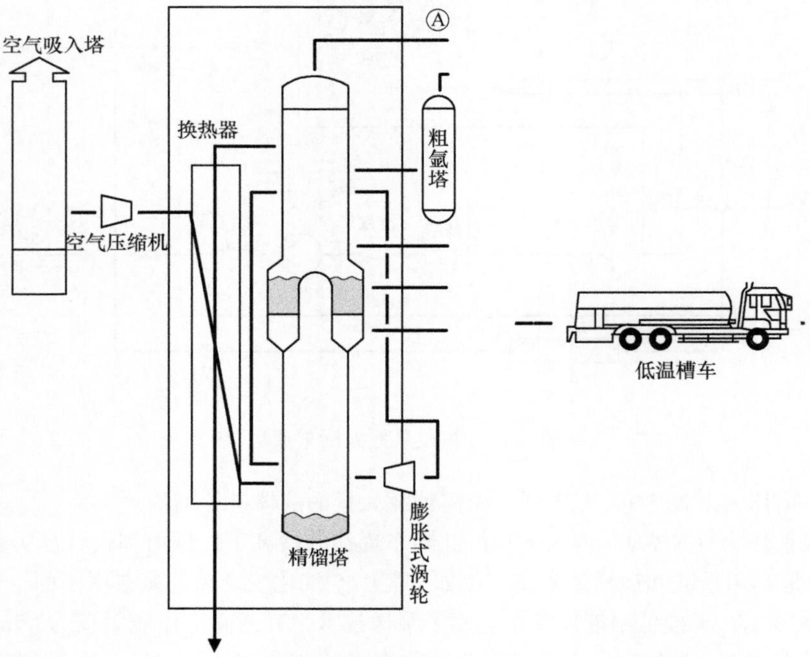

图 9-13 空分装置塔的输液或卸液

5）向另一罐车倒液。将供液罐车和接收罐车之间用专用的输送软管连接，打开供液罐车的增压阀，给供液罐车升压。当供液罐车的压力上升到适当程度时，开启供液罐车的下进、出液阀，供液罐车内低温液体在压力的作用下，经过输送软管进入接收罐车。对接收罐车，一般在打开下进、出液阀时，先略开上进液阀，待其压力降至适当压力时，关闭上进液阀，全部由下进、出液阀进入接收罐车。

对于液氧、液氮类低温液体，通常采用开放式的输送方式，即开启接收罐车的放空阀，使接收罐车罐内的气体排出罐体，保持接收罐车处于较低的压力状态。在供液罐车和接收罐车之间压差的作用下，低温液体可从一个罐车倒入另一个罐车。

6）在密闭的储罐内部空间中，低温的饱和蒸气构成气液热力动态平衡系统。随着外界热量的渗入，罐内液体开始气化，压力上升。随着饱和压力的升高，液体沸点温度上升。液体温度不均匀，界面的温度较高，当液体处于剧烈摇晃、飞溅状态或有喷淋液体时，温度变得均匀。饱和压力上升慢，在不超过设计压力时可不开放空阀，节省气体。

7）在密闭的储罐内部空间中，低温的饱和蒸气构成气液热力动态平衡系统。压力上升，随着饱和压力的升高，液体沸点温度上升。如果在罐车充装时，压力较高，在 2.5MPa（绝压）时，氮的温熵图如图 9-14 所示，其液体沸点温度大约为 85K；如果在 1.0MPa（绝压）操作时，其液体沸点温度大约为 77K。液氮的过冷度可达 8K，照此方法操作，可以节省气体。

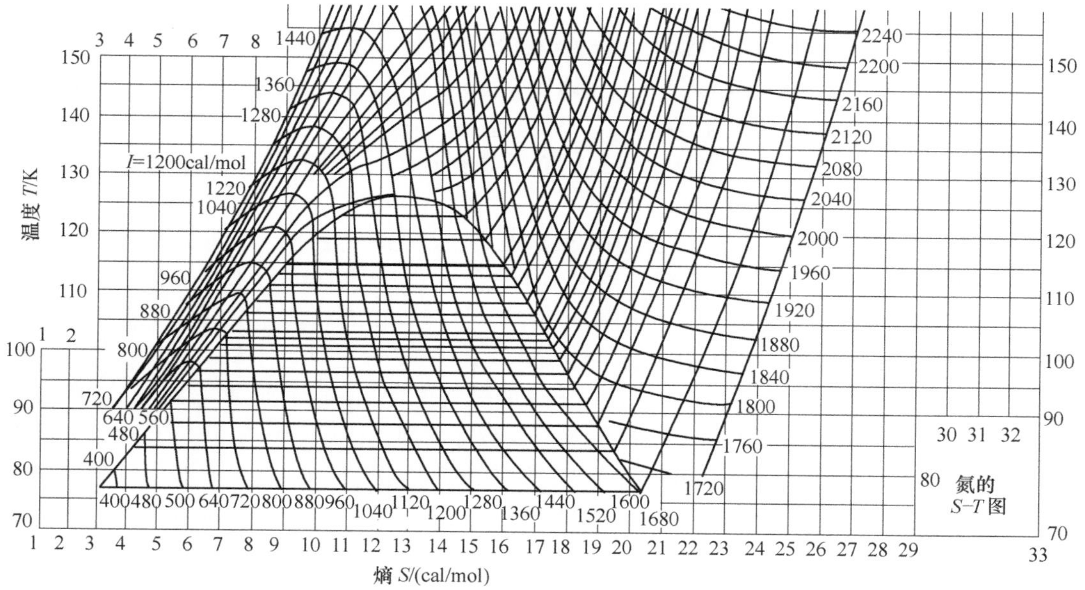

图 9-14　氮的温熵图

8）向无压容器或地方卸车。对罐车进行洗车或充装后经分析产品不合格时，就必须将罐车内液体排出，此时应注意排放地方的安全。周围是否有火源，是否应确认下风处将受影响的范围以及此范围内安全状况等。应将罐车停在上风口，进行缓慢排放。

2. 低温液化天然气罐车的充装操作

（1）充装前的检查　充装前的检查通常包括对罐体的技术资料及有关资格证件的审查和罐体的外观检查两个方面。罐车在充装前，充装单位必须配有熟悉技术工作的专人对罐车的有关资料和罐车的作业人员的资格进行验证检查。罐车的作业人员必须有省、市、自治区技术监督部门颁发的罐车使用证以及当地技术监督部门颁发的罐车操作证、准驾证、押运员证，并配合充装单位对罐车进行检查。

凡有下列情况之一者，应在事先妥善处理，使之能符合充装条件要求，否则严禁充装：

1）罐车未按国家技术法规规定的检验周期内进行检验，而造成超期未作检查的，或者是未经省级技术监督部门授权的检验单位所检验的罐车。

2）罐车的底架部分或车辆行走部分未按公安交通部门的规定进行定期检修的。

3）操作人员、押运人员和汽车罐车的驾驶员无有效证件者。

4）罐车的漆色、字样、标志和所装的介质不符者，或者漆色、字样、标志脱落而不易识别其种类者。

5）罐体的外表腐蚀严重或有明显损坏变形者。

6）罐体固定装置不牢固或损坏者。

7）附件不全、损坏、失灵或不符合安全规定者。

8）罐没有余压，且未判明罐车内残留介质品质者。

9）首次充装前应经置换处理。真空度应不低于86.6Pa，达不到上述要求或罐内气体含氧量超过3%（体积分数）者。

10）罐内残留介质质量不明者。

11）罐体密封性能不良或各密封面及附件有泄漏者。

（2）首次充装前罐车置换　对将用来运输可燃性低温液体的罐车（如液氢低温罐车、液化天然气罐车），应首先用含氧量不大于3%（体积分数）氮气净化，然后再用本气来置换至合格为止。置换时应注意排放口的位置及排量，以免引起火灾。

（3）置换储运介质的方法　在罐车灌装的介质需要变换时，为保证变换后气体的纯度，可用下面两种方法：

1）用专用真空泵将罐内抽空，使罐内的残液在真空状态气化后抽出，根据灌装介质纯度的要求，在尽可能高的真空度下置入需要灌装介质的气体。此方法简单，置换效果好，费用低。从气相管的接口处用导管真空泵接通，关闭液相阀门，打开气相阀和真空泵阀。开启真空泵抽真空，抽至罐内真空度不小于 -650mmHg（-86.6kPa）。

2）先将罐内气体置换成氮气，方法是用干燥的热氮气通入下进液阀进入罐内，使残液气化后从放空阀和测满阀卸出，此时打开增压器阀门，当排出的气体温度约高于10℃时，关闭置换的进气和排气阀门，在充装低温时再将罐内的氮气排出，经化验，罐内置换气体氧气的体积分数不大于3%、水分露点不大于 -25℃的无油污的氮气为合格。此方法适用于沸点高于液氮的深冷液体，再装液时需要重新冷罐，故费用较高。

（4）可燃气体排空回收　由于天然气是可燃性气体，故不能直接排空，而应进行回收。液化天然气装卸工艺如图9-15所示，图中一根软管是液相充装软管，一根是气相回收软管。

图9-15　液化天然气充装图

（5）升压传输充装　升压传输是利用蒸发器气化低温介质返回储罐增压，借助压差挤压出低温液体。这种输液方式较简单。只需接配简单的管路和阀门。

（6）泵压液体充装　运用泵送液体是较好的方法。这种输液方式采用配置于车上的离心式低温液体泵泵送液体。

升压传输充装与泵压液体两种方法的优缺点比较见9.3.3中的“液氧低温罐车的启封及充装操作”。

（7）热力动态平衡　在密闭的储罐内部空间中低温的饱和蒸气构成气液热力动态平衡系统。

随外界热量的渗入，罐内液体开始气化，压力上升。随着饱和压力的升高，液体沸点温度上升。液体温度不均匀，界面的温度较高，当液体处于剧烈摇晃、飞溅状态或有喷淋液体时，温度变得均匀. 饱和压力上升慢，在不超过设计压力时可不开放空阀，节省气体。液化天然气重复充装时压力不超过罐体设计压力时，气相回收软管可不使用。

(8) 液化天然气储罐、槽车安全操作

1) 操作人员必须经过系统的培训，熟悉深冷液体的特性和深冷液体输罐车及其储罐的结构、原理。掌握防爆技术和消防安全的规定，严格按操作规程进行操作并处理有关事项。

2) 持有操作证上岗。

3) 操作液位表，应严格按仪表的操作规程进行，防止工作不慎损坏液位表。

4) 操作所有的阀门启闭应缓慢，防止用力过大损坏阀门。当阀门因低温冷冻无法关闭时，应用常温水或热水加温解冻后再关阀。

5) 操作时应穿戴粗布手套、安全帽等防护用品，防止低温过冷，冻伤皮肤。

6) 操作时应检查各连接接头密封可靠，严防泄漏深冷液体喷射到储罐的外壳上，致使外壳因冷冻开裂使罐体绝热夹层失去真空绝热作用而损坏罐体的情况。

7) 在罐车装液后，注意增压阀要关闭可靠，防止泄漏液体气化使罐内压力升高。

8) 严禁碰撞真空阀和防爆口，防止因其泄漏使真空绝热层失去真空绝热作用。

9) 操作时注意外壳有无冒汗，如发现冒汗应停止使用并查明原因。

10) 操作拆装卸软管时，必须先将管道吹除阀打开卸清管内残液，以防止液体喷出伤人。

11) 充装的液体满度不能超过测满阀的满度；防止罐内气相体积过小而在罐内压力突升时引起安全事故。

12) 发现罐内压力上升异常，应立即将放空阀打开，并查明原因，防止过压出现事故。

13) 在安装装卸软管时，不要过力锤击连接头，防止因过力锤击振动使外壳与接管间的角焊缝产生裂纹，引起绝热夹层失去真空绝热的作用。

(9) 发生深冷冻伤时的急救措施　发生深冷冻伤时，首先应当把影响损伤部位血液循环的衣服脱掉，立即对损伤部位做40.5～45℃的温水浴，而不应当烘烤或者使用水温在46℃以上的水。因为在这种情况下，可能加重皮肤组织的损伤。

如果肉体表皮大面积冻伤引起体温下降，患者应进行暖浴，这时要注意患者还有可能转入休克状态。

冻伤后直接受损伤的表皮组织是不痛的，看起来蜡黄而有淡蓝的颜色，缓解以后部分组织会发生疼痛并出现水泡，水泡破后很容易感染。

解冻应当进行15～60min，一直到冻伤部分皮肤的颜色转变为粉红色或者发红的时候为止。解冻时为了减少病痛，建议可适当使用麻醉剂，但最好在医生的监督下进行。

绝不允许给患者饮用酒精饮料，同时不准吸烟。因为它会恶化损伤部位的血液循环。

(10) 低温液体的管控　液体的主要危险在于它们有着非常低的温度，易于蒸发，能够放出大量的气体。比如，当蒸发1m^3 液体氧，即可释放出约800m^3 气态氧。蒸发1m^3 液化天然气，即可释放出约519m^3 气态天然气。

液体只能装入专用的容器，用不同颜色标明容器用途，并做上标记。

当在容器中储存液体时，液体不断蒸发，因此，应当采取措施以减少容器中压力的增大。为此，容器应当装设安全阀或者爆破片。当设有这些安全装置时，气体出口应当是经常打开的。对于只有较小入口的容器，则不准快速加温液体。

在有液体的房间或狭窄空间里进行工作时，应当保证必要的通风和对空间内空气所含有的氧气做定期测定，如果空气中氧气的体积分数超过23%或者低于18%，则不准进行任何工作。

低温液体有着很低的温度（-195～-161℃，液氢和液氦都低于-200℃），在皮肤表面上，它们可很快向四处流动，引起皮肤深度冷却造成冻僵。滴落在皮肤上的液滴，因液体热容量很小，在短时间内不会损伤皮肤，但当液体的液滴落入衣服内或者鞋子里时，冻僵的危险性便增大许多。液体的液滴落入眼组织时特别危险，能够造成严重的眼外伤。

在有液体的条件工作时，必须用护罩或者防护眼镜保护眼睛。上衣应当密闭，裤腿应当盖住鞋面。

由于触摸液体冷却的物体或容器也是危险的。因此在液体灌注操作中，应佩戴棉、皮革或者帆布的手套。手套应当宽绰地戴在手上，必要时能够轻易把它摘掉。当液体的液滴落在没有防护的肉体上时，则应立即用水洗掉。

由于低温操作，金属部件会出现明显的收缩，在管道系统的任何部位尤其是焊缝、阀门、法兰、管件、密封及裂缝处，都可能出现泄漏和沸腾蒸发，如果不及时封闭这些蒸气，它就会逐渐上浮，且扩散较远，容易遇到潜在的火源，十分危险。可以采用围堰和天然屏障对比空气重的低温蒸气进行拦截。

9.4 铁路罐车充装及卸载工艺

9.4.1 铁路罐车装卸设施

1）铁路罐车装卸应设置专用的装卸线。装卸线的设计、建设与运行应当符合相关的标准和规范。装卸易燃、易爆介质的装卸场地应依照相应的标准划定危险区域边界线。蒸汽机车、未带阻火器的内燃机车不得进入上述危险区。

2）当罐车采用上装上卸方式时，应设置装卸栈桥。装卸栈桥的设计、建设与运行应当符合相关的标准和规范。

3）装卸管道有气相管和液相管。气相管和液相管通常由总管和支管组成。总管沿装卸线（栈桥）敷设，在鹤位处分出支管。在分支后通常设置一个阀门，方便支管检修。阀门后通常安装装卸臂（鹤管）或软管。鹤管（软管）后为球阀加快速接头或一段短管（若快速接头有关闭功能则可不加球阀）。若快速接头不能保证无空间连接，球阀与快速接头间也需加一段短管。短管末端设有一小直径的放空阀。若介质需要回收，则放空阀应与回收管道相连。当装卸介质有置换要求时，短管靠近球阀端设有一小直径的接管和阀门，该接管和阀门与置换气管线相连。最常用的置换气体为氮气。

4）充装液化气体的鹤位通常都设置质量流量计控制充装量。

5）充装易燃、易爆介质的管路应当设置阻火器。

6）装卸系统应当设置紧急切断装置和具备紧急停车功能。

7）装卸设施应当符合相关规范、标准的要求。

9.4.2 铁路罐车充装工艺

铁路罐车充装通常有两种工艺方法，一种是用泵向罐车内注入充装的液体；一种是用压缩机抽取罐车内的气体向送出液体的储罐加压，利用储罐与罐车之间的压差实现装车工作。目前采用泵装车的工艺比较多。下面仅介绍用泵向罐车充装。在下述各项操作中，任何时候发现异常或不符合相关标准和规范的要求时，均应停止充装作业以保证安全，具体操作步骤如下（本操作步骤仅供参考，充装单位应按照本单位的实际情况制定相应的操作方法）。

1. 充装前的准备及检查

1）在装卸铁路支线入口处设置装卸作业标志。

2）确认罐车位置与鹤位对正的状况符合要求。

3）采用适当数量的铁鞋为罐车双方向制动，防止在装车过程中罐车移动。

4）依照相关法规的要求对罐车进行充装前检查（包括从排净检查阀取样，确认罐车内介质符合充装要求、打开压力表阀门检查罐车余压是否符合要求及检查罐车紧急切断装置是否完好等）。

5）做充装前检查记录（充装前检查完成）。

6）检查罐车液位，并通过罐车液位确定充装量。

7）将充装量输入质量流量计（若充装系统有通过质量流量计自动控制充装量功能）。

2. 充装操作过程

1）微开气、液相鹤管（软管）的放气阀（对有吹扫置换要求的介质，打开置换气阀，按规定的置换时间对管道进行置换后关闭置换气体阀）。

2）拆下气、液相鹤管（软管）盲板。

3）微开罐车气、液相管盲板的放气阀（对有吹扫置换要求的介质，应先将回收管线与放气阀相连，置换气管线与置换阀连接，打开置换气阀，按规定的置换时间对管道进行置换后关闭置换气体阀）。

4）拆下罐车气、液相管的盲板。

5）将气、液相鹤管（软管）与罐车气、液相管连接。

6）打开气、液相鹤管（软管）的置换气阀，按吹扫置换规定的时间对管道进行吹扫置换。置换后关闭置换气阀（若充装的介质不需置换处理，可跳过此环节）。

7）关闭气、液相鹤管（软管）的放气阀，微开气、液相鹤管（软管）球阀，检查气、液相管与罐车气、液相管连接处是否泄漏（经吹扫置换的管道不开球阀，保持置换气阀打开，用置换气检查）。

8）全开气、液相加气管的球阀。

9）打开罐车的紧急切断装置。

10）缓开罐车的气相阀，平衡罐车与送出介质储罐的气相压力。

11）缓开罐车液相阀门至全开（充装开始）。

12）检查充装系统管线及连接处是否有泄漏和异常。

13）对整个充装过程进行监控，保证系统正常，各工艺参数（压力、流量及温度等）符合要求。

14）质量流量计指示达到预期的充装量时，关闭鹤管（软管）气、液相球阀。

15）关闭紧急切断阀。

16）缓慢打开鹤管（软管）的放气阀，打开置换气阀，排空鹤管（软管）与紧急切断阀之间的介质。

17）关闭罐车上的气、液相阀。

18）与充装后检查人员共同检查罐车压力。若压力符合要求，关闭压力表阀门。

19）与充装后检查人员共同检查罐车液位。若液位符合要求，推回滑管并盖上罩子。

20）断开气、液相鹤管（软管）与罐车气液相管的连接。

21）检查罐车气液相管阀门气液相鹤管（软管）球阀是否泄漏。

22）罐车气、液相管阀门加盲板。

23）关闭罐车气、液相管阀门，加盲板放气阀。

24）气、液相鹤管（软管）加盲板。

25）关闭气、液相鹤管（软管）放空阀。

26）与押运员共同检查罐车各密封面是否泄漏，无泄漏则封车。

27）做充装记录（充装完成）。

28）移动罐车去轨道衡过秤（如超装则应至卸载鹤位卸载）。

3. 充装后检查

1）按照相关规范标准的要求进行充装后检查（通常不再检查罐车的压力和液位）。

2）做充装后检查记录（充装后检查完成）。

9.4.3 铁路罐车卸车工艺

铁路罐车卸车的工艺方法有很多种，目前用压缩机向罐车加压的卸车工艺采用得比较多。下面介绍这种卸车方法。在下述各项操作中，任何时候发现异常或不符合相关标准和规范的要求时均应停止卸车作业以保证安全，具体操作步骤如下（本操作步骤仅供参考，卸车单位应按照本单位的实际情况制定相应的操作方法）。

应牢记操作规程中罐车升压的最高压力和卸车需要的罐车与储罐的最小压差。

1. 卸车前的准备及检查

1）在装卸铁路支线入口处设置装卸作业标志。

2）确认罐车位置与鹤位对正的状况符合要求。

3）采用适当数量的铁鞋为罐车双方向制动，防止在卸车过程中罐车移动。

4）按照相关法规的要求对罐车进行卸车前检查（包括从最高液面阀取样，确认罐车内介质符合充装要求、打开压力表阀门检查罐车压力是否符合要求及检查罐车紧急切断装置是否完好等）。

5）做卸车前检查记录（卸车前检查完成）。

6）检查罐车液位，并通过罐车液位确认接收罐有足够的空间。

2. 卸车操作过程

1）使压缩机入口管线与接收罐连通。

2）使压缩机出口管线与气相鹤管（软管）接通。

3）微开气、液相鹤管（软管）的放气阀（对有吹扫置换要求的介质，打开置换气阀，按规定的置换时间对管道进行置换后关闭置换气体阀）。

4）拆下气、液相鹤管（软管）盲板。

5）微开罐车气、液相管盲板的放气阀（对有吹扫置换要求的介质，应先将回收管线与放气阀相连，置换气管线与置换阀连接，打开置换气阀，按规定的置换时间对管道进行置换后关闭置换气体阀）。

6）拆下罐车气、液相管的盲板。

7）将气、液相鹤管（软管）与罐车气、液相管连接。

8）打开气、液相鹤管（软管）的置换气阀，按吹扫置换规定的时间对管道进行吹扫置换。置换后关闭置换气阀（若充装的介质不需置换处理，可跳过此环节）。

9）关闭气、液相鹤管（软管）的放气阀，微开气、液相鹤管（软管）球阀，检查气、液相管与罐车气、液相管连接处是否泄漏（经吹扫置换的管道不开球阀，保持置换气阀打开，用置换气检查)。

10) 全开气、液相鹤管(软管)的球阀。

11) 打开罐车的紧急切断装置。

12) 检查罐车压力,当罐车压力较高,罐车与接收储罐的压差大于卸车压力规定的最小压差时,则先打开罐车液相管阀门,罐车内液体送出,降低罐车压力。罐车与接收储罐的压差降至规定卸车压差时,再打开罐车气相阀;若罐车压力低于卸车压差时,则先打开罐车气相阀。待罐车与接收储罐的压差达到规定的卸车压差时再打开罐车液相阀(卸车开始)。

13) 检查卸车系统管线及连接处是否有泄漏和异常。

14) 对整个卸车过程进行监控,保证系统正常,各工艺参数(压力、流量及温度等)符合要求。

15) 观察液相管,听声音判断液相中的液体已被气体吹空。

16) 罐车关闭紧急切断阀。

17) 关闭气、液相鹤管(软管)的球阀。

18) 缓慢打开鹤管(软管)的放气阀,打开置换气阀,排空鹤管(软管)与紧急切断阀之间的介质。

19) 关闭罐车气、液相阀。

20) 检查罐车液位,确认卸车已达到要求。

21) 与充装后检查人员共同检查罐车压力。若压力符合要求,关闭压力表阀门。

22) 断开气、液相鹤管(软管)与罐车气液相管的连接。

23) 检查罐车气、液相管阀门与气、液相鹤管(软管)球阀是否泄漏。

24) 罐车气、液相管阀门加盲板。

25) 关闭罐车气、液相管阀门,加盲板放气阀。

26) 气、液相鹤管(软管)加盲板。

27) 关闭气、液相鹤管(软管)放空阀。

28) 做卸车记录(卸车完成)。

3. 卸车后检查

1) 与押运员共同检查罐车各密封面是否泄漏,若无泄漏则封车。

2) 按照相关规范标准的要求进行充装后检查(通常不再检查罐车的压力和液位)。

3) 做卸载后检查记录(卸车后检查完成)。

9.5 长管拖车充装及卸载工艺

9.5.1 充装及卸载前置条件及注意事项

1) 长管拖车按指定的位置停车,断开与牵引车头连接的气路和电路。先摇下长管拖车支撑架(高度要求遵照相关规定),再拉开鞍座锁销。驾驶员复查后,起动牵引车辆,缓慢与长管拖车分离。

2) 充装及卸载作业现场应接好安全地线。

3) 充装及卸载作业区严禁烟火,不得使用易产生火花的工具和用品。

4) 在充装及卸载作业时,操作人员不得离开现场,必要时可在长管拖车前端设置明显标志,严禁驾驶员挂接牵引车辆。

5）首次充装的长管拖车，充装前应进行氮气置换处理，严禁直接充装。

6）在充装过程中，应认真填写充装记录，其内容包括：长管拖车使用单位、车型、车号、充装介质、充装日期、实际充装量及充装者、复验者和押运员的签字。

7）长管拖车卸车后，罐内应留有 0.05MPa 以上的剩余压力。

8）遇雷击天气、附近发生火灾、气体泄漏及其他不安全因素时，长管拖车必须立即停止装卸作业，并做妥善处理。

9.5.2 长管拖车的充装操作

1. 充装前的检查

1）确认长管拖车的漆色、字样、标记和所装的介质相符。

2）检查长管拖车气瓶有以下情况禁止充装作业：

① 未经使用单位登记或者与使用登记证不一致的。

② 超过检验期限的、定期检验不合格的或者报废的。

③ 新瓶或者定期检验后的气瓶首次充装，未经置换或者抽真空处理的。

④ 查气瓶有明显的损伤的。

3）长管拖车有余压，且可以判明车内残留介质。

4）检查长管拖车气瓶原始标志是否符合标准和规定，铅印字迹是否清晰可见。

5）检查长管拖车气瓶安全附件是否齐全，在安全有效期内使用。

6）检查长管拖车充装管路是否安装牢固，接头密封完好无泄漏。

7）检查长管拖车接地线装置是否完好。

2. 充装操作过程

1）操作人员首先将长管拖车信息记录齐全，包括剩余压力等。

2）将接地线与长管拖车可靠连接。

3）将充装设备管路与长管拖车管路可靠连接。

4）缓慢打开长管拖车各气瓶阀门，并检查阀门是否漏气，发现异常立即停止充装作业。

5）打开充装设备开始进行充装作业。在充装作业过程中，操作人员要随时观察气瓶的温升情况，检查拖车气瓶无鼓包和异常响声，发现异常立即停止充装作业，并根据具体情况，采取措施妥善处理。

6）当长管拖车气瓶压力达到额定压力后，充装设备自动停机（也可手动关闭）。

7）关闭长管拖车各阀门，打开放散管路阀门，放散充装设备管路中的余气，断开充装设备管路，再拆下长管拖车接地线。

8）操作人员负责充装操作全过程，不得中途离开，认真填写充装记录。

9）实行充装复检制度，严禁过量充装。

3. 充装后的检查

1）检查长管拖车气瓶温度有无异常。

2）检查长管拖车气瓶有无出现鼓包、变形、泄漏，发现异常立即做相应处理。

3）检查是否按规定粘贴气瓶警示标签和充装标签。

4）检查充装记录是否齐全。

4. 充装记录

为了确保长管拖车充装站的安全和防止充装过量以及少装的现象，长管拖车的充装单位应对每台长管拖车的充装情况做详细的充装记录，充装记录表应包括以下内容：

1）长管拖车编号、车牌号及驾驶员或押运员的情况。

2）长管拖车进厂（场）时间及剩余量。

3）长管拖车进厂（场）检验情况，罐体部分检查内容包括外观检查、密封性能检查及各部件检查。

4）充装前后的检查结果、充装设备编号、充装量、充装人员、充装时间等，双方签字方可有效。

9.5.3　长管拖车的卸载操作

长管拖车卸载如图9-16所示，其操作步骤为：

1）卸载人员首先确认卸载的介质与要求的一致。

2）检查长管拖车气瓶管路和安全附件处于安全、完好的工作状态。

3）卸载人员要将长管拖车信息记录齐全，包括卸载前压力和温度等。

4）将接地线与长管拖车可靠连接，并关闭与长管拖车连接的卸载设备。

图9-16　长管拖车卸载

5）将卸载设备管路与长管拖车管路可靠连接，缓慢打开长管拖车各气瓶阀门，并检查阀门是否漏气，发现异常立即停止卸载作业。

6）检查无误后，打开卸载设备进行长管拖车卸载作业。

7）当长管拖车气瓶压力卸载到规定的压力时，关闭与长管拖车管路连接的卸载设备。

8）关闭长管拖车各阀门，打开放散管路阀门，放散充装设备管路中的余气，断开卸载设备管路与长管拖车管路的连接，再拆下长管拖车接地线。

9）检查卸载记录是否齐全，包括卸载量和剩余压力等。

9.6　罐式集装箱充装及卸载工艺

罐式集装箱的操作可按汽车罐车的基本操作方式进行即可。这里简单介绍低温罐式集装箱的操作。

9.6.1　低温罐式集装箱

低温罐式集装箱储罐（以下均指罐箱真空容器部分）的绝热结构为真空多层绝热，内容器材料为0Cr18Ni9，外壳材料为Q345R。内容器与外壳之间采用轴向组合支撑（一端紧固，另一端滑动，以补偿内筒体的热胀冷缩）和径向组合支撑的复合支撑结构，使其在上、下及水平方向都能保持良好的受力状况，并连接牢固。动载荷产生的应力，在运动方向和垂直方向按两倍的总质量（2mg）进行了校核。另外，储罐与集装箱框架的连接采用底部纵梁焊接结构、端部圆弧连接板焊接结构，以确保储罐的连接安全可靠、应力分配合理。

储罐配有5根3000mm长铝制星形翅片管构成的增压蒸发器，用于储罐的增压，达到压力输送液体的目的。另配有1根3000mm长的不锈钢材料制成的液体输送软管，以便于用户的使用。

储罐一端部安置了各种阀门、仪表和安全附件，且便于集中管理和使用。

如图9-17所示为20英尺（ft）罐箱流程示意。

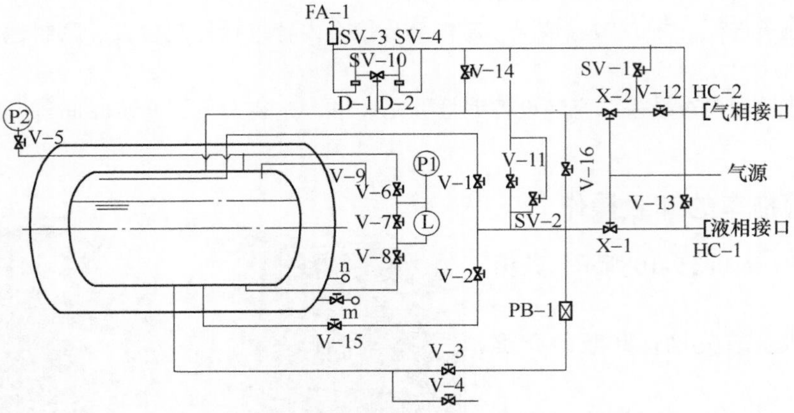

图9-17　20英尺（ft）（16/08）罐箱流程示意

V-1—顶部进液阀　V-2—底部进液阀　V-3—增压器进液阀　V-4—取样阀　V-5—压力表阀
V-6—液位计气相阀　V-7—液位计平衡阀　V-8—液位计液相阀　V-9—溢流阀
V-10—组合安全阀系统阀　V-11—泄放阀　V-12 —气相排放阀　V-13—吹除阀
V-14 —超压排放阀　V-15—液相进罐阀　V-16—增压器排出阀
SV-1、SV-2、SV-3、SV-4—安全阀　D-1、D-2—爆破片
X-1、X-2—紧急切断阀　HC-1—液相接口　HC-2—气相接口　m—测真空装置
n—抽真空装置　P1、P2—压力表　L—液位计　PB-1—增压器　FA-1—阻火器

9.6.2　低温液体罐式集装箱操作

低温液体罐式集装箱启封前的工作主要包括：查阅随罐式集装箱有关资料及配件等是否齐全；检查各管道连接是否牢固；检查各阀门转动是否灵活；检查各压力表、液面指示仪是否良好；用酒精擦拭各阀门外表面和操作室，清洗灌充软管。

一般低温液体罐式集装箱出厂前都充入了0.05MPa的氮气或干燥空气，以防止水分、杂质进入罐体内。启封时，若压力表无指示，就说明已经泄漏。为了使用安全可靠，都要进行加温吹除。下面介绍罐式集装箱的吹扫程序。

1. 罐式集装箱的吹扫程序

1）将液体吹扫源接在充装接头上（液体进出口）。

2）除增压器进液阀（V-3）和增压器出气阀（V-16）及液相阀（V-2、V-15）和气相阀（V-1）、压力表阀（V-5）外，关闭所有阀门。

3）打开吹除阀（V-13），通过软管对液体源接头进行排放，直至软管内出现少量霜为止，关闭吹除阀（V-13）。

4）充分打开液相进罐阀（V-15），使液体通过底部进液管流入罐，循序渐进的流速使得液体在管线和增压器（PB-1）内蒸发，逐渐使罐内压力升高。

5）当储罐压力达到压力表（P2）所显示的最大吹扫压力时，关闭液体输送源。

6）慢慢打开吹除阀（V-14），避免液体溅落。将所有液体从储罐内排放出来。排放时出现气体（蒸气），说明所有液体已被排出。

7）关闭吹除阀（V-14）和液相进罐阀（V-15）。

8）当排放所有液体时，打开平衡阀（V-7），以防止液位计（L）损坏，确认液相阀（V-8）和气相阀（V-6）已关闭。

9）拧松液位计（L）两端的接头。液相阀和气相阀都要充分开启，如未发现水分，要将两个阀都关上。如在气流中发现水分，应将气体排出，直至所有水分均被清除。

注意：仔细检查气、液相管内是否有水分，以确保液位计（L）在操作时不会出现故障。由于表管直径很小，容易被冰堵住。

10）打开泄放阀（V-11）和溢流阀（V-9），对顶部进液阀（V-1）进行排放。

11）重复吹扫工艺步骤2）~步骤6）和步骤10）至少三次，直到操作物质纯度达到要求。

12）重新接上液位计（L），打开液相阀（V-8）和气相阀（V-6），然后关闭平衡阀（V-7）。

13）吹扫结束后，在充装之前，明确表 9-2 所列阀按所标明的被关闭或开启。

表 9-2　阀所处的状态

阀	状　　态
顶部进液阀（V-1）	关闭
底部进液阀（V-2）	关闭
泄放阀（V-11）	关闭
吹除阀（V-13）	关闭
溢流阀（V-9）	关闭
平衡阀（V-17）	关闭
增压器进液阀（V-3）	关闭
增压器出气阀（V-16）	关闭
液相进罐阀（V-15）	开启

注意：最大吹扫压力要相当于储罐最大操作压力的 50% 或 0.2MPa，以防将大气中的污染物吸回到储罐内。储罐内必须始终保持至少 0.03MPa 的正压。

2. 充装操作

（1）充装前准备　低温罐式集装箱在现场应按以下内容做好充装前准备：

1）对罐式集装箱罐体进行目测检查，看是否有损坏，是否清洁，是否符合所进行操作的条件。如发现损坏（如严重凹陷、接头松弛等）要进行检测及修复后方可使用。

2）服从供液单位的指挥，在指定位置放置好罐式集装箱。对运输可燃性低温液体的罐式集装箱，还应接好地线。

3）检查各个仪表、液面计和阀门是否灵活可靠；对于不太灵活的，应及时进行修理或更换，以保证充装安全。

4）打开压力表阀，使液面计投入使用。

5）确认要充装的液体符合要求，并接好充装软管。

6）凡与液氧等强氧化性液体接触的罐体及管道内表面绝对禁油，工作中注意防火。

（2）充装操作　低温液体罐式集装箱充装分为初次充装和重复充装两种。充装过程中须打开超压排放阀（V-14），关闭泄放阀（V-13），以免液体急速气化而使罐式集装箱内筒超压。

1）初次或长期放置、检验后首次充装罐式集装箱出厂前均应充有低纯度氮气，以防止水分进入罐式集装箱罐内。因此，在充装之前应用适合的气体进行罐式集装箱净化，以确保操作物质的纯度。

① 确认罐式集装箱内介质符合要充装的纯度。

② 确认储罐所盛物质为要充装的物质。

③ 确认除顶部进液阀（V-1）和底部进液阀（V-2）以外，所有阀均被关闭。

④ 将输液软管与罐式集装箱充装头（液体进出口）连接。

注意：打开吹除阀（V-13）和输送装置泄压阀约3min，使输液软管冷却，然后再充装，关闭吹除阀（V-13）。

⑤ 慢慢打开顶部进液阀（V-1）和气相排放阀（V-12），使进液先从罐顶喷淋内容器，使其平衡降温，防止罐体因急冷而损坏各焊缝。

⑥ 在内容器冷却后，打开底部进液阀（V-2）改向下部进液，此时可关小或关闭顶部进液阀（V-1）。

⑦ 在充装过程中观察储罐压力（P1），如压力上升高于输送压力，或者接近储罐安全阀（V-10）压力，必须用泄放阀（V-11）对罐泄压，如压力继续升高，需要中断充装使压力下降。

⑧ 观察液位计（L），当液位表显示约3/4液位时，打开溢流阀（V-9）。

⑨ 如有液体从溢流阀（V-9）喷出，则中止输送源的充装，并关闭溢流阀（V-9）。

⑩ 关闭顶部进液阀（V-1）。

⑪ 通过吹除阀（V-13）排放充装管内的残留液体。

⑫ 拧松充装接头（液体进出口）上的软管，释放充装软管压力，然后拆下软管，建议对充装软管除霜。

⑬ 如使用压力传输器输送，使液体输送装置内的压力升高，直至压力比储罐压力高至少0.35MPa，打开充装阀；如通过泵传输输送，对泵做必要的连接，慢慢打开传输装置输送充装阀，保持泵泄压压力比储罐压力高0.35～0.7MPa。

⑭ 因罐内容器温度高，必须降低内容器的温度。价格较高的液氢、液氦罐式集装箱，可先用价格较低和沸点较低的深冷液体（例如液氮）预冷，再充装储运的低温液体。

2）重复充装。

① 确认罐式集装箱内介质符合要充装的纯度。

② 确认储罐所盛物质为确切要充装的物质。

③ 确认除顶部进液阀（V-1）和底部进液阀（V-2）以外，所有阀均被关闭。

④ 将输液软管与罐式集装箱充装头（液体进出口）连接。

注意：打开吹除阀（V-13）和输送装置泄压阀约3min。使输液软管冷却，然后再充装，关闭吹除阀（V-13）。

⑤ 打开底部进液阀（V-2）、略开顶部进液阀（V-1），进行充装。

注意：通过底部对低温储罐做充装，由于聚集在蒸发空间的气体被压缩会使储罐压力升高。通过顶部充装会降低压力，因此聚集在顶部空间的气体会被冷却并重新液化。

⑥ 在充装过程中观察储罐压力（P1），如压力上升高于输送压力或者接近储罐安全阀（V-10）压力，必须用泄放阀（V-11）对罐泄压；如压力继续升高，需要中断充装使压力下降。

⑦ 观察液位计（L），当液位表显示约3/4液位时，打开溢流阀（V-9）。

⑧ 如有液体从溢流阀（V-9）喷出，则中止输送源的充装，并关闭溢流阀（V-9）。

⑨ 关闭顶部进液阀（V-1）。

⑩ 通过吹除阀（V-13）排放充装管内的残留液体。

⑪ 拧松充装接头（液体进出口）上的软管，释放充装软管压力，然后拆下软管，建议对充装软管除霜。

⑫ 如使用压力传输器输送，则使液体输送装置内的压力升高，直至压力比储罐压力高至少0.35MPa，打开充装阀；如通过泵传输，则对泵做必要的连接，慢慢打开传输装置输送充装阀，

保持泵泄压压力比储罐压力高0.35～0.7MPa。

3）充装后检查。

① 充装后必须进行复检，发现超装的应进行妥善处理，否则不得发出。

② 检查罐车罐体及其附件的完好状况、各部位气密性。

③ 运输可燃性介质的罐式集装箱还应解除接地线。

3. 卸车操作

（1）低温罐式集装箱卸车前准备　低温罐式集装箱在现场应按以下内容做好卸车前准备。

1）对罐式集装箱罐体进行目测检查，看是否有损坏，是否清洁，是否符合所进行操作的条件。如发现损坏（如严重凹陷、接头松弛等）要及时处理。

2）服从受液单位的指挥，在指定位置放置好罐式集装箱。对运输可燃性低温液体的罐式集装箱，还应接好地线。

3）检查各个仪表、液面计和阀门是否灵活可靠；对于不太灵活的，应及时进行修理或更换，以保证充装安全。

4）打开压力表阀，使液面计投入使用。

5）确认要受液的储罐，并接好充装软管。

6）凡与液氧等强氧化性液体接触的罐体及管道内表面绝对禁油，工作中注意防火。

（2）罐式集装箱卸液　分为受液罐初次充装和重复充装两种。

1）向初次充装的受液罐卸液。向初次充装的受液罐卸液，即向第一次充装液体或已经空的并已升温的储罐里卸液，应按下列步骤进行。

① 打开罐式集装箱的增压液阀（V-3）和增压气相阀（V-16），对罐式集装箱进行升压，至压力接近设计值时关闭。

② 关闭受液罐除液位计上、下阀外的所有阀门。

③ 打开受液罐放空阀、测满阀、压力表阀，在储罐压力表指示0.03MPa时，关闭放空阀。

④ 略开罐式集装箱气相进液阀（V-1）后，开关罐式集装箱吹除阀（V-13）几次。将卸液软管吹除干净后，关闭吹除阀（V-13），以确保液体的纯度。

⑤ 打开罐式集装箱液相阀（V-2），全开受液罐的上部进液阀，以尽可能迅速卸液。

⑥ 监视受液罐的压力表显示，在其上升到受液罐安全阀设定值的90%范围时，立即关闭受液罐上部进液阀，并停止卸液。

⑦ 打开受液罐放空阀排放，至受液罐压力表指示为0.4MPa关闭。

⑧ 打开受液罐上部进液阀恢复卸液。

⑨ 重复步骤⑥～⑧。

⑩ 在卸液过程中要观察罐式集装箱压力表（P1）的显示，发现其与受液罐接近时，打开罐式集装箱的增压液阀（V-3）和增压气相阀（V-16），将罐式集装箱压力升至适当值后关闭。

⑪ 当液体从测满阀流出时，关闭罐式集装箱液相阀（V-2），停止卸液。关闭受液罐测满阀。

⑫ 当卸液软管中残余液体气化时，关闭受液罐上部进液阀。

⑬ 打开罐式集装箱或受液罐的吹除阀，以降低卸液软管内压力。

⑭ 在卸液软管内压力释放后，拆开卸液软管，关闭吹除阀。

2）向重复充装的受液罐卸液。向重复充装的受液罐卸液，即向存有液体的储罐或最近空出来而仍是冷的储罐里卸液，应按下列步骤进行。

① 略开罐式集装箱液相阀（V-2）后，开关罐车吹除阀（V-13）几次。将卸液软管吹除干净后，关闭吹除阀（V-13），以确保液体的纯度。

② 检查受液罐的液位和压力情况。如果受液罐的压力过高，将受液罐和罐式集装箱的气相阀双方打开，使其压力平衡后关闭罐车上进液阀。视情况再排放受液罐的气体，降低其压力，尽可能减少放空造成的浪费。

③ 在开始卸液前，先将增压阀打开，在罐式集装箱的压力高于受液罐 0.1～0.2MPa 时，打开罐式集装箱的液相阀（V-2）开始向受液罐的卸液。

④ 全开受液罐的下部进液阀，同时打开受液罐上部进液阀一圈，按需要调节受液罐这两个阀的开度以保持正常的受液罐压力。

⑤ 在受液罐液位计指示为满罐的3/4 左右时，打开受液罐测满阀。

⑥ 当受液罐测满阀有液体流出时，关闭罐式集装箱的液相阀（V-2），停止卸液。关闭受液罐测满阀。

⑦ 当卸液软管中残余液体气化时，关闭受液罐上部进液阀。

⑧ 打开罐车或受液罐的吹除阀，以降低卸液软管内压力。

⑨ 在卸液软管内压力释放后，拆开卸液软管，关闭吹除阀。

⑩ 在罐式集装箱将要卸放完时，应注意压力的变动，当发现罐式集装箱的压力突然下降，说明罐式集装箱的液体已经卸清而排气，应立即关闭罐式集装箱的液相阀（V-2），停止卸液。

3）罐式集装箱卸液后检查。

① 检查罐式集装箱罐体及其附件的完好状况、各部位气密性。

② 运输可燃性介质的罐式集装箱还应解除接地线。

9.6.3 罐式集装箱运输要求

1. 罐式集装箱海运要求

下列情况下不得将罐式集装箱用于海运：

1）罐式集装箱处于不足量状态，由于罐内压力骤增可能产生不可承受的液压力。

2）渗漏时。

3）罐式集装箱的损坏程度已影响到罐式集装箱的总体及其起吊或紧固设备。

4）操作设备未经检验，未证明工作情况良好。

罐式集装箱的积载、隔离和运输应满足《国际海运危险货物规则》的要求。

罐式集装箱的海运启运条件如下：

1）罐式集装箱不应用于航期超过介质无损储存维持时间的海上运输，同时还应考虑可能的延误。

2）由于罐式集装箱所载介质的无损储存时间是有限的，现假定无损储存时间为30 天，如果启运时，罐式集装箱内压力已经达到10 天时的压力，那么罐式集装箱的无损储存时间则为20 天。故要求罐式集装箱海运启运前，罐式集装箱内压力尽可能低，以到达尽可能长的无损储存时间。

3）运输期间，应采取适当措施防止罐式集装箱受到横向、纵向碰撞及翻倒。

2. 罐式集装箱公路、铁路运输要求

运输期间，应采取适当措施防止罐式集装箱受到横向、纵向碰撞及翻倒。

罐式集装箱运输车应低速度行驶，避免紧急制动，严防撞击。通过闹市区时，应限速行驶，不得任意停靠。

运输过程中，要经常监视压力表的读数，严禁超过压力规定值，当压力异常升高时，应将罐式集装箱运到人稀、空旷处，打开放气阀，排气卸压。

罐式集装箱运输车在连接充装输液管前，必须处于制动状态，防止移动，在斜坡处应设置防滑块。充装作业时，牵引车发动机必须关闭。

复习思考题

一、判断题

1. 移动式压力容器的随车装备，使用单位应当为操作人员或者押运员配备日常作业必需的安全防护措施，专用工具和必要的备品、备件等，还应当根据所装运介质的物理、化学性质随车配备必需的应急处理器材和个人防护用品。(√)

2. 新操作人员，未经考核，没有上岗证，在人员紧张时，偶尔也可独立上岗操作。(×)

3. 长管拖车在进行CNG充装及卸载作业时，操作人员不得离开现场，必要时可在长管拖车前端设置明显标志，严禁驾驶员挂接牵引车辆，以防止装卸管路拉断造成气体泄漏。(√)

4. CNG长管拖车卸车后，罐内应留有0.1MPa以上的剩余压力（压力表指示不能为零）。(√)

5. 当CNG长管拖车气瓶压力达到额定压力后，充装设备自动停机（不可手动关闭）。(×)

6. 移动式压力容器铭牌上标注的容积为不扣除内装件的容积。(×)

7. 氨、液氨、液化石油气及其他易燃、易爆介质，卸液时可用空气加压。(×)

8. 介质为易燃、易爆的汽车罐车，遇有雷雨天气或附近有明火时禁止装卸作业。(√)

9. 液化气体储罐“满液”时、温度升高时，压力就急剧上升，甚至造成储罐破裂。(√)

10. 根据TSG R0005—2010《移动式压力容器安全技术监察规程》的规定，汽车罐车不得停靠在机关、学校、厂矿、桥梁、仓库和人员稠密等地方。(√)

11. 汽车罐车的装卸作业时应按指定位置停车，关闭汽车发动机并用手闸制动，有滑动可能时，应加防滑块。(√)

12. 可以从液化石油气罐车直接向气瓶充装气体。(×)

13. 液氨储罐比液氯储罐耐压高。(√)

14. 500t的珠光砂堆积保温的液氧储罐未构成重大危险源。(×)

15. 汽车罐车装卸作业时，操作人员、押运员均不得离开现场，驾驶员可以离开，在正常装卸作业时，不得随意起动车辆。(×)

16. 防止易燃介质燃烧的火源控制主要有：燃烧炉火、反应热、电火花、维修用火、机械摩擦、撞击火花、控制电器火花以及吸烟等。(√)

17. 储罐内无剩余液化气体不经处理可以直接充装。(×)

18. 压力容器运行中防止发生事故的根本措施是防止设备超温、超压和物料泄漏。(√)

19. 氯和二氧化硫卸液时可用空气加压。(√)

20. 安全标志有禁止标志、警告标志、指令标志、提示标志。(√)

21. 低温移动压力容器的设计温度是$t \leq -20℃$。(√)

二、选择题

1. 移动式压力容器盛装极度或者高度危害的介质应采用（　　）的装卸方式，液面(　　)不允许开口。(D)

A. 上装上卸，以上　　B. 上装下卸，以下　　C. 下装下卸，以上　　D. 上装上卸，以下

2. 装运毒性程度为极度或者高度危害以及易爆介质的罐体，其装卸口应当有（　　）个相互独立并且（　　）在一起的装置组成。(B)

A. 2，串联　　B. 3，串联　　C. 3，并联　　D. 2，并联

3. 移动式压力容器发生下列异常现象时，操作人员或者押运人员应当立即采取紧急措施，并且按规定的报告程序，及时向有关部门报告：(A)

a. 罐体工作压力、工作温度超过规定值，采取措施仍不能得到有效控制

b. 罐体的主要受压元件发生裂缝、鼓包、变形、泄漏等危及安全的现象
c. 安全附件失灵、损坏等不能起到安全保护的情况
d. 管路、紧固件损坏，难以保证安全运行
e. 发生火灾等直接威胁到移动式压力容器安全运行
f. 充装量超过核准的最大允许充装量

A. abcdef　　B. abcdf　　C. acbdef　　D. abdef

4.《移动式压力容器技术监察规程》规定，罐体的最大允许充装量以（　　）为准。　　(C)

A. 最高液位读数　　B. 最大允许工作压力　　C. 衡器称重　　D. 液位指示

5. 当连接紧急切断阀的管路破裂，流体通过紧急切断阀的流量达到或者超过允许的额定流量时，装卸管路或者紧急切断阀上的（　　）装置应当（　　）。　　(B)

A. 流量计、开启　　B. 过流保护、关闭　　C. 过流保护、开启　　D. 安全防护、关闭

6. 真空绝热罐体充装易燃、易爆介质的罐体，额定充满率不大于（　　）%；充装不易燃、易爆介质的罐体，额定充满率不大于（　　）%。　　(B)

A. 98、95　　B. 90、95　　C. 98、90　　D. 95、95

7. 真空绝热罐体充装易燃、易爆介质的罐体，任何情况下最大充满率不大于（　　）%；充装不易燃、易爆介质的罐体，任何情况下最大充满率不大于（　　）%。　　(A)

A. 95、98　　B. 90、95　　C. 95、95　　D. 98、98

8. 真空绝热罐体充装易燃、易爆介质的所有排放气体出口，应当（　　）通过（　　）排放。　　(A)

A. 集中、阻火器　　B. 集中、排液管　　C. 集中、放散管　　D. 分别、放散管

9. 汽车罐车充装前充装单位应进行检查，发现有（　　）情况，不得充装。　　(B)

（1）汽车罐车使用证或准运证已超过有效期
（2）汽车罐车未按规定进行定期检验
（3）汽车罐车漆色或标志不符合本规程的规定
（4）防护用具、服装、专用检修工具和备品、备件没有随车携带
（5）随车必带的文件和资料不符合本规程的规定或与实物不符
（6）首次投入使用或检修后首次使用的汽车罐车，如对罐体介质有置换要求的，不能提供置换合格分析报告单或证明文件
（7）余压不符合的规定
（8）罐体或安全附件、阀门等有异常

A. 13578　　B. 12345678　　C. 123678　　D. 2467

10. 移动式压力容器罐车充装记录应包括的内容是　　(C)

（1）罐车停车入位情况
（2）车辆熄火及制动情况
（3）安全设施及静电接地的完好情况
（4）装卸软管与接口连接、密封情况
（5）罐车的吹扫与抽空状态
（6）紧急切断装置的状态及应急处理设施的状态
（7）各部的压力、温度及流速（量）的控制状态
（8）人员签字、日期和介质名称

A. 123456　　B. 23457　　C. 12345678　　D. 45678

11. 液化气体罐车“满液”时，温度每升高1℃，压力就会增大（　　）MPa（有的情况会更高）。　　(D)

A. 0.1　　B. 0.2　　C. 0.5　　D. 1

12. 设计压力≥1.91MPa的无水氨槽车的单位容积充装量为（　　）t/m^3。　　(C)

A. ≤0.74　　B. ≤0.47　　C. ≤0.53　　D. ≤0.60

13. 设计压力≥1.34MPa 的液氯槽车的单位容积充装量为（　　）t/m^3。（A）

A. ≤1.25　　B. ≤0.47　　C. ≤0.52　　D. ≤0.60

14. 移动罐体安全泄放装置单独采用安全阀时，安全阀的整定压力应当为罐体设计压力的（　　）倍，额定排放压力不得大于罐体设计压力的（　　）倍，回座压力不得小于整定压力的（　　）倍。（B）

A. 1.20，0.90，1.05～1.10　　B. 1.05～1.10，1.20，0.90

C. 0.90，1.20，1.05～1.10　　D. 0.95，0.98，1

15. 根据 TSG R0005—2010《移动式压力容器安全技术监察规程》的规定，易燃介质丙烯、丙烷、液化石油气、丁烯、丁二烯、环氧乙烷字色为（　　）。安全阀、气相阀涂大红色，其他阀门涂银灰色。（D）

A. 银灰色　　B. 铝白色

C. 红色配黄色色带标志　　D. 大红色配大红色色带标志

16. 与氧接触的所有零部件表面，必须进行脱脂与清洁处理，其油脂残留量不得超过（　　）mg/m^2。（B）

A. 80　　B. 125　　C. 150　　D. 175

17. 移动式压力容器汽车上路行驶时，随车必带的文件和资料包括：（A）

a. 特种设备使用登记证

b. 机动车驾驶执照和移动式压力容器准驾证、准运证

c. 押运员证

d. 液面计指示刻度与容积的对应关系表，在不同温度下，介质密度，压力、体积对照表

e. 事故应急专项预案

A. abcde　　B. bcde　　C. abc　　D. bce

18. 改变移动式压力容器的使用条件（介质、温度、压力、用途等）时，由使用单位提出申请，经（　　）省级以上（含）特种设备安全监察机构同意后，由有资格的单位更换安全附件、重新涂漆和标志。经检验单位内、外部检验合格后，按规定办理移动式压力容器使用证。（C）

A. 县　　B. 区　　C. 省

19. TSG R7001—2004《压力容器定期检验规则》附件一《移动式压力容器定期检验附加要求》规定，罐车的气密性试验压力为罐体（　　），试验介质应当为干燥、洁净的氮气或空气。（B）

A. 最高工作压力　　B. 设计压力　　C. 安全阀整定压力

三、简答题

1. 随车携带的文件和资料有什么？

答：除携带有关部门颁发的证书外，还应当携带以下文件和资料：

1）《使用登记证》及电子记录卡。

2）《特种设备作业人员证》和有关管理部门的从业资格证。

3）液面计指示值与液体容积对照表（或者温度与压力对照表）。

4）移动式压力容器装卸记录。

5）事故应急专项预案。

2. 常温罐车储罐首次充装的三种处理方法是什么？

答：1）抽真空法：①拆下压力表换上真空表；②关闭液相阀，打开气相阀，真空泵阀用接管连通气相阀和真空泵阀，对罐内抽真空，真空度不小于 650mmHg（86.45kPa），或化验罐内气体氧气的体积分数不大于 3%；③关闭气相阀及泵阀，换下真空压力表，拆下真空泵接通管。

2）氮气置换法：①罐车的液相阀与氮气瓶相接；②打开液相管阀，同时打开气相阀放空，打开气瓶阀并控制压力在 0.2MPa 以下，置换储罐约 10min，稳压 10min，打开放空阀，取样放空气中氧气的体积分数小于 3% 为止；③拆下氮气导管。

3）水置换法：①罐车的液相阀接上水管；②开气相阀，打开上水阀直至水从气相阀溢出，关闭

上水阀、气相阀、液相阀，拆除上水管；③吹除充装台与储罐间管道的空气，接通充装台与储罐的气相管，打开储罐的气相管，打开储罐的液相管，排出罐内的水，关闭液相阀；④罐内升压至0.05MPa。

注：环境温度低于0℃时不适用水置换法。

3. 常温罐车充装前应做哪些准备工作？

答：1）服从供气单位的指挥：包括在指定的位置、处于熄火状态、拉驻车制动、做好防止车辆滑动措施、可燃气体的防静电、防火措施。

2）凡与强氧化剂接触的罐体及管道内表面应做脱脂处理并注意防火。

3）检查各种仪表是否能灵活可靠使用。

4）确认要充装的气（液）体是否符合要求。

5）打开压力表阀和液面计阀并投入使用。

6）接通罐车和储罐的气相、液相管并开始输液。

4. 罐车储罐充装方法有哪几种？

答：罐车充装有泵加压法、压缩机加压法、蒸发器加压法、静压高位差法和压缩气体加压法。

5. 叙述低温罐车加温吹除的步骤。

答：1）连接进出液体管与加热管。

2）打开罐车所有的阀门。

3）拧松所有压力表、安全阀、液面计的连接接头，时刻观察排出气体的情况（流量大小和温度）。

4）测各处排出气体露点温度达到－45℃时可停止加温吹除。

5）减小放空量，保持罐体0.2MPa压力。

6. 低温罐车初次充装或试验后首次充装的工作有哪些？

答：1）各处排出气体露点温度达到－45℃以上。

2）各处仪器、仪表处于安全、完好的工作状态，液位平衡阀、压力表阀在开启状态。

3）对于价位较高的液体如液氦、液氢应先用液氮进行预冷，液体应从上进液阀顶部喷淋，使其平衡降温，在内容器冷却后，用氢或氦对气态氮进行置换。

4）在内容器冷却后，打开下进液阀，关闭上进液阀。

5）当测满阀出现液体时，关闭下进液阀，快速关闭储罐送液阀和打开软管的排液阀。

6）拆软管、地线、全面检查、记录、计量。

7. 储罐装运岗位工人劳动保护用品及工具使用有什么要求？

答：劳动保护用品的佩戴和防护工具使用要求是：

1）操作员戴安全帽、穿工作鞋、勿穿有静电的化纤衣服，不可穿钉鞋，严禁穿戴沾有油脂的工作服和个人防护装备。

2）操作员不准使用产生火花的工具。

3）液体操作人员要戴干净宽松的（棉）手套、戴面罩，裤脚套在皮靴外。

8. 根据TSG R0005—2010《移动式压力容器安全技术监察规程》的规定，遇有什么情况禁止装卸作业？

答：1）介质易燃、易爆的汽车罐车，遇有雷雨天气或附近有明火时。

2）周围有易燃、易爆或有毒介质泄漏时。

3）罐体内压力异常时。

9. 叙述移动式压力容器汽车上路行驶时，随车必带的文件和资料。

答：1）特种设备使用登记证。

2）机动车驾驶执照和移动式压力容器准驾证、准运证。

3）押运员证。

4）液面计指示刻度与容积的对应关系表，在不同温度下，介质密度，压力、体积对照表。

5）事故应急专项预案。

10. 简述移动式压力容器的停放要求。

答：1）不得停靠在机关、学校、厂矿、桥梁、仓库和人员稠密等地方。

2）停车位置应通风良好，停车地点附近不得有明火。

3）停车检修时应使用不产生火花的工具，不得有明火作业。

4）途中停车如果超过 6 小时，应按当地公安部门指定的安全地点或有《道路危险货物运输中转许可证》的专用停车场停放。

5）充装冷冻液化气体介质的移动式压力容器，停放时间不得超过其标态维持时间。

6）罐式集装箱或者管束式集装箱按照规定的要求进行吊装和堆放。

7）途中发生故障，维修时间长或故障程度危及安全时，应立即将移动式压力容器转移到安全场地，并由专人看管，方可进行维修。

8）重新插车前应对全车进行认真检查，遇有异常情况应妥善处理，达到要求后方可插车。

9）停车时驾驶员和押运员不得同时离开车辆。

11. 简述罐式集装箱的海运启运条件。

答：罐式集装箱的海运启运条件：

1）罐式集装箱不应用于航期超过介质无损储存维持时间的海上运输，同时还应考虑可能的延误。

2）由于罐式集装箱所载介质的无损储存时间是有限的，现假定无损储存时间为 30 天，如果启运时，罐式集装箱内压力已经达到 10 天时的压力，那么罐式集装箱的无损储存时间则为 20 天。故要求罐式集装箱海运启运前，罐式集装箱内压力尽可能低，以达到尽可能长的无损储存时间。

3）运输期间，应采取适当措施防止罐式集装箱受到横向、纵向碰撞及翻倒。

第 10 章

移动式压力容器检验与维修

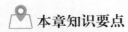

本章知识要点

本章重点介绍在用移动式压力容器的定期检验的要求、常见缺陷及检验方法、检修工作注意事项，以及压力容器的缺陷处理原则、修理方法、修理工作要点等。

10.1 在用移动式压力容器的定期检验

在用移动式压力容器的定期检验工作，是确保移动式压力容器安全使用的必要手段。移动式压力容器在运行中，因腐蚀、疲劳、磨损等原因，会随着使时间的增加而产生一些新的缺陷或使原有允许的缺陷扩大，产生事故隐患，而通过年度检查和定期检验可以及时地发现这些缺陷，从而采取措施进行处理，消除事故隐患，保证压力容器能够运行到下一个周期。

10.1.1 定期检验的重要性

移动式压力容器工作条件具有以下特征：

1）移动式压力容器使用温度和压力波动大，加之需频繁地加载和卸压，使容器器壁受到较大的交变应力。因此，在容器整体结构不连续部位（如焊接接头缺陷部位、开孔与角焊缝部位）易产生疲劳裂纹。

2）某些介质对器壁的腐蚀作用，使容器壁厚减薄而塑性、韧性下降。

3）由于支座、管道及附属设施安装不当，加之长期行驶在颠簸的路面上，使容器所产生的附加压力和振动对容器也有较大影响。

4）容器停用时封存不好、维护保养不当，器壁内、外部均受到腐蚀（腐蚀速率可能比使用时更快）。此外，存在制造上的一些加工缺陷和残余应力都是隐患。

上述种种因素，对即使制造质量完全符合规范和标准的容器，经过一段时间使用后，总会存在或出现某些隐患危及安全，如不及时消除将会酿成事故。

10.1.2 定期检验的周期和要求

1. 定期检验周期

由于移动式压力容器用途广泛，其工作压力、温度、结构、选材、制造工艺及内部介质的腐蚀特性各不相同，所以在进行定期检验时，应根据容器的具体情况，按照国家质检总局颁布的《压力容器定期检验规则》以及 TSG R0005—2011《移动式压力容器安全技术监察规程》的相关要求，确定检验项目，并制订检验计划和检验细则。

定期检验工作因检验条件和检验目的不同分为年度检查（或年度检验）、全面检验和耐压试验。年度检查是在移动式压力容器运行时的定期在线检查，目的是发现容器外表面及安全装置和仪表的缺陷等，确定容器能否在安全条件下运行。全面检验是在容器停止运行的条件下进行的检验，目的是确定容器能否继续运行和为保证安全运行应采取的措施。耐压试验是在全面检验合格后进行的超过容器最高工作压力的液压试验或气压试验，目的是对容器强度进行全面的考核，以判断容器的安全性。

（1）汽车罐车、铁路罐车和罐式集装箱的定期检验周期

1）年度检验，每年至少一次。

2）全面检验，首次全面检验应当于投用后 1 年内进行，下次全面检验周期，由检验机构根据移动式压力容器的安全状况等级，按照表 10-1 所列的全面检验周期要求确定。罐体发生重大事故或停用 1 年后重新使用的和罐体经重大修理或改造的应该做全面检验。符合《铁路罐车专项安全技术要求》《汽车罐车专项安全技术要求》《罐式集装箱专项安全技术要求》的达到设计使用年限的罐体，其全面检验周期参照安全状况等级 3 级执行。

表 10-1　汽车罐车、铁路罐车和罐式集装箱全面检验周期

罐体安全状况等级①	定期检验周期		
	汽车罐车	铁路罐车	罐式集装箱
1～2 级	5 年	4 年	5 年
3 级	3 年	2 年	2.5 年

① 罐体安全状况等级的评定按照《压力容器定期检验规则》的规定。

3）耐压试验，每 6 年至少进行一次。

（2）长管拖车、管束式集装箱的定期检验周期

1）年度检查，每年至少 1 次，选择在适当时机进行。

2）全面检验，按照所充装介质不同，全面定期检验周期见表 10-2。对于已经达到设计使用年限的长管拖车和管束式集装箱瓶式容器，如果要继续使用，充装 A 组中介质时其全面检验周期为 3 年，充装 B 组中介质时全面检验周期为 4 年。

表 10-2　长管拖车、管束式集装箱全面定期检验周期

介质组别①	充装介质	定期检验周期	
		首次定期检验	定期检验
A	天然气（煤层气）、氢气	3 年	5 年
B	氮气、氦气、氩气、氖气、空气		6 年

① 除表中 B 组的介质和其他惰性气体和无腐蚀性气体外，其他介质（如有毒、易燃、易爆、腐蚀等）均为 A 组。

3）耐压试验，全面检验合格后方允许进行耐压试验。

（3）缩短或延长检验周期的条件

1）有以下情况之一的罐车，应进行全面检验：

① 新罐车使用 1 年后的首次检验。

② 罐体发生重大事故或停用 1 年后重新使用的。

③ 罐体经重大修理或改造的。

2）有下列情形之一的长管拖车，应当提前进行定期检验：

① 发现有严重腐蚀、损伤或者对其安全使用有怀疑的。

② 充装介质中，腐蚀成分含量超过相关标准规定的。

③ 发生交通、火灾等事故，对安全使用有影响的。

④ 停用时间超过 1 年，启用前。

⑤ 年度检查发现问题，而且影响安全使用的。

(4) 特殊检验情况的处理

1) 不能按期进行定期检验：

① 因情况特殊不能按期进行定期检验的移动式压力容器，由使用单位提出风险分析报告，经使用单位主要负责人批准，征得上次进行定期检验的检验机构同意（首次检验的延期不需要），向使用登记机关备案后，可以延期检验，延期期限一般不超过 3 个月。

② 不能按期进行定期检验的移动式压力容器，使用单位应当制订可靠的安全保障措施。

2) 异地进行定期检验：

移动式压力容器在定期检验合格有效期届满期间内，如果回不到使用登记地，需要异地落实定期检验时，使用单位应当告知使用登记机关。

2. 定期检验的要求

(1) 年度检查（年度检验）　由于移动式压力容器的全面检验周期一般不少于 3 年，而在这不少于 3 年的运行过程中，因使用、管理以及其他原因，原定安全状况等级所允许的缺陷可能扩展，新缺陷也可能产生，从而危及容器的安全。而每年至少一次的年度检查有助于及时发现隐患，将事故解决在萌芽之中。严格实施年度检查对于保证容器的安全运行是十分重要的。

移动式压力容器年度检查的各检验项目应当由相应检验机构，并且取得相应检验资格证书的检验人员进行；也可以由经过培训的使用单位的压力容器专业人员进行。检验工作完成后，检验人员应根据实际情况出具检查报告，做出结论。检验合格后，检验机构应该在使用登记证上标注检验合格标志，同时在 IC 卡中写入检验数据。

(2) 全面检验（定期检验）　全面检验是指移动式压力容器停运时由检验机构进行的检验和安全状况等级评定。

移动式压力容器定期检验按照《压力容器定期检验规则》和移动式压力容器定期检验附加要求进行。检验机构应当根据移动式压力容器的使用情况、失效模式制订检验方案。定期检验的方法以宏观检验、壁厚测定、表面无损检测为主，必要时可以采用超声检测、射线检测、硬度检测、金相分析、材料分析、强度校核或者耐压试验、声发射检测、气密性试验等。

(3) 耐压试验　全面检验合格后方允许进行耐压试验。耐压试验前，压力容器各连接部位的紧固螺栓必须装配齐全、紧固妥当。耐压试验场地应当有可靠的安全防护设施，并且经过使用单位技术负责人和安全部门检查认可。耐压试验过程中，检验人员与使用单位压力容器管理人员到试验现场进行检验。检验时不得进行与试验无关的工作，无关人员不得在试验现场停留。

1) 罐体耐压试验一般应当采用液压试验，液压试验压力为罐体设计压力的 1.30 倍。液压试验时，罐体的薄膜应力不得超过试验压力温度下材料屈服点的 90%。具体试验方法见 TSG R7001—2004《压力容器定期检验规则》第四章耐压试验。

低温深冷型罐车罐体的耐压试验可以按照设计图样的规定的要求进行。

2) 由于结构或介质原因，不允许向罐内充灌液体或运行条件不允许残留试验液体的罐体，可以按照图样要求采用气压试验，气压试验压力为罐体设计压力的 1.15 倍。

气压试验时，罐体的薄膜应力不得超过试验温度下材料屈服点的 80%。具体试验方法见 TSG R7001—2004《压力容器定期检验规则》第四章耐压试验。

10.2 在用移动式压力容器常见缺陷的处理及检验方法

在用移动式压力容器必须定期进行技术检验，其目的在于能及早发现容器存在的早期缺陷，及时地消除隐患，以防止缺陷发展为破坏事故。

10.2.1 移动式压力容器的常见缺陷及其处理方法

1. 罐体腐蚀缺陷及其处理方法

（1）腐蚀的危害性　腐蚀是罐车在使用过程中最容易产生的一种缺陷，是由于用来制作罐车的金属材料与罐内介质接触，产生化学作用或电化学作用反应所致。罐车运用中比较常见的腐蚀有均匀腐蚀、坑蚀、点蚀、晶间腐蚀和腐蚀疲劳等。不管是哪一种形式的腐蚀，严重时都会导致罐体的失效或破坏。

1）均匀腐蚀。罐体暴露的表面上产生程度基本相同的化学腐蚀或电化学腐蚀称为均匀腐蚀。遭受均匀腐蚀的罐体其壁厚逐渐均匀减薄，最后达到破坏。均匀腐蚀对罐体的威胁不是很大，是罐车罐体各类腐蚀中危险性最小的一种。因为罐车的使用寿命在设计时已根据腐蚀速率（通过经验求得）考虑了足够的腐蚀裕度。但使用中腐蚀速率往往由于环境因素（温度、腐蚀介质浓度）的变化而变化。因此，需要定期进行壁厚测量，以免发生意外的腐蚀事故。

2）坑蚀。坑蚀是一种局部的化学腐蚀或电化学腐蚀，在金属表面形成麻坑（坑的深度一般小于坑的直径），其危害不仅与坑深有关，还与坑的数量和总面积有关，一般比均匀腐蚀大。坑蚀深度很难用超声波测厚仪测定，一般可用深度尺测量。

3）点蚀。仅在金属表面的某些部位形成小且深度大于直径的蚀孔。一般点蚀易产生于静止的介质中，且沿重力方向发展，所以点蚀是破坏性最大的腐蚀形态之一，经常在突然间导致事故发生。同时，点蚀常伴随着应力腐蚀的产生。

4）晶间腐蚀。晶间腐蚀缺陷属于局部腐蚀的范畴。它是由于腐蚀介质与金属金相组织中的某些成分起了作用而发生的，腐蚀过程从一开始就发生于构成金属的某些晶粒的内部，或晶粒的边沿，并向深度推进，因而严重破坏了金属晶粒的结合力，使金属材料的机械强度和塑性大幅度降低。它虽有不引起罐车罐体外表改变的假貌，却潜在性地使罐体具有突发性的破坏趋向，所以是一种隐蔽性的危险缺陷之一，对这种不引起几何尺寸变化，而只破坏材料的物理性能的晶间腐蚀缺陷，目前尚无好的处理办法。

（2）罐体腐蚀重点检查部位　下列各处是罐车罐体比较容易腐蚀的地方，应重点检查。

1）防腐层损坏处。包括涂层脱落、磨损或凸起的地方。

2）容易积存水分或腐蚀性沉淀物的地方，包括罐体内壁排液管周围，罐体底部及“死角”，外壁支座附近等。

3）焊缝及热影响区。这些地方由于反复受热，金相组织发生变化或电位不同，容易产生腐蚀。

4）气体、液体流速局部过大的部位。如气相紧急切断阀的气流进路处等容易产生腐蚀。

5）有可能产生应力腐蚀的部位。如接缝渗漏的部位等。

（3）罐体腐蚀的检查与测定　罐车外壁腐蚀的检查比较简单，因为大气腐蚀一般都是均匀腐蚀（例如表面生成一层层铁锈）或局部腐蚀（深坑腐蚀、密点腐蚀或片状腐蚀），这些缺陷用直观检查的方法即可发现，外壁刷有油漆防腐层的罐体，如果防腐层完好无损，而且又未发现其他可疑迹象，一般不需要清除防腐层来检查金属的腐蚀情况，但如果发现有泄漏或其他可能引起腐蚀的迹象，则必须清除防腐层进行检查。

罐体内壁腐蚀的检查比外壁复杂一些，因为内壁可能有各种形式的腐蚀，而且只有在检修站打开人孔盖进行清洗、置换合格后才能进行检查。对内壁的检查，当然也可以通过直观检查，即观察罐壁的表面情况以及罐内的腐蚀产物。对晶间腐蚀和应力腐蚀，除了严重的晶间腐蚀通过锤击检查可能有所发现外，一般用直观检查是难以发现和判断的，应进行金相检查、化学成分分析和表面硬度测定，予以判断。

（4）罐体腐蚀缺陷的处理　对检查发现有腐蚀缺陷的罐体，首先要查清腐蚀的类别和性质，然后采取相应的处理方法。

1）内壁发现有晶间腐蚀和应力腐蚀的罐体，应判废。

2）对于分散的点蚀，若腐蚀周围不存在裂纹：腐蚀的最大深度，在不超过罐体时，为强度计算时的所需壁厚（不包括腐蚀裕度的计算壁厚）的一半；在直径为 20cm 范围内，沿任一直径的点蚀长度之和不大于 4cm，三点腐蚀面积之和不大于 $40cm^2$，一般可暂不予处理，但应查明原因，认真采用可靠有效的防腐措施。

3）均匀腐蚀和局部腐蚀（包括片状腐蚀和密集斑点腐蚀），按剩余壁厚不小于罐体强度计算厚度的原则，由检验员确定其继续使用、缩小检验间隔期限或判废，其中的计算厚度，应包括用至下次检验日期所需的腐蚀裕度（即检验间隔期限与腐蚀速率的乘积）。

在实际应用中，这类腐蚀是罐体各类腐蚀中危险性最小的一种。因为此时只要罐车罐壁具有足够的厚度，其在机械强度方面因腐蚀引起的变化不大，故除采用相应的防腐措施外，一般不另作处理，但应对罐体加强壁厚的测定检查。其使用条件是：实测的剩余厚度值，必须满足罐车罐体整体强度校核的安全要求。

2. 罐体裂纹缺陷及其处理方法

（1）裂纹的危害性　裂纹是罐车最危险的一种缺陷，是导致罐体发生脆性破坏的主要因素。裂纹缺陷与其他类型的缺陷相比较，根部尖锐的裂纹对罐体强度方面的影响更大，不仅大大降低了材料在冲击、疲劳、冷弯等力学性能方面的强度指标，而且对任何一种原因引起的应力集中现象都表现得更为敏感。同时，裂纹存在的本身就表明缺陷存在着很大的内应力，且集中在裂纹尖端，故在加载的情况下，裂纹将由尖端继续加速延伸扩展，从而成为起爆裂源，导致罐体最终破坏。所以罐体绝对不允许有任何裂纹缺陷存在。

（2）罐体裂纹重点检查部位　罐体的裂纹在其内外表面的各个部位都可能存在，但是一般最容易产生裂纹的地方是焊缝与焊接热影响区以及局部应力过高的部位。

焊缝的焊接热影响区常会有焊接裂纹，这些裂纹可以与焊道垂直，也可以与焊道平行。

检查时，对每条焊缝的表面，包括熔注金属、熔注金属与母材交接处和热影响区，都必须认真检查，特别是焊缝表面有缺陷的地方，如咬边、错边、弧坑等处。对于焊接返修的部位应重点检查。

焊缝与焊缝附近的热影响区是容易产生疲劳裂纹的部位，特别是在焊缝的交叉口、角焊缝、接管焊缝和焊缝表面缺陷处。焊缝附近存在较大的残余应力，容易产生腐蚀裂纹，检查时应注意。

局部应力过高的部位容易产生疲劳裂纹。如罐体人孔处、安全阀安装孔、罐体下部定位承板处等都可能出现应力过高而产生疲劳裂纹。

罐车罐体中较高的应力主要产生在结构不连续的地方，例如罐体的人孔周围、安全阀安装孔、罐体中部、罐底位于鞍座承板处、封头的过渡部分及其附近、壳体与加焊附件的终止处等。检查时要特别注意检查这些部位。

（3）罐体裂纹缺陷检查方法　裂纹的检查可采用直观检查和无损探伤检查。在实际运用中，不能忽视直观检查的作用。实践证明，有许多严重的裂纹缺陷都是通过直观检查发现或初步发现其迹象再通过无损探伤进一步确定的。无损探伤无论是液体渗透探伤、荧光探伤还是磁力探伤，对检查裂纹都有较高的效用，可以根据具体情况选用。

（4）罐体裂纹缺陷处理 在罐体检查中，若发现裂纹缺陷，首先要分析裂纹产生的原因，然后根据其严重程度（部位、数量、大小和分布情况等）、性质和罐体的具体条件（材料韧性、操作条件下的应力水平、变载频率等）确定处理方法。

1）对于焊缝热影响区的表面裂纹，一般可用打磨法消除，直到表面经无损探伤不再发现有裂纹缺陷存在为止。

2）对于罐体表面及接近表面的裂纹，可用手锉或砂轮等磨去，打磨消除缺陷时要注意表面形状的圆滑过渡。并经表面探伤，在该处不再发现裂纹存在为止。

3）对于产生焊接裂纹的罐车，应及时送检修站或制造工厂检修。可采用“截止法——在裂纹两端钻截止孔，所钻孔的深度要稍大于裂纹原有的深度，然后用手铲将裂纹铲去，并修成一合适的坡口。必要时可再次用射线拍照，确认已完全没有裂纹存在时，再进行补焊。

焊后按罐体原来的技术要求对焊缝进行检验。

3. 罐体变形缺陷及其处理方法

（1）罐体的变形及其产生的原因 变形是指罐体在使用后，整体或局部发生几何形状的改变。罐体的变形一般可以表现为局部凹陷、鼓包、整体膨胀等几种形式。

局部凹陷是罐体壳体或封头的局部区域受到外力的撞击或挤压，因而使罐车的某一点形成了表面凹坑。如若发生车辆碰撞或锤击事故，可使车辆罐体局部凹陷，凹陷一般不引起罐体壁厚的改变，只是使某一局部表面失去了原有的几何形状。

鼓包通常是由于罐体的某一承压面发生了严重的腐蚀，壁厚显著减薄，在内压作用下发生向外凸起。鼓包变形使罐体在该处的壁厚进一步减小。

整体膨胀是由于罐体设计壁厚不够或超压运行，以致整台罐车或某些截面产生屈服变形而形成的。例如，充装液化石油气的铁路罐车因充装过量，在温度升高的情况下罐内液体体积膨胀；压力剧烈上升，因而发生整体膨胀变形，使罐体由原来的圆筒形变成腰鼓形。不过，这种变形一般都是缓慢进行的，只有在特殊的监测下才能发现。

（2）变形的检查与处理 变形的检查一般可用直观检查，对于严重的局部凹陷、鼓包，通过肉眼观察是不难发现的。严重的整体膨胀也可以通过直观检查发现，因为圆筒形罐体发生变形时，往往是两端径向变形较小而中间部分膨胀较大（因两端径向变形受到封头限制），形成一种腰鼓形。不太严重的局部变形和整体变形可以通过量具检查来发现，例如用平直尺、弧形样板等工具，或用测量罐体直径的方法来确定。

产生变形缺陷的罐车，除不太严重的局部凹陷以外，其他的一般不宜继续使用。因为发生塑性变形的罐体壁厚总有不同程度的减小，而且，产生变形部位的材料也因应变硬化而降低韧性和塑性，耐蚀性也随之下降。对于轻微的、面积不大的鼓包变形，不涉及罐体的其他部分，材料可焊性较好的情况下，可考虑采取挖补处理：将鼓包变形部分挖去，再用相同的材料压成相同形状的板进行焊补。焊后按照《固容规》《移动容规》与GB 150—2011《压力容器》及相关技术规范等的要求，对焊缝进行检验。

4. 安全附件常见故障及其处理方法

安全附件的常见故障及其处理方法，已在前面第4章各节中有详细的描述，这里不再叙述。

10.2.2 常用检验方法

对移动式压力容器罐体进行检查，常用的方法有宏观检查、工量具检查、无损探伤和耐压试验等。

1. 宏观检查

宏观检查又称为直观检查，主要是通过视觉方法进行检查，它是最基本的检查方法。容器罐体的检查程序总是首先进行目测检查，从整体上掌握容器罐体的质量状况。在此基础上再确定是否需要在某些部位进行工量具检查及其他方法检查。因此，直观检查是进一步进行仪器检查的基础。要做好直观检查，检验人员除必须掌握罐体材料、结构、制造工艺、焊接等基本知识外，还必须积累经验和对缺陷有一定的分析判断能力。

1）检查内容包括：容器罐体结构与焊缝布置是否合理；容器罐体有无整体变形和凹陷、鼓包等局部变形；器壁内外表面有无腐蚀、裂纹及损伤；有无成形、组装缺陷和焊接缺陷等。

2）检查主要用眼睛观察，也可借助检验小锤、5～10 倍放大镜、反光镜、内窥镜及手电筒等工具进行检查。

3）检查方法一般是先用眼睛对容器罐体进行整体检查及对受压元件、焊缝进行检查。在目测检查时，为了能有效地观察到器壁表面变形、腐蚀凹坑等缺陷，可用手电筒的单束光线照射，这样较易暴露表面缺陷。若被检部位较窄而无法接近观察，可借助反光镜或内窥镜观察。如器壁和焊缝表面存在可疑裂纹或因锈蚀、污垢等使肉眼观察不清，可用砂布擦拭以露出金属表面，并用稀硝酸酒精溶液浸蚀，擦净可疑处后，用放大镜观察。另外还可用检查小锤直接轻敲被检查部位，通过听觉和手的感觉判断是否存在缺陷。

2. 工量具检查

采用工量具或仪器对容器罐体进行检查并测量缺陷尺寸，是直观检查的补充。

1）工量具检查主要利用各种不同的工量具对容器内、外表面进行直接测量，确定各部位的尺寸是否符合规定、表面腐蚀面积的深度和变形程度等，常用工量具有直尺、焊缝检验尺、游标卡尺、粉线、样板、量杆等。另外，还可借助于超声波测厚仪等进行非破坏检查。

2）检查方法：用粉线或直（靠）尺测量容器的平直度、变形和凹陷程度（轴向）；用深度尺和样板或直尺测量蚀坑、沟槽咬边深度及封头凹陷变形；用样板和直尺或深度尺检查棱角、不圆度；用焊接检验尺检查错边等；用超声波测厚仪测定剩余壁厚。进行超声测厚前，应把被测表面打磨平整（至一定的表面粗糙度），涂上甘油或机油作耦合剂，并用标准厚度试块校准仪器，然后将探头以一定的均匀的力紧贴测点并略微移（转）动，仪器就可直接显示被测处的厚度值。此外，对某些容器来说，必要时还应在现场进行金相检查、硬度检查和光谱分析、应力测试等非破坏性检查，在此不再介绍，可参看有关资料。

3. 无损检测检查

为了检查容器罐体的材料及焊缝中（表面、内部）可能存在的缺陷，并将缺陷限制在安全使用的允许范围内而又不破坏容器罐体，就需用无损检测检查。常用的无损检测方法有渗透检测（PT，包括萤光、着色探伤）、磁粉检测（MT）、射线检测（RT）和超声波检测（UT）等。材料或焊缝（内部及表面）的缺陷就其形状、性质和分布情况都有很大的差别。同时，不同的检测方法因其原理不同，对不同缺陷的探测能力也不相同。

渗透检测只能检查表面的开口缺陷；磁粉检测能够检查铁磁材料表面及近表面缺陷；射线检测和超声波检测主要用于检查内部缺陷。一般说来，射线检测对气孔、夹渣、未焊透等体积形缺陷较灵敏，超声波检测对裂纹等面状缺陷较灵敏。但两者均受设备条件的限制。如果壁厚大于100mm，射线检测就难以进行，而用超声波检测则容易实现。但国内常用的超声波检测仪大多为脉冲式，对缺陷定性、定量都存在一定的困难。表 10-3 列出了不同无损检测方法对不同缺陷的检测能力。

表 10-3　不同无损检测方法对不同缺陷的检测能力

缺陷种类和形状 检测方法	面　积	点　状	条　状	线状（表面）	圆形（表面）
	裂纹、未熔合未焊透	气孔夹渣	夹渣	表面裂纹	
RT	○或△	*	*		
UT	*	○	○		
MT				*	○或△
PT				*或○	*

注：*好，○较好，△困难。

在压力容器制造过程中，主要用超声波检测探测板材的内部缺陷，用射线检测对接焊缝的内部缺陷，用磁粉或渗透检测检查角焊缝的表面缺陷。定期检验主要是用无损检测方法检测压力容器运行中可能产生的新生缺陷（如裂纹），新生缺陷主要产生在容器内部的焊缝及其附近表面，因此主要用磁粉检测（MT）和渗透检测（PT）。同时用射线检测（RT）和超声波检测（UT）检查原有缺陷有无扩展。

4. 耐压试验

这是对容器罐体强度的一种综合检验，其主要目的是检验容器罐体受压部件的结构强度和验证容器是否具有在设计压力下安全运行所需的承压能力，同时，也可通过局部渗漏等发现潜在的局部缺陷。由于容器罐体的实际最高工作压力低于设计压力，所以耐压试验实际是验证容器是否具有在最高工作压力下安全运行所需的承压能力。如果容器罐体存在潜在的裂纹性缺陷，但耐压试验时尚未破裂，则潜在裂纹尺寸必定小于最高工作压力下的临界裂纹尺寸，因而在试验后的一段时间内仍能维持使用。

（1）耐压试验对压力、温度和介质的要求

1）耐压试验对压力的要求：试验压力的确定是根据容器受压元件的结构强度，验证它能否在最高工作压力下安全运行，并加入一定的安全余量（压力系数），即试验压力必须高于最高工作压力；另一方面试验压力又不允许太大，即液压试验时器壁环向薄膜应力不得超过器壁材料试验温度下屈服点的90%与焊接接头系数的乘积；气压试验时器壁环向薄膜应力不得超过器壁材料试验温度下屈服点的80%与焊接接头系数的乘积，以免发生整体屈服。应力校核时取壁厚为实测最小壁厚并扣除腐蚀余量。耐压试验压力应当符合设计图样要求，并且不小于下式计算值

$$p_T = \eta p\ [\sigma]\ /\ [\sigma]_t$$

式中　p——本次检验时核定的最高工作压力，(MPa)；

p_T——耐压试验压力，(MPa)；

η——耐压试验的压力系数，按表 10-4 选用；

$[\sigma]$——试验温度下材料的许用应力，(MPa)；

$[\sigma]_t$——设计温度下材料的许用应力，(MPa)。

表 10-4　耐压试验的压力系数 η

容器罐体材料	耐压试验的压力系数	
	液（水）压	气压
钢或者铝和铝合金	1.30	1.15

当罐体各承压元件（圆筒、封头、接管、法兰等）所用材料不同时，计算耐压试验压力取各元件材料 $[\sigma]\ /\ [\sigma]_t$ 比值中最小者。

2）耐压试验温度的要求。液压试验时，试验温度（罐体器壁温度）应当比罐体器壁金属无延性转变温度高30℃，或者按标准规定执行，如果由于板厚等因素造成无延性转变温度升高，则需相应提高试验温度。

3）耐压试验介质的要求。液压试验通常用水，故常称为水压试验。水的等温压缩系数很小，远小于气体。在同样的试验压力下，气体的体积膨胀倍数比水的大得多。因此，一旦容器破裂，压缩气体的释放能量也大得多，气压试验危险性大。所以耐压试验一般用液体（水）作加压介质。只有对不适合做液压试验的特殊容器（如容器内不允许有微量液体残留或由于结构原因不能充满液体的容器）才进行气压试验。水压试验要用清洁的水。对奥氏体不锈钢制容器进行水压试验时，应控制水中的氯离子含量小于25ppm（25×10^{-6}）。

（2）水压试验程序　水压试验通常包括试压准备、注水排气、升压、保压、检查、卸压和排水六道工序：

1）试压准备工作包括确定试验压力、于容器顶部和试压泵出口各装一块符合标准要求且校验合格的压力表、准备试压泵等。

2）向容器内注水，并将容器内的空气排尽。

3）当容器与水温一致后，起动试压泵缓慢地分级升压，在升至最高工作压力时进行检查，待确定情况正常后再继续升至试验压力。

4）水压试验应保压足够时间，仔细观察压力表有无压降。

5）保压后缓慢降压至最高工作压力进行检查，重点检查受压元件有无变形或异常、焊缝及法兰等连接部位有无渗漏等现象。

6）容器检查完后即缓慢降压并将水排尽，进行通风干燥处理。

（3）耐压试验合格标准　耐压试验合格标准是：

1）容器的受压元件无可见的异常变形。

2）容器器壁和焊缝无渗漏。

3）试验过程中无异常响声。

10.3 移动式压力容器检修工作注意事项

在用移动式压力容器及附属管道、阀门等经长周期运行后，可能会出现泄漏、磨损、结垢、堵塞、腐蚀、变形等危及安全的问题。为了确保安全，提高在用移动式压力容器及设备的运转周期和使用效率，降低消耗、获取最大的经济效益，必须有计划地对其进行定期停工检修，在用移动式压力容器的全面检验和耐压试验通常结合停工检修或年度大修时一块进行。停工检修往往具有工期短、工程量大、任务集中的特点，施工场地窄小，参与人员多，加之检验、修理、改造等工种交叉作业，较易发生人身事故。特别是容器、设备管道内有可能存留易燃易爆介质和有毒气体，而施工检修中的明火作业遍及现场，若未严格管理或妥善处置，较易发生火灾、爆炸、中毒或化学灼伤等事故。本节介绍在用移动式压力容器及其附属管道、阀门的检修工作应注意的事项。

1. 吹扫置换

在用移动式压力容器停止运行后，必须按规定的程序和时间执行吹扫置换。因为容器罐体及其装置中的设备、管道较为复杂，要求施工人员系统全面地制订吹扫置换流程表，并严格按照吹扫流程逐项吹扫置换。对那些易燃、易爆和有毒介质，特别是黏度大，罐体和管道内壁结垢且结构复杂的容器，吹扫的流量、流速要足够大，时间要足够长，才能保证吹扫干净。吹扫置换人员每执行一项吹扫任务，均需在吹扫流程登记表上签字，以确保任务和责任落实到人。容器吹扫置换干净，是保证检修安全，按时完成任务的关键环节，如不合格，就不能进入后续程序。基于各企业生产工艺和条件不同，采用的吹扫置换介质也不尽相同。一般液化气体的容器罐体多用水蒸气吹扫置换；或者根据工艺要求多用氮气置换。为此必须注意以下问题：

1）当用水蒸气吹扫时，设备管道内会积存蒸汽冷凝水，一般都积存在设备的底部和管路的低点部位，如不及时排除，会因结冰而导致设备损坏，因此切不可忽视防冻防凝工作。故用水蒸气吹扫过后，还须用压缩空气再行吹扫，进行低点放空排尽积水，对某些无法将水排净的露天设备的死角，则必须采取可靠措施进行上述工作。

2）如果检修时人要进入用氮气置换后的设备内工作，则需先用压缩空气进行吹扫，将氮气驱净，待气体分析含量合格后方可进入。否则，人进入设备后会发生因氮气窒息伤亡的惨痛事故。

2. 检修施工用火

对于检修过程中曾使用易燃、易爆介质的容器罐体虽进行了认真的吹扫处理，但由于设备及管道结构复杂，很难达到理想的要求条件，易留死角，其检修施工用火的危险性较大。所以，检修施工用火都要经过批准，并要做到“三不动火”：即没有火票（动火证）不动火，防火措施不落实不动火，看火人不在现场不动火。用火票只适用于规定的地点和时间。必须严格执行用火管理制度。为保证动火安全，应特别注意以下问题：

（1）严格用火的审批工作　用火审批事关重大，直接关系到现场人员的生命和国家财产的安全，由于动火部位千差万别，有的在设备内，有的在设备外，有的在高空，有的在井下，加之设备管道内的介质也各不相同等，因此不能作具体规定，对具体情况应具体分析和把握。因此，审批人要具有相应的科技知识，使命感、责任感强，切不可粗心大意、草率从事。现场工人也应经过安全教育，了解用火安全知识，以便能相互监督，共同把好用火安全关。

审批用火主要应考虑两个问题：一是动火设备本身，二是动火的周围环境。设备内气体采样分析合格，最大限度地消除动火设备潜在隐患。如果是在罐体内动火，还要做氧含量分析，其次要检查动火罐体设备周围环境，有无泄漏点或敞口设备，封闭下水井口和地漏；环境空间应以测爆仪进行检测，确保无问题后方可动火；有风的天气为防止将火星扩散，应以石棉布围接，大风天气应暂停用火；高空用火应将电、气焊熔渣围接住，勿使其下落四处飞溅；室内动火应开启门窗保证通风良好，依据具体情况采取可靠措施。动火现场应有消防人员，以防万一。

（2）气体采样分析　由于各罐体充装介质性质不同，所以采样分析的项目要求也就不同，因而分析仪器和方法各异。但是有两项是共同的，而且必须做到两点：一是分析有无可燃爆炸性气体存在，二是分析氧含量。其他按各企业需要自定。气体采样分析要做到以下几点：

1）要做可燃爆炸性气体分析，即检查动火设备内部或环境空间可燃爆炸性气体含量，这是保证动火安全的首要环节，供用火审批者作科学依据。如有可燃爆炸性气体存在，则坚决不准动火，应再行处理，再分析，直到合格为止。

2）罐体内要做氧含量分析，以保证作业人员在设备内正常工作。空气中正常氧气的体积分数为 21.3%，氧含量低只说明其他气体成分多，但应不低于 18%。

3）对气体采样方法，一般要求多测几个点。如容器罐体最好取两端。采样时尽可能伸向罐体内部，样品才有代表性，切勿在人孔处采样，此样因空气对流而具有很大的假象。

4）动火作业人员（如焊工）接到批准的火票后，应检查火票上各栏目填写内容，尤其是动火部位、时间和防火措施，应亲自检查所提措施是否都已实现，否则有权拒绝动火，切不可对火票不闻不问，那是很危险的。

5）动火若有较长间歇，再行动火时还应做气体分析，以防物料挥发或分解而产生爆炸性气体。一般采取动火前1h内进行气体分析。每次动火前都要检查条件是否有变化，下班时收藏好工具，切断电源，检查余火，无问题后方可离开现场。

6）看火人应熟悉检修工艺流程，了解充装介质的物理化学性能，会使用消防器材。动火前应按火票要求检查防火措施落实情况，动火过程中应随时注意环境变化，发现异常情况，有权立即停止用火。下班时检查现场，不得留有余火。

3. 容器及设备拆卸与封闭

检验、修理及操作人员进到现场，首先遇到的工作就是开启容器罐体人孔，拆卸罐体及管路的法兰等。这些拆卸工作中也有不少安全问题应予重视，稍有疏忽，就会发生事故，造成人身伤害。如在封闭人孔时，由于不认真检查，将安全帽、破布、手套、工具、螺栓等遗留在罐体内部，投用后造成管路堵塞。因此，在设备的拆卸与封闭过程中，应注意以下事项：

1）开启人孔、管路口时，应坚持按自上而下的顺序依次打开。因为有些气体如碳氢化合物、液氨或液化石油气的密度都比空气大（约空气的1.5~2.5倍），如果罐体内留存有可燃、易燃气体或有害气体时，若先打开下部孔便会有大量逸出而发生危险。另外，有时罐体底残存物料未抽净，也易造成事故。封闭人孔、管路口时则应自下而上依次进行。封闭人孔前至少应有两人（施工、生产各一人）共同检查、确认内部无遗留物品时方可封闭。

2）任何容器罐体在打开底部管路口时，均应先打开低点放空，并要注意因堵塞造成的假象，当确认无问题时，方可打开底部管路口，开启时不要对着人进行。

3）管路法兰的拆卸应先放空卸压，尤其是酸碱等腐蚀性介质的管线。松螺栓后不要全部去掉，防止管路阀件下垂伤人。

4）人孔、法兰等安装拧螺栓时，应根据储运要求温度和压力选用垫片。紧固螺栓应对称进行，使螺栓和垫片受力均匀，方能保证其严密不漏。使用扳手用力不能过猛，更不能对着面部，以防扳手滑扣造成击伤或使身躯失去平衡造成从高处坠落。

4. 进入容器罐体内部作业

在通常情况下，为了保证进入罐体内部作业的工作质量和作业人员的安全，在作业人员进入容器内部之前，应注意做好如下工作：

1）将容器罐体内部介质排除干净。若气、液介质为易燃或有毒物质时，还应拆去管件阀门。

2）对内装易燃、有毒、窒息介质的容器，在排净介质后还应进行清洗、置换和分析容器罐体内空间的介质浓度或空气氧含量。凡进入有毒气体浓度高于2%（体积分数）的容器罐体内空间时，检验人员应使用隔离式面具。

3）必须切断与容器罐体相关的电源。有关人员进入容器罐体内部检验时，只能使用12V或24V低压防爆灯或手电筒。检测仪器和修理工具用电源电压超过36V时，必须采用绝缘良好的橡胶软线并设漏电保护器可靠接地。

4）将人孔管口打开，拆除妨碍作业的容器罐体内件，清除内壁污物。进行检查时，焊缝和应力集中部位金属表面更应彻底清垢除锈，以便进行检查。

5）当进入容器罐体内部进行作业时，容器罐体外必须有专人负责监护。曾发生过因监护人员失职，造成作业人员进入没有良好通风的容器罐体内窒息死亡的惨痛事故。

5. 脚手架

容器罐体的检修、安装往往需要脚手架。脚手架是高处作业的必备条件，属临时性设施。有钢管、杉木杆或竹杆搭制的脚手架，也有自制的各式升降平台、马凳、人字梯和斜梯等。脚手架的搭制，国家已有完整的规程，但有些单位在执行中不严格，所以时有事故发生。

容器罐体及装置检修时，搭脚手架的任务很零散，如有时为拆装一个阀门、焊接一道焊口、修补一处保温层和设备防腐刷漆等，都需要搭脚手架。脚手架牢固可靠与否直接关系着人身安全。以往造成人身事故的主要原因有搭架子不符合规范要求、跨距大、强度不够、捆扎不牢，木板、杉杆使用年久、腐朽或虫蛀，跳板探头过长，两头未予捆绑等。也有的工人工作中疏忽大意，将拆卸的设备部件置于脚手架上，因超重而使架子坍塌，因此要求搭架子的工人严格执行规程，对登高作业的人员负责。在梯子上登高作业发生事故主要是上部不能固定，下部地面坚硬打滑，造成梯子倒落伤人，因此梯子上端要固定，地面应有人扶住或采取防滑措施。

6. 高空作业

凡在距基准面2m以上，有可能坠落的高处作业均称为高空作业。

高空作业中主要应保护作业者的人身安全，防止高处坠落事故的发生。为此，除应为作业者提供必要的工作条件（如脚手架等）外，最主要的是作业者本人在高空作业时应注意如下事项：在工作前不能饮酒；穿戴好劳动保护用品，服装要整齐，防止勾挂；要穿平底鞋，不能穿带跟的鞋，以保证行动自如，站立稳健；要正确使用安全带，做到高挂低用；工作中要带上工具袋；不准上下抛掷器件。作业前，要做好身体检查，患有心脏病、高血压、癫痫病等职业禁忌症者，不得从事高处作业。

在雨、雪和大风等恶劣气候下从事高空作业（如组间作业或带电作业）及悬空作业时，均应认真研究，依照具体条件采取可靠的安全措施。

7. 检修现场的电气安全

对于电气作业，国家已有完整的电气安全规程，应按规章执行。但检修现场的电气安全不仅涉及电工，而且关系到参加检修的所有人员的安全问题，主要有以下方面：

1）检修现场的照明。按照规定，对工作介质为可燃或易燃的设备必须使用防爆灯具。如果需进入容器检修，照明灯具必须使用12～36V的行灯以保安全，但行灯对易燃物质仍具危险性，故装设行灯前必须对容器吹扫置换合格。若防爆灯不足且装置确已处理干净，经批准可在室外通风良好的高处用高压水银灯或聚光灯，以保证检修现场的充足照明，但切不可接触可燃物质。

2）手持电动工具，如手电钻、手持电动砂轮、手扶水磨石机、电动打夯机及电动振捣器等，因电源线经常移动，容易造成绝缘损坏而漏电，易发生触电事故，为此应按国家规定安装漏电保护器，或采取其他措施。

3）容器罐体检修，因需装接许多电线，常与钢丝绳和电焊把线、地线或气焊皮带互相交叉缠绕，极易造成现场人员触电。所以设计部门在进行装置设计时，应留有足够的便于检修用电的动力箱，以减少拉接临时线。必须拉接临时线时，以使用电缆或橡胶软线为宜，线路应架空，接头包扎牢固，不得与高温设备接触，防止绝缘老化或破损漏电。刀闸应有防雨措施。起重用的钢丝绳与电源线不得混绞在一起。

4）进容器罐体工作时，照明灯或仪器机具必须采用安全电压，安装漏电保护器。在特殊情况下需使用高于安全电压电源的仪器或机具进容器工作，必须有严格的安全措施，并经厂级安全主管领导批准。

8. 检修质量

检修质量直接关系到容器罐体及装置能否安全运转。检修质量好，可以保证容器罐体及装置安全，长周期运转；检修质量差，就给容器罐体及装置在储运中留下隐患，可能造成各种事故。因为移动式压力容器储运介质具有高压、有毒、易燃、易爆等特点，且其储运连续性强，运输周期长，如果检修质量差，罐体设备出现跑、冒、滴、漏容易着火，污染环境；只要有一点问题就不能正常运行，有可能威胁整个罐体的安全，甚至造成事故。因此，要求参加检修的人员都要对自己工作的质量认真负责，严格按本工种技术规程和质量标准办事，做到一丝不苟。总之，检修质量与安全生产密切相关，对检修质量，除检修施工单位、检修指挥部严格控制、验收外，生产车间和操作工人更应严格把关。

9. 其他注意事项

1）各施工单位在进入检修现场前，应再次学习有关安全制度，对检修人员进行一次安全教育，牢固树立安全第一的思想，严格执行规章制度。进入现场要着装整齐，穿戴好劳保用品，戴好安全帽，禁止穿凉鞋和高跟鞋，以防发生事故。

2）加强氧气瓶、溶解乙炔气瓶的管理。氧气瓶不得曝晒和粘有油脂；溶解乙炔气瓶有阻火装置，防止回火爆炸。

3）检修现场不能使用汽油、苯类、丙酮等易燃和有毒物品溶剂浸泡或擦洗设备，以免挥发后发生着火及中毒事故。

4）罐车经过检修，许多元件或附件都曾打开进行清扫、修补、换件或更新，为保证安全运行，检修后要严格按规程进行耐压试验和气密试验。如使用可燃性液体进行液压试验或用气体试压，应经领导批准，采取安全措施。试压温度应低于可燃性液体的闪点，试验场地附近不得有火源，并且配备适用的消防器材。

5）进入检修现场的施工机具，事先应做好检查，保证完好。

6）在对容器罐体进行单纯修理时，还应遵循以下规定：

① 容器罐体承压时，不许对主要受压部件进行任何修理和紧固工作。

② 罐体内部为有毒或易燃介质时，在修理前必须彻底清理，并经惰性气体、空气先后予以置换、化验分析后才能着手修理。应严格执行动火制度。

③ 进入容器罐体内修理，容器外应有人配合和监护，并应注意容器内是否通风。

④ 检修后应清理容器罐体内的杂物和检查是否遗留工具等，特别要防止遗留能与工作介质发生化学反应或引起腐蚀的残留物。

10.4 压力容器的修理

移动式压力容器运行一段时间后会出现：器壁受到介质腐蚀后逐渐减薄；充装过量产生鼓包变形；储运过程不谨慎因碰撞而产生机械损伤、焊接裂纹等缺陷；若危及安全生产就须及时修理。本节主要介绍容器缺陷处理的一般原则及修理方法等。

1. 缺陷处理的一般原则

在用移动式压力容器的缺陷处理应符合“合乎使用”的原则。当然，缺陷的修复处理不是要使容器恢复到现行（或原来）的设计、制造标准所要求的质量水平，因而不能完全套用制造标准，而应从实际出发，分析、总结事故规律，以安全可靠与经济合理为基点，对缺陷进行具体分析后编制返修方案。

（1）结构设计缺陷处理　不合理的结构可使移动式压力容器的承压部件产生过高的局部应力，并由此导致容器罐体的疲劳裂纹或脆性断裂。同时，不合理的结构往往难以保证焊接质量，因而是压力容器罐体破坏的重要原因。判断结构是否合理的主要依据是：有关的设计规范和标准；应力状况和应力水平；是否能保证焊接质量；在使用中是否产生因结构不合理而引起的裂纹、变形等缺陷。

对于不合理的结构都应进行必要的修复处理，如：角焊缝的凹陷应圆滑过渡；器壁的腐蚀深度太深而不能保证容器安全运行时，要采用挖补等。对于难以修复且不能保证安全运行的应判废。

（2）制造缺陷的处理

1）对于某些特殊移动式压力容器，如低温、剧毒介质及低温移动式压力容器，如果材质不明或材料性能不符合设计规范或使用情况不良等，应停止使用或改作他用。

2）成形组装缺陷处理：成形组装缺陷对容器安全运行影响较大的是错边和棱角，如是一般性超标可不作处理；严重的，应作无损探伤检查，确认是否还存在其他缺陷。当确认无其他缺陷时则通过应力分析，然后作出能否继续使用的结论。如果存在裂纹、未熔合、未焊透等其他缺陷，则应消除缺陷或补焊修复。

3）焊接缺陷处理：低温容器、载荷变化幅度大或频繁间歇操作容器的焊缝咬边，都应打磨消除。其他容器若内表面焊缝咬边深度不大于0.5mm，或外表面焊缝咬边深度不大于1.0mm，连续长度不大于100mm及焊缝两侧咬边总长不超过该焊缝长度的10%时，可不作处理。超过上述规定则应打磨消除。

裂纹和近表面的未熔合、未焊透及沿焊缝柱状晶呈“八”字形分布的气孔等危险缺陷，均应挖除并补焊，严重者应予判废。特殊情况下，可按规定经过严格的安全评定后监督使用。

（3）运行缺陷的处理　运行缺陷是容器罐体在实际运行中，受到压力、温度和介质三者长期作用而产生的，是缺陷处理的重点。现将处理要点分述于下：

1）腐蚀缺陷的处理。内壁发现有晶间腐蚀、应力腐蚀等缺陷的容器一般不应继续使用。如果腐蚀程度轻微，允许根据具体情况，在改变原有操作条件（不可能再产生同类型的腐蚀）下使用。

对于离散的点腐蚀，若其腐蚀深度不超过容器壁厚（不含腐蚀裕量）的1/5，在直径为200mm范围内，沿任一直径的点蚀长度之和不大于40mm，点蚀面积之和不大于40cm^2，腐蚀点周围不存在裂纹，则一般可不予处理，否则应根据具体情况，作降压使用、更换或判废处理。对于均匀腐蚀和局部腐蚀（片蚀、坑蚀等），如按剩余的平均壁厚（应扣除至下一次检验期的腐蚀裕量）校核强度合格，则可不作处理；否则应根据具体情况，作更换或判废处理。

2）裂纹缺陷处理。在容器罐体检验中，若发现裂纹缺陷，首先要分析裂纹产生的原因，然后根据其严重程度（裂纹尺寸、部位等）、性质和容器的具体条件（材料韧性、操作条件下的应力水平、变载频率等）确定处理方法。对于表面裂纹，应采取适当措施彻底消除。

由于结构不良、局部应力过高而产生裂纹的容器罐体，不宜继续使用。因为消除原有裂纹而留下的坑痕或补焊操作都将引起该处应力进一步增加。在重新使用中还会产生新的裂纹；同理，具有腐蚀裂纹的容器也不能继续使用。在特殊情况下，含有裂纹的容器可按规定经过严格的安全评定，决定是否继续使用或降压使用或判废。

3）变形缺陷的处理。产生变形缺陷的容器罐体，除了不很严重的凹陷外，一般不宜继续使用。因塑性变形的容器罐体其壁厚总有不同程度的减薄。而且，产生变形部位的材料也因应变硬化而降低韧性和塑性储备，耐蚀性能随之下降。对于轻微的面积不大的鼓包变形，不涉及容器罐体的其他部分，在材料可焊性较好的情况下，可考虑采用挖补处理：将鼓包变形部分挖去，再用相同的材料压成相同形状的板进行焊补，然后按照容器的技术要求进行技术检验。

2. 修理方法

常用的压力容器修理方法有以下几种：

1）修磨。根据检验、探伤确定的修理部位，利用砂轮等工具将表面缺陷（如表面裂纹、腐蚀坑、焊缝咬边等）清除干净。如果修磨深度在允许范围内，可不补焊，只需圆滑过渡即可；否则需补焊。

2）补焊。焊缝表面裂纹或焊缝存在不允许的缺陷，均须清除缺陷后进行补焊。首先用砂轮（或电弧气刨）清除缺陷，打磨成要求的形状、尺寸后由检验或探伤确认是否清除干净，然后由持证焊工按制订的焊接工艺进行补焊，并经检验和无损探伤验收。

3）对容器的密封面及需要重复使用的密封元件，当其产生了影响密封的划痕、沟纹时，可采用刮磨或研磨的方法清除。

3. 移动式压力容器修理工作要点

1）修理前应仔细检查缺陷的性质、特征、范围和缺陷产生的原因，制订修理方案，按照《特种设备安全监察条例》的规定，书面告知当地质量技术监督部门后方可进行修理。若缺陷情况尚未完全判明，切忌边检查边修理，这样无法保证修理质量，有时甚至造成缺陷人为扩大。

2）移动式压力容器的修理，特别是挖补，更换部分受压部件时，必须保证受压部件原有的强度和制造技术条件的质量要求。

3）补焊、挖补、更换筒节和封头等重大的修理项目及其焊接热处理的技术要求，应参照有关规范和制造技术文件，事先制订出具体的施工方案和修理工艺要求，并在修理过程中严格按批准的方案实施。

4）修理所使用的材料必须与容器罐体材料相适应。所谓相适应是指修理用材与容器罐体材料相同或强度级别、焊接性能相近。修理材料应有质量证明书，能判明材料化学成分和力学性能，必要时要进行材料复验。不允许用情况不明的材料作为容器罐体修理的用材。

焊条、焊丝、焊剂也要选用与所补焊的钢材相适应的牌号，并根据钢材的焊接性能及板厚等条件，确定是否需进行焊前预热和焊后热处理。经过焊接工艺评定后确认。

5）裂纹性缺陷可采用打磨消除，但打磨处的剩余壁厚应满足压力容器的强度要求。焊缝表面成形超差（表面凹凸不平、尺寸超高等）也可以打磨修理，凡打磨部位均应与母材平滑过渡。

6）需补焊修理时，在补焊前应仔细检查缺陷是否全部清除，尤其应仔细检查裂纹性缺陷是否已彻底清除，打磨的沟槽应经过表面探伤确认。内部缺陷打磨深度超过1/2板厚时，如果未见缺陷，补焊后在另一面继续打磨，直到确认清除干净为止。

7）挖补受压部件时，补板不能带尖角，形状可为圆形、椭圆形或带圆角的矩形，其圆角半径应大于100mm。为了分散焊接热，减小焊接残余应力，应划区编号后间隔分段焊接。担任焊接受压部件的焊工应持有特种设备焊工操作证，并且焊接方法、焊接材料、焊接位置应符合要求。

8）螺纹和密封面损伤应进行修理。一般用螺纹规检查螺纹，螺纹规分通规和止规两种：通规应通过螺纹全长；止规旋入一般不超过两扣为正常。如果螺纹变形或损伤严重，应扩孔修理，轻微变形可攻螺纹修理。

对密封面的变形、划痕及其他影响密封效果的缺陷应进行修理，在拆卸和吊装时，应注意避免碰撞密封面，已拆开的和修理的密封面应注意保护。

当移动式压力容器的各项修理完毕后，应填写修理记录，存入设备档案中。记录内容应包括：告知书、修理原因与修理部位简图、所用钢材、焊条、管件等的质量证明（如修理用材料与容器罐体原始材料不同，则应有材料代用的审批手续）、施工工艺、修理后的修理工艺实施记录，安全装置检验记录、监检报告等。

复习思考题

一、选择题

1. 移动式压力容器在运行中，因腐蚀、疲劳、磨损等原因，会随着使用时间而产生一些新的缺陷或使原有允许的缺陷扩大，产生事故隐患，而通过（　　）和（　　）可以及时地发现这些缺陷，从而采取措施进行处理，消除事故隐患，保证压力容器能够运行到下一个周期。 （A、B）

A. 年度检查　　B. 定期检验　　C. 外观检查

2. 年度检查，是指为了确保移动式压力容器在检验周期内的安全而实施的（　　）的在线检查，每年至少一次。 （B）

A. 维修过程中　　B. 运行过程中　　C. 调试过程中

3. 全面检验是指移动式压力容器停机时的检验。一般应当于投用满（　　）时进行首次全面检验，下次检验周期是由安全状况等级确定。 （A）

A. 3年　　B. 1年　　C. 6年

4. 移动式压力容器的年度检查可以由使用单位的压力容器（　　）进行，也可以由国家质量监督检验检疫总局核准的检验检测机构持证的压力容器检验人员进行。 （B）

A. 管理人员　　B. 专业人员　　C. 作业人员

5. 移动式压力容器罐体的常见缺陷有（　　）、（　　）和（　　）。 （A、B、C）

A. 腐蚀　　B. 裂纹　　C. 变形

6. 对移动式压力容器进行检查，常用的检验方法有（　　）、工量具检查、无损探伤和耐压试验等。 （A）

A. 宏观检查　　B. 全面检查　　C. 局部检查

7. 定期检验主要是用无损探伤方法检测移动式压力容器运行中可能产生的新生缺陷（如裂纹），新生缺陷主要产生在容器内部的焊缝及其附近表面，因此主要用（　　）。 （C）

A. 磁粉探伤　　B. 渗透探伤　　C. 磁粉探伤或渗透探伤

8. 检修时人要进入用氮气置换后的设备内工作，则再需用（　　）进行吹扫，将氮气驱净，待气体分析含量合格后方可进入。 （A）

A. 压缩空气　　B. 氧气　　C. 氩气

9. 进入容器罐体内部作业时必须切断与容器相关的电源。有关人员进入容器内部时，只能使用（　　）低压防爆灯或手电筒，检测仪器和修理工具用电源电压超过36V时，必须采用绝缘良好的橡胶软线并设漏电保护器可靠接地。 （C）

A. 12V　　B. 24V　　C. 12V或24V

10. 凡在距基准面（　　）以上，有可能坠落的高处作业的均称为高空作业。 （A）

A. 2m　　B. 4m　　C. 6m

11. 在用移动式压力容器的缺陷处理应符合（　　）的原则。缺陷的修复处理不是要使容器恢复到现行（或原来）的设计、制造标准所要求的质量水平，而应从实际出发，分析、总结规律，以安全可靠与经济合理为基点，对缺陷进行具体分析后编制返修方案。 （C）

A. 设计标准　　B. 制造标准　　C. “合乎使用”

12. 由于结构或者支承原因，移动式压力容器内不能充灌液体，以及运行条件不允许残留试验液体的压力容器，可以按设计图样规定采用（　　）。 （B）

A. 水压试验　　B. 气压试验　　C. 耐压试验

13. 耐压试验的目的实际是验证容器是否具有在（　　）下安全运行所需的承压能力。 （A）

A. 最高工作压力　　B. 工作压力　　C. 设计压力

14. 当进入容器罐体内部进行作业时，容器罐体外必须有（　　）。 （B）

A. 警示标志　　B. 专人负责监护　　C. 消防设施

15. 当压力容器的各项修理完毕后，应填写修理记录，存入设备档案中。记录内容应包括：告知书、修理原因与修理部位简图、所用钢材、焊条、管件等的质量证明（如修理用材料与压力容器原始材料不同，则应有材料代用的审批手续）、施工工艺、修理后的修理工艺实施记录，安全装置检验记录和（　　）等。（A）

A. 监检报告　　B. 探伤工艺　　C. 焊接工艺

二、判断题

1. 移动式压力容器使用温度和压力波动大，加之需频繁地加载和卸压，使容器器壁受到较大的交变应力。因此，在容器整体结构不连续部位（如焊接接头缺陷部位、开孔与角焊缝部位）易产生疲劳裂纹。（√）

2. 长管拖车年度检查，每年至少1次，选择在适当时机进行。（√）

3. 对于已经达到设计使用年限的长管拖车和管束式集装箱瓶式容器，如果要继续使用，充装天然气介质时其全面检验周期为4年。（×）应为3年

4. 因情况特殊不能按期进行定期检验的移动式压力容器，由使用单位提出风险分析报告，经使用单位主要负责人批准，征得上次进行定期检验的检验机构同意（首次检验的延期不需要），向使用登记机关备案后，可以延期检验，延期期限一般不超过6个月。（×）应为“不超过3个月”

5. 发生交通、火灾等事故，造成对安全使用有影响的应当提前进行定期检验。（√）

6. 全面检验合格后方允许进行耐压试验。（√）

7. 罐体变形缺陷是罐车最危险的一种缺陷，是导致罐体发生脆性破坏的主要因素。（×）应为裂纹缺陷

8. 点蚀是破坏性最大的腐蚀形态之一，经常在突然间导致事故发生。同时，点蚀常伴随着应力腐蚀的产生。（√）

9. 宏观检查又称为直观检查，主要是通过视觉方法进行检查，它是最基本的检查方法。（√）

10. 容器吹扫置换干净，是保证检修安全，按时完成任务的关键环节，如不合格，就不能进入后续程序。（√）

11. 检修施工用火都要经过批准，并要做到“三不动火”：没有火票（动火证）不动火；防火措施不落实不动火；看火人不在现场不动火。（√）

12. 对内装易燃、有毒、窒息介质的容器，在排净介质后还应进行清洗、置换和分析容器罐体内空间的介质浓度或空气氧含量。（√）

13. 运行缺陷是容器罐体在实际运行中，受到压力、温度和介质三者长期作用而产生的，是缺陷处理的重点。（√）

14. 移动式压力容器修理所使用的材料，必须与容器罐体材料相适应。（√）

15. 因检修需要检修现场可以使用汽油、苯类、丙酮等易燃和有毒物品溶剂浸泡或擦洗设备。（×）应为“不能使用”

三、简答题

1. 简述移动式压力容器定期检验的重要性。

答：（1）移动式压力容器使用温度和压力波动大，加之需频繁地加载和卸压，使容器器壁受到较大的交变应力。因此，在容器整体结构不连续部位（如焊接接头缺陷部位、开孔与角焊缝部位）易产生疲劳裂纹。

（2）某些介质对器壁的腐蚀作用，使容器壁厚减薄而塑性、韧性下降。

（3）由于支座、管道及附属设施安装不当，加之长期行驶在颠簸的路面上，使容器所产生的附加压力和振动对容器也有较大影响。

（4）容器停用时封存不好、维护保养不当，器壁内、外部均受到腐蚀（腐蚀速率可能比使用时更快）。此外，存在制造上的一些加工缺陷和残余应力都是隐患。

上述种种因素，对即使制造质量完全符合规范和标准的容器，经一段时间使用后，总会存在或出现某些隐患危及安全，如不及时消除将会酿成事故。

2. 简述移动式压力容器设备的常见缺陷有哪些。

答：移动式压力容器设备的常见缺陷有罐体腐蚀缺陷、罐体裂纹缺陷、罐体变形缺陷三种。

（1）腐蚀缺陷是罐车在使用过程中最容易产生的一种缺陷，是由于用来制作罐车的金属材料与罐内介质接触，产生化学作用或电化学作用反应所致。罐车运用中比较常见的腐蚀有均匀腐蚀、坑蚀、点蚀、晶间腐蚀和腐蚀疲劳等。

（2）裂纹缺陷是罐车最危险的一种缺陷，是导致罐体发生脆性破坏的主要因素。

（3）变形缺陷是指罐体在使用后，整体或局部地方发生几何形状的改变。罐体的变形一般可以表现为局部凹陷、鼓包、整体膨胀等几种形式。

3. 为了保证进入罐体内部作业的工作质量和作业人员的安全，在作业人员进入容器内部之前，应注意做好哪几项工作？

答：（1）将容器罐体内部介质排除干净。当气、液介质为易燃或有毒物质时，还应拆去管件阀门。

（2）对内装易燃、有毒、窒息介质的容器，在排净介质后还应进行清洗、置换和分析容器罐体内空间的介质浓度或空气氧含量。凡进入有毒气体浓度高于2%的容器罐体内空间时，检验人员应使用隔离式面具。

（3）必须切断与容器罐体相关的电源。有关人员进入容器罐体内部检验时，只能使用12V或24V低压防爆灯或手电筒。检测仪器和修理工具用电源电压超过36V时，必须采用绝缘良好的胶皮软线并设漏电保护器可靠接地。

（4）将人孔管口打开，拆除妨碍作业的容器罐体内件，清除内壁污物。进行检查时，焊缝和应力集中部位金属表面更应彻底清垢除锈，以便进行检查。

（5）当进入容器罐体内部进行作业时，容器罐体外必须有专人负责监护。曾发生因监护人员失职，造成作业人员进入没有良好通风的容器罐体内窒息死亡的惨痛事故。

4. 在对容器罐体进行单纯修理时，应遵循哪几项规定？

答：在对容器罐体进行单纯修理时，应遵循以下规定：

（1）容器罐体承压时，不许对主要受压部件进行任何修理和紧固工作。

（2）罐体内部为有毒或易燃介质时，在修理前必须彻底清理，并经惰性气体、空气先后予以置换、化验分析方得着手修理。应严格遵守动火制度。

（3）进入容器罐体内修理，容器外应有人配合和监护，并应注意容器内是否通风。

（4）检修后应清理容器罐体内的杂物和检查是否遗留下工具等，特别要防止遗留能与工作介质发生化学反应或引起腐蚀的残留物。

5. 常用的移动式压力容器修理方法有哪几种？

答：常用的压力容器修理方法有以下几种：

（1）修磨。根据检验、探伤确定的修理部位，利用砂轮等工具将表面缺陷（如表面裂纹、腐蚀坑、焊缝咬边等）清除干净。如果修磨深度在允许范围内，可不补焊，只需圆滑过渡即可；否则需补焊。

（2）补焊。焊缝表面裂纹或焊缝存在不允许的缺陷，均需清除缺陷后进行补焊。首先用砂轮（或电弧气刨）清除缺陷，打磨成要求的形状、尺寸后由检验或探伤确认是否清除干净，然后由持证焊工按制订的焊接工艺进行补焊，并经检验和无损探伤验收。

（3）对容器的密封面及需要重复使用的密封元件，当其产生了影响密封的划痕、沟纹时，可采用刮磨或研磨的方法清除。

第 11 章

移动式压力容器事故报告和调查处理及应急救援

本章知识要点

本章重点介绍了压力容器事故、应急救援以及移动式压力容器典型事故及常见紧急情况下的处理措施的基本知识。

要求学员在了解移动式压力容器事故和应急救援及紧急情况处理措施相关基本常识的基础上，重点掌握压力容器事故的定义、分类、特征、界定、事故报告，应急预案、演练、救援，移动式压力容器常见紧急情况下的处理措施等。

11.1 压力容器事故报告和调查处理

11.1.1 压力容器事故的定义、分类、特征及界定

1. 事故定义

所谓特种设备事故是指因特种设备的不安全状态或者相关人员的不安全行为，在特种设备制造、安装、改造、维修、使用（含移动式压力容器、气瓶充装）、检验检测活动中造成的人员伤亡、财产损失、特种设备严重损坏或者中断运行、人员滞留、人员转移等突发事件。

压力容器设备的不安全状态造成的特种设备事故，是指因压力容器本体或者安全附件、安全保护装置失效和损坏，发生爆炸、爆燃、泄漏、倾覆、变形、断裂、损伤、坠落、碰撞、剪切、挤压、失控，或者严重故障为主要特征的事故。

压力容器相关人员的不安全行为造成的特种设备事故，是指因行为人违章指挥、违章操作或者操作失误等造成的事故。

2. 事故分类

按照《特种设备安全监察条例》的规定，特种设备事故分为特别重大事故、重大事故、较大事故和一般事故。压力容器设备事故分类如下：

1）有下列情形之一的，为特别重大事故：

① 压力容器事故造成 30 人以上死亡，或者 100 人以上重伤（包括急性工业中毒，下同），或者 1 亿元以上直接经济损失的。

② 压力容器、压力管道有毒介质泄漏，造成 15 万人以上转移的。

2）有下列情形之一的，为重大事故：

① 压力容器事故造成 10 人以上 30 人以下死亡，或者 50 人以上 100 人以下重伤，或者 5000 万元以上 1 亿元以下直接经济损失的。

② 压力容器、压力管道有毒介质泄漏，造成 5 万人以上 15 万人以下转移的。

3）有下列情形之一的，为较大事故：

① 压力容器事故造成3人以上10人以下死亡，或者10人以上50人以下重伤，或者1000万元以上5000万元以下直接经济损失的。

② 压力容器、压力管道爆炸的。

③ 压力容器、压力管道有毒介质泄漏，造成1万人以上5万人以下转移的。

4）有下列情形之一的，为一般事故：

① 压力容器事故造成3人以下死亡，或者10人以下重伤，或者1万元以上1000万元以下直接经济损失的。

② 压力容器、压力管道有毒介质泄漏，造成500人以上1万人以下转移的。

③ 国务院特种设备安全监督管理部门做出补充规定的一般事故的其他情形。

事故损失：造成生命与健康的丧失、物质或者财产的毁坏、时间的损失、环境的破坏。

特种设备事故造成的死亡、重伤、轻伤分类按照GB 6441—1986《企业职工伤亡事故分类》标准界定；

经济损失具体计算方法参照GB 6721—1986《企业职工伤亡事故经济损失统计标准》。

直接经济损失：与事故直接相联系并且能用货币直接估价的人员伤亡、财产损失、应急救援与善后处理费用总和。其中，人身伤亡后所支出的费用，包括护理费用在内的医疗费用丧葬及抚恤费用、补助及救济费用、歇工工资；善后处理费用，包括事故处理的事物性费用和事故赔偿费用；财产损失价值，包括固定资产损失价值和流动资产损失价值。

间接经济损失：与事故间接相联系并且能用货币直接估价的产值减少、资源破坏和受事故影响而造成的其他损失的价值（含停产、停业的损失）。

3. 事故特征

事故特征一般指与导致事故最严重后果所对应的设备失效形式和损坏程度。通常表现为事故特种设备的爆炸、爆燃、泄漏、倾覆、变形、断裂、损伤、坠落、碰撞、剪切、挤压、失控或者故障等特征。

（1）爆炸　承压类特种设备部件因物理或者化学变化而发生破裂，设备中的介质蓄积的能量迅速释放，内压瞬间降至外界大气压力的现象。

压力容器（含气瓶）、压力管道主要承压部件及安全附件、安全保护装置、元器件损坏造成易燃、易爆介质外泄发生爆燃的现象。

（2）爆燃（闪爆、闪燃）　压力容器、压力管道内的可燃介质泄漏与空气（氧）混合达到一定浓度，遇火（或者能量）在空间迅速燃烧的现象。

（3）泄漏　承压类特种设备主体或者部件因变形、损伤、断裂失效或者安全附件、安全保护装置损坏等因素造成内部介质非正常外泄的现象。

（4）倾覆　特种设备在安装、改造、维修、使用和试验中，因特种设备主体或者构件的强度、刚度难以承受实际的载荷，发生局部、整体或者基础的失稳、坍塌或者倾覆事故。特种设备主体或者构件因载荷等外力影响，倾覆力矩大于稳定力矩而发生设备整体或者基础的失稳、坍塌的现象。

（5）断裂　特种设备承载主体及部件因材质劣化或者受力超过强度极限而发生的失效现象。断裂一般分为塑性断裂、脆性断裂、疲劳断裂和蠕变断裂等现象。

（6）损伤　因特种设备承载主体或者构件受机械力、周围介质化学或者电化学的作用、接触或者相互运动表面产生接触疲劳或者腐蚀疲劳，从而导致材料失效的现象。一般有磨蚀疲劳、接触疲劳和腐蚀疲劳三种失效形式。

（7）坠落　因特种设备材料、结构、设施失效或者失控以及违章操作、操作失误、使用不当等造成物体或者人员由高势能位置落下的现象。

（8）碰撞　因特种设备惯性失控造成的人、运动物体或者固定物体相互之间短暂作用的过程，如落物、锤击、飞来物、碎裂崩块，设备与物体之间，人撞固定物体、运动物体撞人、人与人互撞等现象。

（9）剪切　因特种设备失控或者故障以及违章操作、操作失误、使用不当时，人、物体因承受一对相距很近、方向相反的外力作用，发生局部承压、横截面沿外力方向发生错动变形的现象。

（10）挤压　因特种设备故障或者失控以及违章操作、操作失误、使用不当时，人、物体因承受外来压力被推挤压迫在运动物体或者固定物体之间的现象。

（11）失控　因特种设备控制系统失灵、安全保护系统功能失效，导致设备不能被正常操作的现象。

（12）故障　因特种设备本体、部件或者安全装置发生意外，导致设备不能顺利运转，无法实现正常功能的现象。

（13）变形　特种设备承载主体或者构件因受外力影响，工作应力超过屈服极限发生过量变形失效的现象。变形一般分为弹性过量变形、塑性过量变形和蠕变过量变形等。

4. 事故界定

1）按照《特种设备安全监察条例》的规定，压力容器（特种设备）事故分为特别重大事故、重大事故、较大事故和一般事故。

2）按照《特种设备事故报告和调查处理规定》第八条的原则，下列压力容器事故不属于特种设备事故：

① 自然灾害、战争等不可抗力引发的事故，例如发生超过设计防范范围的台风、地震等。

② 人为破坏或者利用特种设备实施违法犯罪、恐怖活动或者自杀的事故。

③ 特种设备作业人员、检验检测人员因劳动保护措施缺失或者不当而发生坠落、中毒、窒息等情形引发的事故。

3）下列压力容器事故列入特种设备相关事故：

① 移动式压力容器、气瓶因交通事故且非本体原因导致撞击、倾覆及其引发爆炸、泄漏等特征的事故。

② 火灾引发的特种设备爆炸、爆燃、泄漏、倾覆、变形、断裂、损伤、坠落等特征的事故。

③ 非压力容器等因其使用参数达到《特种设备安全监察条例》规定范围而引发的事故。

11.1.2　事故报告

发生压力容器事故后，事故现场有关人员应当立即向事故发生单位负责人报告；事故发生单位的负责人接到报告后，应当于1h内向事故发生地的县以上质量技术监督部门和有关部门报告。

情况紧急时，事故现场有关人员可以直接向事故发生地的县以上质量技术监督部门报告。

1）报告事故应当包括以下内容：

① 事故发生的时间、地点、单位概况以及特种设备种类。

② 事故发生初步情况，包括事故简要经过、现场破坏情况、已经造成或者可能造成的伤亡和涉险人数、初步估计的直接经济损失、初步确定的事故等级、初步判断的事故原因。

③ 已经采取的措施。

④ 报告人姓名、联系电话。

⑤ 其他有必要报告的情况。

2）报告事故后需要续报或补报：

报告事故后出现新情况的，以及对事故情况尚未报告清楚的，应当及时逐级续报。

续报内容应当包括：事故发生单位详细情况、事故详细经过、设备失效形式和损坏程度、事故伤亡或者涉险人数变化情况、直接经济损失、防止发生次生灾害的应急处置措施和其他有必要报告的情况等。

自事故发生之日起 30 日内，事故伤亡人数发生变化的，有关单位应当在发生变化的当日及时补报或者续报。

事故发生单位的负责人接到事故报告后，应当立即启动事故应急预案，采取有效措施，组织抢救，防止事故扩大，减少人员伤亡和财产损失。压力容器、压力管道发生爆炸或者泄漏，在抢险救援时应当区分介质特性，严格按照相关预案规定程序处理，防止二次爆炸。

11.1.3　事故调查

发生特种设备事故后，事故发生单位及其人员应当妥善保护事故现场以及相关证据，及时收集、整理有关资料，为事故调查做好准备；必要时，应当对设备、场地、资料进行封存，由专人看管。

因抢救人员、防止事故扩大以及疏通交通等原因，需要移动事故现场物件的，负责移动的单位或者相关人员应当做出标志，绘制现场简图并做出书面记录，妥善保存现场重要痕迹、物证。有条件的，应当现场制作视听资料。

事故调查期间，任何单位和个人不得擅自移动事故相关设备，不得毁灭相关资料、伪造或者故意破坏事故现场。

1. 组织事故调查组的原则

依照《中华人民共和国特种设备安全法》的规定，特种设备事故分别由以下部门组织调查：

1）特别重大事故由国务院或者国务院授权的部门组织事故调查组进行调查。

2）重大事故由国务院负责特种设备安全监督管理的部门会同有关部门组织事故调查组进行调查。

3）较大事故由省、自治区、直辖市人民政府负责特种设备安全监督管理的部门会同有关部门组织事故调查组进行调查。

4）一般事故由设区的市级人民政府负责特种设备安全监督管理的部门会同有关部门组织事故调查组进行调查。

负责组织事故调查的质量技术监督部门应当将事故调查组的组成情况及时报告本级人民政府。事故调查组应当依法、独立、公正开展调查，提出事故调查报告。

组成调查组的有关部门和单位一般包括安全生产监管、监察、公安、工会等，并且应当邀请人民检察院派人参加。调查组组长由负责组织事故调查的质检部门的负责人担任。

调查组根据需要，一般可设管理组、技术组、综合组等工作小组。各工作小组组长由事故调查组组长指定。各工作小组在工作中应当服从事故调查组组长的指挥协调，相互支持配合，及时完成调查工作。

事故调查组成员在事故调查工作中应当诚信公正、恪尽职守，遵守事故调查组的纪律，遵守相关秘密规定。

2. 事故调查组职责

1）其职责如下：

① 查清事故发生前的特种设备状况。

② 查明事故经过和人员伤亡、设备损坏、经济损失情况以及其他后果。

③ 分析事故原因。

④ 认定事故性质和事故责任。

⑤ 提出对事故责任单位和责任人员（以下统称责任者）的处理建议。

⑥ 提出事故预防措施和整改建议。

⑦ 提交事故调查报告。

2）事故调查工作程序：

对无重大社会影响、无人员伤亡、事故原因明晰的特种设备事故，事故调查工作可以按照有关规定适用简易程序；在负责事故调查的质量技术监督部门商同有关部门，并报同级政府批准后，由质量技术监督部门单独进行调查。

非承压锅炉、非压力容器等，因其使用参数达到《特种设备安全监察条例》规定范围而发生事故，按照国务院或者地方人民政府的指定开展事故调查处理工作。

发生锅炉、压力容器、压力管道爆炸、起重机械整体倾覆等较大事故，引起死亡3人以下或者重伤10人以下的，负责组织调查的省级质量技术监督部门商同安全生产监管、监察、公安、工会等部门和单位，并且报省级人民政府批准后，可以委托市级质量技术监督部门会同同级有关部门和单位组成事故调查组进行调查，事故调查报告报市级人民政府批复。

事故调查组有权向有关单位和个人了解与事故有关的情况，并要求其提供相关文件、资料。有关单位和个人不得拒绝，并应当如实提供特种设备及事故相关的情况或者资料，回答事故调查组的询问，对所提供情况的真实性负责。

事故发生单位的负责人和有关人员在事故调查期间不得擅离职守，应当随时接受事故调查组的询问，如实提供有关情况或者资料。

3. 事故调查工作要求

（1）调查组收集相关资料　开展现场调查工作时，调查组根据需要有权要求事故发生单位及其相关单位提供以下相关资料：

1）营业执照或者相关的法定资格文件。

2）特种设备生产（设计、制造、安装改造维修、充装等）许可证、使用登记证和相关资格证书。

3）特种设备安全管理制度、操作规程及其运行、操作记录。

4）单位负责人、特种设备管理人员和操作人员的教育培训及其资格的有关证书。

5）特种设备安全检验检测报告。

6）工程、经营项目承发包合同以及安全生产管理协议书。

7）厂房、场所、设备租赁合同以及安全生产管理协议书。

8）施工组织设计或者方案。

9）伤亡者身份证明材料（含身份证）。

10）伤亡者医院诊断或者死亡证明书。

11）伤亡者劳动合同或者单位用工证明。

12）伤亡者和相关人员安全培训教育材料。

13）其他相关资料。

（2）现场调查　主要了解如下的情况：

1）现场基本情况，包括事故发生的单位、时间、地点，事故发生的经过情况，事故的应急处置情况，事故伤亡人员及相关人员情况。

2）巡视现场，了解事故现场的整体情况。

3）直接询问当事人和报案人，掌握重要现场知情人员，并且做好登记。

4）听取有关人员的介绍，检查现场保护情况，做出标识，绘制现场简图，记录现场了解的有关情况，收集现场影音资料。

（3）组织技术鉴定与经济损失评估　事故调查组可以委托具有国家规定资质的技术机构或者直接组织专家进行技术鉴定。接受委托的技术机构或者专家应当出具技术鉴定报告，并对其结论负责。事故调查组认为需要对特种设备事故进行直接经济损失评估的，可以委托具有国家规定资质的评估机构进行。

（4）分析事故原因及责任

1）根据特种设备的不安全状态、人的不安全行为以及环境、管理缺陷等因素对事故发生的影响程度，分析事故原因。事故原因划分为直接原因和间接原因；根据引发事故发生的因素或者事件对事故后果的作用程度，事故原因划分为主要原因和次要原因。

2）在责任事故中，根据责任者的行为与事故发生原因的联系，分为直接责任和间接责任。根据责任者的行为对事故后果所起作用的程度，事故责任分为全部责任、主要责任和次要责任。

（5）认定事故性质、划分事故责任　根据《特种设备安全监察条例》和《特种设备事故报告和调查处理规定》，认定事故性质、划分责任者责任的原则如下：

1）根据事故调查的情况，认定事故的等级和性质。

2）根据事故的直接原因和间接原因，确定事故中的直接责任者和间接责任者。

3）根据事故的主要原因和次要原因，认定事故的主要责任者和次要责任者。

4）故意破坏、伪造事故现场、毁灭证据资料，或者未及时报告事故等导致事故原因不清、责任无法认定的，责任者应当承担全部责任。

4. 事故调查报告

事故调查组应当向组织事故调查的质量技术监督部门提交事故调查报告。事故调查报告应当包括下列内容：

1）事故发生单位情况。

2）事故发生经过和事故救援情况。

3）事故造成的人员伤亡、设备损坏程度和直接经济损失。

4）事故发生的原因和事故性质。

5）事故责任的认定以及对事故责任者的处理建议。

6）事故防范和整改措施。

7）有关证据材料。

5. 事故预防措施和整改建议

调查组应当在认定事故性质和事故责任的基础上，从技术、教育、管理等方面，针对事故责任单位和人员、监督管理机构和人员、社会公众以及法规制定等提出有效的事故预防措施和整改建议，具体包括以下内容：

1）技术方面，针对设备的不安全因素，改善生产工艺、技术措施和生产条件。

2）教育方面，针对人的不安全行为，进行宣传教育、培训演练采取必要的方法和措施，提高其知识和技能。

3）管理方面，针对企业特点，建立特种设备安全管理制度，明确岗位责任，配置安全管理机构和人员，保证安全生产投入，完善安全检查机制等措施。

6. 事故调查期限

按照《特种设备事故报告和调查处理规定》要求，特种设备事故调查期限为60日。特殊情况下，经负责组织事故调查的质检部门批准，延长的期限最长不超过60日。计算调查期限时应当考虑以下几种情形：

1）因事故抢险救灾无法进行事故现场勘察的，事故调查期限从具备现场勘察条件之日起计算。

2）瞒报事故自查实之日起计算。

3）技术鉴定、损失评估时间不计入调查期限。

11.1.4 事故处理

依照《中华人民共和国特种设备安全法》及《特种设备安全监察条例》的规定，省级质量技术监督部门组织的事故调查，其事故调查报告报省级人民政府批复，并报国家质检总局备案；市级质量技术监督部门组织的事故调查，其事故调查报告报市级人民政府批复，并报省级质量技术监督部门备案。国家质检总局组织的事故调查，事故调查报告的批复按照国务院有关规定执行。

组织事故调查的质量技术监督部门应当在接到批复之日起10日内，将事故调查报告及批复意见主送有关地方人民政府及其有关部门，送达事故发生单位、责任单位和责任人员，并抄送参加事故调查的有关部门和单位。

质量技术监督部门及有关部门应当按照批复，依照法律、行政法规规定的权限和程序，对事故责任单位和责任人员实施行政处罚，对负有事故责任的国家工作人员进行处分。

事故发生单位应当落实事故防范和整改措施。防范和整改措施的落实情况应当接受工会和职工的监督。事故发生地质量技术监督部门应当对事故责任单位落实防范和整改措施的情况进行监督检查。

组织事故调查的质量技术监督部门应当在接到事故调查报告批复之日起30日内撰写事故结案报告，并逐级上报直至国家质检总局。

发生特种设备特别重大事故，依照《生产安全事故报告和调查处理条例》的有关规定实施行政处罚和处分；构成犯罪的，依法追究刑事责任。

发生特种设备重大事故及其以下等级事故的，依照《特种设备安全监察条例》的有关规定实施行政处罚和处分；构成犯罪的，依法追究刑事责任。

发生特种设备事故，有下列行为之一，构成犯罪的，依法追究刑事责任；构成有关法律法规规定的违法行为的，依法予以行政处罚；未构成有关法律法规规定的违法行为的，由质量技术监督部门等处以4000元以上2万元以下的罚款：

1）伪造或者故意破坏事故现场的。

2）拒绝接受调查或者拒绝提供有关情况或者资料的。

3）阻挠、干涉特种设备事故报告和调查处理工作的。

11.2 压力容器应急预案、应急演练及应急救援

11.2.1 术语和定义

1）应急预案：针对可能发生的事故，为迅速、有序地开展应急行动而预先制定的行动

方案。

2）应急准备：针对可能发生的事故，为迅速、有序地开展应急行动而预先进行的组织准备和应急保障。

3）应急响应：事故发生后，有关组织或人员采取的应急行动。

4）应急救援：在应急响应过程中，为消除、减少事故危害，防止事故扩大或恶化，最大限度地降低事故造成的损失或危害而采取的救援措施或行动。

5）恢复：事故的影响得到初步控制后，为使生产、工作、生活和生态环境尽快恢复到正常状态而采取的措施或行动。

11.2.2　应急预案

按照《中华人民共和国特种设备安全法》及《特种设备安全监察条例》的规定，特种设备安全监督管理部门应当制定特种设备应急预案。特种设备使用单位应当制定事故应急专项预案，并定期进行事故应急演练。

压力容器使用（含充装）单位应当根据有关法律、法规和《生产安全事故应急预案管理办法》以及 AQ/T 9002—2006《生产经营单位安全生产事故应急预案编制导则》的要求，结合本单位的压力容器危险状况、危险性分析情况和可能发生的事故特点，制定相应的应急预案。压力容器使用（含充装）单位的应急预案按照针对情况的不同，分为综合应急预案、专项应急预案和现场处置预案。

压力容器使用（含充装）单位设备种类多、风险种类多、可能发生多种事故类型的，应当组织编制本单位的综合应急预案。综合应急预案应当包括本单位的应急组织机构及其职责、预案体系及响应程序、事故预防及应急保障、应急培训及预案演练等主要内容。

对于单一类别的压力容器，压力容器使用（含充装）单位应当根据存在的重大危险源和可能发生的事故类型，制定相应的专项应急预案。专项应急预案应当包括危险性分析、可能发生的事故特征、应急组织机构与职责、预防措施、应急处置程序和应急保障及预案演练等内容。专项应急预案应制定明确的救援程序和具体的应急救援措施。

对于危险性较大的重点岗位，压力容器使用（含充装）单位应当制定重点工作岗位的现场处置方案。现场处置方案应当包括危险性分析、可能发生的事故特征、应急处置程序、应急处置要点和注意事项等内容。现场处置方案是针对具体的装置、场所或设施、岗位所制定的应急处置措施。现场处置方案应具体、简单、针对性强。现场处置方案应根据风险评估及危险性控制措施逐一编制，做到事故相关人员应知应会，熟练掌握，并通过应急演练，做到迅速反应、正确处置。

压力容器使用（含充装）单位编制的综合应急预案、专项应急预案和现场处置方案之间应当相互衔接，并与所涉及的其他单位的应急预案相互衔接。生产规模小、危险因素少的单位，综合应急预案和专项应急预案可以合并编写。

压力容器使用（含充装）单位应当采取多种形式开展应急预案的宣传教育，普及生产安全事故预防、避险、自救和互救知识，提高压力容器操作人员安全意识和应急处置技能。应当组织开展本单位的应急预案培训活动，使有关人员了解应急预案内容，熟悉应急职责、应急程序和岗位应急处置方案。应急预案的要点和程序应当张贴在应急地点和应急指挥场所，并设有明显的标志。

11.2.3 应急演练

压力容器使用（含充装）单位应当制定本单位的应急预案演练计划，根据本单位的事故预防重点，每年至少组织一次综合应急预案演练或者专项应急预案演练，每半年至少组织一次现场处置方案演练。应急演练应包括演练计划、演练准备、演练实施、评估总结和改进五个阶段。

应急预案演练结束后，应急预案演练组织单位应当对应急预案演练效果进行评估，撰写应急预案演练评估报告，分析存在的问题，并对应急预案提出修订意见。生产经营单位制定的应急预案应当至少每三年修订一次，预案修订情况应有记录并归档。有下列情形之一的，应急预案应当及时修订：

1）生产经营单位因兼并、重组、转制等导致隶属关系、经营方式、法定代表人发生变化的。

2）生产经营单位生产工艺和技术发生变化的。

3）周围环境发生变化，形成新的重大危险源的。

4）应急组织指挥体系或者职责已经调整的。

5）依据的法律、法规、规章和标准发生变化的。

6）应急预案演练评估报告要求修订的。

7）应急预案管理部门要求修订的。

生产经营单位应当按照应急预案的要求配备相应的应急物资及装备，建立使用状况档案，定期检测和维护，使其处于良好状态。

11.2.4 应急救援

压力容器事故发生后，事故发生单位应当立即启动事故应急预案，组织抢救，防止事故扩大，减少人员伤亡和财产损失，并及时向事故发生地县以上特种设备安全监督管理部门和有关部门报告。压力容器发生爆炸或者泄漏，在抢险救援时应当区分介质特性，严格按照相关预案规定程序处理，防止二次爆炸。

质量技术监督部门接到事故报告后，应当按照特种设备事故应急预案的分工，在当地人民政府的领导下积极组织开展事故应急救援工作。

11.2.5 应急救援预案指南

为了指导使用单位编写移动式压力容器事故应急救援专项预案，现列举国家质检总局特种设备事故调查处理中心组织编制的《液化石油气汽车罐车事故应急救援预案指南》，见本章附录。

11.3 移动式压力容器典型事故及常见紧急情况下的处理措施

11.3.1 罐车典型事故

1. 装卸前检查不到位而发生的事故

罐车装卸前，必须弄清罐车或储罐中确实没有其他种类的气体和液体。因为不相容的物料有可能相互作用而导致容器升温或升压，甚至被破坏。因此，如果罐车内有残存的液化气体，一定要在充装前对这种气体进行分析和确认。如果内装物料的质量符合现行标准和技术条件，就不必卸空，即可进行充装。否则，应将罐车或储罐进行必要处理，确认无危害后才能充装。

用罐车装液氨和液氯时常常发生事故。例如，国外有一次用装过乙醛的铁路罐车装液氨，曾导致铁路罐车破裂，而后蒸气－空气混合物发生爆炸事故。分析事故原因表明，事故发生前曾用9辆罐车临时储存乙醛，而对此装有乙醛的罐车并没有改变颜色标记和储存产品名称的标记。以致将部分罐车误送检修。在修理前未把乙醛放出，修理后有一辆罐车被送至装卸栈桥充装液氨。当时在装卸栈桥西共有16辆装液氨的罐车，对这些罐车能否装液氨，均未办理确认核准手续，而液氨充装作业是由非充装专业人员进行的。

由于罐车中的乙醛和液氨相互作用使罐内压力上升，结果罐体破裂，发生爆炸并使在一起的装有液氨的4辆罐车均遭到破坏。

装液氯的铁路罐车和储罐也发生过类似的事故。所有这些事故均是因不相容的物料相互混合引起的。为防止类似事故的发生，在充装前必须加以确认。

2. 装卸过程发生的事故

罐车装卸过程是一种危险的操作过程，如果不精心操作，常会发生事故。近年来在装卸过程中发生过多起事故。

（1）连接用管道和软管造成的事故　充装和卸料的设备和管道应定期进行检查。装卸物料的管道应采取固定式的金属管道。若采用软管时，应选择相应材料和压力等级的软管，并有可靠的连接方式，使整个系统保持必要的密闭性和可靠性。同时应当进一步加强充装软管等压力管道的安全管理，选用标注合格标志的充装软管。如果违反这些要求，装卸过程中便可能出现大量易爆和有毒气体泄出，结果导致发生重大事故。

1）液态丙烷铁路罐车泄漏事故。1973年在美国亚利桑那州的一座充装站中，当从铁路罐车（容积76m^3）中卸出液体丙烷时大量丙烷泄漏。丙烷泄漏是由于卸料管不合格且卸料管与罐车的连接质量不好而发生的。当时曾试图压紧连接头（用扳手敲打），以排除泄漏。然而这时丙烷－空气混合物已着火燃烧。尽管消防队迅速赶到现场，用水冷却发热的丙烷罐车，但10min后仍然发生了爆炸。爆炸时碎片抛出有365m远，地面火球直径达45～60m，上升至数百米高的蘑菇云有300m宽。在灭火过程中，离爆炸罐车约45m远的20名消防队员死亡，离罐车300m处有95人受到不同程度的烧伤。

2）液态二氧化硫铁路罐车泄漏事故。1991年8月10日辽宁省本溪市某厂液态二氧化硫铁路罐车卸车时，连接罐车与装卸台的导管破裂，造成液态二氧化硫气体外泄，致使多人中毒。

这起泄漏事故是由于违章使用不符合要求的导管造成的。本溪市有机化学厂有关人员自行选用夹布耐酸胶管装卸液态二氧化硫，其许用应力为0.6MPa，小于系统最高工作压力0.96MPa，以致酿成事故。

3）液化石油气充装脱扣事故。1995年10月4日上午10时左右在某液化石油气中转站，罐车台有三辆罐车在同时充装，压力为0.8MPa，第四辆罐车的押运员在连接充气软管时，在接头两个锁片未压住的情况下打开了阀门，瞬间充气枪头被液压冲脱开，顿时管内液化石油气喷涌而出并迅速气化，现场被一大片气雾笼罩，对面不见人影，充气软管像一匹脱笼的野马左右急速扫动，把管子砸得凹进去。情况极为危险。当时在场的其他罐车人员关闭了各自罐车的阀门撤离了现场。罐区机泵工迅速关闭了烃泵和罐区其他阀门。但是，由于软管急速扫动，能见度又极差，人员根本无法接近装车台去关阀，从烃泵到罐车长达百米，管径89mm的管内液化气仍在往外喷，直到结束。

4）液氨装卸软管突然爆裂事故。2001年6月26日17时左右，太原市某公司将载有19t液氨的罐车运到厂后，18时左右开始卸车，大约在19时25分左右，当卸满1号储罐又继续向2号储罐倒卸时，液氨罐车与储罐连接的高压卸氨管突然发生爆裂，氨气在1.2MPa压强下当即呈大量喷射状泄漏，刹那间，急剧气化的氨气腾空而起，片刻工夫，泄漏中心周围已形成一片白色恐怖地带。一名驾驶员试图关闭罐车的阀门，但由于泄漏气体压力大、浓度高，使得无任何防护装备的驾驶员根本无法靠近阀门，无奈驾驶员只得随其他3人撤离现场。而试图关闭阀门的罐车驾驶员因吸入大量氨气，已中毒晕倒在地，立即被另一名驾驶员和押运员送往医院。

2002年7月8日凌晨2时，山东省某县化肥厂1辆液氨汽车罐车在卸液过程中连接罐车和液氨储罐的装卸软管突然爆裂，导致大量液氨泄漏，造成24人死亡，30余人中毒，3000多人紧急疏散转移，是一起典型的由装卸软管造成的特大事故。

2003年9月5日上午，河南省某运输公司一辆液氨罐车到江西某化肥厂充装液氨，车主卢某是个体运输业主，挂靠在该公司，因罐车自带的液氨充装软管与该化肥厂液氨充装系统接口连接不匹配，就向一旁同在该化肥厂等待灌装液氨的江西省萍乡市某厂罐车司机杨某借用充装软管。9时30分左右，在充装过程中，装卸软管的液相管突然爆裂，大量液氨外泄，瞬间液氨气化，白雾顿时向周围扩散。此时，正在一旁工作或等候充装的人员共有4人，事故发生后，其中3人迅速跑离现场，河南罐车车主卢某因躲避不及，中毒倒地，后经送医院抢救无效身亡。

2004年7月28日12时50分，中石化上海某公司聚氨酯事业部，一辆正在卸液氨的罐车金属软管突然爆裂，200多千克液氨外泄，造成48人中毒，其中10人中毒严重住院治疗。

2004年8月1日23时50分，福建漳州某合成氨厂，一辆正在装液氨的罐车的金属软管突然爆裂，1t液氨泄漏，造成1死39伤，其中5人伤势严重。

2004年9月2日，河北邯郸武安市某化工公司液氨罐车在另一化工公司厂区内充装液氨，因车带液氨软管爆裂，引发液氨泄漏，造成4人死亡、19人中毒。

（2）装卸操作过程中的事故

1）罐车移动扯断管道造成事故。铁路罐车在装卸过程中，会要求机车车辆作多次移动。因此，负责连接铁路罐车和储罐的操作人员应与铁路有关人员密切配合，避免正在充装的罐车突然移动。否则，将会导致严重事故。

例如在前苏联某氯气厂，正当铁路罐车充装时，因进行调车作业将液管道拉断，储罐和铁路罐车中的液氯经扯断的管道泄出而形成气涌，并且大面积扩散，后因及时采取措施，才没有造成更严重的后果。该事故是因横跨铁路的栈桥高度不足及机车碰撞液氯管道引起的。

2）罐车操作工作未完成而造成的事故。1978年3月4日下午，某厂的一辆液化石油气汽车罐车载着刚从外地运回的液化石油气，要灌进一个$25m^3$的卧式储罐。刚开始灌装时，装卸工就发现储罐里的液面已达到85%的限位。于是，他让司机关泵停止灌装。司机急于下班，停泵后没有拆下导管，也没有向下一班司机交待，把罐车停在原位就走了。装卸工只是向值班领导汇报储罐装满，未讲清楚罐车和导管的事，便下班回家了。夜班司机只知道要把罐车开进车库，没有检查就开车。因储罐的单向阀是铸铁的，抗拉能力差，被汽车拉断。

储罐里原来装有10t液化石油气（压力为0.6MPa），从单向阀的断裂口大量喷出，喷射的最远点距裂口处达40m，喷出的液化石油气迅速气化，体积扩大250倍以上，瞬间，液化石油气的云雾笼罩了周围大片地区，大约4min，“轰”的一声巨响，把正喷气的$25m^3$储罐抛起来，再落下，导致了一起严重事故的发生。

这次爆炸造成的危害是极为惨重的，距离爆炸中心150m范围内的建筑物几乎全被震塌。距离爆炸中心200m范围内的建筑物受到不同程度的损坏。据推算，这次爆炸的威力至少等于2tTNT炸药的当量。爆炸后，一片火海。烈焰腾空高度达数十米，烧了3h才被扑灭。这次事故造成6人死亡、55人受伤，破坏建筑物达$6000m^2$，直接损失70多万元。

3）罐车操作人员未掌握技能而造成的事故。1997年2月25日晚9时许，沈阳市某厂液化石油气站液化石油气罐车从大庆将15t液化石油气运回站内，2月26日11时许开始卸车。由于司机未掌握操作技能，在卸车时仅开液相阀而未开气相阀，导致卸车受阻；加上司机又误将液相紧急切断阀底部工艺螺堵卸掉，从而引起液化石油气泄漏，造成罐车爆炸，1人死亡，5人受伤，烧毁、烧损罐车等各种车辆7台，直接经济损失41.5万元。

4）安全附件泄漏事故。某年12月，在炼油厂充装液化石油气时，因充装受阻而发生事故。由于该地区当时气温为-13℃，罐车的球阀和紧急切断阀因冰冻打不开。押运员用蒸汽直接加热阀门和进气管道，当球阀活动后，用手压泵将油压加至正常范围时，液相管紧急切断阀的凸轮臂却不动作。后强行将油压升至4.0MPa时，凸轮臂才动作，先导阀被顶开，但充装不进液化石油气。经检查发现，球阀法兰与紧急切断阀之间漏气，炼油厂拒绝充装。押运员将法兰螺栓拧紧一下，漏气小了一些，关闭球阀。将罐车返回处理时，发生了泄漏，大量液化石油气从紧急切断阀接管法兰处冲出。押运员用撬杠拨击紧急切断阔的活塞杆和凸轮臂，使其关闭，才避免了恶性事故。

5）罐车超装而造成事故。罐车超装后，随温度升高而使罐内气相空间减少甚至没有气体空间，这样会造成罐内压力升高，并超过罐体安全操作压力，从而造成安全阀启跳或者把罐车附件胀坏，罐内介质大量向外泄漏，酿成事故。如茂名某公司储运车间分别在1997年6月与1998年5月发生了两次丁二烯罐车严重超装事故，当时罐车内压力分别为2.5MPa与2.45MPa，其中一次丁二烯罐车不但安全阀启跳，同时也把罐车附件液相采样罐胀裂，另一次丁二烯罐车安全阀启跳，没有损坏附件，这两次丁二烯罐车超装均造成大量丁二烯往外泄漏。

因罐车超装造成泄漏，通常发生在运输途中，极易酿成群死群伤的恶性事故。

11.3.2　易燃易爆介质装卸现场紧急情况的处理

在移动式压力容器装卸场区内，以液化石油气储备站为例，通常所说的紧急情况主要是指两种情况：一种情况是设备发生了大量的泄漏，随时都有着火和爆炸的危险；另一种情况是已经发生了着火和爆炸，并且尚未得到控制，还在延续下去。对这两种情况，都需要采取措施尽快加以有效地控制，以减少灾害和损失。由于两者存在着一定的差别，因此，采取的处理措施也不完全相同，下面分别加以讨论。

1. 发生了严重的泄漏，但尚未发生着火和爆炸

在这种情况下，虽然未发生着火或爆炸，但液化石油气已经泄漏出来，与空气形成爆炸性混合气体，此时若有火源，就随时可能引起着火或爆炸，造成严重的事故和损失。因此，这时首先应控制着火源的产生，使液化石油气的严重泄漏不发展成为火灾和爆炸事故；然后应尽快消除泄漏现象，这是彻底消除事故隐患的措施。

（1）消除着火源　发生泄漏后，应立即将附近的着火源消除，包括熄灭明火，不准动用非防爆电器，不要发生金属撞击、碰撞可能产生火花的物品等；在事故现场周围设置警戒线，在警戒范围以内不准有任何着火源存在，并严禁将任何着火源带到警戒范围以内。警戒范围的大小应根据泄漏情况决定，并应在泄漏的下风方向布置较大范围的警戒区，为消除泄漏创造条件。

例如，某储配站由于管路阀门失效，发生液化石油气泄漏，液化石油气就像一团雾似的向四周扩散。这时，工作人员立即在一定范围内消灭了着火源，使液化石油气扩散的地区不存有着火源，避免产生着火和爆炸。同时，将上游阀门关闭，制止了泄漏，使罐区泄漏事故被有效地消除了。

（2）消除泄漏　在发生泄漏后，仅消除着火源是不够的，也不是目的，最终必须将泄漏消除。这是由于泄漏若继续下去，随着泄漏时间的延长，液化石油气扩散到的地区越来越大，浓度越来越高，警戒范围也就越来越大，而消除泄漏也就越来越困难，以至控制着火源将会成为不现实。此时若发生着火或爆炸事故损失将更大，即使不发生着火或爆炸，也要动用大量的人力和物力建立警戒线，消除着火源。泄漏量增大，直至全部漏光，这是不可取的。因此，在消除着火源的同时，必须尽快消除泄漏。

由于泄漏发生的部位不同，消除的方法也不同。关闭上游阀门，就是一种紧急消除泄漏的方法，即切断泄漏气源。但有些泄漏发生在无上游阀门（如储罐本身或接管等处）或距离上游阀门很远处。此时，一种是无上游阀门可关闭；另一种是关闭上游阀门后泄漏量仍很大，这就需要尽快将储存的液化石油气移走。

例如：某储配站的球形储罐接管法兰处发生泄漏。它与储罐直接相连，无法切断。这时，若单纯采取消除着火源的方法是不行的。因此，既要建立必要的警戒线，还要采用将储罐内液化石油气倒出的方式切断气源。最终，此次事故仅为泄漏事故，未发生着火或爆炸。

在上例中，倒液时使用烃泵较用压缩机优越性高。这是由于用烃泵倒液不需要准备时间，见效快。而使用压缩机需要一定时间才能升压倒液，见效较慢。使用烃泵倒液时，储罐压力不会升高，且会有所降低，使泄漏速度不至加快，也不会使泄漏点加大；使用压缩机则要使储罐压力升高，会使泄漏速度加快，并可能使泄漏点加大，以至出现新的泄漏点。

除切断气源外，还可以采取临时堵漏的方法，如用预制的卡箍将泄漏点堵住或用冷冻法等，操作时还须十分小心，防止产生火花引起着火或爆炸。

当然，发生泄漏时若液化石油气存量极少，不会造成较大的危险，且消除泄漏又很困难，也可以单纯消除着火源，而不采取紧急消除泄漏的措施。

2. 着火或爆炸事故的处理

在火灾或爆炸发生时，通常都将以着火的方式延续下去。因此，对于着火或爆炸所采取的措施应能制止火势扩大（或发生二次爆炸），直至把火扑灭。这就要求在发生着火或爆炸事故之后，一方面要选用正确的灭火方法，有效地组织灭火，尽快将它扑灭；另一方面对未着火的相邻储存容器进行冷却，以免它们受热辐射的作用，压力升高而破坏，放出更多的易燃易爆介质，使火势加大。同时，也应尽快消除泄漏，对于不同的情况，采取不同的措施。

（1）火初起或很小　初起火灾或火势很小的阶段，一般都能较快地被扑灭。此时应全力将火扑灭，并将泄漏现象消除，通常可使用现场设置的灭火器去灭火。值得注意的是：灭火人员是否镇静，能否正确地使用灭火器，是非常重要的。前面介绍过，一个手提式灭火器最大的喷射时间只有10~20s，推车式的也仅有30s左右。若慌慌张张地取过灭火器就喷粉，待跑到现场，对准火焰，喷射已近尾声，就起不到灭火作用。所以在灭火时，应在有效距离之内，对准火焰再进行喷射。

另外，由于火势不大，比较容易发现泄漏部位，应及时予以消除。

（2）火势已扩大，无法在短时间扑灭　若火势已经扩大，不可能在短时间扑灭时，就不宜急于单纯地去灭火。此时，应首先将着火范围加以控制，不使火区蔓延扩大，并对邻近储存容器进行有效的冷却，防止它们因压力升高而发生破坏，使火势稳定下来。然后要准确地判明起火部位，迅速采取消除泄漏的措施，尽快消除泄漏，或降低泄漏速度，进一步控制住火势以至扑灭。消除泄漏的方法仍是前面提到的切断气源和堵漏两种方法。

在此种情况下，泄漏的严重程度和能否立即消除，是决定灭火措施的关键。若泄漏能较快地被消除，可以将灭火和消除泄漏同时进行，或先灭火，后堵漏。若泄漏不能短时间消除，是否立即将火扑灭就值得考虑了。如果很快将火扑灭，大量泄漏仍在继续，随时都有复燃的危险。这时，就又需要消除着火源，设置警戒区域，实际上并没有真正解决问题。因此，若能控制住火势，使其稳定燃烧，就可暂不灭火，而将泄漏出来的易燃易爆介质全部烧掉为好。这样，主要精力放在消除易燃易爆介质的泄漏上，而将被控制住的稳定燃烧火焰当作一个“火炬”使用，为消除泄漏争取时间。

综上所述，紧急情况下处理的关键是消除泄漏，而是否立即将火扑灭，则需根据具体情况来决定。让火着下去不一定不好，但火只要不灭，就要放出热量，就可能扩大火势，就是一个威胁，这就要看是否有控制住火势的能力和使未着火容器不产生超压的冷却能力。通常都是争取尽快将火扑灭，只有在特定情况下，才可考虑不立即将火全灭掉。

在灭火过程中，还应该注意：应及时报警，并指定专人负责通信联络工作，起火现场必须有专人负责，统一指挥，防止混乱。

3. 不同部位事故扑救措施举例

前面讨论的是紧急情况下的处理原则，下面针对不同部位的泄漏、着火事故介绍扑救措施。鉴于各储配站的规模、工艺流程、人员配备等情况相差甚远，这里也仅进行原则讨论，供参考。

（1）紧急情况下各岗位人员的职责

1）罐区事故。

罐区运行班：针对泄漏部位，立即关闭控制阀门，停机、停泵，打开喷淋装置为储罐降温，监视现场，及时报警。若有初起小火，应用备用灭火器灭火，无领导命令，不准离开岗位。

灌瓶班：发现罐区泄漏后，要立即关闭车间液化石油气总阀门，切断电源，防止任何着火源产生。一切处理就绪后，全体人员到指定地点待命。

空压机班：停机、断电；人员撤到指定地点待命。

锅炉班：灭火，关闭液化石油气及低压水阀门；做好消防水泵的起动准备，人员现场待命。

电工班：切断生产区、生活区电路，开启消防电路；一人去锅炉房协助起动消防水泵，其余人员在配电室待命。

业务班、警卫班：疏散运气车辆，禁止无关车辆进入，加强门卫警戒。

司机班：在指定地点集结待命，做好出车准备工作。

食堂：灭火，关闭液化石油气阀门后到指定地点待命。

职能部门：单位领导进入一线指挥岗位。电话员控制外线电话，保证领导、安全部门、生产部门电话畅通。政工部门、人保部门负责警戒；生产部门人员进入现场与安全部门人员共同协助领导做好抢险指挥工作，医务人员做好抢救准备。

2）灌瓶车间发生事故。

灌瓶班：落实岗位灭火方案、报警、进行抢险。

罐区运行班：停机、停泵；关闭所有向灌瓶车间供应液化石油气的阀门。不准离开罐区，做好执行指挥员命令的准备，对其他岗位人员要求同 1）。

（2）事故扑救措施举例

1）罐区工艺管道法兰处泄漏或着火。此事故主要由法兰垫开裂造成。法兰垫开裂的原因可能是：重复使用，法兰垫放偏；法兰螺栓扭力不均；使用非标准材料等。

管道阀门上方法兰处泄漏的处理措施：

① 消除着火源。

② 紧急堵漏。

③ 将储罐内液化石油气转移到其他储罐内。

④ 用开花水枪驱散积聚的液化石油气，以降低液化石油气浓度。

⑤ 检修。

阀下方法兰处泄漏的处理措施：

① 迅速关闭法兰上方阀门，切断气源。

② 消除着火源。

③ 降低液化石油气浓度并消除泄漏。

若法兰处泄漏引起着火，由于工艺管道直径不很大（多不超过150mm），所以可先行灭火，再堵漏。

2）工艺管道破裂泄漏或着火。

泄漏的处理措施：

① 消除着火源。

② 关闭管道破裂处前后两端阀门。

③ 临时堵漏。

④ 降低液化石油气浓度。

⑤ 检修。

着火的处理措施：

① 关闭管道破裂处前后两端阀门，切断气源。

② 准备好堵漏用具及灭火设备。

③ 消除着火源。

④ 灭火、堵漏。

3）储罐排污阀损坏造成泄漏或着火。若阀门未损坏，由于关闭不严而发生泄漏或着火事故时，立即灭火并关闭阀门即可排除事故。

若阀门失灵或损坏而发生泄漏时，宜采取如下措施：

① 消除着火源。

② 临时堵漏。

③ 将储罐内的液化石油气转移到其他储罐中去。

④ 降低储罐压力。

⑤ 按规定进行检修。

若排污阀门损坏而发生严重泄漏并着火，势必严重威胁罐区以至全站的安全。此时必须对储罐进行冷却，并保证足够的供水量，消除着火源，灭火并临时堵漏，然后再将液化石油气倒出以便检修。

4）储罐液位计泄漏着火。液位计有破裂泄漏着火，在阀门完好的情况下，只要关闭阀门，切断气源即可消除事故。若阀门损坏，可采取临时堵漏的方法阻止泄漏，再消除事故。

5）储罐破裂事故。储罐破裂事故发生后，一般无法切断气源，若能利用倒罐工艺将部分液化石油气移走是有益的。若未着火，应立即消除着火源，设立警戒线，避免引起着火（因为此时液化石油气泄漏量很大，若发生着火对罐区是十分危险的），但警戒区域是相当大的。消防车应停放在上风方向安全地点待命，这种情况下若能安全泄漏完毕，损失可能较少些。

若已发生着火，此时重点应放在对罐体冷却降温上，孤立燃烧罐，将其火势控制住，形成稳定燃烧，避免其他储罐罐体发生破裂。

在这类事故中，要时刻注意防止再次发生储罐破裂，使事故扩大。

由于造成事故的原因是多方面的，可能发生的事故也多种多样。为了防止事故，要求我们充分地研究，控制燃烧与爆炸条件的产生，保证安全运行。

11.3.3　移动式压力容器罐车在装卸过程中紧急事故的处理措施

1. 在装卸过程中泄漏应采取的一般处理措施

1）立即拉闸断电，停止一切生产活动。

2）一切车辆立即熄火，原地停放，不准发动。

3）熄灭一切火种，同时立即与有关单位和消防部门联系，做好防火灭火准备。

4）设立警界区，断绝交通，并组织人员向逆流方向疏散。

5）立即进入事故现场，查清漏气部位和原因，采取措施紧急止漏。

如果是充装过程中导管破裂，应立即关闭有关阀门，或采用止漏夹止漏。

如果是罐体部分漏气，也要视具体情况决定处理方法，一般情况下，可采取卸车措施。待排空置换干净，进行修复补焊。无法采取卸车措施时，就要把罐车移到安全地带进行放散，也可由气相管接出临时火炬在上风向或侧风向放散烧掉。

采用什么方法处理更为安全，要根据当时的具体情况而定，总的原则就是要根据罐车或储罐内介质的物理、化学特性，将事故危害减轻到最低。

2. 安全阀在运用中的常见突发故障判断与应急处理

（1）安全阀突发故障的产生原因　安全阀是罐车最主要的安全装置，在使用中常见的突发故障是泄漏，因罐车发生的安全阀泄漏事故每年都有多起，其主要原因是安全阀弹簧折断或罐体内介质过量充装。

（2）安全阀故障的判断方法　当安全阀发生泄漏时，首先必须确定安全阀泄漏的真正原因。其判断方法是：观察压力表和温度计所显示的罐内压力和温度值是否都在规定标准值以内。因为安全阀的开启压力为罐体设计压力的1.05～1.1倍，当罐内压力超过安全阀的开启压力时，安全阀即自行开启排放，这种现象不是泄漏，而是安全阀在起安全保护作用，其原因是罐内压力超高所致。一旦遇到这种情况，应尽快找出罐体压力超高的真正原因，并采取相应的应急处理措施：

1）如果是罐体过量超装介质引起的安全阀排放，应立即就近设法卸装。

2）如果是罐体温度异常超高造成的压力超高，应立即采取冷水喷淋的降温措施。

3）如果罐内压力和温度均正常，而安全阀仍然泄漏时，一般来说是因为安全阀的弹簧折断造成的，也有少数是因为弹簧材质疲劳所致，一旦发现这种情况，即可判断是安全阀本身突发故障，应立即采取应急处理措施，对安全阀进行强制密封，以防止事态扩大造成恶果。

（3）安全阀突发故障应急处理方法

1）掀开安全阀保护罩上部的橡胶帽，小心破掉顶丝铅封。

2）用扳手（对可燃气体，必须用防爆扳手）将顶丝慢慢旋下，让其将安全阀阀瓣压下与阀口密封座密贴，直至泄漏消除为止。

3）假若两个安全阀均为故障泄漏时，在采取应急处理措施之后，应立即联系就近卸车。

4）安全阀故障处理后应做记录，卸车后送检修单位对安全阀进行检修检验，按有关规程的要求对罐体进行气密性试验和氮气置换处置。

3. 液位计在运用中常见突发故障及应急处理方法

（1）液位计泄漏的原因　罐车在运用中液位计泄漏现象是比较常见的，据经验统计，液位计泄漏一般发生在滑管与阀座锁紧压盖处，也有少数是阀口处密封不严造成的。其原因大都是由于操作人员操作不当造成的。液位计不工作时，其锁紧压盖呈锁紧状态，将滑管锁紧，压迫密封填料与滑管密贴，达到密封的目的。探测液面时，应用扳手松开锁紧压盖，然后才能移动滑管

(或在压力下，自动顶出)，按所需探测液面位置，再拧紧锁紧压盖，将滑管固定。测量后，松开锁紧压盖，拉圆滑管，拧紧锁紧压盖。但在实际操作中，一些操作人员往往是松启锁紧压盖后，忘了将锁紧压盖紧固复原。而有些操作人员却是在未松启锁紧压盖的情况下强行将滑管拉出，结果造成滑管或密封填料拉伤，导致液位计密封状态破坏而泄漏。

(2) 液位计泄漏应急处理方法

1) 慢慢松开液位计的保护罩。液位计的保护罩是保护液位计内件的重要部件，当有气体因密封件损坏泄漏时，它可以防止这些气体逸出，因此不使用时，应适当地拧紧。若开启时有气体逸出，应将其慢慢松开，防止保护罩被气流冲起伤人。

2) 先确认液位计的泄漏部位，检查方法最好是用肥皂水。对无腐蚀性气体在无肥皂水的情况下，可以用手摸、水淋法检查。在检查泄漏和处理故障过程中，千万不要面对滑管上方，以免伤人。

3) 经检查确认为阀口部（检液孔）泄漏时，可拧紧阀瓣即可止漏，如仍不能密封时，则可稍加大力臂拧紧或将保护罩用扳手或管子钳紧固密封，待卸车后再做处理，其方法是将阀瓣卸下更换阀瓣上的密封垫即可。

4) 经检查确认为滑管与阀连接部位泄漏时，应仔细检查滑管表面是否有划痕、凹下或其他变形，锁紧压盖是否紧固密封。当确认是锁紧压盖松启时，可先松开定位螺母，将锁紧压盖拧紧，故障即可排除。若遇滑管划伤或局部变形造成的泄漏，应做如下处理。

① 先松开锁紧压盖，然后将滑管拉出高度为700mm左右，以防滑管冲出伤人。

② 滑管拉出后将锁紧压盖卸下、顶起，在靠近密封填料处用油浸盘根（$\phi1.5\sim\phi2$mm）缠3~5匝，然后落下锁紧压盖，用扳手慢慢紧固，当盘根压入密封槽孔后，将滑管推入复位，然后将锁紧压盖均匀拧紧，即可达到密封效果。

③ 对滑管变形或缺陷较大的液位计应做好故障处理记录，卸车后送检修站进行检修或更换。

4. 紧急切断阀（含球阀或截止阀）**在运用中常见突发故障与应急处理方法**

(1) 紧急切断阀开关不良

1) 原因判断。在实际运用中，操作人员常常碰到紧急切断阀不能正常开启或开启后不能关闭的现象。一旦发生这种情况，操作人员不应慌张或束手无策，而应冷静地查找原因，首先应仔细地检查紧急切断阀腔内是否有异物（如石头、小木块、核桃核、铁钉等，这种现象在检修工作中已多次发现），如无异物卡死，这种现象大致有以下几种原因：

① 手压油泵油量不足或缺油。

② 紧急切断阀油缸漏油，造成无法正常工作。

③ 分配台的油路堵塞。

④ 油路控制阀未打开。

⑤ 管道远控阀未关闭。

⑥ 紧急切断阀阀杆断裂。

2) 处理方法：

① 手压泵加油。

② 修理油缸，排除油缸泄漏。

③ 清洗吹扫油路分配台。

④ 打开分配台油路控制阀。

⑤ 关闭远控卸荷阀。

⑥ 当上述几种原因排除后，即可判断为紧急切断阀阀杆的故障，这种情况现场不能处理，

应将罐车送至检修站处理。

（2）紧急切断阀泄漏故障及应急排除方法　在罐车运用中，如发现紧急切断阀和与之连成一体的球阀或截止阀产生较大泄漏时，在现场一般只能对球阀和截止阀进行处理，紧急切断阀本身故障现场不能处理，只能送检修站处理。

1）球阀泄漏的判断及其应急处理方法：

① 原因判断。球阀发生泄漏一般是密封垫或胀圈松动、变形造成。

② 应急处理方法。首先打开球阀，排出球阀内余气，将球阀上法兰卸下，取出上密封垫，检查是否变形或划伤，如上密封垫（胀圈）已变形或划伤，一般应予更换。在无备品更换的情况下，可用砂布打磨平整，然后将其压入装配，在密封垫的背部加垫后再装上法兰，法兰组装时应注意四个螺母均匀紧固，即可保证球阀的密封性能。装配时还应注意法兰不能过紧，以免压死球阀球体，造成球阀卡死而无法开启。

2）截止阀泄漏故障及应急处理办法：

① 故障判断。截止阀产生泄漏的原因一般是阀瓣密封面和阀口的污垢杂物造成。

② 处理方法。截止阀关闭时留一细缝，冲刷几次后再关闭，一般连续冲刷几次泄漏故障即可排除；或将阀瓣卸下，清洗吹净阀瓣密封垫和阀口的污垢杂物，组装后稍加大关闭阀门时的力矩，即可排除泄漏故障。

5. 压力表接口处在运用中常见突发故障及应急排除方法

（1）原因判断　压力表是保证罐车安全运行的重要安全附件之一，在运用中因压力表接口处泄漏造成故障的现象时有发生，其泄漏原因如下。

1）压力表未拧紧。

2）垫片压紧力不够或接口处无预紧间隙，引起介质泄漏。

3）静压密封面和垫片不清洁，混入异物等。

4）密封垫破损，产生泄漏。

（2）应急处理方法

1）重新拧紧压力表。

2）更换加厚垫片，增加垫片压紧力和连接处的预紧间隙。

3）清除静压密封面和垫片异物污垢。

4）更换密封垫。

操作人员在处理压力表故障时，应先关闭压力表旋塞或截止阀，再进行故障处理。装配压力表时要慢慢紧固，千万不可用力过猛，以免造成滑扣损坏故障，紧固至密封良好为度。必须注意在压力表泄漏故障排除后，一定要打开压力表截止阀，切记不可关闭运行。

6. 温度计接口处在运用中常见突发故障与应急处理方法

（1）原因判断　温度计是罐车必不可少的安全附件，近年来的罐车运用中温度计接口处曾发生过多起泄漏事故，其泄漏原因是温度计保护管破裂及安装在人孔盖板上的安装保护管裂纹造成，须要引起罐车操作人员和押运人员的高度重视。

（2）应急故障处理方法　温度计接口处发生故障泄漏时，可以肯定是温度计保护管破裂造成的。应急处理措施是将温度计卸下，将原来的密封堵装上拧紧即可；如原密封堵已丢失，可在其接口处装一中压石棉垫制作的密封垫，然后装入温度计，利用温度计的连接螺栓密封垫压紧密封。

温度计保护管裂损的罐车，卸车后应送往原检修站进行返修。

本章附录 YZ0205—2009 液化石油气汽车罐车事故应急救援预案指南

1 总则

1.1 编制目的

为了规范液化石油气汽车罐车事故应急预案的编制工作，促进企业提升应对液化石油气汽车罐车事故的能力，及时控制和消除事故的危害，最大限度地减少事故造成的人员伤亡、财产损失，维护人民生命安全和社会稳定，特制定本指南。

1.2 编制依据

依据《中华人民共和国突发事件应对法》《中华人民共和国安全生产法》《特种设备安全监察条例》《特种设备事故报告和调查处理规定》和《国务院关于全面加强应急管理工作的意见》等法律、法规及有关规定，制定本指南。

1.3 适用范围

本指南适用于指导企业编制液化石油气汽车罐车事故专项应急救援预案，也适用于基层技术人员进行应急工作时借鉴和参考。

1.4 工作原则

1.4.1 以人为本，安全第一。始终把保障人民群众的生命安全放在首位，认真做好预防事故工作，切实加强员工和应急救援人员的安全防护，最大限度地减少事故灾难造成的人员伤亡和财产损失。

1.4.2 积极应对，立足自救。认真贯彻落实“安全第一、预防为主、综合治理”方针，努力完善安全管理制度和应急预案体系，准备充分的应急资源，落实各级岗位职责，做到人人清楚事故特征、类型和危害程度，遇到突发事件时，能够及时迅速采取正确措施，积极应对、立足自救。

1.4.3 统一领导，分级管理。应急救援指挥部在总指挥统一领导下，负责指挥、协调处理突发事故灾难应急救援工作，有关部门和各班组按照各自职责和权限，负责事故灾难的应急管理和现场应急处置工作。

1.4.4 依靠科学，依法规范。遵循科学原理，充分发挥专家组的作用，实现科学民主决策。依靠科技进步，不断改进和完善应急救援的方法、装备、设施和手段，依法规范应急救援工作，确保预案的科学性、权威性和可操作性。

1.4.5 预防为主，平战结合。坚持事故应急与预防工作相结合。加强重大危险源管理，做好事故预防、预测、预警和预报工作。做好应对事故的思想准备、预案准备、物资和经费准备、工作准备，加强培训演练，做到常备不懈。将日常管理工作和应急救援工作相结合，搞好宣传教育，提高全体员工的安全意识和应急救援技能。

2 应急救援组织机构和岗位职责

2.1 应急救援组织机构

运输单位应成立应急救援组织机构，组织机构由总指挥、应急办公（值班）室、现场指挥部、专家技术组组成。现场指挥部下设抢险救灾组、通信联络组、警戒保卫组、医疗救护组、后勤保障组、善后工作组等部门，其中总指挥应由单位的主要责任人担任。发生紧急事件时，现场指挥部在总指挥的领导下，有序开展应急救援。应急救援组织机构如图1所示。

2.2 应急救援指挥人员岗位职责

应急救援领导小组应由企业法人或委托法人担任组长，组员有技术、安全、保卫、生产

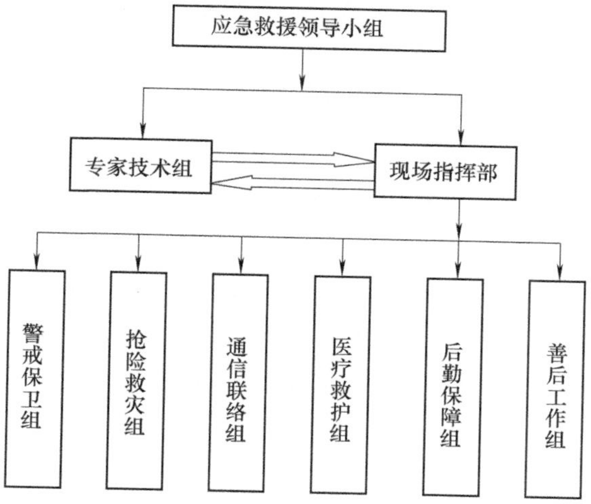

图1 应急救援组织机构图

（运输）等部门负责人组成。其主要职责为：

1）组织制定LPG罐车应急救援预案。

2）负责人员和资源的配备，应急救援队伍的调动和指挥。

3）确定现场总指挥。

4）协调事故现场有关工作。

5）批准应急救援预案的启动和终止。

6）负责事故信息的上报工作。

7）负责保护事故现场及相关物证、资料。

8）组织应急救援预案的演练。

9）接受政府的指令和调动。

2.3 相关操作岗位职责

2.3.1 应急救援办公室

应急救援办公室为应急救援领导小组的常设机构，须有专人负责和24小时值守，配有专用直线电话。其主要职责为：

1）负责应急救援领导小组的日常管理工作。

2）监督和检查各应急救援组的资源配备和装备状态。

3）事故报告记录。

4）在事故状态下接受现场总指挥的指令。

2.3.2 现场指挥人员主要职责

1）全面负责事故现场工作。

2）组织指挥应急救援队伍，实施抢险救灾和救援的行动。

3）协调事故现场有关工作。

4）向事故发生地的有关部门和使用注册登记的质量技术监督行政部门报告，以及向事故现场周边单位通报事故情况，必要时向当地政府、上级部门和有关单位发出救援请求。

5）保护事故现场。

2.3.3 警戒保卫组

警戒保卫组应由公安、企业相关警戒保卫等人员组成，并接受现场总指挥的领导，其主要职责为：

1）根据应急救援预案有关设立警戒区域的要求和规定，负责事故现场的警戒保卫。

2）疏散警戒区内无关人员。

3）维持治安、交通秩序。

4）协助医疗救护组转移中毒、烧伤等受伤人员。

2.3.4 抢险救灾组

抢险救灾组应由专业安全技术人员、消防、环境检测人员、罐车作业人员（驾驶员、押运员）、堵漏抢险人员等人员组成，其主要职责为：

1）负责查明事故的性质、影响范围及可能继续造成的后果。

2）负责现场救火和环境动态检测。

3）根据事故情况，制定堵漏、灭火、导液等抢险技术方案。

4）实施经现场总指挥批准的抢险技术方案，以排除险情。

5）实施事故现场的受伤人员救援和物资转移。

2.3.5 医疗救护组

医疗救护组由企业的医疗卫生、事故发生地的急救中心医疗和化学救援等专业人员组成，其主要职责为：

1）制定液化石油气中毒、烧伤的现场医疗救治方案。

2）负责现场中毒、烧伤等受伤人员的医疗救治。

2.3.6 通信联络组

通信联络组应由相关人员组成，其主要职责为：

1）建立有效的通信网络，危险区域内提供防爆型通信器材，禁止使用手机等非防爆型通信器材。

2）保障救援通信联络和对外通信联络的畅通。

2.3.7 后勤保障组

由企业后勤和相关人员组成，其主要职责为：

1）提供如隔离式防毒面具和正压式呼吸器、消防器材、防化服、液化石油气回收装置（储罐、罐车或罐式集装箱）等抢险救援用物资及装备。

2）堵漏用的专用工具、物资及装备。

3）应急救援用车辆。

4）应急救援用资金。

5）应急救援用物质来源明细表和联系人、联系方式。

2.3.8 善后工作组

由相关人员组成，其主要职责为：

1）负责现场恢复工作，在指挥部确定现场已无人身危险的情况下，组织抢修人员对现场其他危险设施、损坏设备进行排险抢险或抢修，尽快恢复正常生产。

2）负责事故伤亡人员及其家属的安抚、抚恤和理赔等工作。

3）罐车、设备、厂房以及周围建筑物等损坏后的保险和赔偿处理等。

3 单位资源和安全状况分析

3.1 单位概况

3.1.1 使用（运输）单位概况

企业概况应包括性质、隶属关系、地理位置、占地面积、周边人口密度与数量、纵横距离及周边交通环境状况等，以及周围建筑物性质（民居、工矿企业、易燃易爆场所、有毒有害环境、重要基础设施等），与周围建筑物的位置（距离），以及绘制的企业地理位置地图等内容，以备事故发生时，供应急救援行动使用。

3.1.2 运输道路概况

运输道路概况应至少包括途经的城市、村庄、公路等级、桥梁、重要基础设施、涵洞、学校等重要基础设施，与其位置（距离），以及绘制的企业地理位置地图。对有水运输的还应说明轮船的概况等内容，以备事故发生时，供应急救援行动使用。

3.1.3 装卸单位概况

装卸单位性质、地理位置、占地面积、周边人口密度与数量、纵横距离及周边交通环境状况等，以及周围建筑物性质（民居、工矿企业、易燃易爆场所、有毒有害环境、重要基础设施），与周围建筑物的位置（距离），以及绘制的企业地理位置地图。

3.1.4 绘制企业地理位置地图、道路线路图、装卸单位地理位置图等，至少应包括占地面积、周边人口密度分布、交通环境状态等、周边建筑物位置距离等内容，以备事故发生时，供应急救援行动使用。

3.1.5 运输单位所在地、运输道路及装卸单位所在地的气象、环境等资料。

3.2 应急救援资源

3.2.1 至少应有下列的应急救援装备和物资

1）干粉、1121、二氧化碳等灭火机和灭火剂、水带、消防水幕、消防喷淋装置、消防泵等消防器材。

2）隔离式防毒面具或过滤式防毒面具、正压式呼吸器。

3）可燃气体检测仪、风向仪。

4）警戒带（绳）等警戒保卫用器材。

5）安全帽、护目镜、防静电消防服和工作服、全封闭防化服、防静电手套等。

6）专用外封式、捆绑式充气堵漏工具、专用法兰堵漏夹具、封堵用木锲、防爆工具（铜质扳手、铜质榔头、木质榔头）等能应对各种泄漏所需的堵漏工夹具和设备，适用液化石油气介质密封胶。

7）化学救援车、特种救援车、救护车、消防车、汽车吊车及专用吊索等应急救援车辆。

8）通信联络及保障设备。

9）回收液化石油气用储罐、罐车或罐式集装箱。

10）抽液泵。

11）可用于封堵的高标号速干水泥、胶泥、石棉、棉被等物料。

12）应急照明设备。

13）应急救援资金。

3.2.2 应急救援人员

至少包括现场总指挥、能处理事故的安全技术或专家、罐车作业（驾驶员、押运员）、堵漏抢险、警戒保卫、医疗救护、环境检测、通信联络等人员。

3.2.3 企业应根据自身条件和应急救援预案的要求，对需要的资源进行补充和集成。

3.2.4 对不具备条件的资源，企业应根据应急救援预案的要求，与具备相应条件单位或专业救援部门签订应急救援救助协议，落实相关应急救援救助方案。

3.3 安全状况分析

3.3.1 需依据TSG R7001—2004《压力容器定期检验规则》要求和规定，定期对罐车安全状态进行检测和分析，罐体安全状况评定等级为4～5级的LPG罐车禁止使用。

1）罐车检验结论和存在的问题。

2）罐车及其安全附件在使用过程中的安全状况。

3）罐车投用以来出现问题的记载。

3.3.2 运输单位根据LPG罐车的罐体、《特种设备检验意见书》的意见、汽车底盘的安全状况以及预测危险源、危险目标、可能发生事故的类别及危害程度等。

3.3.3 应有LPG罐车总图、罐体图、管路图和主要技术参数数据，主要技术参数数据至少应包括下列内容：

1）罐体的设计压力和设计温度。

2）罐体的最高工作压力和工作温度。

3）罐体几何容积和有效容积。

4）管路图。

5）安全附件型号、参数等。

6）罐车最大装载量。

7）罐车满载时的最大总质量。

8）罐车外形尺寸。

4 危险辨识与灾害后果预测

4.1 LPG罐车危险源辨识

LPG罐车主要有以下危险源：

1）罐体自身缺陷引起罐体和管路的破损，导致装卸和运输中液化石油气介质的泄漏、燃烧及爆炸。

2）罐体安全附件如安全阀、紧急切断装置、液位计和阀等失效，导致液化石油气介质泄漏、燃烧及爆炸。

3）LPG罐车装卸过程中，装卸软管的脱落和破裂，导致液化石油气介质泄漏、燃烧及爆炸。

4）交通事故如翻车、撞车以及违章驶入限高区域内等，引发LPG罐车的罐体破损，安全附件如安全阀、压力表、液位计及装卸阀门等损坏，附件如阀门等损坏，导致液化石油气介质泄漏、燃烧、爆炸。

5）导静电接地装置失效或损坏，因静电或遭雷击，导致LPG罐车燃烧、爆炸。

6）罐体受到热源影响（如汽车罐车燃烧），引起罐体压力升高，造成罐体爆炸或安全阀开启，导致液化石油气介质泄漏。

4.2 灾害后果预测

液化石油气火灾有以下特点：燃点低，热值大；火焰温度高，辐射热强；爆炸速度快，破坏冲击性强，复燃的危险性大。

4.2.1 危险特性

液化石油气主要是由丙烷、丁烷、丙烯、丁烯等低分子烃类组成的混合物，也含有少量的杂质。液化石油气根据GB 12268—2012《危险货物品名表》的规定，属于第2.1类易燃气体。

4.2.1.1 燃烧爆炸性

液化石油气能够燃烧，分为稳定燃烧和爆炸两种形式。液化石油气发生泄漏，遇火发生的连续燃烧现象，称为稳定燃烧。液化石油气发生泄漏后，与空气混合形成爆炸混合物（爆炸极限约为1.5%～10%)，遇到火源发生爆炸，其爆炸速度为2000～3000m/s；其与空气混合形成爆炸混合物在4%～5%时，燃烧、爆炸最佳。液化石油气燃烧热值高达105000kJ/m^3，火焰温度达2000℃以上，通常会产生强大的冲击波和高温。

4.2.1.2 比空气重

液化石油气的气态相对密度为1.5～2，密度是空气的1.5～2倍。由于比重大，发生泄漏时液化石油气就会积存在低洼处和沟渠，或沿地面任意漂流，一旦达到爆炸浓度，遇明火或火花、静电等火源时，可引起液化石油气的燃烧，甚至爆炸。

4.2.1.3 受热膨胀

液化石油气的液体密度随着温度的升高而变小，体积则增加。其液体的体积膨胀系数比汽油、煤油都大，是水膨胀系数的10～16倍。因此，在充装液化石油气的罐车应严格控制充装量，否则随着温度的升高气瓶极易被胀裂。

4.2.1.4 点火能量小

液化石油气的闪点低，引燃能量小（0.2～0.3mJ)，液化石油气的着火温度为430～460℃，比其他可燃气体低，点火能量小，一个火星就能点燃。

4.2.1.5 带电性

液化石油气在罐装和运输过程中易产生静电，流速越快，越易产生静电。

4.2.1.6 腐蚀性

液化石油气对容器、管道、橡胶管、密封物等有腐蚀作用。

4.2.1.7 气体泄漏的流散性与液化气的潜伏性

液化变为气态速扩散，形成高浓度区，迅速混合区，燃烧、爆炸最猛。其扩散的区与区之间，迅速扩大而且电阻率大于1013cm^2，他们之间静电位达300V时即放电，产生燃烧爆炸。液化石油气比重是空气的1.52倍，可沿地面扩散，且聚积在地面或低洼处，蒸气扩散后遇火源着火回燃。当流入河道中时，由于摩擦作用，即使逆风也会向水流方向扩散。遇火源即燃烧、爆炸。

4.2.2 爆炸性

液化石油气液态变成气态体积要增大250～350倍，同时吸收大量的热。一旦着火，无论是对罐车，还是储罐，皆具有直接的威胁，他们都成了威力巨大，随时可能爆炸的“炸弹”。着火时容器受火燃烧辐射和热气流的影响，其罐体内压力变化有三种情况出现：

1）受热50℃时，其饱和蒸气压力为1.4MPa，压力增加与温度升高成正比，其速度约为20.3～30.4kPa/℃。

2）在容器内的液量很少时，当达到某一温度时液态全部气化，此时气体压力的增加与温度的升高成正比。

3）容器受热后，内部的液体膨胀造成内部压力剧增，此种情况最危险，在火灾中这种情况极易出现。容器金属壁被加热，材料机构强度下降，发生塑性变形。容器内压力的剧增，造成容器物理性爆炸，容器一旦爆裂，除了大量的液化气冲出以外还同时会抛出金属碎块，足以伤害人体和建筑物毁坏。

注：在火焰体积因气体的扩大而加速增大，火势（尤其是燃烧的储罐或设施）的噪声不断增大，燃烧火焰由红到白，光芒耀眼，从燃烧处发出刺耳的哨声，罐体抖动，罐车变色，安全阀发出声响时（这些是储罐爆炸前的征兆)。

4.2.3 健康危害

如没有防护，人直接大量吸入有麻醉作用的液化石油气，可引起头晕、头痛、兴奋或嗜睡、恶心、呕吐、脉缓等；液化石油气在空气中含量为1%时，人在空气中10min无危险；当空气中含量达到10%时，人处在该环境中2min就会麻醉。重症者可突然倒下、尿失禁、意识丧失，甚至呼吸停止；不完全燃烧可导致一氧化碳中毒；直接接触液化石油气液体或其射流会引起皮肤冻伤，如果皮肤与液化石油气液体接触时间过长，会造成永久性的伤害，甚至可能危及生命。

4.2.4 环境危害

对大气可造成污染，残液还可对土壤、水体造成污染。

5 预警和预防机制

5.1 预警机制

根据LPG罐车事故的严重程度、影响范围及可控制性，其预警等级划分为以下三个等级。

5.1.1 一级预警

LPG罐车罐体的管路、紧急切断阀、接头、装卸软管、装卸阀门、管路等由于长期磨损等原因，造成液化石油气介质轻微泄漏，并且采取措施可以得到有效控制和消除的，定为一级预警。

5.1.2 二级预警

指人为责任原因或其他外因，导致罐体、安全阀、液位计、压力表、导静电装置、紧急切断装置、阀门、装卸软管、管路等设备的破损或失灵，引发液化石油气介质大面积泄漏和燃烧，并且采取有效措施后能得到控制的，定为二级预警。

5.1.3 三级预警

指人为责任原因或自身原因，导致罐体、安全阀、液位计、压力表、导静电装置、阀门、装卸软管、管路等失效严重，引发大量液化石油气介质大面积泄漏，并发生燃烧，现场人员无法处置，对社区和人群极易造成重大伤害的事故或造成一定的社会影响，定为三级预警。

5.2 预防机制

5.2.1 安全管理制度和岗位安全责任制度

5.2.1.1 LPG罐车运输单位必须建立和严格执行LPG罐车安全管理制度，其内容至少包括充装、运输、卸液（气）、采购、变更、报废等环节。

5.2.1.2 LPG罐车运输单位必须建立和严格执行各级人员的岗位责任制度，且至少包括企业负责人、主管经理或队长、调度员、罐车作业人员（驾驶员、押运员）、设备员、汽车修理等人员岗位安全责任制度。

1）企业负责人主要职责：全面负责企业安全工作，监督企业各级人员严格执行国家安全生产的法律法规，负责建立和执行企业规章制度。

2）主管经理或队长主要职责：负责对罐车作业人员（驾驶员、押运员）及修理人员等职工进行安全技术教育和考核等工作，建立LPG罐车的技术档案，监督有关人员执行有关管理制度，定期或不定期对LPG罐车安全、定期保养等工作进行检查，安全前提下完成运输任务。

3）调度员主要职责：除正常安排运输任务人外，在每次运输前，检查LPG罐车作业人员执行安全运输卡制度情况，以及宣传有关安全岗位责任制度。

4）设备员、修理人员主要职责：负责罐体安全附件修理、罐车底盘或走行部分的定期保养管理，保证LPG罐车不带病运输。

5）罐车作业人员（驾驶员、押运员）主要职责：严格执行道路交通安全法和企业各项安全管理制度，安全运行、规范操作。

5.2.2 专门机构或专（兼）职人员

LPG罐车运输单位根据自身资源，应设立专门机构和专（兼）职管理人员，一般应设立主管经理室、调度室（或队长领导的运输调度室）、车管科（或设备科）、修理部门（或修理厂）。

5.2.3 定期分析LPG罐车安全状况，完善事故应急救援预案

5.2.3.1 运输单位应定期分析LPG罐车的罐体、汽车底盘的安全状况，预测危险源、危险目标、可能发生事故的类别及危害程度。

5.2.3.2 运输单位根据LPG罐车的罐体、《特种设备检验意见书》的意见、汽车底盘的安全状况以及预测危险源、危险目标、可能发生事故的类别及危害程度等，并在应急救援预案中提出相应的技术措施，以完善应急救援预案。

5.2.3.3 罐体的安全状况应按TSG R7001—2004《压力容器定期检验规则》进行评定，罐体安全状况评定等级为4~5级的LPG罐车禁止使用。

5.2.3.4 每辆LPG罐车必须配备安全运输卡两份和防毒面具或正压式呼吸器两套。安全运输卡的内容至少应包括液化石油气特性，应急救援措施、注意事项以及应急联系电话等，安全运输卡应张贴在罐车驾驶室内的醒目位置。

5.2.4 使用登记、定期检验（保养）制度

LPG罐车运输单位必须建立和严格执行使用登记、定期检验（保养）制度。

5.2.5 日常检查制度

LPG罐车运输单位，必须建立和严格执行LPG罐车日常安全检查制度。

5.2.6 消除事故隐患制度

LPG罐车运输单位，必须建立和严格执行消除事故隐患制度，并明确规定存在安全隐患的LPG罐车不允许使用的要求。

5.2.7 作业人员培训考核、持证上岗制度

LPG罐车的运输单位必须建立和严格执驾驶员、押运员、带压堵漏人员、安全阀维修等特种设备作业人员的培训制度，驾驶员、押运员等特种设备作业人员，必须取得质量技术监督等相关部门颁发的如《特种设备作业人员证》等上岗操作证，驾驶员还应取得中华人民共和国正式驾驶执照。

6 应急响应

6.1 内部报告程序

6.1.1 LPG罐车发生事故后，车辆的作业人员（驾驶员、押运员）应佩戴好防毒面具或正压式空气呼吸器，关闭罐体进出口阀门。一名作业人员应立即向企业应急救援办公室报告，另一名作业人员在事故现场进行监控。至少报告包括以下内容：

1）事故发生地点。

2）事故类型（如泄漏、燃烧、翻车等）。

3）装运介质的吨位，事故车辆的总吨位。

4）装运液化石油气品种（丁烯、丙烯、丁烷、丙烷）。

5）有无人员伤亡情况。

6）周围环境情况（如建筑物性质、交通、人流等）。

7）影响范围。

8）报告人姓名。

6.1.2 当企业应急救援办公室接到除罐车作业人员或有关部门以外人员的事故报告时，应至少询问下列内容：

1）事故发生地。

2）事故类型（如泄漏、燃烧、翻车等）。

3）装运介质的吨位，事故车辆的总吨位。

4）有无人员伤亡情况。

5）周围环境情况（如有无易燃易爆危险品、建筑物性质、交通、人流等）。

6）可能影响的范围。

7）报告人姓名和联系方式。

6.1.3　企业应急救援办公室接到事故报告和确认事故后，应立即向企业应急救援领导小组成员报告。

6.1.4　应急救援领导小组长根据事故等级，且分析事故可能发展的趋势后，确定启动应急救援预案，任命现场总指挥，并按应急救援预案的要求，组织实施应急救援行动。

6.2　外部报告程序

6.2.1　事故确认后，运输单位应根据事故等级和事故地点应分别向110、119、120、特种设备安全监督管理、安全生产监察、环境保护等有关部门及应急中心报告事故情况，异地的罐车还应向使用注册登记的质量技术监督行政部门报告。

6.2.2　运输途中发生事故时，罐车作业人员（驾驶员、押运员）除了向企业应急救援办公室报告外，同时还应向事故发生地的110、119、120、特种设备安全监督管理、安全生产监察等政府有关部门报告，异地的罐车还应向使用注册登记的质量技术监督行政部门报告。

6.3　事故监控措施

救援抢险组应采用可燃气体浓度检测仪和风向仪对事故现场进行动态检测和监控，并根据检测数据判断事故是否得到了有效控制，是否有扩大的趋势，及时将有关数据和发展趋势报现场总指挥。

6.4　人员疏散与安置原则

6.4.1　发生事故时应按应急救援预案的规定和要求，及时疏散事故现场和危险区域内的无关人员。当预测事故有扩大趋势，并对周围建筑物（如居住区、商店、学校、工矿企业等）造成影响时，应立即请求政府有关部门启动上级应急救援预案，同时请求相关企业进行增援，并按应急救援预案的规定和要求，将转移的人员安置至安全场所。

6.4.2　如运输中发生事故时，应立即请求事故发生地的政府启动应急救援预案，有公安等有关部门负责将事故现场和危险区域内的无关人员及时疏散，特别做好人员聚集区（如居住区、商店、学校、工矿企业等）的疏散工作，并按应急救援预案的要求和规定，将转移的人员安置至安全场所。

6.4.3　人员疏散时，应向事故现场上风区转移。下风人员需佩带好过滤式防毒面具或正压式空气呼吸器。

6.5　事故现场的警戒要求

6.5.1　LPG罐车一旦出现泄漏的防护参考距离：初始隔离，首先以罐车为中心方圆1600m内为危险区域。其中：100m内为重危害区；100～800m内属危害区；800～1600m内属过渡区；1600m外属安全区。需要封锁相关交通路口；设立相关警示标志。

6.5.2　救援抢险组到达后，根据地形、风向、风速、事故LPG罐车内LPG储量、泄漏程度、周边道路、重要设施、建筑情况和人员密集程度等，以及应急救援技术方案对警戒区域的要求和规定，对泄漏影响范围进行评估。在专家的指导下设迅速标出事故现场危险区和安全区，并根据现场情况和事故发展趋势，随时扩大警戒区域。

6.5.3　现场总指挥下达设立警戒指令后，有警戒保卫组设置警戒范围和实施交通管制。危险区应有明显警戒标志，并有有毒、爆炸等警示标志等。警戒区内必须消除一切引起火灾的隐患。

6.5.4 警戒保卫人员应防止无关人员进入和接近警戒区，并执行24小时专人值守。

6.5.5 除公安、消防人员外，其他警戒保卫人员以及抢险人员、医疗人员等参与应急救援行动人员，须有标明其身份的明显标志。

6.5.6 当LPG罐车在运输中发生事故，警戒区周边必须实行交通管制。

6.5.7 救援指挥部应设置在上风处，救援物资尽可能靠近事故现场。

6.5.8 当事故完全消除，事故现场勘查完毕，由现场总指挥下达取消警戒区的指令后，方可取消警戒区。

6.6 应急救援中医疗、卫生服务措施和程序

6.6.1 当事故现场有中毒、冻伤等受伤人员，救援人员首先应将受伤人员移至上风处的安全区内，由医护等专业人员进行救治。

6.6.2 受伤人员经现场医护等专业人员救护后，应尽快转入医院进行治疗。

6.6.3 当发现有呼吸困难、休克及中毒者，救援抢险人员应佩戴个人防护装备后进入现场，迅速将其转移至空气新鲜的安全区静卧，且采取以下相应措施：

1）当发现有呼吸困难、休克及中毒者，将受伤者的衣扣及裤带松开，保持其呼吸通畅。

2）呼吸停止者，实施人工呼吸。

3）对冻伤者，首先脱去被污染的衣服，用大量清水冲洗冻伤部位至少15min以上，且在24h内在患处涂上药膏，然后用医用纱布包扎。

6.7 保护应急救援人员安全的准备和规定

6.7.1 应急救援人员进入危险区前，必须穿戴（携）好个人防护装备和救生器材。现场总指挥应指定一名抢险救援人员为现场组长。

6.7.2 进行救援和抢险的人员必须少而精，但不允许少于二名。

6.7.3 抢险救援人员的个人装备至少应配备正压式呼吸器、安全帽、全封闭防化服或防静电的消防服、防冻手套、不产生火花工作鞋或胶鞋、通信工具以及抢险用器材和设备等。

6.7.4 救援人员应能熟练应用自救措施和互救措施，进入事故现场前首先应辨别风向，下风区、低洼区和沟渠附近不准停留。

6.7.5 救援人员离开时，现场组长应清点救援人员人数，防止人员遗漏。

6.8 处理公共关系和救助程序

6.8.1 应急过程中，应有政府有关部门或应急救援领导小组长及时通知向事故发生地附近的企业、学校等有关单位和公众，通报事故的情况，以便于做好警戒和疏散工作。

6.8.2 媒体报道应按政府的有关规定执行。

6.8.3 当事故有扩大趋势或现有措施无法消除事故，以及LPG罐车运输中发生事故时，应迅速报警，请求政府有关部门或已经协商的其他企业的应急救援队伍进行应急救援。

7 应急技术和现场处置措施

7.1 判断事故扩展趋势所需的检测装备

应急救援人员应配备可燃气体浓度探测仪和风向仪，并测定罐体内的液化石油气是否泄漏及当时风向，根据事故状态以及应急救援技术方案对警戒区域的要求和规定，迅速划定危险区和安全区。

7.2 救援装备

7.2.1 通信设备应采用无线电通信设备。危险区内须使用防爆型通信器材，禁止使用移动电话等非防爆型通信工具。

7.2.2 消防装备和器材：消防车、消防水幕、消防水炮、消防喷淋装置、各种型号的干粉、

二氧化碳灭火器、应急照明设备等。

7.2.3 回收液化石油气的储罐、汽车罐车或罐式集装箱、抽液泵等。

7.2.4 正压式空气呼吸器、隔离式防毒面具、全封闭防化服、防静电消防服、防静电工作服、防护隔热服、避火服、防冻衬纱橡胶手套等。

7.2.5 吊车、可燃气体浓度测试仪、风向仪、不同规格带压堵漏卡具、夹具、高压注胶枪、手动高压油泵、防火花的专业施工工具、防爆电筒、适用石油液化气介质的密封胶若干、高标号快干水泥等。

7.2.6 化学救援车、特种救援车、医疗救护车、汽车吊及专用吊索等应急救援车辆救护车。

7.2.7 常用救护药品等。

7.3 应急作业技术

7.3.1 一般处置

7.3.1.1 液体石油气罐车发生泄漏，应立即切断或关闭液体石油气等可燃气体来源，并关闭继续运行将加剧或延长事故的相关设备。

7.3.1.2 如关闭困难，而燃烧并不危及周围环境，则可任其燃烧。

7.3.1.3 切断事故现场电源（防爆电器除外），关闭常用通信工具（灾区电话除外）。

7.3.1.4 消除所有火种。立即在警戒区内停电、停火，灭绝一切可能引发火灾和爆炸的火种。进入危险区前用水枪将地面喷湿，以防止摩擦、撞击产生火花，作业时设备应确保接地。

7.3.1.5 使用防爆抢险工具，穿戴专用救援服装，防止撞击、摩擦、静电起火。

7.3.1.6 警戒区内禁止车辆通行，防止排气管引发明火。

7.3.1.7 防止液体石油气泄漏溢出进入下水道、凹坑、地面，以及向通风系统及密闭空间扩散。

7.3.1.8 对于液体石油气，应喷水保持液体石油气罐车的冷却，但禁止将水直接喷到液化石油气中。

7.3.1.9 控制蒸汽云，如有可能用蒸汽带对准泄漏点送气，或开启消防喷淋系统以喷雾形式或带架水枪以开花的形式，对准泄漏处喷射并形成水幕，用来冲散可燃气体；用中倍数泡沫或干粉覆盖泄漏的液相，减少液化气蒸发；用喷雾水（或强制通风）转移蒸汽云飘逸的方向，使其在安全地方扩散掉。

7.3.1.10 通常含氧量10%是人体不出现永久性损伤的最低限。因此，敬告大家不要进入液化石油气蒸气中。

7.3.2 泄漏处置

7.3.2.1 堵漏处置

1）当泄漏处为圆形小孔，可采用木锲堵漏法。

2）当管道壁发生泄漏，且不能关闭阀门止漏时，可使用不同形状的堵漏垫、堵漏楔、堵漏胶、堵漏带等器具实施封堵；或采用木楔子、堵漏器堵漏或卡箍法堵漏，随后用高标号速冻水泥覆盖法暂时封堵。

3）当罐体焊缝微量泄漏，可采用高标号速冻水泥覆盖进行堵漏。

4）当罐壁撕裂泄漏可以用充气袋、充气垫等专用器具从外部包裹堵漏。

5）带压管道泄漏可用捆绑式充气堵漏袋，或使用金属外壳内衬橡胶垫等专用器具施行堵漏。

7.3.2.2 当罐体开裂尺寸较大而又无法止漏时

1）泄漏处在液面以上的，从气相管路充入氮气等惰性气体将事故罐体内液化石油气置换至备用空液化石油气储罐或汽车罐车、罐式集装箱内。

2）泄漏点在液面以下的，从液相管注入清水将事故罐体内，也就是采用注水升浮法，将液化石油气界位抬高到泄漏部位以上，使水从破裂口流出，再进行堵漏。为了防止液化气从顶部安全阀排出，可以采取先倒液、再注水修复或边导液边注水。

3）若罐车各流程管线完好，可通过出液管线、排污管线，将液化石油气导入备用的空液化石油气储罐或LPG罐车中。

4）采用烃泵将事故罐体内液化石油气介质输送至备用的空液化石油气储罐或LPG罐车中。

7.3.3　安全附件损坏处置

如安全阀碰坏后造成的LPG泄漏时，可采用卡箍法（专用工具）等临时带压堵漏方法进行封堵。

7.3.4　附件损坏处置

阀门、法兰盘或法兰垫片损坏发生泄漏，可采用不同型号的法兰夹具并注射密封胶的方法实施封堵，也可采用直接使用专门阀门堵漏工具实施封堵。

7.3.5　装卸软管破裂处置

1）立即关闭LPG罐车上的紧急切断装置，也就是立即打开罐车上紧急切断阀油压开关，卸掉紧急切断阀油泵压力（压力卸掉后紧急切断阀自动关闭），关闭槽车上液相阀门，切断液化石油气气源。

2）同一时间，卸掉储罐（液台）上紧急切断阀油泵压力（压力卸掉后紧急切断阀自动关闭），关闭卸液台管道上液相阀门，切断液化石油气气源。

3）关闭压缩机，关闭工艺管线上气相阀门。

7.3.6　翻车处置

7.3.6.1　LPG罐车翻车时，首先应确定是否有泄漏。如无泄漏，应用二部吊车进行起吊扶正，然后将LPG罐车移至安全处。

7.3.6.2　起吊人员应有相应的专业资格，起吊用吊索应用帆布包裹钢丝绳的铠装吊索。

7.3.6.3　吊车起吊能力不足时，应将先发生事故的LPG罐车内的介质输送至备用的空LPG罐车或罐式集装箱内，然后再进行起吊扶正。

7.3.7　火灾处置

7.3.7.1　当LPG罐车发生火灾时，积极冷却，稳定燃烧，防止爆炸。组织足够的力量，将火势控制在一定范围内，用射流水冷却着火点及邻近罐壁，并保护毗邻建筑物免受火势威胁，控制火势不再扩大蔓延。在未切断泄漏源的情况下，严禁熄灭已稳定燃烧的火焰。

7.3.7.2　待温度降下之后，向稳定燃烧的火焰喷干粉，覆盖火焰，终止燃烧，达到灭火目的。

7.3.7.3　当消灭火源和降温后进行堵漏或扶正。堵漏或扶正按7.3.2～7.3.5或7.3.6的要求。

7.4　紧急上报

当事故向不利方面发展时，由现场总指挥迅速向上级部门报告，并提出请求支援和启动上级应急救援预案的要求，同时积极采取措施防止事故扩大。

8　现场恢复

8.1　撤离救援和宣布应急救援结束程序

现场总指挥应根据各相关救援部门的报告，确认事故已经得到控制，可能产生的次生事故隐患得到清除，现场的安全和环境恢复正常，也就是一般因泄漏已经止漏、火灾已经熄灭、受伤人员及中毒人员已经抢救完毕，空气中液化石油气含量已经正常。经政府主管部门许可，由总指挥宣布结束应急救援行动，并撤离应急救援人员。

8.2 重新进入和人群返回程序

一般在现场勘测和清理完毕，并宣布应急救援行动结束后，方可允许人群陆续返回。

8.3 现场清理和设施基本恢复要求

LPG罐车已经撤离现场，移至安全地方，残余火星已经熄灭，空气中液化石油气含量已经正常，现场清理已经完毕。

8.4 受影响区域的连续检测要求

一般应在事故处理现场，在一定的时间内（24h）留1～2人监督现场是否有异常情况，并继续测定空气中液化石油气含量情况。

9 保障措施

9.1 通信与信息保障措施

9.1.1 明确与应急工作相关联的单位或人员的通信联系方式和方法，并提供备用方案。

9.1.2 建立信息通信系统及维护方案。

9.1.3 保障报警、通信器材完好，保证信息渠道24小时畅通。

9.2 救援装备和物资保障

9.2.1 应急救援设备、设施与物资列表。要求明确类型、数量、性能、存放位置、管理责任人及其联系方式。

9.2.2 设备、物资（经费）支持工作程序。

9.3 应急队伍保障

明确各类应急响应的人力资源，包括专业应急队伍、兼职应急队伍的组织与保障方案。

9.4 经费保障

明确应急专项经费来源、使用范围、数量和监督管理措施，保障应急状态时应急经费的及时到位。

9.5 培训与演练

9.5.1 应急救援培训

1）制定培训计划及落实的措施。明确对本单位人员开展应急培训的方式和要求。

2）应急救援人员定期接受救援程序、救援方案、救援工具使用、紧急救护等方面的知识培训。

3）全员培训，提高应急意识、自我保护和参与救援的能力。

9.5.2 演习（演练）

1）应制定LPG罐车事故应急救援预案演练计划和组织实施要求。

2）通过演练应急救援行动，评估LPG罐车应急救援预案符合性和有效性，以及存在的缺陷。

3）通过评估演练结果，对原预案存在缺陷进行改进和完善。

9.6 其他保障

9.6.1 建立应急抢险专家库，包括化工设备专家和当地气象、地质、水文环境监测等相关部门的专家信息。

9.6.2 需要请求援助的外部机构和组织的名单及联络方式。

9.6.3 根据本单位应急工作需求而确定的其他相关保障措施（如交通运输保障、治安保障、技术保障、医疗保障、后勤保障等）。

10 预案编制、管理和更新

10.1 预案编制一般步骤

10.1.1 编制准备

1）成立编制小组，其组长应由单位主要负责人担任。

2）制定编制计划。

3）收集资料，主要是本单位基本情况和LPG罐车基本状况。

4）安全状况分析和重大危险源分析。

5）资源和自身救援能力分析。

10.1.2 编制预案

10.1.3 审定和演练

10.1.4 改进措施

10.2 预案编制的格式要求

10.2.1 格式

1）封面。包括标题、单位名称、预案编号、实施日期，编制、审核、签发人（签字）、公章。

2）目录。

3）总则（引言、概况、目的、原则、依据）。

4）预案内容。

5）附件。

6）附加说明。

10.2.2 基本要求

1）使用A4纸打印文本。

2）正文采用仿宋四号字，标题采用宋体三号字。

10.3 预案管理

应急救援指挥部组织应急预案编写、修改、验证。预案编制后组织或邀请专家进行审定，并由单位主要负责人批准后发布、实施。

10.4 预案的演练和更新

10.4.1 预案在发布后应组织预案所涉人员学习贯彻、演习演练。

10.4.2 LPG罐车事故应急救援预案至少每年演练一次。

10.4.3 根据人员变动、设备参数改变、演习演练验证结果、新经验新教训，以及法律法规、主管部门和地方政府要求的改变等实际情况，对预案进行更新和修订。

10.5 预案上报

预案发布或更新后报送特种设备安全监察部门和当地人民政府及有关部门备案。

10.6 监督检查

依据《安全生产法》《特种设备安全监察条例》和其他法律、法规的规定，接受上级主管部门对本预案的制定、完善、演练进行监督检查。

11 事故调查

11.1 事故现场保护

11.1.1 除因抢救伤员和控制事态发展外，在事故调查尚未进行之前，任何人不得破坏和改变现场，事故发生单位及相关单位和人员应当保护好事故现场。

11.1.2 因抢救人员、防止事故扩大及疏通交通等原因，需要移动现场、物件的，应当做出标志、绘制现场事故简图并写出书面记录，妥善保存现场重要痕迹、物证。

11.1.3 有关部门和事故单位应做好事故的相关证据收集和保全工作，并尽可能对现场进行影像录制。

11.2 事故调查的一般程序

1）事故调查组应有一定经验，且熟悉 LPG 罐车的专家、安全及管理等人员组成，并确定事故调查分析组长。

2）了解事故概况。听取事故情况介绍、初步勘察事故现场，查阅并封存有关档案资料。

3）确定事故调查内容和要求。

4）组织实施技术调查。必要时进行检验、试验或者鉴定，注明检验、试验、鉴定的机构。

5）确定事故发生原因及责任。

6）对责任者提出处理建议。

7）提出预防类似事故的措施建议。

8）写出事故调查报告并归档。

11.3 情况调查

1）通过对事故发生单位主要负责人及其相关人员询问，了解事故发生前后及事故的情况。

2）调查罐车作业人员（驾驶员、押运员）、调度人员等有关人员基本情况。

3）LPG 罐车运行是否正常，是否有超过设计温度、设计压力、过量充装、规定车速、罐体变形、泄（渗）漏、异常响声、安全附件及保护装置失效等异常情况。

4）运行管理及作业人员的操作情况。调度室安排 LPG 罐车运输任务是否正常、合理，驾驶员是否有疲劳开车和违章驾驶，以及有关人员是否持证上岗等情况。

5）现场应急措施及应急救援情况。

6）其他情况。

11.4 资料调查

11.4.1 事故发生单位主要负责人及相关人员，应主动向事故调查组提供事故发生前后 LPG 罐车生产（含设计、制造、改造、维修）、检验、使用等档案资料、运行记录和相关会议记录等资料。

11.4.2 LPG 罐车设计、制造、改造、维修、检验、登记使用档案资料

1）液化石油气汽车罐车结构、强度、材料的选用情况。

2）液化石油气汽车罐车及其安全附件、安全保护装置的制造质量情况。

3）液化石油气汽车罐车型式试验、改造、维修质量情况，并对汽车罐车损坏影响进行分析。

11.4.3 LPG 罐车及其安全附件、定期检验情况及存在问题整改情况。

11.4.4 企业安全责任制、相关管理制度、应急措施与救援预案的制定和执行情况，LPG 罐车使用登记、驾驶员、押运员持证情况；运行中违章作业、违章指挥或误操作情况，运行相关记录情况，运行参数波动等异常情况。

11.4.5 LPG 罐车使用单位对存在事故隐患的整改情况。

11.5 现场调查

11.5.1 对事故现场的调查，应当收集完整的原始客观证据，数据要准确，资料要真实。

11.5.2 事故现场检查的一般要求

仔细勘察记录各种现象，并进行必要的技术测量。记录 LPG 罐车主要受压元件、汽车底盘或走行部分、事故发生部位及周围设施损坏情况，要注意检查安全附件、装卸阀门及安全保护装

置等情况。

11.5.3　人员伤亡情况的调查

事故造成的死亡、受伤（重伤、轻伤界定按 GB/T 6441—1986《企业职工伤亡事故分类》的规定）人数及所处位置、死亡人员性别、年龄、职务、从事本职工作的年限，持证情况。其他人员死亡应包括居民、过路人、外单位救援人员等。

11.5.4　事故现场破坏情况的调查

主要包括 LPG 罐车损坏的状况，罐车损坏导致的现场破坏情况与波及范围、拍摄现场照片，绘制现场简图，记录环境状态（如属泄漏事故应当寻找泄漏源；如属爆炸事故，应当寻找泄漏源和爆炸源），收集罐体或其他爆炸物碎片及残余介质。

11.5.5　罐体及部件损坏情况的检查

1）罐体及部件损坏情况的检查应包括损坏的部位、形状、尺寸等。

2）注意保护好严重损坏部位（特别注意保护断口、爆炸口）、仔细检查断裂或失效部位内、外表面情况，检查有无腐蚀减薄、材料原始缺陷等。

3）应当测量断裂或失效部位的位置、方向、尺寸、绘制设备损坏位置简图。

4）收集损坏碎片，测量碎片飞出的距离，称量飞出碎片的重量，绘制碎片形状图。

5）对无碎片的设备，应当测量开裂位置、方向、尺寸。

11.5.6　LPG 罐车发生交通事故，按交通事故有关规定，测线路、车速、制动装置等，绘制交通事故现场简图。

11.5.7　安全附件、安全保护装置、附属设备（设施）损坏情况的调查

1）安全附件主要包括安全阀、爆破片、安全阀与爆破片串联组合装置、压力表、液位计、测温仪表、紧急切断装置、导静电装置等。

2）安全保护装置（红外线探头、操作箱门关闭与汽车发动机连锁装置）、液位报警装置。

3）LPG 罐车底盘或走行部分的损坏调查。

11.5.8　事故发生过程中采取应当紧急措施与应急救援情况。

11.5.9　需要调查的其他情况。

12　附则

12.1　有关术语和定义

编制应急预案时，涉及的专用或专有名词术语应当进行定义。

1. 汽车罐车

指罐体内装载液化气体，并安装在定型汽车底盘或无动力半挂行走机构上的单车或半挂车。

2. 重点监管设备

——存在重大隐患的设备；LPG 罐车按 TSG R7001—2004《压力容器定期检验规则》评定的安全状况等级为 4～5 级。

——在重要地区使用的 LPG 罐车。

12.2　预案的实施和生效时间

12.3　制定与解释

明确本应急预案负责制定与解释的部门。

13　附件

13.1　重点设备事故救援方案

13.2　相关的图表

1）应急救援指挥机构和相关人员岗位组织图。

2）特种设备登记列表和分布图。

3）重大事故灾害影响范围预测图。

4）应急机构、队伍、人员通信联络表。

5）应急装备、设备、物资表。

6）疏散线路图和安置场所分布图。

13.3　外部机构通信联络方式（可用表格）

1）政府安全生产主管部门、特种设备安全监督管理部门、应急主管部门和相应的应急中心及联络方式。

2）医院、公安交通、消防等部门及联络方式。

3）应急物资供应企业名录及联络方式。

4）经协议可求助的救援单位及联络方式。

复习思考题

一、判断题

1. 有一起压力容器事故造成20人死亡、105人轻伤，根据《特种设备安全监察条例》规定，属于特别重大事故。［11.1.12（2）］（×）

2. 特种设备事故造成的死亡、重伤、轻伤分类按照GB 6441—86《企业职工伤亡事故分类》标准界定。［11.1.12］（√）

3. 压力容器、压力管道内的可燃介质泄漏与空气（氧）混合达到一定浓度，遇火（或者能量）在空间迅速燃烧的现象称为爆炸。［11.1.13（2）］（×）

4. 承压类特种设备主体或者部件因变形、损伤、断裂失效或者安全附件、安全保护装置损坏等因素造成内部介质非正常外泄的现象称为泄漏。［11.1.13（3）］（√）

5. 移动式压力容器、气瓶因交通事故且非本体原因导致撞击、倾覆及其引发爆炸、泄漏等特征的事故属于特种设备事故。［11.1.14（3）］（×）

6. 自事故发生之日起60日内，事故伤亡人数发生变化的，有关单位应当在发生变化的当日及时补报或者续报。［11.1.2］（×）

7. 事故发生单位应当落实事故防范和整改措施。防范和整改措施的落实情况应当接受工会和职工的监督。［11.1.4］（√）

8. 针对可能发生的事故，为迅速、有序地开展应急行动而预先制定的行动方案称为应急准备。［11.2.1］（×）

9. 压力容器使用（含充装）单位应当采取多种形式开展应急预案的宣传教育，普及生产安全事故预防、避险、自救和互救知识，提高压力容器操作人员安全意识和应急处置技能。［11.2.2］（√）

10. 压力容器使用单位制定的应急预案应当至少每年修订一次，预案修订情况应有记录并归档。［11.2.3］（×）

11. 压力容器发生爆炸或者泄漏，在抢险救援时应当区分介质特性，严格按照相关预案规定程序处理，防止二次爆炸。［11.2.4］（√）

12. 移动式压力容器在装卸场区内发生了严重的泄漏，但尚未发生着火和爆炸，首先应控制着火源的产生，然后应尽快消除泄漏现象。［11.3.2］（√）

13. 移动式压力容器罐车在充装过程中发生导管破裂，应立即关闭有关阀门或采用止漏夹止漏。［11.3.3］（√）

14. 移动式压力容器安全阀的开启压力不得超过罐体的设计压力。［11.3.3］（×）

15. 移动式压力容器操作人员在处理压力表故障时，应先关闭压力表旋塞或截止阀，再进行故障处理。［11.3.3］（√）

二、选择题

1. 压力容器事故造成（　　）死亡，根据《特种设备安全监察条例》规定为重大事故。［11.1.12（2）］（B）

A. 3 人以上 10 人以下　B. 10 人以上 30 人以下　C. 30 人以上　D. 3 人以下

2. 因特种设备本体、部件或者安全装置发生意外，导致设备不能顺利运转，无法实现正常功能的现象称为特种设备（　　）。［11.1.13（12）］（D）

A. 事故　B. 突发事件　C. 意外事件　D. 故障

3. 较大事故由（　　）会同有关部门组织事故调查组进行调查。［11.1.3］（B）

A. 国务院或者国务院授权的部门

B. 省、自治区、直辖市人民政府负责特种设备安全监督管理的部门

C. 国务院负责特种设备安全监督管理的部门

D. 设区的市级人民政府负责特种设备安全监督管理的部门

4. 根据特种设备的不安全状态、人的不安全行为以及环境、管理缺陷等因素对事故发生的（　　）程度，事故原因划分为直接原因和间接原因。［11.1.33（4）］（A）

A. 影响　B. 后果的作用　C. 责任认定　D. 原因联系

5. 发生特种设备事故，伪造或者故意破坏事故现场，构成犯罪的，依法追究刑事责任；构成有关法律法规规定的违法行为的，依法予以行政处罚；未构成有关法律法规规定的违法行为的，由质量技术监督部门等处以（　　）元以上 2 万元以下的罚款。［11.1.4］（B）

A. 1000　B. 4000　C. 5000　D. 500

6. 为消除、减少事故危害，防止事故扩大或恶化，最大限度地降低事故造成的损失或危害而采取的救援措施或行动称为（　　）。［11.2.1］（C）

A. 应急响应　B. 应急处置　C. 应急救援　D. 应急准备

7. 压力容器使用（含充装）单位应当制定本单位的应急预案演练计划，根据本单位的事故预防重点，（　　）至少组织一次专项应急预案演练。［11.2.3］（C）

A. 每季度　B. 半年　C. 每年　D. 两年

8. 对于单一类别压力容器，压力容器使用（含充装）单位应当根据存在的重大危险源和可能发生的事故类型，制定相应的（　　）预案。［11.2.2］（B）

A. 应急处置　B. 专项应急　C. 综合应急　D. 简单应急

9. 压力容器事故发生后，（　　）应当立即启动事故应急预案，组织抢救，防止事故扩大，减少人员伤亡和财产损失，并及时向事故发生地县以上特种设备安全监督管理部门和有关部门报告。［11.2.4］（C）

A. 作业人员　B. 主管部门　C. 事故发生单位　D. 应急管理

10. 铁路罐车在装卸过程中，会要求机车车辆做多次移动。负责连接铁路罐车和储罐的操作人员应与（　　）密切配合，避免正在充装的罐车突然移动。［11.3.1］（B）

A. 管理人员　B. 铁路有关人员　C. 押运人员　D. 检查人员

11. 因特种设备承载主体或者构件受机械力、周围介质化学或者电化学的作用、接触或者相互运动表面产生接触疲劳或者腐蚀疲劳，从而导致材料失效的现象称为（　　）。［11.1.13（6）］（D）

A. 疲劳　B. 腐蚀　C. 断裂　D. 损伤

12. 特种设备作业人员、检验检测人员因劳动保护措施缺失或者不当而发生坠落、中毒、窒息等情形引发的事故（　　）。［11.1.14（2）］（A）

A. 不属于特种设备事故　B. 属于特种设备事故

C. 属于特种设备相关事故　D. 属于意外事故

13. 发生压力容器事故后，事故现场有关人员应当（　　）向事故发生单位负责人报告。［11.1.2］（B）

A. 1 小时内　B. 立即　C. 2 小时内　D. 12 小时内

14. 移动式压力容器发生火灾，用灭火器灭火时应在（　　）对准火焰再进行喷射。[11.3.22（1）]（B）

A. 近距离　　B. 有效距离内　　C. 较远距离　　D. 下风向

15. 移动式槽罐车紧急切断阀阀杆出现故障，一般操作人员应（　　）。[11.3.34（1）]（D）

A. 现场拆卸自行修理　　B. 小心操作

C. 用灭火器监护操作　　D. 将罐车送至检修站处理

三、问答题

1. 特种设备事故定义？[11.1.1]

答：特种设备事故是指因特种设备的不安全状态或者相关人员的不安全行为，在特种设备制造、安装、改造、维修、使用（含移动式压力容器、气瓶充装）、检验检测活动中造成的人员伤亡、财产损失、特种设备严重损坏或者中断运行、人员滞留、人员转移等突发事件。

2. 报告特种设备事应当包括哪些内容？[11.1.2]

答：（1）事故发生的时间、地点、单位概况以及特种设备种类。

（2）事故发生初步情况，包括事故简要经过、现场破坏情况、已经造成或者可能造成的伤亡和涉险人数、初步估计的直接经济损失、初步确定的事故等级、初步判断的事故原因。

（3）已经采取的措施。

（4）报告人姓名、联系电话。

（5）其他有必要报告的情况。

3. 移动式压力容器罐车在装卸过程中发生泄漏一般应采取哪些处理措施？[11.3.31]

答：（1）立即拉闸断电，停止一切生产活动。

（2）一切车辆立即熄火，原地停放，不准发动。

（3）熄灭一切火种，同时立即与有关单位和消防部门联系，做好防火和灭火准备。

（4）设立警界区，断绝交通，并组织人员向逆流方向疏散。

（5）立即进入事故现场，查清漏气部位和原因，采取措施紧急止漏。

4. 移动式压力容器安全阀突发故障应急处理方法？[11.3.32（3）]

答：（1）掀开安全阀保护罩上部的橡胶帽，小心破掉顶丝铅封。

（2）用扳手（对可燃气体，必须用防爆扳手）将顶丝慢慢旋下，让其将安全阀阀瓣压下与阀口密封座密贴，直至泄漏消除为止。

（3）假如两个安全阀均为故障泄漏时，在采取应急处理措施之后，应立即联系就近卸车。

（4）安全阀故障处理后应做记录，卸车后送检修单位对安全阀进行检修检验，按有关规程要求对罐体进行气密性试验和氮气置换处置。

5. 移动式压力容器球阀泄漏的判断及应急处理方法？[11.3.34（2）]

答：（1）原因判断：球阀发生泄漏一般是密封垫或胀圈松动、变形造成。

（2）应急处理方法：首先打开球阀，排出球阀内余气，将球阀上法兰卸下，取出上密封垫，检查是否变形或划伤，如上密封垫（胀圈）已变形或划伤，一般应予更换。在无备品更换的情况下，可用砂布打磨平整，然后将其压入装配，在密封垫的背部加垫后再装上法兰，法兰组装时应注意四个螺母均匀紧固，即可保证球阀的密封性能。装配时还应注意法兰紧同时不能过紧，以免压死球阀球体，造成球阀卡死而无法开启。

附录　本书涉及的法律法规、规范及标准名称

法律

1. 中华人民共和国特种设备安全法（2013 版）
2. 中华人民共和国安全生产法（2014 版）
3. 中华人民共和国节约能源法（2007 版）
4. 中华人民共和国铁路法（1990 版）
5. 中华人民共和国道路交通安全法（2011 最新修正版）

法规

1. 特种设备安全监察条例（2009 版）
2. 国务院关于特大安全事故行政责任追究的规定（2001 版）
3. 《危险化学品安全管理条例》及危险化学品安全管理条例释义（2002 版）
4. 中华人民共和国道路运输条例（2004 版）
5. 铁路运输安全保护条例（2004 版）
6. 中华人民共和国水路运输管理条例（2009 版）
7. 中华人民共和国船舶和海上设施检验条例（1993 版）
8. 国务院关于特大安全事故行政责任追究的规定（2001 版）

规章

1. 特种设备作业人员监督管理办法（2011 版）
2. 锅炉压力容器压力管道特种设备安全监察行政处罚规定（2001 版）
3. 特种设备事故报告和调查处理规定（2009 版）

安全技术规范

1. TSG R0005—2011 移动式压力容器安全技术监察规程（2011 版）
2. TSG R4002—2011 移动式压力容器充装许可规则（2011 版）
3. 液化气体铁路罐车安全管理规程（1987 版）
4. 压力容器使用管理规则 TSG R5002—2013（2013 版）
5. 压力容器定期检验规则 TSG R7001—2013（2013 版）
6. 压力容器安装改造维修许可规则 TSG R3001—2006（2006 版）
7. 安全阀安全技术监察规程 TSG ZF001—2006（2006 版）
8. 特种设备作业人员考核规则 TSG Z6001—2013（2013 版）
9. 特种设备事故调查处理原则 TSG Z0006—2009（2009 版）
10. AQ/T9002—2006 生产经营单位安全生产事故应急预案编制导则（2006 版）
11. YZ0205—2009 液化石油气汽车罐车事故应急救援预案指南（2009 版）

标准及规范

1. GB 190—2009 危险货物包装标志
2. GB 7258—2012 机动车运行安全技术条件
3. GB 13392—2005 道路运输危险货物车辆标志
4. GB 50160—2008 石油化工企业设计防火规范（附条文说明）

5. GB 50187—2012 工业企业总平面设计规范
6. GB 50016—2006 建筑设计防火规范
7. GB/T 191—2008 包装储运图示标志
8. GB/T 1413—2008 系列 1 集装箱分类、尺寸和额定质量
9. GB/T 23336—2009 半挂车通用技术条件
10. JT 617—2004 汽车运输危险货物规则
11. GB/T 1836—1997 集装箱代码、识别和标记（ISO 6346—1995）
12. GB/T 10478—2006 液化气体铁道罐车
13. GB/T 19905—2005 液化气体运输车
14. JB/T 4780—2002 液化天然气罐式集装箱
15. JB/T 4781—2005 液化气体罐式集装箱
16. JB/T 4782—2007 液体危险货物罐式集装箱
17. JB/T 4783—2007 低温液体汽车罐车
18. JB/T 4784—2007 低温液体罐式集装箱
19. GB 150. 1—2011 ~ GB 150. 4—2011 压力容器（合订本）
20. GB 16163—2012 瓶装气体分类
21. GB 50016—2006 建筑设计防火规范
22. GB 50140—2005 建筑灭火器配置设计规范

参考文献

[1] 张武平，罗玉国，马德利，等. 压力容器安全管理与操作技术［M］. 北京：中国劳动社会保障出版社，2011.

[2] 辽宁省劳动局锅炉压力容器安全监察处. 气体充装安全技术［M］. 沈阳：沈阳出版社，1991.

[3] 蔡凤英，谈宗山，孟赫，等. 化工安全工程［M］. 北京：科学出版社，2001.

[4] 美国压缩气体协会. 压缩气体手册［M］. 肖家立，齐振华，罗让，译. 北京：冶金工业出版社，1991.

[5] 陈宝仪，等. 气瓶内容物—气体性质及行为［M］. 大连：大连理工大学出版社，1996.

[6] 冯肇瑞，杨有启，等. 化工安全技术手册［M］. 北京：化学工业出版社，1991.

[7] 王淑荪，傅正伦，孙宝林，等. 工业防毒技术［M］. 北京：北京经济学院出版社，1992.

[8] 许子平，周伟明，谢铁军，等.《移动式压力容器安全技术监察规程》释义［M］. 北京：新华出版社，2011.

[9] 祖因希，等. 液化石油气操作技术与安全管理［M］. 北京：化学工业出版社，2000.

[10] 张海峰，等. 常用危险化学品应急速查手册［M］. 北京：中国石化出版社，2009.

[11] 中国工业气体工业协会，弓国志，等. 中国工业气体大全［M］. 大连：大连理工大学出版社，2008.

[12] 左景伊. 腐蚀数据手册［M］. 北京：化学工业出版社，1985.

[13] 龚斌. 压力容器破裂的防治［M］. 杭州：浙江科学技术出版社，1985.

[14] 肖纪美. 腐蚀总论——材料的腐蚀及其控制方法［M］. 北京：化学工业出版社，1994.

[15] 杨武，等. 金属的局部腐蚀［M］. 北京：化学工业出版社，1995.

[16] 洑春干，薛定，等. 槽罐车操作技术［M］. 北京：化学工业出版社，2009.